Jetzt helfe ich mir selbst

Motor buch Verlag

Umschlagentwurf und Buchgestaltung: Anita Ament.
Umschlagfotos: Hans-Peter Seufert.

ISBN 3-613-01285-5

Auflage Nr. 101986

Manuskriptbearbeitung: Redaktion Dipl.-Ing. Dieter Korp, Zeisigweg 1, 7250 Leonberg 7.
Fotos: Archiv Verfasser 1, BMW 18, Bosch 8, Lautenschlager 284, VDO 3.
Zeichnungen: Archiv Verfasser 2, Augros 5, autopress 1, Axmann 1, BMW 18, Bosch 5,
Brunner 3, Champion 1, Daimler-Benz 1, Haeberle 3, Lautenschlager 10, Michelin 2,
Pirelli 1, VDO 2, Volkswagen 2.
Stromlaufpläne: BMW.
Bildgrafik: Peter Goth.
Satz und Druck: Vaihinger Satz+Druck, Dr. Wimmershof GmbH + Co., 7143 Vaihingen/Enz.
Buchbinderische Verarbeitung: Verlagsbuchbinderei Wilhelm Nething, 7315 Weilheim.
Printed in Germany.

Dieter Korp
Thomas Lautenschlager

BMW 520 i, 525 e, 525 i, 528 i

Juni '81 bis Dezember '87

Motorbuch Verlag
Stuttgart

Inhaltsverzeichnis

Seite

Prädikat wertvoll

Sie haben es sicher schon bemerkt: der 5er-BMW ist ein wertbeständiges Automobil. Das zeigt sich nicht nur am relativ hohen Wiederverkaufswert, den selbst recht betagte Exemplare noch erzielen, sondern auch am guten Gesamtzustand von Wagen mit hoher Kilometerleistung. Daß der 5er ein Wagen ist, der seinem Besitzer lange Zeit Freude bereiten kann, das weiß auch die TÜV-Mängelstatistik zu berichten: In Sachen Rostunempfindlichkeit gehört er beispielsweise zu den Musterknaben.
Gute Anlagen also, um den BMW zum eigenen Langzeit-Auto zu machen. Ein Vorhaben, das auch dieses Buch im Schilde führt, denn nicht immer geht's ohne fachkundige Anleitung.
Ein weiterer Grund, in dieses Buch zu schauen: Information über Ihren BMW, der voller fortschrittlicher Technik steckt, über die man sonst kaum etwas im Detail erfährt. Wir denken daran, wie die Service-Intervallanzeige funktioniert, oder warum bei abgefahrenen Bremsbelägen die Verschleißkontrollampe am Armaturenbrett aufleuchtet. Solche Kenntnisse dienen nicht nur der privaten Weiterbildung in Sachen BMW-Technik, sondern helfen ganz sicher beim Gespräch mit der Werkstatt.

Damit Sie sich im Innern dieses Bandes leichter zurechtfinden, ist bereits im Inhaltsverzeichnis auf den vorhergehenden Seiten eine kleine Auswahl der Stichworte herausgegriffen, die in den einzelnen Kapiteln zur Sprache kommen. Weitere Orientierungshilfen bietet der Wartungsplan innen auf der hinteren Umschlagseite, das Verzeichnis der Störungsbeistände auf Seite 263 sowie das Stichwortverzeichnis hinten im Buch.
Ebenfalls der besseren Orientierung dient die Buchgestaltung auf den einzelnen Seiten. So sind Passagen, die der Information dienen, stets einspaltig abgedruckt, während reine Arbeitsschritte generell zweispaltig erscheinen. Je nach Interessenlage können Sie sich also mehr dem einen oder dem anderen Wissensgebiet zuwenden.

Natürlich konnten wir alle die im Buch genannten Tips und Tricks nicht einfach aus dem Ärmel schütteln. Viele hilfsbereite Menschen aus allen Bereichen der Automobilbranche haben uns deshalb mit Rat* und Tat unterstützt. Ihnen wollen wir an dieser Stelle herzlich danken.

Die Verfasser

***Falls Sie übrigens noch einen ergänzenden Tip zum BMW wissen oder einen Vorschlag zur Auswahl der Beschreibungen hier im Buch haben, können Sie sich schriftlich direkt an uns wenden. Unsere Redaktions-Adresse finden Sie im Impressum auf Seite 2.**

Kultur aus Bayern

Im Motorraum eines **520i mit L-Jetronic-Einspritzung** sehen Sie: 1 – Scheibenwaschbehälter; 2 – Federbeinlagerung; 3 – Kühlmittel-Ausgleichsbehälter; 4 – Kaltstartventil; 5 – Ansaugkrümmer; 6 – Drosselklappenhebel; 7 – Drosselklappenansteller; 8 – Ölpeilstab; 9 – Luftmengenmesser; 10 – Vorratsbehälter der Servolenkung; 11 – Kraftstoffpumpenrelais; 12 – Sicherungskasten; 13 – Scheibenwaschwasserpumpe; 14 – Kühler; 15 – Öleinfülldeckel; 16 – Kraftstoff-Druckregler; 17 – Thermostatgehäuse; 18 – Kraftstoffschwingungsdämpfer; 19 – Motordiagnose-Stecker; 20 – 2/3-Wegeventil; 21 – Teillastschalter; 22 – Luftfiltergehäuse; 23 – Zündspule; 24 – Batterie; 25 – Zündgerät mit Schutzhaube.

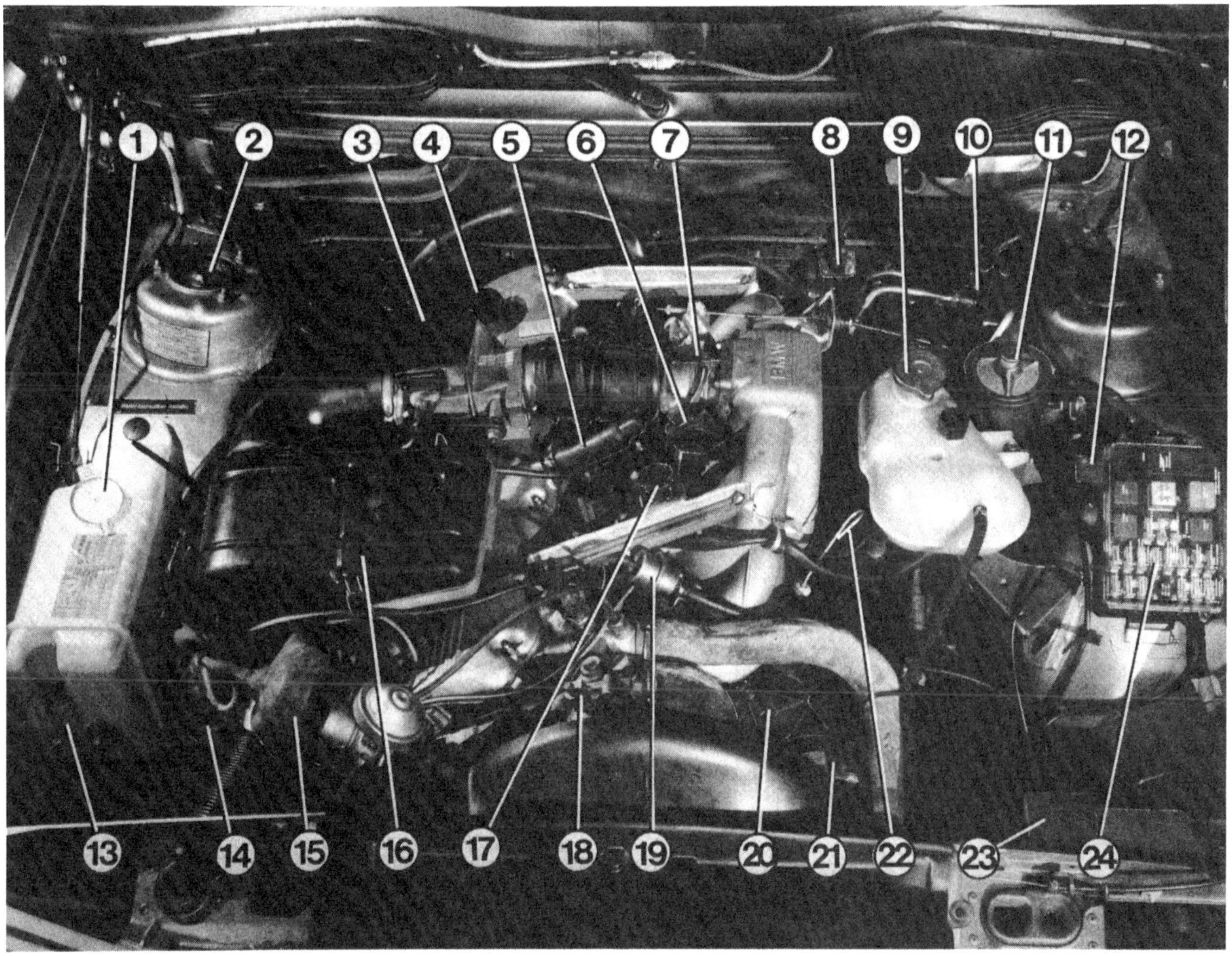

Ein Blick in den Motorraum eines **BMW 525i**: 1 – Scheibenwaschbehälter; 2 – Federbeinlagerung; 3 – Luftmengenmesser; 4 – Öleinfüllstutzen; 5 – Kurbelgehäuse-Entlüftung; 6 – Drosselklappenschalter; 7 – Drosselklappenstutzen; 8 – Heizungsventil; 9 – Kühlmittel-Ausgleichsbehälter; 10 – Druckspeicher/-regler der Hydraulikanlage; 11 – Flüssigkeitsbehälter der Hydraulikanlage; 12 – Kraftstoffpumpenrelais; 13 – Scheibenwaschwasserpumpe; 14 – Zündspule; 15 – Zündverteiler mit Schutzhaube; 16 – Luftfiltergehäuse; 17 – Motordiagnose-Stecker; 18 – Thermostatgehäuse; 19 – Kraftstoff-Druckregler; 20 – Ölfilter; 21 – Lichtmaschine; 22 – Ölpeilstab; 23 – Batterie; 24 – Sicherungskasten.

Die Avantgarde

Den großartigen wirtschaftlichen Aufschwung seit dem zweiten Weltkrieg verdankt BMW vor allem der Einführung der »Neuen Klasse« eines sportlichen Mittelklassewagens. Der BMW 1500 – gebaut ab 1962 – war erster Vertreter dieser Fahrzeuggruppe im Hause BMW.

Die Keimzelle

Seit dieser Zeit gilt diese Wagenklasse als Keimzelle für neue Entwicklungen. So entstand aus der Viertürerkarosserie des 1500- bis 2000-Modells die zweitürige 02er-Reihe. Letztere wurde für BMW zum Verkaufsschlager.
Das Folgemodell – der erste 5er ab Baujahr '72 – lieferte wiederum die Basis für die erste 3er-Reihe. Auch sind viele Ähnlichkeiten unter den Schwestermodellen zu erkennen – als Beispiel sei die große, nach vorn zu öffnende Motorhaube genannt.
Unser hier behandeltes 5er-Modell (ab '81) war der erste Träger für die Service-Intervallanzeige, hatte als erste Baureihe Dieselmotoren aufzuweisen und war, fast schon selbstverständlich, wieder Nährboden für die zweite 3er-Reihe.

Unser 5er mit Vorgängern und Nachfolger.

Die erste 5er-Generation

ab Baujahr 1972

Im September 1972 kommt der erste 5er als 520 und 520i auf den Markt. Es stehen 2-Liter-Motoren mit 115 und 130 PS zu Verfügung. Mehr Leistung gibt es 1973: Die sechs Zylinder des 525 leisten 145 PS. Wem das zu flott ist, der kann ab 1974 den 518 mit 1,8-Liter-Motor erwerben. 1975 dreht sich wieder das PS-Karussell: Der neue 528 hat 165 PS zu bieten. Nun ist Zeit für äußerliche Retuschen: 1976 wird Front- und Heckpartie überarbeitet. 1977 sind dann wieder die Motoren dran: Der neue »kleine« Sechszylinder ersetzt im 520 den Vierzylinder. Spitzenmodell wird der 528i mit Bosch-Einspritzung.
Damit sind nur die wesentlichen Änderungen an dieser Baureihe aufgezählt – kleine Veränderungen gab es während der Bauzeit von über 9 Jahren unzählige. Zählbar waren jedoch die produzierten Wagen dieser Baureihe: es waren immerhin rund 700000 Stück.

Die zweite 5er-Generation

ab Baujahr 1981

Diese Baureihe wird werksintern »E 28« genannt. Sie ist Gegenstand dieses Buches, weshalb die Änderungen, die im Laufe ihrer Bauzeit eingesetzt haben, hier etwas ausführlicher aufgezählt werden sollen:

Die zweite 5er-Generation unterscheidet sich äußerlich nur wenig vom Vorgängermodell. Unter dem Blech hat sich dagegen einiges getan.

1981

Mai: Die zweite Generation der 5er-Baureihe wird vorgestellt. Der Wagen wirkt gegenüber seinem Vorgänger nur wenig verändert, zumal auch dieselbe Grundkarosserie – wenn auch optimiert – verwendet wurde. Front-, Heck- und Seitenbereich sind jedoch neu gestaltet, ebenso die Innenausstattung. Es werden nur noch Sechszylinder-Modelle mit Benzineinspritzung angeboten, lediglich das Einstiegsmodell 518 (in diesem Band nicht behandelt) hat noch einen Vergaser. Die Leistungsdaten der übrigen Modelle sind: 520i mit K-Jetronic-Einspritzung: 92 kW/125 PS, 525i mit L-Jetronic: 110 kW/150 PS, 528i mit L-Jetronic: 135 kW/184 PS.

Hierarchie der Räder: Zu Anfang ist der 520i mit Lochfelgen und kleinen Radkappen versehen (links), 525i und 528i besitzen dagegen große Blech-Vollblenden (Mitte). Leichtmetallfelgen mit TRX-Reifen sind anfangs noch Sonderausstattung.

Unterm Blech hat sich noch mehr getan: Die Vorderachskonstruktion wurde vom damaligen 7er übernommen. Es handelt sich um eine Konstruktion mit zwei unteren Querlenkern, die sich als Vorteil nach Kurven besonders leicht in Geradeausstellung zurückstellt. Dadurch ergibt sich ein sehr guter Geradeauslauf.

1982

April: ABS ist jetzt auch für den 520i lieferbar. Statt der hinteren Trommelbremsen besitzt der Wagen dann Scheibenbremsen.
September: Der 520i erhält eine elektronische Einspritzung (L-Jetronic) statt der mechanisch gesteuerten (K-Jetronic). Fünfganggetriebe bei 520i und 525i serienmäßig.

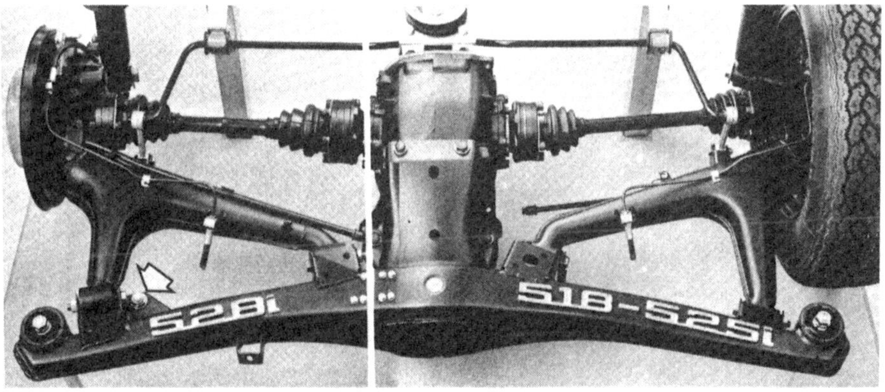

Anfangs nur für den 528i, später Serienstand bei allen 5ern: Die Schräglenkerachse mit zusätzlichem Schraublenker (linke Bildhälfte; Pfeil). Rechts die Standard-Schräglenkerachse.

1983

März: BMW geht neue Wege: Der neu vorgestellte 525e weicht ab von der Markenlinie; seine Maschine bringt die volle Leistung im unteren Drehzahlbereich, ist jedoch für hohe Drehzahlen nicht geeignet. Es handelt sich um einen kleinen Sechszylinder, den »M 20«, den wir auch im 520i finden, doch sind die Zylindervolumen auf insgesamt 2693 cm³ vergrößert.
Entwicklungsziel ist ein optimierter Wirkungsgrad des Motors, also geringstmöglicher Kraftstoffverbrauch, erreicht durch niedrige Drehzahl und hohe Verdichtung. Motoren dieser Auslegung wurden bislang nur für USA und Japan gebaut. Das »e« in der Typenbezeichnung steht für den griechischen Buchstaben eta, das mathematische Zeichen für Wirkungsgrad.
Zunächst nur im 525e lieferbar ist ein Viergang-Automatikgetriebe aus der 6er- und 7er-Reihe.
November: Die Gesamtproduktion der zweiten 5er-Generation (E 28) übersteigt 300000 Stück. Das meistverkaufte Modell ist der 520i.

1984

September: Neue Modelle in der 5er-Reihe: Der 518i (mit Benzineinspritzung) leistet 77 kW/105 PS, der neue M 535i kann mit 160 kW/218 PS aufwarten.
Der 525e ist mit geregeltem Dreiwege-Katalysator lieferbar. Zur Verwendung von bleifreiem Normalbenzin wurde die Verdichtung herabgesetzt, wodurch sich eine geringe Leistungseinbuße ergibt (90 kW/122 PS). Der 520i erhält nun – wie die übrigen Modelle – innenbelüftete Scheibenbremsen vorn.
Dezember: BMW stellt ein kleines Zündsteuergerät mit dem Namen NO_x-Control vor, das die Stickoxid-Emission vermindern soll. Es eignet sich aber nicht für alle BMW-Modelle.

Wolf im Schafspelz: der 535i mit 160 kW/218 PS.

1985

Februar: Die BMW-Motorsport-Tochter hat den ersten BMW M 5 auf die Räder gestellt. Antriebsquelle ist der Sechszylinder-Vierventiler-Motor, der auch schon im legendären BMW M 1 Dienst tat. Leistung: 210 kW/286 PS. Der M 5 ist in diesem Band nicht behandelt.
September: Leistungskur für den 520i und den 525e (ohne Kat): Beide haben nun 95 kW/129 PS.

1986

Februar: Den Dieselmotor gibt's jetzt im 5er auch ohne Turbolader. Der 524d leistet 63 kW/86 PS.
März: Der Motor des 525e ist mit einem sogenannten »Zweimassenschwungrad« versehen, das Drehschwingungen und damit Geräusche vom Antriebsstrang fernhält.
April: Große Produktaufwertung: Auch der 520i ist jetzt an der Hinterachse mit Scheibenbremsen ausgestattet (bisher Trommelbremsen). Außerdem wird jetzt bei allen Sechszylinder-Modellen die aufwendigere Hinterachse des 528i eingebaut. Die Reifengröße 195/70 R 14 ist ab nun bei den »kleinen« Sechszylindern Standard. Der 525i und 528i werden serienmäßig auf Leichtmetallfelgen mit TRX-Reifen gestellt. Beim 528i zählt ABS nun zur Serienausstattung.
Alle 5er können wahlweise in »Shadowline« bestellt werden: Alle Chromteile in mattschwarz, Stoßstangen in Wagenfarbe lackiert.
September: Die 5er werden einheitlich mit asbestfreien Bremsbelägen ausgerüstet.
Oktober: Sondermodell »520i Edition« mit Leichtmetallfelgen, Metallic-Lack, Nebelscheinwerfern, Colorscheiben, Zierstreifen, Zentralverriegelung, elektrischen Fensterhebern vorn, Lederlenkrad und Schiebedach.

1987

Januar: Die Katalysatorversion des 520i ist nun lieferbar. Der Motor ist niedriger verdichtet und damit für bleifreies Normalbenzin geeignet. Trotzdem bleibt die Motorleistung von 95 kW/129 PS erhalten. Der 520i Kat ist mit einer überarbeiteten Motronic (Ein-Geber-Motronic) ausgestattet.
Dezember: Produktionseinstellung der 5er-Baureihe »E 28«. In der Bundesrepublik wurden von 1981 bis 1987 243910 Exemplare verkauft. Insgesamt wurden in dieser Zeit mehr als 700000 BMW 5er-Modelle gebaut.

Warten auf Eingebung

Feste Wartungsintervalle, wie von früher her bekannt, gibt es beim BMW nicht mehr. Wann Wagenpflege ansteht und was getan werden muß, signalisieren kleine Leuchtanzeigen und Schriftzüge im Kombiinstrument.

Die Service-Intervallanzeige

Als erster und bisher einziger Fahrzeughersteller wagte BMW schon 1981 den Schritt, sich von den sonst üblichen, festen Kilometerintervallen bei der Fahrzeugwartung zu lösen. Denn in München wurde richtig erkannt, daß unterschiedliche Nutzung eines Wagens auch unterschiedlichen Verschleiß an seinen Bestandteilen hervorruft.
Um die Art der Benutzung eines Autos zu erkennen, entwickelte man einen kleinen Mikroprozessor zum Einbau ins Armaturenbrett, der ständig Verschleißdaten sammelt. Dazu gehören Motordrehzahl, Kühlwassertemperatur und die zurückgelegte Wegstrecke. Aus diesen Informationen ermittelt er einen Vergleichswert für den Fahrzeugverschleiß, der naturgemäß für ein Langstreckenfahrzeug geringer ist als für einen Wagen, der nur im Stop-and-go-Verkehr einer Großstadt bewegt wird.
Zusätzlich kommt noch eine Zeitkomponente mit ins Spiel, denn auch ein nicht benutzter Wagen altert.
Ist ein festgesetztes, vom elektronischen Rechner bewertetes Verschleißmaß überschritten, signalisiert die Anzeige am Armaturenbrett, daß nun eine Wartung ansteht.
Sollte die Service-Intervallanzeige – BMW nennt sie kurz SI – einmal nicht wunschgemäß funktionieren, helfen wir Ihnen auf Seite 216 weiter.

Individuelle Wartung

Mit sogenannten Leuchtdioden – kurz LED – (Erklärung Seite 149) und Schriftfeldern zeigt die Service-Intervallanzeige unmißverständlich, wann die Fahrzeugtechnik gewartet werden soll und was zu tun ist:
○ **Grüne Leuchtdioden** signalisieren, daß noch **keine Wartung** nötig ist. Je mehr Leuchtdioden beim Einschalten der Zündung brennen, desto mehr Zeit haben Sie bis zur nächsten Wartung.
○ Die **gelbe LED** sagt Ihnen, daß nun eine **Wartung** durchgeführt werden muß. Damit sie nicht übersehen wird, brennt sie beim Start und während der Fahrt. Welche Maßnahme jetzt zu treffen ist, zeigt die gleichzeitig aufleuchtende Schrift »**Oilservice**« oder »**Inspection**«.
○ Die **roten Leuchtdioden** brennen erst, wenn Sie der Aufforderung zur Wartung nicht nachgekommen sind und den **Termin überzogen** haben. Je mehr rote LED bei der Service-Intervallanzeige bis Baujahr 12/85 brennen, desto dringender wird die Sache. Ab 1/86 mahnt nur noch eine rote Leuchtdiode.
○ Seit 1/86 enthält die Service-Intervallanzeige zusätzlich ein **Uhrensymbol** zwischen den beiden Schriftzügen. Leuchtet die »Uhr« in Verbindung mit dem Schriftzug »Inspection«, ist die **Jahreskontrolle** unabhängig von der Kilometerleistung fällig.

Sonderfälle

Bisweilen gerät die Service-Intervallanzeige in Verdacht, falsche Informationen zu liefern. Meist sind aber in einem solchen Fall die unregelmäßigen Wartungsgewohnheiten des Fahrzeugbesitzers die Ursache für die vermeintliche Fehlanzeige, denn:
○ Durch Überziehen der Wartungsintervalle können Sie den Rechner der Service-Intervallanzeige nicht überlisten. Er sammelt weiter seine Verschleiß- und Wartungsdaten und bittet Sie dann eben beim nächsten Mal früher zum Wartungstermin.
○ Nach Durchführen des Motorölservice (mit Rückstellen der Anzeige) kann es dennoch sein, daß anschlie-

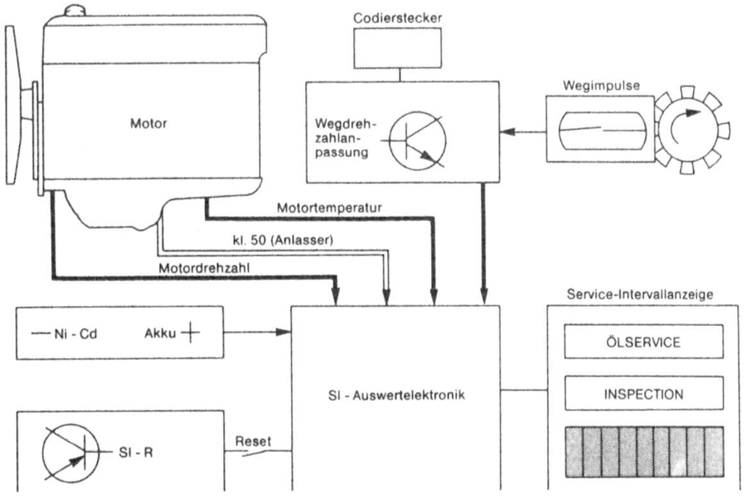

Das Blockschaltbild zeigt die Einflußgrößen auf die Service-Intervallanzeige.

ßend nicht alle grünen Leuchtdioden brennen. Grund: Die Anzeige gibt Ihnen jetzt die Zeit bis zur nächsten Inspektion an; und die kann schon bald nötig sein.
○ Auch bei einem nicht benutzten Fahrzeug fordert die Anzeige nach einem Jahr zur Inspektion bzw. Jahreskontrolle auf. Grundlage für diese »Einladung« ist die Erkenntnis, daß ein nicht benutzer Wagen altert.

Fingerzeig: Durch Abklemmen der Fahrzeugbatterie kann der Speicher der Service-Intervallanzeige nicht gelöscht werden. Das Bauteil besitzt eine eigene kleine Nickel-Cadmium-Batterie, die für Monate die Stromversorgung sicherstellt.

Wartungsrhythmus

Angeregt durch die Service-Intervallanzeige ergibt sich der Rhythmus der verschiedenen, aufeinanderfolgenden Wartungen so:
Ölservice – Inspektion I – Ölservice – Inspektion II – Ölservice – Inspektion I usw.
Zusätzlich muß einmal im Jahr die **BMW-Jahreskontrolle** durchgeführt werden. Die legt man bei Wagen bis 12/85 zusammen mit der nächsten fälligen Inspektion, wie sie nach Ablauf eines Jahres von der SI angezeigt wird. Bei Fahrzeugen ab 1/86 wird die Jahreskontrolle getrennt vom übrigen Wartungsrhythmus betrachtet und auch durch das Uhrensymbol getrennt angezeigt. Die Jahreskontrolle braucht hier also nicht mit einer regulären Inspektion zusammengelegt zu werden, sondern sie erfolgt nach Aufleuchten des Uhrensymbols.

Wartungsintervalle für den Selbstpfleger

Die verschleißorientierte Wartung mit Service-Intervallanzeige bringt auch dem Selbsthelfer erhebliche Vorteile. Wir basieren deshalb auch hier im Buch auf diesem System. Um nach dieser Methode arbeiten zu können, müssen wir jedoch in der Lage sein, die Anzeige der SI zurückzustellen – ein Problem, auf das wir im folgenden Abschnitt eingehen.
Eine andere Möglichkeit für den Selbstpfleger sehen wir darin, die SI zu ignorieren und die Wartung wieder nach festen Kilometer- und Zeit-Intervallen durchzuführen. Laut Untersuchungen von BMW ist dann der Ölservice alle 7500–12500 km fällig, die Inspektion alle 15000–23000 km.
Langstreckenfahrer dürfen die obere Intervallgrenze ausnutzen, bei normaler Nutzung gilt – wie vor Einführung der SI – der jeweils niedrigere Kilometer-Wert. Der Wartungsrhythmus bleibt wie gehabt, die Jahreskontrolle natürlich auch.
Letztere Methode halten wir jedoch nicht für sinnvoll. Der Selbsthelfer bringt sich dadurch um die zahlreichen Vorzüge der Intervallanzeige.

Service-Intervallanzeige zurückstellen

Nach erfolgter Wartung muß die SI wieder zurückgestellt werden, wenn man sich auf die nächste Wartungs-Ankündigung verlassen will. Da stehen uns mehrere Möglichkeiten offen:
○ Die BMW-Werkstatt stellt den Rechner freundlicherweise zurück. Auch freie Werkstätten verfügen häufig über ein Rückstellgerät. Guter Werkstattkontakt ist aber meist Voraussetzung für diese Gefälligkeit.
○ Man erwirbt – evtl. zusammen mit anderen BMW-Fahrern – ein Rückstellgerät von BMW (Bestell-Nr. 621100).
○ Man kauft ein Rückstellgerät beim Zubehörhandel oder direkt beim Hersteller (z. B. Fa. Hermann Elektronik,

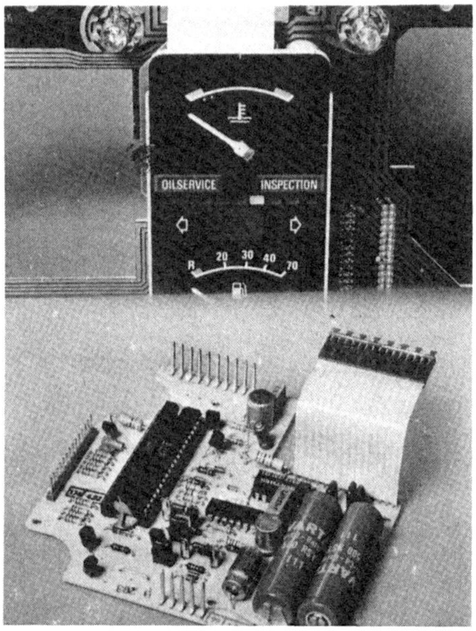

Links: Der Kopf der Service-Intervallanzeige sitzt im Kombiinstrument.
Rechts: Zurückstellen der Service-Intervallanzeige mittels Rückstellgerät. Das Gerät wird dazu in den Motordiagnose-Stecker (Pfeil) eingesteckt.

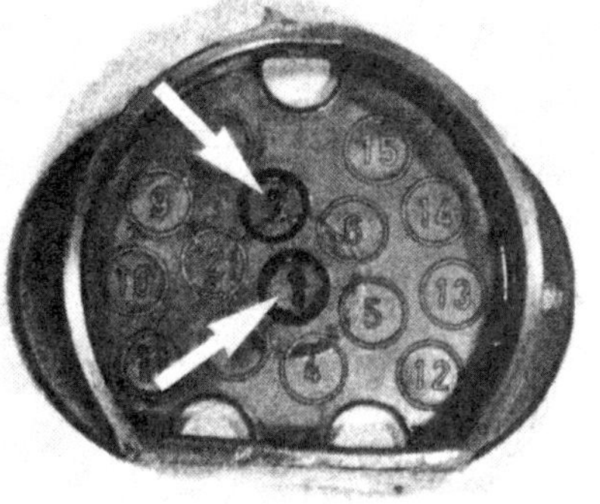

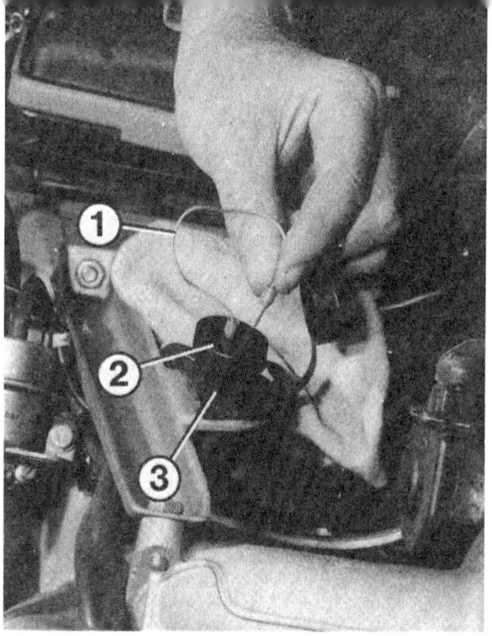

Rückstellen der Service-Intervallanzeige mittels Drahtbrücke:
Links: Auf der Innenseite des Motordiagnose-Steckers sind die Polbezeichnungen aufgeprägt. Pol 1 und 7 werden durchgebohrt (Pfeile).
Rechts: Durchbohrten Deckel (2) auf den Motordiagnose-Stekker (3) aufstecken. Freie Pole mit der Drahtbrücke (1) verbinden, wie im Text beschrieben.

Rathausstraße 1–5, 8501 Cadolzburg-Wachendorf). Vorteil der Geräte: Keine Bedienungsfehler möglich.
○ Mit einer Drahtbrücke überbrückt man die Rückstellkontakte im Motordiagnose-Stecker, wie im folgenden Abschnitt beschrieben. Allerdings ist bei dieser Methode Vorsicht und umsichtiges Arbeiten geboten.

Fingerzeige: Die Anzeige »Jahreskontrolle« durch das Uhrensymbol bei Fahrzeugen ab 1/86 wird in derselben Weise gelöscht wie die Anzeige »Inspection« der Verschleißwartung.
Nach Rückstellen der Jahreskontrolle (Uhr) bleibt die Leuchtdiodenanzeige unverändert. Sollte der Sonderfall eintreten, daß Jahreskontrolle und Verschleiß-Inspektion zusammenfallen und somit auch zusammen zurückgestellt werden müssen, können die beiden Rückstellvorgänge nacheinander mit einer Pause von mindestens 10 Sekunden erfolgen.

SI-Anzeige mit Drahtbrücke löschen

Wer den Kauf eines Rückstellgeräts für die SI-Anzeige scheut, geht so vor:
● **Kleiner Motordiagnose-Stecker:** Zuerst eine Vorrichtung bauen, die ein Verwechseln der Pole im Stecker verhindert.
● Dazu besorgen wir uns eine Stecker-Abdeckkappe Ersatzteil-Nr. 12521286052.
● Auf deren Rückseite ist die Polnumerierung angegeben. Pol 1 und 7 bohren wir mit einem 5-mm-Bohrer durch.
● Kappe jetzt auf den Stecker drücken.
● Eine Drahtbrücke aus einem kurzen Stück flexibler Leitung fertigen. Guten Kontakt schaffen sogenannte Aderendhülsen für 4-mm^2-Kabel (vom Elektriker), die an den Kabelenden festgelötet werden.
● **Zündung einschalten**, Motor aber **nicht starten**.
● Drahtbrücke zunächst in Kontakt 1 (Masse) und erst dann in Kontakt 7 einschieben – so kann es keine Schäden durch statische Aufladung geben.
● Zum Rückstellen bei OILSERVICE die Brücke **ca. 3 Sekunden** lang eingesteckt lassen. Abstoppen der Zeit mit der Armbanduhr ist genau genug.
● Zum Rückstellen bei INSPECTION die Brücke **ca. 12 Sekunden** lang eingesteckt lassen.
● **Großer Motordiagnose-Stecker:** Rückstellen in derselben Weise. Die Kontakte 19 (Masse) und 7 müssen hier verbunden werden. Die Numerierung ist am Stecker aufgedruckt.

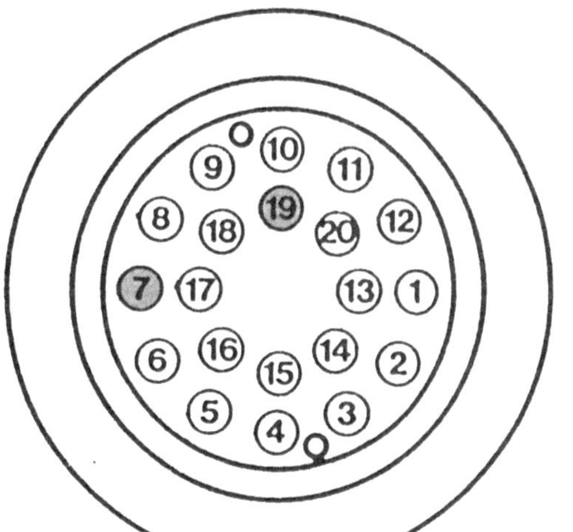

Im 520i Kat sowie in den letzten Bauserien des 525e kamen größere Motordiagnose-Stecker zum Einsatz. Hier gilt: Steckkontakt 19 = Masse, Steckkontakt 7 = Rückstell-Leitung.
Das eigentliche Rückstellen erfolgt an diesem Stecker gleich wie am älteren, kleineren Stecker.

Der Wartungsplan

Damit Sie zu unserem Pflegeplan während der Arbeit nicht ständig zurückblättern müssen, haben wir ihn **innen auf der hinteren Umschlagseite** abgedruckt. So haben Sie ihn ständig vor Augen und können die Arbeiten Punkt für Punkt erledigen. Die Reihenfolge haben wir speziell für den Heimwerker zusammengestellt und auch zusätzliche Punkte eingefügt, die nach unseren Erfahrungen wichtig sind.
Ganz zu Anfang finden Sie eine Anzahl von Arbeiten unter der Überschrift »Ständige Kontrollen«. Diese Wartungspunkte lassen sich in kein herkömmliches Intervall pressen, und ein Teil der Kontrollpunkte wird zusätzlich durch das Check-Control-System regelmäßig geprüft. Dennoch kann es nicht schaden, all diese Teile von Zeit zu Zeit selbst in Augenschein zu nehmen.

Was können Sie selbst machen?

Fast alle Wartungsarbeiten am BMW können Sie selbst ausführen, das entsprechende Wissen hierzu liefert unser Handbuch. Wenn dennoch Werkstatt oder Tankstelle den einen oder anderen Wartungspunkt rationeller durchführen können, so haben wir das im Wartungsplan vermerkt. Die »Selbsthelfer-Ampel« weist Ihnen dabei vor jedem Wartungspunkt in den bekannten Farben grün – gelb – rot den richtigen Weg:
Grün – Freie Fahrt für den Selbsthelfer. Diese Arbeit können Sie mit den Kenntnissen aus diesem Buch fachgerecht ausführen und Geld sparen.
Gelb – Die Arbeit ist zwar nicht schwierig, doch es fehlen meist die nötigen Einrichtungen. An der Tankstelle sind Sie in diesem Fall am besten aufgehoben.
Rot – Halt, hier lassen Sie am besten die Werkstatt ran. Spezielle Werkzeuge oder Meßgeräte sind erforderlich, der Aufwand an Eigenarbeit lohnt sich nicht, weil die Werkstatt wesentlich schneller arbeitet oder weitergehende Kenntnisse erforderlich sind.

Pflegestation

Nicht jeder beliebige Platz eignet sich für Selbsthilfe am Auto. Auf Rasenplätzen bleiben Spuren zurück, und versehentlich heruntergefallene Teile verschwinden unauffindbar.

Wagen immer abstützen!

Wagenheber sind – wie ihr Name schon sagt – nur dazu da, das Fahrzeug anzuheben. Sie sind keine ausreichende Abstützung für Arbeiten an der Wagenunterseite. Lassen Sie es auch in der größten Eile nie an der fachgerechten Abstützung des aufgebockten Fahrzeugs fehlen. Sonst kann die eigenhändige Reparatur das Leben kosten.
Zum richtigen Abstützen gehört natürlich auch das Unterlegen der Räder mit Steinen oder Holzkeilen, damit der Wagen beim Anheben nicht wegrollen kann.

Womit abstützen?

Hohlbocksteine haben sich als preisgünstige Abstützmöglichkeit erwiesen. Sie dürfen allerdings nicht feucht oder rissig sein, sonst könnten sie unter Belastung in sich zusammenbrechen. Zwischen Stein und Karosserie muß ein Brett gelegt werden, damit sich die Last gleichmäßg über den ganzen Stein verteilen kann. Der Hohlblockstein selbst muß mit den Öffnungen senkrecht auf ebenem und tragfähigem Grund (Beton oder Asphalt) stehen.
Unterstellböcke stellen eine ideale Ergänzung zum Rangierwagenheber dar. Bei allen anderen Hebern – und bei seitlich angesetztem Rangierheber – besteht allerdings die Gefahr, daß der auf der gegenüberliegenden Seite angesetzte Dreibeinbock zur Seite weggedrückt wird. Am günstigsten steht der Bock, wenn eines seiner Beine nach außen und zwei zur Wagenmitte hin zeigen. Böcke dürfen keine zu kleine Standfläche haben!
Auffahrrampen sind die schnellste Aufbockmöglichkeit, da kein Wagenheber gebraucht wird. Auch steht der Wagen dann absolut sicher.

Wagenheber

Wagenheber gibt es für jeden Geldbeutel und Einsatzzweck. Hier die verschiedenen Typen:
Bordwagenheber: Er nützt bei einem alten Fahrzeug, dessen Türschweller vom Rost geschwächt sind, nichts mehr. Im übrigen sollten Sie immer ein kleines Brett unterlegen, damit sich der Wagenheberfuß nicht in den Untergrund drücken kann.
Scherenwagenheber: Hiervon ist nur eine stabile Ausführung ratsam. Solch ein Wagenheber bewährt sich bei einem Fahrzeug, dessen Karosserie an den Anhebepunkten schon etwas morsch ist.
Hydraulischer Stempelwagenheber: Vor dem Kauf sollten Sie die Hubhöhe kontrollieren. Bei einer zu kurzen Ausführung werden die Räder nicht weit genug vom Boden abgehoben. Ein zu hoher Heber läßt sich erst gar nicht am Wagenboden ansetzen.
Rangierwagenheber: Für den Heimwerker gut geeignet ist ein kurzer, kleiner Rangierheber, der sich leicht verstauen läßt.

Links: An der Verstärkung im Wagenboden hinter dem vorderen Radkasten läßt sich ein Unterstellbock ansetzen. Passenden Holzklotz (Pfeil) zwischenlegen. Rechts: Zum Ansetzen des Wagenhebers sind an der Karosserie-Unterkante vorn und hinten Verstärkungsbleche (Pfeil) angebracht.

Fast reibungslos

Damit alles reibungslos läuft, muß kräftig geschmiert werden. Gemeint ist natürlich nicht die Politik, sondern der Motor unseres Wagens.

Was das Motoröl leistet

○ Aufgabe des Motoröls ist natürlich in erster Linie die Vermeidung der Reibung zwischen Zylindern und Kolben, an den Lagern und den Teilen des Ventiltriebs.
○ Ferner hilft das Öl, den winzigen Spalt zwischen Kolbenringen, Zylindern und Kolben abzudichten.
○ Auch bei der Kühlung des Motors hilft das Öl. Die an den Motorteilen aufgenommene Wärme gibt es über die Ölwanne an den Fahrtwind bzw. die Umgebungsluft ab.
○ Bei alledem darf das Motoröl auch bei hohen Temperaturen nicht verdampfen oder gar den Schmierfilm auf den gleitenden Teilen abreißen lassen.
○ Ruß und Schmutz muß das Öl binden und in der Schwebe halten, denn nur so bleibt der Motor innen sauber.
○ Zuletzt muß es noch die Eigenschaft besitzen, rückstandsarm zu verbrennen. Denn auch bei bester Abdichtung gelangen (was gewollt ist) geringe Ölmengen in den Brennraum.

Motorölstand prüfen

Ständige Kontrolle

● Den Peilstab sollten Sie nach jedem zweiten Volltanken ziehen. Dazu:
● Wagen auf waagrechtem Untergrund abstellen.
● Nach dem Abstellen des vorher warmgefahrenen Motors mindestens fünf Minuten warten, damit alles Öl in die Ölwanne abtropfen kann. Besser ist die Kontrolle vor dem ersten Start bei noch kaltem Motor.
● Peilstab ziehen, mit sauberem fusselfreien Lappen oder Papiertuch abwischen, bis zum Anschlag wieder hineinschieben, kurz warten und erneut herausziehen.
● An der Peilstabspitze können Sie nun den Ölstand ablesen: Der Pegel muß sich **zwischen den Markierungen** befinden; dann ist alles in Ordnung.
● Reicht die Schmiermittelmenge nur noch bis zur unteren Markierung, muß Motoröl nachgefüllt werden.

Darf man Öle mischen?

Die Motorölsorten aller Hersteller lassen sich ohne Gefahr mischen, auch Einbereichs- mit Mehrbereichsölen (siehe übernächste Seite). Diese Mischbarkeit ohne schädliche Folgen ist eine Grundforderung der internationalen Öl-Normen. Entscheidend ist lediglich, ob die **Spezifikation** (siehe rechts) ausreicht.

Fingerzeig: Wegen ihrer doch sehr unterschiedlichen Eigenschaften raten wir vom Mischen von Mineralöl mit synthetischem Öl ab, obwohl das theoretisch ohne nachteilige Folgen möglich sein muß.

Ölverbrauch

Ein Teil des Motoröls verbrennt bei seiner Schmiertätigkeit. Ölverbrauch ist also völlig natürlich. Gut eingefahrene Motoren kommen mit **0,2 Liter Öl auf 1000 km** aus, bei BMW gilt als **höchstzulässiger Wert** ein Verbrauch von **1,5 Liter je 1000 km**.

Ölverbrauch messen

Wenn Sie den Ölverbrauch auf den Hundertstel-Liter genau messen wollen, muß der Wagen jeweils auf einer absolut waagrechten Stelle stehen und der Motor mindestens fünf Minuten stillstehen.
Am einfachsten geht das vor dem ersten Start. Dann wird der Ölstand ganz genau angezeigt, und Sie müssen nicht einmal den Peilstab abwischen, da über Nacht alles Öl in die Ölwanne zurückgesickert ist.

Zu hoher Ölverbrauch

Wieviel Öl Ihr BMW verbraucht, hängt von folgenden Umständen ab:
○ Ölverlust wird häufig mit Ölverbrauch verwechselt. Bevor also der Ölverbrauch kritisiert wird, müssen erst die illegalen Ölquellen beseitigt werden (siehe Seite 33).
○ Wer Öl bis weit über die obere Peilstabmarke einfüllt, hat automatisch höheren Ölverbrauch, denn der übrige Schmierstoff wird zur Kurbelgehäuse-Entlüftung hinausgeblasen.
○ Dünnflüssiges Öl verbrennt schneller als dickflüssiges. Wenn das Einbereichsöl sehr heiß wird, fließt es »dünn wie Wasser«. Mehrbereichsöl bleibt dagegen dickflüssiger und kann so vor allem bei Langstreckenfahrern den Verbrauch senken.

○ Motoröl (vor allem Mehrbereichsöl), das zu lange im Motor bleibt, hat einen höheren Nachfüllbedarf.
○ Scharfe Fahrweise treibt nicht nur den Kraftstoffkonsum in die Höhe. Nach unseren Erfahrungen hängt auch der Ölverbrauch davon ab, ob bevorzugt in den höchsten Drehzahlen gefahren wird.
○ Einlaufvorgang noch nicht abgeschlossen (mindestens 5000 km).
○ Defekt im Motor; z. B. Ventilschaftabdichtungen defekt, Spiel zwischen Ventilführung und Ventilschaft zu groß, Kolbenringe falsch eingebaut oder schadhaft, beschädigte Zylinderwand durch Kolbenfresser.

Ihr Motor verbraucht kein Öl?

Im winterlichen Kurzstreckenbetrieb kann es vorkommen, daß der Ölstand steigt, statt wie normal leicht abzufallen. Sie haben dann nicht etwa eine Ölquelle entdeckt, sondern der Ölwanneninhalt wurde durch Kraftstoffkondensat verdünnt, das sich an den Kolbenringen vorbeigemogelt hat. Sie riechen den Benzingehalt im Öl sogar am herausgezogenen Ölpeilstab.
Die Schmiereigenschaften des Öls sind dadurch beträchtlich herabgesetzt. Ein zusätzlicher Ölwechsel zwischen den Intervallen (oft schon nach 3000 km) ist da kein Luxus, denn er kann Ihnen schwere Motorschäden ersparen. Der Ölfilter braucht dabei natürlich nicht gewechselt zu werden.
Bei geringerer Ölverdünnung kann auch eine längere Fahrt Ölstand und Schmierfähigkeit des Öls wieder ins Lot bringen. Bei Öltemperaturen über 100°C verdunsten die Kondensatanteile nach etwa einer halben Stunde. Wichtig ist jetzt die sofortige Ölstandskontrolle! Durch die Verdunstung kann der Ölpegel gefährlich weit absinken.

Die Ölqualität

Ölspezifikationen

Die veraltete Qualitätsbezeichnung »HD-Öl«, die immer noch vereinzelt auftaucht, wurde schon vor vielen Jahren nach und nach durch tiefergreifende Ölspezifikationen ersetzt, die von verschiedenen Institutionen nach unterschiedlichen, aber letztlich doch ähnlichen Prüfbedingungen erstellt wurden. Mit Erfolg geprüfte Öle dürfen als Qualitätsnachweis die erreichte Spezifikation auf der Verpackung tragen.
Die Qualitätsprüfungen führen zum Beispiel durch: Das American Petroleum Institute (API), die Vereinigung der Automobilhersteller der Europäischen Gemeinschaft (CCMC) und das US-Militär (MIL).
Egal, ob Sie das Motoröl an der Tankstelle oder im Supermarkt kaufen, auf der Verpackung muß mindestens **eine** der geforderten Ölspezifikationen aufgedruckt sein:

Die richtige Ölspezifikation

BMW gibt für seine Benzinmotoren ausdrücklich nur die folgenden Ölspezifikationen frei:
○ API SE ○ API SF
○ CCMC–G1 ○ CCMC–G2
Ist das Öl mit einer dieser Spezifikationen gekennzeichnet, können Sie unbesorgt zugreifen – auch wenn es wesentlich billiger ist als gleichartiges, bekanntes Markenöl.

Zähflüssigkeit des Öls

Damit der Anlasser den kalten Motor durchdrehen kann, darf das Öl keinen großen Widerstand dagegensetzen. Außerdem soll es schnellstmöglich an die Schmierstellen gelangen; dazu muß es dünnflüssig sein. Bei hohen Temperaturen und Drehzahlen muß der Schmiersaft dagegen ausreichend zäh sein, damit der Schmierfilm nicht abreißt. Das Mineralöl ist leider umgekehrt veranlagt. Bei Kälte ist es zäh, mit zunehmender

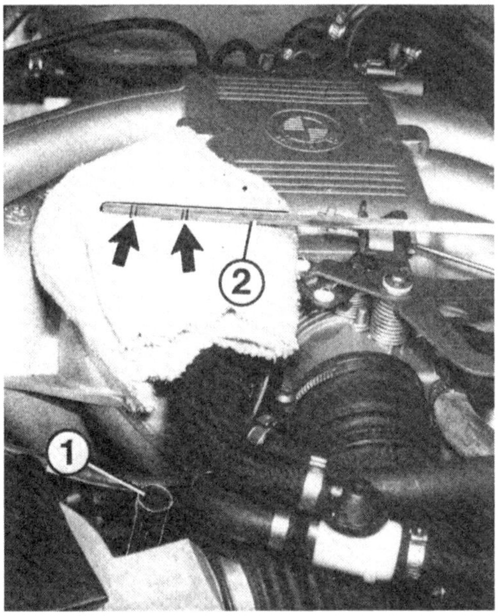

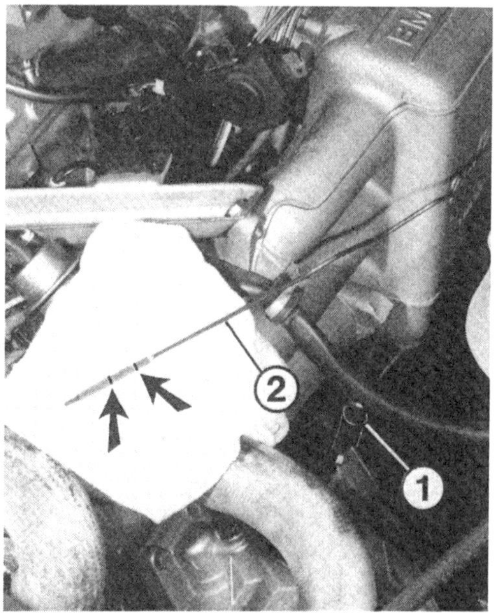

Zur Ölstandskontrolle wird der Peilstab (2) aus dem Führungsrohr (1) an der linken Motorseite gezogen. Der Pegel muß sich zwischen den Marken (Pfeile) an der Peilstabspitze befinden. Genau ist die Messung nur, wenn der Wagen auf waagrechtem Untergrund steht.
Links der 520i bzw. 525e, rechts 525i/528i.

Erwärmung dagegen leichtflüssig. Das Öl und die vorherrschenden Betriebstemperaturen des Motors müssen daher genau aufeinander abgestimmt werden. Es gibt Öle, die bei Zimmertemperatur dick wie Sirup oder dünn wie Saft sind. Das Fließverhalten, also die Dick- oder Dünnflüssigkeit, wird durch die Viskositätsklasse angegeben.
Die entsprechenden Klassen wurden von der amerikanischen **S**ociety of **A**utomotive **E**ngineers (SAE) festgelegt. Die Viskositätsklassen reichen von den Winterölen SAE 5 W, 10 W, 15 W über die Übergangsstufe SAE 20 W/20 zu den Sommerölen SAE 30, 40 und 50.

Einbereichs- und Mehrbereichsöle

○ Am billigsten ist Einbereichsöl. Für einwandfreie Motorschmierung muß es entsprechend der Jahreszeit dick- oder dünnflüssiger sein. Das bedeutet, daß im Herbst Winteröl und im Frühjahr Sommeröl in den Motor gefüllt werden muß.
○ Wesentlich aufwendiger in der Herstellung und deshalb auch teurer ist Mehrbereichsöl. Es besitzt Viskositätsindex-(VI-)Verbesserer – lange Molekülketten, die beim Erhitzen quellen und beim Abkühlen wieder schrumpfen. Das Öl kann sich damit den Temperaturen elastisch anpassen und mehrere Viskositätsklassen überspannen. Ein Öl SAE 15 W-50 entspricht bei einer Temperatur von –15°C der Zählflüssigkeitsklasse 15 W und bei 100°C der Klasse 50.
Problematisch ist bei manchen Mehrbereichsölen, daß die Molekülketten ihrer Viskositäts-Verbesserer mit der Zeit regelrecht kleingehackt (abgeschert) werden können. Dann ist die obere Zähflüssigkeitsklasse nicht mehr voll erhalten, das Öl also nicht mehr so temperaturbeständig. Aus diesem Grund sind Mehrbereichsöle der Klassen SAE 5 W-20, 5 W-30, 10 W-30, 10 W-40 und 10 W-50 in der warmen Jahreszeit für die BMW-Motoren nicht freigegeben.

Die richtige Ölviskosität

Bei welchen Temperaturen der BMW-Motor welche Öl-Zähflüssigkeit verlangt, zeigt die **Tabelle rechts oben.** Der Blick in die Tabelle macht klar, daß BMW ausdrücklich auch das preiswertere Einbereichsöl freigibt. Das ist eine ausgesprochene Sparmöglichkeit, wenn Sie Ihren Wagen nicht dauernd bis zur Leistungsgrenze beanspruchen.

Das richtige Motoröl für den BMW

Hier die Zusammenfassung der beiden entscheidenden Kriterien für den Kauf des richtigen Motoröls. Das Öl muß haben:
○ Die richtige **Ölspezifikation** (siehe Vorseite). Etikettenschwindel auf der Packung ist da äußerst selten, denn die Ölfirmen überwachen sich gegenseitig.
○ Die richtige **Ölviskosität** (Zähflüssigkeit). Sie hängt von der überwiegenden Außentemperatur ab und kann aus der Tabelle rechts oben entnommen werden.
Andere Faktoren, wie Ölpreis oder Herkunft, sagen nichts über die Verwendbarkeit aus!

Leichtlauföle

Leichtlauf- oder Benzinsparöle sind teurer als herkömmliche Mehrbereichsöle. Die in kaltem Zustand sehr dünnflüssigen Leichtlauf-Schmierstoffe verringern vor allem in der Warmlaufphase und im Kurzstreckenverkehr die innere Reibung im Motor, setzen ihm also weniger Widerstand entgegen. Man kann realistisch mit einer Benzinverbrauchs-Einsparung von rund 3% rechnen. Diese Ersparnis macht sich nur bei einem Motor bezahlt, der einen geringen Ölverbrauch hat.
BMW gibt Leichtlauföle nur für Außentemperaturen von –30° bis +30°C frei, was für die hiesigen Klimaverhältnisse völlig ausreichend ist. Kurzfristige Überschreitungen der Temperaturgrenzen werden toleriert. Genauer nimmt man die Auswahl der Leichtlauf-Schmierstoffe: Sie müssen der Qualitätsstufe CCMC–G3 entsprechen und vom BMW-Kundendienst freigegeben sein. Die Freigabeliste liegt dem BMW-Händler vor; einen Auszug aus der Tabelle finden Sie auf Seite 268.

Alles über den Ölwechsel

Wo Öl wechseln?

○ In den Werkstätten kostet der Ölwechsel nach unseren Erfahrungen das meiste Geld, weil nur sehr teure Ölsorten vorrätig sind. Außerdem ist der Motor oft schon wieder kalt, bis das alte Öl abgelassen wird, so daß nicht aller Schmutz herausgeschwemmt wird. Manche Werkstätten berechnen die Arbeit für den Ölwechsel zusätzlich zum Ölpreis.
○ An Tankstellen kommt der Wagen dagegen meist sofort dran. Sie können auch ein billigeres Öl aus dem Tankstellenverkaufsprogramm auswählen, und im Ölpreis ist die Arbeit des Tankwarts inbegriffen.
○ Gegen den SB-Ölwechsel mit Absauggerät an der Tankstelle bestehen keine Bedenken, vorausgesetzt der Ölfilter wird ebenfalls ausgetauscht.
○ Ölwechsel zu Hause lohnt sich, wenn Sie das Öl preisgünstig einkaufen (Zubehörhandel, Großmarkt, Warenhaus oder Mitnahme-Öl an der Tankstelle).

Die Grafik zeigt die Verwendbarkeit der verschiedenen Motoröl-Viskositäten in Abhängigkeit der Außentemperatur. Für unsere Benzinmotoren gelten jedoch nur die hellen Balken. Die dunklen haben nur für den Dieselmotor Gültigkeit. Unter »Spez. Oil« (unterer Balken) versteht man die von BMW namentlich freigegebenen Leichtlauföle.

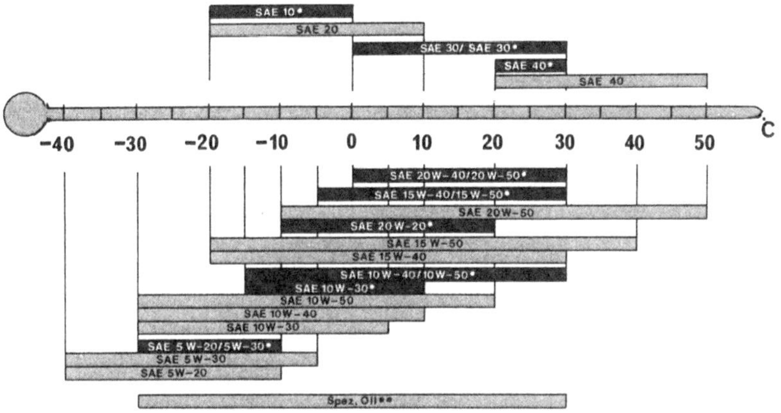

Wie oft Öl wechseln?

Die Service-Intervallanzeige gibt die Ölwechsel-Abstände, abhängig von der Fahrzeugnutzung, recht realistisch an. Es gibt kaum Veranlassung, die Intervalle nach eigenem Gutdünken zu verändern.
Lediglich im Winter kann es durch Kraftstoffkondensat im Öl erforderlich sein, einen zusätzlichen Ölwechsel zwischenzuschieben. Für diesen Fall kann man sich natürlich den Wechsel des Ölfilters sparen.
Wer sich in seinen Wartungsgewohnheiten nicht nach der Service-Intervallanzeige orientiert, ist als Langstreckenfahrer nicht schlecht beraten, den Ölwechsel alle 12 500 km durchzuführen. Bei vorwiegenden Kurzstreckenfahrten muß das Intervall dagegen noch unter 7500 km gelegt werden. An Wagen mit noch geringerer Jahresfahrleistung sollte wenigstens einmal im Jahr das Öl gewechselt werden.

Was wird gebraucht?

Folgende »Zutaten« benötigen Sie zum Ölwechsel.
○ Auffanggefäß für das Altöl. Ein alter Ölkanister mit herausgeschnittener Seitenwand oder eine ausgediente Spülschüssel leisten hier gute Dienste.
○ Eine Ölkanne vereinfacht das Einfüllen des neuen Motoröls.
○ Ein Altölkanister dient zum Wegschaffen des Altöls.
○ Motoröl darf natürlich nicht fehlen. Nach den Spezifikationen auf Seite 19 kann es (meist im 5-Liter-Kanister) preisgünstig eingekauft werden.
○ **520i und 525e:** Ein Ölfilter, z.B. BMW Et-Nr. 11421258039, Bosch 0451103050, Fram PH 46 A, Mann W 712/6, Knecht AW 14 oder Purolator PC 201.
○ **525i und 528i:** Eine Ölfilterpatrone, z.B. BMW Et-Nr. 11421267268, Bosch 1457429745, Fram CH 2965, Mann H 930/2, Knecht AF 50 oder Purolator PM 2433.
○ **Nur 520i, 525e:** Ein Spannbandschlüssel zum Lösen des Filters.
○ Eine neue Dichtung für die Ölablaßschraube.

Wohin mit dem Altöl?

Das beim Ölwechsel anfallende Altöl muß ordnungsgemäß beseitigt werden. Wer es einfach im Erdreich versickern läßt, vergräbt oder in die Kanalisation schüttet, verunreinigt das Grundwasser, gefährdet die Trinkwasserversorgung und muß mit hohen Geldstrafen rechnen. Altöl kann man kostenlos dort abgeben, wo man Motoröl kauft (Quittung aufbewahren!) oder bei einer nahegelegenen Altölsammelstelle. Deren Adresse erfahren Sie von der Gemeindeverwaltung, der örtlichen Polizei oder einer Autoclub-Geschäftsstelle.

Fingerzeig: Der alte Ölfilter darf nicht in die Mülltonne wandern, sondern muß – wie übrigens auch

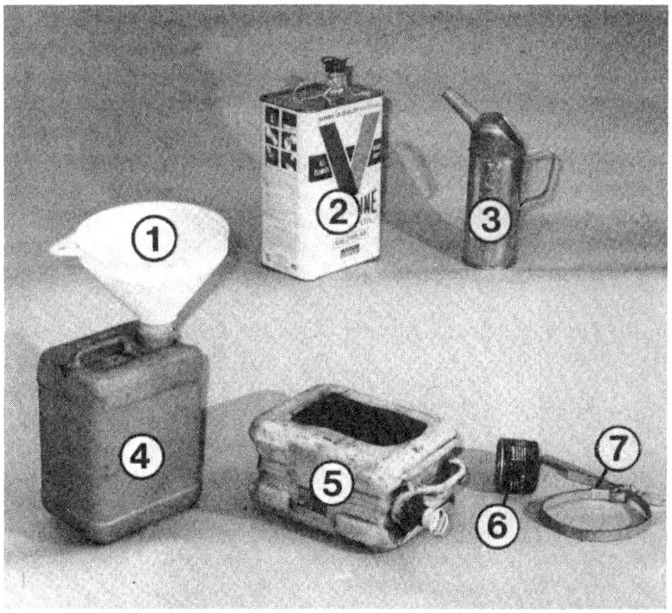

Ausstattung für den Heimwerker-Ölwechsel:
1 – Trichter zum Umfüllen des Altöls;
2 – Motoröl in ausreichender Menge;
3 – Öleinfüllkanne;
4 – Altölkanister;
5 – Ölkanister mit herausgeschnittener Seitenwand zum Auffangen des Ablaßöls;
6 – Ölfilter;
7 – Spannbandschlüssel zum Lösen des Ölfilters.

Die Ölablaßschraube (Pfeil) sitzt in Fahrtrichtung rechts an der Ölwanne. Zum Lösen ist ein Ringschlüssel das am besten geeignete Werkzeug.

ölgetränkte Lappen – zum Sonder-Müll gegeben werden. Die Adresse der Sammelstelle erfahren Sie von der Gemeindeverwealtung.

Motoröl und Ölfilter wechseln

Wartung Nr. 1

- Öl nur bei betriebswarmem Motor wechseln! Deshalb den Wagen evtl. warmfahren.
- Den BMW möglichst waagrecht aufbocken (abstützen!) oder über eine Rampe fahren.
- Geeignetes Gefäß (siehe Bild auf der Vorseite) unter die Ölwanne stellen.
- Ablaßschraube mit Ringschlüssel öffnen, Öl auslaufen lassen. Vorsicht, es ist heiß!
- Haben Sie den Wagen nur vorn aufgebockt, sollten Sie ihn zum völligen Auslaufenlassen des Altöls nochmals ablassen. Aufpassen, daß dabei das Auffanggefäß nicht beschädigt wird oder umkippt.
- Auffanggefäß unter den Ölfilter stellen.
- **520i, 525e:** Ölfilter mit dem im Bild unten gezeigten Bandschlüssel lösen.
- Bei sehr festsitzendem Filter einen scharfen Schraubenzieher durch das Blechgehäuse des Filters treiben (Vorsicht, heißes Öl läuft aus) und Filter mit dem Schraubenzieher losdrehen.
- Dichtring am neuen Ölfilter mit etwas Fett einreiben. Kein Öl nehmen, das bei der Sichtkontrolle zum Schluß oft fälschlicherweise für austretendes Öl gehalten wird.
- Filter ohne irgendwelches Werkzeug von Hand festdrehen.
- **525i, 528i:** Zentrale Schraube oben am Filterhalter losdrehen, dabei Ölfiltergehäuse festhalten, damit es nicht nach unten fällt.
- Ölfiltergehäuse abnehmen, Inhalt zum Altöl schütten, Filtereinsatz auswechseln.
- Beim Zusammenbau Zentralschraube mit 30–35 Nm anziehen.
- Ölablaßschraube sauberreiben und mit neuem Dichtring eindrehen; nicht anknallen, sonst wird das Führungsgewinde in der Ölwanne beschädigt.
- Öl einfüllen (siehe Tabelle rechts oben).
- Motor kurz laufen lassen, Öldichtheit kontrollieren.

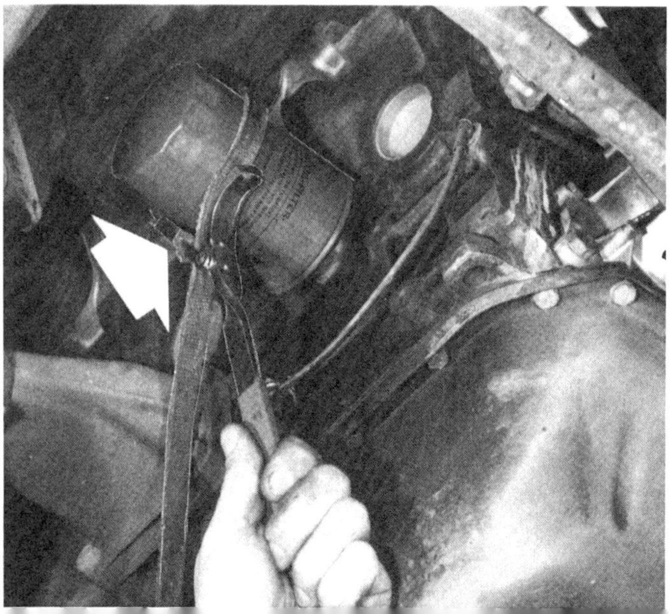

So wird der Ölfilter (Pfeil) beim 520i/525e mit dem Spannbandschlüssel losgedreht.

Beim 525i/528i kann das Ölfiltergehäuse (3) nach Lösen der Zentralschraube (1) vom Halter (2) an der linken Motorseite abgenommen werden.

Die Ölfüllmenge

Modell	520i, 525e	525i, 528i
Ölfüllmenge ohne Filterwechsel[1)]	4,0 Liter	5,0 Liter
Ölfüllmenge mit Filterwechsel	4,25 Liter	5,75 Liter

[1)] nur bei Ölwechsel zwischen den Intervallen

Ölstand im Schaltgetriebe kontrollieren

Wartung Nr. 38

Im Getriebe wird das Schmiermittel nicht wie im Motor verbraucht, sondern kann allenfalls durch undichte Stellen ins Freie gelangen. Zeigt das Getriebegehäuse von außen keine öldurchtränkte Schmutzkruste, ist nicht mit Ölverlust zu rechnen. Wer's genau wissen will, macht die Probe an der Kontroll- und Einfüllschraube (siehe Bild unten):

- Fahrzeug waagrecht aufbocken.
- Innensechskantschraube SW 17 (beim 525e: Sechskantschraube) herausdrehen.
- Läuft nun bereits etwas Getriebeöl heraus, stimmt der Ölstand.
- Ansonsten Finger in das Schraubengewinde stecken und fühlen, ob die Schmierflüssigkeit bis an die Öffnung heranreicht: Ausreichender Ölstand.
- Bei größerem Ölmangel an der Tankstelle oder in der Werkstatt die vorgeschriebene Getriebeölsorte einfüllen lassen.

Die richtige Getriebeölsorte

Für den BMW kommt nur Getriebeöl der Viskositätsklasse **SAE 80** mit der Spezifikatikon **MIL – L – 2105 A** oder **API GL 4** (also kein Hypoidöl) in Betracht. Eine Auswahl der zugelassenen Öle finden Sie auf Seite 268. Steht dieses Öl nicht zur Verfügung, kann notfalls auch Einbereichs-Motorenöl SAE 20, 30 oder 40 eingefüllt werden (Spezifikation API SE oder SF). Synthetik-Öl darf es dagegen nicht sein.
Andere Vorschriften gelten für den **BMW 525e** mit Schaltgetriebe: Dieses Getriebe darf nur mit dem

Die Ölkontrollschraube (1) für das Schaltgetriebe sitzt in Fahrtrichtung rechts in halber Höhe des Getriebegehäuses. Die Ablaßschraube (2) hat ihren Platz unten am Getriebe.
Zur Erinnerung, daß beim 525e ein anderes Getriebeöl eingefüllt wird, besitzt dieser Wagen statt der sonst üblichen Inbusschrauben (Bild) an dieser Stelle Schrauben mit Außensechskant.

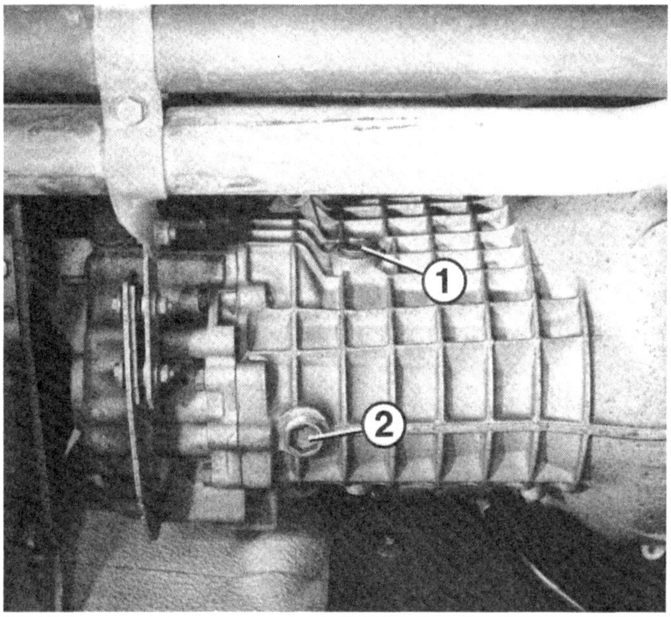

synthetischen Getriebeöl Mobil SHC 630 befüllt werden. Damit keine Falschbefüllung erfolgt, ist die Einfüllschraube mit einem Außensechskant SW 17 versehen und neben der Einfüllöffnung ein giftgrüner Aufkleber angebracht.

Getriebeöl wechseln

Wartung Nr. 42

Anläßlich der »Inspektion II« ist beim BMW ein Getriebeölwechsel fällig. Für diese Arbeit sind Sie an der Tankstelle oder in der Werkstatt am besten aufgehoben. Dort verfügt man über die nötige Einfüllvorrichtung, und das Öl braucht nicht erst umständlich ins Getriebe bugsiert zu werden.

Wer dennoch an Selbsthilfe denkt, verfährt so:

- Bei betriebswarmem Getriebe Ablaßschraube (Innensechskant 17 mm; 525e: Außensechskant) öffnen und Öl ablaufen lassen.
- Ablaßschraube wieder eindrehen, aber nicht zu fest »anknallen«.
- **1,0–1,6 Liter** Getriebeöl (je nach Version) durch die Einfüll- und Kontrollöffnung gießen.
- Zum Einfüllen des Öls eignet sich ein Schlauch mit etwa 20 mm Außendurchmesser, auf den ein Trichter gesteckt ist. Schlauch durch den Motorraum zur Einfüllöffnung führen. Öl zum leichteren Einfüllen etwas anwärmen.
- Das Getriebe ist richtig befüllt, wenn das Öl bei waagrecht stehendem Wagen **bis zur Unterkante** der Einfüllbohrung reicht.
- Einfüllschraube eindrehen. Nicht zu fest »anknallen«, da konisches Gewinde.

ATF-Stand im automatischen Getriebe kontrollieren

Ständige Kontrolle

Die Getriebeautomatik ist mit einer synthetischen Flüssigkeit namens **A**utomatic **T**ransmission **F**luid befüllt. Sie dient als Schmiermittel und zur Steuerung des hydraulischen Drucks im Getriebe.

Der BMW-Kundendienst hat eine große Anzahl ATF-Flüssigkeiten mehr oder minder bekannter Hersteller »freigegeben«; eine Liste liegt jedem BMW-Händler nach aktuellem Stand vor. Auf Seite 268 finden Sie die Zusammenstellung der bekanntesten Marken.

- Die ATF soll zur Prüfung mindestens 80°C haben; es muß also eine Fahrt von zumindest einer halben Stunde vorausgegangen sein. Die Flüssigkeitsmenge verändert sich temperaturabhängig, und deshalb wird in kaltem Zustand zu wenig oder gar nichts angezeigt.
- Handbremse anziehen und Wählhebel in Stellung »P« oder »N« legen. Motor im Leerlauf drehen lassen.
- Peilstab in Fahrtrichtung links hinten am Motor herausziehen und mit einem sauberen, völlig fusselfreien Lappen abwischen.
- Meßstab einschieben und wieder herausziehen. Das Niveau muß zwischen oberer und unterer Marke abzulesen sein. **0,25–0,4 Liter** (je nach Getriebeversion) Flüssigkeitsdifferenz zeigen die Markierungen.
- Die ATF am Peilstab darf nicht verbrannt riechen, sonst liegt ein Getriebeschaden vor.
- Bei zu niedrigem Flüssigkeitsstand sollte nicht einfach ATF nachgefüllt werden, sondern das Getriebe auf Undichtigkeiten hin kontrolliert werden. Notwendige Abdichtarbeiten sollten Sie der Werkstatt überlassen.
- Wurde versehentlich zu viel ATF eingefüllt, muß die Mehrmenge durch die Peilstaböffnung abgesaugt oder durch die Ablaßschraube unten am Getriebe abgelassen werden. Bei zu hohem ATF-Stand schleifen die Bremsbänder des Getriebes und nehmen Schaden.

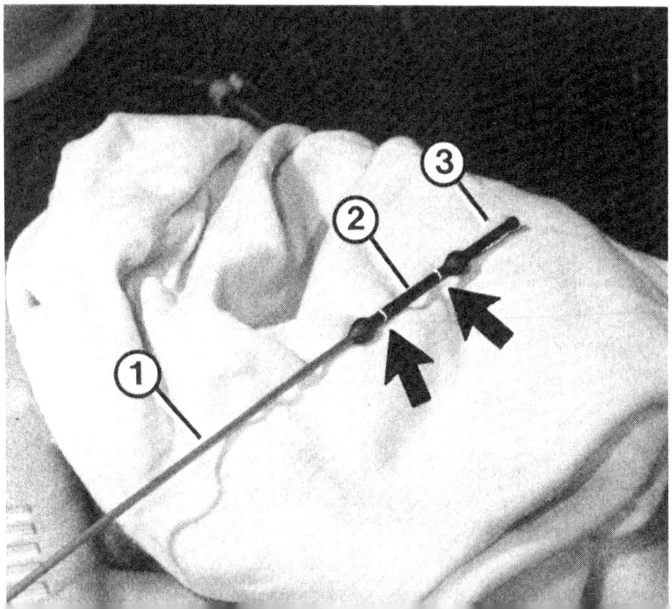

Zur Kontrolle des ATF-Stands bei automatischem Getriebe wird der Peilstab (1) aus dem Führungsrohr (4) hinten links im Motorraum gezogen. Bei warmer ATF muß sich der Flüssigkeitsstand im normalen Meßbereich (2) zwischen den Markierungen (Pfeile) abzeichnen. Neuere Peilstäbe besitzen eine Verlängerung (3), auf der der Pegel auch bei kalter ATF abzulesen ist.

Am Hinterachsgetriebe sind die Öleinfüllschraube (1) und die Ölablaßschraube (2) gut zugänglich.

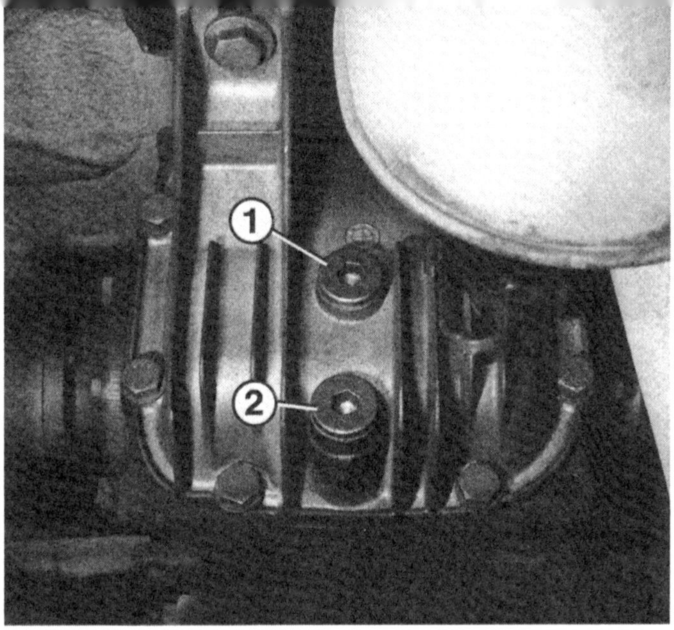

Fingerzeig: Seit 2/85 besitzen die Automatik-Modelle einen nach unten verlängerten ATF-Peilstab (siehe Bild links unten). So kann der ATF-Stand auch schon nach einer kurzen Probefahrt abgelesen werden. 40°C Flüssigkeitstemperatur sind schnell erreicht – der ATF-Stand soll dann auf jeden Fall schon über der Meßstab-Spitze ablesbar sein. Die neueren Peilstäbe können auch in ältere Getriebe nachgerüstet werden.

ATF wechseln

Wartung Nr. 43

Mit jeder »Inspektion II« wird der Wechsel der ATF im automatischen Getriebe fällig. Dazu wird die alte ATF abgelassen oder abgesaugt. Gleichzeitig muß die Ölwanne gereinigt und das Ölsieb gewechselt werden – eine Arbeit für die BMW-Werkstatt.

Ölstand im Hinterachsantrieb kontrollieren

Wartung Nr. 39

Sind am Hinterachsantrieb keine Ölspuren zu sehen, kann davon ausgegangen werden, daß der Ölstand stimmt. Genaueren Aufschluß gibt die Prüfung:

- Öleinfüllschraube des Hinterachsgetriebes (Bild oben) bei genau waagrecht stehendem Wagen herausdrehen (Innensechskant 10 mm).
- Läuft etwas Öl heraus oder reicht der Flüssigkeitsspiegel genau bis zur Unterkante der Kontrollöffnung, ist alles in Ordnung.
- Ist der Ölstand beträchtlich gesunken, ist mit einer Undichtigkeit zu rechnen (ölverschmiertes Gehäuse?).
- Hinterachsgetriebe abdichten und Ölstand ergänzen lassen.

Öl für das Hinterachsgetriebe

Für das Hinterachsgetriebe schreibt BMW »**Marken-Hypoid-Getriebeöl SAE 90**« vor. Eine Zusammenstellung der freigegebenen Öle von bekannten Herstellern finden Sie auf Seite 268.

Öl im Hinterachsantrieb wechseln

Wartung Nr. 44

Wie beim Getriebe ist auch am Hinterachsantrieb zu jeder »Inspektion II« ein Ölwechsel fällig. Den macht die Werkstatt weit müheloser als der Selbsthelfer. Die Arbeit verläuft so:

- Wagen etwa 15 Minuten fahren, damit das Öl im Hinterachsgetriebe warm wird.
- Einfüll- und Ablaßschraube mit Innensechskantschlüssel 10 mm öffnen (siehe auch Bild oben) und Öl ablassen.
- Beide Schrauben – sie sind magnetisch – von evtl. anhaftenden Metallspänen reinigen.
- Ablaßschraube wieder eindrehen und Öl einfüllen. Es werden **1,7 Liter** gebraucht.
- Einfüllschraube nicht vergessen!

Flüssigkeitsstand der Servolenkung kontrollieren

Ständige Kontrolle

Die Servolenkung besitzt eine ATF-Dauerfüllung – man braucht damit zwar nicht an einen regelmäßigen Wechsel zu denken, wohl aber an die laufende Füllstandskontrolle.

520i/525e: Zur Kontrolle des Flüssigkeitsstands im Vorratsbehälter (2) der Servolenkung ist am Behälterdeckel (1) ein Peilstab angebracht.

● **520i, 525e:** Bei **stehendem** Motor Deckel des Vorratsbehälters der Servolenkung (Bild oben) abschrauben.

● Den im Deckel angebrachten Peilstab abwischen, Deckel jetzt nur lose auf den Behälter auflegen, damit der Meßstab eintaucht.

● Flüssigkeitsstand am wieder herausgenommenen Peilstab ablesen: Das Niveau soll sich zwischen den beiden Markierungen befinden.

● Stimmt der Pegel nicht, Motor starten und langsam ATF (siehe folgenden Abschnitt) nachgießen, bis der Füllstand die richtige Höhe hat. Dazu zwischendurch nachmessen.

● Nach dem Abstellen des Motors kann das Niveau 5 mm über die obere Marke ansteigen. Das ist normal.

● Deckel zuschrauben.

● **525i, 528i:** Die Flüssigkeitsreserve der Servolenkung dient auch der Bremskraftunterstützung (hydraulischer Bremskraftverstärker – Seite 137).

● Zur Kontrolle bei **stehendem** Motor Rändelschraube lösen, Deckel abnehmen.

● Bremspedal mehrmals betätigen, bis im Pedal Widerstand spürbar wird und der Ölstand im Behälter nicht mehr weiter ansteigt (ca. 10 Mal).

● Bis **ca. 10 mm** unter der Behälter-Oberkante (Marke) soll der Flüssigkeitsstand jetzt reichen.

● Stimmt der Pegel nicht, bei stehendem Motor ATF (siehe folgenden Abschnitt) nachgießen.

● Deckel aufsetzen, Rändelschraube von Hand festziehen, Dichtheit bei laufendem Motor prüfen.

ATF für die Servolenkung

Als Hydraulik-Flüssigkeit für die Servolenkung dient ATF – genauso wie beim automatischen Getriebe. Doch BMW akzeptiert nicht alle Fabrikate. Einen Auszug aus der Freigabeliste, die jedem BMW-Händler vorliegt, finden Sie auf Seite 268.

Zündverteiler schmieren

Wartung Nr. 30

Bei Fahrzeugen ohne Motronic – also beim 520i ohne Katalysator, beim 525i und beim 528i – sollte der Zündverteiler gelegentlich geschmiert werden.

Beim 525i/528i muß zur Kontrolle des Flüssigkeitsstands im Vorratsbehälter (1) der Hydraulikanlage zuerst die Rändelschraube (3) gelöst und dann der Behälterdeckel (2) abgenommen werden.

Nach Zerlegen des Verteilers kann der Schmierfilz in der Verteilerwelle mit etwas Haushaltsöl oder Schmierspray versehen werden.

- Verteilerdeckel, -finger und Staubschutzdeckel abnehmen, siehe Seite 188.
- Zwei Tropfen Haushalts- oder Motoröl in den Schmierfilz der hohlgebohrten Verteilerwelle träufeln. Den Schmierfilz zeigt das Bild oben.

Züge, Gelenke und Schlösser schmieren

Wartung Nr. 31

Beim Durchführen dieses Wartungspunkts gilt folgende Faustregel: An Scharnieren und Gelenken mit engen Durchgängen, in die kein Fett eindringen kann, ist Öl oder Schmierspray günstiger. Gegeneinander reibende Flächen werden besser gefettet oder mit einer Schmierpaste behandelt, da diese Gleitstoffe besser haften.

Türen und Kofferaumdeckel

- Die Türscharniere sind beim BMW wartungsfrei. Trotzdem sind sie gelegentlich für einen Spritzer Öl dankbar.
- Die Schloßfallen an Türen und Kofferraumdeckel bzw. Heckklappe können mit etwas Sprühfett behandelt werden.
- Die Kofferraumdeckelscharniere besprühen Sie mit etwas Öl. Lappen dahinterhalten!

Schließzylinder

- Sprühen Sie spätestens zu Beginn der kalten Jahreszeit etwas Rostlöser-Isolierspray (siehe Seite 262) in den Schlüsselschlitz. Es schmiert, verdrängt Feuchtigkeit und schützt vor Rost sowie Einfrieren im Winter.

Motorhaube

- Die Motorhaubenscharniere erhalten etwas Öl oder Schmierspray, ebenso das Haubenschloß und die Gleitbahnen der beiden Haubenrasten an der Hinterkante der Motorraumklappe.
- An das Ende des Hauben-Entriegelungszugs ist nur nach Abnehmen der Scheinwerfereinheit links heranzukommen. Deshalb wird er nur geschmiert, wenn er durch Schwergängigkeit auffällt.

Schiebedach

- Gleitschienen des Schiebedaches sauberreiben.
- Schienen mit Silikonpaste oder -spray fetten.

Gasbetätigung schmieren

Wartung Nr. 29

- Von einem Helfer bei ausgeschaltetem Motor das Gaspedal durchtreten lassen.
- An allen sich hierbei bewegenden Stellen die eventuell anhaftende Schmutzkruste abreiben und anschließend etwas Öl ansprühen, während ein Helfer ein paar Mal das Gaspedal durchtritt.
- Dem Gaszug kann es nicht schaden, wenn zusätzlich etwas Öl von vorn in seine Hülle gesprüht wird.

Sechs Richtige

Für eine gediegene Reiselimousine wie den 5er-BMW sind die Sechszylindermotoren mit ihrer schon sprichwörtlichen Laufkultur wie geschaffen. Wir haben es hier gleich mit zwei grundverschiedenen Motorentypen zu tun: dem »kleinen« Sechszylinder, der werksintern »M 20« genannt wird, und seinem größeren Bruder, dem »M 30«.

Der M-20-Motor

Es begann damit, daß die BMW-3er-Reihe in den späten 70er Jahren mit einem Sechszylindermotor ausgestattet werden sollte. Das war nicht ganz so einfach, denn dazu war erst eine Neuentwicklung nötig. Denn der »große« Sechszylinder – entstammend aus der heute schon historischen Modellreihe 2500–3,0 Si – war um einiges zu groß und zu schwer für die Verwendung in einem relativ kleinen Auto wie dem 3er.
Es mußte ein kompakteres, leichteres und billigeres Triebwerk her. Nach genannten Maßgaben entstand ein »kleiner« Sechszylinder für einen Hubraum von 2,0 bis 2,3 und später sogar 2,7 Liter Hubraum. 30 kg weniger Gewicht, Zahnriemen für den Antrieb der Nockenwelle (statt Steuerkette) und eine gegossene statt einer geschmiedeten Kurbelwelle sind seine Merkmale, als er 1977 erstmals in der damaligen 3er-Reihe debütiert und zum gleichen Zeitpunkt im BMW 520 den Vierzylinder ersetzt. M 60 wurde die Maschine damals werksintern genannt. Später, mit Einführung der zweiten BMW-3er-Generation, erhielt der Motor die Bezeichnung M 20.

Der eta-Motor auf Basis des M 20

Außenseiter der Motorenreihe ist der sogenannte eta-Motor des 525e. Zielsetzung dieser Motorenauslegung war es, bei unveränderten Fahrleistungen (Vergleichsmodell ist der 520i) den Verbrauch an Kraftstoff so weit als möglich zu senken. Dabei fand eine Abkehr von der sonst BMW-üblichen Motorenphilosophie statt: Anstelle hoher Leistung wurde gutes Durchzugsvermögen bei niedrigem Drehzahlniveau angestrebt. Die wichtigsten Maßnahmen im einzelnen:

- Hubraumvergrößerung auf 2,7 Liter
- Verlängerung der Saugrohre
- Anpassung der Ventilsteuerzeiten
- Verminderung der Reibung durch weniger Nockenwellenlager und geringere Ventilfederkräfte
- Hohe Verdichtung beim Motor ohne Katalysator

Der M-30-Motor

Der »große« Sechszylinder zählt zu den klassischen BMW-Motoren. In unserer Baureihe ist der 525i und der 528i (sowie der hier nicht behandelte M 535i) damit bestückt. Geschichtlich gesehen geht das Triebwerk auf das Jahr 1968 zurück, als es im damals neuen BMW 2500/2800 vorgestellt wurde. Verwendung findet diese

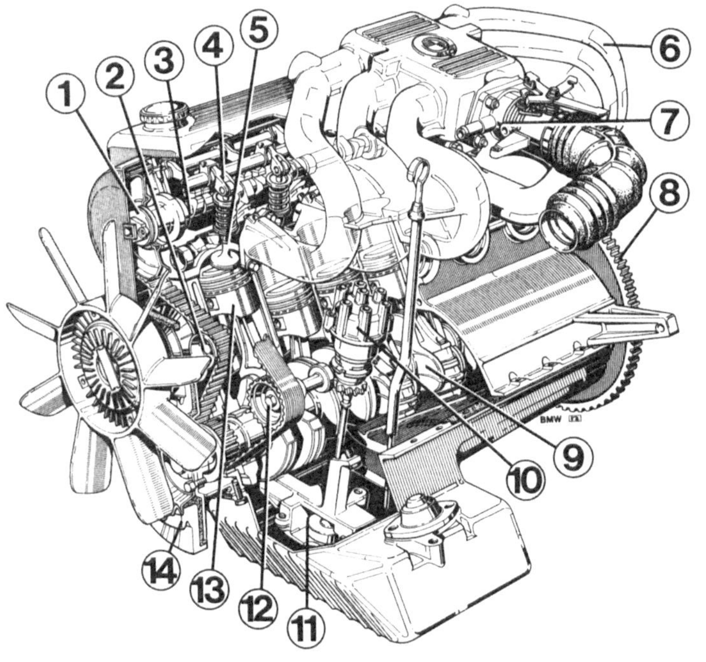

Blick in den M-20-Motor:
1 – Nockenwellen-Zahnriemenrad;
2 – Zahnriemenspannrolle;
3 – Nockenwelle;
4 – Kipphebel;
5 – Ventil;
6 – Ansaugkrümmer;
7 – Drosselklappenstutzen;
8 – Schwungrad;
9 – Kurbelwelle;
10 – Verteiler;
11 – Ölpumpe;
12 – Nebenwellen-Zahnriemenrad;
13 – Kolben;
14 – Schwingungsdämpfer mit Keilriemenscheibe.

Maschine bis hin zur zweiten 7er-Generation (vorgestellt 1986) und zur dritten 5er-Generation (vorgestellt 1987).
Von seinen Konstruktionsmerkmalen her ist der Motor mit den alten Vierzylindern verwandt, aus denen er auch abgeleitet wurde. Besondere Merkmale: Die Nockenwelle wird von einer Kette angetrieben, die Ölpumpe unten in der Ölwanne ebenfalls. Doch sie besitzt eine eigene Kette.

Motordaten

Hier die Übersicht, welche Motoren unserer 5er-Reihe hier im Buch behandelt sind:

Typ	520i	520i	520i	520i Kat	525e
Motor	M 20	M 20	M 20	M 20	M 20
Bauzeit	bis 8/82	9/82–8/85	ab 9/85	ab 1/87	3/83–8/85
Leistung kW/PS	92/125[1]	92/125[1]	95/129[1]	95/129[1]	95/129[1]
Hubraum nach Steuerformel cm^3	1977	1977	1977	1977	2674
Gemisch-Aufbereitung Typ	Mechanische Einspritzung K-Jetronic	Elektronische Einspritzung L-Jetronic	Elektronische Einspritzung L-/LE-Jetronic	Elektronische Einspritzung Motronic	Elektronische Einspritzung Motronic

Typ	525e	520e Kat	520e Kat	525i	528i
Motor	M 20	M 20	M 20	M 30	M 30
Bauzeit	ab 9/85	9/84–12/86	ab 1/87	alle	alle
Leistung kW/PS	95/129[1]	90/122[1]	95/129[1]	110/150[1]	135/184[1]
Hubraum nach Steuerformel cm^3	2674	2674	2674	2478	2769
Gemisch-Aufbereitung Typ	Elektronische Einspritzung Motronic	Elektronische Einspritzung Motronic	Elektronische Einspritzung Motronic	Elektronische Einspritzung L-Jetronic	Elektronische Einspritzung L-Jetronic

[1] Österreich-Ausführung leistungsreduziert: 88 kW/120 PS

Die Einzelteile der Motoren

Wer sich für die Funktion der Motoren interessiert, findet im folgenden die wichtigsten Teile herausgegriffen und beschrieben, bevor wir zu den Wartungs- und Reparaturarbeiten kommen.

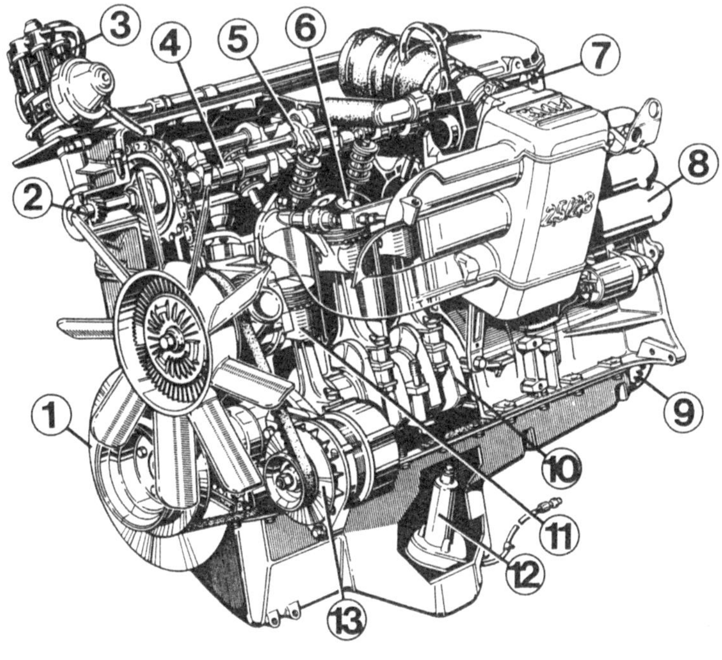

Dem M-30-Motor ins Innere geschaut. Es bedeuten:
1 – Schwingungsdämpfer;
2 – Verteilerantrieb;
3 – Zündverteiler;
4 – Nockenwelle;
5 – Kipphebel;
6 – Einlaßventil;
7 – Drosselklappenstutzen;
8 – Ansaugkanäle;
9 – Schwungscheibe;
10 – Kurbelwelle;
11 – Kolben;
12 – Ölstandsgeber;
13 – Lichtmaschine.

Kolben und Zylinder

Die aus Leichtmetall gegossenen Kolben besitzen eine Stahleinlage, welche die Wärmedehnung verringert. Im oberen Drittel jedes Kolbens sind drei Kolbenringe elastisch in entsprechende Nuten im Kolben eingebettet. Sie drücken federnd gegen die Zylinderwand. Die beiden oberen Kolbenringe verwehren dem Gasgemisch den Weg aus dem Verbrennungsraum nach unten ins Kurbelgehäuse, während der untere Ölabstreifring verhindert, daß allzuviel Schmiersaft vom Kurbelgehäuse in den Brennraum gelangt.
Die Zylinder, in denen die Kolben auf und ab laufen, sind in das Graugußmaterial des Motorblocks eingearbeitet. Die Zylinderbohrungen sind im sogenannten Kreuzschliff gehont (geschliffen). Die Wandungen dürfen nicht völlig glatt sein, weil sonst das zur Schmierung notwendige Öl nicht daran haften kann. Die Bohrungen der Zylinder sind um 0,02 mm (Motor M 20) bzw. 0,03 mm (M 30) weiter als die zugehörigen Kolben. Bis zu drei Mal können die Zylinderlaufbahnen bei Motorüberholungen ausgeschliffen werden – auf ein Zwischenmaß sowie auf ein erstes und ein zweites Übermaß.

Die Kurbelwelle

Aufgabe der Kurbelwelle ist es, die geradlinige Bewegung der in den Zylindern auf und ab laufenden Kolben in eine Drehbewegung umzusetzen. Die zu den Kolben führenden Verbindungsstangen – die Pleuel – wirken deshalb, wie bei einer Andrehkurbel, versetzt zur Mittelachse der Kurbelwelle. Die einzelnen Kurbeln sind auch zueinander versetzt angeordnet und zwar jeweils im Winkel von 60°. Für vibrationsarmen Lauf sitzen gegenüber den Kurbelzapfen Gegengewichte – je zwei pro »Kurbel«. Macht 12 pro Kurbelwelle. Um ein Durchbiegen der Kurbelwelle im Betrieb zu vermeiden, ist sie an insgesamt sieben Stellen im Motorblock gelagert. Jede »Kurbel« wird also an beiden Seiten durch ein Motorlager gestützt.
In Fahrtrichtung hinten sitzt auf der Kurbelwelle eine Scheibe mit dem Zahnkranz für das Ritzel des Anlassers. Das ist entweder die Schwungscheibe, auf welche die Kupplung und damit die Verbindung zum Getriebe montiert wird, oder die Mitnehmerscheibe, an die der Drehmomentwandler der Getriebeautomatik geschraubt ist. Am anderen Ende der Kurbelwelle sind das Antriebsrad für den Zahnriemen angeschraubt (M 20) bzw. die Kettenräder für Nockenwellen- und Ölpumpenantrieb (M 30) sowie die Keilriemenscheiben.

Zweimassen-Schwungrad

Seit 3/86 ist der BMW 525e in Schaltgetriebeversion mit einem Zweimassen-Schwungrad ausgestattet. Sinn dieser Einrichtung ist es, die bei Motorlauf an der Kurbelwelle bestehenden Drehschwingungen – sie entstehen durch die nacheinander zündenden Zylinder – nicht an den Antrieb weiterzugeben. So werden die durch die Schwingungen entstehenden Geräusche vermieden.
Der Aufbau des Zweimassen-Schwungrads sieht folgendermaßen aus: Fest mit der Kurbelwelle ist das vordere Teil des Schwungrads verschraubt. Darauf ist ein Drehschwingungsdämpfer montiert, der aus einem ausgeklügelten Feder-/Dämpfersystem besteht.
Das hintere Teil der Schwungscheibe ist an diesem Schwingungsdämpfer befestigt, hat also keinerlei starre Verbindung zum Vorderteil und damit zur Kurbelwelle. Schon die hier montierte Kupplung ist also schwingungsmäßig vom Motor getrennt.

Die Pleuel

Die sechs Pleuel sind mit auswechselbaren Lagerschalen auf den Kurbelwellenzapfen montiert. In ihrem anderen Ende tragen sie Bronzebuchsen für die Kolbenbolzen, die »schwimmend« gelagert sind. Darunter ist zu verstehen, daß sich Kolben und Kolbenbolzen auf dem Pleuel etwas vor und zurück bewegen können.

Zylinderkopf und Nockenwelle

Aus Gewichtsgründen und wegen der besseren Wärmeleitfähigkeit ist der Zylinderkopf aus Leichtmetall gegossen. Die Ventilsitze werden bei erhitztem Zylinderkopf eingesetzt, dadurch sind sie nach dem Abkühlen

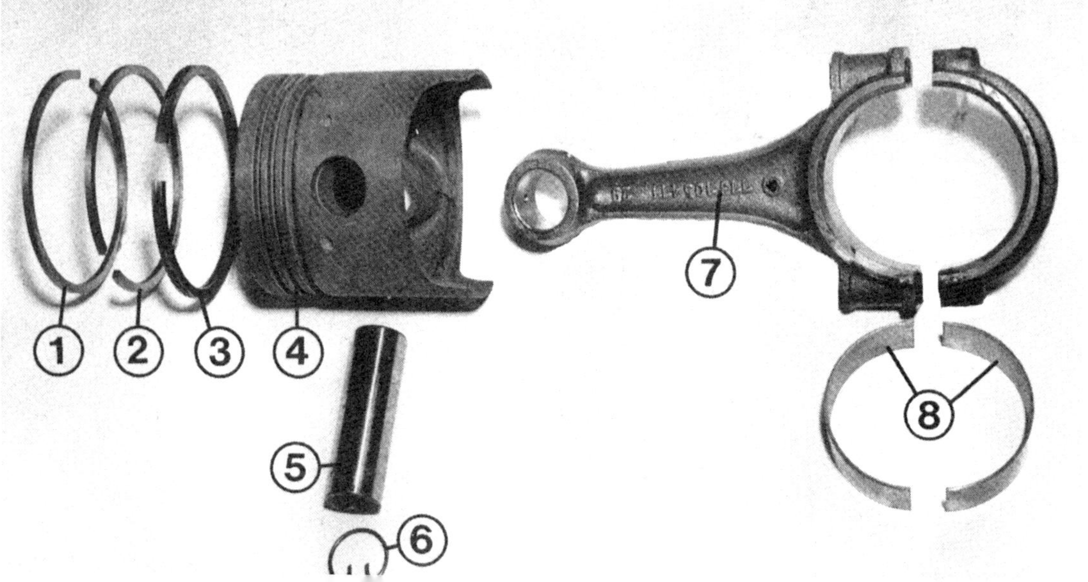

Teile des Kurbeltriebs:
1 – oberer Kolbenring;
2 – unterer Kolbenring;
3 – Ölabstreifring;
4 – Kolben;
5 – Kolbenbolzen;
6 – Kolbenbolzen-Sicherungsring;
7 – Pleuel;
8 – Lagerschalen des Pleuellagers.

Das Zweimassenschwungrad ist hier als Schnittbild zu sehen. Es ist rot dargestellt und besteht aus dem vorderen Teil (1), dem Drehschwingungsdämpfer (2) und dem hinteren Teil (3). Rosa abgesetzt ist die Kupplungs-Mitnehmerscheibe (4), grau die am Zweimassenschwungrad festgeschraubte Kupplungs-Druckplatte (5).

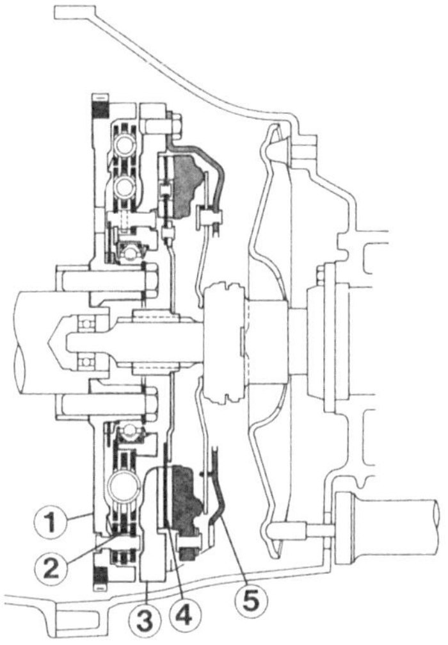

fest »eingeschrumpft«. Die Zündkerzen sind jeweils direkt in eingeschnittene Gewinde im Zylinderkopf eingeschraubt. Dadurch kann man das Gewinde beschädigen, wenn eine Zündkerze schräg angesetzt und mit Gewalt eingedreht wird. Ganz oben im Zylinderkopf sitzt die Nockenwelle. Mit ihren eiförmigen Nocken drückt sie gegen die Kipphebel, welche ihrerseits die Ventile gegen die Kraft der Ventilfedern öffnen.
Die Ventile ragen von beiden Seiten V-förmig in den Brennraum. Das ermöglicht den Gasdurchsatz nach dem Querstromprinzip. Im Klartext heißt das: Frischgas – also neues Kraftstoff/Luft-Gemisch – tritt an der einen Seite in den Brennraum ein, und das verbrannte Auspuffgas entweicht an der anderen Seite. Geringe Strömungswiderstände beim Gasdurchsatz durch den Motor ermöglichen hohe Motorleistung.

Die Ventilsteuerung

Bekanntlich haben wir im BMW einen Viertaktmotor, der das Gemisch aus Kraftstoff und Luft ansaugt, verdichtet, zündet und die verbrannten Gase wieder ausstößt. Fürs Ansaugen der Frischgase und das Ausschieben der Altgase bleibt dem ventilgesteuerten Verbrennungsmotor nur wenig Zeit. Weder kann die Nockenwelle die Ventile schlagartig öffnen noch vermögen sie die Ventilfedern derartig schnell zu schließen. Deshalb sind die Nocken so geformt, daß das Einlaßventil bereits gegen Ende des Auslaßtakts öffnet und erst dann schließt, wenn der Kolben nach Beendigung des Ansaughubs wieder verdichtend aufwärtsstrebt. Das Auslaßventil öffnet schon vor Abschluß des Arbeitstakts und schließt erst, wenn der Kolben bereits wieder Frischgas ansaugt. Beide Ventile sind deshalb einen Sekundenbruchteil gleichzeitig geöffnet, wenn der Kolben im Oberen Totpunkt (OT) vom Ausstoßen zum Ansaugen umkehrt. Diese Zeitspanne wird mit Ventilüberschneidung bezeichnet.

Der Zahnriemen

Als geräuscharmes Antriebselement für die obenliegende Nockenwelle dient beim 520i und 525e (M 20) der von der Kurbelwelle in Bewegung gesetzte Zahnriemen. Der gezähnte Gummiriemen mit Stahldrahteinlage arbeitet nahezu verschleißfrei, zumal die Gummimischung des Zahnriemens überdies für eine Trockenschmierung der Riemenscheiben sorgt.
Außerdem ist der Zahnriemen für den Antrieb der sogenannten Nebenwelle zuständig. Deren einzige Aufgabe ist es, die Ölpumpe und – bei Fahrzeugen ohne Motronic – den Verteiler in Gang zu setzen.
Damit der Zahnriemen Kraft übertragen kann, muß er straff über die Zahnriemenräder gezogen werden. Dafür sorgt die Spannrolle, die ebenfalls mit in den »Riemenkreislauf« eingeschaltet ist.

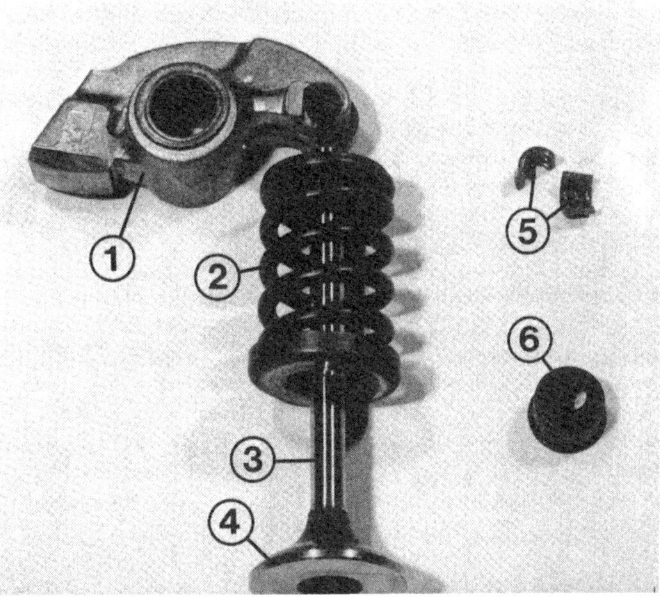

Hier sind die Funktionszusammenhänge im Ventiltrieb gut zu sehen: Der Kipphebel (1) drückt von oben auf den Ventilschaft (3) und schiebt den Ventilteller (4) nach unten. Dieser Bewegung steht die Kraft der Ventilfeder (2) entgegen, die über die (hier herausgenommenen) Haltekeile (5) auf den Ventilschaft wirkt und so das Ventil wieder schließen kann. Die Ventilschaftabdichtung (6) wird auf die Ventilführung aufgepreßt und verhindert so, daß Öl entlang der Ventilschäfte in den Brennraum gelangen kann.

Die Steuerkette

Die obenliegende Nockenwelle des 525i und 528i (M 30) wird über eine sogenannte Steuerkette von der Kurbelwelle angetrieben. Die Zeichnung auf Seite 42 zeigt den Verlauf der Kette an der Stirnseite des Motors. Im Text auf Seite 41 erfahren Sie mehr über die Aufgaben der Kette und über den dazugehörigen Kettenspanner.

Die Zylinderkopfdichtung

Die Dichtung zwischen Motorblock und Zylinderkopf hat einen schweren Stand: Sie hat dafür zu sorgen, daß die Verbrennungsräume und die Kanäle für Kühlmittel und Öl voneinander getrennt bleiben. Dabei muß sie enormen Temperatur- und Druckschwankungen widerstehen.

Das Schmiersystem

Im Motor verlangen eine ganze Reihe von Lagerstellen und Reibpartnern nach Schmierung. Das Motoröl muß dorthin unter Druck gepumpt werden – von der Ölpumpe. Sie saugt den Schmiersaft durch einen siebbewehrten Schnorchel an und drückt ihn in den Hauptstromfilter. Ist das Filterpapier von Schmutz zugesetzt, weil der Filter nicht rechtzeitig gewechselt wurde, tritt ein Sicherheitsventil in Aktion. Es öffnet, der Filter wird umgangen, die Ölversorgung ist sichergestellt. Allerdings bewirkt ungefiltertes Motoröl höheren Verschleiß an den Lagerstellen. Vom Filter aus gelangt das schmierfähige Naß über Bohrungen im Zylinderblock zu den Kurbelwellen- bzw. Pleuellagern, den Lagern der Nebenwelle und den Lagerstellen des Ventiltriebs im Zylinderkopf. Dort austretendes Öl kann wegen der Schräglage des Motors an der tiefsten Stelle des Zylinderkopfs durch eine Bohrung schnell und ohne sich weiter zu erwärmen in die Ölwanne zurücklaufen.
Die Zylinderwandungen und Kolbenbolzen werden übrigens von Spritzöl geschmiert, das an den Pleueln austritt.

Die Ölpumpe

Ganz unten in der Ölwanne sitzt das wohl wichtigste Zusatzaggregat des Motors: die Ölpumpe. Sie sorgt dafür, daß alle schmierbedürftigen Stellen – und das sind nicht wenige – mit dem nötigen Druck die richtige Menge des lebenswichtigen Schmiersafts erhalten.
Bei den Motoren des BMW 525i/528i haben wir es dabei mit einer »Rotorölpumpe System Eaton« zu tun. Hinter diesem Begriff, der sich recht exotisch anhört, verbirgt sich einfache Technik: Ein Außenzahnrad ist ein einem innen verzahnten Rad untergebracht (das sind die beiden Rotoren). Durch eine spezielle Formgebung der Zähne und die außermittige Anordnung des Innenrotors wird erreicht, daß sich bei der gemeinsamen Drehung beider Zahnräder immer wieder neue Freiräume bilden. In diesen Freiräumen entsteht ein Unterdruck, der den Schmiersaft ansaugt. Von den sich drehenden Zahnrädern wird er nun zur Ausgangsseite der Pumpe und von dort aus in die Ölkanäle gedrückt.
Über die bereits erwähnte Nockenwelle wird beim »kleinen« Sechszylinder des BMW 520i/525e die Ölpumpe angetrieben. Anders wie bei den großen Motoren ist hier eine Zahnrad-Ölpumpe eingebaut, deren Funktion einfacher zu beschreiben ist. Zwei Zahnräder gleicher Größe sind miteinander im Eingriff und bewegen sich daher in entgegengesetzter Richtung. Da auch hier zwischen den Zähnen und hauptsächlich über ihnen noch etwas Platz ist, schaufeln die beiden Rädchen munter bei jeder Umdrehung etwas Motoröl von der Saugseite auf die Druckseite der Pumpe. Obwohl das ganze recht spielerisch aussieht, wird da unten in der Ölwanne Schwerstarbeit geleistet: Mehr als 30 Liter liefert so eine Ölpumpe in der Minute bei Vollgas – und das ohne Wartungsanspruch, denn sie schmiert sich selbst.

Öltemperatur

Für das Wohlbefinden des Motors ist die Öltemperatur ausschlaggebend. Diese Information wird dem BMW-Fahrer jedoch mangels Öltemperaturanzeige vorenthalten. Zu Vergleichszwecken interessant ist die Motoröltemperatur am Ölfilterflansch oder in der Ölwanne; dort ist der Schmiersaft am kühlsten. Dagegen können an den Kolbenringen Temperaturen bis 300°C auftreten. Falls Sie nachträglich ein Ölthermometer eingebaut haben: 150°C in der Ölwanne gilt als höchstzulässige Temperatur. Voraussetzung ist dabei allerdings ein wirklich hochwertiges Motoröl.
Schädlich für den Motor ist auch eine zu niedrige Öltemperatur. Das Öl hat dann seine volle Schmierfähigkeit noch nicht erreicht. Deshalb sollten Sie nach Möglichkeit den Motor nach dem Kaltstart nicht hoch drehen lassen, bis das Öl etwa 60°C erreicht hat. Für den BMW gilt als Anhaltspunkt, daß das Motoröl gegenüber dem Kühlmittel etwa doppelt so lange braucht, bevor es seine Betriebstemperatur erreicht hat.

Öldruck

Wer nachträglich einen Öldruckmesser in den BMW eingebaut hat, kann den Öldruck genau kontrollieren. Im **Leerlauf** soll er **0,5–2,0 bar** betragen, bei **Höchstdrehzahl** (siehe Tabelle Seite 34) **4,0–6,0 bar**. Natürlich beziehen sich diese Werte auf den **betriebswarmen Motor**, denn bei kaltem, zähflüssigem Öl ist der Druck schon im Leerlauf relativ hoch.
Normalerweise überwacht ein Öldruckschalter den Druck im Schmiersystem. Ein Kontakt im Schalter wird geschlossen, wenn der Öldruck unter **0,2–0,5 bar** fällt. Das ist ein sehr niedriger Druckwert. Er stellt das absolute Minimum dessen dar, was zum Sicherstellen der Motorschmierung nötig ist. Deshalb den Motor

sofort abstellen, wenn unterwegs die Ölkontrollleuchte aufflackert! Sonst riskieren Sie einen Lagerschaden (siehe Seite 46).
Vielleicht war Ölmangel die Ursache für den fehlenden Öldruck. Oder der Öldruckschalter selbst ist defekt (Seite 216).

Die Kurbelgehäuse-Entlüftung

Auch ein gesunder Motor bläst in der Minute 50 bis 70 Liter Verbrennungsgase an den Kolbenringen vorbei ins Kurbelgehäuse. Dieser Druck muß aus dem Motor entweichen können, damit die Dichtungen nicht zu stark beansprucht werden. Das geschieht über die Kurbelgehäuse-Entlüftung. Die giftigen Gase aus dem Motorinnern werden zum Schutz der Umwelt in den Ansaugtrakt des Motors zurückgeleitet. Von dort aus werden die Gase zur vollständigen Verbrennung nochmals vom Motor angesaugt.

Fingerzeig: Bläst der Motor kräftig Öldunst zur Kurbelgehäuse-Entlüftung hinaus, sind die Kolben und Zylinder schon erheblich verschlissen.

Motor auf Öldichtheit kontrollieren

- Betrachten Sie den Motor von oben und unten.
- Geringfügig ölfeuchte Stellen sind nicht bedenklich, alle Motoren »schwitzen« gelegentlich etwas Schmiermittel aus.
- Ölflecken unter dem geparkten Wagen und deutlichen Ölnässen sollten Sie aber auf den Grund gehen.
- Motor mit einem Dampfstrahlgerät und Motorreiniger an der Tankstelle säubern.
- Nach einer Probefahrt von wenigen Kilometern wird kontrolliert, wo Öl austritt.

Mögliche Leckstellen

An welchen Stellen beim BMW-Motor Öl austreten kann, finden Sie hier aufgezählt:
- ○ Abdichtungen von Kurbelwelle und beim 520i/525e von Nockenwelle und Nebenwelle
- ○ Zylinderkopfdeckeldichtung
- ○ Zylinderkopfdichtung
- ○ Ölfilterdichtung
- ○ Öldruckschalter
- ○ Ölwannendichtung
- ○ Zündverteilerflansch bei Wagen ohne Motronic

Die Motorlebensdauer

BMW-Motoren sind als langlebig bekannt. So kann der »kleine Sechszylinder« ohne weiteres 200000 km erreichen. Zylinderkopfschäden durch Rißbildung, die an den ersten 520i dieser Baureihe noch verstärkt auftraten, sind heute nicht mehr zu erwarten. Denn entweder ist der Schaden bereits behoben oder Ihr 520i gehört nicht zur gefährdeten Serie.
Der »große« Sechszylinder erreicht, weil weniger stark beansprucht, oft mehr als 250000 km. Und das, ohne spürbar an Leistung zu verlieren.

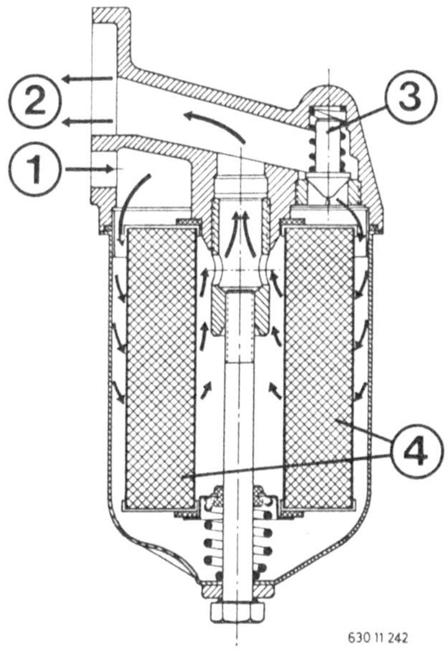

Die Zeichnung zeigt den Ölkreislauf (Pfeile) im Ölfilter des M-30-Motors (BMW 525i/528i). Die Zahlen bedeuten:
1 – Ölzufuhr;
2 – gefiltertes Öl zu den Schmierstellen;
3 – Überdruckventil;
4 – Ölfilter.

Der Fahrer entscheidet durch seinen Umgang mit der Maschine, ob sie biblisches Alter erreicht, oder ob der Exitus schon früh erfolgt. Von Bedeutung ist hierbei die Motoröltemperatur. Während die Kühlmittel-Temperaturanzeige schon relativ früh Betriebstemperatur signalisiert, ist das Motoröl frühestens nach etwa 10 Minuten Fahrt völlig einwandfrei schmierfähig.
Nach wochenlangem Kurzstreckenverkehr ist es ebenfalls nicht ratsam, gleich voll aufs Gaspedal zu treten. Bei den langen Leerlaufminuten in der Stadt bilden sich in den Brennräumen und an den Ventilen Ablagerungen, die bei voller Betriebstemperatur und zügiger, aber nicht scharfer Fahrt langsam abgebrannt werden sollen.

Nenn- und Höchstdrehzahl

Ein Verbrennungsmotor gibt seine höchste Leistung bei einer bestimmten Drehzahl ab – der sogenannten **Nenndrehzahl**. Höher als diese hinauszudrehen bringt keine Mehrleistung. Allerdings kann durch die höhere Motordrehzahl und vermehrte Radumdrehungen eine höhere Geschwindigkeit erreicht werden. Hohes Ausdrehen kann allenfalls zum besseren Anschließen in den nächsthöheren Gang von Vorteil sein.
Unsere Motoren sind durchaus drehzahlfest. Die Ventile werden über kurze Kipphebel von der obenliegenden Nockenwelle betätigt. Dabei werden nur geringe Massen in Bewegung gesetzt, was hohe Drehzahlen ohne Gefahr für den Ventiltrieb gestattet.
Die **Höchstdrehzahlen** in der Tabelle zeigen, daß man dem BMW-Motor in Sachen Drehfreudigkeit einiges abverlangen kann. Außenseiter ist dabei der 525e, dessen 2,7-Liter-Maschine auf gute Durchzugskraft im unteren Drehzahlbereich ausgelegt ist. Entsprechend ist auch die Massenverteilung im Kurbeltrieb auf niedriges Drehzahlniveau abgestimmt.
Höchstdrehzahl ist bei BMW nicht gleich **Dauerdrehzahl**. Um Überbeanspruchung vorzubeugen, wurde die zulässige Dauerdrehzahl um 200/min niedriger angesetzt. Eine sinnvolle Einschränkung zugunsten der Motorlebensdauer.
Die Tabelle gibt eine Übersicht über Nenn- und Höchstdrehzahlen der einzelnen Motoren:

Typ	520i bis 8/82	520i 9/82–8/85	520i ab 9/85	520i Kat	525e ab 3/83	525e Kat bis 12/86	525e Kat ab 1/87	525i	528i
Nenndrehzahl 1/min	5800	5800	6000	6000	4250	4250	4800	5500	5800
Höchstdrehzahl 1/min	6400	6200	6200	6400	5000	5000	5080	6200	6200
zulässige Dauerdrehzahl 1/min	6000	6000	6000	6200	4700	4800	5280	6000	6000

Damit Sie über die Motordrehzahlen informiert sind, besitzen die meisten Modelle serienmäßig einen Drehzahlmesser. Ein solches Instrument hat allerdings eine gewisse Voreilung – im oberen Skalenbereich bis zu 5%. 6000/min auf dem Tourenzähler sind demzufolge oft lediglich echte 5700/min.

Drehzahl-Begrenzung

Oberhalb der Höchstdrehzahl, die für die einzelnen Motoren verschieden angegeben ist (Tabelle oben), geraten die Ventilfedern so stark ins Schwingen, daß ein einwandfreies Öffnen und Schließen der Ventile nicht mehr gewährleistet ist. Die Ventilfedern können brechen, was zur Folge hat, daß das betreffende Ventil auf dem Kolben aufschlägt und gewaltige Zerstörungen anrichtet. Damit es erst gar nicht so weit kommen kann, sperrt die Einspritzung bei Überdrehzahlen die Kraftstoffzufuhr – die Drehzahl fällt wieder ab. Anders läuft's beim 520i mit K-Jetronic (bis 8/82). Da schaltet der Drehzahlbegrenzer im Verteilerfinger die Zündspannung ab. Falls Sie sich also über Motoraussetzer in sehr hohen Drehzahlen gewundert haben, so ist das keine Störung, sondern der eingebaute Selbstschutz des Motors.

Kompressionsdruck messen

Die Messung des Kompressionsdrucks in den Motorzylindern gibt Aufschluß darüber, ob Ventile und Kolbenringe noch gut abdichten. Leistung, Kaltstartverhalten sowie Öl- und Kraftstoffverbrauch unseres Motors hängen davon ab. Eine Prüfung also, die zur Fehlersuche und beim Gebrauchtwagenkauf interessant ist.

- Motor warmfahren. Die Kolbenringe dichten bei warmem Öl besser ab.
- Sicherung Nr. 1 herausnehmen (Wagen mit K- und L-Jetronic) bzw. Hauptrelais (Motronic) abziehen (siehe Bilder auf der folgenden Seite bzw. Seite 152, damit kein Kraftstoff mehr eingespritzt wird.
- Zündung lahmlegen (siehe Seite 183).
- Alle Zündkerzen herausschrauben.

Wenn Sie selbst den Kompressionsdruck Ihres Motors messen wollen, brauchen Sie nicht das Werkstattgerät für einlegbare Meßkärtchen zu kaufen. Von Moto Meter oder VDO gibt es handliche Kompressionsdruckprüfer. Die absolute Höhe des gemessenen Drucks ist weniger wichtig, es kommt hauptsächlich auf gleichmäßige Werte bei allen Zylindern an.

● Gummikonus des Druckprüfers auf das Kerzenloch des 1. Zylinders (der vordere) pressen bzw. Anschlußleitung ins Zündkerzengewinde schrauben.
● Handbremse anziehen, Schalthebel in Leerlauf bzw. Getriebeautomatik-Wählhebel in Stellung »P« drücken.
● Von Helfer den Motor mit dem Anlasser durchdrehen lassen. Das Gaspedal muß er dabei voll durchtreten (zwecks besserer Zylinderfüllung).
● Steigt der Druckwert nicht mehr wesentlich an, Anzeigewert notieren und am nächsten Zylinder weitermessen.
● Der minimale Kompressionsdruck soll bei allen Zylindern **10–11 bar** betragen.

Zu niedrige Druckwerte

Gleichmäßig niedriger Kompressionsdruck ist nicht unbedingt ein Alarmzeichen; Ursache können Meßtoleranzen zwischen verschiedenen Prüfgeräten sein. Bedenklich ist es dagegen, wenn zwischen den Meßwerten für die Zylinder Unterschiede von mehr als ca. 3 bar bestehen. Das kann bedeuten:
○ Kolben- und Kolbenringverschleiß
○ Festsitzende Kolbenringe durch Rückstandsbildung
○ Unrunde Zylinder als Folgeerscheinung von Kolbenklemmern
○ Ablagerungen an den Ventilschäften oder -sitzen durch Verbrennungs- bzw. Schmierölrückstände
○ Verbrannte Ventile durch zu knappes Ventilspiel. In den meisten Fällen sind undichte Ventile die Ursache für mangelhaften Kompressionsdruck und damit geringere Motorleistung. Abhilfe bringt entweder Einschleifen der Ventile oder die Überholung des Zylinderkopfes.

Fehlersuche

Um bei zu niedrigem Kompressionsdruck den Fehler lokalisieren zu können, wendet man folgenden Trick an: Ins Zündkerzenloch mit einer Spritzkanne etwas Motoröl träufeln und Kompressionsdruck nochmals messen.
○ Sind die Werte weiterhin schlecht, liegt es an den Ventilen.
○ Erhalten Sie höhere Druckwerte, liegt es an den Kolbenringen und vielleicht auch an den Zylindern. Das eingefüllte Öl hat kurzfristig zwischen Kolben und Zylinderwänden besser abgedichtet, so daß das komprimierte Gas dort kaum noch entweichen konnte.

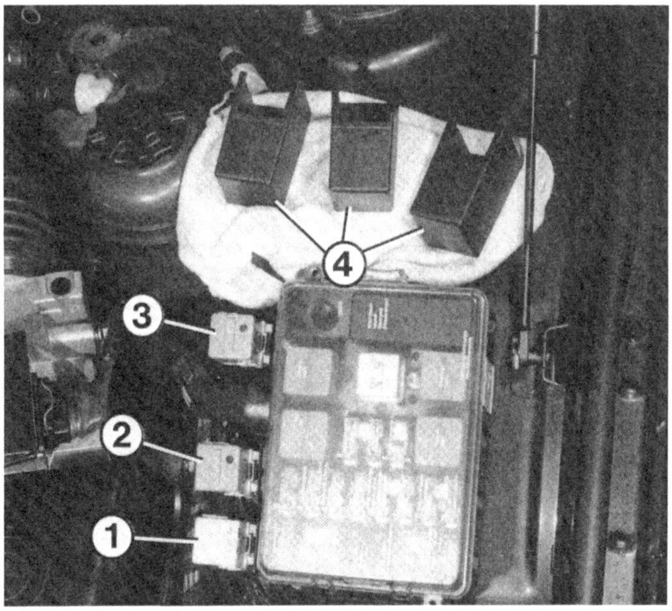

Zum Messen des Kompressionsdrucks muß die Zündung und die Kraftstoffpumpe lahmgelegt werden.
Bei Fahrzeugen mit Motronic schafft man das durch Abziehen des Hauptrelais (1) von seinem Sockel. Dieses Relais sitzt immer ganz vorn am Sicherungskasten links im Motorraum. Weiter hinten folgen das Relais für Lambdasondenbeheizung (2) und zuletzt das Kraftstoffpumpen-Relais (3). Die Abdeckungen (4) verdecken alle Relais.

Der Druckverlusttest

Genauere Erkenntnisse liefert der Druckverlusttest, den manche Werkstätten durchführen können. Das Testgerät besteht aus zwei Kammern, wobei in einer ein gleichbleibender Druck herrscht. Die zweite Kammer ist über einen Schlauch zur Zündkerzenbohrung mit dem Verbrennungsraum, durch eine Düse mit der ersten Kammer und außerdem mit einer Anzeigeskala verbunden.
Verliert der geprüfte Brennraum Druck, wird dies auf der Skala angezeigt. Eine größere Leckstelle läßt sich durch Abhorchen erkennen:

- ○ Blasgeräusche am Auspuff lassen auf ein undichtes Auslaßventil schließen.
- ○ Strömt Druckluft aus dem Luftfiltergehäuse, ist das Einlaßventil defekt.
- ○ Bei einer defekten Zylinderkopfdichtung oder einem Riß im Zylinderkopf gelangt Druckluft durch das benachbarte Zündkerzenloch oder aus dem geöffneten Kühlmittel-Ausgleichsbehälter ins Freie.
- ○ Verschlissene Zylinderwände, Kolbenlaufbahnen oder Kolbenringe lassen Druck ins Kurbelgehäuse strömen und am geöffneten Öleinfüllstutzen oder am Rohr für den Ölpeilstab austreten.

Fingerzeig: Der Kompressionsdruck ist nicht mit dem Verdichtungsverhältnis zu verwechseln, das etwa beim 520i Kat 8,8:1 beträgt. Bei einwandfreiem Motorzustand sollen dagegen 10–11 bar Kompressionsdruck erreicht werden. Das Verdichtungsverhältnis ist bei der Konstruktion festgelegt durch den Kolbenhub und das Volumen des Verbrennungsraumes. Dagegen variiert der Kompressions- oder Verdichtungsdruck je nach Motorzustand.

Motor durchdrehen

Zu manchen Arbeiten muß man die Kurbelwelle des Motors entweder in eine bestimmte Stellung bringen oder durchdrehen.

- ● Dazu auf ebener Fläche den 4. Gang (Schaltgetriebe ist Voraussetzung) einlegen und den Wagen vor- oder zurückschieben. Oder:
- ● Einen gekröpften SW-22-Ringschlüssel auf der Zentralmutter der Lichtmaschinen-Riemenscheibe ansetzen und den Motor jetzt über den Keilriemen durchdrehen.
- ● Rutscht der Riemen durch, wird er mit der freien Hand zwischen den Riemenscheiben belastet und damit gestrafft.

Oberen Totpunkt suchen

Bei Viertaktmotor kommt der Kolben während der vier Arbeitstakte zweimal in den Oberen Totpunkt (OT): Einmal beim Zünden des angesaugten Gemisches und zum zweiten Mal nach dem Ausstoßen der Altgase mit anschließend beginnendem Wiederansaugen von Kraftstoff/Luft-Gemisch. Üblicherweise wird bei verschiedenen Einstellarbeiten der OT von Zylinder 1 (der vordere) während des Zündzeitpunktes gebraucht.

- ● An Fahrzeugen **ohne Motronic** – also mit herkömmlichem Verteiler – Verteilerkappe, Verteilerfinger und Schutzdeckel abnehmen (siehe Seite 188).
- ● Verteilerfinger wieder aufstecken und Motor so lange durchdrehen, bis das Kontaktstück des Verteilerfingers über der kleinen Kerbe am Verteilerrand steht. Der OT ist nun gefunden.
- ● An Fahrzeugen mit **Motronic** Zylinderkopfdeckel abnehmen (folgender Abschnitt) und Kurbelwelle so lange durchdrehen, bis die beiden Kipphebel von Zylinder 6 – das ist der in Fahrtrichtung hintere – auf Überschneidung stehen.
- ● Dann bewegt sich der eine nach unten, während sich der andere gerade nach oben bewegt. Kontrolle: Bei Zylinder 1 haben beide Kipphebel jetzt »Spiel«.
- ● **Alle Motoren:** Damit die Sache ganz genau wird,

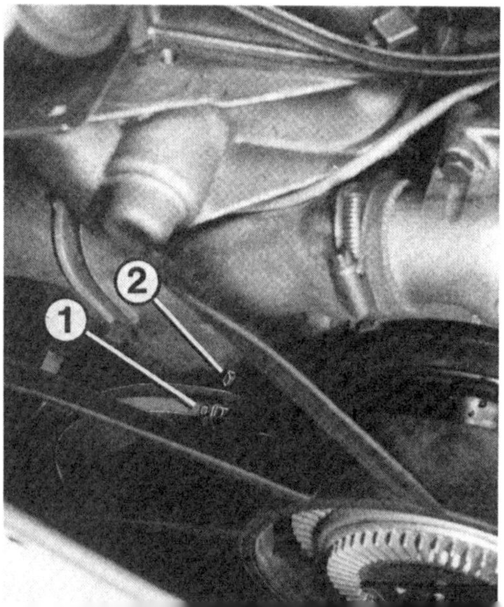

Der Obere Totpunkt ist gefunden, wenn die Marke »OT« auf dem Schwingungsdämpfer hinter der Kurbelwellen-Riemenscheibe genau unter der Blechkante am Zahnriemenschutz bzw. der Gußnase am unteren Räderkastendeckel steht. Die Positionen »1« und »2« zeigen Marke und Bezugskante links beim M-20-Motor, rechts beim M-30-Motor.

Damit die Dichtung unter dem Ventildeckel kein Öl durchdringen läßt, sollen ihre Muttern und die Schraube in der hier gezeigten Reihenfolge angezogen werden. Das darf nicht mit Gewalt geschehen, sonst verzieht sich der Ventildeckel und wird erst recht undicht. Masseband nicht vergessen. Der hier gezeigte Ventildeckel des 525i/528i hat 9 Verschraubungen, der des 520i/525e hat dagegen nur 8.

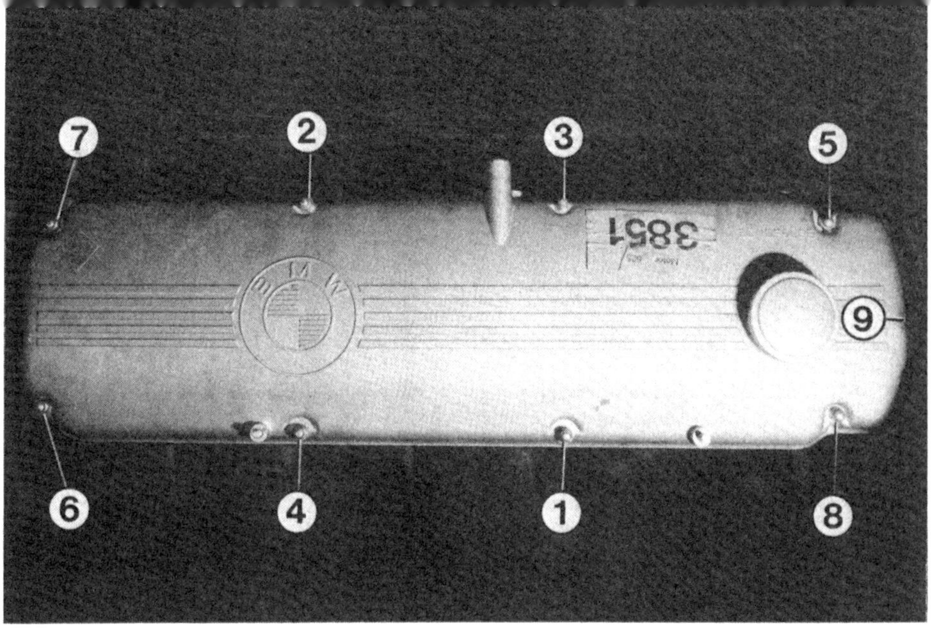

Kurbelwelle ein Stückchen hin- oder herdrehen, bis die Kerbe der OT-Marke vorn auf dem Schwingungsdämpfer genau unter der Markierung an der Stirnseite des Motors steht (Bilder links unten).

Zylinderkopfdeckel abnehmen

- Beim **525i/528i** das Luftfiltergehäuse samt Luftmengenmesser ausbauen (Seite 88).
- **Alle Modelle:** Im Bereich oben auf dem Zylinderkopfdeckel montierte Anbauteile abnehmen, als da wären: Stecker, Steckverbindungen, Kabelbefestigungen, Luftschläuche (Bestückung je nach Modell verschieden).
- Beim **520i/525e** Abstützblech Zylinderkopfdeckel/Ansaugkrümmer ausbauen.
- 8 Sechskantmuttern entgegen dem Anzugsschema im Bild oben lösen.
- **525i/528i:** Schrauben in derselben Reihenfolge lösen, die zusätzliche Befestigung ganz vorn am Verteiler wird zuletzt gelöst.
- **Alle:** Zündkabel und Masseband abnehmen.
- Zylinderkopfdeckel abheben, dabei die Dichtung nicht beschädigen.
- Zum Einbau nur intakte oder neue Dichtung verwenden, Kabelkanal und Masseband mit anschrauben.
- **520i/525e:** Muttern nach Anzugsschema im Bild oben mit 15 Nm anziehen.
- **525i/528i:** Muttern nach demselben Schema anziehen. Zum Schluß kommt die Mutter ganz vorn in Höhe des Verteilers.
- An **älteren 525e** sitzen die Verbindungsstecker für Drehzahl- und Bezugsmarkengeber auf dem Zylinderkopfdeckel. Beim Zusammenbau: Der graue Stecker gehört zum Gegenstecker, der mit einem Ring gezeichnet ist.

Das Ventilspiel

Durch die Erwärmung des Motors dehnen und längen sich die einzelnen Teile des Ventiltriebs. Deshalb muß – damit auch bei warmem Motor die Ventile trotz ihrer etwas länger gewordenen Schäfte richtig abdichten – etwas »Luft« oder »Spiel« zwischen Ventilen und Kipphebeln vorhanden sein. Das Prüfen dieses Spiels gehört demzufolge zu den wichtigsten Wartungsarbeiten am Motor.

Links: Der 525i/528i besitzt eine zusätzliche OT-Marke am Getriebe-Schauloch. Die Kerbe auf der Schwungscheibe (1) muß der Kante im Schauloch (2) gegenüberstehen. Rechts: Zum Durchdrehen der Kurbelwelle von Hand wird ein SW-22-Schlüssel bzw. eine gleich große Stecknuß mit Rätsche auf der Lichtmaschinen-Riemenscheibe angesetzt. Rutscht der Riemen durch, wird er mit der Hand belastet.

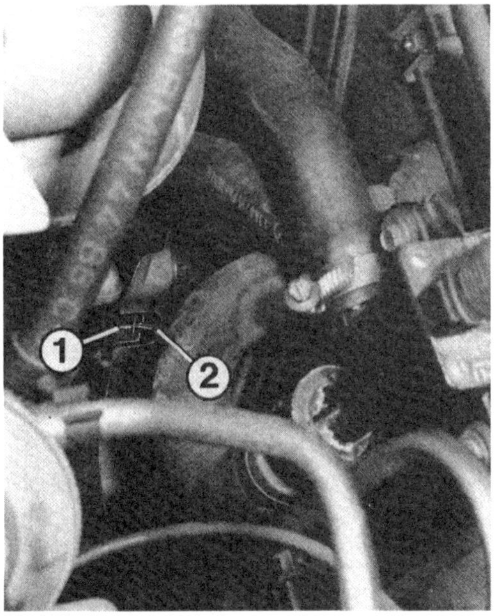

Was sind die Folgen von verkehrt eingestelltem Ventilspiel?

Zu kleines Ventilspiel: Die Ventile liegen nicht satt auf den Ventilsitzringen, und vor allem die sehr heiß werdenden Auslaßventile können dadurch ihre Wärme nicht mehr an die Sitzringe abgeben. Dann verbrennen die Ventile und ihre Sitze, weil an den Ventilsitzen laufend heiße Verbrennungsgase vorbeistreichen. In leichteren Fällen verziehen sich die Ventile, darunter leidet die Abdichtung, und in der Folge brennt auch bald der Sitz ab. Die Kompression sinkt, der Motor verliert an Leistung, springt schlechter an und verbraucht mehr Kraftstoff.

Zu großes Ventilspiel: Die Ventile öffnen etwas später als normal, die Zylinder werden schlechter gefüllt, und der Motor kommt nicht auf volle Leistung. Der Verschleiß an der Nockenwelle und an den Kipphebeln wird größer. Das wird durch lauteres Ventilgeräusch hörbar.

Fingerzeig: Üblicherweise wird das Ventilspiel im Lauf der Zeit kleiner, weil sich die Ventile auf ihren Sitzen einschlagen.

Ventilspiel prüfen

Wartung Nr. 17

Die Ventilspielkontrolle soll bei kaltem, höchstens handwarmem Motor (max. 35°C Kühlmitteltemperatur) erfolgen. Muß unbedingt bei warmem Motor eingestellt werden, gilt ein anderer Einstellwert.

Gebraucht wird eine Fühlerblattlehre und – zum Einstellen – ein Schraubenschlüssel SW 10 sowie ein Dorn mit etwa 2,5 mm Durchmesser. Geeignet sich auch ein entsprechender Draht oder Nagel mit abgekröpfter Spitze.

- Ventildeckel abnehmen (siehe Vorseite).
- Gemessen werden gleichzeitig das Einlaß- und das Auslaßventil eines Zylinders. Dazu müssen beide Ventile entlastet sein (also Spiel haben).
- Deshalb Motor von Hand durchdrehen (siehe Seite 36), bis der betreffende Zylinder auf »**OT Zündzeitpunkt**« steht. Wie man das bei Zylinder 1 – dem in Fahrtrichtung vorderen – macht, ist ebenfalls auf Seite 36 beschrieben.
- Gemäß der Zündfolge **1-5-3-6-2-4** wird nach Weiterdrehen der Kurbelwelle um ⅓ Umdrehung der nächste Zylinder – also Zylinder 5 – geprüft bzw. eingestellt.
- Weil das Weiterdrehen um genau ⅓ Umdrehungen nicht einfach ist, bedienen wir uns der sogenannten »Siebener-Methode«, und das geht so:
- Steht Zylinder 5 zum Einstellen auf OT Zündzeitpunkt, überschneiden gerade die Kipphebel von Zylinder 2, d.h. das Auslaßventil dieses Zylinders ist noch nicht geschlossen, während das Einlaßventil schon zu öffnen beginnt.
- Kontrolle: Bei leichtem Hin- und Herdrehen der Kurbelwelle bewegen sich beide Kipphebel von Zylinder 2.
- Gleich funktioniert das bei Zylinder 1 und 6 wie bei 3 und 4. Und jedesmal ergibt die Summe der Zylinderzahlen 7. Daher Siebener-Methode.
- Zum **Prüfen** des Ventilspiels im OT die betreffende Fühlerlehre **zwischen Ventilschaft und Kipphebel** schieben (Ventilspiel – Tabelle rechts oben). Das Lehrenblatt soll sich mit leichtem Widerstand durchziehen lassen.
- Niemals zwischen Nockenwelle und Kipphebel messen. Hier gelten andere Werte.
- Zum **Einstellen** die Kontermutter seitlich am Kipphebel lösen.
- Den erwähnten Dorn in die Bohrung am Einstellexzenter des Kipphebels stecken und damit den Exzenter etwas drehen, bis das Ventilspiel stimmt.
- Kontermutter wieder anziehen.
- Ventilspiel nachmessen und evtl. nochmals korrigieren.
- Zylinderkopfdeckel wieder montieren.

Zum Einstellen des Ventilspiels braucht man einen Schraubenschlüssel SW 10 (3), eine Fühlerblattlehre (1) und einen Draht oder Dorn mit 2,5 mm Durchmesser (2). Wir haben uns hier einen Nagel abgezwickt und passend zurechtgebogen. Die im Text beschriebene Ventilspiel-Einstellung erleichtert man sich, wenn man zuerst den Exzenter mit dem Nagel, wie gezeigt, etwas lockert, das passende Fühlerblatt (siehe Text) dazwischen legt und nun den Exzenter anzieht, bis leichter Widerstand spürbar ist. Exzenter in dieser Stellung halten und Kipphebel-Klemmschraube (Ringschlüssel ist darauf angesetzt) fest anziehen. Anschließend nochmals nachprüfen!

Tabellen zum Einstellen der Ventile

Motor	520i/525e			525i/528i
Ventilspiel	Einlaß	Einlaß (nur Schweiz-Fahrzeuge ab Modell '85)	Auslaß (alle)	Einlaß und Auslaß
Motor kalt (max. 35°C Kühlmitteltemperatur)	0,25	0,20	0,25	0,30
Motor warm Betriebstemperatur (Thermostat offen)	0,30	0,25	0,30	0,35
Anordnung im Motor (in Fahrtrichtung gesehen)	Ventilreihe links		Ventilreihe rechts	

Siebener-Methode	OT Zündzeitpunkt	Ventilüberschneidung
Zylinder Nr.	1	6
Zylinder Nr.	5	2
Zylinder Nr.	3	4
Zylinder Nr.	6	1
Zylinder Nr.	2	5
Zylinder Nr.	4	3

Fingerzeige: Lautes Ventilgeräusch kann auch von losen Gleitsteinen herrühren. Diese Gleitsteine sind an den Kipphebeln angebracht, um deren Verschleiß an der Berührungsfläche zur Nockenwelle zu mindern. Sind sie locker, müssen die betreffenden Kipphebel ausgetauscht werden, wozu allerdings eine Zylinderkopfdemontage nötig wird.
Des weiteren kann lautes Ventilgeklapper auch auftreten, wenn die Kipphebel Spiel auf der Kipphebelwelle haben.

Zahnriemen am 520i/525e

Arbeiten am Zahnriemen

Die Ventilsteuerung erfolgt beim M-20-Motor, wie bereits angesprochen, über einen Zahnriemen. Dieser versetzt die Nockenwelle in die halbe Umdrehungszahl der Kurbelwelle. Ferner wird die Nebenwelle vom Zahnriemen angetrieben.
Dem gezähnten Gummiriemen kommt bei unseren BMW-Motoren hohe Bedeutung zu. Die kleinen Brennräume des Motors lassen es nämlich nicht zu, daß eines der Ventile geöffnet hat und somit in den Verbrennungsraum ragt, während sich der betreffende Kolben nach oben – seiner höchsten Stellung zu – bewegt. Dieser Fall kann eintreten, wenn der Zahnriemen reißt oder mehrere Zähne auf den Riemenscheiben überspringt. Dann schlägt das Ventil auf den Kolbenboden auf, und im Handumdrehen gibt es »Ventil- und Kolbensalat«.
Wegen schlechter Erfahrungen in der Vergangenheit geht BMW heute kein Risiko mehr ein und verlangt bei jeder zweiten Inspektion II – also bei jedem vierten Aufleuchten des »Inspektion«-Schriftzugs – den Einbau eines neuen Riemens.

Ausbau der Zahnriemenabdeckung (2): Der obere Teil läßt sich nach Lösen der Halteschrauben (1 und 3) sowie der Haltemutter des Lichtmaschinen-Spannbügels (4) abnehmen. Zum Ausbau des unteren Teils u. a. die Halteschraube unten (5) lösen.

Zahnriemenabdeckung ausbauen

- Je nach geplanter Arbeit zuerst Kühler und Lüfterrad ausbauen (Seite 56 und 61).
- Nur Fahrzeuge mit Motronic: Vornsitzenden Verteilerdeckel von der Zahnriemenabdeckung abschrauben, Verteilerfinger losschrauben und Abdekkung dahinter abziehen.
- Rechts und links oben an der Zahnriemenabdekkung je eine Sechskantschraube herausdrehen.
- Lichtmaschinen-Keilriemen lockern (Seite 176).
- Haltemutter für Lichtmaschinen-Spannbügel lösen.
- **Oberen Teil** der Zahnriemenabdeckung samt seitlicher Gummidichtung abnehmen.
- Der **untere Teil** der Zahnriemenabdeckung wird nur bei Bedarf ausgebaut:
- OT-Geber abziehen.
- Lichtmaschinen-Spannbügel vollends ausbauen.
- Riemenscheibe mit Schwingungsdämpfer abschrauben (6 Schrauben). Dazu Riemenscheibe evtl. mit Spannbandschlüssel (Ölfilterschlüssel; siehe Seite 21) gegenhalten.
- Halteschraube unten an der Zahnriemenabdekkung herausdrehen.
- Beim Einbau auf die richtige Montage der Riemenscheibe mit Schwingungsdämpfer achten: Der Zylinderstift muß in die Bohrung an der Riemenscheibe passen. Anzugsmoment der Schrauben: 22 Nm.
- Ferner beachten: Die seitliche Gummiabdichtung und der Dichtring am Motronic-Verteiler müssen richtig sitzen.
- Der Verteilerfinger an Motronic-Fahrzeugen kann nur in einer Stellung befestigt werden.

Steuerzeiten einstellen
520i/525e

Unter dem Begriff »Steuerzeiten« versteht man das zeitgerechte Öffnen und Schließen der Ventile in Abhängigkeit zur Stellung der Kolben und damit der Kurbelwelle. Einzustellen im Sinn von Justieren gibt es da nichts. Es wird lediglich geprüft, ob Nocken- und Kurbelwelle in der richtigen Stellung zueinander stehen, was nach Abnehmen des Zahnriemens nicht mehr unbedingt der Fall zu sein braucht. Bei Fahrzeugen ohne Motronic, die noch einen herkömmlichen Verteiler besitzen, muß auch dieser in der richtigen Stellung zur Kurbelwelle stehen. Bei Motronic ist die Stellung der Nebenwelle gleichgültig.

- Wie die Steuerzeiten eingestellt werden, ist im folgenden Abschnitt »Zahnriemen auswechseln« beschrieben.
- Zu Arbeiten an der Nockenwelle oder zum Ausbau des Zylinderkopfes muß der Zahnriemen am Kurbelwellen-Riemenrad nicht abgenommen werden.
- Es wird also an der Kurbelwelle nach der OT-Marke auf dem Schwingungsdämpfer eingestellt.
- Übrige Arbeiten wie beschrieben.

Zahnriemen auswechseln

520i/525e
Wartung Nr. 50

Das Auswechseln des Zahnriemens soll einem Motorschaden durch Zahnriemendefekt vorbeugen.

- Kurbelwelle auf OT Zylinder 1 stellen (Seite 36) und jetzt nicht mehr verdrehen.
- Zahnriemenabdeckung komplett ausbauen (vorangegangener Abschnitt).
- Bei Wiederverwendung des alten Zahnriemens (Ausbau im Rahmen einer Reparatur) Laufrichtung mit Kreide am Riemen kennzeichnen.
- Halteschrauben bzw. -muttern der Spannrolle lockern.
- Federunterstützte Spannrolle zur rechten Motorseite hin drücken und in dieser Stellung mit den Halteschrauben fixieren.
- Alten Zahnriemen abnehmen.
- Neuen Zahnriemen auflegen. Dabei vom Kurbelwellen-Zahnriemenrad ausgehend den Riemen zum Nebenwellen- und dann zum Nockenwellenrad verlegen.
- Kontrollieren, ob die Markierungen an Kurbelwelle und Nockenwelle noch fluchten. Bei Wagen ohne

Links: Damit nach dem Wiederauflegen des Zahnriemens die Ventilsteuerzeiten wieder stimmen, werden Nockenwelle, Nebenwelle und Kurbelwelle in eine bestimmte Stellung zueinander gebracht. Man hat dazu die Stellung ausgesucht, bei der der Kolben im ersten Zylinder in seinem höchsten Punkt steht (im oberen Totpunkt = OT). Die Nokkenwelle muß dabei, wie im Bild links gezeigt, so gedreht werden, daß der Pfeil (2) auf dem Zahnrad der Kerbe (1) am Zylinderkopf gegenübersteht.
Bei abgenommener Kurbelwellen-Keilriemenscheibe ist die OT-Stellung des 1. Zylinders daran zu erkennen, daß die Kerbe an der Kurbelwelle (2) der Gußnase (1) am Gehäuse gegenübersteht (Bild rechts).

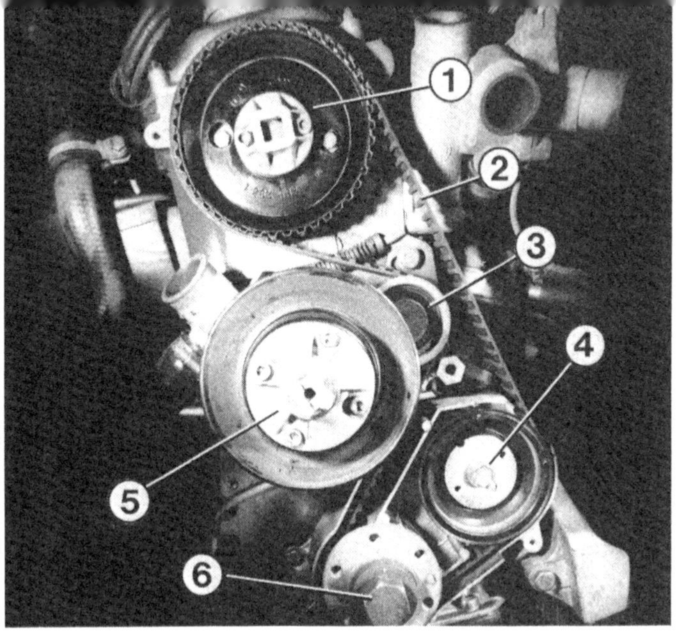

Bei abgenommenem Schutzdeckel sehen wir den Verlauf des Zahnriemens (2): Er wird von der Kurbelwelle (6) angetrieben und versetzt so die Nebenwelle (4) und die Nockenwelle (1) in Drehung. Gespannt und umgelenkt wird er von der Spannrolle (3).
Im Vordergrund ist die Keilriemenscheibe der Wasserpumpe (5) zu sehen. Sie steht mit dem Zahnriemen nicht in Verbindung. Allerdings stützt sich die Feder der Spannrolle gegen das Pumpengehäuse ab.

Motronic zusätzlich püfen, ob der Verteilerfinger über der Kerbe am Verteilerrand steht.

- Halteschrauben der Spannrolle lockern und Kurbelwelle einmal entgegen dem Uhrzeigersinn durchdrehen. Die Spannrolle kann dabei den Riemen straffen.
- Halteschrauben mit 20–24 Nm festziehen. Die Riemenspannung stimmt jetzt.
- Flucht der Markierungen nochmals prüfen.
- Zahnriemenabdeckung wieder befestigen (siehe vorigen Abschnitt).
- Bei Fahrzeugen ohne Motronic Zündzeitpunkt einstellen (Seite 190).

Zahnriemen nachspannen?

Bei BMW hält man nichts vom regelmäßigen Nachspannen des Zahnriemens. Vielmehr wird empfohlen, einen locker gewordenen Zahnriemen gleich zu ersetzen und dann den neuen zu spannen.

Die Steuerkette

Die Ventilsteuerung erfolgt beim M-30-Motor über eine Steuerkette. Diese versetzt die Nockenwelle in die halbe Umdrehungszahl der Kurbelwelle.
Die kleinen Brennräume lassen es auch bei diesem Motor nicht zu, daß eines der Ventile geöffnet hat und somit in den Verbrennungsraum ragt, während sich der betreffende Kolben nach oben – seiner höchsten Stellung zu – bewegt. Dieser Fall könnte eintreten, wenn durch eine falsch eingebaute Kette die Einstellung von Nockenwelle zu Kurbelwelle nicht stimmt (siehe »Zylinderkopf einbauen«). Dann schlägt das Ventil auf den Kolbenboden auf – Motor-Totalschaden.

Spannmechanismus der Steuerkette

Zur Vermeidung von Kettengeräuschen und zum Ausgleich von Verschleiß an der Steuerkette (sie längt sich etwas im Laufe der Zeit) dient der Kettenspanner an der rechten Motorseite. Ein federbelasteter und mit Öl gedämpfter Kolben drückt dazu die rechte Führungsschiene gegen die Kette, wodurch sich diese spannt.

Die Feder (2) der Spannrolle (1) spannt den Zahnriemen nach Lockern der Halteschrauben (3 und 4) von selbst, wenn die Kurbelwelle einmal entgegen dem Uhrzeigersinn durchgedreht wurde. Anschließendes Festziehen der Halteschrauben nicht vergessen.

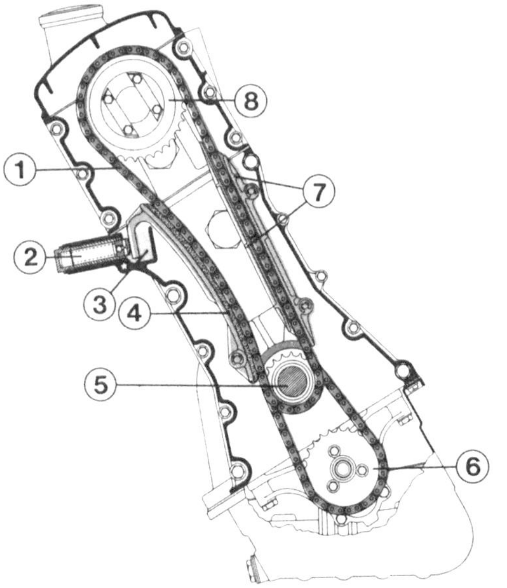

Damit die Kette (1) für den Antrieb der obenliegenden Nockenwelle nicht peitscht und laut wird, muß sie straff gespannt werden. Dazu wird eine kunststoffbeschichtete Spannschiene (4) verwendet, gegen die ein federbelasteter Kolben (2) drückt. Der ölgefüllte Vorratsraum (3) dient zur Öldämpfung des Kettenspanners. Dadurch wird erreicht, daß der Kettenspanner-Kolben nicht ins Schwingen gerät. Auf der Zugseite wird die Kette beidseitig von Führungsschienen (7) gefaßt. Über die Steuerkette treibt die Kurbelwelle (5) lediglich die Nockenwelle (8).
Der Antrieb der Ölpumpe (6) erfolgt über eine separate Kette. Diese kurze Kette ist es übrigens, die für Heulgeräusche bei älteren Motoren verantwortlich ist. Grund: Die Kette ist nicht geführt und kann deshalb frei schwingen.

Störungen am Kettenspanner

Rasselgeräusche, die von der Steuerkette ausgehen, lassen auf eine stark gelängte Kette (Verschleiß bei mehr als 150000 km) oder einen defekten Spannmechanismus schließen. Fehlerursache:
- ○ Dämpfungskolben sitzt verklemmt
- ○ Feder ist erlahmt
- ○ Luftpolster im Kolbenkanal behindert die Dämpfung (mangelhaft entlüftet)
- ○ Kugelventil oder Entlüftungsschlitze des Kolbens sind verstopft

Kettenspanner aus- und einbauen

- ● Außen sitzende Verschlußschraube lösen; Vorsicht, sie steht unter Federdruck!
- ● Feder und Kolben herausziehen.
- ● Kontrollieren Sie, ob das Kugelventil gängig ist (schütteln) und die Entlüftungsventile nicht verstopft sind (mit Preßluft).
- ● Die entspannte Feder muß 155,5 mm lang sein (messen).
- ● Zum Einbau muß die Aussparung am Kolben in die Spannschiene eingreifen; das spitze Ende der Feder muß zur Verschlußschraube zeigen.
- ● Diese Schraube zunächst nur lose eindrehen.
- ● Zylinderkopfdeckel abschrauben und die Öltasche (siehe Zeichnung oben) gut mit Motoröl füllen.
- ● Jetzt mit einem langen Schraubenzieher die Spannschiene so lange hin- und herbewegen, bis an der Verschlußschraube Öl austritt und Widerstand spürbar wird.
- ● Die Schraube kann nun festgedreht werden.
- ● Zylinderkopfdeckel wieder montieren (Seite 37).

Arbeiten am Zylinderkopf

Arbeiten am Zylinderkopf – beginnend mit dem Ausbau – setzen bessere Kenntnis der Materie voraus, als dies bei den bisher beschriebenen Reparatur- und Pflegearbeiten nötig war. Außerdem ist ein Drehmomentschlüssel als wichtigstes Werkzeug jetzt unerläßlich.

Hier schauen wir von rechts unten auf den Motor des 525i/528i. Hinter der Verschlußschraube (Pfeil) sitzt der Kettenspanner mit seiner Feder.

Zylinderkopfdichtung

Häufigster Schaden im Bereich Zylinderkopf ist eine defekte Zylinderkopfdichtung. Dieser Defekt tritt meistens als Folge von Überhitzung auf.

	Erkennungsmerkmal	Ursache/Besonderheiten
A	Kühlflüssigkeitsstand nimmt stetig langsam ab	Kühlmittel gelangt in sehr geringer Menge in die Brennräume. Diese Erscheinung kann sich ohne weitere Merkmale über längere Zeit hinziehen. Andere Möglichkeit: Kühlanlage undicht
B	Beträchtlicher Kühlmittelverlust. Der Wagen zieht bei Betriebstemperatur einen weißen Abgasschleier hinter sich her	Kühlmittel dringt in großer Menge in einen Verbrennungsraum, verdampft dort und entweicht als weiße Fahne durch den Auspuff
C	Aus dem geöffneten Ausgleichsbehälter steigen bei laufendem Motor Luftblasen auf oder beim Öffnen des Verschlußdeckels sprudelt eine größere Menge Kühlmittel heraus	Verbrennungsgase werden ins Kühlsystem gedrückt. Aus der Öffnung des Ausgleichsbehälters riecht es nach Abgasen
D	In Regenbogenfarben schillernde Verfärbung oder schwarze Verfärbung an der Oberfläche des Kühlmittels	Öl aus dem Schmierkreislauf gelangt ins Kühlsystem
E	Grau oder braun aussehende Emulsion am herausgezogenen Ölpeilstab oder Öl von Wasserbläschen durchsetzt	Kühlflüssigkeit ist in den Schmierkreislauf geraten. Achtung: Wasser im Motoröl kann einen Lagerschaden verursachen. Zylinderkopfdichtung sofort wechseln (lassen). Motor nicht mehr starten; Wagen zur Reparatur abschleppen

Fingerzeige: Ist nach einem Schaden an der Zylinderkopfdichtung Öl ins Kühlsystem gelangt, muß der Kühler gespült werden. Dazu 2 Liter Kühlerreinigungsmittel (z. B. Solvethane) in die ausgebauten Teile einfüllen und kräftig schütteln. Gebrauchtes Kühlerreinigungsmittel zum Sondermüll geben. Kühlsystem anschließend durch mehrmaliges Neubefüllen mit heißem Wasser komplett durchspülen. Ähnliche Symptome wie bei einer defekten Zylinderkopfdichtung entstehen auch durch kleine Risse im Zylinderkopf. Wenn also trotz offensichtlichen Defekts die Dichtung nach Demontage keine Schäden zeigt, muß ein Motorinstandsetzungsbetrieb den Zylinderkopf unter Druck prüfen.

Zylinderkopf ausbauen

- **Alle Modelle:** Batterie abklemmen.
- Luftmengenmesser und Luftfilter ausbauen – alle außer 520i bis 8/82 (Seite 88).
- Kühlmittel ablassen (Seite 57).
- Verteilerdeckel abbauen (Seite 188), Zündleitungsrohr abschrauben, Kerzenstecker abziehen. Alle Teile zusammen abnehmen.
- Gaszug und – falls vorhanden – Zug zum Automatikgetriebe aushängen (Seite 76, 89 und 104).
- Wasserschläuche zur Heizung und zum Kühler bzw. Thermostat und Ansaugkrümmer abbauen.
- Abstützung des Ansaugkrümmers abschrauben.
- Diagnosesteckdose vorn am Zylinderkopf abbauen.
- Stecker an den Temperaturgebern sowie am Öldruckschalter kennzeichnen und abziehen.
- Stecker am Drosselklappenschalter abziehen.
- Stecker am Zusatzluftschieber bzw. am Leerlaufregelventil abziehen.
- Stecker von den Einspritzventilen und am Kaltstartventil abziehen.
- Kraftstoffzu- und -rücklaufschlauch vom Kraftstoff-Verteilerrohr bzw. vom Druckregler abziehen (alle außer 520i bis 8/82).
- Unterdruckschläuche am Ansaugkrümmer kennzeichnen und abziehen; ebenso am Verteiler.
- Untere Motorraumverkleidung abbauen.
- Auspuffrohre am Auspuffkrümmer sowie an der Getriebestütze abschrauben.
- Kabel von der Lichtmaschine und vom Anlasser lösen.
- Motorkabelbaum aus den Haltern lösen und zur Seite ablegen.
- **520i/525e:** Unterdruckschlauch zum Bremskraftverstärker abziehen.
- Halter für Ölpeilstab abschrauben.
- Wo vorhanden, Schläuche am Zusatzluftschieber abbauen.
- Nur 520i bis 8/82: Einspritzleitungen am Mengenteiler abschrauben. Benzinfeste Plastiktüte über den Mengenteiler stülpen, damit kein Schmutz in die offenen Bohrungen gerät.
- Unterdruckschlauch vom Warmlaufregler abziehen.
- Kurbelgehäuse-Entlüftungsrohr unter dem Ansaugkrümmer entgegen Federkraft nach unten ziehen und mit Draht oder Blechbügel in dieser Stellung fixieren.
- Zahnriemenabdeckung ausbauen (Seite 40).
- Zylinderkopfdeckel abschrauben (Seite 37).
- In OT-Stellung den Zahnriemen vom Nockenwellen-Riemenrad abnehmen (Seite 40).
- **525i/528i:** Zylinder 1 auf OT Zündzeitpunkt stellen (Seite 36).
- Zündverteiler ausbauen (Seite 189).
- Thermostat ausbauen (Seite 59).
- Zylinderkopfdeckel abschrauben (Seite 37).
- Deckel vorn am Zylinderkopf (Räderkastendeckel)

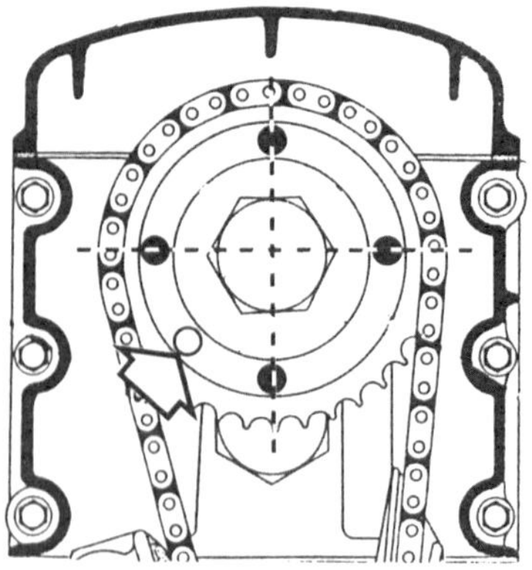

OT-Stellung der Nockenwelle: Die Gewindebohrungen müssen senkrecht zum Motor stehen (gestrichelte Linien), und der Paßstift muß sich, wie hier gezeigt, links unten befinden (Pfeil).

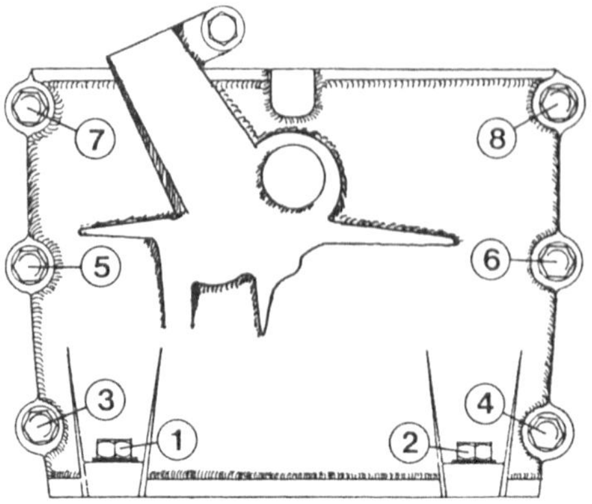

In der gezeigten Reihenfolge müssen die Schrauben des Räderkastendeckels angezogen werden. Dabei die Schrauben »1« und »2« erst leicht anziehen. Dann die übrigen Schrauben der Reihenfolge nach festdrehen, und erst zum Schluß die Schrauben »1« und »2« festziehen.

nach Lösen von 8 Schrauben samt Verteilergehäuse abnehmen.

- Kolben des Kettenspanners ausbauen (Seite 42).
- Kettenrad der Nockenwelle abschrauben.
- Darauf achten, daß die Kette bei dieser Arbeit gestrafft bleibt. Sonst könnte es sein, daß sie auf dem Kettenrad einen Zahn überspringt, und die Steuerzeiten wären verstellt.
- Kette am Nockenwellenrad sichern, wie im Bild unten gezeigt.
- Kettenrad außerdem mit Draht an die Garagendecke hochbinden. So bleibt die Kette auch auf dem unteren Kettenrad gespannt.
- Kurbelwelle nicht mehr verdrehen!
- **Alle Modelle:** Zylinderkopfschrauben entgegen der im Anzugsschema rechts unten gezeigten Reihenfolge lösen.
- Nochmals kontrollieren, ob alle Verbindungen vom Zylinderkopf zum Motorblock und zur Karosserie gelöst sind.
- Zylinderkopf abnehmen.
- Ist der Zylinderkopf mit der Dichtung am Motorblock festgebacken, helfen leichte Schläge mit dem Kunststoff-Hammer auf die Seitenfläche des Kopfes.

Zylinderkopf einbauen

Der Wiedereinbau des Zylinderkopfes geht natürlich sinngemäß umgekehrt vonstatten wie der Ausbau. Doch auf einige Punkte gilt es besonders zu achten:

- **Alle Modelle:** Reste der alten Zylinderkopfdichtung sorgfältig von Block und Kopf entfernen. Am relativ weichen Zylinderkopf dazu kein hartes Werkzeug verwenden. Am besten ist Dichtungsentferner aus der Sprühdose.
- Dichtfläche am Kopf mit langem Metallineal auf Ebenheit kontrollieren. War Überhitzung die Ursache für den Dichtungsschaden, kann der Zylinderkopf verzogen sein. Dann den Kopf planschleifen lassen. Als Bearbeitungsgrenze gelten 122,1±1 mm beim 520i/525e bzw. 126±1 mm beim 525i/528i Gesamthöhe von der Dichtfläche zum Zylinderkopfdeckel bis zur Dichtfläche zur Kopfdichtung.
- Ca. 3 mm kann der Kopf also gegenüber dem Originalmaß nachgearbeitet werden. Dafür gibt es im Ersatzteillager eine 3 mm stärkere Zylinderkopfdichtung, die wieder Ausgleich schafft.
- Nach Planen des Zylinderkopfes beim 525i/528i auch den Räderkastendeckel entsprechend nacharbeiten lassen.
- Auch Risse können nach Überhitzung im Zylinderkopf auftreten. Das können Sie bei einem Motorinstandsetzer am ausgebauten Kopf prüfen lassen.
- In den Gewindelöchern am Zylinderblock darf kein Öl oder Wasser stehen. Sonst stimmt die Anpreßkraft der Zylinderkopfschrauben trotz richtigem Drehmoment nicht. Außerdem kann der Zylinderkopf im Bereich der Gewindelöcher reißen.
- Die Zylinderkopfschrauben sollen sorgfältig gerei-

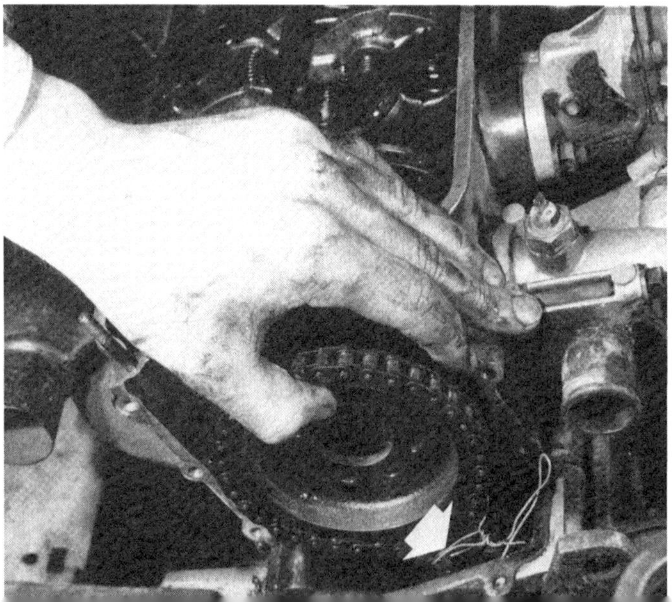

So wird die Steuerkette bei abgeschraubtem Kettenrad gegen Abrutschen gesichert: Ein Draht (Pfeil) hält die Kette unterhalb des Kettenrads zusammen, so daß sie nicht aus Versehen einen Zahn weiterspringen kann, was die Steuerzeiten verändern würde.

nigt und am Gewinde sowie unten am Schraubenkopf leicht eingeölt sein.

- **Vor dem Aufsetzen** des Zylinderkopfes kontrollieren, ob Nockenwelle und Kurbelwelle noch auf OT stehen (siehe Abbildungen Seite 36, 37, 40 und 44).
- Nach Auflegen der (neuen!) Zylinderkopfdichtung kann der Zylinderkopf montiert werden. Die Schrauben werden nach dem Anzugsschema unten in mehreren Durchgängen (Tabelle unten) festgezogen.
- Die richtige Zylinderkopfdichtung ist übrigens an einer Einprägung zu erkennen: Beim 520i: 2,0/2,3E; beim 525e: 2,7; beim 525i/528i: 2,5/2,8E.
- **520i/525e:** Das beim Ausbau nach unten gedrückte Kurbelgehäuse-Entlüftungsrohr kann wieder von unten in den Ansaugkrümmer gesteckt werden. Dabei auf den Zustand des Dichtrings und den richtigen Sitz des Rohrs achten.
- OT-Marken kontrollieren, Zahnriemen auflegen (Seite 40).
- Beim älteren 525e sind die Stecker zum Drehzahl- und zum Bezugsmarkengeber oben am Zylinderkopf befestigt. Zusammenstecken: Der graue Stecker kommt zu demjenigen Gegenstück, das mit einem Ring gekennzeichnet ist.
- **525i/528i:** Oberes Kettenrad wieder an der Nokkenwelle festschrauben (7 Nm). Kette dabei unter Spannung halten. Erwähnte OT-Stellung beachten: Der Paßstift am Nockenwellenrad muß jetzt, ohne daß an der Kurbelwelle gedreht wird, genau in das Loch am Nockenwellenflansch passen.
- Kolben und Feder des Kettenspanners wieder einbauen (Seite 42).
- Beide Löcher der Zylinderkopfdichtung bei der Trennfuge mit streichbarer Dichtmasse füllen.
- Dichtung am Verteilerantrieb überprüfen.
- Räderkastendeckel montieren (Anzugsdrehmoment der Schrauben: 9–11 Nm). Anzugsreihenfolge der Schrauben siehe Zeichnung links.
- Verteiler einbauen (Seite 189).
- Thermostat einbauen, Dichtung ersetzen. Einbaulage: Der Bügel am Thermostat zeigt nach außen.
- **Alle Modelle:** Gewindestifte am Auspuffkrümmer mit Kupferpaste (Seite 262) fetten und Auspuff mit neuer Dichtung und neuen selbstsichernden Auspuffmuttern am Krümmer festschrauben (50–55 Nm). Dann den Auspuffträger spannungsfrei am Getriebe befestigen (22–24 Nm).
- Kühlwasserschläuche befestigen, Kühlmittel einfüllen (Seite 57)
- Motoröl wechseln.
- Gaszug und – wo vorhanden – Zug zum Automatikgetriebe einstellen (Seiten 76, 89 und 104).
- Zylinderkopfdeckel wieder anbauen (Seite 37).
- Keilriemen auflegen und spannen (Seite 176).
- Ventilspiel, Leerlauf und Zündung einstellen (Seiten 38, 75 und 190).

Zylinderkopf-Anzugsdrehmomente

Anziehen der Zylinderkopfschrauben nach dem Schema im Bild unten in Stufen wie folgt:

Motor	1. Stufe	2. Stufe	3. Stufe	4. Stufe	5. Stufe
M 20 (520i/525e)	40 Nm	15 Minuten Wartezeit	60 Nm	Motor 25 Minuten warmlaufen lassen	Schrauben 25° (Drehwinkel) weiter anziehen
M 30 (525i/528i)	60 Nm	15 Minuten Wartezeit	Schrauben 33° (Drehwinkel) weiter anziehen	Motor 25 Minuten warmlaufen lassen	Schrauben 35° (Drehwinkel) weiter anziehen

Rauchentwicklung und Ventilschaftabdichtung

Bei älteren Wagen kann auf der Autobahn bisweilen starkes Auspuffrauchen im Schiebebetrieb (hohe Motordrehzahl, kein Gas) festgestellt werden. Ursache sind in den meisten Fällen die Ventilschaftabdichtungen. Sie verhindern, daß Öl am Ventilschaft entlang in die Brennräume läuft.

Damit der Zylinderkopf absolut plan und gleichmäßig aufliegt, müssen die 14 Zylinderkopfschrauben in der hier gezeigten Reihenfolge und den in der Tabelle oben angegebenen Drehmomenten angezogen werden. Nur so ist der richtige Sitz des Zylinderkopfes gewährleistet.

Werden diese Dichtelemente ausgewechselt, wozu leider der Zylinderkopf ausgebaut und zerlegt werden muß, reduziert sich die lästige Raucherei meist auch bei Motoren mit hoher Laufleistung auf ein erträgliches Maß. Keinen Erfolg bringt der Austausch der Ventilschaftabdichtungen, wenn die Ventilführung selbst stark verschlissen ist. Dann wackelt der Ventilschaft in der Führung hin und her. Dagegen ist auch die neue Dichtung machtlos. Ein Fall für den Motorinstandsetzer.

Lagerschäden

Klopfgeräusche aus dem Motorraum, die mit wärmer werdendem Öl lauter werden, sind Anzeichen für einen Lagerschaden. Ursachen sind mangelnde Schmierung durch zu niedrigen Ölstand; Wasser im Motoröl als Folge einer defekten Zylinderkopfdichtung; zu hohe Drehzahlen bei kaltem Motor und daher zähflüssigem Öl; abgerissener Schmierfilm bei hohen Öltemperaturen, evtl. durch falsche Ölviskosität.

Maßnahmen bei einem Lagerschaden

Um es vorweg zu nehmen – fast immer sind die Gleitlager der Pleuel defekt. Ganz selten liegt der Schaden an den Hauptlagern der Kurbelwelle. Normalerweise bedeutet ein Lagerschaden eine umfangeiche Motorreparatur. Wenn Sie ein defektes Pleuellager aber bereits im Frühstadium erkennen, kann der Austausch der Lagerschalen genügen. Deshalb bei harten Klopfgeräuschen aus dem Motorraum den Motor **sofort abstellen**. Oft leuchtet zusätzlich die Ölkontrollampe auf. Motor nicht mehr starten, Wagen jetzt in die Werkstatt schleppen lassen. Ist der Motor noch jünger als 100 000 km, kann sich eine Teilreparatur lohnen: Ölwanne ausbauen und Lagerdeckel aller Pleuellager abschrauben lassen. Sind nur einzelne Lagerschalen beschädigt, die Zapfen der Kurbelwelle aber noch glatt, reicht Austauschen von Pleueln und Lagerschalen.

Motor aus- und einbauen

Der Motor wird nach vorangegangenem Ausbau des Getriebes nach oben aus dem Motorraum gehoben. Dazu brauchen Sie einen Flaschenzug und einen Raum, in dem er stabil und in ausreichender Höhe aufgehängt werden kann. Günstig ist auch ein »vorbelasteter« Helfer.
Für den späteren Wiedereinbau der Maschine ist es sinnvoll, die zahlreichen Schlauch- und Kabelverbindungen schon beim Ausbau zu kennzeichnen, sofern sich das nicht durch Einbaulage, Steckerform oder -farbe erübrigt.

Ausbau

- Beide Batteriepole abklemmen, dünnes Kabel vom Pluspol lösen.
- Getriebe ausbauen (Seite 100 bzw. 105).
- Wo vorhanden, Unterschutz ausbauen (Seite 253).
- Motorhaube ausbauen (Seite 244).
- Kühlwasser ablassen (Seite 57), Kühler ausbauen (Seite 56).
- Kühlmittel-Ausgleichsbehälter zum Schutz vor Beschädigungen ausbauen.
- Flügelpumpe der Servolenkung am Motor abschrauben und mit Draht an der Karosserie befestigen. Die Druckschläuche bleiben angeschlossen.
- Bei Klimaanlage den Kompressor am Motor abschrauben. Die Schläuche bleiben angeschlossen, der Kompressor wird ebenfalls mit Draht im Motorraum aufgehängt.
- Alle Kabel an der Zündspule kennzeichnen und abbauen.
- Gaszug und, wo vorhanden, Zug zum Automatikgetriebe und zum Tempomat aushängen.
- **520i bis 8/82 (K-Jetronic):** Ansaugluftschlauch abbauen, Einspritzleitungen am Mengenteiler abschrauben, desgleichen Kraftstoffzu- und Rücklaufleitung. Leitung zum Kaltstartventil und zum Warmlaufregler abbauen. Mengenteiler mit Luftfiltergehäuse ausbauen.
- **Fahrzeuge mit L-Jetronic-Einspritzung (alle außer 520i bis '82):** Luftfiltergehäuse mit Luftmengenmesser ausbauen (Seite 88). Kraftstoffzu- und Rücklaufleitung am Verteilerrohr abschrauben.
- Stecker vom Schaltgerät der Transistorzündung abziehen (nicht bei 520i Kat und 525e, da Motronic).
- Verkleidung oben im Handschuhfach abbauen, Mehrfachstecker vom Steuergerät abziehen, Steckverbindung daneben trennen. 525e: Ebenfalls oben im Handschuhfach: Stecker vom Steuergerät für Leerlaufstabilisierung abziehen.
- Kabelbaum vom Handschuhfach zum Motorraum durchschieben.
- Fahrzeuge mit Kat: Steckverbindung zur Lambdasonde trennen.
- Auspuffrohre von Auspuffkrümmer und Getriebestütze abbauen.
- Am Sicherungskasten den Deckel abnehmen und die Abdeckung abziehen.
- Steckverbindung Motorkabelbaum/Sicherungskasten trennen und seitlich am Sicherungskasten angebrachte Relais samt Halter ausstecken.
- Luftschläuche am Drosselklappenstutzen abziehen.
- Kabelbinder an der hinteren Motorraumwand durchzwicken und Motor-Kabelstrang aus den Haltern nehmen.
- Masseband am Zylinderkopfdeckel (nicht bei allen Modellen vorhanden) abschrauben.

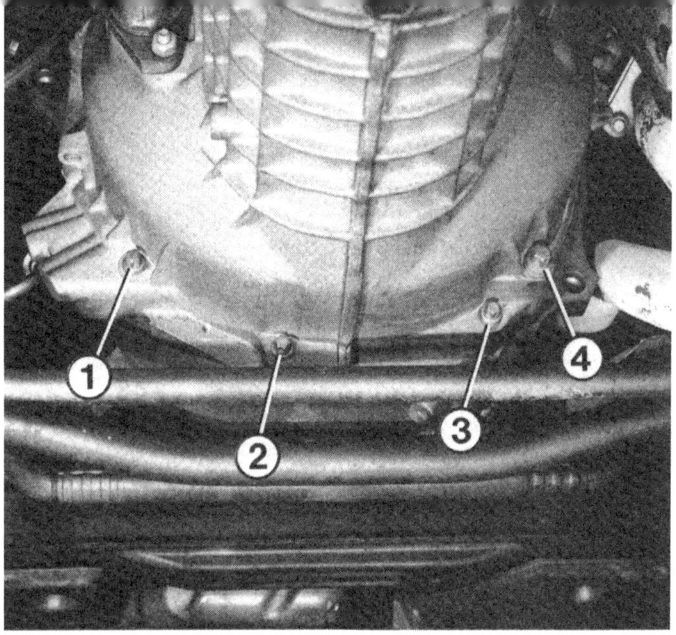

Motorausbau: Getriebe bzw. Kupplungsglocke sind teilweise mit sogenannten TORX-Schrauben (1–4) am Motor befestigt.

- **520i/525e:** Unterdruckschlauch vom Bremskraftverstärker abziehen.
- Unterdruckschlauch für Heizungsregelung abziehen.
- Wasserschläuche zur Heizung (hintere Motorraumwand) abbauen.
- An älteren 525e die Unterdruckschläuche im Bereich der pneumatischen Drehzahlregelung abziehen (Zylinderkopf oben, hinten).
- Kontrollieren, ob alle Kabel und Schlauchverbindungen vom Motor zur Karosserie gelöst sind. Am Motor befestigte Kabel dürfen auch nicht mehr an einem Kabelbinder an der Karosserie hängen.
- Beide Motorlager und Masseband lösen.
- Zwei Ketten mit dem Flaschenzug verbinden und diese in die Ösen vorn und hinten am Motor einhängen.
- Motor nach oben herausheben.

Einbau

Sinngemäß wird beim Einbau in umgekehrter Reihenfolge des Ausbaus vorgegangen. Dabei gilt es einige Punkte besonders zu beachten:

- Generell alle selbstsichernden Muttern und alle Quetsch-Schlauchklemmen ersetzen.
- Hinweise zum Einbau des Getriebes beachten (Seite 101 bzw. 106).
- Keilriemen spannen (siehe Seite 176).
- Gaszug und – wo vorhanden – Zug zum Automatikgetriebe einstellen (Seiten 76, 89, und 104).
- Fahrzeuge ohne Motronic: Zündzeitpunkt einstellen (Seite 190).
- Leerlauf und Abgas kontrollieren (Seite 75, 90).

Anzugsdrehmomente

Bauteil	Nm
Gummilager an Vorderachsträger M 8	25–28
Gummilager an Vorderachsträger M 10	43–48
Gummilager an Motorträger	43–48
Auspuffrohr an Auspuffkrümmer	43–48
Auspuffträger an Getriebe und Auspuff	22–24
Getriebe an Motor (siehe Seite 102 bzw. 106)	

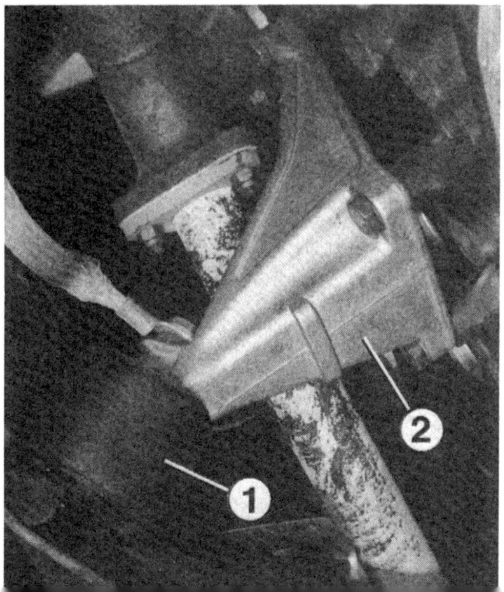

Ausbau des Motors. Links: Der Motor ruht vorn auf den Motorstützen (2) und elastischen Motorlagern (1).
Rechts: Beim 525e bis 12/86 müssen die Stecker zu Drehzahl- (3) und Bezugsmarkengeber (4) getrennt werden. Beim Wiedereinbau helfen die Markierungen »B« und »D« (1 und 2).

Entsorgungsbetrieb

Unser BMW konnte zu seiner Bauzeit nicht in allen Leistungsstufen mit einem Katalysator bestellt werden. Lediglich den 525e und kurz vor Produktionsende auch den 520i gab es mit geregeltem Kat. Entsprechend sind die Auspuffanlagen gestaltet.

Die Teile der Auspuffanlage

Bei den einzelnen Motorversionen besteht die Auspuffanlage aus folgenden Teilen (von vorn nach hinten):

Modell	520i	520i Kat	525e	525e Kat	525i	528i
Auspuffkrümmer	+	+	+	+	+	+
Doppelrohr vorn[1]	+	+	+	+	+	+
Katalysator	–	+[3]	–	+[3)4)]	–	–
Vorschalldämpfer 2 in 2[2]	+	–	+	–	+	+[7]
Mittelschalldämpfer 2 in 1[2]	+	–	+	–	+	–
Mittelschalldämpfer 2 in 2[2]	–	–	–	–	–	+[7]
Nachschalldämpfer 1 in 1[2]	+	–	+	+[5]	+	–
Nachschalldämpfer 2 in 2[2]	–	+	–	+[6]	–	+

[1] Verschiedene Ausführungen: Getrennt oder am Flansch verbunden
[2] Anzahl der Rohre vor/hinter dem Auspufftopf
[3] Verbunden mit Doppelrohr vorn
[4] Mit Doppelrohrausgang hinten seit 1/87
[5] Bis 12/86
[6] Seit 1/87
[7] Seit 9/82: Vor- und Mittelschalldämpfer kombiniert

Auspuffanlage kontrollieren

Wartung Nr. 40

Die Auspuffanlage ist starr nur mit dem Auspuffkrümmer und durch einen Halter mit dem Getriebe verbunden. Am Fahrzeugboden hängt sie frei schwingend in Gummischlaufen.

- Haltegummis auf Brüchigkeit, Einrisse oder sonstige Schäden überprüfen, ggf. ersetzen.
- Schrauben der Halterungen am Getriebe und am Endschalldämpfer auf festen Sitz prüfen, aber nicht mit aller Gewalt »anknallen«.
- Gleiches gilt für die Verschraubungen am Auspuffkrümmer und an den Rohr-Verschraubungen.
- Mit einem Lappen in der Hand bei laufendem Motor Auspuff-Endrohr(e) zuhalten. Der Motor muß nach kurzer Zeit stehenbleiben.
- Hören Sie zischende Geräusche und läuft der

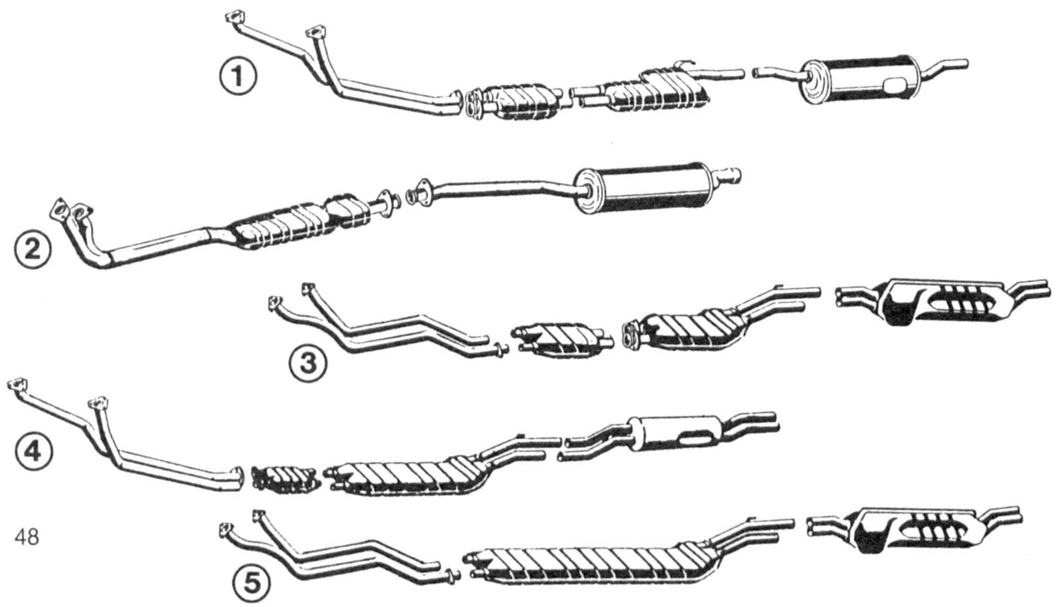

Verschiedene Auspuffanlagen in den einzelnen Modellen der BMW 5er-Reihe: 1 – 520i, 525i; 2 – 525e Kat bis 12/86; 3 – 520i Kat, 525e Kat ab 1/87; 4 – 528i bis 8/82; 5 – 528i ab 9/82.

Motor ungestört weiter, ist die Anlage an der Geräuschstelle undicht.

● Ein dumpferer Auspuffton als gewöhnlich und Knallen im Schiebebetrieb weist auf einen durchgerosteten Auspuff hin.

Auspuffanlage erneuern

Selten sind alle Schalldämpfer (bei Fahrzeugen ohne Kat sind es drei) gleichzeitig austauschreif. Doch es liegt die Überlegung nahe, daß der momentan noch ganz gute Auspufftopf schon binnen kurzem ebenfalls den Geist aufgeben wird. Damit man dieselbe Arbeit nicht in kurzen Abständen mehrmals machen muß, kann es sich also empfehlen, gleich zwei oder drei Teile auszuwechseln. Besser sind Besitzer von Katalysator-Fahrzeugen dran. Der Kat ist in nichtrostenden Stahl eingebettet, so daß zumindest dieser Teil nicht verschleißen wird. Es bleibt dann nur noch ein verschraubter Schalldämpfer als gefährdetes Teil.

Fingerzeig: Für den Ersatzteilkauf gilt, daß Dichtungen und selbstsichernde Muttern ersetzt werden müssen.

Abgasrohr vorn bzw. Katalysator vom Krümmer abbauen

● Die Muttern auf den Stehbolzen des Auspuffkrümmers werden im Ernstfall am besten mit einem scharfen Meißel zerstört.

● Sie bestehen in der Regel aus sehr weichem Material mit eingelegter Gewindespirale. Das Gewindeteil muß dann noch einzeln vom Gewinde des Stehbolzens »gepopelt« werden.

● Für den Wiederanbau unbedingt neue selbstsichernde Auspuffmuttern aus eben diesem »weichen« Material verwenden. Keine Muttern aus der heimischen Schraubenkiste verwenden.

● Zum weiteren Ausbau die Verschraubung am Getriebe und den Flansch zum Vorschalldämpfer lösen.

● Bei Katalysator-Fahrzeugen sind die Auspuffrohre vorn mit dem Kat kombiniert. Zum Ausbau den Stecker der Lambda-Sonde trennen. Steckverbindung beim Einbau mit Dichtmittel vor Wasser schützen.

Vorschalldämpfer vom Abgasrohr vorn bzw. Katalysator vom Nachschalldämpfer abbauen

Einen Vorschalldämpfer besitzen nur Wagen ohne Katalysator. Die Katalysator-Modelle sind nur mit Kat und Nachschalldämpfer ausgerüstet. Die nachfolgende Arbeitsbeschreibung versteht sich bei diesen Fahrzeugen für das Trennen des Katalysators vom Rohr zum Nachschalldämpfer.

● Zwei bzw. drei Verschraubungen pro Verbindungsflansch lösen.

● Wenn sich eine Verschraubung nicht lösen läßt, niemals den Sechskant der Schraube bzw. Mutter runddrehen, sondern die Verbindung durch Überdrehen der Schraube (sie reißt dann ab) lösen.

● Jetzt können bei Bedarf Vor-, (Mittel-) und Nachschalldämpfer zusammen abgenommen werden. Dazu zusätzlich die Haltebänder am Nachschalldämpfer losschrauben.

● Beim Zusammenbau beachten: Wo 2-Loch-Flansche eingebaut sind, müssen diese in waagrechter Lage festgezogen werden.

● In jedem Fall neue Verschraubungen und Dichtringe verwenden.

Vor-, Mittel- und Nachschalldämpfer voneinander trennen

Der folgende Text betrifft nur Fahrzeuge ohne Katalysator. Die Kat-Modelle besitzen keinen Vorschalldämpfer. Bei der Original-Auspuffanlage bilden Vor-, Mittel- und Nachschalldämpfer eine Einheit. Um die Teile zu trennen, muß an einer bestimmten Stelle gesägt werden. Als Reparaturlösung stehen einzelne Schalldämpfer und zum Verbinden derselben schraubbare Verbindungsmuffen zur Verfügung.

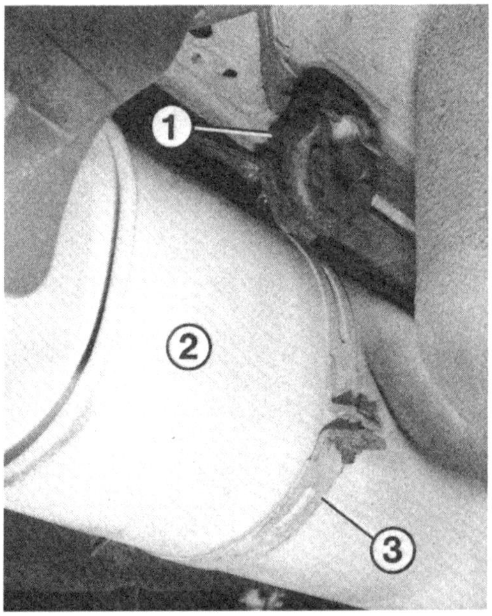

Elastische Aufhängungen der Auspuffanlage:
Vorn am Hinterachsträger ist die Auspuffhalterung (Pfeil) nach Lösen der Halteschraube einstellbar.
Am Nachschalldämpfer (2) stellt ein Haltebügel (3) die Verbindung zur elastischen Auspuffhalterung (1) her.

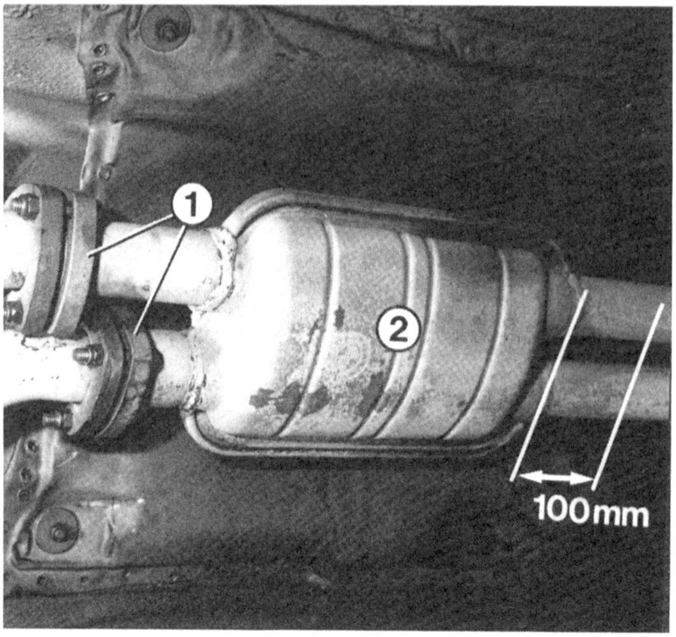

Der Vorschalldämpfer (2) des 520i und 525i ist vorn an zwei Flanschen (1) verschraubt. Soll er einzeln ausgebaut werden, müssen die Rohre zum Mittelschalldämpfer an der gekennzeichneten Stelle durchgesägt werden.

Wem kein Rohrabschneider (Flaschnerwerkzeug) zur Verfügung steht, baut die Auspuffanlage zum Absägen der Rohre aus. Die Arbeit verläuft so:

- Maße für den Trennschnitt bzw. die Schnitte anzeichnen (siehe Bilder auf dieser Seite).
- Flanschverschraubung am Vorschalldämpfer lösen (siehe vorigen Abschnitt).
- Schrauben am Haltebügel des Nachschalldämpfers lösen. Der Bügel bleibt am Fahrzeug.
- Einheit Vor-/Mittel-/Nachschalldämpfer abnehmen und Rohre an den Trennstellen durchsägen und entgraten.
- Neuen und die noch brauchbaren Schalldämpfer von der Altanlage am Wagen montieren und Verbindungsmuffe(n) auf die Rohre stecken.
- Auspuffanlage ausrichten. Dabei auf genügend Abstand in den Problemzonen Verbindungsrohr/Hinterachsträger und Endrohr/Heckabschlußblech achten.
- Verbindungsmuffe(n) in dieser Stellung festziehen.
- Bei Bedarf können die Auspuffhalter am Hinterachsträger gelöst und vertikal verstellt werden.

Fingerzeig: Bei Fahrzeugen, an denen die Auspuffanlage bereits in zurückliegender Zeit in Teilen ersetzt wurde und die bereits mit Trennstellen und Muffen versehen wurden, kann man sich den Ausbau der Auspuffanlage natürlich sparen.

Anzugsdrehmomente

Bauteil	Nm
Auspuffrohr vorn an Auspuffkrümmer	50–55
Flanschverschraubung	22–24
Halter am Getriebe	22–24
Haltebügel des Nachschalldämpfers	max. 14
Schrauben der Verbindungsmuffen	22–24

Trennen von Mittel- und Nachschalldämpfer (Einrohranlage).

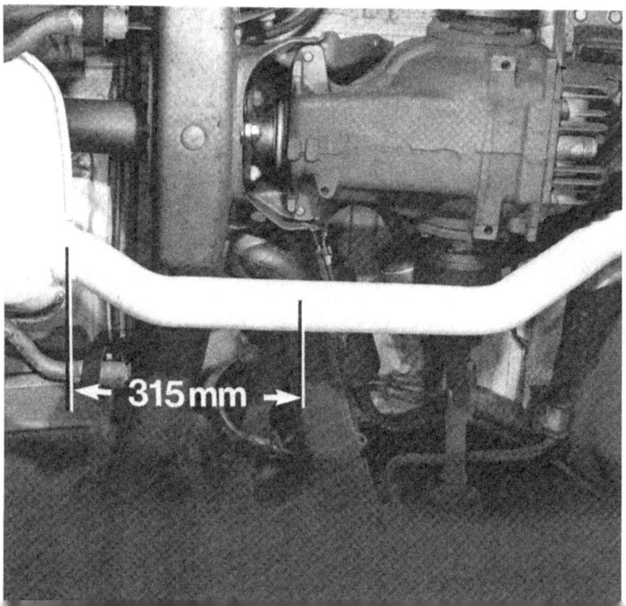

Trennen von Mittel- und Nachschalldämpfer (Doppelrohranlage).

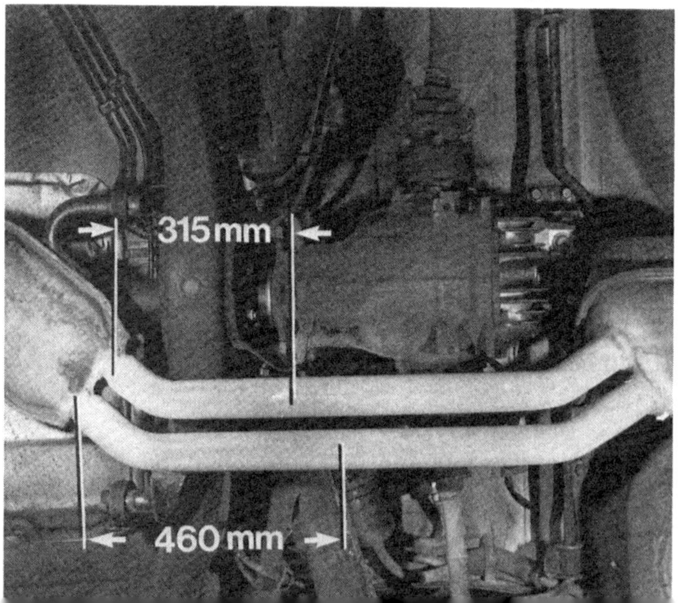

Familie Saubermann

Benzin besteht im wesentlichen aus den Elementen Kohlenstoff und Wasserstoff. Wenn der Kraftstoff im Motor verbrannt wird, verbindet sich der Kohlenstoff mit dem Luftsauerstoff zu **Kohlendioxid** (chemische Kurzformel CO_2), und der Wasserstoff vereinigt sich mit Sauerstoff zu **Wasserdampf** (H_2O).
Diese Verbrennungsprodukte bilden sich, wenn Luft und Kraftstoff im optimalen Verhältnis (14,6:1) gemischt sind. Das ist leider fast nie der Fall. Deshalb entstehen auch Schadstoffe:
○ **Kohlenmonoxid** (CO) ist wohl die bekannteste Verbindung, denn der CO-Gehalt im Abgas wird bei der Abgas-Sonderuntersuchung gemessen. Es entsteht um so mehr, je fetter, also kraftstoffreicher das Benzin/Luft-Gemisch ist.
○ Unverbrannte **Kohlenwasserstoffe** (HC) entstehen, wenn die von der Zündkerze entzündete Flammenfront an kalten Wandungen und engen Winkeln im Brennraum erlöscht. Zu fettes oder zu mageres Gemisch erhöht den Ausstoß der Kohlenwasserstoffe.
○ **Stickoxide** (NO_x) bilden sich vor allem durch den zu über ¾ in der Verbrennungsluft enthaltenen Stickstoff. Ihr Anteil ist besonders hoch bei einer Auslegung des Motors für geringen Kraftstoffverbrauch und niedrigen CO- sowie HC-Ausstoß: Hohe Verbrennungstemperaturen und mageres Kraftstoff/Luft-Gemisch.
○ **Bleiverbindungen** werden dem herkömmlichen, bleihaltigen Kraftstoff als Antiklopfmittel zugesetzt, siehe Seite 62. Rund 75% davon werden zum Auspuff hinausgeblasen.

Was ist wie gefährlich?

○ Kohlenmonoxid ist giftig und kann beim Einatmen in geschlossenen Räumen zum Tod führen. In der Luft verbindet sich das Kohlenmonoxid relativ schnell mit Sauerstoff zu dem ungefährlichen Kohlendioxid (CO_2).
○ Die Kohlenwasserstoff-Verbindungen sind der Übersichtlichkeit wegen zusammengefaßt, wobei die Bandbreite von harmlos bis – bei bestimmten Verbindungen (Diesel) – möglicherweise krebserregend reicht. In der Luft sind die Kohlenwasserstoffe mit den Stickoxiden für Bildung von Smog (schwer auflösbare Abgasnebelwolken) verantwortlich.
○ Stickoxide können entsprechend konzentriert zu Reizungen der Atmungsorgane führen.
○ Die Bleiverbindungen lagern sich in der Umgebung ab und werden u.a. mit der Nahrung im Körper aufgenommen, aber nicht mehr ausgeschieden. Das ist bei höheren Konzentrationen gesundheitsgefährlich.

Abgas-Entgiftung

Funktion des Katalysators

Ein Katalysator ist in der Chemie ein Stoff, der eine chemische Reaktion einleitet oder beschleunigt. Dabei bleibt der Katalysator in seiner Zusammensetzung unverändert.
Im Auto verstehen wir unter dem Katalysator ein mit den Edelmetallen Platin und Rhodium beschichtetes Keramik-Bauteil samt der Umhüllung, die einem Auspufftopf ähnelt. Das auf Drahtgeflecht gelagerte Keramik-Bauteil ist von mehreren tausend parallel verlaufenden Kanälen durchzogen. Auf die Wandungen der Kanäle ist eine Zwischenschicht zur Oberflächenvergrößerung (der sogenannte wash-coat) aufgetragen. Er vergrößert die aktive Katalysatorfläche etwa auf die Größe eines Fußballfeldes.
Die katalytisch wirkenden Substanzen sind Platin (5 Teile) und Rhodium (1 Teil). Von diesen Edelmetallen enthält der Katalysator 2–3 Gramm. Wobei das Platin die Oxidation und das Rhodium die Stickoxidreduktion unterstützt.
Mit dem Dreiwege-Katalysator rückt man den Schadstoffen Kohlenmonoxid, Kohlenwasserstoff und den Stickoxiden zu Leibe:
○ Es werden **Kohlenmonoxid und Kohlenwasserstoffe** durch Oxidation mit Sauerstoff zu ungefährlichem Kohlendioxid (CO_2) umgewandelt.

Hier wird die Wirkungsweise des Dreiwege-Katalysators gezeigt: Das Abgas mit seinen Schadstoffen (Pfeil) strömt durch die vielen Kanäle im Keramikteil und kommt dort mit den katalytisch wirksamen Edelmetallen Platin und Rhodium in Berührung.
Die Reaktionsgleichung beschreibt, wie durch Oxidation CO und HC unschädlich gemacht werden. Das Stickoxid (NO) wird durch Abspaltung von Sauerstoff (Reduktion) in harmlose Verbindungen umgewandelt.

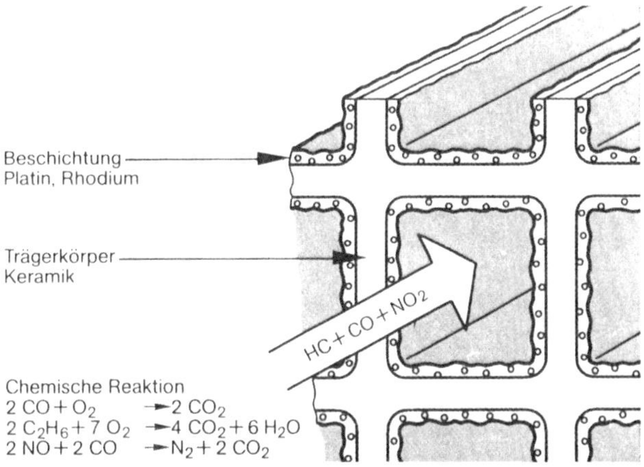

Chemische Reaktion
$2\,CO + O_2 \rightarrow 2\,CO_2$
$2\,C_2H_6 + 7\,O_2 \rightarrow 4\,CO_2 + 6\,H_2O$
$2\,NO + 2\,CO \rightarrow N_2 + 2\,CO_2$

○ Zum Abbau der **Stickoxide** wird ein Mittel gebraucht, welches den Sauerstoff entzieht. Wie aus der Reaktionsgleichung in der Zeichnung auf der Vorseite zu sehen ist, kann der Schadstoff Kohlenmonoxid dieses Mittel sein. Dabei entsteht Stickstoff (N_2) und wieder CO_2. Beides ungefährlich.

Fingerzeig: Im Zusammenhang mit dem Katalysator tauchen oft weitere Begriffe auf: »Einbett«-Katalysator bedeutet, daß der Keramikkörper des Katalysators in ein geschlossenes Gehäuse (mit einer Metallwolle-Zwischenlage) eingebettet ist. Ein »Zweiwege«-Katalysator kann nur zwei Schadstoffen im Abgas zu Leibe rücken, der »Dreiwege«-Katalysator (im BMW eingebaut) dagegen drei.

Arbeitsbereich

Der Katalysator arbeitet nur in einem schmalen Bereich mit hohem Wirkungsgrad. Das Kraftstoff/Luft-Verhältnis muß dazu in einem genauen Verhältnis zueinander stehen. Ideal ist die Zusammensetzung bei $\lambda = 1$. Die größte Schwierigkeit bei der Katalysatortechnik ist es, dieses Verhältnis bei jedem Betriebszustand einzuhalten. Das ist Sache der Lambda-Regelung (siehe folgenden Abschnitt).
Ehe der Kat arbeiten kann, muß er eine Anspringtemperatur von etwa 300°C erreichen. Die sind normalerweise nach 25–80 Sekunden erreicht, im Stadtverkehr können aber auch drei Minuten vergehen, ehe die notwendige Temperatur erreicht ist.
Der Katalysator ist aber andererseits überhitzungsempfindlich. Steigen die Temperaturen im Kat über 900°C, setzt eine verstärkte Alterung ein. Ab 1200°C wird er auf Dauer zerstört.
Für den Katalysator ist unverbleiter Kraftstoff unbedingt erforderlich. Blei würde die Oberfläche im Katalysator schnell verstopfen, und die Abgase könnten die katalytisch wirkenden Substanzen nicht mehr erreichen. Versuche haben gezeigt, daß bereits nach einer Tankfüllung Kohlenmonoxid kaum noch abgebaut wird. Nach 2–3 Tankfüllungen werden auch die restlichen Schadstoffe nicht mehr abgebaut. Der Katalysator ist vergiftet.

Funktion der Lambdasonde

Die Lambdasonde (auch Sauerstoffsonde bzw. O_2-Sonde genannt) ist vor dem Katalysator in den Auspuff eingeschraubt. Die Sonderkeramik der Sonde ist außen dem Abgas ausgesetzt und steht an ihrer Innenseite mit der Umgebungsluft in Verbindung. Durch den unterschiedlichen Sauerstoffgehalt in Abgas und Außenluft erzeugt die Sonde eine Spannung, die bei einem bestimmten Rest-Sauerstoffgehalt im Abgas steil ansteigt. Dieser Spannungssprung findet genau bei einem Kraftstoff/Luft-Verhältnis von $\lambda = 1$ statt. Bei Sauerstoffmangel (λ kleiner 1), also bei fettem Gemisch, beträgt die Spannung 0,8–1 Volt. Bei magerem Gemisch (λ größer 1) werden um 0,1 Volt erreicht.
Die Lambdasignale werden zum Steuergerät der Einspritzung geleitet. Von dort aus wird die Gemischaufbereitung beeinflußt, um das Kraftstoff/Luft-Verhältnis möglichst nahe an $\lambda = 1$ zu halten.
Die Lambdasonde reagiert auf Sauerstoffschwankungen in Abhängigkeit ihrer Betriebstemperatur unterschiedlich schnell: Bei 300°C hat sie ca. 1 Sekunde, bei 600°C hat sie weniger als 50 Millisekunden Reaktionszeit. Durch eine eingebaute Heizung wird die günstigste Betriebstemperatur von ca. 600°C schneller erreicht.

Fahren mit Katalysator-Fahrzeugen

In der Betriebsanleitung sind zahlreiche Hinweise für Katalysator-Fahrzeuge aufgeführt. Besonders **gefährlich ist unverbranntes Gemisch**, das sich im heißen Katalysator entzündet und so die Temperaturen in gefährliche Höhen ansteigen läßt. Folge: Der Katalysator kann teilweise schmelzen und wird dadurch funktionsunfähig.
Deshalb:
○ Das Anrollenlassen, Anschieben oder Anschleppen des Wagens ist problemlos, wenn der Anlasser wegen einer leeren Batterie den Motor nicht zum Laufen brachte.
○ Anschleppen über lange Distanzen – was z. B. bei defekter Zündung der Fall sein könnte – ist nicht zulässig. Denn so gerät eine große Menge unverbrannten Kraftstoffs in die Abgasanlage, was besonders bei noch betriebswarmem Kat schädliche Folgen hat.
○ Lassen Zündaussetzer oder Fehlzündungen auf einen Defekt an der Zündanlage schließen, diese sofort überprüfen (lassen). Auf der Weiterfahrt hohe Drehzahlen vermeiden.
○ Ungefährlich sind kleine Mengen unverbrannten Gemisches, besonders, wenn sie in den kalten Kat gelangen. Das passiert oft bei Werkstattarbeiten, wie z. B. Messen des Kompressionsdrucks.
○ Zu einem Überhitzen des Kat kann es auch bei Dauervollgas nicht kommen, denn der höhere Gasdurchsatz wirkt gewissermaßen kühlend auf den Katalysator. Dieser ist nämlich durch die »Nachverbrennung« in seinem Innern stets viel heißer als die vom Motor kommenden Abgase.
Außerdem:
○ Im Hochsommer nach wochenlanger Trockenheit beim Parken den Wagen nicht über trockenem Laub, Heu o. ä. abstellen. Unter besonders ungünstigen Umständen könnte es zu einer Entzündung unter dem Wagen kommen.

Die Lambdasonde (Pfeil) sitzt beim 520i Kat und beim 525e Kat in einem der vorderen Abgasrohre, gleich hinter dem Auspuffkrümmer.

○ Beim Auftragen von Unterbodenschutz darf nichts davon an den Katalysator oder die Hitzeschutzschilde über der Auspuffanlage geraten.
○ Kontrollieren Sie gelegentlich bei aufgebocktem Fahrzeug, ob die Hitzeschutzbleche nicht beschädigt oder verloren gegangen sind.

Was sonst noch wissenswert ist:

○ Hoher Ölverbrauch ist für den Kat weitgehend unschädlich. Da Motoröl wie Kraftstoff aus Kohlenwasserstoffen besteht, behandelt der Kat verbranntes Öl genauso wie verbrannten Kraftstoff.
○ Additive in Kraftstoffen und Motorölen schädigen den Kat nicht. Ganz sicher ist das, wenn die Betriebsstoffe von BMW freigegeben sind.
○ Defekte an Kat oder Lambdasonde lassen sich leider nur in recht aufwendigen Abgastests nachweisen. Ein thermisch beschädigter Katalysator ist dagegen an Klappergeräuschen zu erkennen. Der Keramik-Träger des Kat schrumpft durch das teilweise Schmelzen, was zur Folge hat, daß er sich lose im Blechmantel bewegt.

Fingerzeig: Kat-Fahrzeuge machen gelegentlich durch stechenden Geruch auf sich aufmerksam. Was da übel riecht, sind kleinste Mengen der aus »Stinkbomben« bekannten Schwefelverbindung H_2S (Schwefelwasserstoff), die im Katalysator entstehen kann. In den im Auto auftretenden Konzentrationen ist dieses Gift jedoch völlig unschädlich. Abhilfe: Keine. Versuchsweise an einer anderen Tankstelle tanken, um weniger schwefelhaltigen Kraftstoff zu erwischen.

NO_x-Control

Andere Wege geht das von BMW entwickelte NO_x-Control. Hier handelt es sich um ein Zündsteuergerät, das lediglich den Stickoxid-Ausstoß vermindert. Dazu wird das Zusatzgerät beim **520i ab 9/82** und beim **528i** zwischen Zündspule und Zündgerät zwischengeschaltet. Dort hat es die Aufgabe, den Zündzeitpunkt in Abhängigkeit von Fahr- bzw. Lastzustand so zu legen, daß die Verbrennungstemperaturen geringer werden und dadurch der Ausstoß an Stickoxid-Emissionen ebenfalls reduziert wird.

Die NO_x-Control – rechts als Bauteil, links als Blockschaltbild.

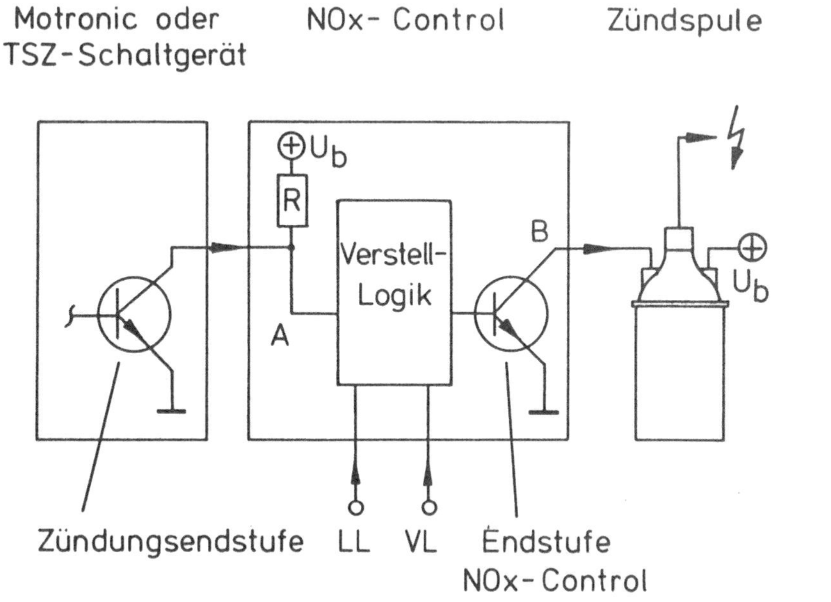

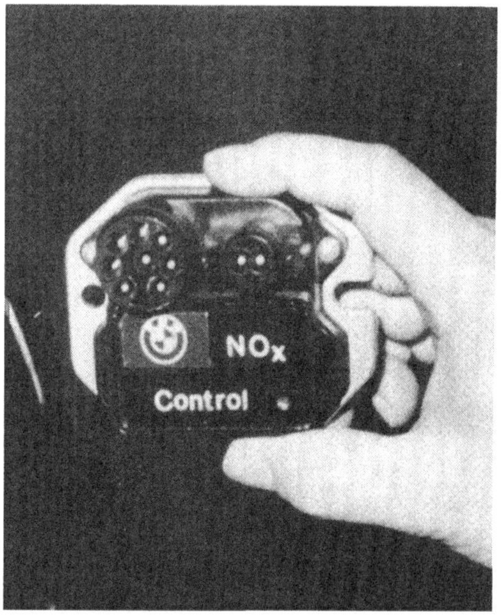

Kühlwagen

Bei der Verbrennung des Kraftstoff/Luft-Gemisches wird es dem Motor ausgesprochen warm ums Herz. Denn außer der Kraft für die Fortbewegung gibt er auch Wärme ab, und das nicht zu knapp: ¼ Kraft, ¾ Wärme lautet ungefähr das Verhältnis. Die Wärme muß von der Kühlanlage abgeführt werden.

So wird gekühlt

Durch den Motor wird ständig eine ganze Menge Kühlmittel gepumpt: **12 Liter** sind es beim 520i und 525e bis 8/84 sowie beim 525i/528i. Durch einen geänderten Kühler wurde lediglich am 520i/525e ab 9/84 die Kühlmittelmenge reduziert: **10,5 Liter**.
Die Zirkulation veranlaßt die Wasserpumpe. Vom Keilriemen angetrieben, beschleunigt sie den Wasserstrom durch ein kleines Schaufelrad an ihrer Rückseite.
Auf welchem Weg das Kühlmittel durch die zahlreichen Kanäle und Schläuche strömt, hängt von seiner momentanen Temperatur ab:
○ Bei noch nicht betriebswarmem Motor fließt das Kühlmittel im »kleinen Kreislauf«, der durch den Motor und durch den Heizungs-Wärmetauscher führt.
○ Über ca. 80°C öffnet der Thermostat den »großen Kühlwasserkreis«, der den Kühler mit einbezieht. Dort wird das Kühlmittel durch den Fahrtwind und durch den vom Kühlerventilator erzeugten Luftstrom abgekühlt.

Überdruck-Kühlsystem

Im Kühlsystem herrscht ein Überdruck von **1 bar**, was die Siedetemperatur des Kühlmittels von normalerweise 100°C auf etwa 120°C erhöht. Somit ist eine gewisse Reserve geschaffen. Der Motor kann also bequem Betriebstemperaturen von mehr als 100°C erreichen, ohne daß »Kochgefahr« im Kühlsystem besteht. Das ist vor allem bei starker Belastung des Motors – etwa bei einer Paßfahrt – wichtig.
Zuständig für den richtigen Systemdruck ist der Verschlußdeckel des Ausgleichsbehälters, der ein Überdruckventil (0,9–1,1 bar) und ein Unterdruckventil (0,09 bar) enthält. Das Unterdruck-Ventil läßt Luft einströmen, wenn das Kühlmittel kälter wird und damit weniger Raum einnimmt.

Stand der Kühlflüssigkeit prüfen

Ständige Kontrolle

Der Kühlmittelstand ist zwar beim 525i/528i von der Check-Control bestens überwacht, doch kann auch bei diesen Modellen ein gelegentlicher Blick auf den Ausgleichsbehälter im Motorraum nicht schaden:
● Nur bei stehendem Motor läßt sich der Kühlmittelstand exakt kontrollieren.
● Der Flüssigkeitsstand ist im durchscheinenden Ausgleichsbehälter auch bei geschlossenem Deckel leicht von außen ablesbar.
● Bis zur Markierung am Rand des Ausgleichsbehälters soll der Pegel bei kaltem Motor reichen.
● Bei warmem Motor kann der Flüssigkeitsstand natürlich etwas höher sein.

Kühlmittel nachfüllen

Merklicher Kühlmittelverlust ist ein Zeichen für eine Störung oder einen Defekt. Die Kühlflüssigkeit wird nicht verbraucht und kann im geschlossenen Kühlsystem auch nicht verdampfen. Lediglich bei Überhitzung des Motors kann etwas Kühlmittel zum Verschlußdeckel herausdrücken. Was bei Kühlmittelverlust zu tun ist, steht auf der folgenden Seite.
● Wird der Verschlußdeckel des Ausgleichsbehälters bei heißem Motor geöffnet, besteht **Verbrühungsgefahr** – deshalb Vorsicht walten lassen:
● Deckel mit Handschuh oder Lappen langsam zunächst eine Umdrehung öffnen und den Überdruck aus dem Kühlsystem entweichen lassen. Erst dann den Deckel vollends abschrauben.
● Wird nur Wasser nachgefüllt, verdünnen Sie den Frostschutz allmählich, daher evtl. gleich etwas Frostschutz mit einfüllen.
● Nicht über die Markierung nachfüllen; das Kühlmittel dehnt sich bei Erwärmung aus, und die Mehrmenge entweicht aus dem System.
● Kleinere Flüssigkeitsmengen können Sie sowohl bei warmem wie kaltem Motor in den Nachfüllbehälter eingießen.
● Bei erheblichem Wasserverlust und heißer Maschine kein kaltes Wasser in den Ausgleichsbehälter nachfüllen. Durch den »Kälteschock« kann sich der Zylinderkopf verziehen oder der Motorblock reißen.

Das Frostschutzmittel

Im Kühlsystem sorgt nicht allein klares Wasser für die notwendige Abkühlung des Motors, sondern eine Mischung von Frost- und Korrosionsschutz sowie Wasser. Man spricht daher auch besser von Kühlflüssigkeit oder Kühlmittel. Das Mischungsverhältnis beträgt für europäische Verhältnisse 2:3. In der Praxis sieht das so aus:

Modell	Wasser	Frostschutz	ergibt Gefrierschutz bis
520i, 525e bis 8/84, 525i, 528i (alle)	7,2 l	4,8 l	-27°C
520i, 525e ab 9/84	6,3 l	4,2 l	-27°C

Als Frostschutz dient gewöhnlich Äthylenglykol – eine Flüssigkeit auf Alkoholbasis, die nicht verdampft oder verdunstet. Ebenso wichtig wie der Gefrierschutz ist auch der Korrosionsschutz. Er verhindert, daß sich im Kühlsystem Kesselstein, Rost und andere Korrosionsprodukte bilden. Das werksseitig eingefüllte Kühlmittel mit Korrosionsschutz darf deshalb auch nicht im Frühjahr abgelassen werden, sondern verbleibt ganzjährig in der Kühlanlage.
BMW-Werkstätten besitzen eine Liste der vom Werk ausdrücklich freigegebenen Frostschutzmittel. Einen Auszug daraus finden Sie auf Seite 268.

Frostschutz prüfen

Wartung Nr. 23

Zum Nachprüfen der Kühlmittel-Frostfestigkeit brauchen Sie einen Hebe-Messer (Spindel, Aräometer, siehe Bild unten). Damit wird das spezifische Gewicht der Flüssigkeit gemessen. Durch unterschiedliche Zugabe von Korrosionsschutzmitteln sind die spezifischen Gewichte der einzelnen Frostschutzprodukte nicht gleich. Für eine absolut genaue Messung brauchen Sie eine auf das eingefüllte Gefrierschutzmittel abgestimmte Spindel. Im Zweifelsfall ziehen Sie vom ermittelten Wert eine Meßtoleranz von 2–3°C ab.

- Etwas Kühlmittel aus dem Ausgleichsbehälter ansaugen, die Spindel muß frei schwimmen können.
- Je nach spezifischem Gewicht der Flüssigkeit taucht die Spindel mehr oder minder tief ein.
- An der Skala ablesen, wie weit der Gefrierschutz reicht.
- Manche Frostschutzprüfer haben Zeiger, an denen die Frostfestigkeit abgelesen werden kann.

Frostschutzkonzentration einstellen

Meist stellt sich heraus, daß die Konzentration des Gefrierschutzmittels nicht mehr ausreicht. Dann muß etwas Frostschutz nachgefüllt werden; grob über den Daumen gepeilt 1,5–2 Liter für einen um 10°C erweiterten Frostschutz.

- Wanne zum Auffangen der Kühlflüssigkeit unter den Wagen stellen.
- Ablaßschraube am Motorblock öffnen, 1–2 Liter Kühlmittel ablassen.
- Schraube wieder festdrehen.
- Entsprechende Menge unverdünnten Frostschutz eingießen und mit der aufgefangenen Kühlflüssigkeit nachfüllen.
- Kühlsystem entlüften (Seite 57).

Kühlsystem auf Dichtheit prüfen

Wartung Nr. 24

- Schläuche am Kühler und Motor dicht, auch die dünneren zur Heizanlage?
- Schläuche rissig? Durch Kneten feststellen, ob die Wasserschläuche hart und spröde sind – dann umgehend austauschen.

Bei abgeschraubtem Verschlußdeckel wird hier mit dem Frostschutzprüfer (Pfeil) die Gefrierschutzmittel-Konzentration im Ausgleichsbehälter kontrolliert. Im Bild der Ausgleichsbehälter des 525i.

- Sitzen die Schlauchenden nicht zu knapp auf ihren Stutzen?
- Sind die Spannschrauben der Schlauchstellen festgezogen?
- Verrostete Schlauchschellen können unvermutet während der Fahrt und bei vollem Betriebsdruck im Kühlsystem nachgeben. Auswechseln!
- Die Werkstatt kontrolliert die Dichtheit der Kühlanlage mit einer speziellen Handluftpumpe mit Druckmesser.
- Dieses Gerät wird auf die Ausgleichsbehälteröffnung gesetzt und ein Druck von 1 bar aufgepumpt.
- Fällt der Skalenzeiger nicht innerhalb von 2 Minuten um mehr als 0,1 bar, ist das Kühlsystem dicht.

Kühlmittelschläuche ausbauen

Besorgen Sie sich als Ersatz Originalschläuche in der richtigen Bogenform und grundsätzlich neue Schlauchschellen.

- Kühlmittel ablassen und auffangen.
- Schlauchschellen lösen, Schläuche abziehen.
- Festsitzende Schlauchenden mit einem Schraubenzieher lockern, den man zwischen Schlauch und Stutzen schiebt und dann vorsichtig hebelt.
- Neue Schläuche weit genug auf die Stutzen schieben, damit sie nicht wieder abrutschen können.
- Schraubschellen nicht mit Gewalt anziehen, sonst wird das Gewinde überdreht.

Fingerzeig: Unterwegs kann man einen gerissenen Wasserschlauch selten ersetzen. Hier hilft das »Pannenband« von Weyer, Düsseldorf, oder Holts »Hoseweld Bandage«. Beide kleben auf gesäuberten und trockenen Gummischläuchen recht gut. Bei einem großen Leck kann es vorteilhaft sein, den Verschlußdeckel des Ausgleichsbehälters eine Umdrehung zu öffnen, damit sich im Kühlsystem kein Druck aufbauen kann, dem die Bandage dann nicht mehr standhält. Jetzt nur noch sehr schonend bis zur Werkstatt weiterfahren. Temperaturanzeige und Kühlmittelstand im Auge behalten!

Der Kühler

Der Kühler besitzt sogenannte Wasserkästen aus Kunststoff. Die sitzen rechts und links am Kühler. Von diesen Sammelkästen aus strömt das Kühlmittel durch die Leichtmetallröhren des Kühlers, die zur Vergrößerung ihrer Oberfläche (und damit der Kühlfläche) mit Kühlrippen versehen sind. Über die Kühlrippen kann das Kühlmittel Wärme an die Umgebung abgeben.

Bei Wagen mit Automatikgetriebe ist der Wasserkühler mit einem kleinen Kühler für die Getriebeflüssigkeit (ATF) kombiniert.

Haben Sie Verdacht, der Kühler könnte undicht sein, sollten Sie in der Werkstatt die beschriebene Druckprüfung durchführen lassen. Bei einem offenkundigen Defekt können Sie den Kühler auch gleich selbst ausbauen und zur Reparatur bringen. Es gibt spezielle Kühlerwerkstätten (Branchentelefonbuch!), oder vielleicht befindet sich in Ihrer Nähe eine Kühlerfabrik, die ebenfalls Reparaturen durchführt.

Kühler ausbauen

- Kühlmittel ablassen (nächste Seite).
- Kühlmittelschläuche am Kühler abbauen.
- 525i/528i: Kunststoff-Abdeckung oberhalb des Kühlers lösen. Dazu Kreuzschlitzschrauben herausdrehen.
- Wo vorhanden, Lüfterzarge (Ring um Kühlerventilator) abnehmen und über den Kühlerventilator hängen. Dazu die Blech-Halteklammern mit Schraubenzieher herausziehen.
- Bei Wagen mit Automatikgetriebe die Schlauchanschlüsse zum Getriebeölkühler (im Wasserkühler integriert) abschrauben und die Schlauchenden mit Stopfen verschließen. Dabei auf äußerste Sauberkeit achten. Schmutz im ATF des Automatikgetriebes führt zu Funktionsstörungen!
- Austretende ATF auffangen.
- Bei Klimaanlage Stecker von den Temperaturschaltern abziehen.
- Halteschrauben des Kühlers lösen (Bilder rechts oben).
- Kühler nach oben herausheben.
- Beim **Einbau** den Kühler wieder exakt auf die Gummilager setzen.
- Halteschrauben beim 520i/525e zusammen mit Distanzhülse, Unterlagscheiben und Gummistück verbauen.
- Bei Automatikgetriebe die Getriebeöl-Schlauchanschlüsse mit 18–21 Nm anziehen.
- ATF im automatischen Getriebe ergänzen.
- Aufgefangene Kühlflüssigkeit nach Montieren der Schläuche wieder einfüllen und Kühlsystem entlüften (siehe nächste Seite).

Kühler reinigen

Vor und nach dem Sommerhalbjahr sollten die Kühlerlamellen von den dort festgesetzten Insektenleichen gesäubert werden, sonst wird die Kühlwirkung verschlechtert.

- Kühlergrill ausbauen (Seite 243).
- Angetrocknete Insektenreste mit einem eiweißlösenden Mittel einsprühen, z.B. »Summer Screen« von Holts.
- Nach einer gewissen Einwirkzeit von der Kühlerrückseite her abspülen.
- Durch die Kühlerlamellen mit nicht zu starkem Strahl spritzen.

Ausbau des Kühlers:
Links: Lösen der Kühler-Halteschraube (Pfeil) beim 520i Kat.
Rechts: Die obere Kühlerverkleidung (1) eines 525i ist hier ausgebaut. Die Halteklammer (2) der Kühlerzarge wird gerade abgehebelt. Die Blechwinkel der Kühlerhalterung sind jeweils mit einer Schraube (3) befestigt.

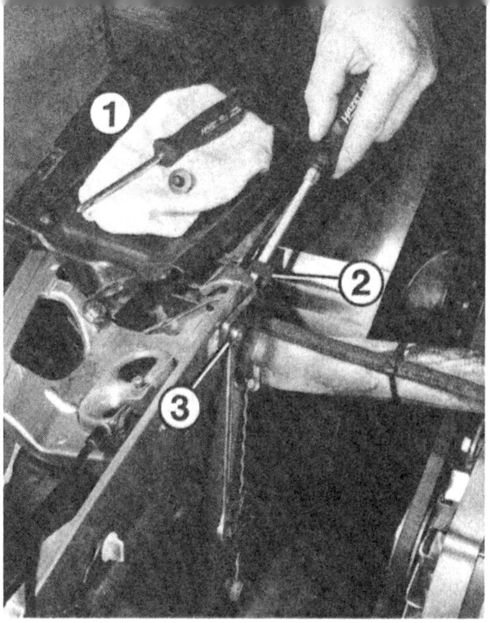

Kühlflüssigkeit wechseln

Wartung Nr. 55

Alle zwei Jahre – so empfiehlt es BMW – soll die Kühlflüssigkeit gewechselt werden, weil die Korrosionsschutz-Zugaben allmählich unwirksam werden. Das recht kurze Intervall schließt wirklich alle Sonderfälle mit ein, so daß es bei normalem Betrieb mit ruhigem Gewissen ein Jahr ausgedehnt werden kann. Wie die Arbeit abläuft, beschreiben die folgenden Abschnitte und Text und Tabelle auf Seite 55.

Kühlmittel ablassen

- Motor abkühlen lassen, sonst **Verbrühungsgefahr!**
- Verschlußdeckel am Ausgleichsbehälter öffnen.
- Wanne zum Auffangen des Kühlmittels bereitstellen.
- Gegebenenfalls untere Motorraumverkleidung ausbauen (Seite 243).
- Heizungsregler am Armaturenbrett auf »Warm« stellen, Zündung einschalten.
- Wo vorhanden, Ablaßschraube unten am Kühler herausdrehen. Dazu Unterschutz ausbauen.
- Bei Fahrzeugen ohne Ablaßschraube unteren Kühlmittelschlauch am Kühler ausbauen.
- Ablaßschraube rechts unten am Motorblock herausdrehen (Bild unten).
- Nachdem alle Kühlflüssigkeit abgelaufen ist, Motor-Ablaßschraube mit 50–56 Nm anziehen.
- Die Kunststoff-Ablaßschraube im Kühler sanft anziehen (nur 2 Nm).
- Anschließend bei eingefülltem Kühlmittel und warmem Motor nochmals festen Sitz prüfen.

Fingerzeig: Kühlerfrostschutzmittel ist giftig, es darf deshalb nicht einfach in die Kanalisation geschüttet werden. Stattdessen in ein gesondertes Gefäß füllen und zum Sondermüll geben (Annahmestelle von der Gemeindeverwaltung erfragen).

Kühlsystem neu befüllen und entlüften

Da eine gewisse Restmenge von Kühlflüssigkeit im Motor zurückbleibt, kann möglicherweise nicht die gesamte in der Tabelle auf Seite 55 genannte Flüssigkeitsmenge eingefüllt werden.

Ablassen des Kühlmittels. Links: Am Kühler unten die Ablaßschraube (Pfeil) öffnen oder – wo diese nicht vorhanden ist – den unteren Wasserschlauch am Kühler abbauen. Rechts: Am Motor wird die Ablaßschraube (Pfeil) rechts am Motorblock herausgedreht.

● Heizungsregler am Armaturenbrett auf »Warm« stellen, Zündung einschalten.
● Zuerst Gefrierschutzmittel, dann möglichst kalkarmes Wasser einfüllen, bis der Ausgleichsbehälter randvoll ist.
● Motor starten und laufenlassen, bis Betriebstemperatur erreicht ist. Dabei immer wieder Wasser nachfüllen, wenn der Pegel absinkt.
● Bei warmem Motor folgt das **Entlüften:**
● Motor mit erhöhter Leerlaufdrehzahl laufen lassen, Entlüftungsschraube (Bilder rechts) lösen.
● Schraube erst wieder zudrehen, wenn das Kühlmittel **ohne Luft-Blasen** austritt. Kühlmittel im Ausgleichsbehälter währenddessen laufend ergänzen.
● Motor abstellen und Kühlflüssigkeit auffüllen. Bei warmem Motor kann der Flüssigkeitspegel etwa 2 cm über der Marke am Ausgleichsbehälter stehen.

Fingerzeige: Strömungsgeräusche in der Heizung können nur durch besonders sorgfältiges Entlüften beseitigt werden. Bei BMW kennt man dazu folgenden Trick: Ausgleichsbehälter bis zum Rand füllen, Heizungsdrehknopf in Stellung »Warm«, den Wagen vorne etwa einen halben Meter anheben und den Motor dann mit ca. 3000/min eine Minute lang laufen lassen.
Zur Behebung von kleineren Undichtigkeiten im Kühlsystem hat sich das Mehrzweckmittel »5 in 1« (Bezugsquellennachweis: Firma Munz, Oelser Straße 17, 7450 Hechingen) sehr gut bewährt. Es dient aber auch als zusätzlicher Korrosionsschutz, schmiert die an sich wartungsfreie Wasserpumpe und hält Thermostat und Heizventil beweglich.

Der Kühlsystem-Verschlußdeckel

Im Überdruck-Kreislauf spielt der Kühlsystem-Verschlußdeckel auf dem Ausgleichsbehälter eine wichtige Rolle:
○ Die Dichtfläche wird bei aufgeschraubtem Deckel fest auf den Rand der Ausgleichsbehälteröffnung gedrückt. Es kann kein Druck entweichen.
○ Wenn bei Erwärmung der Überdruck im Kühlsystem **0,9–1,1 bar** übersteigt, öffnet das Überdruckventil. Jetzt kann zum Druckausgleich etwas Wasserdampf entweichen.
○ Beim Abkühlen zieht sich die Kühlflüssigkeit wieder zusammen, und es entsteht ein Unterdruck in der Kühlanlage. Für diesen Unterdruckausgleich sitzt im Deckel ein zweites Ventil. Es öffnet bei einem Unterdruck von **0,09 bar**, so daß Außenluft einströmen kann.

Überdruckventil prüfen

Wer sich die Mühe der Kontrolle nicht machen will, wechselt den relativ preisgünstigen Verschlußdeckel im Verdachtsfall einfach aus.
Die Werkstatt prüft ihn mittels Druckprüfer:
● Druck aufpumpen.
● Zwischen **0,9 und 1,1 bar** muß das Ventil öffnen.

Unterdruckventil prüfen

Ob das Unterdruckventil richtig arbeitet, läßt sich nur behelfsmäßig feststellen.
● Bei abgenommenem Verschlußdeckel einen dikken Wasserschlauch fest zusammendrücken.
● Deckel aufsetzen und festdrehen.
● Schlauch loslassen.
● Rundet sich der zusammengepreßte Schlauch wieder, dürfte das Ventil intakt sein.
● Sind die Kühlwasserschläuche morgens vor dem ersten Start plattgedrückt, streikt sicher das Unterdruckventil.

Der Thermostat

Vereinfacht gesagt, bestimmt der Thermostat darüber, ob das Kühlmittel im Kühler abgekühlt werden soll oder nicht. Er hat also das Sagen darüber, ob das Kühlwasser im »kleinen« oder im »großen Kühlwasserkreislauf« zirkuliert (siehe dazu Seite 54).
Welchen Kreislauf er dabei schaltet, hängt ausschließlich von der Wassertemperatur ab. So bleibt die Betriebstemperatur annähernd konstant.

Funktion des Thermostats

○ Das »Umschalten« des Thermostats bewirkt eine mit Spezialwachs gefüllte Büchse und der daran befestigte Ventilteller. Bei Erwärmung des Kühlmittels verflüssigt sich das Wachs und dehnt sich dabei aus. Zwangsläufig öffnet es durch sein größeres Volumen jetzt den Ventilteller.
○ Solange die Wassertemperatur steigt, wird vom Thermostat der Zufluß zum Kühler zunehmend geöffnet und gleichzeitig der Kurzschluß-Kreislauf geschlossen.
○ Sinkt während der Fahrt die Wassertemperatur wieder unter die gewünschte Betriebstemperatur, drückt

Zum Entlüften des Kühlsystems nach dem Neueinfüllen von Kühlmittel wird die Entlüftungsschraube (1) oben am Thermostatgehäuse (2) geöffnet.
Im Bild links sehen wir den 520i/525e, im Bild rechts den 525i/528i.

eine Feder am Thermostat den Ventilteller wieder in Richtung »Zu« und sperrt den Kühlerdurchfluß so lange, bis das Kühlmittel wieder genügend warm ist.
Der Thermostat sitzt in Fahrtrichtung links oben am Zylinderkopf in einem separaten Gehäuse.

Störungsbeistand

Thermostat

Erkennungsmerkmal	Ursache/Auswirkungen
A Temperaturanzeige steigt langsam, Betriebstemperatur wird später erreicht, Heizwirkung ungenügend	Thermostat-Ventilteller ist in »Offen«-Stellung blockiert (etwa durch Ablagerungen); der Zufluß zum Kühler bleibt ständig offen. Motor bleibt zu lange im Kaltlaufbetrieb. Es kommt jedoch kurzfristig zu keinen Schäden. Trotzdem Thermostat in Bälde auswechseln
B Temperaturanzeige steht trotz richtigem Kühlmittelstand im roten Bereich	Thermostat-Ventilteller ist in »Geschlossen«-Stellung blockiert (etwa durch eine defekte bzw. undichte Thermostatbüchse). Auf keinen Fall weiterfahren, sonst entstehen schwere Hitzeschäden am Motor! Thermostat auswechseln

Fingerzeig: Wenn der Motor unterwegs wegen defektem Thermostat ins Kochen kommt, hilft nur noch Abschleppen oder der komplette Ausbau des Thermostaten an Ort und Stelle. Sollten Sie sich für den Ausbau entscheiden, müssen Sie erst abwarten, bis die Kühlmitteltemperatur abgesunken ist.

Thermostat ausbauen

- Einen Teil des Kühlwassers an der Ablaßschraube am Motorblock ablassen und auffangen.
- Drei Sechskantschrauben am Thermostatgehäuse herausdrehen.

Im Kühlsystem-Verschlußdeckel (3) ist das Überdruck- und das Unterdruckventil (2) eingesetzt. Position »1« zeigt die Füllstandsmarke am Ausgleichsbehälter des 525i/528i

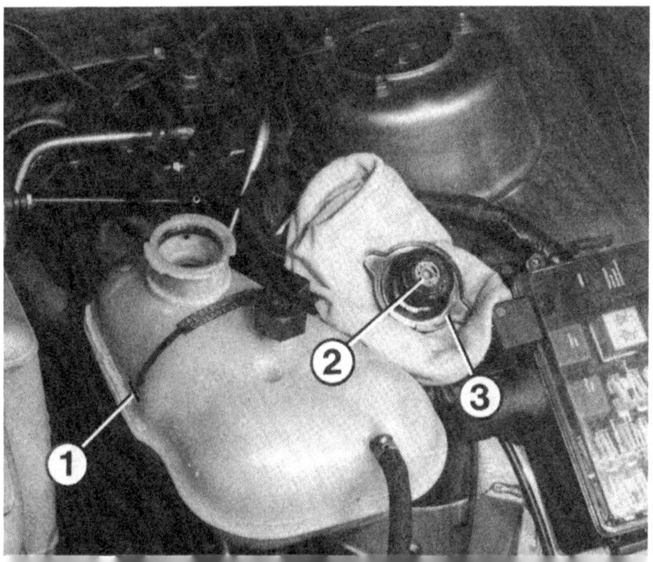

Hier wurde der Deckel (4) vom Thermostatgehäuse (1) abgeschraubt. Thermostat (2) und Dichtring (3) sind mit ausgebaut. Gut zu erkennen ist die Einbaulage des Thermostats. Im Bild der 520i/525e.

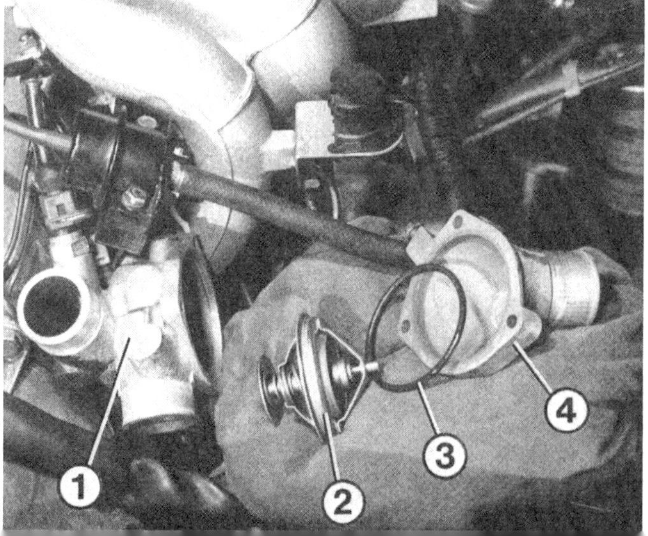

● Deckel des Thermostatgehäuses abnehmen, Thermostateinsatz herausziehen.
● Neuen Thermostat – möglichst mit neuem Dichtring – wieder einsetzen. Die Einbaurichtung zeigt das Bild unten auf der Vorseite.
● Aufgefangenes Kühlmittel einfüllen, Kühlsystem entlüften (Text Seite 57).

Thermostat prüfen

● Thermostat in einen Topf mit Wasser hängen und Wasser erhitzen.
● Kontrollieren, ob der Ventilteller bei **ca. 80° C** von seinem Sitz abhebt.
● Der genaue Öffnungsbeginn ist zusätzlich im Thermostat eingeprägt.

Die Wasserpumpe

Die Kühlflüssigkeit wird von der Wasserpumpe beschleunigt, damit sie im Kühlsystem zirkulieren kann. Sie sitzt vorn an der Stirnseite des Motors und ist beim »kleinen« Sechszylinder größtenteils von der Zahnriemenabdeckung verdeckt.
Wartungen an der Wasserpumpe gibt es nicht. An Defekten ist nur Verschleiß an den Lagern durch minderwertige Kühlmittelzusätze oder zu straff gespannten Keilriemen denkbar oder Undichtigkeiten – ausgelöst durch schadhafte Dichtringe. Das Kühlmittel läuft in diesem Fall durch die kleine Bohrung unten an der Wasserpumpe ab. Schadhafte Lager machen sich zusätzlich durch Mahlgeräusche bemerkbar. Für die Wasserpumpe bietet BMW Reparatursätze an, die aber für den Laien mangels Preßwerkzeugen nur schwer zu montieren sind. Besser ist eine Austausch-Wasserpumpe – eventuell vom Zubehörhandel.

Wasserpumpe ausbauen
520i/525e

Der eigenhändige Ausbau der Wasserpumpe ist beim 520i und 525e nicht ganz unproblematisch, zumal der Heimwerker in Ermangelung eines Spezialwerkzeugs die Spannrolle des Zahnriemens ausbauen muß. Das hat zur Folge, daß anschließend die Steuerzeiten neu eingestellt oder doch zumindest kontrolliert werden müssen.
● Kühlmittel ablassen und auffangen (Seite 57).
● Kühlerventilator ausbauen (siehe rechts).
● Der Ausbau des Kühlers (Seite 56) und des Kühlergrills (Seite 243) erleichtert die Arbeit.
● Keilriemen der Wasserpumpe abnehmen (Seite 176).
● Wasserpumpen-Keilriemenscheibe abschrauben.
● Zahnriemenabdeckung ausbauen (Seite 40).
● Die Feder der Zahnriemen-Spannrolle stützt sich auf dem Wasserpumpengehäuse ab. Diese Feder zusammendrücken und mit BMW-Werkzeug 11 5 010 festklemmen.
● Wer das Werkzeug nicht hat, baut die Spannrolle komplett aus.
● Kühlmittelschläuche an der Wasserpumpe abnehmen.
● Wasserpumpe ausbauen (drei Schrauben).
● Beim **Einbau** neue Wasserpumpen-Dichtung verwenden.
● Einbaulage der Spannfeder an der Wasserpumpe beachten.
● Wer die Spannrolle ausgebaut hatte: Steuerzeiten prüfen und Zahnriemen spannen (Seite 40).
● Keilriemen spannen (Seite 176).
● Kühlmittel wieder einfüllen und Kühlsystem entlüften (Seite 57).

Wasserpumpe ausbauen
525i/528i

● Kühlmittel ablassen und auffangen (Seite 57).
● Kühlerventilator ausbauen (siehe rechts).
● Der Ausbau von Kühlergrill (Seite 243) und Kühler (Seite 56) erleichtert die Arbeit.
● Wasserpumpen-Keilriemenscheibe ausbauen.
● Kühlmittelschlauch und Aufhängeöse an der Wasserpumpe abbauen.
● Wasserpumpe ausbauen (sechs Schrauben).
● Beim **Einbau** neue Wasserpumpen-Dichtung verwenden.
● Keilriemen spannen (Seite 176).
● Kühlmittel wieder einfüllen, entlüften (Seite 57).

Der Wasserpumpen-Keilriemen

Den Antrieb der Wasserpumpe besorgt bei unserem BMW der Keilriemen, der zusätzlich auch die Lichtmaschine treibt. Generell darf der Motor **nie ohne Keilriemen und damit ohne Wasserpumpe betrieben werden!** Sie riskieren sonst einen schweren Motorschaden.

Links: Ein Blick auf die Wasserpumpe (1) des 520i/525e von rechts unterhalb des Wagens. Von hier aus kann kontrolliert werden, ob die Pumpe undicht ist. Bei defekten Dichtungsringen tritt nämlich an dem kleinen Loch (2) an der Unterseite Kühlflüssigkeit aus.
Das Bild rechts zeigt die Wasserpumpe des 525i/528i (Pfeil) links oben am Motorblock.

Der Kühlerventilator

Er soll – wenn das vom Fahrtwind nicht in ausreichender Weise besorgt werden kann – einen stetigen Luftstrom durch die Kühlerlamellen erzeugen. Die Luft nimmt die vom Kühler abgegebene Wärme gewissermaßen »mit«. Je mehr Luft durch die Lamellen zieht, desto besser ist die Wärmeabfuhr. Um Leistung zu sparen, ist der Ventilator mit einer sogenannten Viscokupplung versehen. Sie schaltet den Lüfter ab einer Umgebungstemperatur von 82°C zu. Das geschieht über ein Bimetallband, das (temperaturabhängig) über ein Ventil zähes Silikonöl in den Arbeitsraum der Viscokupplung einfließen läßt. Das Öl schafft den Kraftschluß zwischen Keilriemenscheibe und Lüfter – der Ventilator fördert Kühlluft.
Unter 60°C fließt das Silikonöl vom Arbeitsraum in den Vorratsraum zurück – der Ventilator läuft mit langsamer Drehzahl mit, ohne Kraft zu verbrauchen.

Störungen

Die Viscokupplung muß ersetzt werden, wenn
- ○ der Ventilator sich bei stehendem Motor nicht mehr leicht durchdrehen läßt,
- ○ der Ventilator starkes Axial- und Radialspiel hat (leichtes Spiel ist zulässig).
- ○ Silikonöl aus der Viscokupplung austritt.

Kühlerventilator ausbauen

- ● Wo vorhanden, Lüfterzarge – das ist der »Ring« um den Ventilator – abbauen (siehe »Kühler ausbauen«).
- ● Zarge vorsichtig nach oben herausziehen oder über den Kühlerventilator hängen.
- ● Halteschraube des Ventilators (sie ist gleichzeitig Ventilator-Achse) mit Gabelschlüssel SW 32 lösen. Achtung: Linksgewinde! Dabei die Riemenscheibe wenn nötig mit einem Ölfilter-Spannbandschlüssel gegenhalten.
- ● Beim Einbau die Schraube mit 40–50 Nm anziehen.

Störungsbeistand

Kühlsystem

Die Störung	– ihre Ursache	– ihre Abhilfe
A Temperatur-Anzeigenadel steht im roten Bereich	1 Keilriemen zu schwach gespannt oder gerissen	Keilriemenspannung kontrollieren oder Riemen ersetzen
	2 Zu wenig Flüssigkeit im Kühlsystem	Auffüllen, notfalls aus der Scheibenwaschanlage
	3 Kabel zur Temperaturanzeige hat Massekontakt	Kabel am Temperaturfühler abziehen, Zeiger muß zurückgehen, sonst Masseschluß. Kabelverlauf kontrollieren
	4 Thermostat öffnet den Kaltwasserzufluß aus dem Kühler nicht (Kühler kalt)	Thermostat ausbauen und ohne ihn weiterfahren oder Wagen abschleppen lassen
	5 Viscokupplung des Kühlerventilators defekt. Ventilator hat keinen Kraftschluß	Viscokupplung ersetzen
	6 Überdruckventil im Verschlußdeckel defekt	Deckel prüfen (lassen), ggf. austauschen
	7 Instrument defekt	Austauschen (Seite 209)
	8 Kühlerlamellen zugesetzt	Kühler reinigen
B Temperaturanzeige spricht sehr langsam an, schwache Heizleistung	Thermostat schließt nicht völlig, aufgeheiztes Kühlwasser strömt zu früh durch den Kühler	Thermostat säubern, ggf. ersetzen

Feinkost

Ohne brauchbares Essen sinkt die Arbeitsleistung bei Mensch und Auto gleichermaßen. Was der BMW als brauchbar ansieht, erfahren Sie hier.

Normal- oder Superbenzin

Die Bezeichnungen »Normal« und »Super« stimmen eigentlich nicht, denn beide Kraftstoffarten sind von durchaus gleicher Qualität. Weder im Reinheitsgrad noch im Verdampfungsverhalten (das für die Entzündbarkeit sehr wichtig ist) noch in der Energieentfaltung (Heizwert bezogen je Kilogramm Kraftstoff) zeigen sich Differenzen. Das wesentliche Unterscheidungsmerkmal ist die Klopffestigkeit. Sie wird durch die Oktanzahl gekennzeichnet und liegt bei Super etwa 6 Punkte höher als bei Normalbenzin. Außerdem ist der Heizwert bei Super um rund 1,5% höher.

Superkraftstoff kann höhere Kompressionsdrücke aushalten, ohne sich selbst zu entzünden, was sonst zu Motorklopfen führt. Zur Selbstentzündung des Kraftstoff/Luft-Gemisches kommt es durch die Hitze, die jedes Gas erzeugt, wenn es komprimiert (zusammengedrückt) wird. Sie kennen das vielleicht von der Fahrrad-Luftpumpe beim Aufpumpen eines Reifens.

Je höher das Kompressionsverhältnis ist, desto stärker erwärmt sich das Gemisch. Es kann also um so leichter zu Selbstzündungen im Verbrennungsraum kommen, wenn der Kraftstoff nicht klopffest genug ist. Je nach Verdichtungsverhältnis brauchen unsere Motoren demzufolge Normal- oder Superbenzin. Hier die genaue Auflistung:

Typ	520i	520i	520i Kat	525e	525e	525e Kat	525i	525i	528i	528i
Bauzeit	bis 8/84	9/84–8/87	ab 1/87	bis 8/85	ab 9/85	alle	bis 8/84	ab 9/84	bis 8/84	ab 9/84
Verdichtung	9,8	9,8	8,8	11,0	10,2	8,5/9,0	9,6	9,6	9,3	9,3
Normal bleifrei	–	–	+	–	–	+	–	–	–	–
Eurosuper bleifr./ Bedingung[4]	+ –4°[1)3)]	+ –4°[1)]	–	–	+ –2,6°[2)3)]	–	+ –7°[1)3)]	+ –7°[1)]	+ –7°[1)3)]	+ –7°[1)]
Super Plus bleifr./ Bedingung[4]	+ –2°[1)3)]	+ –2°[1)]	–	–	+ –2,6°[2)3)]	–	+ –3°[1)3)]	+ –3°[1)]	+ –3°[1)3)]	+ –3°[1)]
Super verbleit	+	+	–	+	+	–	+	+	+	+

Bedingungen

1) Zündwinkel um den genannten Wert zurücknehmen gegenüber der Werksangabe

2) Schalter an der Steuergeräte-Leiterplatte nach Werksvorschrift verstellen

3) Mindestens jede 4. Tankfüllung verbleit tanken

4) Fahrzeuge mit nachgerüsteter NO_x-Control müssen mit verbleitem Superkraftstoff gefahren werden (Zündwinkel nicht verstellen)

Bleifreies Benzin

Das »Blei« im Kraftstoff dient nicht nur als Klopfbremse. An den Ventilsitzringen der Auslaßventile wirkt es außerdem wie ein Schmiermittel – es federt den Aufschlag des Ventils beim Schließen ab. Mit bleifreiem Benzin ist dieser Effekt nicht gegeben.

Alle BMW-Modelle besitzen seit 9/84 Ventilsitze, die den uneingeschränkten Betrieb mit bleifreiem Kraftstoff gestatten. Ältere Wagen müssen mindestens jede vierte Tankfüllung verbleiten Kraftstoff bekommen.

Welcher Kraftstoff für welches Modell bekömmlich ist – und auch welche Voraussetzungen dafür geschaffen werden müssen – ersehen Sie aus der Tabelle auf der Vorseite. Wie man sieht, können also nach entsprechender Veränderung des Zündzeitpunkts mittlerweile alle 5er (Ausnahme: 525e ohne Kat bis 8/85 wegen der extrem hohen Verdichtung) bleifrei betrieben werden, doch weist BMW darauf hin, daß in den umgerüsteten Fahrzeugen nur solches Super-Plus-Benzin verwendet werden darf, das auch garantiert die DIN-Normen 51607 und 51600 (siehe nächste Seite) erfüllt.

In den Fahrzeugen mit Katalysator bleifreien Superkraftstoff zu verwenden bringt keinerlei Verbesserungen, weshalb diese Möglichkeit in der Liste nicht berücksichtigt ist.

Warum bleifrei?

Was der Katalysator überhaupt nicht mag, ist Blei. Kommt er mit Blei oder Bleiverbindungen – was ja die schon

Der Motor klopft: Zwar beginnt die Verbrennung wie gewünscht, doch im entscheidenden Augenblick (Abwärtsbewegung des Kolbens) entsteht eine unkontrollierte Detonation.

beschriebenen Klopfbremsen letztlich sind – in Berührung, wird er binnen kurzem wirkungslos. Hier liegt der Grund, weshalb in Katalysator-Autos bleifreies Benzin gefahren werden **muß**.

Fingerzeig: Fahrzeuge mit Katalysator besitzen im Tankeinfüllstutzen ein Sicherheitsventil, das nur von der schlanken Bleifrei-Zapfpistole aufgestoßen werden kann. So soll versehentliches Einfüllen von verbleitem Kraftstoff verhindert werden. Damit im Notfall auch bleifreies Benzin aus einem Reservekanister eingefüllt werden kann, benötigen Sie einen geeigneten Trichter. Den liefert auch BMW (Teilenummer 16121150748) mit dem zugehörigen Halter (Nr. 16121150747).

Die Kraftstoffqualität

Die Klopffestigkeit eines Kraftstoffes – und damit seine Qualität – hängt zum einen von der Güte und der Verarbeitung des verwendeten Rohöls ab. Zum anderen wird die Klopffestigkeit durch sogenannte Klopfbremsen gesteigert, bei dem herkömmlichen bleihaltigen Benzin das hochgiftige Blei-Tetraäthyl. Zur Kennzeichnung der Klopffestigkeit dient die Oktanzahl. Das ist eine Vergleichsgröße, die in einem speziellen Prüfmotor mit Meßkraftstoffen ermittelt wird.
Häufig genannt ist die »Research-Oktanzahl«, kurz ROZ. Seltener findet man dagegen die »Motor-Oktanzahl« (MOZ). Die hierzulande geforderten Mindest-Oktanwerte für Kraftstoff sind vom **D**eutschen **I**nstitut für **N**ormung in der DIN-Norm 51600 bzw. 51607 festgehalten:

Verbleiter Kraftstoff		Unverbleiter Kraftstoff					
Super		Normal		Eurosuper		Super Plus	
ROZ	MOZ	ROZ	MOZ	ROZ	MOZ	ROZ	MOZ
98	88	91	82,5	95	85	98	88

An Markentankstellen finden Sie in der Bundesrepublik den Hinweis auf die erfüllte DIN-Norm.

Klingeln und Klopfen

Bei hierzulande verkauften Kraftstoffen ohne DIN-Kennzeichnung oder im Ausland kann sich Motorklingeln oder -klopfen bemerkbar machen. Normalerweise verbrennt das Kraftstoff/Luft-Gemisch im Zylinder auf »Befehl« des Zündkerzenfunkens. Ein »klingelfreudiger« Kraftstoff kann es aber nicht erwarten, bis ihn der Zündfunke restlos entflammt hat. Er detoniert von selbst durch den hohen Druck und die große Hitze zum Teil schon in einer Ecke des Verbrennungsraums. Dabei knallt er der von der Zündkerze auf ihn zueilenden Flammenfront entgegen. Das gibt einen gewaltigen Druckanstieg im Zylinder. Der Kolben erhält einen Schlag auf den Boden und leitet ihn über sein Pleuel an die Lager der Kurbelwelle weiter.
Tritt dieser Effekt bei hohen Motordrehzahlen auf, werden die harten Verbrennungsgeräusche von den Fahrgeräuschen übertönt. Das ist für den Motor ausgesprochen gefährlich. Dieses Hochdrehzahlklopfen bewirkt eine erhebliche Motorüberhitzung. Bis aber die Kühlmittelanzeige anspricht, ist es meist zu spät, und ein oder mehrere Kolbenböden sind bereits geschmolzen. Bekannter, weil besser zu hören, ist das Beschleunigungsklingeln. Es macht sich bemerkbar, wenn Sie mit nicht genügend klopffestem Kraftstoff aus niedrigen Drehzahlen heraus voll beschleunigen.

Getränkemarkt

Die arbeitende Bevölkerung im BMW-Motorraum zeichnet sich teilweise durch gesegneten Appetit aus. Gut, daß sie sich aus einem nicht zu knapp dimensionierten Tank versorgen kann.

Der Tank

Unter der rechten Hälfte des Kofferraumbodens sitzt der Tank des 5er-BMW. 70 Liter Inhalt besitzt er in allen Motorisierungsstufen des Wagens. Übrigens ist der Tank aus Blech gefertigt. Deshalb sollte man vor längerem Stillegen des Wagens unbedingt volltanken. Sonst kann sich an den Tank-Innenwänden Kondenswasser bilden, das Rost begünstigt. Die Rostkrümel verstopfen später den Kraftstoffilter oder sogar die Einspritzventile, und es gibt ärgerliche Funktionsstörungen. Zwar besitzen heutige Kraftstoffe einen Alkoholzusatz, der Wasser im Benzin »aufsaugt«, aber manchmal reicht das doch nicht völlig.

Fingerzeig: Bevor Sie irgendwelche Arbeiten an der Kraftstoffanlage in Angriff nehmen, sollten Sie unbedingt das Batterie-Massekabel abnehmen. Unbeabsichtigte elektrische Verbindungen können zu gefährlicher Funkenbildung führen.

Wozu Tankentlüftung?

Wichtig für den einwandfreien Kraftstoffnachschub ist die Belüftung des Tanks: In dem Maß, wie Kraftstoff verbraucht wird, muß Luft nachströmen können, sonst würde sich im Tank ein Vakuum bilden, und der Kraftstofffluß würde stocken. Ferner muß der Tank belüftet werden, um dem Inhalt Gelegenheit zum Ausdehnen bei Erwärmung zu geben. Auch muß beim Betanken genug Luft aus dem Tank austreten können, damit der hineingeschüttete Kraftstoff nicht wieder zum Einfüllstutzen heraussprudelt.

Die Tankentlüftung im BMW

○ Von drei Stellen an der Oberseite des Tanks ausgehend führen Schlauchleitungen nach oben zum Ausgleichsbehälter, der rechts oberhalb des hinteren Radkastens sitzt.
Der Ausgleichsbehälter kann eine gewisse Menge Kraftstoff aufnehmen, wenn sich der Tankinhalt an heißen Tagen ausdehnt und ein größeres Volumen einnimmt. Der volle Tank würde sonst überlaufen.
○ Vom Ausgleichsbehälter führt eine weitere Leitung rechts unten, etwa in Höhe der Hinterachse, ins Freie. Sie soll die ständig und unvermeidlich sich bildenden Benzindämpfe ableiten. Während der Fahrt strömt durch diese Leitung entsprechend der verbrauchten Kraftstoffmenge von außen Luft in den Tank hinein, so daß sich kein Unterdruck bilden kann.

Aktivkohlebehälter

An neueren Fahrzeugen mit Katalysator führt die Entlüftungsleitung nicht einfach ins Freie, sondern mündet in einen Aktivkohlebehälter im Motorraum. Zweck der Sache ist es, die durch diese Leitung austretenden, umweltschädlichen Kraftstoffdämpfe (siehe vorigen Abschnitt) aufzufangen. Bei laufendem Motor werden die Gase bei bestimmter Motorlast wieder aus dem Aktivkohlebehälter herausgesaugt.

Bei Katalysator-Fahrzeugen der späteren Baujahre läuft die Tankentlüftung nicht einfach ins Freie. Damit keine schädlichen Benzindämpfe freigesetzt werden, führt die Entlüftung in einen Aktivkohlebehälter (Pfeil), der vor dem rechten Radkasten im Motorraum angebracht ist. Der Aktivkohlebehälter nimmt die Dämpfe auf und gibt sie bei laufendem Motor über die zweite Anschlußleitung zum Ansaugsystem ab, wodurch sie der Verbrennung zugeführt werden.

Version mit Vorförderpumpe: Bevor die Ansaugvorrichtung (2) mit Vorförderpumpe ausgebaut werden kann, wird der Tankgeber (1) losgeschraubt.

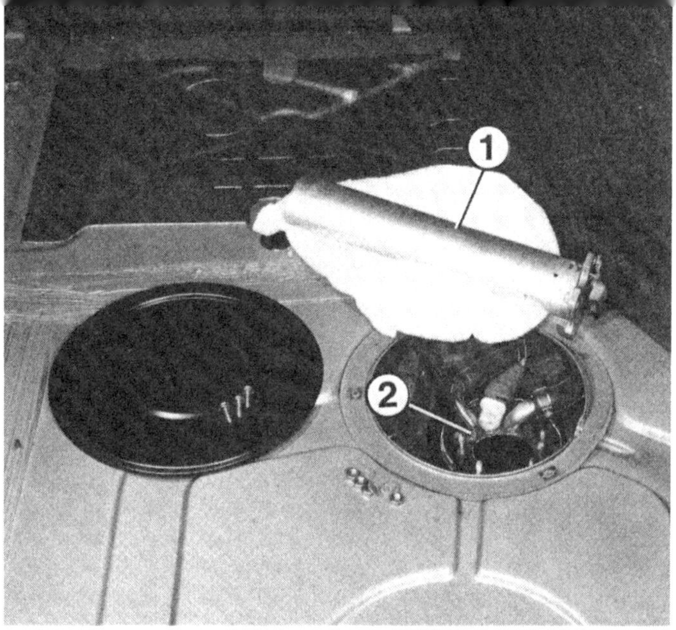

Tank ausbauen

Vor dem Ausbau sollten Sie den Tank möglichst weit leerfahren, das erleichtert die Arbeit.

- Batterie abklemmen.
- Wenn noch vorhanden: Restlichen Kraftstoff ablassen. Dazu die Ablaßschraube unten am Tank losdrehen.
- Kofferraummatte rechts zurückschlagen.
- Blechdeckel abschrauben und darunter beide Leitungen am Tankgeber abbauen. Ebenso den Kabelstecker abziehen.
- Tankklappe öffnen, Tankverschluß abnehmen.
- Abdeckgummi am Einfüllstutzen heraushebeln, die Leitungen der Tankentlüftung abziehen.
- Beide Halterungen am mittleren Schalldämpfer der Auspuffanlage aushängen.
- Halterung am hinteren Auspufftopf losschrauben (Seite 49/50).
- Auspuffanlage ein Stück nach links drücken und festbinden.
- Wo vorhanden, Wärmeschutzblech abbauen.
- Halteschrauben des Tanks ringsum lösen, Halteband entfernen.
- Tank dabei festhalten.
- Vor dem Einbau eines neuen Tanks, die Gummiunterlagen auf dessen Oberseite kleben.
- Neuen Dichtring für den Tankgeber und neue Schlauchklemmen für die Kraftstoffleitungen verwenden.

Geber für die Tankanzeige

Tankgeber ausbauen

Der Tankgeber ist oben in den Kraftstoffbehälter eingesetzt. Zwei unterschiedliche Versionen von Gebern kamen zum Einsatz – abhängig davon, ob das Fahrzeug eine Vorförderpumpe (Seite 67) besitzt oder nicht.

- Tank möglichst weit leerfahren, damit kein Kraftstoff herausschwappt.
- Kofferraummatte zurückschlagen.
- Blechdeckel abschrauben.
- **Version ohne Vorförderpumpe:** Schläuche am Tankgeber abbauen, Stecker abziehen.
- Zwei lange Schraubenzieher über Kreuz in die Aussparungen am Tankgeber einsetzen. Damit den Geber entgegen dem Uhrzeigersinn losdrehen (Bild unten links).
- Tankgeber vorsichtig nach oben herausziehen bzw. -schwenken.

Links: Mit zwei gekreuzten Schraubenziehern wird der Tankgeber bzw. die Ansaugvorrichtung mit Pumpe losgedreht (Pfeile).
Rechts: Hier ist die Ansaugvorrichtung mit Vorförderpumpe (2) ausgebaut, die auf dem Bild oben (mit gleicher Bezeichnung) noch im Tank eingesetzt war.

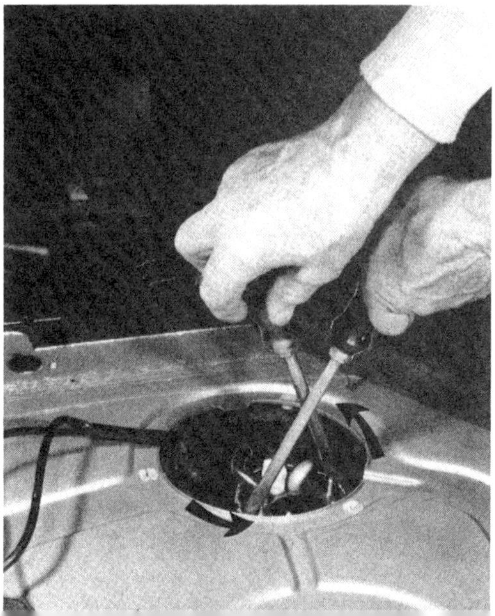

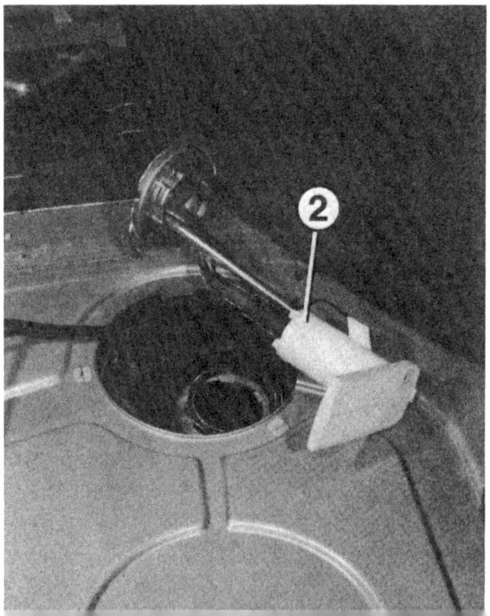

● Zum Wiedereinbau beschädigten Dichtring ersetzen, Sieb unten im Geber reinigen. Darauf achten, daß die Schlauchanschlüsse in die richtige Richtung zeigen.
● Beim Einbau eines neuen Gebers die Drahtsicherung entfernen.
● **Version mit Vorförderpumpe** (erkennbar an den vier Sechskantmuttern oben am Tankgeber): Dreifach-Kabelstecker abziehen.
● Vier Sechskantmuttern losdrehen.
● Geberteil aus dem runden Blechdeckel herausziehen. Die Schläuche der Ansaugvorrichtung bleiben angeschlossen.
● Beim Einbau Dichtung prüfen.

Die Kraftstoffleitungen

Die Kraftstoffanlage unserer Einspritzermotoren muß dem hohen Betriebsdruck von bis zu 3 bar (L-Jetronic, Motronic) bzw. 5 bar (K-Jetronic) widerstehen können. Die Schläuche sind deshalb aus besonders druckfestem Material gefertigt. Zudem sind sie an allen Verbindungsstellen mit Klemmschellen, Schraubschellen oder mit stabilen Verschraubungen gesichert.

Kraftstoffleitungen und -schläuche ausbauen

● Sauberkeit ist oberstes Gebot bei Arbeiten an der Kraftstoffanlage. Zumindest den Bereich, in dem gearbeitet wird, vorher reinigen, damit kein Schmutz in die offenen Leitungen gelangen kann.
● Teilweise werden zur Befestigung der Leitungen **Klemmschellen** benutzt.
● Um sie zu lösen, muß mit einer Zange die Blechschlaufe an ihrem Umfang plattgedrückt werden. Dadurch weitet sich die Klemmschelle, und der Kraftstoffschlauch kann unter Drehen abgezogen werden.
● Andere Möglichkeit: Blechschlaufe mit einem schmalen Schraubenzieher weiten.
● Ist dies nicht möglich, kleinen Gabelschlüssel am Schlauchende ansetzen und damit abdrücken.
● Beim Einbau sollten Sie statt der Klemmschellen solche zum Schrauben verwenden.
● **Schraubschellen** (Schlauchbänder) können natürlich wiederverwendet werden. Beim Anziehen nicht zuviel Kraft anwenden, sonst rutscht die Verzahnung durch, und die Schraubschelle kann nicht mehr verwendet werden.
● **Geschraubte Leitungsanschlüsse** mit Hohlschrauben nicht mit aller Gewalt anziehen. Dichtringe prüfen und evtl. erneuern.
● **Generell beachten:** Beim 520 i mit K-Jetronic (bis 8/82) steht das Kraftstoffsystem auch längere Zeit nach dem Abschalten des Motors noch unter Restdruck.
● Beim Losschrauben einer Benzinleitung einen Lappen bereithalten, damit kein Kraftstoff in die Augen spritzen kann.

Kraftstoffanlage auf Dichtheit prüfen

Wartung Nr. 26

Riecht es am Abstellplatz des Wagens nach Benzin, tritt dies irgendwo aus einer Leitung oder an einem Bauteil der Kraftstoffanlage aus. Zur Suche einer Undichtigkeit sollte der Wagen über Nacht an einem trockenen, sauberen Platz gestanden haben.
● Flecken unter dem Wagenboden?
● Wenn nicht, Motor starten und einige Minuten laufen lassen.
● Nach dem Abstellen erneut kontrollieren.
● Falls nichts sichtbar, sämtliche Leitungen verfolgen und auf Benzingeruch achten.

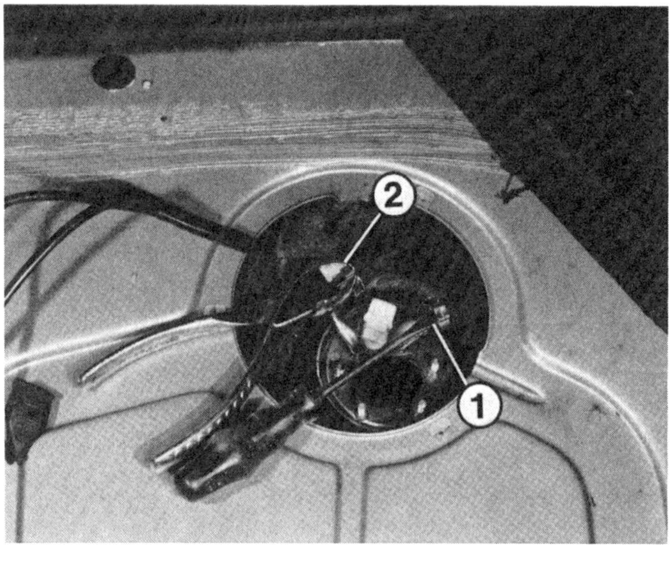

Lösen einer werksseitig angebrachten Benzinschlauch-Quetschklemme durch Aufweiten mit einem kleinen Schraubenzieher (1). Im Notfall kann die alte Quetschklemme wiederverwendet werden. Das Zusammendrücken erfolgt mit einem Seitenschneider (2). Generell sollte aber eine (neue) Schraubklemme angebracht werden.

Rechts neben dem Hinterachsgetriebe ist die elektrische Kraftstoffpumpe (Pfeil) angebracht. Ebenfalls dort in der Nähe sitzt beim 520i mit K-Jetronic (bis 8/82) das Druckspeichergefäß.

Die elektrischen Kraftstoffpumpen

Für die Kraftstoffversorgung sind bei L-Jetronic und Motronic teilweise zwei, bei K-Jetronic nur eine elektrische Kraftstoffpumpe zuständig:

○ Die eigentliche Kraftstoffpumpe sitzt vor dem linken Hinterrad am Wagenboden zusammen mit zwei Dämpfungsgefäßen (L-Jetronic und Motronic) bzw. dem Druckspeicher (K-Jetronic).

○ Damit dieser Pumpe das Ansaugen leichter gemacht wird, besitzen manche Fahrzeuge mit L-Jetronic zusätzlich eine sogenannte Vorförderpumpe. Die hat ihren Platz innen im Tank, direkt am Tankgeber. Da sie ständig von kühlendem Benzin umgeben ist, können sich auch bei hohen Betriebstemperaturen keine Dampfblasen bilden, die zu Aussetzern führen.

Relais im Motorraum

Am Sicherungskasten sind von außen bis zu drei zusätzliche Relais auf separaten Sockeln angebracht:

○ Bei Fahrzeugen mit **K- und L-Jetronic** sitzt dort das Kraftstoffpumpenrelais, das die Stromversorgung zur Kraftstoffpumpe schaltet. Es beinhaltet die Sicherheitsschaltung, die dafür sorgt, daß die Pumpe nur dann läuft, wenn der Motor sich dreht. Ob das der Fall ist, erfährt das Relais von der Zündungsklemme 1, die ebenfalls am Relaissockel angeschlossen ist. Die Sicherheitsschaltung soll Brände durch auslaufendes Benzin nach Unfällen verhindern.

○ Fahrzeuge mit **Motronic** haben bis zu drei Relais unter der Kunststoffabdeckung: In Fahrtrichtung vorn sitzt das Hauptrelais, das die Stromversorgung zum Motronic-Steuergerät bei entsprechender Zündschlüsselstellung schaltet. Dahinter sitzt bei Fahrzeugen mit Katalysator das Relais für die Beheizung der Lambdasonde. Auf Platz 3 – also ganz hinten – ist das Kraftstoffpumpen-Relais eingesteckt. Bei Motronic ist das ein einfaches Schaltrelais ohne Sicherheitsschaltung. Die ist im Motronic-Steuergerät untergebracht. Bei Fahrzeugen ohne Katalysator und Lambdasonde sitzt dieses Relais direkt hinter dem Hauptrelais.

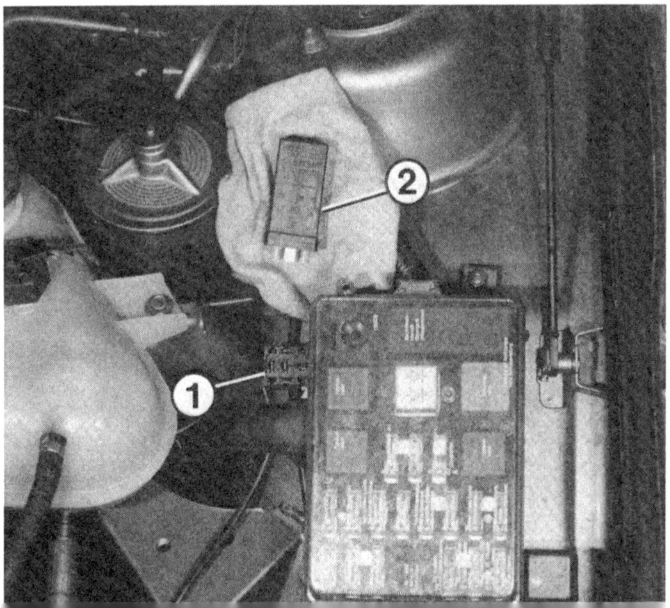

Der Relaishalter (1) am Sicherungskasten ist bei Fahrzeugen mit L- oder LE-Jetronic mit dem großen Kraftstoffpumpenrelais (2) bestückt.

Störungen an den Kraftstoffpumpen

Die elektrische(n) Kraftstoffpumpe(n) erhalten aus Sicherheitsgründen nur dann Strom, wenn der Anlasser betätigt wird oder der Motor läuft. Deshalb ist das Prüfen der Pumpe(n) etwas kompliziert.

- Sicherung für Kraftstoff- und Vorförderpumpe überprüfen (Seite 153). Wenn sie intakt ist:
- Von Helfer kurz den Anlasser betätigen lassen. Dabei müssen auch die Pumpen anlaufen. Sie laufen überdies nach Abschalten des Anlassers noch einen Moment weiter, was gut hörbar ist.
- Ist das nicht der Fall, Benzinpumpenrelais abziehen (Bilder unten und auf der Vorseite).
- Klemme 30 und 87 (teilweise 87b) mit einem selbstgefertigten Überbrückungskabel verbinden.
- Laufen die Pumpen jetzt (auch bei ausgeschalteter Zündung), war das Relais defekt. Ersetzen.
- Laufen die Pumpen immer noch nicht, wird die Stromversorgung der Pumpen mit der Prüflampe kontrolliert. Dazu das Relais wieder aufstecken.
- **Kraftstoffpumpe:** Prüflampe an den beiden geschraubten Leitungsanschlüssen anklemmen.
- **Vorförderpumpe:** Zweipoligen Anschlußstecker oben am Tankgeber abziehen und Prüflampe an den Kontakten des Steckers anschließen.
- **Beide Pumpen:** Anlasser von Helfer kurz betätigen lassen. Die Prüflampe muß jeweils aufleuchten.
- Fehlt es an der Spannung, muß der Leitungsverlauf überprüft werden.
- War Spannung vorhanden, ist die betreffende Pumpe zu ersetzen.

Fördermenge der Kraftstoffpumpe prüfen

Wenn mangelhafte Motorleistung bei hohen Drehzahlen oder »Verschlucker« beim Fahren Zweifel an der ausreichenden Kraftstoffversorgung aufkommen lassen, kann die Fördermenge der Benzinpumpe gemessen werden.

- **L-Jetronic und Motronic:** Rücklaufschlauch vom Druckregler im Motorraum (siehe Bild Seite 79 oben) abnehmen. Ersatzschlauch auf den Druckregler aufstecken und von einem Helfer in ein Meßglas halten lassen.
- Rücklaufleitung mit sauberer Schraube verschließen.
- Kraftstoffpumpenrelais im Motorraum abziehen und Klemme 30 und 87 (bzw. 87b) überbrücken.
- Nach 30 Sekunden muß die Pumpe beim 520i 750 cm^3, beim 525e 850 cm^3 und beim 525i/528i 875 cm^3 gefördert haben.
- An der Vorförderpumpe wird die Fördermenge nicht gemessen. Es wird lediglich mittels Hörprobe kontrolliert, ob die Pumpe läuft.
- Bei der **K-Jetronic** (520i bis 8/82) wird die Fördermenge bei ausgebauter Pumpe mit einer speziellen Prüfflüssigkeit kontrolliert. Sinnvoller ist bei dieser Einspritzung eine Druckprüfung. Beides Arbeiten für die Werkstatt.

Benzinpumpe ausbauen

- Zuerst den Arbeitsbereich am Wagenboden säubern.
- Elektrische Anschlüsse an der Pumpe abschrauben.
- Schlauchschellen vorn und hinten an der Pumpe abnehmen.
- Beide Kraftstoffschläuche mit Quetschklemmen verschließen oder gleich nach dem Abziehen mit passenden Schrauben verstopfen.
- Drei Muttern lösen und Halteblech für Pumpe, Filter und Druckspeichergefäß (nur K-Jetronic) abnehmen.
- Verschraubungen des Haltebügels der Pumpe lösen.
- Pumpe vom Halteblech abnehmen.
- Gummiring von der Pumpe schieben.

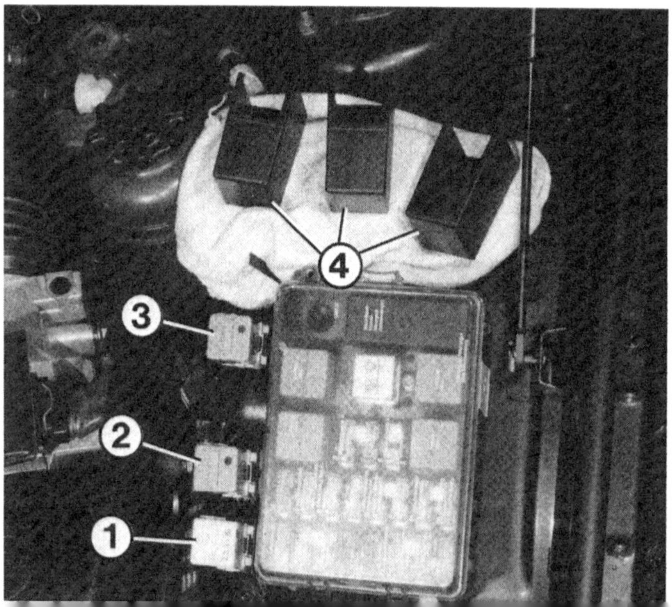

Relaisbestückung bei Wagen mit Motronic. Auf den Relaishaltern außen am Sicherungskasten sitzen von vorn nach hinten:
1 – Hauptrelais der Motronic (Stromversorgung);
2 – Relais für Lambdasondenbeheizung (bei Fahrzeugen ohne Kat nicht vorhanden);
3 – Kraftstoffpumpenrelais.
Jedes Relais besitzt eine eigene Abdeckung (4).

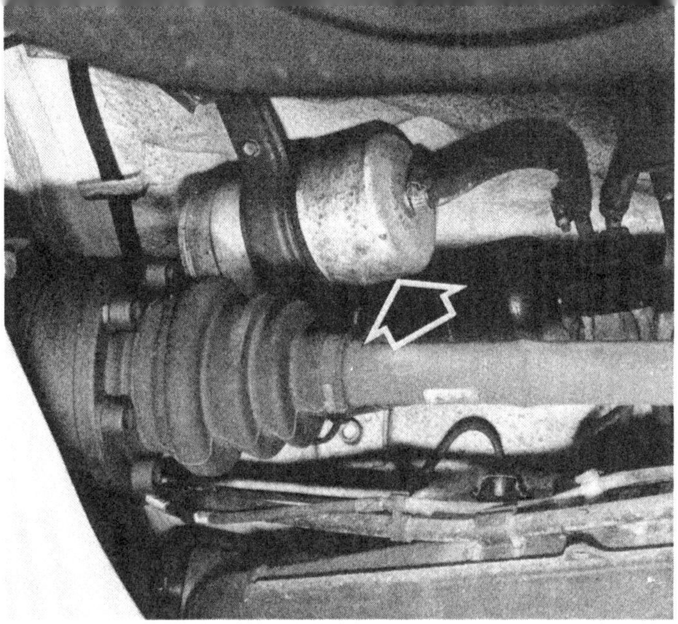

Oberhalb der rechten Hinterachs-Antriebswelle sitzt – neben der Kraftstoffpumpe – der Kraftstoffilter.

Vorförderpumpe ausbauen

- Tankgeber bei Wagen mit Vorförderpumpe ausbauen (siehe Seite 65).
- Ansaugvorrichtung mit Vorförderpumpe so lösen, wie bei Wagen ohne Vorförderpumpe der Tankgeber ausgebaut wird (siehe ebenfalls Seite 65).

Kraftstoffilter ersetzen

Wartung Nr. 25

Der Kraftstofftank aus Blech kann durch Kondenswasser Rost ansetzen. Aber Verunreinigungen können auch aus dem Tank einer Zapfstation stammen. Etwa dann, wenn Sie getankt haben, als die Erdtanks eben frisch befüllt wurden. Dadurch können Schmutzpartikel und auch Kondenswasser aufgewirbelt werden und über den Zapfhahn in Ihren Tank gelangen. Deshalb an frisch belieferten Tankstellen möglichst nicht auftanken. Sicherheitshalber ist bei allen Modellen ein Kraftstoffilter eingesetzt, der regelmäßig ausgewechselt werden soll.

- Der Filter sitzt – wie auch die Kraftstoffpumpe – rechts unter dem Wagenboden in Höhe der Hinterachse
- Aus- und Einbau des Filters erfolgt im Ablauf fast identisch wie bei der Kraftstoffpumpe (siehe Text links).
- Vergessen Sie nicht das Abklemmen der Kraftstoffschläuche, sonst läuft während der Arbeit Benzin aus.
- Das Abklemmen beider Schläuche besorgt ein ein Helfer mit zwei Zangen, oder Sie verwenden schraubbare Schlauchklemmen.
- Beachten Sie die Durchflußrichtung beim Einbau: Der Pfeil auf dem Gehäuse muß in Richtung des zum Motor führenden Schlauches zeigen.

Atemschutz

Die Ansaugluft des Motors enthält Staub- und Schmutzteilchen, die nicht in die Verbrennungsräume gelangen sollen, da sie an den Zylinderwänden wie Schmirgel wirken. Das würde frühzeitigen Verschleiß von Kolben und Zylinderlaufbahnen verursachen. Der Luftfilter sorgt deshalb für den notwendigen Schutz des Motors. Gleichzeitig dämpft er auch die Ansauggeräusche.

Luftfiltereinsatz ausbauen

- **520i bis 8/82:** Haltemuttern des Gemischreglers lösen.
- Spannklammern am Luftfiltergehäuse lösen.
- Gemischregler hochheben, Luftfiltereinsatz herausziehen.
- **520i ab 9/82, 525e:** Vier Spannklammern rund um das Luftfiltergehäuse lösen.
- Ansaugluftschlauch oder Ansaugluftrohr abziehen.
- Gehäuse-Unterteil ein Stück nach unten drücken und nach vorn ziehen.
- Luftfiltereinsatz herausnehmen.
- **525i/528i:** Vier Spannklammern am Filtergehäuse lösen.
- Gehäuseoberteil etwas hochheben.
- Luftfiltereinsatz herausnehmen.

Luftfiltereinsatz ausblasen

Wartung Nr. 10

Anläßlich des Motorölservice empfehlen wir die Reinigung des Papierfiltereinsatzes von gröberer Verschmutzung. Bei einer Reise über extrem staubige Straßen kann dieses Intervall bis hin zur täglichen Reinigung verkürzt werden.

- Papierfiltereinsatz ausbauen, wie vorstehend beschrieben.
- Filter auf harter Unterlage ausklopfen, damit sich die groben Schmutzteilchen lösen.
- Soll auch der feine Staub entfernt werden, muß mit Preßluft seitlich an den Filterlamellen vorbeigeblasen werden. Niemals den Preßluftstrahl direkt auf das Filterpapier richten! Sonst drückt sich ein Teil der Staubkörnchen fest in die Filterporen.
- Filtergehäuse mit sauberem Lappen auswischen.
- Filter wieder einbauen.

520i mit K-Jetronic bis 8/82: »1« und »2« bezeichnen die Haltemuttern des Gemischreglers, die Pfeile zeigen auf die Spannklammern.

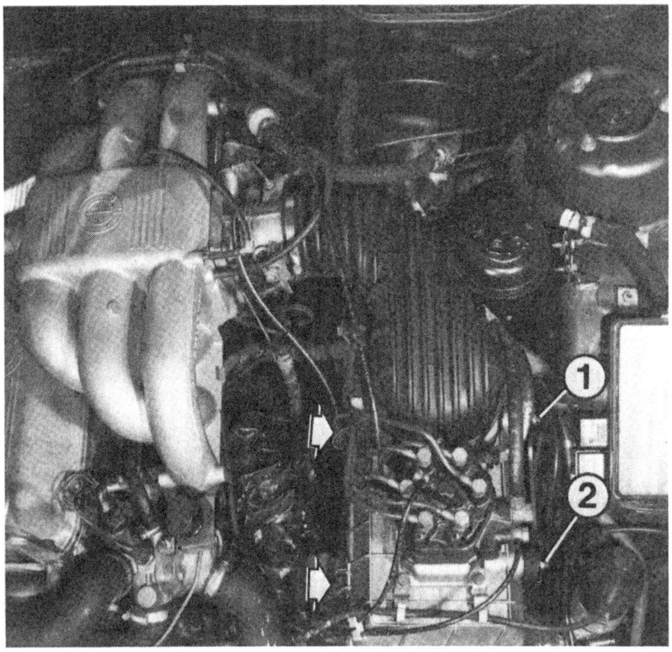

520i ab 9/82 bzw. 525e. Es bedeuten: 1 – Luftfiltereinsatz; 2 – untere Gehäusehälfte; 3 – Gehäuseoberteil. Die Pfeile bezeichnen die Spannklammern.

Luftfilter-Ausbau beim 525i/528i: Nach Lösen der Spannklammern (Pfeile) kann das Gehäuse-Oberteil (1) angehoben und der Filtereinsatz (2) herausgenommen werden.

Luftfiltereinsatz wechseln

BMW ordnet den Wechsel des Filtereinsatzes bei jeder Inspektion II an. Das ist ein recht kurzes Intervall. Wenn der Filtereinsatz also noch schön hell aussieht, kann der Austausch noch etwas aufgeschoben werden. Andererseits muß bei Reisen über unbefestigte Straßen trotz häufigerer Reinigung des Filters schon wesentlich früher an Ersatz gedacht werden. Aus- und Einbau siehe Text links.

Wartung Nr. 19

Spritzenwagen

Bei laufendem Motor sprühen die Einspritzventile **k**ontinuierlich feine Kraftstofftröpfchen in die Ansaugkanäle. Dieser Arbeitsweise verdankt die **K**-Jetronic ihren Namen. Dabei kommt diese Einspritzanlage weitgehend ohne elektrische Bauteile aus – sieht man von der Kraftstoffpumpe und Zusatzeinrichtungen, wie Kaltstartventil, einmal ab.

Bauzeit

Die K-Jetronic finden wir nur im 520i, und dort auch nur bis Baujahr 8/82. Die später verbaute L-Jetronic finden Sie ab Seite 77 behandelt.

Funktion der K-Jetronic

Wie bei allen Gemischaufbereitungs-Systemen geht es auch bei der K-Jetronic darum, ein optimales Verhältnis zwischen Luft und Kraftstoff herzustellen. Die Anlage muß den Zylindern die jeweils günstigste Mischung anliefern.

Wichtigstes Teil dabei ist der sogenannte **Luftmengenmesser**, eine leichtgewichtige Stauscheibe mitten im Luftstrom. Diese Scheibe wird vom Sog der Kolben beim Ansaugtakt angehoben – um so mehr, je mehr Luft von der **Drosselklappe** freigegeben wird. Dieser Stellungswechsel überträgt sich über ein feingliedriges Hebelsystem auf einen **Steuerkolben**, und der wiederum bestimmt den Kraftstoffzulauf zu den Einspritzventilen. Also: viel Luft – viel Kraftstoff, wenig Luft – wenig Kraftstoff. Ganz automatisch stellt sich immer das richtige, verbrennungsgünstigste Verhältnis ein.

Im Fahrbetrieb gibt es jedoch Situationen, bei denen das Gemisch mehr Kraftstoff enthalten muß als normal – es soll dann »fetter« sein. Speziell beim Kaltstart ist das nötig. Die K-Jetronic schafft das mit Hilfe des **Kaltstartventils**: Im Moment des Anlassens öffnet das Ventil und spritzt zusätzlichen Kraftstoff ins Ansaugrohr, solange der Anlasser läuft. Das Gemisch fettet an. Doch nur bei kaltem Motor, denn der **Thermozeitschalter** steuert das Kaltstartventil in Abhängigkeit der Kühlwassertemperatur: Über 35°C bleibt das Ventil geschlossen. Doch auch bei eiskaltem Motor wäre das Kaltstartventil höchstens 8 Sekunden lang in Betrieb. Diese Zeit wird ebenfalls vom Thermozeitschalter festgelegt.

Ist der kalte Motor angesprungen, beginnt die Warmlaufphase. Während dieser Zeit soll das Gemisch noch etwas fetter sein als normal. Zudem wünscht man sich von diesem Fast-Normalgemisch etwas mehr an Menge. Auch das ist zu bewerkstelligen: Bei kaltem Motor ist am Saugrohr über den **Zusatzluftschieber** ein weiterer Luftkanal geöffnet, der unter Umgehung der Drosselklappe eine zusätzliche Menge an Ansaugluft einströmen läßt.

Und da für dieses Mehr an Luft ein Mehr an Kraftstoff nötig ist, sorgt ein temperaturabhängiges Regelelement – der **Warmlaufregler** – dafür, daß diese Mehrmenge zu den Einspritzventilen gelangt.

Mit zunehmender Erwärmung des Motors schließt sich allmählich der Zusatzluftkanal, auch das Mehr an Kraftstoff hört zu fließen auf – der Motor bekommt seine Normalmengen.

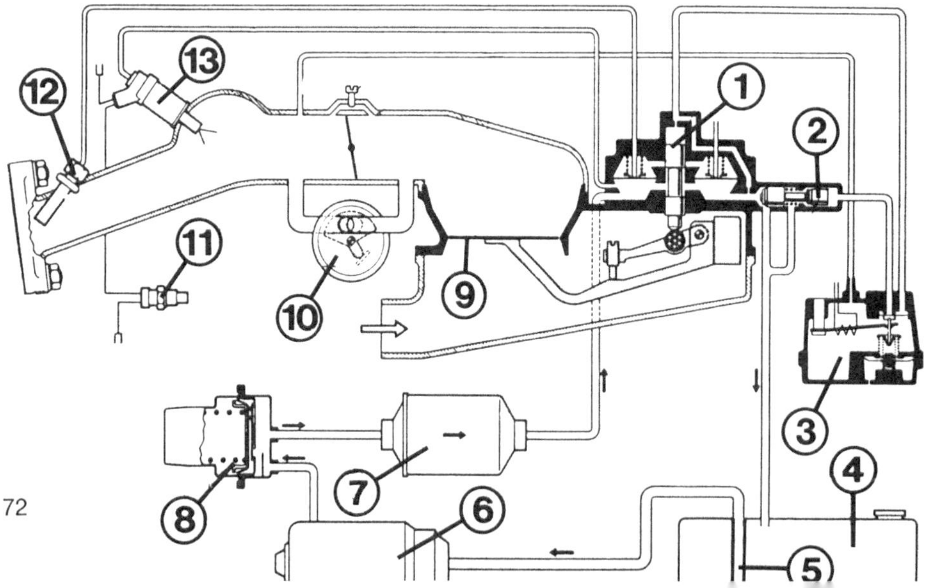

Die Teile der Bosch-K-Jetronic schematisch dargestellt:
1 – Kraftstoff-Mengenteiler;
2 – Systemdruckregler;
3 – Warmlaufregler;
4 – Tank;
5 – Ansaugvorrichtung;
6 – Kraftstoffpumpe;
7 – Kraftstoffilter;
8 – Druckspeichergefäß;
9 – Stauscheibe;
10 – Zusatzluftschieber;
11 – Thermozeitschalter;
12 – Einspritzventil;
13 – Kaltstartventil.

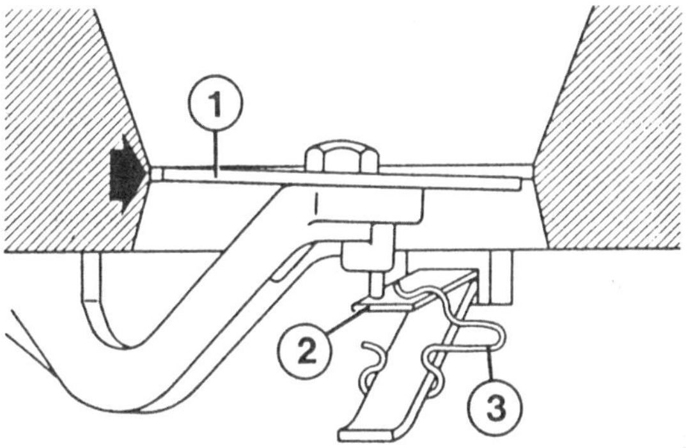

Im Stand muß die Oberkante der Stauscheibe (1) bündig mit der Einschnürung im Lufttrichter stehen (Pfeil). Bei falscher Einstellung wird der Anschlag (2) durch leichtes Verbiegen der Feder (3) entsprechend verändert.

● Der Absperrschieber muß bei kaltem Motor (ca. +20°C) den Luftdurchlaß etwa halb verschließen.
● Schläuche anbauen, Motor ca. 5 Minuten warmlaufen lassen.
● Schläuche abnehmen und sehen, ob der Durchlaß jetzt verschlossen ist.
● Klemmt die Lochblende, hilft manchmal Klopfen gegen das Gehäuse.
● Bleibt die Blende trotzdem offen, Zusatzluftschieber auswechseln.
● Oder der Fehler lag am elektrischen Anschluß: Prüflampe anschließen und bei kaltem Motor den Anlasser betätigen.
● Leuchtet die Lampe? Wenn nicht, ist die Spannungsversorgung unterbrochen.

Zusatzluftschieber
kühlwasserbeheizte Ausführung

Der kühlwasserbeheizte Zusatzluftschieber ist ebenfalls an der linken Motorseite untergebracht. Zu erkennen ist er an den beiden Luft- und den beiden dünnen Wasserschläuchen, die an seinen Stutzen angeschlossen sind.
● Kalten Motor im Leerlauf drehen lassen.
● Einen der Luftschläuche (das sind die zum Motor hin zeigenden) mit der Hand oder einer Zange abquetschen: Die Motordrehzahl verlangsamt sich.
● Motor warmfahren und im Leerlauf drehen lassen. Einen der Luftschläuche abquetschen: Die Motordrehzahl darf sich nicht verändern.
● Zur weitergehenden Prüfung Zusatzluftschieber ausbauen (Kühlmittel ablassen, 2 Befestigungen).
● Durch die Luftöffnung des Zusatzluftschiebers schauen und die Höhe des freien Durchgangs abmessen oder abschätzen:
● Bei 20°C Umgebungstemperatur soll der Spalt 5,5 mm groß sein.
● Der Toleranzbereich beträgt 0,2 mm. Wird er überschritten, Zusatzluftschieber auswechseln.

Kaltstartventil

Ein tropfendes – also nicht richtig schließendes – Kaltstartventil kann Ursache für ungleichmäßigen Motorlauf und hohen Kraftstoffverbrauch sein.
● Zur Prüfung Kaltstartventil abschrauben.
● Kabelstecker ausbauen, die Benzinleitung bleibt angeschlossen.
● Ventil abtrocknen, Motor mit dem Anlasser eine Minute durchdrehen.
● Nach dieser Zeit darf vom Kaltstartventil kein Kraftstofftropfen abgefallen sein. Sonst Ventil ersetzen.

Einspritzventile

● Zündung lahmlegen, wie auf Seite 183 beschrieben.
● Schlauch der Kurbelgehäuse-Entlüftung abziehen.
● Einspritzventil mit zwei Schraubenziehern (einer rechts und einer links vom Ventil angesetzt) herausziehen; die Kraftstoffleitung bleibt angeschlossen.
● Ventilloch im Ansaugkrümmer fest verschließen.

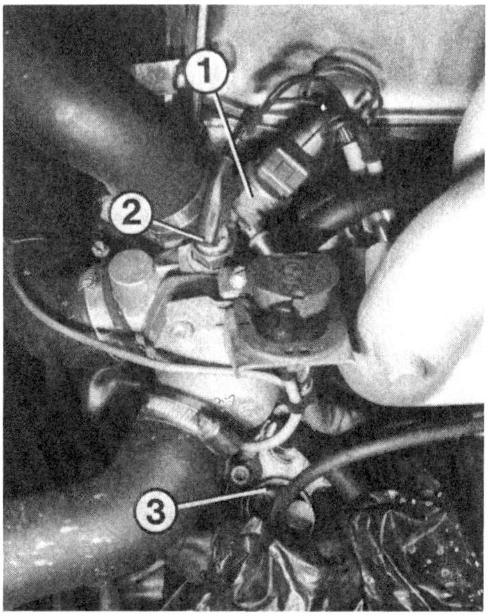

Teile der Einspritzung: Das Kaltstartventil (Pfeil) am Ansaugkrümmer, der Thermozeitschalter (1) und der Warmlaufregler (3). Nicht zur Einspritzung gehört der Geber der Temperaturanzeige (2).

Im folgenden finden Sie ausschließlich solche Fehler beschrieben, die Sie leicht selbst beheben können.

Vorgehensweise bei Störungen

○ Verweigert der BMW den Dienst, sollten Sie nicht zuerst die Einspritzung verdächtigen. Kontrollieren Sie zunächst, ob die Zündanlage in Ordnung ist (ab Seite 184).
○ Ist sichergestellt, daß in diesem Bereich alles mit rechten Dingen zugeht, prüfen Sie als nächstes die Kraftstoffversorgung (siehe Seite 67).
○ Erst jetzt kommt die Einspritzung dran. Bei der Fehlersuche hilft der Störungsbeistand auf Seite 76. Wie ein Fehler behoben wird, verraten die folgenden Abschnitte.
○ Bevor Sie weiter in die Fehlersuche einsteigen, empfiehlt sich eine gründliche Sichtprüfung.

Zuerst die Sichtprüfung

○ Undichtigkeiten im Ansaugsystem können die Gemischaufbereitung empfindlich stören, da sie von der Stauscheibe im Gemischregler nicht mitgemessen werden. Das Gemisch magert also unkontrolliert ab. Verdächtige Teile sind: Ansaughutze auf dem Gemischregler (schlecht zugänglich), Schläuche zum Zusatzluftschieber, die Unterdruckschläuche zum Zündverteiler, Dichtung unter dem Kaltstartventil und an den Einspritzventilen sowie die Flanschdichtungen der Ansaugkanäle (Schrauben nachziehen). Kontrollieren Sie alle Schläuche auf Risse und festen Sitz; ebenso die Schlauchbänder prüfen.
○ Undichtigkeiten im Kraftstoffsystem kann der Laie lediglich durch eine Sichtprüfung an allen Kraftstoffschläuchen und Leitungen erkennen.
○ Die elektrischen Kontakte können ebenfalls eine Störungsmöglichkeit darstellen. Die Steckerchen sind nämlich nur für 100 Steckungen ausgelegt. Sehen Sie die Stecker genau an. Mit einem schmalen Schraubenzieher lassen sich die Zungen ein wenig nachbiegen.

Fingerzeig: Der BMW 520i mit K-Jetronic fällt nicht selten durch sogenanntes Magerruckeln auf. Unrunder Motorlauf während der Warmlaufphase oder sogar Absterben der Maschine bei getretener Kupplung bzw. im Leerlauf können den Fahrer gehörig nerven. Abhilfe bringt in fast allen Fällen der Austausch des Warmlaufreglers und Einstellen des CO-Gehalts auf 1,5–2 Vol.%.

Gemischregler

● Ansaughutze abbauen und Stauscheibe betrachten: Sie muß in Ruhestellung genau an der Oberkante des zylindrischen Bereiches im Gehäuse stehen, allenfalls 0,5 mm tiefer.
● Steht sie zu hoch, kann die angesaugte Luft vorbeistreichen, ohne daß die Scheibe angehoben wird – Meßfehler. Außerdem kann der Motor nachdieseln.
● Steht die Scheibe zu tief, kann es zu schlechtem Motorstartverhalten kommen.
● Falsche Scheibenstellung kann von der Werkstatt durch Nachbiegen des Haltebügels unten im Schacht des Luftmengenmessers korrigiert werden.
● Prüfen Sie, ob die Stauscheibe an der Wandung streift. Wenn ja, zentrale Befestigungsschraube lösen und Scheibe neu zentrieren.

Zusatzluftschieber
Elektrisch beheizte Ausführung

Der elektrisch beheizte Zusatzluftschieber sitzt hinten an der linken Motorseite und ist an seinem elektrischen Anschluß und den beiden Luftschläuchen zu erkennen.
● Zur Kontrolle beide Luftschläuche am Zusatzluftschieber abbauen und mit einem Taschenspiegel in die Öffnung schauen (von der anderen Seite mit Taschenlampe dagegenleuchten).

Die Teile der Einspritzung im Motorraum des nur ein Jahr lang gebauten 520i mit K-Jetronic:
1 – Kaltstartventil;
2 – Ansaugkrümmer;
3 – Drosselklappenstutzen;
4 – Kraftstoffpumpenrelais;
5 – Diodenrelais;
6 – Gemischregler;
7 – Warmlaufregler;
8 – Thermozeitschalter.

Links die Teile der Gemischaufbereitung:
1 – Gemischregler;
2 – Drosselklappenstutzen;
3 – Drosselklappe;
4 – keglig geformtes Teil im Luftmengenmesser;
5 – Stauscheibe.
Rechts: Hier wurde ein Einspritzventil (3) mit angeschlossener Einspritzleitung (1) ausgebaut und zusammen mit der Gummiabdichtung (2) auf einem Lappen abgelegt.

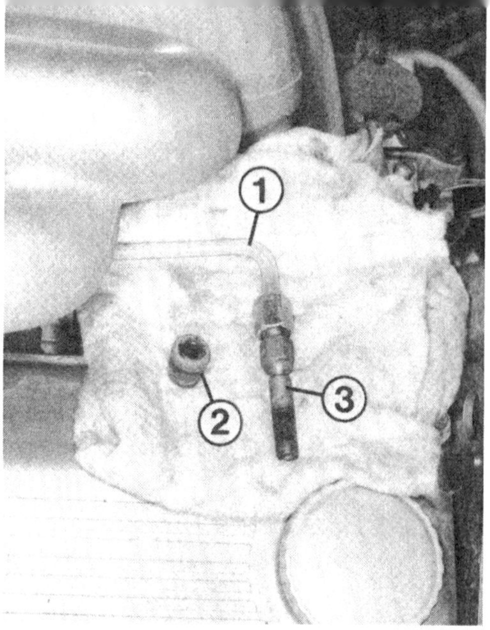

● Gefäß für den austretenden Kraftstoff bereithalten. Von Helfer den Anlasser betätigen lassen.
● Das Ventil muß kegelförmig abspritzen. Falls nicht, ist das Ventil verstopft oder die Kraftstoffversorgung bzw. der Mengenteiler defekt.
● Zum **Einbau** müssen die Gummidichtungen am Ventil erneuert und mit Vaseline bestrichen werden, um eine exakte Abdichtung zu erzielen.
● Wird das Ventil »trocken« eingesetzt, besteht die Gefahr, daß die Gummidichtung gequetscht wird und nicht einwandfrei abdichtet. Folge: Störungen im Fahrverhalten, z. B. unrunder Leerlauf.
● Die Werkstatt kann weitergehende Prüfungen, z. B. eine Vergleichsmessung unter den Einspritzventilen, vornehmen.

ASU-Kontrolle

Seit 1985 ist in der Bundesrepublik die jährliche ASU-Kontrolle vorgeschrieben. Mehr dazu auf Seite 90.

Leerlauf einstellen

Wartung Nr. 21

Veränderungen in der Leerlaufdrehzahl sind meist die Folge von Undichtigkeiten (Seite 73) oder verstellter Zündung. Erst wenn hier kein Fehler zu finden war, soll an den Einstellschrauben gedreht werden.
● Motor warmfahren.
● Elektrische Verbraucher ausschalten.
● Zum Anschließen des Drehzahlmessers den Motor ausschalten (wegen der hohen Zündspannungen).
● Die Leerlaufdrehzahl soll **800–900/min** betragen.
● Gegebenenfalls an der Leerlauf-Einstellschraube unterhalb des Kaltstartventils nachregulieren.
● Der Abgas-CO-Gehalt wird – wenn außerhalb der ASU nötig – am besten in der Werkstatt am CO-Tester kontrolliert. **Max. 1,5 Vol.%** soll das Gerät anzeigen.
● Wenn nicht, kann an der verplombten Einstellschraube am Gemischregler nachgestellt werden.
● Dazu wird ein langer Inbusschlüssel gebraucht. Bei eingestecktem Inbusschlüssel **kein Gas geben!**

Links: Die Leerlauf-Einstellschraube (Pfeil) sitzt oben im Drosselklappenstutzen.
Rechts: Die CO-Einstellschraube (Pfeil) am Kraftstoff-Mengenteiler muß mit einem langen Inbusschlüssel gedreht werden.

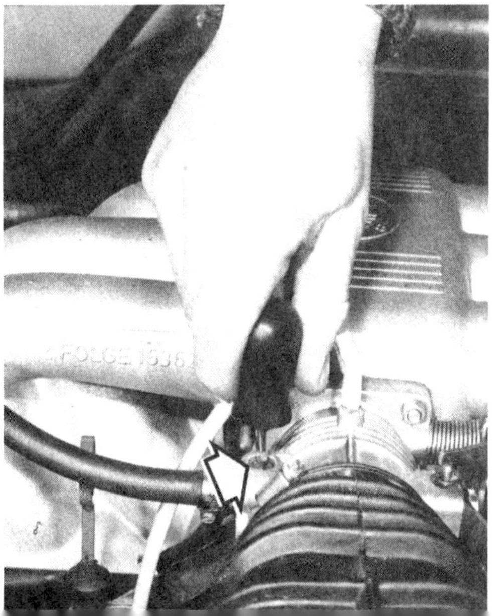

Gaszug

Der Gaszug wird in derselben Weise aus- und eingebaut, wie auf Seite 90 für L-Jetronic und Motronic beschrieben. Einziger Unterschied: Am Drosselklappenhebel muß die Plastikklammer, die den Gaszug hält, zusammengedrückt und durch die Öffnung im Hebel geschoben werden. Das Einstellen verläuft identisch wie bei L-Jetronic und Motronic.

Störungsbeistand

K-Jetronic

Der Störungsbeistand setzt voraus, daß der Motor mechanisch in Ordnung ist, daß die Zündeinstellung stimmt und daß die Kraftstoffpumpe funktioniert (Seite 68).

Die Störung	– ihre Ursache	– ihre Abhilfe
A Kalter Motor springt nicht an	1 Kraftstoff-Steuerdruck falsch	Messen, schadhafte Teile ersetzen lassen
	2 Zusatzluftschieber öffnet nicht	Prüfen, wie auf Seite 73/74 beschrieben, gegen Gehäuse klopfen, evtl. mit Halbgas starten
	3 Kaltstartventil öffnet nicht	Kabel am Ventil abziehen, mit Klemme 50 vom Anlasser und Masse verbinden. Starten, Ventil muß spritzen (Gefäß bereithalten), sonst Ventil auswechseln
	4 Kaltstartventil undicht, Dichtung defekt	Dichtung kontrollieren, Ventil prüfen (siehe Seite 74)
	5 Stauscheibe falsch eingestellt	Einstellen lassen (siehe Seite 74)
	6 Stauscheibe oder Steuerkolben schwergängig	Prüfen lassen
	7 Thermozeitschalter schließt nicht	Am Kabelstecker des Kaltstartventils mit Prüflampe feststellen, ob beim Starten des kalten Motors Strom fließt, sonst Thermozeitschalter ersetzen
B Warmer Motor springt nicht an	1 Siehe A 1, 5 und 6	
	2 Einspritzventil(e) undicht, zu niedriger Öffnungsdruck	Prüfen lassen
	3 Leerlauf zu fett eingestellt	CO-Gehalt einstellen lassen
	4 Leerlauf zu mager eingestellt	CO-Gehalt einstellen lassen
C Kalter Motor schüttelt im Leerlauf	1 Siehe A 1, 2 und 4	
	2 Zusatzluftschieber schließt nicht	Prüfen, wie auf Seite 73/74 beschrieben
	3 Siehe B 2	
D Warmer Motor schüttelt im Leerlauf	1 Siehe A 1, 2 und 6	
	2 Siehe B 3 und 4	
E Motor patscht ins Saugrohr	1 Siehe A 1	
	2 Siehe B 4	
F Motor patscht in den Auspuff	1 Siehe A 1 und 4	
	2 Siehe B 3	
G Motor stottert, setzt aus	1 Wackelkontakt an der Benzinpumpe	Kabelstecker bzw. Kabelanschluß kontrollieren
	2 Kraftstoffsystemdruck falsch	Messen, einstellen lassen
H Motorleistung ungenügend	1 Siehe A 1, 4 und 6	
	2 Siehe B 3 und 4	
	3 Drosselklappe geht nicht in Vollgasstellung	Gasgestänge einstellen lassen
I Motor dieselt nach	1 Siehe A 6	
	2 Siehe B 2	
J Kraftstoffverbrauch zu hoch	1 Siehe A 1 und 4	
	2 Siehe B 3	
K Warmer Motor dreht im Leerlauf zu hoch	Siehe C 2	

Elektronische Gießkanne

Wird Kraftstoff im Motor nach dem Gießkannenprinzip verteilt, braucht man sich über hohe Verbräuche nicht zu wundern. Im BMW hilft die Elektronik, den Kraftstoffverbrauch – gemessen an Motorvolumen und Leistung – in Maßen zu halten. Nicht zuletzt wird die Lambda-Regelung für optimale Abgasreinigung durch die Elektronik überhaupt erst ermöglicht.

Verschiedene Einspritzungen

Je nach Baujahr und Ausstattung sind in unseren Sechszylindern unterschiedliche Einspritzungen eingebaut, die sich jedoch im Grundprinzip ähneln und allesamt aus dem Hause Bosch stammen.

○ Die Modelle 520i (ab 9/82), 525i und 528i sind mit einer Bosch **L-Jetronic**-Einspritzung versehen; das »L« in der Bezeichnung kommt von »luftmengengesteuert«.

Hirn der Anlage ist ein elektronisches Steuergerät, das je nach Motordrehzahl und Last die nötige Kraftstoffmenge aus den elektrischen Einspritzventilen fließen läßt. Das fettere Kraftstoff/Luft-Gemisch für den Kaltstart erzeugt ein eigenes System mit Kaltstartventil.

○ Die nach 9/84 gebauten 520i besitzen die weiterentwickelte **LE-Jetronic**. Sie ist noch etwas »elektronischer« als die ältere Einspritzung, denn sie kann auf ein zusätzliches Kaltstartsystem verzichten. Die Gemischanreicherung wird hier über die vorhandenen Einspritzventile erzeugt.

○ Der 525e und die Katalysator-Versionen des 520i sind mit **Motronic** ausgestattet. Die Motronic ist das aufwendigste Einspritzsystem, denn ihr Steuergerät beinhaltet zusätzlich auch die elektronische Zündung. Für Einspritzungs- und Zündungsbereich benutzt die Motronic dieselben Geber. Zusätzlich bietet sie die besten Voraussetzungen für die Lambda-Regelung bei Fahrzeugen mit Katalysator. Lediglich der 525e Kat besaß trotz Motronic noch bis 12/86 ein separates Kaltstartventil, das später entfiel. Mehr über die Zündungs-Seite der Motronic lesen Sie auf Seite 182.

○ Zwei Grundversionen der Motronic finden sich in den verschiedenen BMW-Modellen: Die **Zwei-Geber-Motronic** im 525e bis 12/86 und die noch etwas schlauere **Ein-Geber-Motronic** im 525e ab ca. 1/87 und im 520i Kat.

Die Unterscheidung in den Namen leitet sich so ab: Die ältere Motronic besitzt einen Drehzahl- und einen Bezugsmarkengeber. Beide sind in der Getriebeglocke über dem Schwungrad untergebracht. Dagegen besitzt die Ein-Geber-Motronic nur einen einzelnen Geber, der die Verzahnung am Schwingungsdämpfer vorn am Motor abtastet.

Die neuere Motronic verfügt außerdem über einen Fehlerspeicher und einen Speicher zur Leerlaufdrehzahl-Korrektur.

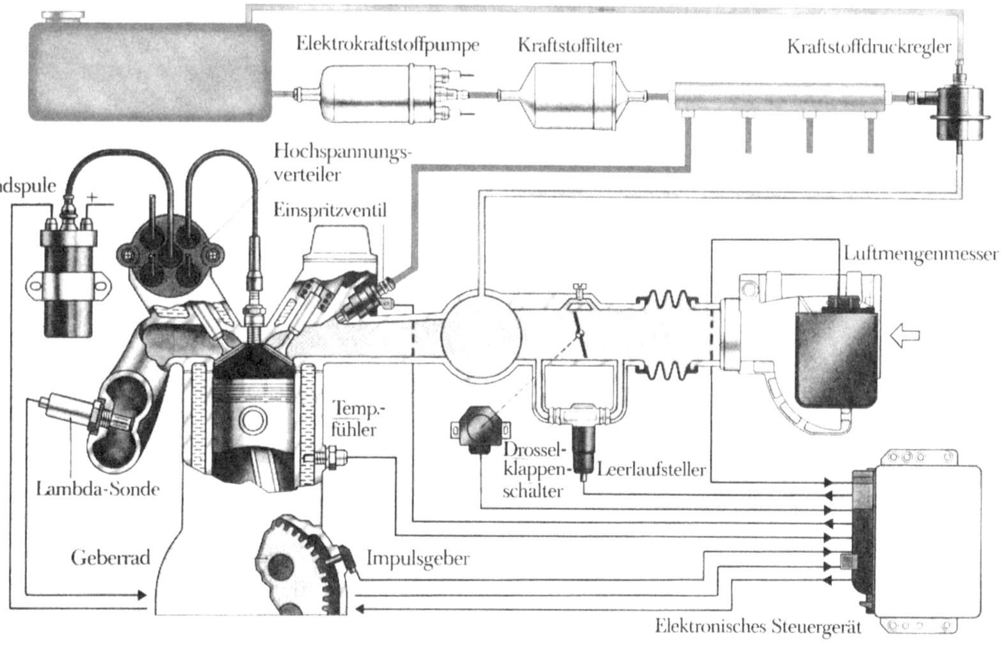

Funktion der Einspritzanlage (Beipiel Motronic).

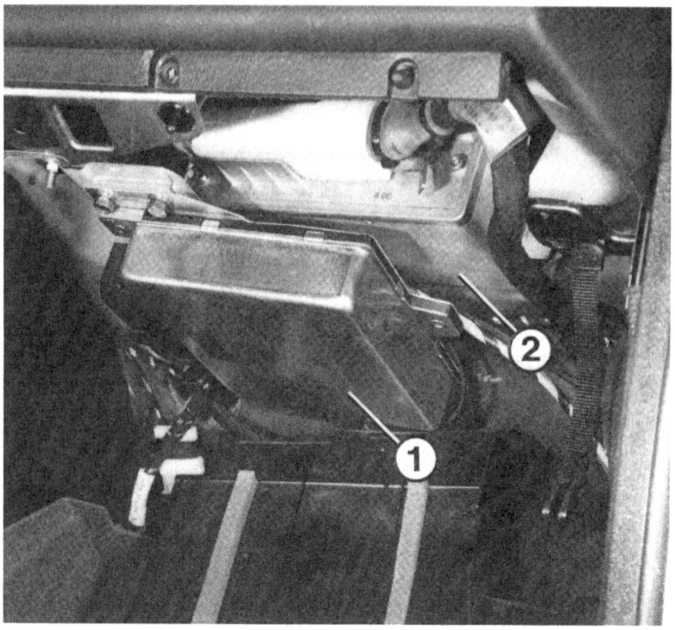

Das Steuergerät der Einspritzung (2) ist oberhalb des Handschuhkastens unter einer Abdekkung eingebaut. Darunter sitzt bei entsprechender Ausstattung das Steuergerät des Antiblokkiersystems (1).

Die Teile der Einspritzung

Zum besseren Verständnis der Gesamtfunktion unserer Einspritzung ist es wichtig, zunächst die Einzelaufgaben der Bauteile zu kennen:

Steuergerät

Zwischen den Eingangsinformationen (durch die verschiedenen Geber) und den Einspritzventilen steht das Steuergerät. Dabei ist es gleichgültig, um welche Einspritzung es sich handelt. Die Funktion des Bereiches »Einspritzung« ist bei der Motronic praktisch gleich wie bei L- oder LE-Jetronic:
Abhängig von den verschiedenen Last- und Temperaturbedingungen billigt das Steuergerät dem Motor eine ganz bestimmte Kraftstoffmenge zu. Dazu variiert das Steuergerät die Öffnungsdauer der elektrisch gesteuerten Einspritzventile. Da der Druck im Kraftstoffsystem stets gleich ist, kann die Einspritzmenge nur über die Einspritzzeit variiert werden.
Woher bezieht das Steuergerät die Informationen, nach denen es die Einspritzzeit festlegt? Dafür sind verschiedene Geber zuständig:

○ Luftmengenmesser; er gibt Auskunft über die angesaugte Luftmenge.
○ Temperaturgeber im Luftmengenmesser; er signalisiert die Temperatur der Ansaugluft.
○ Kühlwasser-Temperaturgeber; er liefert eine Vergleichsgröße für die Motortemperatur.
○ Drosselklappenschalter; er hat Schaltkontakte für Leerlauf und Vollast.
○ Drehzahl- bzw. Impulsgeber sind in erster Linie für die Zündung zuständig, übermitteln aber auch das Drehzahlsignal für die Einspritzung (siehe Seite 186/187).
○ Das Startsignal kommt von der Zündschloß-(Anlasser-)Klemme 50.

Einspritzventile

Im Ansaugkanal eines jeden Motorzylinders sitzt je ein Einspritzventil. Es mißt dem jeweiligen Zylinder die momentan benötigte Kraftstoffmenge zu und sorgt gleichzeitig für Feinzerstäubung des Benzins.
Die Ventile werden mittels Elektromagnet betätigt. Dabei wird die Düsennadel ungefähr 0,1 mm von ihrem Sitz

An diesem Schnittmodell ist die Wirkungsweise der Einspritzventile (Pfeil) zu sehen. Die Kraftstofftröpfchen werden genau vor das Einlaßventil des Motors gesprüht und haben kaum Gelegenheit, an den Wänden der Ansaugkanäle zu kondensieren, was Verluste zur Folge hätte.

Teile der Einspritzung (hier ein BMW 520i):
1 – Schwingungsdämpfer in der Kraftstoff-Rücklaufleitung (eingebaut bis 8/85);
2 – Kraftstoff-Druckregler;
3 – Kühlmittel-Temperaturfühler der Einspritzung;
4 – Temperaturfühler für Kühlmittel-Temperaturanzeige;
5 – Thermozeitschalter.

abgehoben – der Kraftstoff kann durchfließen. Interessant ist die schnelle Reaktionszeit des Ventils: Anzugs- und Abfallzeit liegen im Bereich von 1–1,5 Millisekunden.

Kraftstoff-Verteilerrohr

Es dient dazu, alle Einspritzventile gleichmäßig mit Kraftstoff zu versorgen. Außerdem wirkt das Verteilerrohr als Kraftstoffspeicher und verhindert damit Druckschwankungen.

Kraftstoff-Druckregler

Er sitzt vorn auf dem Kraftstoff-Verteilerrohr und muß – wie der Name schon sagt – den Druck im Verteilerrohr konstant halten. Das macht er, indem er mehr oder weniger Kraftstoff durch die Rücklaufleitung zum Tank zurückfließen läßt. Läuft mehr zurück, sinkt der Druck; bei geringerer Rücklaufmenge steigt er.
Durch einen Unterdruck-Anschluß weiß der Druckregler gleichzeitig über den Lastzustand des Motors Bescheid. Bei Vollast hebt er den Druck noch um etwa 0,5 bar an. Dadurch wird mehr Kraftstoff eingespritzt, was der Motor zum Erreichen der vollen Leistung dringend braucht.

Kraftstoff-Schwingungsdämpfer

Je nach Ausführung sind solche Schwingungsdämpfer vor und hinter der Kraftstoffpumpe – also in der Kraftstoffzuleitung und/oder in der Rücklaufleitung hinter dem Druckregler (Bild oben) eingebaut. Die Schwingungsdämpfer sollen Pulsationsgeräusche, verursacht durch den Druckwechsel beim Öffnen und Schließen der Ventile, unterdrücken.

Kraftstoffpumpe und Relais

Mehr über die elektrische Kraftstoffpumpe, das Kraftstoffpumpenrelais und die übrigen Relais im Motorraum erfahren Sie auf Seite 67.

Luftmengenmesser

Die vom Motor angesaugte Luft gelangt in den Luftmengenmesser und lenkt dort eine V-förmige Stauklappe aus. Passiert eine größere Luftmenge die Stauklappe, wird die Klappe stärker zur Seite gedrückt. Bei kleinerer Luftmenge bleibt die Bewegung der Klappe geringer. Ein elektrischer Widerstand ändert je nach Klappenstellung seinen Widerstandswert und gibt dem Steuergerät einen Vergleichswert für die angesaugte Luftmenge.

Am ausgebauten Luftmengenmesser (1) ist die bewegliche Stauklappe (2) gut zu sehen.

Drosselklappe

Weiter hinten im Ansaugluftstrom sitzt die Drosselklappe. Betätigt wird sie vom Gaspedal über den Gaszug. Sie öffnet oder verschließt den Luftweg zum Ansaugkrümmer und damit zu den Brennräumen des Motors.

Drosselklappen-schalter

Im Drosselklappenschalter sitzen zwei Schaltkontakte. Der eine schaltet bei voll geöffneter Drosselklappe, der andere bei geschlossener Klappe. So wird dem Steuergerät das Signal »Vollast« bzw. »Leerlauf« oder »Schubbetrieb« übermittelt.

Drosselklappen-Ansteller
nur 520i ohne Kat

Der Drosselklappen-Ansteller ist gewissermaßen ein variabler Anschlag für die Drosselklappe. Über den Unterdruckanschluß wird die Betätigungsstange des Drosselklappen-Anstellers bei laufendem Motor zurückgezogen. Droht der Motor abzusterben, wird der Saugrohr-Unterdruck geringer, und die Betätigungsstange stößt die Drosselklappe ein Stück auf – der Motor läuft wieder rund.

Thermozeit-schalter
520i bis 8/84,
525e bis 12/86,
alle 525i/528i

Er steuert das Kaltstartventil. Je nach Motortemperatur läßt er das Kaltstartventil während des Startvorgangs eine bestimmte Zeit (und damit eine bestimmte Menge) Kraftstoff in die Ansaugkanäle spritzen.
Bei eiskaltem Motor ist die längste Abspritzzeit auf 8 Sekunden festgelegt. Ist der Motor wärmer, wird die Zeit entsprechend kürzer. Über 35°C Kühlwassertemperatur läßt der Thermoschalter das Kaltstartventil nicht mehr zum Einsatz kommen.

Kaltstartventil
520i bis 8/84,
525e bis 12/86,
alle 525i/528i

Das ist ein elektromagnetisch betätigtes Einspritzventil, das – gesteuert vom Thermozeitschalter – beim Motorstart zusätzlichen Kraftstoff ins Ansaugsystem spritzt. Das Kraftstoff/Luft-Gemisch wird dadurch »fetter«, und der Wagen springt besser an.
Die LE-Jetronic ab 9/84 und die Motronic des 525e ab 1/87 bzw. des 520i Kat benötigen kein Kaltstartventil und keinen Thermozeitschalter. Die Kaltstartanreicherung erfolgt bei diesen wie bei den übrigen Modellen über die Einspritzventile.

Zusatzluft-schieber
L- und LE-Jetronic

Der Zusatzluftschieber versorgt den Motor in der Kaltlaufphase mit mehr Kraftstoff/Luft-Gemisch. Dazu macht er einen Luft-Nebenkanal frei, der die Drosselklappe umgeht. Es wird mehr Luft angesaugt, die Stauklappe wird weiter ausgelenkt und somit auch mehr Kraftstoff eingespritzt. Das Öffnen und Schließen des Kanals geschieht in Abhängigkeit von der Kühlmitteltemperatur. Deshalb sind am Zusatzluftschieber nicht nur Luft-, sondern auch zwei Wasserschläuche angeschlossen.
Wozu der Zusatzluftschieber letztlich dient? Er gleicht durch die von ihm veranlaßte Mehrmenge an Gemisch die höhere Reibung im kalten Motor aus.

Leerlauf-regelventil
Motronic

Gegenstück zum Zusatzluftschieber ist bei Wagen mit Motronic das Leerlaufregelventil. Auch dieses Teil öffnet oder schließt einen Luft-Nebenkanal unter Umgehung der Drosselklappe. Der Luftmengenmesser »glaubt« durch die Mehrmenge an Luft, man habe die Drosselklappe geöffnet und steuert die nötige Mehrmenge an Kraftstoff bei. Resultat: die Motordrehzahl erhöht sich.
○ Beim 525e bis ca. 8/85 kam ein **pneumatisch gesteuertes Leerlaufregelventil** zum Einsatz, das den Saugrohr-Unterdruck als Maß für die Motordrehzahl heranzog. Zusätzlich wurde das Ventil unter Kühlwassertemperaturen von 45°C thermostatisch mit einem Dehnstoffelement geregelt.
○ Bei allen später gebauten Wagen mit Motronic wurde ein elektrisch gesteuertes Regelventil (bis 12/86 von VDO, später von Bosch) verwendet.

An diesem 520i mit L-Jetronic sehen wir:
1 – Kraftstoffpumpenrelais;
2 – Luftmengenmesser;
3 – Luftfiltergehäuse;
4 – Teillastschalter;
5 – 3/2-Wegeventil.

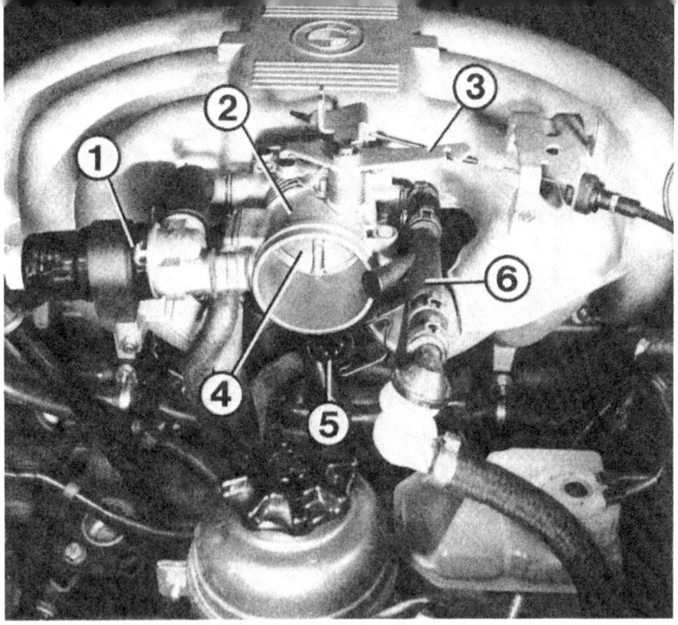

Bereich um den Drosselklappenstutzen (2) bei einem 520i Kat mit Motronic:
1 – Leerlaufregelventil;
3 – Drosselklappenhebel;
4 – Drosselklappe;
5 – Anschluß des Drosselklappenschalters (hier der runde Anschluß bei Version mit elektronisch gesteuertem Automatikgetriebe);
6 – Saugstrahlpumpe.

○ Das **VDO-Regelventil**, erkennbar am zweipoligen Anschlußstecker, wird von einem Steuergerät beeinflußt, das unter der Abdeckung oberhalb des Handschuhfachs sitzt. Es vergleicht die Momentan- mit der Solldrehzahl und sorgt so für das fein abgestimmte Öffnen und Schließen des Regelventils zur Drehzahlanpassung. Ferner ist die Regelung von der Außenlufttemperatur abhängig, weshalb dem Steuergerät ein 0°C-Schalter im Motorraum zugeordnet ist.
○ Das **Bosch-Regelventil** erkennen Sie am dreipoligen Anschlußstecker. Es besitzt allerdings kein eigenes Steuergerät. Diese Funktion ist im Motronic-Steuergerät integriert.

3/2-Wegeventil
520i mit L- und LE-Jetronic

Im Schubbetrieb wird die Kraftstoffversorgung zum Motor in höheren Drehzahlen abgestellt. Gibt man wieder Gas, würde das einen heftigen Ruck auslösen. Unter anderem um dies zu vermeiden, wird die Zündung im Schiebebetrieb in Richtung »spät« verstellt.
Beim anschließenden Gasgeben würde der Zündzeitpunkt sofort wieder in Richtung »früh« springen. Auch das wäre als unkomfortables Rucken spürbar. Deshalb sorgt das sogenannte 3/2-Wegeventil dafür, daß der Unterdruck in der »Spät«-Dose des Verteilers nur langsam abgebaut wird, die Zündung also auch nur langsam in Richtung »früh« verstellt.
Das angesprochene Unterdruckventil kommt nur bei der älteren L-Jetronic zum Einsatz. Bei der LE-Jetronic ist ersatzweise ein Verzögerungsventil in der Unterdruckleitung vom Drosselklappenstutzen zum Zündverteiler untergebracht.

Teillastschalter
520i mit L-Jetronic

Ab 6/83 wurde die L-Jetronic durch eine Teillastanreicherung ergänzt, die 9/84 mit Einführung der LE-Jetronic in das Steuergerät integriert wurde.
Der Teillastschalter signalisiert dem Steuergerät einen Saugrohr-Unterdruck von weniger als 200 mbar (Teillast).
Hat das Kühlmittel eine Temperatur von mehr als 70°C (diese Information liefert ein separater Thermoschalter), tritt die Teillastanreicherung in Kraft – es wird etwas mehr Kraftstoff abgegeben.

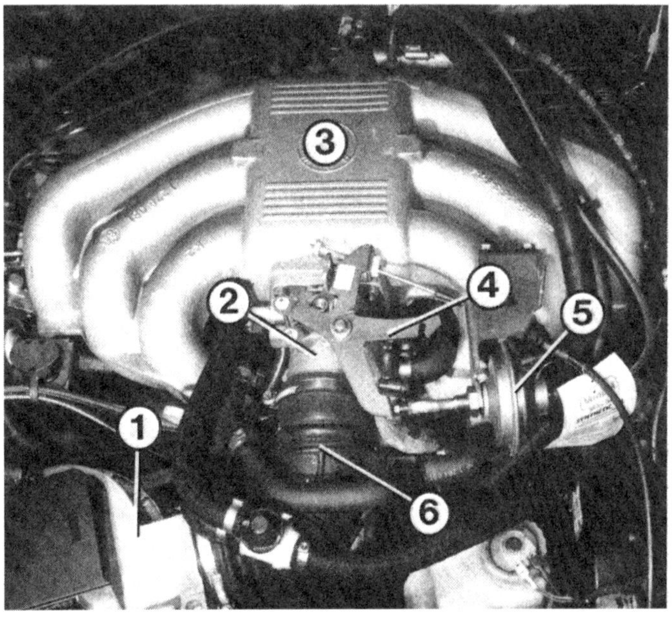

Bereich um den Drosselklappenstutzen (2) bei einem 520i mit LE-Jetronic:
1 – Luftmengenmesser;
3 – Ansaugkrümmer;
4 – Drosselklappenhebel;
5 – Drosselklappen-Ansteller;
6 – Ansaugluftschlauch.

Die Funktion

Zusammenspiel der Einzelteile

Grundfunktion: Bei laufendem Motor saugen die in den Zylindern auf- und abwandernden Kolben Luft an. Treten wir das Gaspedal voll durch, saugt der Motor das größtmögliche Volumen an, denn die Drosselklappe ist dann voll geöffnet. Entsprechend geringer ist die Luftmenge, wenn die Drosselklappe geschlossen oder nur teilweise geöffnet ist.
Für sauberen Motorlauf muß der Ansaugluft im genau richtigen Verhältnis Kraftstoff beigemischt werden (15:1–18:1). Dazu muß natürlich die angesaugte Luftmenge bekannt sein. Die erfaßt der Luftmengenmesser: Eine Stauklappe wird je nach Geschwindigkeit des Ansaugluftstroms mehr oder weniger zur Seite gedrückt. Diese Bewegung überträgt sich auf einen veränderlichen elektrischen Widerstand – eine Meßgröße, die unser zentrales Steuergerät erfassen kann.
Dieses Steuergerät ist es auch, das die Impulse zum Öffnen und Schließen der Einspritzventile gibt. Längeres Öffnen ist angesagt, wenn viel Kraftstoff gebraucht wird – kurze Offenzeiten reichen aus, wenn die benötigte Kraftstoffmenge gering ist. Die »Sprühstärke« der Einspritzventile bleibt also konstant. Die Mengenreduzierung erfolgt über die Reduzierung der »Sprühzeit«. Interessant ist, daß die Einspritzventile nicht etwa einzeln beim Ansaugtakt des betreffenden Zylinders abspritzen. Sie sprühen vielmehr alle gleichzeitig je einmal pro Motorumdrehung – und zwar nur die Hälfte der benötigten Kraftstoffmenge. Nach zwei Umdrehungen (sprich: einem Arbeitstakt) ist dann die Gesamtmenge abgespritzt. Die Kraftstoffzuteilung für unsere Zylinder besteht also jeweils aus einer Vorratsration und einer Ration zum »gleich essen«.
Start: Zum Starten des kalten Motors wird ein fetteres – also kraftstoffreicheres – Gemisch benötigt, weil sich viele der Kraftstofftröpfchen schon auf dem Weg in die Brennräume an den Wänden der Ansaugkanäle absetzen und so für die Verbrennung nicht mehr zur Verfügung stehen. Das Gemisch muß also angefettet werden:
○ Bei der L-Jetronic (520i bis 8/84) und nur beim 525e bis 12/86 steht dazu das Kaltstartventil zur Verfügung. Durch dieses elektromagnetische Ventil gelangt bei Motortemperaturen unter 35°C zusätzlicher Kraftstoff fein vernebelt in das Ansaugsystem. 8 Sekunden beträgt die längste Abspritzdauer bei eiskaltem Motor. Kühlmitteltemperaturen über dem Gefrierpunkt reduzieren die Betriebsdauer des Kaltstartventils drastisch. Das Kaltstartventil erhält seine Befehle übrigens nicht vom Steuergerät – es ist ausschließlich vom Thermozeitschalter gesteuert.
○ LE-Jetronic und die Motronic ab 1/87 können auf ein gesondertes Kaltstartsystem verzichten. Sie besitzen eine Kaltstartsteuerung, die dafür sorgt, daß die Einspritzventile mehrmals pro Kurbelwellenumdrehung abspritzen. So kommt man zu der erforderlichen Mehrmenge an Kraftstoff und erzeugt außerdem ein sehr gleichmäßiges Gemisch. Nach einer Anzahl von Motorumdrehungen wird dann die hohe Kaltstart-Kraftstoffmenge wieder langsam an die Normalmenge angepaßt.
Warmlauf: Auch nach dem Start braucht der Motor noch eine gewisse Zeit fetteres Gemisch, denn immer noch kondensiert eine gewisse Kraftstoffmenge an den kalten Ansaugkanälen. Dafür gibt es die »Nachstartanhebung«. Es wird – temperaturabhängig – noch für eine gewisse Zeit mehr Kraftstoff zugeführt. Die nötige Information über die Motortemperatur erhält das Steuergerät vom Temperaturfühler.
Das bei kaltem Motor noch recht zähflüssige Motoröl verursacht eine höhere innere Reibung in der Maschine. Es wird mehr Kraft – sprich Gemisch – gebraucht, um den Motor auf Drehzahl zu halten. Für diese Gemisch-Mehrmenge sorgt bei L- und LE-Jetronic der Zusatzluftschieber bzw. bei Motronic das Leerlaufregelventil. Wie das vonstatten geht, steht auf Seite 80.
Leerlauf: Bei geschlossener Drosselklappe (losgelassenes Gaspedal) wird eine geringe Menge Luft durch einen Bypass-Kanal um die Drosselklappe herumgeführt. Diese Luftmenge wird vom Luftmengenmesser erfaßt und deshalb mit der hierzu nötigen Menge Kraftstoff zum Leerlaufgemisch ergänzt. Übrigens ist das Leerlaufgemisch etwas fetter als das Normalgemisch, damit der Motor schön rund läuft und keine Zündaussetzer bekommt. Wann die Leerlauf-Anreicherung zu erfolgen hat, erfährt das Steuergerät vom Drosselklappenschalter, der jetzt seinen Leerlaufkontakt geschlossen hat.
Bei Fahrzeugen mit Motronic wird der Leerlauf zusätzlich durch das Leerlaufregelventil stabilisiert (siehe dazu Seite 80).
Teillast: Bei Teillast erhält der Motor die Normalmengen an Kraftstoff zugeteilt. Dabei wird auf möglichst geringen Verbrauch Wert gelegt.
Beschleunigen: Wird das Gaspedal zum Beschleunigen plötzlich niedergetreten, schwingt die Stauklappe des Luftmengenmessers weit aus. Das Überschwingen bewirkt zusätzliche Kraftstoffzufuhr, die beim Beschleunigen dringend gebraucht wird, damit sich der Motor nicht »verschluckt«.
Bei kaltem Motor wird zum Beschleunigen noch mehr Kraftstoff gebraucht. Das Steuergerät wertet deshalb den »Überschwing-Impuls« des Luftmengenmessers als Beschleunigungs-Signal aus und steuert zusätzlichen Kraftstoff bei.
Vollast: Der geschlossene Vollast-Drosselklappenschalter zeigt dem Steuergerät an, daß der Fahrer das Gaspedal voll durchgetreten hat. Zum Erreichen der Höchstleistung bekommt der Motor jetzt ein fetteres Gemisch vorgesetzt (Vollastanreicherung).

Das Schema zeigt die Funktionsweise des Leerlaufregelventils – hier mit »Steuerventil« bezeichnet: Das Ventil läßt je nach Bedarf eine mehr oder weniger große Luftmenge unter Umgehung der Drosselklappe passieren.

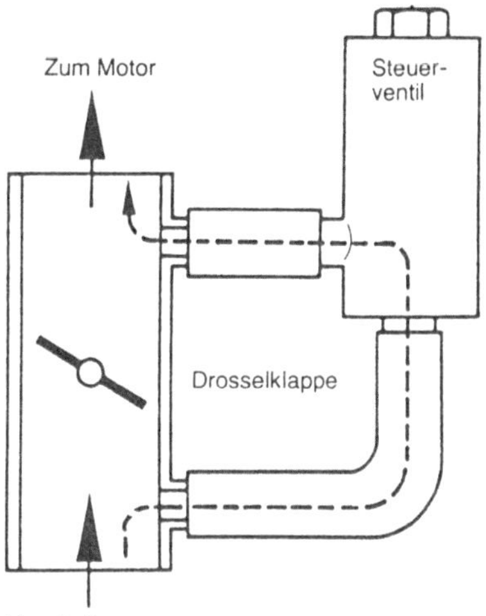

Schubbetrieb: Bergab mit losgelassenem Gaspedal braucht dem Motor kein Kraftstoff zugeführt zu werden. Der Wagen rollt durch Gewicht oder Schwung von selbst. An der hohen Drehzahl und dem geschlossenen Leerlauf-Drosselklappenschalter erkennt das Steuergerät, wann Schubbetrieb vorliegt und kann auf »Kraftstoff sparen« schalten.

Drehzahlbegrenzung: Noch bei den ersten 520i (K-Jetronic) sorgte ein Fliehgewicht im Verteilerfinger durch Kurzschließen der Zündung dafür, daß der Motor nicht über die Höchstdrehzahl hinausdrehte. Im BMW mit L-Jetronic bzw. Motronic erledigt das die Einspritzanlage. Sie vergleicht die Momentan- mit der Höchstdrehzahl und dreht bei Überschreiten einfach den Kraftstoffhahn zu. Diese Methode ist bei Wagen mit Katalysator ein Muß, denn bei Unterbrechen der Zündung käme unverbrannter Kraftstoff in den Kat. Und das nimmt er übel (siehe Seite 52).

Lambda-Regelung

Der Katalysator kann (bei entsprechend ausgestatteten Wagen) nur dann richtig arbeiten, wenn die Luftzahl λ (Lambda) dem Wert 1 möglichst nahekommt; davon war schon auf Seite 52 die Rede. Damit dies der Fall sein kann, ist die Motronic bei Wagen mit Katalysator mit einer sogenannten Lambda-Regelung versehen.

Dabei mißt die Lambdasonde den Sauerstoffgehalt im Abgas – eine Vergleichsgröße für die Zusammensetzung des Kraftstoff/Luft-Gemisches. Weicht die Messung vom Idealwert ab, regelt das Steuergerät nach. Die Regelung arbeitet im Bereich von $\lambda = 0{,}8$ bis $\lambda = 1{,}2$.

Die Lambda-Sonde gibt erst bei Temperaturen über 350°C ein verwertbares Signal ab. Damit diese Temperatur schnell erreicht wird, ist die Sonde elektrisch beheizt. Bis es soweit ist, bleibt die Anlage ungeregelt und richtet sich nach einem vorgegebenen mittleren λ-Wert.

Selbsthilfe

Viele Prüfungen an der Einspritzung sind dem Selbsthelfer in Ermangelung der nötigen Prüfgeräte leider unmöglich gemacht. Dennoch bleibt ein breites Betätigungsfeld.

Vorn links am Motor befinden sich:
1 – Einspritzventil von Zylinder 1;
2 – Temperaturfühler für Motronic;
3 – Geber für Temperaturanzeige.

Vorgehensweise

Das Steuergerät selbst kann mit Heimwerkermitteln nicht kontrolliert werden. In der Praxis ist hier auch nur sehr selten mit Fehlern zu rechnen. Geber, Schalter und Kabelverbindungen geben ungleich häufiger Anlaß zu Beanstandungen.

Damit bietet sich bei einem Defekt folgende Vorgehensweise an:

- ○ Sicherstellen, daß die Zündung in Ordnung ist.
- ○ Kraftstoffversorgung prüfen (Seite 68).
- ○ Sichtprüfung an den Teilen der Einspritzanlage durchführen (siehe folgenden Abschnitt).
- ○ Wurde durch genannte Prüfungen kein Fehler gefunden, den Störungsbeistand auf Seite 93 studieren, mögliche Fehlerquelle ermitteln, verdächtiges Bauteil nach Prüfanleitung (folgende Seiten) kontrollieren.

Sichtprüfung

- ● Luftschläuche auf Dichtheit prüfen. Alle Schläuche – vom dicken Ansaugluftschlauch bis zu den kleinen Unterdruckschläuchen zum TSZ-Verteiler – müssen geprüft werden.
- ● Sind die Dichtungen unter dem Kaltstartventil (wo vorhanden) und an den Einspritzventilen in Ordnung; ebenso die Flanschdichtungen der Ansaugkanäle.
- ● Undichtigkeiten lassen »Nebenluft« ins Ansaugsystem eindringen – Luft also, die der Luftmengenmesser nicht erfassen kann und die deshalb die Gemischaufbereitung empfindlich stört. Das Gemisch magert unkontrolliert ab, Motorlaufstörungen – hauptsächlich im Leerlauf – sind die Folge.
- ● Sind an den Kraftstoffleitungen Undichtigkeiten zu erkennen?
- ● Wurden die Kabelstecker mehrfach auseinandergezogen und wieder verbunden? Korrosion oder ungeschicktes Reißen kann mangelnden Kontakt zur Folge haben.
- ● Sehen Sie sich die Stecker an den einzelnen Bauteilen der Einspritzung genau an. Mit einem schmalen Schraubenzieher lassen sich die Zungen ein wenig nachbiegen.

Stecker der Einspritzanlage abziehen

Die Stecker der Einspritzanlage unterscheiden sich grundsätzlich von den übrigen im Wagen. Zunächst sind sie durch verschiedene Einfärbung kodiert. Man sieht sofort, wo welcher Stecker hingehört. Zum anderen besitzen sie eine Drahtsicherung, die beim Abziehen des Steckers gelöst werden muß:

- ● Sicherungsbügel niederdrücken.
- ● Stecker abziehen.
- ● Beim Aufstecken den Sicherungsbügel nicht berühren.
- ● Stecker aufdrücken, bis der Sicherungsbügel einrastet.

Prüfen der Bauteile

Die folgenden Abschnitte beschreiben Prüfungen an den Komponenten der Einspritzanlage, soweit sie mit Heimwerkermitteln möglich sind.

Einspritzventile

Besteht der Verdacht, daß eines der Einspritzventile nicht funktioniert, können Sie zunächst versuchen, das brachliegende Ventil durch Fühlen mit der Hand ausfindig zu machen. Das nicht funktionierende Ventil vibriert nicht – im Gegensatz zu den anderen.

Weitergehende Kontrollen erfordern einen Spannungsprüfer mit Leuchtdioden (Seite 151) und einen genauen Ohmmeter:

- ● **Spannungsprüfung:** Stecker eines Einspritzventils abziehen, LED-Spannungsprüfer (keine Prüflampe) am Stecker anschließen. Motor starten: Die Leuchtdioden im Spannungsprüfer müssen flackern, sonst ist keine Versorgungsspannung da, oder das Masse schaltende Steuergerät ist defekt. Mit einem Meßgerät klappt diese Kontrolle nicht.
- ● **Widerstandsprüfung:** Stecker am Einspritzventil abziehen, Ohmmeter an den beiden Kontakten des Ventils anschließen: bei kaltem Motor müssen etwa die folgenden Widerstandswerte abzulesen sein:
- ● 525e Kat bis 12/86: **2–3 Ω**.
- ● Alle anderen Wagen **14,5–17,5 Ω**.
- ● Liegen die Werte außerhalb der Toleranz, Ventil ersetzen (sofern genau gemessen wurde; Seite 150).
- ● **Dichtheit prüfen:** Kraftstoff-Verteilerrohr samt Einspritzventilen ausbauen (Seite 88), die Kraftstoffleitungen bleiben angeschlossen.
- ● Alle Stecker an den Einspritzventilen abziehen.
- ● Von Helfer den Motor einige Male mit dem Anlasser durchdrehen lassen, damit die Kraftstoffpumpe anläuft und Kraftstoffdruck aufbaut.
- ● Einspritzventile beobachten: Jedes einzelne darf höchstens einen Kraftstofftropfen in der Minute verlieren. Sonst Ventil auswechseln.
- ● Unabhängig hiervon kann der Spritzstrahl und die Dichtheit des Ventils geprüft werden, falls es Motorlaufstörungen erforderlich machen.
- ● **Spritzstrahl prüfen:** Kraftstoff-Verteilerrohr mit Einspritzventilen ausbauen (Seite 88), die Kraft-

Nach Abziehen des Anschlußsteckers (1) vom Einspritzventil (2) kann die Stromversorgung der Ventile mit einem Leuchtdioden-Spannungsprüfer kontrolliert werden (hier am BMW 525i/528i gezeigt).

stoffleitungen bleiben angeschlossen. Stecker von den Ventilen abziehen, die nicht geprüft werden sollen.

● Unter das zu prüfende Ventil ein Gefäß halten, Motor von Helfer mit dem Anlasser durchdrehen lassen: Am Ventil muß der Kraftstoff kegelförmig abgespritzt werden.

● Prüfung gegebenenfalls an den übrigen Ventilen wiederholen.

Luftmengenmesser

● Luftmengenmesser ausbauen (Seite 88).

● Mit einem Finger oder Schraubenzieher in den Luftdurchlaß des Luftmengenmessers fahren und prüfen, ob sich die Stauklappe leicht bewegen läßt.

● Falls die Klappe klemmt oder der Luftmengenmesser verölt ist, Verschmutzung mit Benzin reinigen.

Drosselklappenschalter

● Beim 520i/525e den Luftmengenmesser mit Ansaugschlauch ausbauen.

● Stecker am Drosselklappenschalter abziehen.

● Leerlaufschalter prüfen:

● Ohmmeter zwischen Kontakt 18 und 2 anschließen, bei Fahrzeugen mit elektronisch gesteuertem Automatikgetriebe zwischen Steckerkammer 4 und 6.

● Es müssen 0 Ω angezeigt werden. Drosselklappe leicht öffnen: Der Widerstandswert muß sofort auf ∞ Ω ansteigen.

● Spricht der Schalter etwa zu spät an, kann er eingestellt werden:

● Beide Halteschrauben lockern und Schalter so verdrehen, daß er schon gleich bei geringfügigem Öffnen der Drosselklappe schaltet.

● Schrauben wieder festziehen.

● Vollastschalter prüfen:

● Ohmmeter zwischen Kontakt 18 und 3 anschließen, bei Fahrzeugen mit elektronisch gesteuertem

Einspritzventile (Pfeile) und Druckregler (4) sind am Kraftstoff-Verteilerrohr (2) befestigt. Position »1« und »3« deuten auf die Befestigungsschrauben des Verteilerrohrs. Das Bild zeigt einen BMW 520i Kat bzw. 525e.

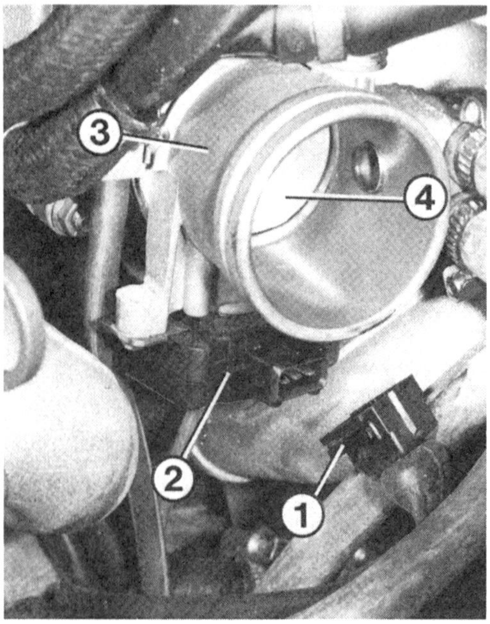

Unterhalb des Drosselklappenstutzens (3) sitzt beim BMW 520i bzw. 525e der Drosselklappenschalter (2), dessen Anschlußkontakte bei abgezogenem Anschlußstekker (1) zugänglich sind. Entsprechend der Stellung der Drosselklappe (4) öffnen und schließen die beiden Schaltkontakte.
Rechts dieselben Teile beim 525i/528i:
1 – Drosselklappenstutzen;
2 – Drosselklappenschalter;
3 – Drosselklappe.

Automatikgetriebe zwischen Steckerkammer 5 und 4.

- Es werden ∞ Ω angezeigt.
- Drosselklappe bis zum Anschlag öffnen: Nach Ansprechen des Schalters werden 0 Ω angezeigt.

Zusatzluftschieber
nur L- und LE-Jetronic

- Kalten Motor im Leerlauf drehen lassen.
- Einen der Luftschläuche (beim 520i sind das die zum Motor hin zeigenden) mit der Hand oder einer Zange abquetschen: Die Motordrehzahl muß sich verlangsamen.
- Motor warmfahren und im Leerlauf drehen lassen. Einen der Luftschläuche abquetschen: Die Motordrehzahl darf sich nicht verändern.
- Ist das doch der Fall, wird je nach Modellversion weitergeprüft.
- **520i:** Zusatzluftschieber ausbauen (Seite 88).
- Durch die Luftöffnung des Zusatzluftschiebers schauen und die Höhe des freien Durchgangs abmessen oder abschätzen:
- Bei 20°C Umgebungstemperatur soll der Spalt 6,0 mm groß sein.
- Der Toleranzbereich beträgt ±0,2 mm. Wird er überschritten, Zusatzluftschieber auswechseln.
- **525i/528i:** Zur Kontrolle beide Luftschläuche am Zusatzluftschieber abbauen und mit Taschenspiegel in die Öffnung schauen.
- Der Absperrschieber muß bei kaltem Motor ca. +20°C) den Luftdurchlaß etwa halb verschließen.
- Schläuche anbauen, Motor ca. 5 Minuten warmlaufen lassen.
- Schläuche abnehmen und sehen, ob der Durchlaß jetzt verschlossen ist.
- Klemmt die Lochblende, hilft manchmal Klopfen gegen das Gehäuse.
- Bleibt die Blende trotzdem offen, Zusatzluftschieber auswechseln.
- Oder der Fehler lag am elektrischen Anschluß: Prüflampe anschließen und bei kaltem Motor den Anlasser betätigen.
- Leuchtet die Lampe? Wenn nicht, ist die Stromzufuhr unterbrochen.

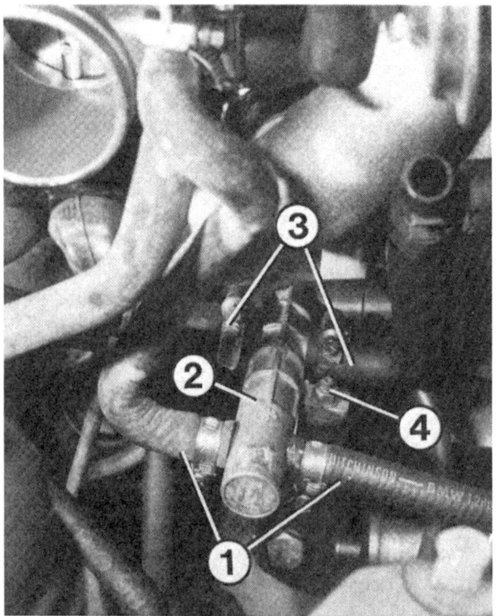

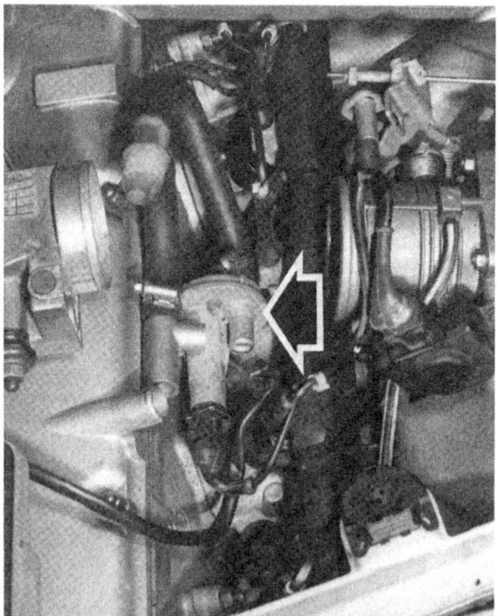

Der wasserbeheizte Zusatzluftschieber ist nur beim 520i mit L- oder LE-Jetronic eingebaut:
1 – Kühlmittelschläuche;
2 – Zusatzluftschieber;
3 – Luftschläuche;
4 – Befestigungsmutter.
Rechts: Der elektrisch beheizte Zusatzluftschieber (Pfeil) ist beim 525i/528i oben am Zylinderkopf angebracht.

Vor das Kaltstartventil (2) ist beim 520i ein Kraftstoff-Schwingungsdämpfer (1) in die Zuleitung geschaltet.

Pneumatisches Leerlaufregelventil
nur Motronic

- Einfache Prüfung ohne genaue Meßwerte:
- Betriebswarmen Motor im Leerlauf drehen lassen.
- Unterdruckschlauch am Leerlaufregelventil abziehen.
- Die Motordrehzahl muß sich bei intaktem Ventil merklich erhöhen.

Elektrisches Leerlaufregelventil
nur Motronic

Im BMW kamen Leerlaufregelventile mit 2poligem Anschlußstecker (meist von VDO) und mit 3poligem Anschlußstecker (Bosch) zum Einbau.

- Bei betriebswarmem Motor müssen die Arbeitsschwingungen am Gehäuse des Leerlaufregelventils spürbar sein, sonst ist das Ventil, die Spannungsversorgung oder das Steuergerät für Leerlaufstabilisierung defekt.
- **2poliges Ventil:** Innenwiderstand der Spule messen: Stecker abziehen und Ohmmeter an den beiden Kontakten des Leerlaufventils anschließen. 9–10 Ω sollen angezeigt werden.
- Stecker wieder aufstecken, Luftschläuche am Ventil abbauen und Steuerkolben beim Einschalten der Zündung beobachten: Er geht etwa in Mittelstellung.
- **3poliges Ventil:** Stecker abziehen, Ohmmeter an den Steckkontakten des Ventils anschließen: Zwischen Mittel- und jedem der seitlichen Kontakte gemessen müssen jeweils ca. 20 Ω angezeigt werden.
- Weitere Funktionsprüfung: Leerlaufregelventil ausbauen; der Stecker bleibt angeschlossen. Drehkolben im Luftdurchlaß des Ventils in »Offen«- oder »Geschlossen«-Stellung bringen.
- Zündung einschalten und Drehkolben beobachten: Er muß sich etwa in Mittelstellung einpendeln.
- Leichtgängigkeit des Drehkolbens prüfen: Er muß sich durch ruckartiges Drehen des ausgebauten Ventils bewegen lassen.

Kaltstartventil

- Geprüft wird bei kaltem Motor.
- Kaltstartventil abschrauben, Kabelstecker und Kraftstoffleitung bleiben angeschlossen.
- Beim 525i/528i ist das Kaltstartvenmtil sehr schwer zugänglich. Stütze des Auspuffkrümmers ausbauen und von unten arbeiten.
- Ventil in ein Gefäß halten. Von Helfer den Anlasser betätigen lassen.

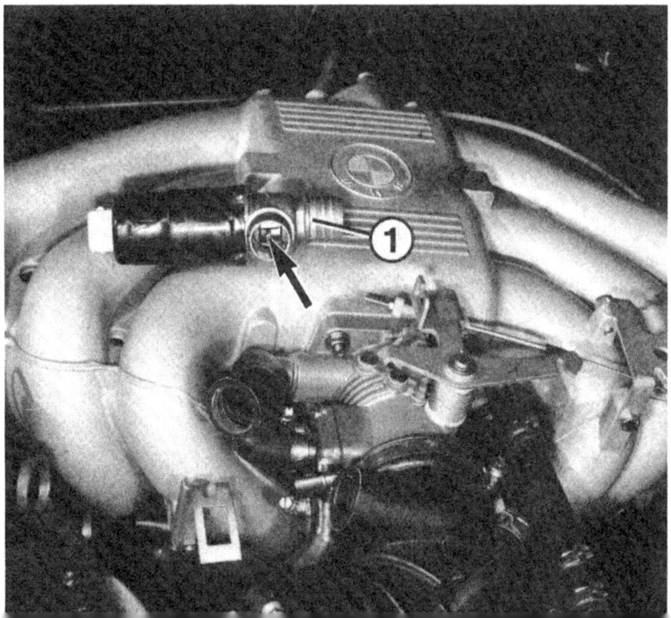

An diesem Leerlaufregelventil (1), wie es seit 1/87 eingebaut wird, ist der Luftspalt (Pfeil) gut zu sehen, den das Ventil abhängig von der Leerlaufdrehzahl vergrößert oder verkleinert.

● Das Ventil muß kegelförmig Benzin abspritzen.
● Die Spritzdauer ist (Motor-)temperaturabhängig: Bei eiskaltem Motor (Frost) höchstens 8 Sekunden, bei wärmerem Motor entsprechend kürzer und über 35°C Kühlmitteltemperatur überhaupt nicht mehr. Abgespritzt wird übrigens nur, während der Anlasser läuft.
● Nach dem Absprühen Zündung abschalten.
● Ventil sauber abtrocknen. Innerhalb von einer Minute darf kein Benzin nachtropfen.

Thermo-zeitschalter

● Geprüft wird bei kaltem Motor.
● Klemme-50-Stecker am Anlasser abziehen, damit der Anlasser den Motor nicht in Gang setzt.
● Stecker am Kaltstartventil abziehen, Voltmeter oder Prüflampe an den beiden Kontakten des Steckers anschließen.
● Von Helfer den Zündschlüssel auf Anlaß-Stellung drehen und halten lassen.
● An den Steckkontakten muß temperaturabhängig Spannung anliegen: 8 Sekunden lang bei eiskaltem Motor (Frost), bei wärmerem Motor entsprechend kürzer und über 35°C Kühlmitteltemperatur überhaupt nicht mehr.

Drehzahlgeber

Drehzahl- und Bezugsmarkengeber sind im Zündungskapitel auf Seite 182 und 187 mit Funktionsbeschreibung, Ausbau und Prüfung behandelt.

Lambdasonde prüfen

Wartung Nr. 48

Für diese Prüfung wird ein CO-Meßgerät gebraucht, ggf. wird also ein Besuch in der Werkstatt erforderlich. Voraussetzung für die Überprüfung ist ein genau eingestellter Leerlauf und eine dichte Auspuffanlage.
● Motor warmfahren.
● CO-Tester am Auspuffkrümmer anschließen.
● Motor starten und mindestens zwei Minuten im Leerlauf drehen lassen.
● CO-Gehalt notieren.
● Am Druckregler den Unterdruckschlauch abziehen und mit dem Finger verschließen.
● Der CO-Gehalt muß kurzzeitig ansteigen und dann wieder auf den ursprünglich gemessenen Wert abfallen.
● Ist das nicht der Fall, arbeitet die Lambdasonde nicht. Steckverbindungen im Motorraum und unter dem Wagen prüfen. War dort kein Fehler zu entdekken, Lambdasonde auswechseln.

Einzelteile ausbauen

Bei vielen Einzelteilen der Einspritzung bedarf es keiner zusätzlichen Ausbaubeschreibung. Die Ausnahmen sind in den folgenden Abschnitten behandelt.

Luftmengen-messer ausbauen

● **520i/525e:** Sechskantmuttern des Halters (am linken Radkasten) lösen.
● Schlauchbinder am Ansaugluftschlauch bzw. Ansaugluftrohr lösen und dieses abziehen.
● Stecker am Luftmengenmesser ausstecken.
● Stecker von weiteren Kabeln, die offensichtlich den Ausbau behindern (z.B. Stecker zur Druckdose, wo eingebaut), abziehen.
● Luftschlauch zum Drosselklappenstutzen abnehmen.
● **525i/528i:** 2 Haltemuttern und Masseband neben dem Behälter für Scheibenwaschwasser losschrauben.
● Luftschlauch zwischen Drosselklappenstutzen und Luftmengenmesser losschrauben.
● Stecker am Luftmengenmesser abziehen.
● Luftansaugschlauch unten am Luftfiltergehäuse abnehmen.
● Jetzt kann die Einheit Luftmengenmesser/Luftfiltergehäuse abgenommen werden.

Einspritzventil ausbauen

● Vier Befestigungsschrauben des Kraftstoff-Verteilerrohrs lösen.
● Verteilerrohr vorsichtig nach oben ziehen, bis die Einspritzventile aus ihrer Führung im Ansaugkrümmer herausgezogen sind.
● Stecker am Ventil abziehen.
● Sicherungsklammer zwischen Ventil und Kraftstoff-Verteilerrohr abziehen, und Ventil aus dem Verteilerrohr ziehen.
● Vor dem **Wiedereinbau** die Gummi-Dichtringe am Einspritzventil prüfen. Beschädigte, gealterte Ringe ersetzen.
● Lage von Kunststoffscheibe, Dichtung bzw. Spritzdüsenschutz beachten.
● Beim Ersatzteilkauf unbedingt auf gleiche Kennnummer des Einspritzventils achten.
● Zum leichteren und beschädigungsfreien Einsetzen der Ventile die Dichtringe mit Vaseline oder Getriebeöl SAE 90 bestreichen. Nichts anderes verwenden!

Zusatzluft-schieber ausbauen

● **520i:** Luftmengenmesser samt Ansaugschlauch ausbauen.
● Wasserschläuche (das sind die zur linken Fahrzeugseite gerichteten) abnehmen und mit Stopfen verschließen oder abklemmen. So geht kein Kühlmittel verloren.

Links der 520i/525e: Der Thermozeitschalter (1) ist ganz vorn in das Thermostatgehäuse (2) eingesetzt. Rechts der 525i/528i: Drei Temperaturgeber sitzen im Thermostatgehäuse:
1 – Geber der Einspritzanlage;
2 – Thermozeitschalter;
3 – Geber der Temperaturanzeige.

- Luftschläuche abbauen.
- Zwei Muttern lösen und Zusatzluftschieber vom Halter nehmen.
- Nach dem Wiedereinbau Kühlmittel auffüllen; bei großem Wasserverlust Kühlsystem entlüften (Seite 57).
- **525i/528i:** Luftansaugschlauch zwischen Luftmengenmesser und Drosselklappenstutzen ausbauen.
- Schläuche am Gehäuse der Leerlauf-Einstellschraube abbauen.
- Gehäuse selbst ebenfalls abbauen.
- Schläuche und Stecker am Zusatzluftschieber abnehmen.
- Haltemuttern oben und unten am Zusatzluftschieber lösen.

Der Gaszug

Der Gaszug verbindet Gaspedal und Drosselklappe. Sein größter Fehler: Er ist sehr knickempfindlich, worauf wir beim Einbau besonders achten müssen.

Gaszug ausbauen

- Sicherungsmutter am Gewindestück des Gaszugs losdrehen.
- Kunststoffrändelmutter vom Gewindestück herunterdrehen.
- Das starre Endstück des Gaszuges kann nun aus dem Drosselklappenhebel herausgezogen werden. Dabei auf das kleine Metall-Lagerstück im Drosselklappenhebel achten, es fällt sonst hinunter.
- Gaszug nun nach hinten aus dem Widerlager am Ansaugkanal herausziehen.
- Verkleidung links unten am Armaturenbrett ausbauen (Seite 259).
- Gaszug oben am Pedal aushängen.
- An der Kunststoff-Durchführungshülse in der Zwischenwand zum Motorraum von innen die Sicherungshaken zusammendrücken, und Hülse in Richtung Motorraum hinausdrücken.
- Zug vollends nach außen durchziehen.

Wenn der Gaszug in Leerlaufstellung am Drosselklappenhebel (4) zu viel Spiel hat, muß er in seiner Länge verändert werden. Dazu Kontermutter (1) lösen und Kunststoffmutter (2) auf dem Gewindestück (3) weiterdrehen. Die Gaszughülle (6) ist am Widerlager (5) nur eingesteckt.
Bild links: BMW 520i/525e.
Bild rechts: BMW 525i/528i.

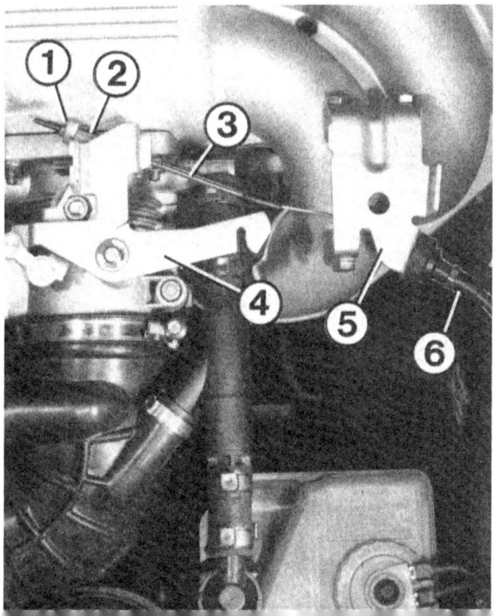

Gaszug einstellen

● Der Gaszug soll so eingestellt sein, daß bei voll durchgedrücktem Gaspedal vorn am Vollastanschlag der Drosselklappe noch 0,5 mm »Luft« bleibt.

● Muß eingestellt werden, Kontermutter der Anschlagschraube unter dem Gaspedal lösen.

● Faustregel beim Verdrehen der Anschlagschraube: 1½ Umdrehungen ergeben 0,5 mm »Luft« am Drosselklappenstutzen.

● Bei Wagen mit Automatikgetriebe wird ebenfalls bei voll durchgetretenem Gaspedal (Kickdown) eingestellt.

Abgas-Sonder-Untersuchung

für Fahrzeuge ohne Kat

Seit 1985 ist in der Bundesrepublik eine jährliche Abgaskontrolle vorgeschrieben, zu der auch eine Überprüfung der Zündeinstellung gehört. Diese Kontrolle führen markengebundene und freie Werkstätten, Tankstellen, DEKRA und TÜV durch. Zur ASU muß die Auspuffanlage intakt sein, und an den Luftschläuchen der Einspritzanlage darf keine Nebenluft eindringen (Seite 84).

○ **ASU mit TÜV-Kontrolle:** Wenn beide Plaketten dieselbe Fälligkeit zeigen, gehen Sie folgendermaßen vor: Erkennen Sie beim Kraftstoffverbrauch eine unerklärliche Aufwärtstendenz, dürfte ein Fehler an der Einspritzanlage vorliegen oder die Einstellung des Abgaswerts stimmt nicht mehr. Da muß die Werkstatt mit ihrem CO-Tester helfen. Zusammen mit der Einstellung lassen Sie dort die Abgas-Sonderuntersuchung vornehmen. Wenn man ohnehin mit dem Wagen in der Werkstatt ist, kommt diese Methode nach unseren Erfahrungen kostenmäßig am günstigsten. Mit der neuen ASU-Plakette geht's dann zum DEKRA oder TÜV für die übliche Hauptuntersuchung.

Bei wahrscheinlich richtigem Abgas-CO-Wert erübrigt sich die Fahrt zur Werkstatt vor dem TÜV-Termin. Als Heimwerker kontrollieren Sie zuvor den Zündzeitpunkt (nicht Motronic) und die Leerlaufdrehzahl. Auch die Überprüfung des Zündkerzen-Elektrodenabstands und Einstellen des Ventilspiels können – wenn ohnehin bald fällig – nicht schaden. Wenn jetzt der Abgaswert bei der Kontrolle noch etwas abweicht, läßt Sie der Prüfer sicher noch eine Korrektur bei angeschlossenem CO-Tester vornehmen (Innensechskantschlüssel mitnehmen).

○ **ASU ohne TÜV-Kontrolle:** Werkstätten führen die ASU in vielen Fällen sofort durch, während bei DEKRA und TÜV für die Überprüfung oft Wartezeiten oder Anmeldefristen gelten. Zur Zeitersparnis kommt noch hinzu, daß in der BMW-Werkstatt immer die allerneuesten Einstelldaten vorliegen, die andere Werkstätten bzw. DEKRA oder TÜV erst mit einer gewissen Verzögerung erhalten.

○ **ASU mit Fahrzeuginspektion:** Wenn Sie die Wartung Ihres BMW immer in der Werkstatt durchführen lassen, gehört die Abgas-Sonderuntersuchung zum Umfang der spätestens einmal jährlich fälligen Wartung dazu.

ASU für Kat-Fahrzeuge

Für Fahrzeuge mit geregeltem Katalysator (und das sind alle BMW mit Kat) ist in Sachen ASU eine Übergangsregelung in Kraft getreten (Stand Mitte 1989). Wegen noch fehlender Voraussetzungen für eine intensivere Prüfung (ASU II), in der auch eine Katalysator-Funktionsprüfung enthalten sein soll), werden diese Fahrzeuge vorläufig überhaupt nicht kontrolliert. Trotzdem muß die ASU-Plakette am vorderen Nummernschild aktuell sein.

Deshalb vergeben Werkstätten die Plaketten für Fahrzeuge der Kategorie »schadstoffarm« ohne Prüfung und berechnen auch nur den Preis der ASU-Plakette. Kat-Fahrzeugen wird die ASU-Plakette für zwei Jahre »verliehen«.

Leerlauf einstellen

Wartung Nr. 21

Die **Leerlaufdrehzahl** braucht bei Fahrzeugen mit **Motronic** (520i Kat, 525e) nicht mehr korrigiert zu werden – sie besitzen eine automatische Leerlaufregelung (siehe Seite 80). Das Einstellen des Leerlauf-Grundwerts (von dem die Regelung ausgeht) ist nur in Ausnahmefällen nötig. Zuvor muß sichergestellt sein, daß die Drehzahlveränderung nicht von Störungen außerhalb der Einspritzanlage – etwa Nebenluft (Seite 84), verschmutzter Luftfilter, nachlassende Kompression – verursacht wurde.

Letzteres gilt auch für die **Jetronic**-Einspritzung des **520i ohne Kat**, des **525i** und des **528i**. Doch bei diesen Wagen ist keine Leerlaufregelung eingebaut, und dementsprechend kann ab und an eine kleine Leerlaufkorrektur nötig werden.

Der **Abgas-CO-Gehalt** muß jedoch bei allen Versionen kontrolliert werden, was aber zwangsläufig bei der ASU geschieht und mangels Gerät auch keine Arbeit für den Heimwerker ist.

BMW fordert bestimmte Voraussetzungen zum Einstellen von Leerlauf und Abgas:

○ Motor betriebswarm (min. 60°C Öltemperatur)
○ Zündzeitpunkt und Ventilspiel in Ordnung
○ Luftfiltereinsatz einwandfrei sauber
○ Elektrische Verbraucher ausgeschaltet
○ Zur Abgasmessung darf keine Absauganlage am Auspuff angeschlossen sein
○ Bei Wagen mit Katalysator wird der Abgaswert am Auspuffkrümmer gemessen

Links: Einstellen der Leerlaufdrehzahl beim 520i. Die Einstellschraube (Pfeil) sitzt bei L- und LE-Jetronic an derselben Stelle. Der 520i Kat mit Motronic hat keine Leerlauf-Einstellschraube.
Rechts: Der CO-Gehalt wird an allen 520i und 525e an derselben Schraube (Pfeil) eingestellt.

520i ohne Kat, 525i/528i

- Leerlaufdrehzahl an der Umluftschraube im Bypasskanal einstellen (siehe Bild oben).
- **800/min** soll die Leerlaufdrehzahl beim 520i ohne Kat betragen; ±50/min Abweichung vom Sollwert wird toleriert.
- **850/min** ist die richtige Leerlaufdrehzahl für den 525i/528i. Auch hier beträgt die Toleranz ±50/min.
- Der Abgas-CO-Gehalt darf nicht mehr als **1,5 Vol.%** betragen. Bei der Schweiz-Version soll das Abgas nur 0,4 Vol.% CO enthalten (Toleranz ±0,2 Vol.%).
- Die Abgas-Einstellschraube befindet sich am Luftmengenmesser unter einer Sicherungskappe.

525e bis 8/85

- Diese Fahrzeuge besitzen ein **pneumatisch** gesteuertes Leerlaufregelventil.
- Wagen **mit Katalysator:** Steckverbindungen zur Lambdasonde trennen (Bild nächste Seite unten). Abgas vorn am Auspuffkrümmer messen.
- Leerlaufdrehzahl am Regelventil einregulieren (Abbildung nächste Seite). Abgas an der Umluftschraube am Luftmengenmesser einstellen.
- Sollwerte: Leerlaufdrehzahl **700/min** (Toleranz ±50/min). Abgas-CO-Gehalt **1 Vol.%** (Toleranz ±0,5 Vol.%); bei Fahrzeugen mit Katalysator **0,2–1,2 Vol.%**.

525e von 9/85 bis 12/86

Bei Wagen dieser Baujahre gleicht das elektrische **VDO-Leerlaufregelventil** Schwankungen in der Leerlaufdrehzahl aus. Deshalb muß das Ventil beim Einstellen der Leerlaufdrehzahl in eine Neutralstellung gebracht werden, die später einen Regelbereich nach unten und oben zuläßt.
In die Neutralstellung wird das Regelventil von seinem Steuergerät gebracht – doch das erfolgt erst nach Auslösen einer sogenannten »Nonsens-Funktion«. Dazu wird vorgegaukelt, daß Leerlauf- und Vollastschalter geschlossen sind, was im normalen Fahrbetrieb unmöglich ist. Wir erreichen das folgendermaßen:

- Stecker am Drosselklappenschalter abziehen (Bild Seite 81 oben und Seite 86 oben) und den Überbrückungsstecker mit der BMW-Nr. 134010 oder 134020 auf das freie Kabelende stecken.
- Wer sich den Stecker nicht besorgen kann, überbrückt die Kontakte mit isolierten Drahtstücken:
- Bei Fahrzeugen **ohne** elektronisch gesteuertes Automatikgetriebe alle drei Kontakte überbrücken.

Einstellen der Leerlaufdrehzahl (2) und des Abgas-CO-Gehalts (1) am BMW 525i/528i. Der Schlauch der Kurbelgehäuse-Entlüftung ist hier nur zwecks besserer Darstellung abgenommen.

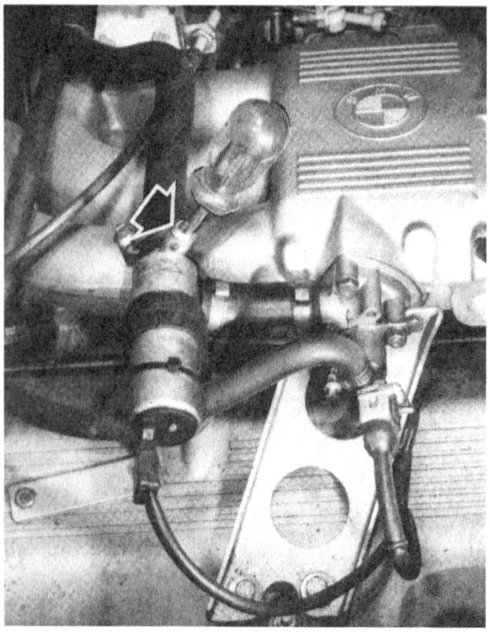

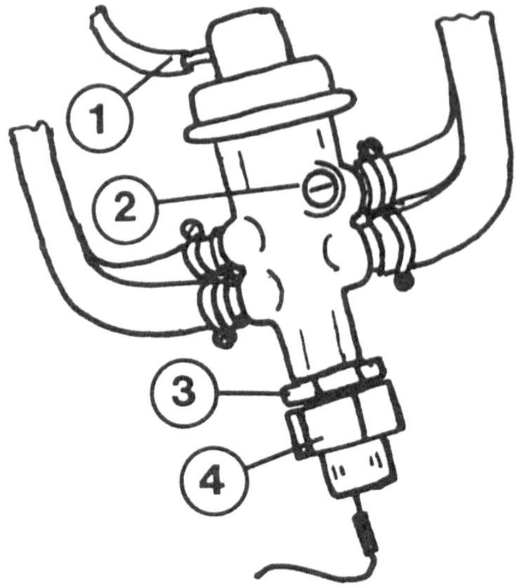

Nach 1/87 gebaute 525e besitzen keine Leerlauf-Einstellschraube mehr; an älteren Wagen sitzt sie an unterschiedlichen Stellen.
Links: Beim 525e mit VDO-Leerlaufregelventil sitzt die Einstellschraube für Leerlauf im Ventil (Pfeil).
Rechts: Ältere 525e sind mit einem solchen pneumatischen Leerlaufregelventil ausgestattet.
Es bedeuten:
1 – Unterdruckschlauch;
2 – Leerlauf-Einstellschraube;
3 – Kontermutter;
4 – Thermostellmotor.

- Bei Fahrzeugen **mit** elektronisch gesteuertem Automatikgetriebe die Kontakte 4, 5 und 6 überbrücken.
- Jetzt die Leerlaufdrehzahl einstellen.
- Die Leerlauf-Einstellschraube befindet sich am Drosselklappenstutzen, die Abgas-CO-Einstellschraube sitzt im Luftmengenmesser (Bild Seite 91).
- Sollwerte: Leerlaufdrehzahl **700/min** (Toleranz ±50/min), Abgas-CO-Gehalt **1,0 Vol.%** (Toleranz ±0,5 Vol.%). Fahrzeuge mit Kat: **0,2–1,2 Vol.%**.
- Nach dem Einstellen die Drahtbrücken entfernen und Stecker wieder aufstecken.

Fingerzeig: Zu niedrig eingestellter Grundleerlauf führt beim 525e der Baujahre 9/85 bis 12/86 zu Leerlaufschwankungen. Abhilfe: Leerlauf wie beschrieben in Grundabgleichstellung einstellen.

520i Kat, 525e ab 1/87

Diese Fahrzeuge besitzen bereits eine neuere Motronic-Version, die daran zu erkennen ist, daß sie nur einen kombinierten Drehzahl-/Bezugsmarkengeber vorn am Motor besitzt. Die Ein-Geber-Motronic stellt sich den Leerlauf selbst ein und verzichtet deshalb auf eine Leerlauf-Einstellschraube.
Dabei paßt sich die Leerlauf-Korrektur den Veränderungen an Motor, Ansaug- und Abgassystem an. Der Korrekturwert wird gespeichert, so daß die Drehzahl sofort nach dem Start richtig einreguliert wird.
Weicht die Drehzahl vom Sollwert ab, kann lediglich kontrolliert werden, ob Teile des Ansaugsystems undicht sind (Seite 84). Wenn nicht, hat sich ein Fehler im System eingeschlichen – Werkstattsache.
Die Sollwerte: Leerlaufdrehzahl beim **520i Kat: 720–800/min**, beim **525e: 680–760/min**. Der CO-Gehalt im Abgas soll bei allen Modellen – gemessen am Auspuffkrümmer – **0,4–0,8 Vol.%** betragen. Die Abgas-Einstellschraube ist nach wie vor vorhanden. Zum Einstellen die Steckverbindung zur Lambdasonde trennen.

Fingerzeig: Abklemmen der Batterie löscht den Drehzahl-Korrekturfaktor der Ein-Geber-Motronic. Das System muß sich erst wieder langsam an den richtigen Drehzahlwert herantasten, was einige Minuten dauern kann. Also nicht gleich in Panik verfallen, wenn nach Austausch der Batterie der Wagen plötzlich nicht mehr richtig läuft, sondern erst einige Zeit fahren, bis die Einregulierung abgeschlossen ist.

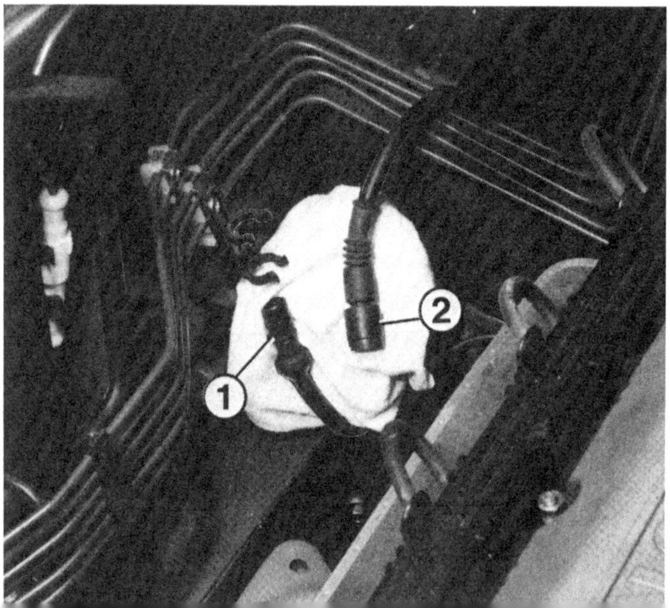

Zum Einstellen des Leerlaufs muß bei Fahrzeugen mit Katalysator die Steckverbindung der Lambdaregelung (1 und 2) getrennt werden. Die befindet sich hinten rechts im Motorraum.

Die Störung	– ihre Ursache	– ihre Abhilfe
A Kalter Motor springt nicht oder schlecht an	1 Sicherung defekt, siehe Seite 153	Auswechseln
	2 Kraftstoffpumpen- bzw. Hauptrelais defekt	Überprüfen, siehe Seite 67, ggf. austauschen
	3 Kraftstoffpumpen fördern nicht oder nicht genügend	Benzin im Tank? Pumpen kontrollieren und Fördermenge messen (Seite 68)
	4 Druckregler defekt	Druck messen lassen
	5 Zusatzluftschieber öffnet nicht bzw. Leerlaufregelvenil defekt	Prüfen
	6 Steuergerät defekt	Prüfen lassen
	7 Kein Drehzahlsignal vom TSZ-Schaltgerät (L- und LE-Jetronic) bzw. vom Drehzahlgeber (Motronic)	Kabelverlauf kontrollieren
	8 Motor erhält Nebenluft	Sämtliche Schlauchleitungen überprüfen
	9 Kaltstartventil bzw. Thermozeitschalter defekt (nur L-Jetronic)	Prüfen
B Warmer Motor springt nicht oder schlecht an	1 Unterdruckleitung zum Druckregler defekt	Leitung überprüfen
	2 Siehe A 1–4, 6 und 7	
	3 Einspritzventile undicht	Ventile überprüfen
	4 Kühlwasser-Temperaturfühler defekt	Fühler überprüfen
C Motor springt an, stirbt aber wieder ab	1 Siehe A 1 und 5	
	2 Siehe B 1	
	3 CO-Wert stimmt nicht	Einstellen (lassen)
	4 Luftmengenmesser oder Zuleitungskabel defekt	Widerstandswerte messen bzw. Kabelverlauf überprüfen
	5 Drosselklappenschalter falsch eingestellt oder defekt	Einstellen bzw. Funktion kontrollieren
D Kalter Motor schüttelt im Leerlauf	Siehe A 5	
E Warmer Motor schüttelt im Leerlauf	1 Siehe A 4	
	2 Zusatzluftschieber schließt nicht (L- und LE-Jetronic)	Prüfen, siehe Seite 86
	3 Siehe C 3	
F Warmer Motor dreht im Leerlauf zu hoch	Siehe E 3	
G Motor hat Aussetzer	1 Kraftstoffilter verstopft	Filter austauschen
	2 Siehe A 3 und 5	
	3 Siehe B 3	
	4 Siehe C 3 und 4	
H Motor stottert, setzt aus	Kraftstoffpumpen fördern ungleichmäßig	Fördermenge messen
I Motorleistung ungenügend	1 Siehe A 3, 4 und 8	
	2 Siehe C 3 und 5	
	3 Drosselklappe geht nicht in Vollgasstellung	Gaszug einstellen
J Motor patscht ins Saugrohr	1 Siehe A 4	
	2 Siehe C 3	
K Kraftstoffverbrauch zu hoch	1 Siehe B 4	
	2 Siehe C 3	

Zeitweise getrennt

Die Kupplung verkuppelt Motor und Getriebe. Doch nicht auf immer und ewig. Denn für den Schaltvorgang brauchen beide wieder etwas Abstand – Trennung auf Zeit. Reibereien entstehen beim Anfahren: Der laufende Motor muß sanft mit den zunächst noch stehenden Teilen des Antriebs Kontakt aufnehmen.

Funktion der Kupplung

Die Kraftübertragung zwischen Motor und Getriebe erfolgt durch die Kupplung. Die arbeitet ausschließlich mit Reibung, und das kann man sich so vorstellen: Zwei Anlageflächen nehmen eine dritte in die Zange und halten sie so stark fest, daß sie sich mit den beiden anderen mitdrehen muß. Trick der Sache ist der, daß diese Verbindung jederzeit gelöst werden kann, denn sonst könnten beide Teile genauso gut miteinander verschraubt werden. Um die Teile beim Namen zu nennen: Fest mit dem Motor verbunden sind die **Schwungscheibe** und die federbelastete **Druckplatte**. Dazwischen eingeklemmt ist die **Mitnehmerscheibe**, die mit der Getriebewelle fest verzahnt ist.
Eine weitere wichtige Funktion hat das **Ausrücklager** zu erfüllen: Beim Niedertreten des Kupplungspedals wird es mittels der Kupplungsbetätigung (siehe folgenden Abschnitt) gegen die Druckplatte gepreßt und übernimmt nun gewissermaßen die Federkraft der Druckplatte. Die Mitnehmerscheibe ist dadurch aus ihrer Zwangslage befreit und kann sich zwischen Druckplatte und Schwungscheibe frei drehen. Motor und Getriebe sind kraftmäßig getrennt.
Wird das Kupplungspedal wieder losgelassen, quetscht die Tellerfeder der Druckplatte die Mitnehmerscheibe wieder an die Schwungscheibe, und aus ist's mit der Freiheit. Alle drei Teile stellen wieder eine feste, kraftschlüssige Verbindung dar. Die Motorkraft kann auf den Antrieb übertragen werden.

Die Kupplungsbetätigung

Die Kraft, die wir zum Niedertreten des Kupplungspedals aufwenden, muß zum Ausrücklager übertragen werden. Das erfolgt im BMW hydraulisch – wie bei der Bremse. Während Sie das Kupplungspedal niedertreten, verdrängt der Kolben im Geberzylinder (am Kupplungspedal) eine gewisse Flüssigkeitsmenge und drückt sie zum Nehmerzylinder (am Getriebe). Dort tritt der Kolben ein Stück aus dem Zylinder heraus und bewegt so das Ausrücklager.

Lebensdauer der Kupplung

Es gibt Fahrer, die bereits nach 15000 km eine neue Kupplung brauchen, andere bringen es dagegen auf mehr als 100000 km. Eine hohe Laufzeit erreicht man, wenn der Wagen vorwiegend auf Langstrecken gefahren und die Kupplung vernünftig behandelt wird. Wer mit seinem Wagen hauptsächlich im Stadtverkehr fahren muß – wobei auch die Kupplung viel öfter getreten wird –, kann kaum so lange mit den ersten Kupplungsbelägen auskommen wie ein Langstreckenfahrer.
Wie im Abschnitt »Funktion der Kupplung« angesprochen, bewirkt jedes Einkuppeln, daß die Beläge der Mitnehmerscheibe an ihren Gegenreibflächen schleifen und dabei heiß werden. Besonders verschleißfördernd ist hierbei das Anfahren mit hoher Motordrehzahl – Kavalierstart genannt –, Anfahren im 2. Gang, »Herummogeln« an Kreuzungen im 2. oder 3. Gang mit teilweise getretenem Kupplungspedal oder das »In-der-Waage-halten« an einer Steigung.

Auskuppeln beim Halt an der Kreuzung

Recht verbreitet ist die Angewohnheit, mit eingelegtem 1. Gang und durchgetretenem Kupplungspedal an der roten Ampel zu warten. Mancher fürchtet, den Gang nicht gleich einlegen zu können, wenn das grüne Licht den Weg freigibt.
Wenn auch kein direkter oder sofort meßbarer Schaden entsteht, so beansprucht das Auskuppeln doch das Ausrücklager und bewirkt so wieder Verschleiß. Je öfter und länger das vor den vielen Ampeln geschieht, desto früher ist dieses Lager abgenutzt.

Verschleiß der Kupplung prüfen

Wartung Nr. 46

Die Werkstatt prüft den Verschleiß der Kupplung gewissermaßen vorbeugend. Diesen Wartungspunkt können wir uns sparen, wenn wir das Verhalten der Kupplung im Fahrbetrieb einigermaßen aufmerksam beobachten (siehe folgenden Abschnitt). So prüft die Werkstatt:

Die Funktionsweise der hydraulischen Kupplungsbetätigung im BMW:
Beim Tritt auf das Kupplungspedal (4) bewegt die Kolbenstange den Kolben im Geberzylinder (2). Die so unter Druck gesetzte Hydraulikflüssigkeit verschiebt jetzt den Kolben und die Kolbenstange (7) im Nehmerzylinder (6) am Getriebegehäuse. Dabei wird der Ausrückhebel in der Kupplungsglocke betätigt und so ausgekuppelt. Die Feder (3) oben am Kupplungspedal zieht dieses nach Entlasten wieder zurück. Die übrigen Zahlen haben folgende Bedeutung:
1 – Bremsflüssigkeitsbehälter auf dem Hauptbremszylinder. Von ihm erhält die Kupplungshydraulik ihre Flüssigkeit.
5 – Entlüftungsventil;
8 – Druckleitung zum Nehmerzylinder;
9 – Bremskraftverstärker.

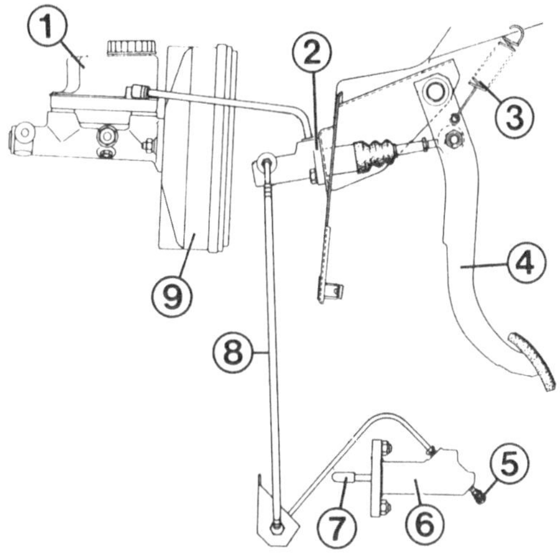

● An der Wagen-Unterseite die BMW-Prüflehre 212069 in den Spalt zwischen Kupplungs-Nehmerzylinder und Getriebegehäuse schieben.
● Läßt sich die Lehre bis zum Anschlag einschieben, ist die Mitnehmerscheibe intakt.
● Bleibt dagegen ein Abstand von 5 mm zwischen Anschlag der Lehre und Gehäuse, ist die Mitnehmerscheibe verschlissen und muß bald ausgetauscht werden.

Kupplung selbst prüfen

Der Sinn der vorbeugenden Kupplungsprüfung bleibt fraglich, denn die Mitnehmerscheibe wird wohl kaum vor dem endgültigen Verschleiß gewechselt werden. Das erste Anzeichen für einen Defekt ist, wenn die Kupplung durchrutscht. Eine schleifende Kupplung bemerken Sie beim Fahren zuerst im höchsten Gang unter Last. Der Motor dreht hoch, ohne daß die Fahrgeschwindigkeit in gleichem Maß zunimmt. Einen gewissen Aufschluß kann folgende Methode geben, die Sie aber nur gelegentlich anwenden sollten:

Schleift die Kupplung?

● Handbremse anziehen, Motor starten.
● 3. Gang einlegen, langsam einkuppeln und Gas geben.
● Bei einwandfreier Handbremse müßte der Motor abgewürgt werden.
● Dreht er durch, wird ein Kupplungstausch fällig.

Trennt die Kupplung richtig?

Läßt sich das Getriebe auch bei warmem Motor nur schwer durchschalten oder wird der Schaltvorgang sogar von kratzenden oder krachenden Geräuschen »untermalt«, trennt wahrscheinlich die Kupplung nicht mehr richtig. Nur selten ist dieser Effekt auf ein schadhaftes Getriebe zurückzuführen. Um sicherzugehen, machen wir die Probe:
● Motor im Leerlauf drehen lassen.
● Kupplungspedal voll durchtreten, etwa drei Sekunden warten, dann versuchen den Rückwärtsgang einzulegen:
● Läßt sich der Gang nur schwer oder unter Kratzen einlegen, trennt die Kupplung nicht mehr sauber. Die Mitnehmerscheibe läuft also nicht ganz frei.
● Besitzt der Wagen ein Fünfganggetriebe, werden die Kratzgeräusche von der Synchronisation weitgehend unterdrückt. Bei diesem Getriebe ist nämlich auch der Rückwärtsgang synchronisiert.
● Dieselbe Funktion wie die Synchronisation hat die sogenannte Rückwärtsgang-Bremse beim Viergang-getriebe des BMW 525i.

Hier wird der Kupplungsverschleiß überprüft. Es bedeuten:
1 – Nehmerzylinder;
2 – Flansch;
3 – Druckstange zum Ausrückhebel;
4 – Prüflehre.
In der linken Darstellung liegt die Lehre bis zum Anschlag (Pfeil) an – es ist noch genügend Belag auf der Mitnehmerscheibe vorhanden. Rechts läßt sich die Lehre nicht einschieben (Pfeil) – die Mitnehmerscheibe muß ersetzt werden.

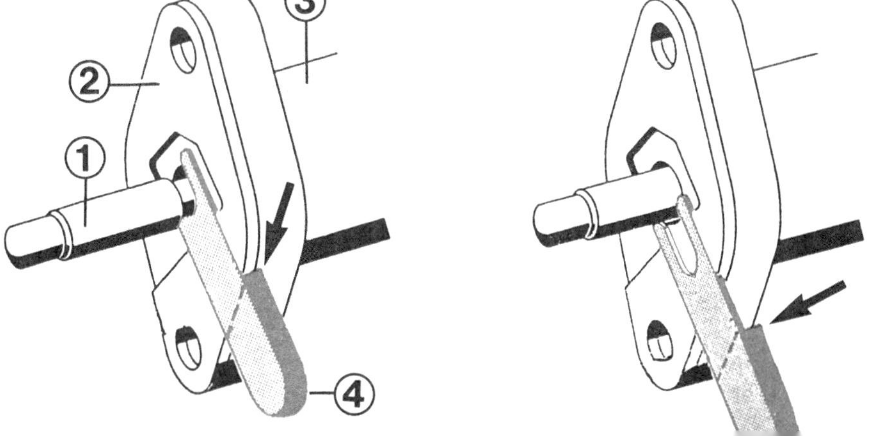

● Meist liegt die Ursache in einer defekten Kupplungshydraulik. Luft ist in das System eingedrungen. Entlüften allein hilft aber nicht – die Leckstelle muß ausfindig gemacht und repariert werden. Jetzt können Sie entlüften (siehe unten).

● Andere Ursachen für nicht trennende Kupplung finden Sie auf Seite 99.

Nachstellfreie Kupplung

Vielleicht haben Sie bislang einen Wagen gefahren, bei dem regelmäßig das sogenannte Kupplungsspiel nachgestellt werden mußte. Bei der hydraulischen Kupplungsbetätigung des BMW ist das nicht mehr nötig, denn hier stellt sich der Ausrückweg entsprechend dem Verschleiß der Mitnehmerscheibe selbsttätig nach.

Kupplungshydraulik defekt?

Ob die hydraulische Kupplungsbetätigung funktioniert, prüfen Sie gewissermaßen bei jedem Auskuppeln:

● Wenn die Kupplung richtig trennt (siehe vorhergehende Seite), ist in jedem Fall auch die Kupplungshydraulik in Ordnung.

● Trennt sie dagegen schlecht oder fällt das Pedal ohne Widerstand durch, ist sicher Luft in die hydraulische Anlage geraten.

● Nur Entlüften hilft da nicht – die Leckstelle muß ausfindig gemacht und repariert werden.

● Jetzt können Sie entlüften (siehe unten). Andere Ursachen für nicht trennende Kupplung finden Sie auf Seite 99.

● Wer eine vorbeugende Untersuchung der Kupplungshydraulik vornehmen will, sucht nach Spuren von Bremsflüssigkeit am Geberzylinder (oben am Kupplungspedal) und am Nehmerzylinder (am Getriebe).

● Ölfeuchte Kupplungszylinder sind undicht und müssen ausgetauscht werden.

● Am Nehmerzylinder wird sich die Herkunft des Ölschmutzes allerdings ohne gründliche Reinigung dieses Bereiches nur schwer lokalisieren lassen.

Kupplungs-Geberzylinder ausbauen

Zwei verschiedene Aufhängungen des Kupplungspedals kommen im BMW zum Einsatz: Entweder ist das Pedal mit einer einfachen Rückzugfeder ausgestattet, oder es ist eine sogenannte Übertotpunktfeder eingesetzt. Das ist eine Druckfeder, die das Pedal in der Ruhestellung nach hinten drückt, aber nach Überwinden ihres Totpunkts die Fußkraft beim Niederdrücken des Pedals unterstützt. Entsprechend der Version ist der Ausbau etwas unterschiedlich:

● Im Bremsflüssigkeitsbehälter möglichst viel Flüssigkeit absaugen (evtl. mit einer alten Injektionsspritze vom Hausarzt).

● Unter dem Wagen an der hinteren Motorraumwand die Leitung zum Nehmerzylinder lösen.

● Armaturenbrettverkleidung links unten abbauen (Seite 259).

● Kolbenstange des Geberzylinders vom Kupplungspedal abschrauben.

● Zulaufschlauch am Geberzylinder abziehen, und Flüssigkeitsrest in einen Lappen tropfen lassen.

● Die beiden Halteschrauben lösen und Zylinder abnehmen.

● Bei **Einbau** beachten: An der Exzenterschraube der Zylinder-Druckstange kann die Pedalstellung justiert werden. 250–261 mm soll die Spitze des Kupplungspedals (mit Pedalgummi) von der vorderen Motorraumwand (ohne Dämmatten) entfernt sein.

● Exzenterschraube an der Lagerstelle mit Molykote Longterm 2 fetten.

● Kontrollieren Sie, ob in dieser Stellung der Kolben im Geberzylinder wirklich an seinem hinteren Anschlag anliegt. Das ist hörbar und sogar am Pedal fühlbar.

● Bei der Version mit Übertotpunktfeder die Feder vor dem Befestigen der Kolbenstange in die Führungsnase ganz vorn einhängen.

Kupplungs-Nehmerzylinder ausbauen

● Im Bremsflüssigkeitsbehälter möglichst viel Flüssigkeit absaugen.

● Nehmerzylinder nach Lösen von zwei Muttern abnehmen.

● Hydraulikleitung am Zylinder abschrauben.

● Druckstange des Zylinders vor dem Einsetzen vorne mit etwas hitzebeständigem Fett (Molykote Longterm 2) fetten.

● Zylinder so einsetzen, daß die Entlüfterschraube nach unten zeigt.

● Kupplungshydraulik entlüften.

Kupplungshydraulik entlüften

Wer nicht das in der Werkstatt übliche Entlüftungsgerät zur Verfügung hat, entlüftet die Kupplungshydraulik so wie die Bremsen (Seite 138) oder – fast ohne Kleckerei – nach der folgenden Methode:

● Entlüftungsnippel einer Vorderradbremse und Nippel des Kupplungs-Nehmerzylinders je 1½ Umdrehungen öffnen.

● Beide Nippel mit einem Schlauch verbinden.

● Bremspedal jetzt mehrmals langsam und behutsam niedertreten, damit Bremsflüssigkeit von der Vorderradbremse durch die Kupplungshydraulik gedrückt wird.

● Nicht mit Gewalt treten, sonst rutscht der Schlauch ab!

Der Kupplungs-Nehmerzylinder (3) links oben am Getriebegehäuse mit Hydraulikschlauch (1), Befestigungsmutter (2) und Entlüftungsventil (4). Der Pfeil zeigt auf den Spalt, in den die Kupplungs-Prüflehre geschoben wird.

- Flüssigkeitsstand im Bremsflüssigkeits-Vorratsbehälter im Auge behalten.
- Wenn keine Luftbläschen aus der Kupplungshydraulik aufsteigen, werden beide Entlüftungsnippel zugedreht und der Schlauch abgenommen.
- Bremsflüssigkeitsstand kontrollieren!

Fahren mit defekter Kupplungsbetätigung

Sollte unterwegs die hydraulische Kupplungsbetätigung ausfallen, so muß das noch nicht das Ende der Reise bedeuten. Ein nahes Ziel oder die nächste Werkstatt kann man auch ohne Kupplung erreichen. Man kann sogar Hoch- bzw. Herunterschalten. Voraussetzung ist feinfühliger Umgang mit dem Gaspedal und Schalthebel, besonders beim Herunterschalten.

Gang herausnehmen: Gas wegnehmen und bei langsamer werdender Fahrt oder bei leicht abgebremsten Wagen Schalthebel in Richtung Leerlauf drücken.

Anfahren: Motor ausschalten, 1. Gang einlegen und Anlasser betätigen. Der BMW ruckelt los und setzt sich in Bewegung. Den kalten Motor sollten Sie hierzu erst etwas warmlaufen lassen. Wer während der Fahrt nicht schalten will, fährt auf diese Weise in der Ebene im 2. Gang an.

Hochschalten: Im 1. Gang mit dem Anlasser anfahren. 1. Gang nur knapp über Leerlaufdrehzahl hinausdrehen. Gas etwas zurücknehmen, Schalthebel in Leerlaufstellung ziehen. Gaspedel loslassen und den Schalthebel mit leichter Hand in Richtung des 2. Ganges drücken. Bei richtiger Motor- und Getriebedrehzahl rutscht der Gang fast von selbst hinein. Wenn Sie zu lange gewartet haben, müssen Sie ein ganz klein wenig Gas geben, damit sich der Gang ohne Zähneknirschen einlegen läßt. Hat es nicht geklappt, halten Sie noch einmal an und versuchen das Ganze von neuem. In die weiteren Gänge wird auf die gleiche Weise hochgeschaltet. Am leichtesten geht es in sehr niedrigen Geschwindigkeiten: In den 2. Gang bei höchstens 20 km/h, in den 3. bei 25 km/h, in den 4. bei 35 km/h und in den 5. bei 45 km/h.

Herunterschalten: Hierbei muß die Motordrehzahl angehoben werden, damit sich der nächstniedrige Gang einlegen läßt. Fuß etwas vom Gas, Gang herausnehmen, behutsam Gas zugeben und gleichzeitig den

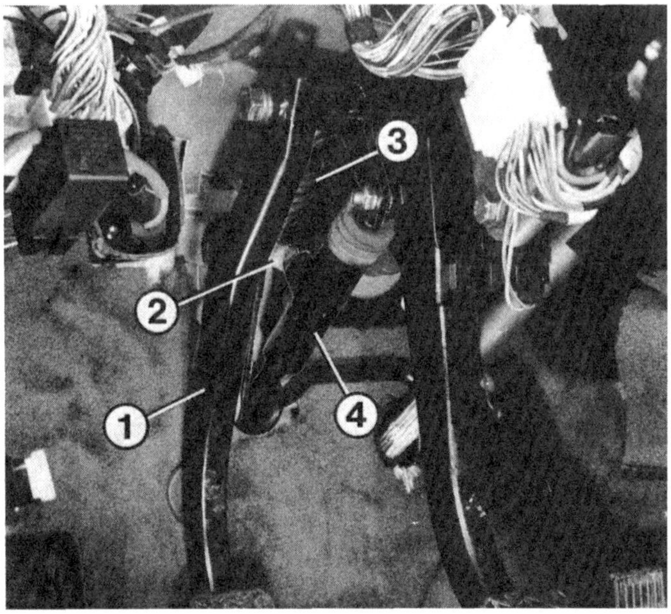

Bei abgenommener Armaturenbrettverkleidung links unten sehen wir:
1 – Kupplungspedal;
2 – Zulaufleitung zum Geberzylinder (4) der Kupplungsbetätigung;
3 – Rückzugfeder.

Schalthebel in Richtung des neuen Gangs drücken. Bei richtiger Motordrehzahl rutscht der Gang fast ohne Nachdruck hinein. Auch das Herunterschalten geschieht am besten wieder bei niedrigen Geschwindigkeiten und Drehzahlen.

Kupplung ausbauen

An speziellen Werkzeugen wird für diese Arbeit ein Zentrierdorn für die Mitnehmerscheibe gebraucht. Dieser Dorn ist nichts anderes als das Ende einer Getriebe-Antriebswelle.
Zur Not läßt sich die Kupplungsscheibe jedoch auch mit einem anderen passenden Dorn (Stahlstift, runder Holzstab etc.) behelfsmäßig zentrieren.

- Getriebe ausbauen (Seite 100).
- Noch in eingebautem Zustand kontrollieren: Stehen die Spitzen der Tellerfeder (im »Zentrum« der Kupplung) schön parallel zur übrigen Druckplatte oder bilden sie an einer Seite ein Tal? Höchstens 0,6 mm Absenkung sind zulässig.
- 6 Halteschrauben der Druckplatte zunächst 1–1½ Umdrehungen lösen, damit sich die Druckplatte entspannt.
- Schrauben vollends herausdrehen, Druckplatte und Mitnehmerscheibe abnehmen.
- Mitnehmerscheibe prüfen: Die Gesamtstärke von Belagfläche zu Belagfläche darf nicht geringer als 7,5 mm sein. Einseitige Abnutzung dürfen die Beläge ebensowenig aufweisen wie Risse. Festen Sitz der Torsionsdämpfer-Federn und der Belagnieten prüfen.
- Druckplatte prüfen: Die Planlaufabweichung der Tellerfederspitzen wurde bereits kontrolliert. Darüber hinaus: Sind alle Nieten noch fest? Sind die Blattfedern unter dem Anlagering in Ordnung? Ist der Anlagering selbst frei von Rissen und Riefen?
- Außerdem darf der Ring zur Mitte hin nicht stärker als 0,3 mm durchgebogen sein (Metallineal auflegen). Sonst Druckplatte auswechseln.
- Kleines Nadellager hinten in der Mitte der Kurbelwelle und das Ausrücklager auf Leichtgängigkeit prüfen.

Kupplung einbauen

Der Ausbau der Kupplung ist eine aufwendige Arbeit. Jedes der verschleißempfindlichen Teile, wie Mitnehmerscheibe, Druckplatte und Ausrücklager, sollte deshalb schon beim kleinsten Zweifel an seiner Funktionstüchtigkeit ausgetauscht werden. Sonst besteht die Gefahr, daß dieselbe Arbeit bald wieder ins Haus steht. Noch besser: Kompletten Kupplungssatz einbauen, wie ihn auch der Zubehör-Handel anbietet.
Auch austretendes Motor- und Getriebeöl kann die neue Kupplung schon bald wieder lahmlegen. Deshalb auf Ölspuren im Kupplungsbereich achten, und die Dichtringe der Kurbelwelle bzw. der Getriebe-Eingangswelle gegebenenfalls gleich ersetzen.

- Getriebe-Eingangswelle mit Molykote Longterm 2 im Bereich der Verzahnung leicht einfetten. Bei Wagen mit Zweimassenschwungrad (Seite 30) Microlupe 261 verwenden.
- An neuer Druckplatte das Korrosionsschutzwachs vollständig entfernen.
- Mitnehmerscheibe auflegen; Markierung der zum Getriebe hin gerichteten Seite beachten.
- Druckplatte in die drei Paßstifte an der Schwungscheibe einsetzen.
- Halteschrauben lose eindrehen und Mitnehmerscheibe zentrieren. Sie muß genau mittig auf der Schwungscheibe sitzen, damit anschließend die Getriebewelle eingeführt werden kann. Dazu den Zentrierdorn oder Behelfswerkzeug verwenden.
- Schrauben – in mindestens zwei Durchgängen – nacheinander bis auf 22–24 Nm anziehen.
- Ausrücklager prüfen, Lagerungen und Führungen des Ausrücklagers fetten (siehe Ausrücklager ausbauen).

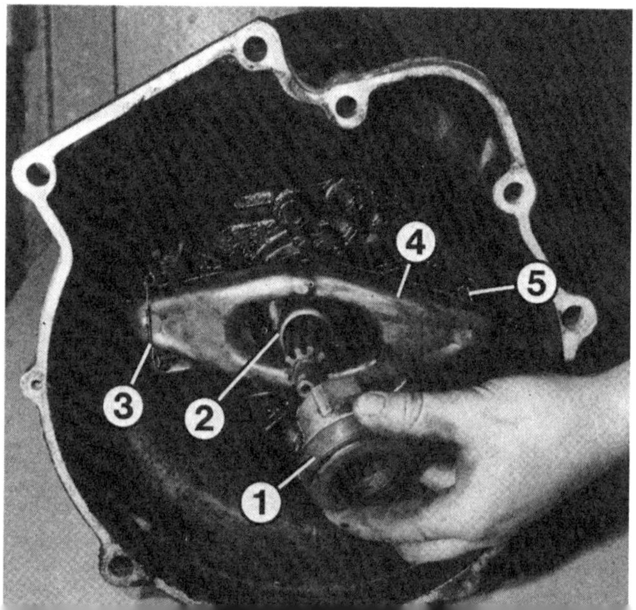

Links: Ein Blick in die sogenannte Kupplungsglocke bei ausgebautem Getriebe:
1 – Ausrücklager;
2 – Führung des Ausrücklagers;
3 – Haltefeder für Ausrückhebel (4);
5 – Druckstange des Kupplungs-Nehmerzylinders.
Rechts: An der – in Fahrtrichtung gesehen – rechten Getriebeseite ragen die Spitzen (Pfeile) der Haltefeder des Ausrückhebels aus dem Getriebegehäuse heraus.

Fingerzeig: Lassen Sie die Kupplung niemals aus größerer Höhe auf den Boden fallen! Sonst könnten die drei Tangential-Blattfedern, die die Kupplung in Drehrichtung halten, umknicken. Auswirkung: trotz intakter Tellerfeder löst die Kupplung dann nicht mehr vollständig.

Das Ausrücklager

Das Ausrücklager wird beim Durchdrücken des Kupplungspedals vom Ausrückhebel auf die Tellerfederspitzen der Kupplungs-Druckplatte gepreßt. Die Kupplung wird dadurch entlastet.
Dieses Drucklager ist wartungsfrei. Ist es defekt, macht es sich durch Mahlgeräusche bei getretener Kupplung bemerkbar. Deswegen muß es jedoch nicht sofort ausgewechselt werden. Man kann die Arbeit bis zum nächsten Kupplungswechsel aufschieben.

Ausrücklager ausbauen

- Getriebe ausbauen (Seite 100).
- Haltefeder am Ausrückhebel aushängen. Dazu an der Rückseite der Getriebeglocke die nach außen ragenden Federspitzen zusammendrücken, und Feder nach innen schieben.
- Ausrückhebel samt Lager nach vorn abziehen.
- Lager vom Hebel trennen.
- Vor dem Einbau des neuen Ausrücklagers die Nut am Innendurchmesser des Lagers mit Molykote Longterm 2 füllen. Ebenso die Führungen am Lager und die beiden Auflagepunkte des Ausrückhebels. Bei Wagen mit Zweimassenschwungrad (Seite 30) statt Longterm 2 Microlupe 261 verwenden.

Fingerzeig: Je nach Modellversion kommen Ausrücklager mit verschiedenen Abmessungen zur Anwendung. Außerdem wurde beim 525i/528i ab 4/83 die Lagerung für den Ausrückhebel geändert. Beim Ersatzteilkauf die alten Teile am besten mitnehmen!

Störungsbeistand

Kupplung

Die Störung	– ihre Ursache	– ihre Abhilfe
A Kupplung rutscht	1 Kupplungsbeläge abgenutzt	Mitnehmerscheibe ersetzen
	2 Anpreßdruck der Kupplung zu gering	Kupplungsdruckplatte ersetzen
	3 Belag verölt	Mitnehmerscheibe und defekte Getriebe- oder Kurbelwellendichtung ersetzen
	4 Kupplung wurde überhitzt	Defekte Teile ersetzen
B Kupplung trennt nicht	1 Luft in der Kupplungshydraulik	Defektes Teil ersetzen, entlüften
	2 Mitnehmerscheibe hat Schlag	Mitnehmerscheibe richten oder ersetzen
	3 Mitnehmerscheibe verzogen oder Belag gebrochen	Mitnehmerscheibe ersetzen
	4 Mitnehmerscheibe klemmt auf Getriebewelle	Gangbar machen, Kerbverzahnung schmieren
	5 Nach sehr langer Standzeit: Belag an Schwungscheibe festgerostet	Anfahren, wie unter »Fahren mit defekter Kupplungsbetätigung« beschrieben. Kupplung dauernd durchtreten. Gaspedal ruckartig durchtreten und loslassen, um die Kupplung loszubrechen. Andernfalls ausbauen
	6 Tangential-Blattfedern der Druckplatte gebrochen	Ersetzen
C Kupplung trennt nicht und rutscht gleichzeitig durch	Kupplungsdruckplatte defekt	Druckplatte auswechseln
D Kupplung rupft	1 Motor- oder Getriebeaufhängung defekt	Motor- oder Getriebelager ersetzen
	2 Unebenheiten auf der Anlagefläche von Schwungscheibe oder Druckplatte	Defektes Teil ersetzen
	3 Falsche Beläge	Mitnehmerscheibe ersetzen
E Kupplungsgeräusche	1 Unwucht der Kupplungsdruckplatte bzw. Mitnehmerscheibe	Kupplungsdruckplatte bzw. Mitnehmerscheibe ersetzen
	2 Torsions-Dämpferfeder defekt	Mitnehmerscheibe ersetzen
	3 Ausrücklager defekt	Ausrücklager ersetzen
	4 Nietverbindungen in der Kupplung locker	Kupplungsdruckplatte ersetzen
	5 Nadellager hinten in der Kurbelwelle defekt	Nadellager ersetzen

Direktübertragung

Das Getriebe überträgt die Kraft des Motors zur Hinterachse. Seine unterschiedlichen Untersetzungsstufen stimmen die Drehzahl von Motor und Antriebsrädern nach Bedarf aufeinander ab. So wird entscheidender Einfluß auf Fahrgeschwindigkeit, Beschleunigungsvermögen und Bergsteigefähigkeit des Wagens genommen. Nicht variabel ist dagegen das Übersetzungsverhältnis des Hinterachsantriebs. Zum Ausgleich der unterschiedlichen Wegstrecken, die bei Kurvenfahrt von den Antriebsrädern zurückgelegt werden, dient das Differential – ebenfalls Teil des Achsantriebs.

Das Schaltgetriebe

Die Motorleistung wird über die Kupplung auf die Eingangswelle des Schaltgetriebes geleitet. Auf dieser Eingangs- oder Antriebswelle sitzen beim 5-Gang-Getriebe 6 Zahnräder, die mit 6 dazu passenden Zahnrädern auf der sogenannten Abtriebswelle ständig im Eingriff stehen (beim 4-Gang-Getriebe ist ein Räderpaar weniger eingebaut). Diese Zahnräder können frei umlaufen, bis eines von ihnen beim Schalten eines bestimmten Gangs mit seinem entsprechenden Gegenrad auf der Antriebswelle gekuppelt wird. Das Verhältnis der Zähnezahlen des jeweiligen Zahnradpaars ergibt die betreffende Übersetzungsstufe.
Die Zahnräder auf der Antriebs- und Abtriebswelle sind auf »Nadeln« (stiftartige Rollen) gelagert. Es besteht also keine starre Verbindung zwischen Wellen und Rädern. Die Zahnräder bleiben, wie schon erwähnt, immer im Eingriff.
Beim Gangwechsel wird nicht etwa eine Verbindung zwischen den Zahnrädern, sondern zwischen Zahnrad und Welle hergestellt. Um die Drehzahlen von Welle und Zahnrad einander anzugleichen, läßt man einen Teil der Welle gegen einen Teil der anderen Welle über Reibelemente schleifen. Durch die Reibung wird die schnellere Welle abgebremst, bis bei Gleichlauf eine kraftübertragende Verbindung hergestellt werden kann. Da die Synchronisation für diese Drehzahlanpassung einen Sekundenbruchteil braucht, soll man besonders bei kaltem Motor und noch steifem Getriebeöl den Schalthebel nicht gewaltsam »durchreißen«.

Schaltungs-Probleme

Spiel in der Schaltbetätigung rührt nicht von einem defekten Getriebe, sondern kommt meist von ausgeschlagenen Gelenk- und Gummibüchsen in der Übertragung vom Schalthebel zum Getriebe. Im Zweifelsfall diese Teile von der Wagenunterseite her kontrollieren. Einstellmöglichkeiten für die Schaltbetätigung gibt es nicht.

Schaltgetriebe ausbauen

Der Wagen muß so aufgebockt werden, daß Sie an der Wagenunterseite bequem arbeiten können.
Bei vielen Wagen ist das Getriebe mit sogenannten TORX-Schrauben – der Schraubenkopf sieht aus wie ein Stern – am Motor befestigt. Dann benötigen Sie an zusätzlichem Werkzeug die zugehörigen TORX-Steckeinsätze für den Rätschenkasten in den Größen E 10 und E 14.

- Batterie abklemmen.
- Auspuffanlage komplett abbauen.
- Sofern vorhanden, Wärmeschutzblech für Auspuffanlage abschrauben.
- Getriebe von unten abstützen.
- Getriebeträger hinten ausbauen.
- Kardanwelle vorn und am Mittellager abbauen (siehe Seite 108). An der Hinterachse kann sie angeschraubt bleiben. Damit die Welle nicht nach unten hängt, kann sie mit Draht an die Karosserie hochgebunden werden. Vorderes und hinteres Wellenteil keinesfalls auseinanderziehen!
- Beim 525e/525i/528i kann wegen des Schwingungstilgers die Gelenkscheibe erst nach Ablassen des Getriebes abgezogen werden.
- Am Verbindungspunkt Schaltstange Getriebe/Schaltstange Karosserie die Sicherungsscheibe abhebeln und Schaltstangen trennen. Ab 9/85 sind an dieser Stelle zusätzliche O-Ringe eingesetzt.
- Kabel vom Rückfahrscheinwerfer-Schalter hinten am Getriebe abziehen.
- Die beiden Innensechskantschrauben oben an der Getriebe-Hinterseite herausdrehen und damit Getriebe von der Schaltkonsole abbauen.
- Wo vorhanden, an zusätzlicher Abstützung (Schaltarm) hinten am Getriebe die Sicherungsfeder abhebeln und nach oben schwenken. Dann Lagerbolzen herausziehen.
- Kupplungs-Nehmerzylinder ausbauen (Seite 96). Die Leitung bleibt angeschlossen.
- Fahrzeuge mit Motronic bis 12/86: Wärmeschutzblech abbauen, Drehzahl- und Bezugsmarkengeber (Bild Seite 47 unten) losschrauben und abziehen.
- Getriebe jetzt etwas absenken.
- Motor zusätzlich abstützen.
- Getriebe vom Motor abschrauben. Für die oberen Befestigungsschrauben geeignete Verlängerungen und ein Gelenkstück verwenden.
- Getriebe vom Motor abziehen und auf den Boden absenken.
- **Sportgetriebe:** Das Getriebe wird von der Kupplungsglocke losgeschraubt. Die Kupplungsglocke bleibt am Motor angebaut.

Ausbau des Schaltgetriebes. Es bedeuten:
1 – Getriebeträger;
2 – Kardanwelle;
3 – Gummi-Gelenkscheibe;
4 – Auspuffstütze.

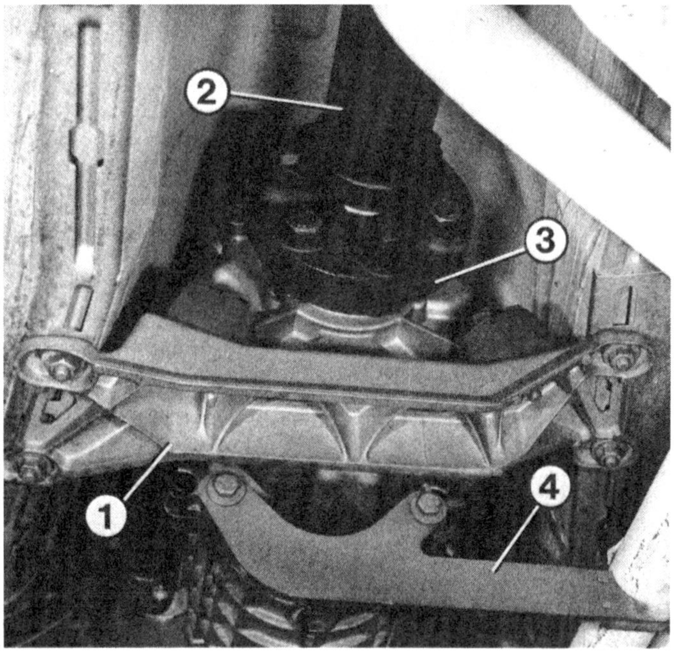

Schaltgetriebe einbauen

Beim Wiedereinbau des Getriebes sollten Sie auf folgende Punkte besonders achten:

● Sportgetriebe: Kupplungsnehmerzylinder zum Ausrichten des Ausrückhebels vorübergehend einbauen, Ausrückhebel in Position bringen. Beim späteren Einschieben die Führungshülse des Getriebes vorsichtig in das Drucklager einführen.

● Schmiernut im Ausrücklager mit Molykote Longterm 2 füllen. Bei Fahrzeugen mit Zweimassenschwungrad Microlupe 261 verwenden.

● Beim Umbauen von Teilen beachten: Ab 9/85 erhielt der 525i/528i eine neue Lagerung für den Kupplungs-Ausrückhebel. Teile aus unterschiedlichen Bauserien lassen sich nicht kombinieren.

● Zum Einschieben des Getriebes Gang einlegen und am Antriebsflansch hin- und herdrehen, bis die Verzahnung der Eingangswelle in die Verzahnung der Kupplung einrastet.

● Bei der Version mit TORX-Schrauben unbedingt Unterlegscheiben unter den Schrauben verwenden.

● Vor dem Einsetzen der Bezugsmarken- und Drehzahlgeber bei Motronic-Wagen die Dichtringe prüfen. Geber nicht verwechseln; Geber mit Markierungsring (Kabelbinder) zu Bohrung »B«. Zum Einsetzen Molykote Longterm 2 verwenden, die Stirnseite der Geber muß jedoch fett- und schmutzfrei sein.

● Einbaulage des Kupplungs-Nehmerzylinders: Entlüfter-Nippel zeigt nach unten.

● Beim Festschrauben der Schaltkonsole neue selbstsichernde Schrauben verwenden oder die alten mit Sicherungsmittel einsetzen. Beim Festziehen der Schrauben darauf achten, daß die Lagerböcke waagrecht zur Schaltkonsole stehen. Sonst verursacht der Schalthebel später Geräusche.

● Kardanwelle einbauen (siehe Seite 108).

● Auspuff einbauen (siehe Seite 49).

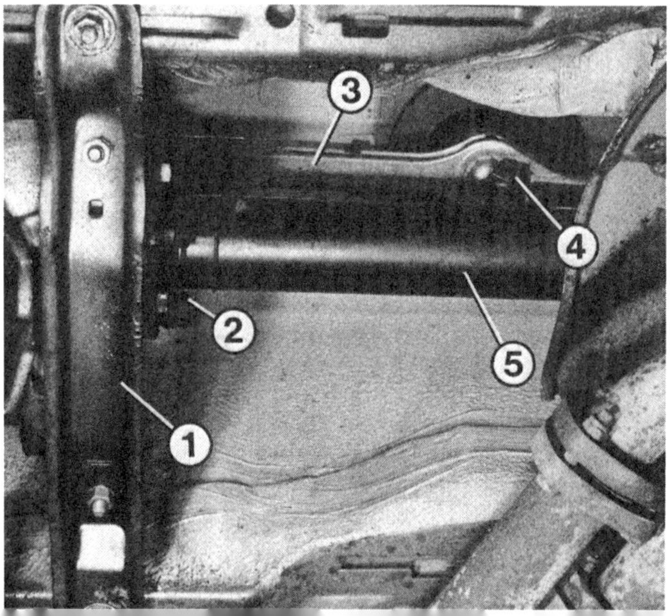

Schaltgetriebe-Ausbau; es bedeuten:
1 – Getriebeträger;
2 – Verschraubung der Kardanwelle;
3 – Schaltarm (Schalthebel-Halterung);
4 – Sicherungsscheibe der Schaltstange;
5 – Kardanwelle.

Anzugs-drehmomente Schaltgetriebe

Bauteil	Gewinde	Nm
Getriebe (Kupplungsglocke) an Motor		
Sechskantschrauben	M 8	22–27
	M 10	47–51
	M 11	66–82
TORX-Schrauben	M 8	20–24
	M 10	38–47
	M 12	64–80
Getriebe an Kupplungsglocke (nur für Sportgetriebe)	M 12	72–80
Gummilager hinten an Getriebeträger und Getriebe	–	43–48
Getriebeträger an Karosserie	–	22–24
Schaltkonsole an Getriebe	–	20–25

Getriebegeräusche

Im Lauf der Zeit kann das Getriebe durch Geräuschentwicklung auf sich aufmerksam machen.
○ Zuerst sollten Sie nach dem Ölstand im Getriebe sehen.
○ Tritt ein heulendes Geräusch in einem Gang auf und verändert sich der Ton beim Gasgeben und Gaswegnehmen, dürfte die Verzahnung des betreffenden Gangradpaares verschlissen sein.
○ Bei Geräuschen in allen Gängen liegt es an Getriebe-Wellenlagern.
○ Rauhe, mahlende Geräusche, die erst bei warmem Getriebe hörbar werden, weisen auf schlagende Synchronringe hin. Bei dünnflüssiger werdendem Öl wird dieses immer an derselben Stelle vom Synchronring weggedrückt.

Fingerzeig: Werkstätten wagen sich nur selten an die Reparatur oder Überholung eines Getriebes, sondern raten lieber zu einem Austauschaggregat. Preiswerter ist in den meisten Fällen der Einbau einer gebrauchten Schaltbox von der Autoverwertung. Achten Sie dabei auf die richtige Getriebe-Version. Zusätzliche Hilfe bietet die Getriebebezeichnung bzw. die Kennbuchstaben, die oben am Flansch der Kupplungsglocke eingeschlagen sind.

Automatisches Getriebe

Kernstück aller Automatikgetriebe sind sogenannte Planetensätze. Die bestehen aus einem Zahnrad, um das drei weitere Zahnräder umlaufen. Über diese Anordnung ist ein Ringrad mit Innenverzahnung gestülpt. Jeweils zwei dieser Baugruppen sind zu einem Radsatz zusammengefaßt und bilden ein eigenes kleines Zweiganggetriebe.
Das Geniale an diesen Getrieben ist die Art, sie zu schalten. Dazu werden nämlich keine Zahnräder getrennt und zugeschaltet, sondern die Übersetzungsänderung erfolgt lediglich durch Festhalten oder Loslassen von Teilen des Planetensatzes. Das Schalten geschieht also ohne Unterbrechen des Kraftflusses. Das Halten und Lösen besorgen in der Praxis hydraulisch gesteuerte Bremsen bzw. Kupplungen.
Wann das Schalten zu erfolgen hat, bestimmt – je nach Ausführung – die hydraulische oder elektronische Getriebesteuerung nach den Kriterien Fahrgeschwindigkeit, Motorbelastung, Kickdown und Wählhebelstellung.
Um ein mehrstufiges Getriebe zu erhalten, werden zwei oder drei Planetensätze hintereinandergeschaltet. So entsteht ein Drei- oder Vierganggetriebe mit Rückwärtsgang. Die Koordination der Radsätze erledigt die Getriebesteuerung.

Der Drehmoment-wandler

Zwischen Motor und Automatikgetriebe sitzt keine herkömmliche Reibkupplung, wie wir sie vom Schaltgetriebe her kennen. Vielmehr wurde ein hydraulischer Drehmomentwandler verwendet, in dem das Drehmoment des Motors auf Schaufelräder übertragen wird. Bei laufendem Motor versetzt das mit ihm gekuppelte Pumpenrad die Wandlerflüssigkeit (ATF) in eine Drehbewegung und schleudert sie nach außen gegen das Wandlergehäuse. Dabei trifft die Flüssigkeit auf das sogenannte Leitrad, das den ATF-Strom in die vorgesehene Richtung lenkt. Dabei wird auch das mit dem Getriebe verbundene Turbinenrad in Drehung versetzt. Weil die Zahnräder des Planetengetriebes dauernd im Eingriff stehen und die Wandlerflüssigkeit bei laufendem Motor immer versucht – durch den Motor in Drehung versetzt – das Getriebe und damit auch die Antriebsräder zu bewegen, »kriecht« der BMW im Leerlauf, muß also mit der Fuß- oder Handbremse gehalten werden.

Verschiedene Getriebe-versionen

Je nach Bauzeit und Ausstattung des BMW kommen unterschiedliche Automatikgetriebe zum Einsatz:
○ **Bis 8/83** wurde im 5er ein konventionelles **3-Gang-Getriebe** eingebaut. Wie bei den Automatikgetrieben im BMW üblich, stammt es von der Firma ZF in Friedrichshafen. Getriebebezeichnung: **3 HP 22**.

○ **Ab 9/83** kam das feinfühliger schaltende **4-Gang-Getriebe** serienmäßig zum Einsatz. Im 525i/528i war es auf Sonderwunsch auch schon zu einem früheren Zeitpunkt erhältlich. Zur Vermeidung von Schlupf (was Verlust bedeutet) besitzt der Drehmomentwandler eine Überbrückungskupplung, die bei einer Getriebeöltemperatur von mehr als 20°C und einer Geschwindigkeit von über 85 km/h im 4. Gang wirksam wird. Getriebe und Motor sind dann starr miteinander verbunden. Getriebebezeichnung **4 HP 22**.
○ **Ab 9/85** war das **elektronisch-hydraulische 4-Gang-Getriebe** – für den 525e – im Programm. Die Getriebesteuerung erfolgt durch eine Elektronikeinheit im Kofferraum, die Informationen von der Motronic, vom Getriebe und von einem Geschwindigkeits-Geber verarbeitet. Nach Bedarf kann der Fahrer drei verschiedene Programme für sportliches oder energiesparendes Fahren sowie für Schalten von Hand aufrufen. Bei erneutem Motorstart springt der Wahlschalter automatisch auf »E« (Economy) zurück.
Motronic und elektronische Getriebesteuerung (beide von Bosch) korrespondieren übrigens wechselseitig: Zum Beispiel wird nach Schaltvorgängen das Drehmoment des Motors durch automatisches Verstellen des Zündzeitpunkts kurzzeitig reduziert. Der Gangwechsel erfolgt dadurch ruckfrei und komfortabel.
Die Notlaufschaltung wurde nicht vergessen. Bei gestörter Elektronik bleibt der Wagen im 3. und im Rückwärtsgang fahrfähig. Getriebebezeichnung **4 HP 22 EH**.

Automatik-getriebe prüfen

Für den Selbsthelfer bietet das Automatikgetriebe kaum Möglichkeiten zur Eigeniniative. Gezielte Prüfungen helfen jedoch, den Fehler einzukreisen, was nicht zuletzt beim Gebrauchtwagenkauf interessant ist:
○ Der ATF-Stand im Getriebe ist bei Störungen als erstes zu prüfen (Seite 24).
○ Riecht die ATF am Peilstab verbrannt, liegt ein schwerer Getriebeschaden vor. Die Bremsbänder bzw. Kupplungslamellen sind dann defekt.
○ Auf einer Probefahrt können die Schaltpunkte überprüft werden.
○ Beurteilen der Schaltvorgänge gehört dazu.
○ Die Einstellung des Gaskabelzugs zwischen Getriebe und Einspritzung (hydraulisch gesteuertes Getriebe) ist eine wichtige Voraussetzung für fehlerfreie Arbeitsweise.
○ Gleiches gilt für die Einstellung des Wählhebels.

Schaltpunkte prüfen

Zahlreiche verschiedene Hinterachsübersetzungen und unterschiedliche Getriebeauslegungen machen es unmöglich, die Schaltpunkte für alle Versionen hier aufzuführen – der Umfang würde den Rahmen dieses Buches sprengen. Deshalb finden Sie nachstehend einige Getriebe- bzw. Fahrzeugversionen herausgegriffen. Die Schaltpunkte der übrigen Wagen liegen ähnlich.

Motor	Getriebe	Gaspedal-stellung	Hochschalten (km/h)			Zurückschalten (km/h)		
			1.–2. Gang	2.–3. Gang	3.–4. Gang	4.–3. Gang	3.–2. Gang	2.–1. Gang
520i	3-Gang	Vollgas	43–53	96–106	–	–	75–85	–
		Kickdown	64–72	109–118	–	–	103–113	57–67
525e	4-Gang[1]	Vollgas	52–60	87–95	134–142	112–120	70–78	36–44
		Kickdown	63–70	110–118	–	173–181	94–102	50–57
528i	4-Gang[2]	Vollgas	56–66	114–124	155–166	127–137	83–94	37–52
		Kickdown	75–83	129–138	–	sofort	122–132	62–73

[1] elektronische Steuerung, Programm »E«
[2] hydraulische Steuerung

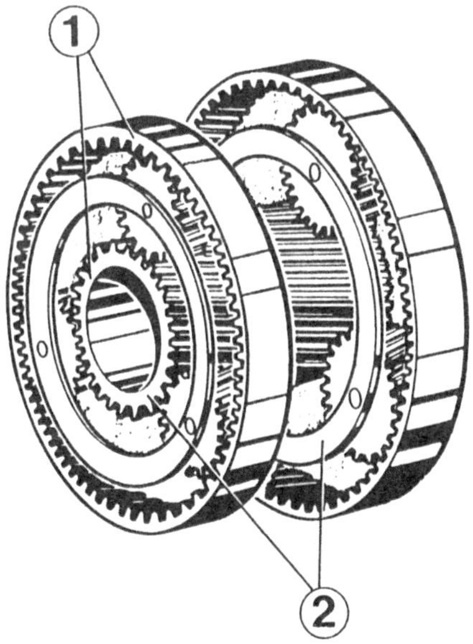

Bei einem Planetengetriebe sind alle Zahnräder ständig im Eingriff. Die verschiedenen Übersetzungsstufen werden ohne Zugkraftunterbrechung durch Antreiben oder Festhalten des Sonnenrades, der Planetenräder oder des Ringrades erreicht.
1 – angetriebene Teile; 2 – festgehaltene Teile.

Beurteilen der Schaltvorgänge

Bei einer Probefahrt können Sie Ihre Aufmerksamkeit auf die Schaltvorgänge richten:
○ Hochschalten: Bei Teilgas ist der Gangwechsel kaum wahrnehmbar; bei Vollgas oder Kickdown werden die Übergänge zwar etwas deutlicher, doch stets muß der höhere Gang geschmeidig fassen. Kurzes Hochdrehen beim Gangwechsel deutet auf Fehler hin, die genauer untersucht werden müssen.
○ Herunterschalten: Ohne Gas (beim Ausrollenlassen) kaum spürbar bei sehr niederen Geschwindigkeiten. Ein Stoß ist beim Rückschalten mit Teil- oder Vollgas normal. Das Zurückschalten ohne Gas mit dem Schalthebel dauert 1 bis 2 Sekunden. Wird beim zwangsweisen Zurückschalten mit dem Schalthebel Gas gegeben, erfolgt der Gangwechsel ohne Verzögerung.

Gaskabelzug einstellen

Der Gaskabelzug gibt dem Getriebe mit hydraulischer Steuerung Informationen über Drosselklappenstellung und Kickdown-Betätigung. Eingestellt wird am Drosselklappenhebel des Motors:
● Den unterdruckbetätigten Drosselklappenansteller (Bild Seite 81) von einem Helfer zurückdrücken lassen, damit der Drosselklappenhebel am Leerlaufanschlag anliegt.
● Mit den beiden Kontermuttern der Gaskabelzug-Hülle die Einstellung so verändern, daß zwischen dem Ende des Gewindestücks und der Plombe auf dem Zug ein Abstand von 0,5 mm besteht.
● Ein weiterer Einstellschritt: **Kickdownanschlag überprüfen:**
● Der Gaszug muß richtig eingestellt sein (Seite 90).
● Kontermutter am Anschlag unter dem Gaspedal lösen. Anschlag ganz hineindrehen.
● Gaspedal jetzt durchtreten, bis der Druckpunkt (Pedal geht schwerer) spürbar wird.
● Pedal in dieser Stellung halten und Anschlag so weit herausdrehen, bis er von unten am Pedal anliegt. Anschlag mit Kontermutter festziehen.
● Prüfung: Gaspedal voll durchtreten (Kickdown). Im Motorraum muß jetzt von Helfer geprüft werden, ob die Plombe auf dem Gaskabelzug mindestens 44 mm vom Ende des Gewindestücks entfernt ist.

Automatik-Schalthebelweg einstellen
3-Gang

● Verbindungsstange Schalthebel/Getriebe am Schalthebel abbauen.
● Hebel am Getriebe in Stellung »N« einrasten lassen.
● Schalthebel in Stellung »N« bringen und von Helfer nach vorn gegen den Anschlag drücken lassen.
● Lagerbolzen auf dem Gewinde der Verbindungsstange so verdrehen, daß der Bolzen in die zugehörige Bohrung am Schalthebel-Unterteil gesteckt werden kann.
● Bolzen eine Umdrehung weiter auf die Verbindungsstange drehen; die wirksame Länge der Stange wird dadurch ein wenig geringer.
● Bolzen in dieser Stellung einsetzen und sichern.

Automatik-Schalthebelweg einstellen
4-Gang

● Schalthebel auf »P« stellen.
● Am Getriebe die Klemmutter (sie hält den Wählhebelzug am Hebel des Getriebes) lockern.
● »Schalt«-Hebel am Getriebe nach vorn drücken.
● Seilzugende etwas nach hinten drücken, um Spiel zu eliminieren und Klemmutter in dieser Stellung festziehen.

Störungsbeistand

Automatik-getriebe

Hier finden Sie nur Störungen beschrieben, die Sie selbst beheben können.

Die Beanstandung	– ihre Ursache
A Ruckartige Schaltübergänge beim Einlegen der Fahrstufen »D« oder »R« aus der Leerlaufstellung »N« heraus	1 ATF-Stand zu niedrig 2 Leerlaufdrehzahl zu hoch
B Starkes Kriechen im Leerlauf bei eingelegtem Fahrbereich	Siehe A 2
C Fahrzeug setzt sich bei eingelegtem Fahrbereich nicht in Bewegung, kein Antrieb in allen Fahrstufen	Siehe A 1
D Langgezogene, schleifende Schaltübergänge	Siehe A 1
E Verzögerter Antrieb nach längerer Standzeit	Siehe A 1
F Unregelmäßiger Antrieb in allen Fahrstufen	Siehe A 1
G Kickdown arbeitet nicht	Gaskabelzug bzw. Gaszug falsch eingestellt
H Getriebe schaltet bei mittleren Geschwindigkeiten zu spät hoch	Siehe G
J Schlechte Beschleunigung, Höchstgeschwindigkeit wird nicht erreicht	1 Siehe A 1 2 Schlechte Motorleistung durch falsche Einstellung oder Verschleiß

Die Steuerung des rein hydraulisch gesteuerten Automatikgetriebes erfolgt vom Gaszug (5) über den Drosselklappenhebel (4) zum Gaskabelzug (3) des Getriebes. Zum Einstellen des Zugs dienen die Plombe (2) und die Kontermuttern (1).

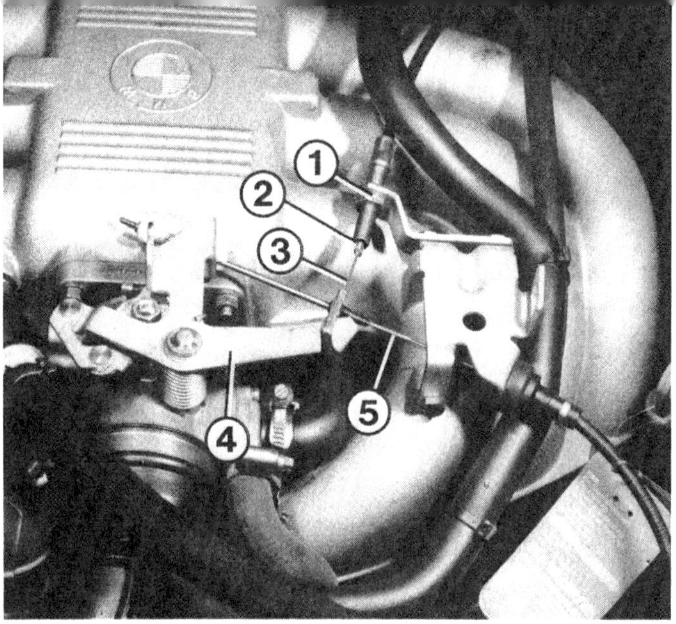

Der Startblockierschalter

Wagen mit automatischem Getriebe besitzen einen Startblockierschalter, der ein Anlassen des Motors nur in Wählstellung »P« und »N« zuläßt. Der Schalter sitzt unten am Wählhebel und steuert ein Relais unter der linken Armaturenbrettverkleidung (siehe Seite 224 und 259). Über den Arbeitskontakt des Relais läuft beim Startvorgang der Strom von Zündschloß-Klemme 50 zum Anlasser-Magnetschalter.

- Streikt der Anlassser, obwohl »P« oder »N« eingelegt ist, Wählhebelabdeckung abnehmen (Seite 258).
- Am Mehrfachstecker rechts neben dem Wählhebel das braune und das braun/schwarze Kabel überbrücken.
- Läßt sich der Anlasser jetzt betätigen, muß der Schalter am Wählhebel ausgetauscht werden.

Fingerzeig: Fahrzeuge mit Automatikgetriebe dürfen nicht weiter als 40 bis 50 km geschleppt werden, sonst reicht die Getriebeschmierung nicht aus. Aus dem gleichen Grund gilt eine Höchstgeschwindigkeit von 50 km/h. Im Zweifelsfall den bequemeren Weg wählen und den Wagen verladen lassen. Für wirkliche Notfälle im Ausland Kardanwelle (nicht die Antriebswellen!) zum Schleppen ausbauen.

Automatikgetriebe ausbauen

Der Wagen muß so hoch aufgebockt werden, daß Sie bequem von unten daran arbeiten können. Besorgen Sie sich zudem einen großen Rangier-Wagenheber zum Abstützen und Ablassen des sehr schweren Automatikgetriebes.

Das Getriebe ist teilweise – je nach Baujahr des Wagens – mit sogenannten TORX-Schrauben am Motor befestigt. Sie benötigen dann TORX-Steckeinsätze für den Rätschenkasten in den Größen E 10 und E 14.

- Batterie abklemmen.
- Gaskabelzug (hydraulisches Getriebe) am Drosselklappenstutzen aushängen und vom Widerlager abschrauben.
- Auspuffanlage komplett ausbauen (Seite 49).
- Wo vorhanden, Wärmeschutzblech ausbauen.
- Kardanwelle vorn und am Mittellager abbauen (siehe Seite 108). An der Hinterachse kann sie angeschraubt bleiben. Vorderes und hinteres Wellenteil keinesfalls auseinanderziehen.
- Kardanwelle am Mittellager nach unten knicken und vom Zentrierzapfen am Getriebe ziehen.
- Damit die Welle nicht nach unten hängt, kann sie mit Draht an die Karosserie hochgebunden werden.
- ATF ablassen.
- Öleinfüllrohr abschrauben und ausbauen.
- Beide Leitungen zum Ölkühler am Getriebe abschrauben, dabei auf äußerste Sauberkeit achten. Leitungen mit Stopfen verschließen.
- Abdeckblech bzw. Versteifungsschale unten zwischen Motor und Getriebe abbauen. Dadurch werden die Befestigungsschrauben des Drehmomentwandlers zugänglich.
- Alle Befestigungsschrauben des Drehmomentwandlers von der Motorseite des Schwungrads her lösen. Dazu die Kurbelwelle jeweils ein Stück weiterdrehen (Seite 36).
- 525e mit Motronic bis 12/86: Drehzahl- und Bezugsmarkengeber abschrauben und herausziehen.
- Beim elektronisch gesteuerten Getriebe den Steueranschlußstecker links unten am Getriebe linksdrehen und herausziehen.
- Schaltgestänge am Schalthebel-Unterteil aushängen (3-Gang) bzw. Bowdenzug des Wählhebels am Getriebe abbauen (4-Gang).
- Getriebe stabil abstützen.
- Hinteren Getriebeträger komplett abbauen.
- Getriebe etwas ablassen und Verbindungsschrauben Motor/Getriebe lösen.
- Schutzgitter unten am Wandlergehäuse abhebeln und durch diese Öffnung hindurch den Wandler von der Mitnehmerscheibe des Motors mit einem Schraubenzieher abdrücken.
- **Der Wandler muß im Getriebe bleiben!** Achten

Sie auch später darauf, daß er nicht herausfällt (mit Draht festbinden).

● Getriebe vollends herausziehen und nach unten absenken. Motor gegen Kippen sichern.

Automatikgetriebe einbauen

Im Gesamten läuft der Einbau sinngemäß umgekehrt wie der Ausbau. Besondere Beachtung verdienen die folgenden Punkte:

● Kontrollieren, ob der Wandler richtig im Getriebe sitzt. Er muß tief im Getriebegehäuse stecken. Darauf achten, daß er beim Einbau nicht nach vorn rutscht.

● Mitnehmerscheibe am Motor auf Bruchstellen oder Rißbildung prüfen. Wenn defekt: Ersetzen.

● Zum Festschrauben des Wandlers an der Mitnehmerscheibe unbedingt die Originalschrauben benutzen, sonst wird der Wandler zerstört.

● TORX-Schrauben nur mit Unterlegscheiben verbauen.

● Vor dem Einsetzen der Bezugsmarken- und Drehzahlgeber bei Motronic-Fahrzeugen bis 12/86 die Dichtringe prüfen. Geber nicht verwechseln; Geber mit Markierungsring (Kabelbinder) zu Bohrung »B«. Zum Einsetzen Molykote Longterm 2 verwenden, die Stirnseite der Geber muß jedoch fett- und schmutzfrei sein.

● Kardanwelle einbauen, siehe unten.

● Wurde ein defektes Getriebe ausgetauscht, Leitungen zum Ölkühler mit Preßluft durchblasen und anschließend zweimal mit ATF durchspülen.

● Neue ATF einfüllen.

● Auspuff einbauen (Seite 49).

● Wählhebelweg einstellen (Seite 104).

● Bei Getriebeversion mit Betätigungsstange zum Wählhebel die Stange in diejenige Bohrung einhängen, die keinen Kennbuchstaben trägt.

● Gaskabelzug einstellen (Seite 104).

Drehmomente Automatikgetriebe

Bauteil	Nm
Drehmomentwandler an Mitnehmerscheibe (M-8-Schrauben)	**25–27**
(M-10-Schrauben)	**45–51**
Öleinfüllrohr 3-Gang-Getriebe	**100–115**
Öleinfüllrohr 4-Gang-Getriebe	**86–110**
Versteifungsschale an Getriebe	**22–24**
Übrige Drehmomente wie Schaltgetriebe (siehe Seite 102)	

Die Kardanwelle

Die Kardan- oder Gelenkwelle überträgt die Motorkraft vom Getriebe zur Hinterachse – genauer gesagt zum Hinterachsgetriebe. Die Welle verläuft in Fahrzeugmitte im sogenannten Kardantunnel. Sie ist zweiteilig und besitzt an der Verbindung beider Hälften eine zusätzliche Lagerung, das Mittellager. Vorn ist die Welle über eine Gelenkscheibe aus Gummi mit dem Getriebe verbunden. In der Mitte der Welle und an ihrem hinteren Ende finden wir Kreuzgelenke, die einen geringen Beugewinkel der Kardanwelle zulassen.

Störungssuche

Kardanwelle

○ **Vibrationen und Brummgeräusche** deuten auf Störungen im Rundlauf der Welle: Fehlende Wuchtbleche lassen darauf schließen, daß die Wuchtung nicht mehr stimmt.
Beide Wellenhälften werden zusammen gewuchtet. Trennen der Teile ohne Kennzeichnung der Einbaulage der Teile zueinander macht die Wuchtung unwirksam. Weitere Möglichkeiten für Brummgeräusche: Defektes Gummigelenk, ausgeschlagenes Mittellager, verschlissene Kreuzgelenke. Betreffende Teile ersetzen bzw. Austauschwelle einbauen.

○ **Pfeifgeräusche** können von einem defekten Mittellager herrühren.

○ **Rassel- und Schabgeräusche** haben meist ihre Ursache in zu großem Spiel am Schiebestück (Verbindung der Wellenhälften).

Kardanwelle ausbauen

● Wagen stabil aufbocken, damit an der Unterseite gearbeitet werden kann.

● Auspuffanlage komplett ausbauen (siehe Seite 49).

● Wo vorhanden, Wärmeschutzblech abbauen.

● Am Kardanwellen-Mittellager den Schraubring mit dem BMW-Werkzeug 261040 (ersatzweise große Rohrzange) einige Umdrehungen lösen.

● Gummi-Gelenkscheibe vorn an der Welle vom Getriebe abbauen.

● Beim 525e den Schwingungstilger nach Lösen der drei Schrauben um 60° drehen und an die Gummi-Gelenkscheibe anlegen. Der Schwingungstilger wird später zusammen mit der Welle abgenommen.

● Kardanwelle jetzt vom Hinterachsgetriebe abschrauben. Dabei den Flansch mit einem stabilen Schraubenzieher gegen Durchdrehen sichern.

● Kardanwellen-Mittellager von der Karosserie abschrauben. Dabei den Flansch mit einem stabilen Schraubenzieher am Drehen hindern.

● Kardanwelle am Mittelgelenk abschrauben und

nach unten durchknicken. Jetzt das vordere Wellenende aus der Zentrierung am Getriebe ziehen.

- Welle komplett abnehmen.
- Die beiden Wellenhälften **nicht** voneinander **trennen** (siehe folgenden Fingerzeig).
- Beim **Einbau** beachten:
- Generell neue selbstsichernde Muttern verwenden.
- Zentrierung am vorderen Kardanwellen-Ende prüfen und gegebenenfalls mit Molykote Longterm 2 fetten.
- Beim Anziehen der Verschraubungen am Gummigelenk die Schrauben festhalten und nur an den Muttern drehen (wo immer das möglich ist). Sonst besteht die Gefahr, daß sich das Gelenk verspannt (Brummgeräusche, Verschleiß).
- Mittellager der Welle vor dem Festschrauben 4–6 mm in Fahrtrichtung drücken (vorspannen).
- Auf genügend Abstand zum Tank beim Einbau des hinteren Wärmeschutzblechs achten.
- Bei fertig eingebauter Kardanwelle die Schraubbuchse am Mittellager anziehen (Drehmoment).
- Auspuff einbauen (siehe Seite 49).

Fingerzeige: Sollen hinteres und vorderes Teil der Kardanwelle getrennt werden, muß die Stellung der Teile zueinander zuvor mit Körner oder Farbpunkten markiert sein. Sonst stimmt beim anschließenden Zusammenbau die Wuchtung nicht mehr.
Wurden beide Teile versehentlich ohne Markierung getrennt, bauen Sie die Welle so zusammen, daß hinteres und vorderes Kreuzgelenk gleich ausgerichtet sind. So wird die Kardanwelle werksseitig montiert. Stimmt die Wuchtung so nicht, Teile um 180° versetzt erneut zusammenbauen.

Anzugsdrehmomente Kardanwelle

Bauteil	Gewinde	Nm
Gummigelenk an Gelenkwelle	M 10–8.8	46
bzw. an Getriebe	M 10–10.9	72
	M 12	123
Kardanwelle an Hinterachse	M 10	72
Schraubbuchse neben Mittellager	–	22
Mittellager an Karosserie	–	22

Das Hinterachsgetriebe

Das Hinterachsgetriebe lenkt die Antriebskraft über Kegel- und Tellerrad gewissermaßen rechtwinklig um die Ecke und über zwei Antriebswellen zu den Hinterrädern. Es paßt durch seine Übersetzung die Drehzahl der Kardanwelle der erforderlichen Raddrehzahl an und gleicht bei Kurvenfahrt die unterschiedlichen Radwege des inneren und äußeren Rads durch sein Kegelradgetriebe (Differential) aus.

Hinterachsgetriebe ausbauen

- Kardanwelle am Hinterachsgetriebe abschrauben (siehe Vorseite).
- Antriebswellen am Hinterachsgetriebe abschrauben (siehe Text auf der folgenden Seite).
- Schrauben vom Hinterachsgetriebe am Hinterachsträger oben herausdrehen.
- Hinterachsgetriebe mit Wagenheber abstützen.
- Vordere Befestigungsschrauben herausdrehen.
- Kabel vom Tachometer-Impulsgeber abziehen.
- Befestigungsschraube oben am Gummilager herausdrehen; das Hinterachsgetriebe kann jetzt abgenommen werden.

Die Manschetten (Pfeil) an den Enden der Antriebswellen schützen die Gelenke vor Feuchtigkeit und Schmutz. Eine regelmäßige Kontrolle der Manschetten und ihrer Schlauchbinder ist dringend anzuraten, denn eindringender Schmutz und Feuchtigkeit lassen ein Gelenk schnell ausschlagen.

● Beim Einbau das Hinterachsgetriebe zuerst mit den oberen Schrauben am Hinterachsträger fixieren.
● Anzugsdrehmomente: Hinterachsgetriebe an Achsträger: 110–123 Nm; Hinterachsgetriebe an Gummilager 80–87 Nm. Übrige Anzugsdrehmomente siehe Antriebs- und Kardanwelle.

Fingerzeig: Häufig wird übersehen, daß auch Getriebe und Hinterachse »eingefahren« werden müssen. Hier wird eine Schonzeit von mindestens 1000 km gefordert. Gerade am empfindlichen Hinterachsgetriebe können sonst Schäden (Fresser) entstehen, die zu Laufgeräuschen, Überhitzung und Ölaustritt führen.

Die Antriebswellen

Zum Hinterachsantrieb gehören die Antriebswellen. Sie übertragen die Antriebskraft auf die Räder. Die Gelenke dieser Welle müssen dazu in der Lage sein, die Kraft bei allen Hinterachs-Federbewegungen gleichmäßig zu übertragen.
Diese Anforderung erfüllen sogenannte homokinetische Gelenke (Gleichlaufgelenke). Ihre Funktion beruht auf sechs Kugeln, die in speziell geschliffenen Laufbahnen beim Knicken des Gelenks hin und her laufen. So wird bei jedem im Fahrzeug möglichen Beugewinkel der Antriebswelle absolut gleichmäßige Kraftübertragung gewährleistet.

Manschetten der Antriebswellen prüfen

Wartung Nr. 45

Die Gelenke der Antriebswellen sind durch Gummimanschetten vor Feuchtigkeit und Schmutz geschützt. Deshalb sollten Sie diese Manschetten regelmäßig unter die Lupe nehmen, ob sie nicht durch Risse undicht geworden sind.
● Jeweils ein Antriebsrad hochbocken, Wagen absichern.
● Betreffende Achswelle langsam durchdrehen und dabei die Manschette auf spröde Stellen bzw. Löcher untersuchen. Auch Fettspuren können auf ein Loch hindeuten.
● Sitzen die Schlauchbinder fest?
● Beschädigte Staubmanschetten baldigst auswechseln, sonst zerstört eindringendes Wasser die Gelenke, und die sind nicht gerade billig!

Störungssuche

Antriebswellen

○ Die Gelenke der Antriebswellen zeigen meist schlagartig Ausfallserscheinungen, die aber zwischendurch wieder völlig verschwinden können. Die »ruhige Phase« kann sich über mehrere Tage und Kilometer erstrecken.
○ Charakteristisch sind rhythmische Schlag- oder Knack-knack-knack-Geräusche beim Gasgeben und im Schiebebetrieb.
○ Einfachste, aber teuerste Reparaturmöglichkeit ist der Einbau kompletter Austausch-Antriebswellen (evtl. vom Zubehörhandel).
○ Billigere Methode: ein einzelnes Gelenk auswechseln. Schwierig ist allerdings, das defekte Gelenk zu lokalisieren. Am besten erkennen Sie den Übeltäter durch konzentriertes Horchen während der Fahrt.
○ Bei ausgebauter Welle sind schadhafte Gelenke leichter zu erkennen: Sie lassen sich nur schwer und ruckartig durchdrehen.

Antriebswelle ausbauen

● Wagen aufbocken und sichern.
● 6 Innensechskantschrauben an jedem Antriebsgelenk herausdrehen.
● Antriebswelle abnehmen.
● Nachdem ein Gelenk abgeschraubt wurde, loses Antriebswellenende jetzt nicht nach unten fallen lassen, sonst nimmt das noch festgeschraubte Gelenk Schaden.
● Beim Einbau die Schrauben der Wellengelenke mit 58–63 Nm anziehen.

Antriebswellen zerlegen

BMW liefert als Ersatzteil die Gelenke der Antriebswelle einzeln sowie einen Reparatursatz für die Gummimanschette. Bei dem hohen Preis einer kompletten Welle kann sich der Austausch eines einzelnen Gelenks durchaus lohnen.
Was sich ganz ohne Frage lohnt, ist das Ersetzen einer defekten Manschette. Achten Sie bei der Reparatur darauf, ob Schmutz ins Gelenk gelangt ist. Ist das der Fall, Gelenk reinigen und Fettfüllung erneuern.

Das Antriebsgelenk (2) kann nach Entfernen des Sprengrings (1) von der Antriebswelle (3) abgezogen werden.

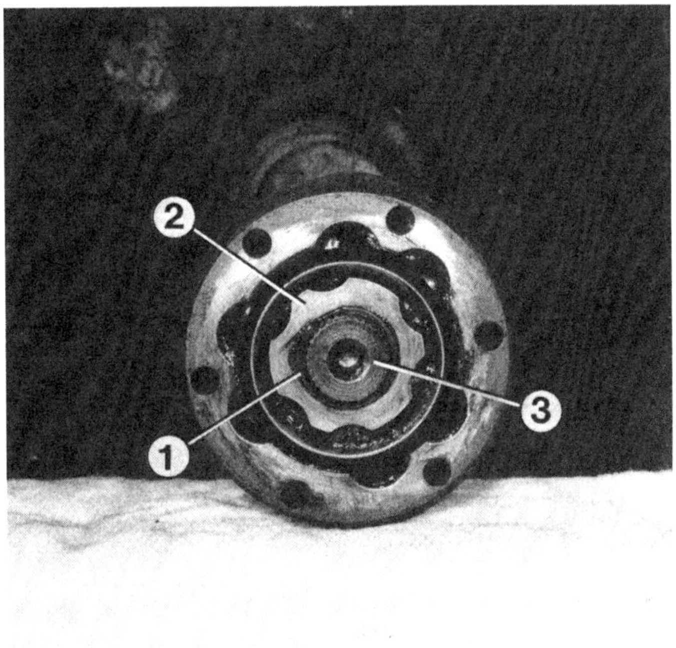

Antriebswellengelenk ausbauen

- Antriebswelle ausbauen oder nur ein Gelenk vom Hinterachsgetriebe abbauen.
- Blech-Schutzkappe auf der einen, Blechflansch der Gummimanschette auf der anderen Seite mit Durchschlag und Hammer vorsichtig vom Gelenk herunterklopfen. Dabei den Durchschlag an mehreren Stellen rund um das Gelenk ansetzen.
- Am Wellenende den Sicherungsring, der das Gelenk auf der Antriebswelle hält, mit zwei schmalen Schraubenziehern und etwas Geduld aus der Nut »popeln« und abnehmen.
- Antriebsgelenk jetzt von der Welle ziehen; notfalls mit dem Hammer etwas nachhelfen.
- Will sich das Gelenk so nicht lösen, muß es in der Werkstatt unter der Reparaturpresse von der Welle gedrückt werden.
- Soll die Gummimanschette gewechselt werden, Spannbänder der alten Manschette mit Seitenschneider durchschneiden. Manschette abziehen.
- Neue Manschette montieren.
- Verzahnung an Gelenk und Welle fettfrei säubern und mit Loctite Nr. 270 (Sicherungsmittel) bestreichen. Es darf kein Sicherungsmittel auf die Kugelbahnen gelangen.
- Gelenk so auf die Welle stecken, daß der Bund am Innenring bei eingebauter Welle in Richtung Fahrzeug-Außenseite zeigt.
- Gelenk bis zum Anschlag auf die Welle schieben und Sicherungsring einsetzen.
- Gelenk mit 120 g MoS_2-Schmierfett versehen (im Reparatursatz enthalten); gebrauchte Gelenke nur nachfetten.
- Blech-Schutzkappe und Blechflansch der Manschette mit Dichtmittel (Curil K) am Gelenk festkleben.
- Gummimanschette vor Festziehen des Spannbands mit Klebstoff gegen den Blechflansch abdichten. Geeignet: Bostik 1513.

Untergrundbewegung

Die Einzelaufhängung aller vier Räder hat bei BMW eine lange Tradition. Ebenso wie die gute Straßenlage, die allen Wagen mit dem weiß/blauen Emblem nicht zu Unrecht nachgesagt wird.
Da das eine mit dem anderen einhergeht, ist es auch nicht verwunderlich, daß mit Ausnahme der 501/502-Baureihe alle Nachkriegs-BMW-Modelle Einzelradaufhängung besitzen. Die heute schon historische BMW Isetta, deren Zwillings-Hinterräder an einer gemeinsamen Schwinge saßen, bildet da keine Ausnahme.

Die Vorderradaufhängung

Eine Vorderachse im landläufigen Sinn gibt es im modernen Automobilbau schon längst nicht mehr. Vielmehr sind die beiden Vorderräder – jedes für sich – »einzeln« an der Karosserie und am stabilen Vorderachsträger aufgehängt.
Kern der Vorderradaufhängung ist das sogenannte Federbein (siehe unten), an dem das Rad direkt befestigt ist und das sich gleichzeitig für Federung und Stoßdämpfung zuständig fühlt. Ein elastisch aufgehängtes Lager verbindet das Federbein an der Oberkante mit der Karosserie.
Unten ist es bei unseren 5ern – und das ist eine Besonderheit – nicht nur über einen, sondern über zwei sogenannte Querlenker gelenkig mit dem Vorderachsträger und der Karosserie verbunden. So kommt diese Achskonstruktion zu dem Namen »Doppelgelenk-Federbein-Vorderachse«.
Mit der Lenkung haben die Querlenker übrigens nichts zu schaffen. Ihren Namen bekamen sie vielmehr, weil an ihnen die Federbeine angelenkt (sprich: gelenkig aufgehängt) sind und weil sie quer zur Fahrtrichtung stehen. Die beiden Querlenker sind am Federbein in einem kleinen Abstand voneinander angebracht. Das bewirkt, daß sich das Rad beim Lenken nicht nur um einen, sondern um zwei Punkte dreht. Erfolg: Das Rad beschreibt beim Einschlagen keinen Kreisbogen, sondern es macht gewissermaßen eine ovale Bewegung. Von dieser Anordnung versprechen sich die BMW-Techniker einen sichereren Geradeauslauf, weil die Rückstellkräfte – also das Bestreben des Wagens, nach Kurven wieder geradeaus zu fahren – schon bei kleinen Lenkeinschlägen recht hoch sind.
Am Federbein ist außerdem noch ein mehrfach gebogener Rundstab aus Federstahl befestigt – der sogenannte Stabilisator. Der bewirkt folgendes: Wenn bei Kurvenfahrten das kurveninnere Rad ausfedert, wird der Stabilisator in sich verwunden. Mit der so entstehenden Federkraft wird nun die kurvenäußere Radaufhängung unterstützt und somit deren Feder gewissermaßen verstärkt. Folge: Der Wagen neigt sich beim Kurvenfahren wesentlich schwächer. Federt der Wagen – etwa beim Bremsen – vorn gleichmäßig ein, bleibt der Stabilisator wirkungslos.

Die Federbeine

Unter dem Begriff Federbein verstehen wir die Zusammenfassung von Feder und Stoßdämpfer in einer Einheit. Der Dämpfer ist in die Schraubenfeder hineingesteckt. Feder und Stoßdämpfer arbeiten genau in derselben Bewegungsrichtung. Das ergibt gleichmäßige, für die Fahrzeuginsassen angenehme Federbewegungen.
Für die Vorderradaufhängung wurde ein Patent des Amerikaners Earl S. McPherson verwendet. Das nach ihm benannte Federbein stellt eine komplette Radaufhängung dar. Der obere Befestigungspunkt an der Karosserie ist drehbar gelagert, so daß Lenkbewegungen überhaupt möglich sind. Und am unteren Ende der Federungseinheit sitzt der Radzapfen, auf dem das Vorderrad läuft.

Die Stoßdämpfer

Die Stöße der Fahrbahn schlucken Reifen und Federn. Die Stoßdämpfer indessen sollen die Schwingungen der Achsen und der Karosserie unterdrücken bzw. zum Abklingen bringen. Richtiger wäre daher die Bezeichnung »Schwingungsdämpfer«.

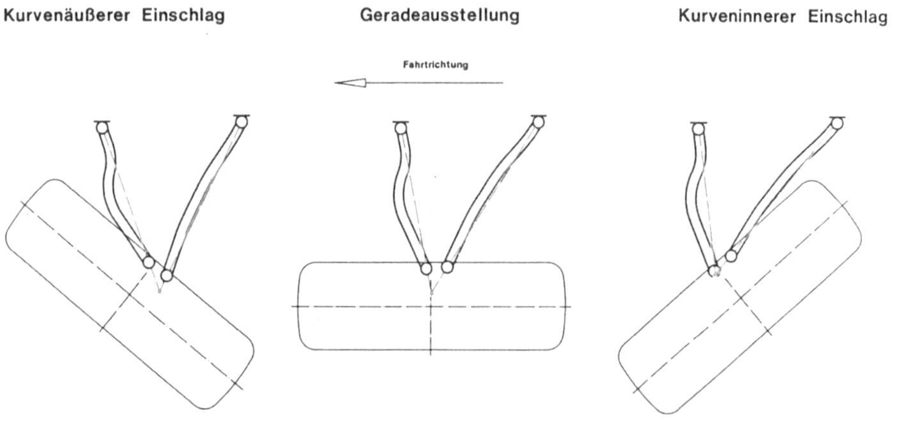

Die doppelten Querlenker bewirken, daß das Rad beim Einschlagen der Lenkung nicht um einen festen Punkt schwenkt, sondern daß es sich sozusagen um einen »scheinbaren« Lagerpunkt dreht (Schnittpunkt der roten Linien). Dieser Punkt verschiebt sich je nach Lenkeinschlag. Vorteil dieser Anordnung: Der Drehpunkt kann weit in das Rad hineingelegt werden. Dadurch sicherer Geradeauslauf und hohe Rückstellkräfte.

Zum besseren Verständnis der verschiedenen Grundbegriffe bei der Radeinstellung sollen die Zeichnungen beitragen.

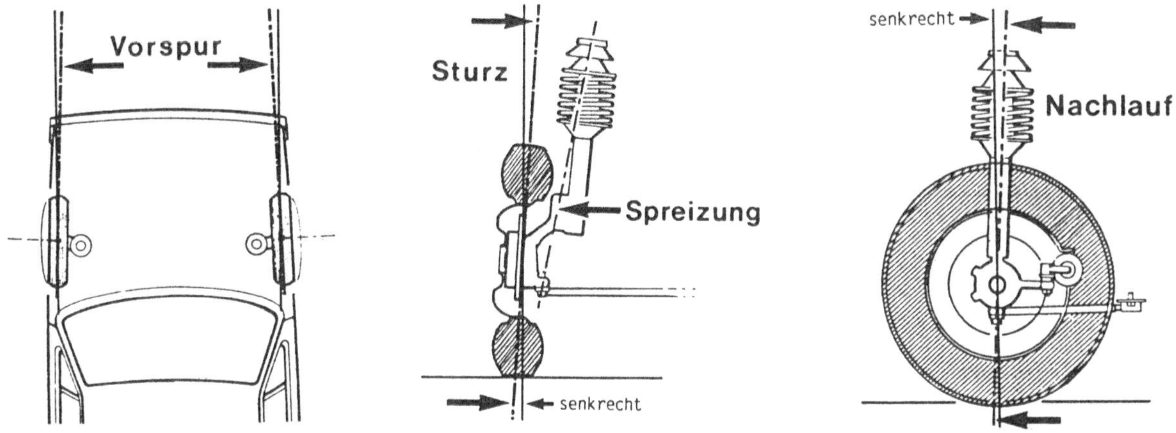

Serienmäßig sind sogenannte Zweirohrdämpfer eingebaut. Sie bestehen aus einem Arbeitszylinder, in dem ein mit einer Kolbenstange verbundener Arbeitskolben auf und ab gleiten kann. Der Arbeitszylinder ist von einem zweiten Zylinder umgeben, der als Vorratsbehälter für das Stoßdämpfer-Hydrauliköl dient. Bei Federbewegungen eines Rades verschiebt sich der Kolben im Zylinder. Das in Bewegung versetzte Spezialöl wird durch Ventile hindurchgepreßt, was die Kolbenbewegung verlangsamt und damit die Schwingungen des jeweiligen Rades dämpft.

Die Radeinstellung

Die Vorderräder müssen für ein sicheres Fahrverhalten in Längs- und Seitenrichtung in bestimmten Winkelstellungen stehen. Damit Sie sich unter der Bezeichnung »Lenkgeometrie« etwas vorstellen können, haben wir hier die Begriffe mit einer entsprechenden Erläuterung zusammengestellt:

○ **Vorspur:** Bei Geradeausfahrt stehen die Räder vorn geringfügig enger zusammen als hinten. Sie rollen gewissermaßen aufeinander zu. Das ist die Vorspur. Genau parallelstehende Räder haben nämlich das Bestreben, auseinanderzulaufen. Die Reibung zwischen Rad und Straße möchte das linke Rad nach links weg und das rechte nach rechts drücken. Das führt zum Radieren der Reifen und Räderflattern. Durch die Vorspur laufen die Räder wunschgemäß parallel ohne das Bestreben, seitlich wegzuziehen.
Beim Hineinlenken des Wagens in eine Kurve geht die Vorspur durch die trapezförmige Anordnung des Lenkgestänges in »Nachspur« über. Das kurveninnere Rad schwenkt stärker herum als das kurvenäußere. Dies ist auch notwendig, weil ja in einer Kurve die inneren Räder einen engeren Kreis fahren müssen als die äußeren. Das ergibt automatisch eine Unterstützung der Lenkbewegung und der Lenkkräfte.
Sturz: So nennt man die leichte Auswärtsneigung der Vorderräder – oben im Radkasten haben sie beim BMW einen engeren Abstand voneinander als unten am Boden. Das heißt in der Fachsprache »negativer« Sturz. Das Rad stemmt sich gewissermaßen gegen die Kurvenaußenseite.
Spreizung: Sie gehört zum Sturz. Spreizung ist die geringfügige Neigung der Schwenkachse, um die beim Lenken die ganze Geschichte schwenkt. Beide Schwenkachsen haben oben einen kleineren Abstand voneinander als unten. Sturz und Spreizung verhindern zusätzlich das Flattern der Räder. Ferner erleichtern sie das Einschlagen der Räder.
Nachlauf: Darunter versteht man die Schrägstellung der Schwenkachse in Fahrzeuglängsrichtung. Das hilft

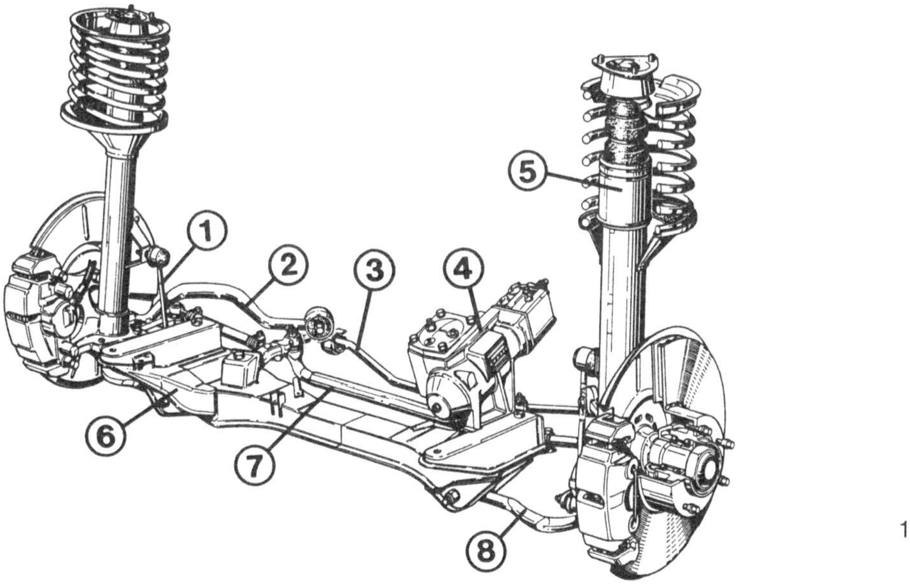

Die Vorderachse:
1 – Verbindungsstange vom Stabilisator zum Federbein;
2 – hinterer Querlenker;
3 – Stabilisator;
4 – Lenkgetriebe;
5 – Federbein;
6 – Achskörper;
7 – mittlere Spurstange;
8 – vorderer Querlenker.

ebenfalls, den Geradeauslauf zu stabilisieren und Flattern der Vorderräder zu verhindern. Außerdem bewirkt er eine Rückstellung der Lenkung nach Kurven.

Die Lenkung

Die Sechszylinder-Modelle unserer 5er-Reihe sind alle serienmäßig mit einer sogenannten Kugelmutter-Hydrolenkung ausgestattet. Hinter diesem Doppelbegriff verbirgt sich folgendes:

Das Lenkgetriebe besteht im wesentlichen aus einer Spindel mit Gewinde (verbunden mit dem Lenkrad) und einer darauf aufgeschraubten Mutter (verbunden mit dem Lenkgestänge). Durch diese Anordnung läßt sich eine Drehbewegung am Lenkrad in eine Hin- und Herbewegung an den Rädern umsetzen.

Durch das Gleiten der Mutter auf der Spindel würden diese Teile trotz Ölfüllung schnell verschleißen. Also muß eine Möglichkeit gefunden werden, die Reibung zu vermindern, und das geschieht mit Kugellager-Kugeln. Diese werden in den ausreichend bemessenen Zwischenraum in den Gewindegängen zwischen Mutter und Spindel eingefüllt. Erfolg: Jetzt haben wir an dieser Stelle statt Gleit-Reibung verschleißmindernde Roll-Reibung.

Damit das Lenken zur Spielerei wird, besitzen unsere Sechszylinder eine hydraulische Lenkkraftunterstützung – daher Hydro-Lenkung. Die unterstützende Hilfskraft ist dabei das unter hohem Druck stehende Hydrauliköl, das auf Arbeitszylinder geleitet wird, die sich ebenfalls im Lenkungsgehäuse befinden.

In welche Richtung dabei gepumpt werden soll, bestimmen Sie beim Drehen des Lenkrads. Diese Drehung wird auf ein Ventilsystem (ebenfalls im Lenkungsgehäuse) übertragen, das Richtung und Menge des Flüssigkeitsstromes regelt. Den Druck im hydraulischen System erzeugt eine Flügelpumpe, die der Motor über einen Keilriemen antreibt.

Die Hinterachse

Als Hinterachse dient bei unseren 5ern nach guter alter BMW-Sitte eine Schräglenker-Hinterachse. Die beiden Schräglenker – also die eigentliche Radaufhängung – sind gelenkig mit dem quer zur Fahrtrichtung eingebauten Achsträger verbunden.

Wie an der Vorderradaufhängung haben wir es auch hier wieder mit Federbeinen zu tun, die für Federung und Dämpfung der Räder zuständig sind.

Die Schräglenker-Hinterachse ist für ein fahraktives Auto wie den BMW wie geschaffen. Die Hinterräder werden sehr exakt geführt und erhalten – was die Seitenführung in Kurven verbessert – beim Einfedern einen stärkeren negativen Sturz. Beim Ausfedern verändert sich der Sturz dagegen nur geringfügig.

Während die Schräglenker der Modelle 520i, 525e und 525i eine Pfeilung von 20° aufweisen, besitzen der 528i und seit 4/86 auch die übrigen Modelle Schräglenker mit 13° Pfeilung. Außerdem verfügt der 528i über einen Zusatzlenker, der dem Schräglenker beim Ein- und Ausfedern zusätzliche Querbewegung verleiht. Der Hilfslenker bewirkt dabei eine geringere Spurweitenänderung bei Federbewegungen, geringere Sturzänderung, geringeren Beladungs-Einfluß sowie geringere Neigung zum Einfedern beim Anfahren.

Lenkgetriebe auf Dichtheit prüfen

Wartung Nr. 4

Im Lenkgetriebe der Servolenkung befindet sich als Hydraulikflüssigkeit die vom Automatikgetriebe her bekannte ATF (siehe auch Seite 24). Die Flüssigkeit wird von der Flügelpumpe unter hohen Druck gesetzt, weshalb schon bei kleinen Undichtigkeiten mit viel Flüssigkeitsverlust zu rechnen ist. Aus Sicherheitsgründen – schließlich wird die Lenkung ohne Servounterstützung schlagartig extrem schwergängig – sollte daher die Dichtheit des Systems geprüft werden. Um es nochmals zu sagen: Der Wagen läßt sich auch ohne Lenkkraft-Unterstützung steuern – allerdings bedeutend schwerer. Hier die Kontrolle:

- Die Überprüfung findet gewissermaßen mit der Kontrolle des Flüssigkeitsstands im Vorratsbehälter statt. Denn fehlt keine Flüssigkeit, kann sie auch nirgendwo ausgetreten sein. Wenn doch:
- Lenkrad bei laufendem Motor einmal nach rechts und nach links zum Anschlag drehen. So baut sich der größtmögliche Leitungsdruck in der Servolenkung auf, und Undichtigkeiten werden am ehesten sichtbar.
- Lenkrad an einem Anschlag festhalten und an folgenden Stellen nach Undichtigkeiten suchen:
- Am Drehkolbenventil: Es sitzt etwa dort, wo die Lenksäule ins Lenkgetriebe mündet.
- An der Abdichtungen der Lenkhebelwelle unten am Lenkgetriebe.
- An der Flügelpumpe der Servolenkung: Zum Feststellen von Undichtigkeiten muß evtl. vorher eine Motorwäsche durchgeführt werden.
- An den Leitungsanschlüssen: Alle Anschlüsse einzeln prüfen und evtl. nachziehen (45 Nm).

Die Teile der linken Vorderradaufhängung:
1 – vorderer Querlenker;
2 – Spurstange;
3 – Stabilisator;
4 – hinterer Querlenker.

Staubkappen und Spiel der Spurstangenköpfe prüfen

Wartung Nr. 5

Die gelenkigen Spurstangenköpfe am äußeren Ende der Spurstangen bestehen aus Stahl-Kugelköpfen, die mit etwas Fett wartungsfrei in eine Kunststoffschale eingebettet sind. Schutz vor Staub und Feuchtigkeit erhalten die Gelenke durch Gummikappen, deren Zustand öfters kontrolliert werden soll.

● Kontrollieren Sie die Staubschutzmanschetten rundum auf Risse.

● Spurstangenköpfe mit gerissenen Manschetten sind generell als defekt anzusehen – austauschen.

● Eventuelles Spiel im Gelenk wird bei auf dem Boden stehendem Wagen geprüft. Am besten geht das auf einer Montagegrube.

● Lassen Sie einen Helfer das Lenkrad mehrmals kurz nach links bzw. rechts drehen und fühlen Sie mit der Hand am Gelenk, ob Spiel vorhanden ist.

● Spurstangenköpfe mit Spiel sofort ersetzen!

● Auf gleiche Weise wird geprüft, ob die Spurstangengelenke am Lenkgetriebe spielfrei sind.

● Unter dem Wagen liegend wird gleich geprüft, ob sich Verschraubungen am Lenkgetriebe oder an der Lenksäule gelockert haben.

Staubkappen und Spiel der Achsgelenke kontrollieren

Wartung Nr. 33

Der BMW besitzt pro Fahrzeugseite je zwei Achsgelenke an der Vorderachse – je eine pro Querlenker. Das zweite verbindet Federbein und Querlenker.

Von Haus aus sind die Traggelenke wartungsfrei. Die stählernen Kugelköpfe der Achsgelenke sitzen in einer Fett-Dauerfüllung und zusätzlich in Kunststoffschalen. Als Schutz vor Nässe und Schmutz dienen Staubkappen aus Gummi. Eindringender Schmutz wirkt wie Schmirgelsand im Gelenk; Feuchtigkeit läßt es mit der Zeit rosten.

● Lenkung nach einer Seite voll einschlagen.

● Kappen beider Achsgelenke rechts und links auf Beschädigungen kontrollieren.

● Prüfung auf Spiel:

● Räder in Geradeaus-Stellung bringen.

Neben der Hinterachse sehen Sie in der Detailzeichnung die Anordnung des kleinen Hilfslenkers (1), den BMW bisweilen »Schraublenker« nennt und der den Schräglenker (6) beim Einfedern eine geringe Schraubbewegung beschreiben läßt.
Weiter zu sehen:
2 – Federbein;
3 – Antriebswelle;
4 – Hinterachsgetriebe;
5 – Stabilisator.

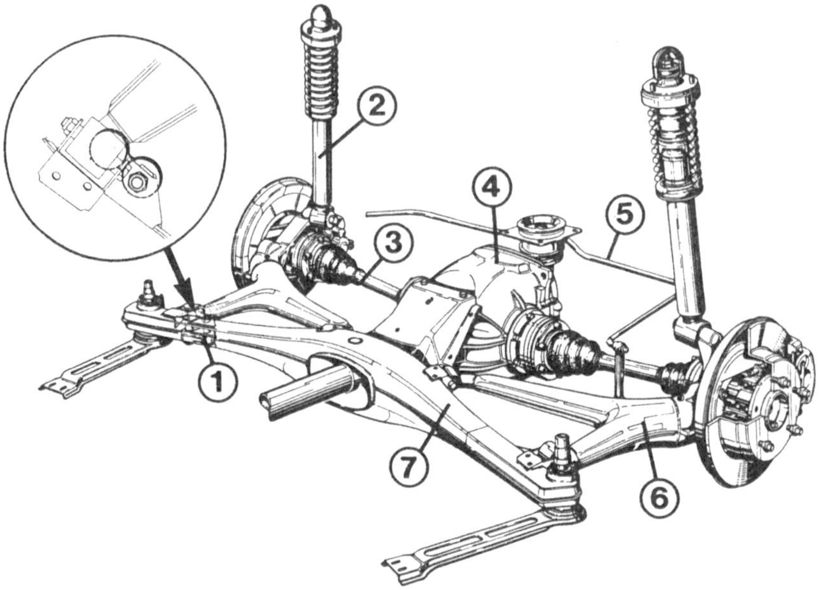

● Wagen aufbocken, das betreffende Rad muß frei hängen.
● Ein Helfer muß das Rad unten fassen und quer zur Fahrtrichtung daran rütteln, während Sie mit der Hand fühlen, ob eines der Gelenke »Luft« hat.
● Bei beschädigten Manschetten oder Spiel im Gelenk muß der komplette Querlenker ersetzt werden.
● Einzelteile sind nicht erhältlich.
● Bei dieser Gelegenheit empfiehlt sich auch die Kontrolle der Gummi-Metall-Lager, mit denen die Querlenker am der Karosserie befestigt sind.
● Die Lagerungen müssen spielfrei sein.
● Ungleichmäßig herausgedrücktes Gummimaterial deutet auf Verschleiß – schlechteres Fahrverhalten.

Radeinstellung messen

Nur nach einer harten Bordsteinberührung, einem Unfall, bestimmten Reparaturarbeiten an der Achsaufhängung oder ganz einfach im Verdachtsfall wird die Radeinstellung vermessen. Das geht jedoch nur auf einem optischen Achsmeßstand.
Zur Messung muß der Wagen in »Normallage« (siehe folgenden Abschnitt) gebracht werden. Dann gelten die folgenden Meßwerte:

Sollwerte für Fahrzeugvermessung		Serien-Fahrwerk	M-Technik-Fahrwerk
Vorderachse			
Gesamtvorspur		0°18′ ± 5′ bzw. 2,0 ± 0,6 mm (bei TRX-Bereifung: 2,1 ± 0,6 mm)	
Sturz		−20′ ± 30′	−37′ ± 30′
Spurdifferenzwinkel bei 20° Radeinschlag des Innenrads		−1°50′ ± 30′	−1°50′ ± 30′
Spreizung bei ± 10° Radeinschlag		11°57′ ± 30′	12°38′ ± 30′
Spreizung bei ± 20° Radeinschlag		12° ± 30′	12°8′ ± 30′
Nachlauf bei ± 10° Radeinschlag		8° ± 30′	8°20′ ± 30′
Nachlauf bei ± 20° Radeinschlag		8°20′ ± 30′	8°35′ ± 30′
Radversatz der Vorderräder		0° ± 15′	
Hinterachse			
Gesamtvorspur Standardbereifung	520i, 525e, 525i	0°18′ ± 7′ bzw. 2,0 ± 0,8 mm	0°28′ ± 7′ bzw. 3,2 ± 0,8 mm
	528i		0°21′ ± 7′ bzw. 2,4 ± 0,8 mm
Gesamtvorspur TRX-Bereifung	520i, 525e, 525i	2,1 ± 0,8 mm	3,4 ± 0,8 mm
	528i		2,6 ± 0,8 mm
Sturz	520i, 525e, 525i	−2°20′ ± 30′	−2°35′ ± 30′
	528i	−1°45′ ± 30′	−2°37′ ± 30′
Geometrische Fahrachse		0° ± 15′	

Die »Normallage«

Für die Fahrzeugvermessung wurde bei BMW eine »Normallage« des Fahrzeugs definiert. Dabei wird ein gleichmäßiger Beladungszustand simuliert, der eine in der Praxis übliche Einfederung des Wagens bringen soll.
So wird die »Normallage« erzeugt: Je 68 kg auf den Vordersitzen, 68 kg auf dem Rücksitz und 21 kg im Kofferraum. Der Wagen muß vollgetankt sein, Felgen, Reifen, Luftdruck und Radlagerspiel müssen den Vorschriften entsprechen. Auch bei Arbeiten am Fahrwerk ist oft von der »Normallage« die Rede. Etwa, wenn die Schrauben an Gummimetallagern bzw. Silentbüchsen angezogen werden sollen. Die darf man nicht festschrauben, wenn das betreffende Rad voll ausgefedert ist. Sie würden sich sonst einseitig vorspannen, was beim vollen Einfedern zu einer Überbelastung (Überdehnen) des Lagers führen würde.
In solchen Fällen braucht die »Normallage« natürlich nur annäherungsweise angestrebt zu werden. Ein paar Millimeter spielen da keine Rolle.

Erkennungsmerkmale für falsche Radeinstellung

Wenn Sie fehlerhafter Lenkgeometrie beim Fahren auf die Schliche kommen wollen, müssen Sie zuerst sicherstellen, daß beide Vorderreifen dieselbe Reifensorte, Profiltiefe und den vorgeschriebenen Luftdruck (siehe Seite 145) aufweisen.

○ **Stehen die Lenkradspeichen** bei Geradeausfahrt **symmetrisch**? Ein schiefsitzendes Lenkrad ist oft das Zeichen für falsche Spureinstellung.
○ **Unruhiger Geradeauslauf**; er ist besonders gut auf schnee- oder eisglattem Untergrund zu erkennen.
○ **Zieht der BMW** auf völlig ebener Fahrbahn und bei losgelassenem Lenkrad **zur Seite**?
○ **Stellt sich die Lenkung** nach Kurven wieder **von selbst in Geradeausstellung**?
○ Schauen Sie sich die **Vorderräder** aus fünf bis zehn Meter Entfernung an – **stehen** sie **in Geradeausstellung symmetrisch zueinander**?
○ Ist das **Reifenprofil einseitig abgenutzt**? Bei scharfer Fahrweise ist es allerdings nicht ungewöhnlich, daß an beiden Vorderreifen die Außenkanten stärkere Verschleißspuren zeigen als innen.
○ Eine **verbeulte Felge** deutet auf eine harte Bordsteinberührung, wodurch die Geometrie der Federbein-Vorderradaufhängung leicht aus dem Winkel gerät.
○ **Weitere Ursachen** für fehlerhafte Stellung der Räder können verschlissene Gelenke bzw. Gummilager sein oder unsachgemäße Unfallreparaturen.

Lenkungsspiel prüfen

Wartung Nr. 11

● Linkes Seitenfenster herunterkurbeln. Stellen Sie sich neben den Wagen.
● Durchs Fenster greifen und Lenkrad kurz hin und her drehen.
● Bewegt sich das linke Vorderrad aus der Geradeausstellung sofort mit? Achten Sie auf die Felge, denn der elastische Reifen kann einen Teil des Einschlags »schlucken«, ehe er sich bewegt.

Ursachen für Lenkungsspiel

Spiel in der Lenkübertragung kann ausgelöst werden von:
○ Verschleiß im Lenkgetriebe. Es Lenkgetriebe kann nachgestellt werden (Seite 118/119)
○ ausgeschlagenen Spurstangengelenken; vor allem bei der mittleren Spurstange
○ einem ausgeschlagenen Lenkhebel (rechts anstelle des Lenkgetriebes angebracht)
○ einem defekten Kreuzgelenk der Lenksäule
○ einer verschlissenen Gummi-Gelenkscheibe in der Lenksäule

Keilriemen prüfen

Wie schon erwähnt, wird die Flügelpumpe der Servolenkung über einen Keilriemen vom Motor aus angetrieben. Mehr über das Prüfen des Riemens erfahren Sie auf Seite 175/176.

Flüssigkeitsstand

Was zum Prüfen des ATF-Stands in der Servolenkung zu sagen ist, finden Sie im Schmierkapitel auf Seite 25 beschrieben.

Radlagerspiel prüfen

Wartung Nr. 32

Die Räder laufen vorn und hinten auf zweireihigen Kugellagern, die – mit Dauerfett montiert – für weitaus mehr als 100000 km gut sind. Defekte Lager machen durch Laufgeräusche auf sich aufmerksam: Wird das Geräusch in Rechtskurven lauter, ist meist eines der linken Radlager defekt. Auch Radlagerspiel ist eine Verschleißerscheinung. Das prüft man so:
● Fassen Sie nacheinander die fest am Boden stehenden Räder oben und versuchen Sie, diese quer zum Wagen zu bewegen.
● Bei einwandfreien Lagern darf praktisch keine »Luft« vorhanden sein.
● Ist Spiel spürbar, von Helfer kräftig die Fußbremse treten lassen und nochmals am Rad rütteln: Ist kein Spiel mehr vorhanden, lag es nur am Radlager. Trotzdem noch Spiel: Die Radaufhängung muß kontrolliert werden.
● Defekte Radlager müssen ausgetauscht werden. Eine Nachstellmöglichkeit gibt es nicht.

Stoßdämpfer prüfen

Nachlassende Dämpferwirkung wird oft unbewußt durch verändertes Fahrverhalten ausgeglichen. Eine Faustregel besagt, daß nach zwei verschlissenen Reifensätzen die Serienstoßdämpfer nur noch die Hälfte ihrer ursprünglichen Wirkung besitzen und somit austauschreif sind.
Keine genaue Diagnose erhält man durch die bekannte »Schaukelmethode« im Stand, bei der man den Wagen

am betreffenden Kotflügel aufschaukelt und plötzlich losläßt: Die Federbewegung müßte sofort gedämpft werden. So läßt sich aber nur ein total ausgefallener Stoßdämpfer feststellen.
Ein genaueres Bild über den Stoßdämpferzustand liefert ein spezieller Prüfstand, wie z. B. der »Shocktester« von Boge. Solche Prüfstände haben Autoclubs im »Wandereinsatz« sowie manche Werkstätten und TÜV-Stellen.

Störungsbeistand

Stoßdämpfer

Es gibt einige untrügliche Anzeichen für nachlassende Stoßdämpferwirkung:
○ **Flatternde Lenkung**, weil die Räder keinen ständigen Bodenkontakt haben.
○ **Die Karosserie schwingt** nach Überfahren von Unebenheiten **nach**.
○ **»Schwammiges« Verhalten in Kurven**, weil die kurveninneren Räder nicht genügend auf den Boden gedrückt und die äußeren nicht stark genug entlastet werden.
○ **Springende Räder**; das muß freilich ein neben- oder hinterherfahrender Begleiter beobachten.
○ **Vielfach unterbrochene Bremsspur bei Vollbremsung** durch springende Räder.
○ **Ungleichmäßige Abnutzung der Reifen** und erhöhter Reifenverschleiß.
○ **Erhebliche Ölspuren außen am Stoßdämpfer** bzw. bis unter den Federteller des Federbeins. Geringe Leckverluste sind dagegen normal.

Eigenarbeiten an Lenkung und Fahrwerk

Fahrwerk und Lenkung sind für die Verkehrssicherheit von entscheidender Bedeutung. Eigenarbeiten an diesen Teilen sollte wirklich nur derenige vornehmen, der sich seiner Sache völlig sicher ist. Andere sind mit derartigen Instandsetzungsarbeiten in einer Fachwerkstatt besser aufgehoben.
Wer jedoch unbedingt an diesen Teilen schrauben will, sollte wenigstens nicht blindlings drauflosschlossern, sondern nach fachkundiger Anleitung arbeiten. So sind auch die Arbeitsbeschreibungen dieses Kapitels zu verstehen.

Vorderradaufhängung zerlegen

An den Teilen der vorderen Radaufhängung läßt sich manches selbst aus- und einbauen. Für bestimmte Arbeiten sind allerdings Werkstattgeräte erforderlich. Beschädigte Teile der Radaufhängung dürfen nicht gerichtet oder gar geschweißt, sondern müssen grundsätzlich erneuert werden.

Federbein vorn komplett ausbauen

- Vorderrad abbauen.
- Steckverbindung der Belagverschleißanzeige trennen.
- Masseleitung abbauen.
- Kabel und Bremsschlauch aus der Halterung am Federbein lösen.
- Fahrzeuge mit ABS: Impulsgeber ausbauen.
- Bremssattel abschrauben (Seite 128) und mit angeschlossener Leitung an der Karosserie aufhängen.
- Verbindungsstange zum Stabilisator vom Federbein abbauen. Dabei mit schmalem Gabelschlüssel gegenhalten.
- Unten am Federbein die drei Halteschrauben am Spurstangenhebel (Lenkhebel) abschrauben.
- Bei dieser Ausbau-Methode bleiben die Querlenker und die Spurstange eingebaut, während nur das Federbeingehäuse vom Lenkhebel getrennt wird.
- Federbein unten abstützen.
- Am Federbeindom im Motorraum die drei Sechskantmuttern lösen.
- Federbein nach unten herausnehmen.
- Beim **Einbau** das Federbein zuerst oben festschrauben (22 Nm).
- Untere Federbeinbefestigung: Darauf achten, daß der Zapfen oben an der Montagefläche des Lenkhebels sauber in die Nut am Federbeingehäuse eingreift.
- Die drei Halteschrauben mit Sicherungsmitttel Loctite Nr. 270 einsetzen. Zuvor Gewinde säubern. Anzugsmoment: 62 Nm.
- Anzugsdrehmoment für die Verbindungsstange zum Stabilisator: 20 Nm (gelb eingefärbt) bzw. 33 Nm (weiß eingefärbt).
- Bremssattel einbauen (Seite 128).
- Bei dieser Ausbaumethode verändert sich die Radeinstellung beim Wiedereinbau desselben Federbeins nicht.

Stoßdämpfer vorn ausbauen

Zu dieser Arbeit, die am ausgebauten Federbein durchgeführt wird, ist eine Federspannvorrichtung dringend erforderlich. Zwei Federspanner werden mindestens gebraucht; besser sind drei. Ohne Verwendung der Federspannvorrichtung darf die Mutter oben an der Stoßdämpfer-Kolbenstange nicht gelöst werden, denn die Feder steht unter hoher Vorspannung. Die Federbeinteile würden explosionsartig auseinanderfliegen –

Teile des Federbeins:
1 – Verschlußkappe;
2 – Mutter mit Beilagscheibe;
3 – Stützlager;
4 – Dichtring;
5 – Beilagscheibe;
6 – Federteller;
7 – Federunterlage;
8 – Gummidämpfer;
9 – Schutzrohr;
10 – Feder;
11 – Federunterlage.

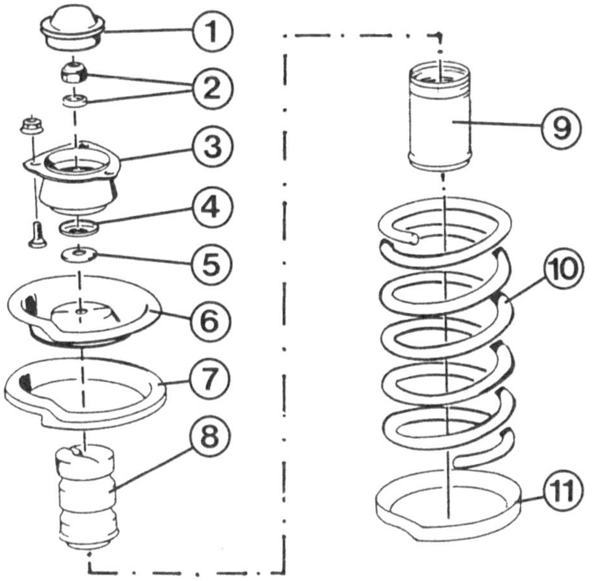

Unfallgefahr! Außerdem läßt sich die entspannte Feder anschließend so nicht mehr einbauen. Federspanner führt der Zubehörhandel.

- Federbein ausbauen (siehe vorhergehenden Abschnitt).
- Federbein ganz unten und auch dort nur sehr vorsichtig und mit Holz-Zwischenlagen in einen Schraubstock einspannen. Keinesfalls am zylindrischen Stück einspannen; das Rohr wird sonst eingedrückt.
- Federspanner an den Federwindungen ansetzen und Feder zusammenspannen. Damit die Federspanner nicht abrutschen, die betreffenden Federwindungen evtl. mit Klebeband umkleben.
- Abdeckung oben im Federbein abnehmen und die selbstsichernde Mutter auf der Stoßdämpfer-Kolbenstange lösen. Kolbenstange gegenhalten.
- Stützlager und Feder abnehmen.
- Schraubring am oberen Federbeinende mit BMW-Werkzeug 313150 oder mit einer großen Rohrzange lösen.
- Stoßdämpfer aus dem Federbeinrohr ziehen.
- Altes Öl aus dem Federbeinrohr entfernen. 50 cm^3 neues Motorenöl einfüllen. **Kein Öl** einfüllen bei Einbau von Gasdruck-Stoßdämpfern.
- Beim Einbau Schraubring nach Einsetzen des neuen Stoßdämpfers mit 130 Nm anziehen.
- Schutzrohr und Zusatzfeder einsetzen.
- Unterlage der Schraubenfeder prüfen. Feder so in die Federteller einsetzen, daß die Federenden an den dafür vorgesehen Aussparungen anliegen.
- Stützlager mit allen Unterlegscheiben montieren. Die Innenwölbung der Dichtscheibe zeigt zur Unterkante des Stützlagers.
- Selbstsichernde Mutter der Stoßdämpfer-Kolbenstange mit 75 Nm anziehen.
- Federspanner lösen; dabei Feder ausrichten.
- Federbein einbauen.

Arbeiten an der Lenkung

Spurstangen auswechseln

Gebraucht wird ein Spurstangenabzieher bzw. ein kleiner Klauenabzieher. Denn der Spurstangenkopf kann nach Lösen der Schraube nicht einfach aus dem entsprechenden Gegenstück – also dem Lenkhebel oder der

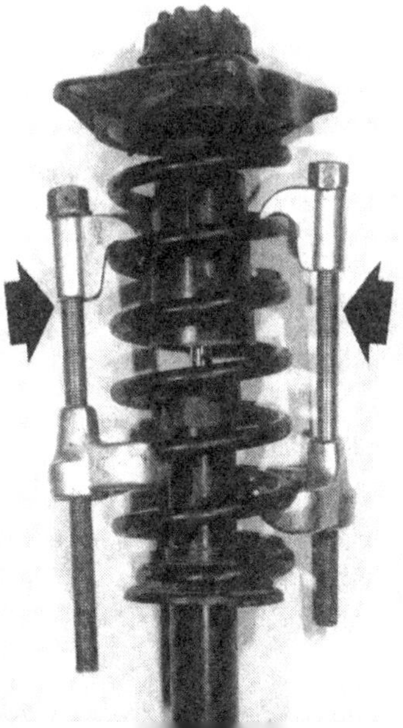

Federspannklammern (schwarze Pfeile) werden gebraucht, um bei ausgebautem Federbein die Feder vom Stoßdämpfer zu trennen.

mittleren Spurstange – herausgezogen werden. Er ist mit einem sogenannten Haftkegel eingesetzt. Die kegeligen Ausformungen an Spurstangenkopf und Lenkhebel passen dabei »saugend« ineinander und können dann nicht mehr ohne Hilfsmittel getrennt werden. Für jedes Spurstangengelenk benötigen Sie ferner eine neue selbstsichernde Mutter.

Mit einem Abzieher (der sich schon beim ersten Einsatz amortisiert) geht die Arbeit am Beispiel einer äußeren Spurstange so:

- Rad abnehmen.
- Selbstsichernde Mutter am Spurstangenkopf losdrehen.
- Spurstangenkopf mit dem Abzieher nach oben aus dem Lenkhebel am Federbein herausdrücken.
- Gleichen Vorgang am inneren Spurstangengelenk wiederholen; Spurstange abnehmen.
- **Einbau:** Kugelbolzen des Spurstangenkopfes in den Lenkhebel hineindrücken, ggf. vorsichtig hineinklopfen. Beide Teile müssen frei von Fett sein.
- Neue selbstsichernde Mutter mit 33–40 Nm anziehen.
- Wurde eine neue Spurstange eingebaut oder die Einstellung der alten verändert, Vorspur neu einstellen lassen.

Fingerzeige: In ähnlicher Weise, wie hier für die äußeren Spurstangen beschrieben, wird auch die mittlere ausgebaut. Leider sind die Spurstangengelenke etwas schlechter zugänglich.
Da das linke Gelenk der mittleren Spurstange Lenkkräfte zu beiden Rädern übertragen muß, ist es oft schneller verschlissen als die anderen Gelenke.

Spurstangenkopf einzeln auswechseln

- Spurstange außen ausbauen.
- Verschraubung an der Klemmschelle lösen.
- Lage der Spurstangenkopf-Verschraubung anzeichnen, dann stimmt die Spur nach dem Zusammenschrauben wieder einigermaßen.
- Spurstangenkopf abschrauben.
- Markierung auf den neuen Spurstangenkopf übertragen und neuen wieder bis zur Markierung eindrehen.
- Verschraubung an der Klemmschelle mit 14 Nm anziehen.

Druckpunkt der Lenkung einstellen

Die Werkstatt erledigt diese Arbeit mit dem Reibwertmesser 002000, der auf die Zentralmutter des Lenkrades aufgebaut wird. Voraussetzung für die Einstellung ist ein einwandfreies und nicht verschlissenes Lenkgetriebe.

- Spurstange vom Hebel des Lenkgetriebes abbauen (siehe Vorseite bzw. oben).
- Lenkgetriebe auf Geradeausfahrt stellen. Dazu gibt es eine Marke am Lenkgetriebe und das Gegenstück am unteren Ende der Lenkspindel. Die Markierungen müssen fluchten.
- Reibwertmesser auf dem Lenkrad montieren.
- Lenkrad eine Umdrehung nach links drehen.
- Lenkrad mit dem Reibwertmesser nach rechts über die Geradeaus-Stellung hinwegdrehen und dabei den Reibwert ablesen.
- Sollwert: 0,3–0,4 Nm.
- Stimmt der Reibwert nicht, Kontermutter der Einstellschraube am Lenkgetriebe lösen und Einstellschraube verdrehen (Hineindrehen ergibt höheren Reibwert bzw. geringeres Lenkungsspiel).
- Reibwert-Prüfung wiederholen, bis der Sollwert erreicht ist.
- Spurstange wieder befestigen (siehe oben).

Mit dem Spurstangenabzieher (3) wird das Spurstangengelenk (1) aus dem Lenkhebel (2) gedrückt.

Nach Abhebeln des BMW-Emblems (Pfeil) in Lenkradmitte ist die Lenksäulenmutter zum Abschrauben des Lenkrads zugänglich.

Lenkung behelfsmäßig einstellen

Geringfügiger Verschleiß im Lenkgetriebe läßt sich noch durch Nachstellen auffangen. Ideal ist hierzu das genaue Einstellen des Druckpunkts in der Werkstatt (siehe vorangegangenen Abschnitt). Behelfsmäßig stellt man so nach:

- Beide Vorderräder aufbocken oder mittlere Spurstange vom Hebel des Lenkgetriebes abbauen (siehe Text auf der Vorseite).
- Lenkung in Geradeausfahrt-Stellung bringen.
- Kontermutter der Einstellschraube lösen, Einstellschraube etwa 20° rechtsdrehen.
- Jetzt über den ganzen Lenkungsweg prüfen, ob sich das Spiel verringert hat. Dabei darf die Lenkung an keinem Punkt schwergängig sein oder klemmen.
- Diesen Vorgang so lange wiederholen, bis das geringstmögliche Spiel bei noch freigängiger Lenkung erreicht ist.
- Zum Schluß Kontermutter anziehen, dabei Einstellschraube festhalten.

Lenkrad ausbauen

Fahrzeuge ohne Airbag

- Sie brauchen eine neue selbstsichernde Lenkrad-Zentralmutter.
- BMW-Emblem in Lenkradmitte mit einem schmalen Schraubenzieher aushebeln.
- Lenkrad in Sperrstellung einrasten lassen.
- Lenksäulenmutter mit Stecknuß SW 22 lösen.
- Lenkschloß wieder entriegeln, denn nur so kann das Lenkrad abgenommen werden.
- Vorderräder genau geradeaus stellen, so daß die Lenkradspeichen symmetrisch stehen.
- Mutter und Unterlegscheibe abnehmen, Lenkrad mit ruckelnden Bewegungen abziehen.
- Beim Einbau des Lenkrades auf die symmetrische Ausrichtung der Speichen achten.
- Lenkschloß einrasten lassen.
- Lenksäulenmutter mit 80 Nm anziehen.

Airbag

Als Sonderausstattung kann der BMW mit Airbag ausgerüstet sein, was am anders geformten Lenkrad mit großer Prallplatte erkennbar ist. Unter dieser befindet sich ein Luftsack, der bei Unfällen von einer kleinen Menge Fest-Treibstoff gezündet wird. Die Zündung erfolgt bei Aufprall mit mindestens 18 km/h auf ein starres

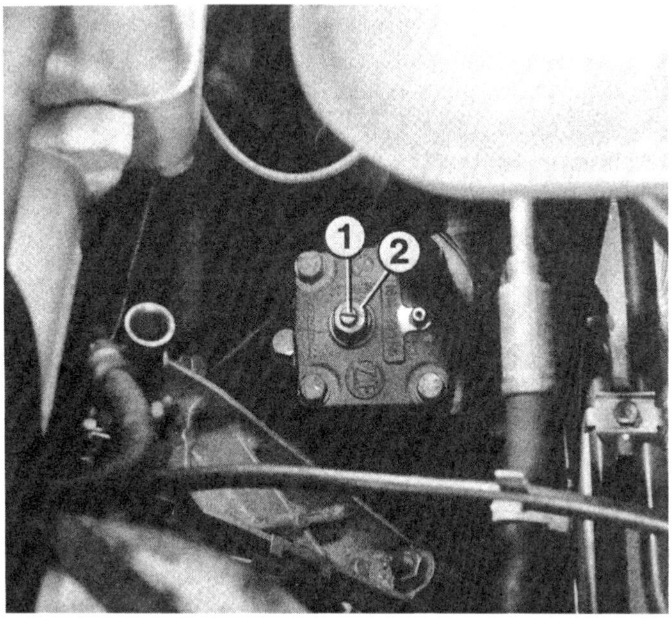

Oben auf dem Lenkgetriebe sind Einstellschraube (1) und Kontermutter (2) zu sehen. Das Lenkgetriebe selbst sitzt links neben dem Motor.

Hindernis bzw. vergleichbar höherer Geschwindigkeit bei Kollision zweier Fahrzeuge. Wie stark der Aufprall ist, melden die Crash-Sensoren auf den Radkästen vorn im Motorraum an die Diagnose-Einheit rechts unter dem Armaturenbrett, die dann gegebenenfalls die »Zündpille« im Lenkrad auslöst.
Schutz bietet der Airbag übrigens nur in Verbindung mit Sicherheitsgurten – er kann sie nicht ersetzen. Er bewahrt nur vor Kopfverletzungen, hervorgerufen durch den Lenkradkranz.

Sicherheitsvorschriften

Der Gasgenerator des Airbags unterliegt den Bestimmungen des Sprengstoffgesetzes. Der Umgang damit ist nur Fachkräften gestattet, denen die umfangreichen Sicherheitsbestimmungen bekannt sind.
Besonders wichtig aus dem Katalog der Vorsichtsmaßnahmen sind die folgenden:
- ○ Zu Arbeiten am Airbag Batterie abklemmen und Minuspol zusätzlich abklemmen.
- ○ Zusätzlich die Steckverbindung unter dem Lenkrad trennen.
- ○ Bei Arbeitsunterbrechung Airbag nie unbeaufsichtigt lassen.
- ○ Airbag-Einheit nur mit Prallplatte (Polsterplatte) nach oben ablegen.
- ○ Zu Schweißarbeiten am Wagen Batterie abklemmen.
- ○ Nach Unfall alle Komponenten des Systems ersetzen.
- ○ Fahrzeug-Verschrottung nur nach Vorschrift!

Airbag-Sensoren prüfen

Wartung Nr. 28

Der Wartungsplan sieht nicht die Kontrolle der Sensoren selbst, sondern nur die Prüfung ihrer Befestigungsschrauben auf gute Masseverbindung zur Karosserie vor.
- ● Ein Anschlußkabel des Ohmmeters am Minuskabel der Batterie anklemmen.
- ● Mit zweitem Kabel die Schrauben der Airbag-Crash-Sensoren berühren.
- ● Wird überall 0 Ω angezeigt, ist alles in Ordnung.

Lenkrad ausbauen
Fahrzeuge mit Airbag

Der Ausbau des Lenkrads bei einem Wagen mit Airbag kann nur einem geübten Selbsthelfer empfohlen werden. Wer unsicher ist, sollte die Werkstatt mit dieser Arbeit betrauen.
- ● Sicherheitsvorschriften (siehe oben) unbedingt beachten.
- ● Massekabel an der Batterie abklemmen.
- ● Kappe an der unteren Lenksäulenverkleidung abhebeln und Steckverbindung darunter trennen.
- ● Von der Lenkrad-Rückseite her die vier Halteschrauben der Polsterplatte mit BMW-Werkzeug 002110 lösen.
- ● Polsterplatte in Lenkradmitte mit Airbag-Einheit anheben und Stecker abziehen.
- ● Airbag-Einheit mit Polsterplatte nach oben vorsichtig im Kofferraum ablegen.
- ● Lenkrad ausbauen, wie auf der Vorseite für Fahrzeuge ohne Airbag beschrieben.
- ● Beim Lösen der Lenksäulenmutter wandert die Klinke der Sicherungsfeder nach oben, die den Kontaktring in Mittelstellung arretiert. Kontaktring nicht verdrehen!
- ● Beim Einbau den Arretierstift oberhalb der Lenksäule in die Aussparung am Lenkrad einrasten lassen.
- ● Kabel zur Airbag-Einheit nicht einklemmen.
- ● Halteschrauben der Airbag-Einheit mit 5 Nm anziehen.

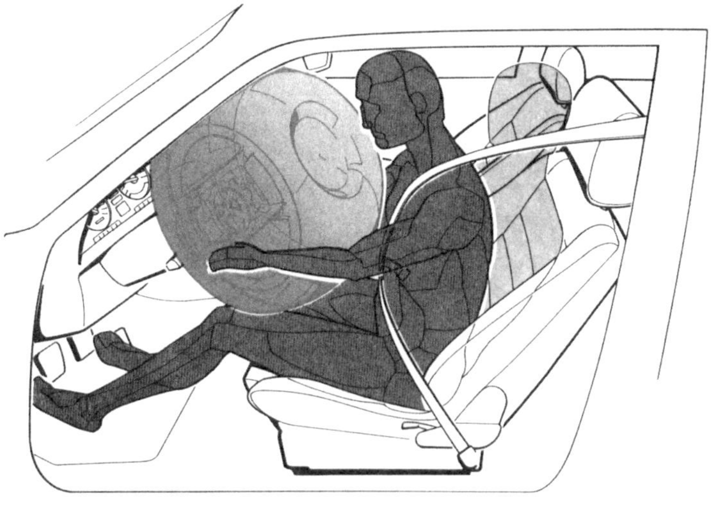

Die Zeichnung zeigt die Wirkungsweise des Airbag nach einer Frontalkollision. Verletzungen im Kopf- und Brustbereich werden vermieden.

Der obere Befestigungspunkt der hinteren Federbeine bei abgenommener Kofferraumverkleidung:
1 – Abdeckkappe;
2 – Mutter auf der Stoßdämpfer-Kolbenstange;
3 – Haltemuttern des Federbein-Stützlagers.

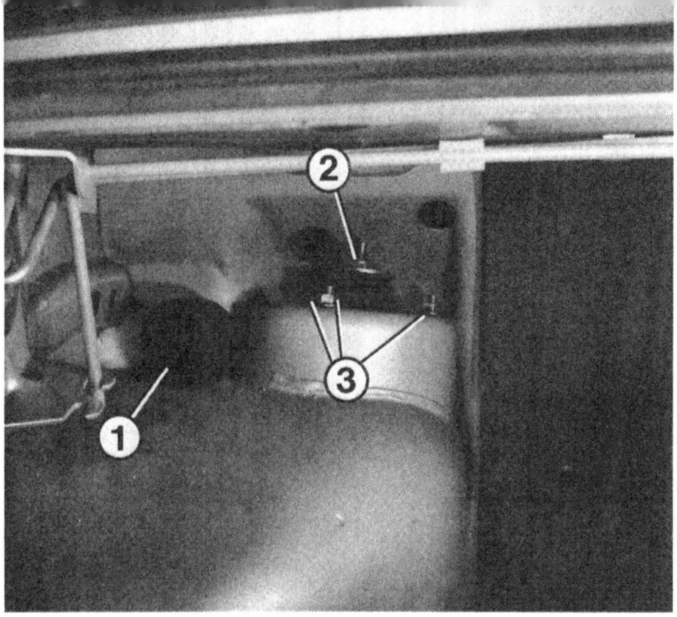

Arbeiten an der Servolenkung

Flügelpumpe der Servolenkung ausbauen

Beim 525i/528i liefert die Flügelpumpe der Servolenkung auch die Hilfskraft für den hydraulischen Bremskraftverstärker. Der aufgebaute Flüssigkeitsdruck wird in einem Druckspeicher gespeichert und reicht (abhängig vom Zustand des Druckspeichers) für etwa 15 Bremsungen.
Soll die Pumpe lediglich wegen Montagearbeiten im Motorraum ausgebaut werden, bleiben ihre Schlauchleitungen angeschlossen, damit kein Schmutz in die Hydraulik gelangt. Auch braucht dann der Druckspeicher nicht geleert zu werden. Falls die Schläuche an der Pumpe abgenommen werden müssen, ist äußerste Sorgfalt vonnöten. Zuerst beim 525i/528i das Bremspedal 20 Mal betätigen, damit der Druck im Leitungssystem abgebaut wird. Außerdem die Schläuche mit sauberen Stopfen versehen, denn selbst kleinste Schmutzpartikel in der Hydraulikflüssigkeit können Funktionsstörungen verursachen. Hier der Ausbau:

- Keilriemen abnehmen (Seite 176).
- Wo vorhanden, Unterschutz abbauen (Seite 243).
- Zwei Halteschrauben an den Schwenkbügeln unter der Pumpe herausdrehen.
- Eine Halteschraube am Spannbügel (oben) herausdrehen.
- Pumpe abnehmen.
- Hydraulikschläuche, wenn möglich, angeschlossen lassen, und Pumpe mit Schläuchen im Motorraum ablegen.
- Werden die **Schläuche abgebaut**, soll dies vor Ausbau der Pumpe geschehen:
- Beim 525i/528i zuerst das **Bremspedal 20 Mal betätigen**, um den Druckspeicher zu entleeren.
- Zuerst alle Hydraulikflüssigkeit aus dem Vorratsbehälter absaugen (evtl. mit großer Einwegspritze aus der Apotheke).
- Leitungsanschlüsse abbauen, dabei auf äußerste Sauberkeit achten. Leitungsenden mit Staubkappen abdecken.
- Zum **Wiedereinbau** neue Dichtungen verwenden. Schläuche mit 45 Nm anziehen.
- Abgesaugte, alte Hydraulikflüssigkeit nicht mehr verwenden.
- Lenkungshydraulik entlüften (folgender Abschnitt).

Lenkungshydraulik entlüften

- **520i/525e:** Vorratsbehälter mit frischer ATF auffüllen (Seite 25/26), Motor starten, Lenkrad je zwei Mal nach links und rechts zum Anschlag drehen.
- Motor abstellen und ATF bis zur »MAX«-Marke auffüllen (siehe Seite 26).
- **525i/528i:** Vorratsbehälter öffnen und bis ca. 25 mm unterhalb des Behälterrands mit frischer ATF auffüllen (Seite 26).
- Motor starten, wieder nachfüllen.
- Lenkrad je zwei Mal nach rechts und links bis zum Anschlag drehen, Fußbremse 5 Mal betätigen, ca. 30 Sekunden warten, dann Bremse nochmals 5 Mal treten.
- Zuletzt Ölstand bei stehendem Motor prüfen.

Funktion der Servolenkung prüfen

Wartung Nr. 27

Auch bei ausgefallener Servounterstützung bleibt der BMW lenkfähig. Die Lenkung ist dann eben erheblich schwerer zu bedienen. Das eigentliche Gefahrenmoment ist jedoch der Schreck, wenn die Lenkunterstützung während der Fahrt plötzlich ausfällt.

- Die Servounterstützung funktioniert einwandfrei, wenn sich das Lenkrad bei laufendem Motor erheblich leichter drehen läßt als bei stehendem.
- Außerdem muß sich das Lenkrad von Anschlag zu Anschlag ruckfrei durchdrehen lassen.
- Wurde im Vorratsbehälter der Servolenkung abgesunkener Flüssigkeitsstand festgestellt (Seite 26), Dichtheit der Anlage prüfen.

Der Keilriemen

Mehr über den Keilriemen der Servolenkungs-Flügelpumpe erfahren Sie im Lichtmaschinenkapitel auf Seite 176.

Störungsbeistand

Servolenkung

Die Störung	– ihre Ursache	– ihre Abhilfe
A ATF-Stand im Behälter zu niedrig	1 Eingeschlossene Luft im Hydrauliksystem hat sich selbst ausgeschieden	ATF bis »Max«-Marke auffüllen (Seite 26)
	2 Undichtigkeiten im Hydrauliksystem	Leitungsanschlüsse nachziehen; neue Dichtungen einsetzen. Hydraulikpumpe bzw. Lenkgetriebe ausbauen und abdichten lassen
B Lenkung ist schwergängig	1 Förderdruck der Pumpe ist zu gering	Druck prüfen lassen. Ggf. Überdruckventil der Pumpe oder komplette Pumpe ersetzen
	2 Lenkgetriebe defekt	Ersetzen lassen
C Lenkgeräusche	1 ATF-Stand zu niedrig. Flüssigkeit mit Luftbläschen durchsetzt	Luftbläschen entweichen lassen, ATF auffüllen
	2 Saugseitige Verschraubung der Pumpe undicht	Dichtungen ersetzen, Verschraubungen nachziehen
	3 Keilriemen lose	Nachspannen (Seite 176)

Arbeiten an der Hinterachse

Federbein ausbauen

Sie benötigen für jedes der beiden Stoßdämpfer-Stützlager eine neue Dichtung sowie drei selbstsichernde Muttern.

- Wagen hochbocken, Rad abnehmen.
- Schräglenker (Radaufhängung) unterbauen und Wagen einige Zentimeter ablassen.
- Untere Federbein-Befestigungsschraube herausdrehen.
- Seitenverkleidung im Kofferraum abbauen.
- Die drei Muttern am Stützlager (Bild auf der Vorseite) losdrehen.
- Federbein abnehmen.
- Beim **Einbau** beachten: Neue Dichtung oben am Stützlager einlegen.
- Stützlager an Karosserie mit 22–24 Nm festschrauben.
- Wagen jetzt mit den Rädern auf den Boden stellen und in »Normallage« (siehe Seite 114) bringen.
- Erst jetzt die untere Stoßdämpferbefestigungsschraube mit 120–130 Nm festschrauben.
- Geschieht das im aufgebockten Zustand, verspannt sich das Gummimetallager – erhöhter Verschleiß.

Stoßdämpfer hinten auswechseln

Stoßdämpfer möglichst paarweise auswechseln. Zu dieser Arbeit, die am ausgebauten Federbein durchgeführt wird, ist eine Federspannvorrichtung erforderlich. Zwei Federspanner werden mindestens gebraucht; besser sind drei. Ohne Verwendung der Federspannvorrichtung darf die Mutter oben an der Stoßdämpfer-Kolbenstange nicht gelöst werden, denn die Feder steht unter hoher Vorspannung. Die Federbeinteile würden explosionsartig auseinanderfliegen – **Unfallgefahr!** Außerdem läßt sich die entspannte Feder anschließend so nicht mehr einbauen. Federspanner führt der Zubehörhandel.

- Federbein ausbauen (siehe vorhergehenden Abschnitt).
- Federbein ganz unten und auch dort nur sehr vorsichtig und mit Holz-Zwischenlagen in einen Schraubstock einspannen. Keinesfalls am zylindrischen Stück einspannen; das Rohr wird sonst eingedrückt.
- Federspanner an den Federwindungen ansetzen und Feder zusammenspannen. Damit die Federspanner nicht abrutschen, die betreffenden Federwindungen evtl. mit Klebeband umkleben.
- Abdeckung oben im Federbein abnehmen und die selbstsichernde Mutter auf der Stoßdämpfer-Kolbenstange lösen. Kolbenstange gegenhalten.
- Stützlager und Feder abnehmen.
- Zusatzfeder mit Schutzrohr, Kappe, Stützlager und Scheibe auf den neuen Stoßdämpfer umbauen; gespannte Feder ebenfalls.
- Selbstsichernde Mutter bzw. Kontermuttern der Stoßdämpfer-Kolbenstange mit 22–25 Nm anziehen.
- Federspanner lösen; dabei Feder ausrichten.
- Federbein einbauen.

Fingerzeig: Stoßdämpfer sollten immer senkrecht stehend gelagert werden. Bei liegender Lagerung fließt das Dämpferöl in den oberen Dämpferbereich, und der Stoßdämpfer kann im Betrieb Klappergeräusche verursachen. Zurückfließen des Öls erreicht man nur, indem man den Stoßdämpfer 24 Stunden lang mit voll ausgezogener Kolbenstange bei Zimmertemperatur senkrecht stellt.

Standleitung

Vernichtung von Energie findet in der Physik nicht statt. Vielmehr wird Energie, die scheinbar verschwindet, in eine andere Energieform umgewandelt. Beim Bremsen geschieht nichts anderes: Die Bewegungsenergie wird durch Reibung (Bremsbeläge gegen Bremsscheibe oder -trommel) in Wärme umgewandelt.

Eigenarbeiten an der Bremse

Bei einer so wichtigen Einrichtung wie den Bremsen kann keine Kontrolle zu viel sein! Wenn Sie also in diesem Bereich zwischendurch mal nach dem Rechten sehen, haben Sie Ihre Wartungsaufgaben sicher besser erfüllt, als derjenige, der seinen Wagen einmal jährlich zur Wartung bringt. Denn gerade vor einer Urlaubsfahrt oder bei schon älteren Fahrzeugen sind verstärkte Kontrollen ratsam.
Andererseits erfordern Reparaturen im Bereich Bremsen ein erhöhtes Verantwortungsbewußtsein. Mit unserem Bremsenkapitel haben wir dem Selbstpfleger die Möglichkeit gegeben, z.B. auch Arbeiten an der Bremshydraulik durchzuführen. In solchen Fällen muß jeder Bastler für sich entscheiden, ob sein Kenntnisstand für eine verantwortungsvolle Ausführung dieser Arbeiten ausreicht.

So funktioniert die Bremse

- Wenn Sie auf das Bremspedal treten, preßt eine mit dem Pedal verbundene Druckstange zwei hintereinanderliegende Kolben in den Hauptbremszylinder (im Motorraum).
- Die Kolben verdrängen die dort eingeschlossene Bremsflüssigkeit. Dieser so entstehende hydraulische Druck in der Bremsanlage wird über Rohr- und Schlauchleitungen zu den Radzylindern weitergeleitet.
- In diesen drücken Kolben die Bremsklötze gegen die Bremsscheiben bzw. an den Hinterrädern des 520i bis Baujahr 4/86 (ohne ABS) die Bremsbacken gegen die Bremstrommeln.
- Den Flüssigkeitsdruck übertragen zwei voneinander unabhängige Leitungssysteme (Bremskreise), und zwar für je ein Vorderrad und das gegenüberliegende Hinterrad (diagonal aufgeteilte Zweikreisbremse).
- Falls ein Bremskreis ausfallen sollte, bleiben so ein Vorderrad und das Hinterrad auf der anderen Seite bremsfähig. Mit dem ungebremsten Vorderrad kann man noch lenken, und das ungebremste Hinterrad hält das Heck in der Spur.
- Die Handbremse wirkt über Seilzüge auf die Hinterräder – egal, ob dort Trommel- oder Scheibenbremsen eingebaut sind.
- Auf Sonderwunsch kann der BMW mit einem Antiblockiersystem (Bosch ABS) ausgestattet sein; beim 528i war ABS seit Anfang 1986 serienmäßig eingebaut. Mehr darüber auf Seite 140.

Fingerzeig: Obwohl nur ein Bremsflüssigkeitsbehälter vorhanden ist, kann bei einem undichten Bremskreis nicht die gesamte Bremsflüssigkeit auslaufen, denn der Behälter ist durch eine Zwischenwand in zwei Kammern geteilt.

Die Bremsanlage – hier gezeigt: Ein Wagen mit Scheibenbremsen hinten. Rot eingezeichnet sind die beiden Bremsleitungskreise (3 und 4). Position »1« zeigt die Hydraulikeinheit des Antiblockiersystems, »2« den Hauptbremszylinder.

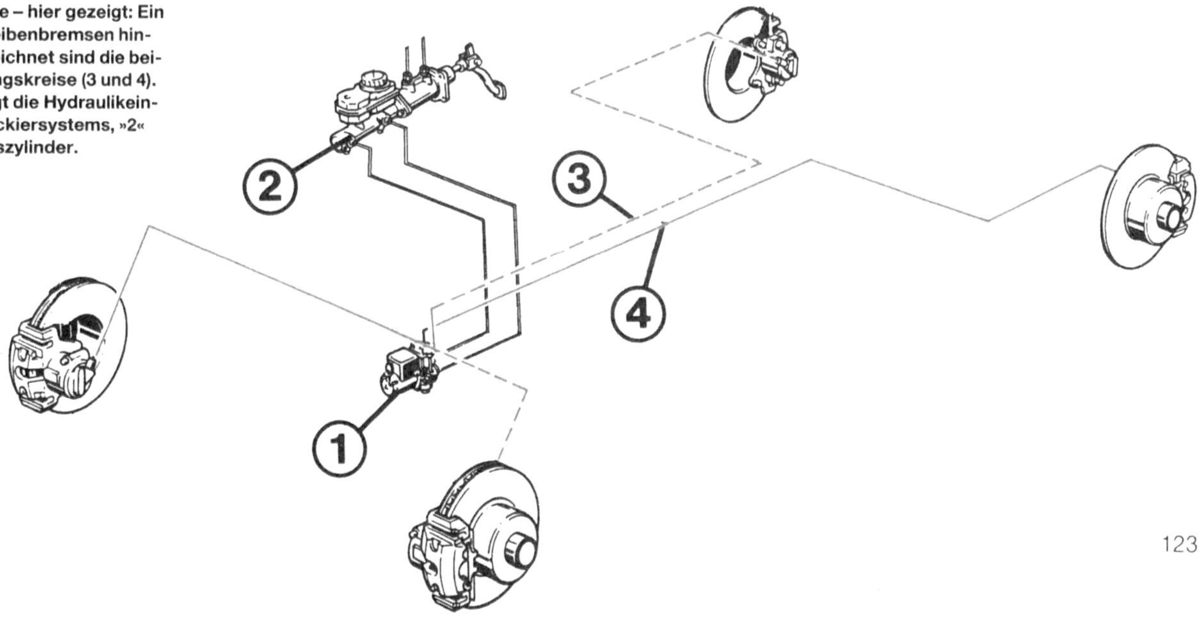

Bremsen prüfen

Ständige Kontrolle

- Zuerst eine Vollbremsung bei Schrittgeschwindigkeit.
- Am Gummiabrieb (Wagen ohne ABS) auf der Straße sehen Sie bei gleich langen Spuren, daß die Bremsen gleichmäßig ziehen.
- Gleiche Prüfung mit der Handbremse.
- Für die Bremsenprüfung bei höheren Geschwindigkeiten brauchen Sie eine ebene Strecke.
- Nun aus etwa 50 km/h bei losgelassenem Lenkrad, aber mit griffbereiten Händen zuerst sanft und dann scharf bis zum Stillstand abbremsen.
- Zieht der Wagen etwa nach links, ist eine der rechten Radbremsen nicht in Ordnung. Das Auto zieht in Richtung des stärker gebremsten Rades. Ursachen siehe Störungsbeistand auf Seite 139.
- Lassen Sie den BMW ein schwaches Gefälle hinunterrollen, um festzustellen, ob die Räder leichtgängig sind.
- Nach der Probefahrt machen Sie die Handprobe:
- Ist eine Felge auf der einen Wagenseite wärmer als auf der anderen Seite?
- Ursachen können sein ein verklemmter Bremssattel, schwergängige hintere Trommelbremsen (520 i bis 3/86 ohne ABS) oder schadhafte Radlager.
- Bei aufgebocktem Wagen prüfen, welches Rad schwergängig ist.

Die Bremsflüssigkeit

Diese gelbliche – übrigens giftige und gegen Autolack aggressive – Flüssigkeit greift die Metall- und Gummiteile nicht an. Sie bleibt selbst bei −40° C noch ausreichend dünnflüssig, und sie hat trotz ihrer Dünnflüssigkeit den extrem hohen Siedepunkt von ca. 260° C.
Aber die Bremsflüssigkeit hat auch eine sehr unangenehme Eigenschaft: Sie nimmt gern Wasser auf, sie ist »hygroskopisch«. Und das Wasser kann tatsächlich – z. B. über die Luftfeuchtigkeit – in die Bremsflüssigkeit gelangen: Über den Vorratsbehälter sowie durch mikroskopische Undichtigkeiten an den Bremsschläuchen und Gummimanschetten. Solche Wasseraufnahme führt nicht nur zu Korrosion an den Metallteilen der Anlage, sondern bewirkt ein rapides Absinken des Siedepunkts. Bei nur 2,5% Wassergehalt liegt der Siedepunkt nur noch bei 150° C. Das ist bei starker Belastung der Bremsen gefährlich, weil sie sich dann sehr stark aufheizen. In der Nähe der erhitzten Bremsen können sich Dampfblasen in der Hydraulikflüssigkeit bilden. Die lassen sich zusammenpressen – das Bremspedal kann tief durchgetreten werden; manchmal tritt man sogar ins Leere! In diesem Fall kann bisweilen noch schnelles Pumpen mit dem Bremspedal helfen. Besonders gefährlich ist dieser Effekt nach dem Abstellen des Wagens nach starker Bremsbeanspruchung. Mangels Fahrtwind heizt sich die Bremsenumgebung noch stärker auf; die höchste Temperatur herrscht nach etwa 15 Minuten Standzeit. Erst nach etwa einer halben Stunde ist wieder die normale Bremsflüssigkeitstemperatur erreicht.
Vorbeugend schreibt der Wartungplan daher den Wechsel der Bremsflüssigkeit einmal jährlich vor (siehe nächste Seite). BMW beugt mit diesem sehr kurzen Wechselintervall wirklich allen Eventualitäten vor.
Auch bei der Auswahl der Flüssigkeiten ist man in München recht pingelig. Nur die auf Seite 268 aufgeführten sind für das Bremssystem des BMW zulässig.

Stand der Bremsflüssigkeit prüfen

Ständige Kontrolle

- Zu niedriger Bremsflüssigkeitsstand wird beim BMW zwar auch durch eine Kontrolleuchte am Armaturenbrett angezeigt, doch die Sichtkontrolle sollten Sie sich dennoch nicht ersparen:
- Motorhaube öffnen und den Bremsflüssigkeits-Vorratsbehälter evtl. mit einem Lappen reinigen.
- Im durchscheinenden Flüssigkeitsbehälter muß der Bremsflüssigkeitsstand zwischen den Markierungen »MIN« und »MAX« stehen. Dann ist alles in Ordnung.

Bremsflüssigkeitsstand zu niedrig?

Sind die Scheibenbremsbeläge schon etwas abgenutzt, tendiert der Flüssigkeitsspiegel eher zur unteren Markierung; sind sie neu, steht er weiter oben. Das ist völlig normal, denn die bei abgenutzten Belägen schon etwas weiter herausgetretenen Kolben der Scheibenbremse hinterlassen in den Zylindern der Bremssättel ein größeres Volumen, das sich mit Bremsflüssigkeit füllt. Kritisch wird es dagegen, wenn die Bremsflüssigkeit in einem Behälterteil unter »MIN« abgesunken ist. Da sie nicht verdunstet oder verbraucht wird, muß sie durch ein Leck ausgetreten sein. Also schleunigst nach der Ursache suchen (siehe nächste Seite), bevor Sie irgendwann ins Leere treten. Nachfüllen ist Augenwischerei!

Fingerzeig: Bei einem Defekt in der Kupplungshydraulik von Schaltgetriebe-Wagen kann der Pegel im Bremsflüssigkeitsbehälter erheblich absinken. Grund: Die Kupplungshydraulik deckt ihren Flüssigkeitsvorrat aus dem Bremsflüssigkeitsbehälter. Der Abzweig zur Kupplungshydraulik sitzt jedoch recht weit oben im Behälter, so daß bei einem Leck im Bereich Kupplung niemals die Bremswirkung gefährdet ist. Umgekehrt kann jedoch ein langsames Ausfallen der Kupplungsbetätigung gesunkenen Bremsflüssigkeitsstand signalisieren.

Bremsanlage auf Undichtigkeiten und Beschädigungen überprüfen

Wartung Nr. 3

Zur Kontrolle muß die Wagenunterseite trocken sein, damit Sie undichte Stellen erkennen können. Bremsflüssigkeit kriecht auch unter Schmutz. Feuchtdunkle Stellen oder schwarzer Schmutz lassen eine Undichtigkeit vermuten.

- Kontrollieren Sie sämtliche Anschluß- und Verbindungsstellen; auch die Bremssättel und die Bremsankerplatten (nur 520i mit Trommelbremse), hinter denen die Radbremszylinder sitzen.
- Die Bremsschläuche dürfen weder feucht noch aufgequollen oder angescheuert sein. Sonst auswechseln.
- Die Bremsleitungen sind zum Schutz gegen Rost mit einer Kunststoffschicht überzogen. Wird diese Schutzschicht beschädigt, kann es zu Rostansatz kommen. Deshalb die Leitungen nie mit Schraubenzieher, Schmirgelleinen oder Drahtbürste säubern, sondern einen alten Lappen nehmen.
- Ist die Schutzschicht beschädigt, auf die blanken Stellen Rostschutzgrundierung streichen.
- Leitungen mit Rostnarben und solche, die plattgedrückt sind, müssen ersetzt werden.
- Sind Schutzkappen auf allen Entlüftungsventilen? Sie sitzen an den Bremssätteln bzw. innen an den Bremsankerblechen.
- Die Bremsdruckprobe können Sie provisorisch selbst machen:
- Treten Sie mit voller Kraft aufs Bremspedal.
- Es darf auch nach einigen Minuten der vollen Belastung nicht nachgeben, sonst ist eine Manschette im Hauptbremszylinder defekt.
- Durch die undichte Manschette sinkt der Flüssigkeitsstand im Behälter nicht, sondern die unter Druck gesetzte Flüssigkeit mogelt sich an einem Kolben des Hauptbremszylinders vorbei auf die drucklose Seite.
- Undichte Stellen an den Kolbenmanschetten lassen sich allerdings nur bei einer genauen Druckprüfung in der Werkstatt ermitteln.

Bremsflüssigkeit wechseln

Wartung Nr. 51

Nicht nur die schon erwähnte Gefahr von Dampfblasen macht den Bremsflüssigkeitswechsel erforderlich, sondern auch die vom aufgenommenen Wasser verursachte Korrosionsgefahr in den Bremszylindern und -leitungen. Beim Flüssigkeitswechsel geht man wie beim Entlüften (Seite 138) vor. Gebraucht werden 2 Liter frische Bremsflüssigkeit.

- Wenn möglich, Vorratsbehälter der Bremsflüssigkeit mit einer alten Injektionsspritze entleeren und gleich neu befüllen.
- So lange Bremsflüssigkeit durchpumpen, bis frische Flüssigkeit am Entlüfterventil austritt.
- Faustregel: Durch jedes Entlüfterventil 500 cm^3 Bremsflüssigkeit pumpen. Dann ist garantiert überall frische Flüssigkeit im System.
- Vorgeschriebene Reihenfolge: Hinten rechts, hinten links, vorn rechts und zuletzt vorn links.
- Bei Wagen mit Schaltgetriebe zusätzlich die Bremsflüssigkeit im Leitungsstrang der hydraulischen Kupplungsbetätigung wechseln (siehe dazu Seite 96).

Fingerzeig: Bremsflüssigkeit ist giftig! Deshalb gebrauchte Bremsflüssigkeit nie in den Ausguß kippen. Auch im Altölfaß hat sie nichts verloren, denn das macht ein Recycling unmöglich. Alte Bremsflüssigkeit nur in einem eigenen Gefäß zum Sondermüll geben. Annahmestelle bei der Gemeindeverwaltung erfragen.

Der Bremsflüssigkeitsbehälter (hier beim BMW 525i/528i): 1 – Deckel mit Schwimmer (3) und Anschlußkabeln (2); 4 – Sieb in der Einfüllöffnung. Die Füllstandsmarken finden Sie seitlich am Behälter.

Die Scheibenbremsen

Zusammen mit dem Rad dreht sich eine Stahlscheibe frei im Luftstrom. Sogenannte Bremssättel umfassen sattelförmig die Scheiben. Beim Tritt auf das Bremspedal drücken Kolben die Bremsbeläge gegen die Scheiben – es wird gebremst.
Durch den Fahrtwind werden die Scheibenbremsen ständig gekühlt. Belagabrieb wird gleich weggeblasen, und ohne besondere Mechanik stellen sich die Scheibenbremsen selbst nach. Zur Verbesserung der Bremsenkühlung besitzen der **520i ab 9/84** sowie die **übrigen Modelle innenbelüftete Bremsscheiben vorn.** Die Bremsscheiben sind innen von Luftkanälen durchzogen und werden damit doppelt gekühlt.

Faustsattelbremsen

Bei den Scheibenbremsen vorn und auch hinten handelt es sich um sogenannte Faustsattelbremsen. Der Bremssattel sieht wie eine geballte Faust aus. Der Bremskolben im Zylindergehäuse drückt den inneren Belag gegen die Bremsscheibe, wodurch das Zylindergehäuse in seiner Führung herübergezogen und der Bremsklotz auf der anderen Seite ebenfalls gegen die Scheibe gepreßt wird. Es wird also nur ein Bremskolben pro Radbremse benötigt.
Anders war das bei den sogenannten Festsattelbremsen, wie sie in der Vorgänger-Modellreihe eingebaut waren. Da drückten pro Radbremse je zwei Bremskolben von beiden Seiten auf die Bremsscheibe.

Die Scheibenbremse bei Nässe

Bei Dauerregen werden die offen liegenden Bremsscheiben kräftig geduscht, weshalb die Bremswirkung einen Sekundenbruchteil verspätet einsetzt. Die Feuchtigkeit zwischen Bremsscheiben und -klötzen muß erst zum Verdampfen gebracht werden. In streusalzreichen Wintern tritt diese Erscheinung verstärkt auf, wenn die auf Bremsbelägen und -scheiben sitzende Salzschicht beim Bremsen erst abgeschliffen werden muß. Nach Fahrten im Regen oder bei winterlicher Streusalznässe sollten Sie vor mehrtägigem Abstellen des Wagens die Bremsen trockenfahren. Es genügt, die letzten hundert Meter Wegstrecke mit dauernd getretenem Bremspedal zu fahren.

Scheibenbremsbeläge vorn messen

Wartung Nr. 6

Trotz der Überwachung der Bremsbeläge vorn durch eine Kontrollampe sollten Sie die zusätzliche Sichtprüfung nicht vergessen – und das nicht nur, wenn eine Urlaubsreise ansteht.

- Die **Mindestbelagstärke** beträgt **2 mm ohne** die **Trägerplatte** gemessen. Die Trägerplatte selbst – also das Metallstück, auf das der Belag geklebt ist – hat eine Stärke von ca. 5 mm.
- Eine genaue Kontrolle der Belagstärke ist nur bei abgenommenen Rädern möglich.
- Meterstab am Belag anlegen und messen, wie im Bild rechts oben gezeigt. Bremsbelag auf der Innenseite nicht vergessen.

Zustand der Bremsscheiben kontrollieren

Wartung Nr. 7

Wenn die Räder zur Belagkontrolle abgenommen sind, prüft man auch den Zustand der Bremsscheiben.

- Die Scheiben dürfen keine tiefen Rillen (durch Schmutz oder zu stark abgefahrene Beläge) aufweisen. Die Riefen graben sich in neue Bremsbeläge tief ein, was deren Lebensdauer wesentlich verkürzt und die Bremswirkung herabsetzt.
- Riefige Bremsscheiben können auf einer Drehbank bis zur **Bearbeitungsgrenze** abgedreht werden.
- Ist jedoch das **Mindestmaß** erreicht, müssen die Scheiben paarweise ausgetauscht werden (beide Maße finden Sie in nachfolgender Tabelle).
- Eine bläuliche Verfärbung der Bremsscheibe ist ohne Bedeutung.

Modell	Bearbeitungsgrenze	Mindestmaß
520i bis 8/84	10,4 mm	10,0 mm
520i ab 9/84, 525e, 525i, 528i bis 9/84	20,4 mm	20,0 mm
528i ab 9/84	23,4 mm	23,0 mm
Hinterradbremse, alle	8,4 mm	8,0 mm

Fingerzeig: **Wurden die Bremsscheiben auf das zulässige Mindestmaß nachgearbeitet, ist ihre Lebensdauer begrenzt: Beim nächsten Belagtausch sollten die Scheiben mit ausgewechselt werden.**

Messen der Belagstärke an den Vorderradbremsen: 1 – Belagmaterial; 2 – Trägerplatte aus Metall.

Bremsbeläge vorn erneuern

Grundsätzlich müssen rechts und links beide Beläge ausgetauscht werden. Nur Beläge mit ABE verwenden. Weil die Kolben in den Bremssätteln mit zunehmendem Verschleiß der Beläge weiter herauswandern, müssen sie vor dem Einsetzen neuer, dicker Beläge zurückgedrückt werden. Hierbei wird die Bremsflüssigkeit durch die Leitungen in den Vorratsbehälter gepreßt. Wurde in der Zwischenzeit unnötigerweise Bremsflüssigkeit nachgefüllt, muß das Zuviel jetzt abgesaugt werden. Andernfalls greift die am Vorratsbehälter austretende Bremsflüssigkeit umliegende lackierte Teile im Motorraum an. Zum Absaugen nur eine absolut saubere Pipette oder alte Injektionsspritze verwenden – nie mit dem Mund ansaugen!

- Wagen vorn aufbocken und sichern.
- Rad abnehmen.
- Lenkung einschlagen, damit die Beläge gut zugänglich sind.
- Links Verbindungsstecker der Kabel für Bremsbelag-Verschleißanzeige aus dem Halter am Federbein nehmen und Stecker vom Gegenstück trennen.
- Abdeckkappen an der Bremsen-Innenseite abnehmen.
- Inbusschlüssel im nun sichtbaren Innensechskant des Führungsbolzens ansetzen und Bolzen lösen (Bild unten).
- Sicherungsklammer seitlich am Bremssattel abdrücken. Der Pfeil an der Klammer zeigt in die zu drückende Richtung.
- Bolzen herausziehen, Bremssattelgehäuse abnehmen.
- Damit das Bremssattelgehäuse nicht an seinem Bremsschlauch zerrt, wird es mit Draht am Federbein aufgehängt.
- Beläge aus den Führungsschienen nehmen bzw. vom Bremskolben lösen.
- Kolben im Bremssattel mit einer Schraubzwinge zurückdrücken. Damit der Kolben nicht verkantet oder beschädigt wird, auf den Anlagering ein kleines Brettchen legen (Bild Seite 129).
- Clip der Bremsbelag-Verschleißanzeige vorsichtig aus dem alten Belag heraushebeln.
- Beim Wiedereinbau auf den Federring achten. Sollte das Plastikteil der Verschleißanzeige angeschliffen sein, den Bremsbelagfühler erneuern.
- Neue Beläge einsetzen; der am Bremszylinder sitzende Belag wird mit seiner Federklammer in den hohlen Bremskolben eingesetzt.
- Bremssattel montieren.

Ausbau der Beläge, erster Schritt: Lösen der Inbusschrauben in den Schutzhülsen (1 und 2) nach Abnehmen der Abdeckkäppchen.

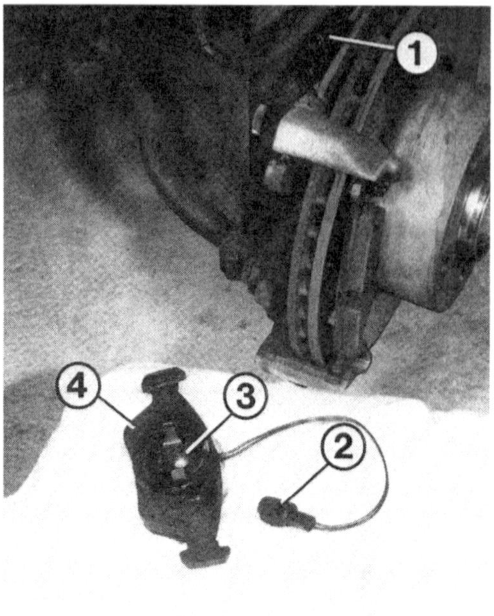

Links: Das Bremssattelgehäuse wurde nach Lösen der Befestigungsschrauben (3) abgenommen. Die Beläge (1 und 2) sind noch in den Führungen.
Rechts: Der innere Bremsbelag (4) wird mit seiner Federklammer (3) im Kolben des Bremssattels eingesetzt. Die Steckverbindung der Belag-Verschleißanzeige (1 und 2) ist hier getrennt.

- Führungsbolzen mit **30–35 Nm** anziehen und Abdeckkappen wieder aufsetzen.
- Nach dem Zusammenbau das **Bremspedal mehrmals treten**, bis die Beläge an den Bremsscheiben anliegen. Sonst keine Bremswirkung!
- Mit den neuen Bremsbelägen – wenn möglich – die ersten 500 km nur behutsam bremsen.

Fingerzeig: Fahrzeuge, die nach Übersee ausgeliefert werden, sind mit sogenannten Politex-Bremsbelägen ausgestattet. Die besitzen eine dünne Schleifschicht auf dem Belagmaterial, die Rostansatz auf der Bremsscheibe – entstanden auf der langen Schiffspassage – bei den ersten Bremsungen abschleift. Die Beläge sind auch hierzulande beim BMW-Händler erhältlich und lassen sich einsetzen, wenn eine leicht riefige Bremsscheibe geglättet werden soll.

Bremssattel vorn ausbauen

- Rad abschrauben.
- Links vorn das Kabel der Bremsbelag-Verschleißanzeige ausstecken.
- Evtl. Bremsbeläge ausbauen.
- Halteschrauben des Bremssattels losdrehen.
- Bremssattel mit angeschraubtem Bremsschlauch so aufhängen, daß der Schlauch nicht unter Spannung steht.
- Oder Bremsschlauch bzw. -leitung abschrauben (Seite 138).
- Bremspedal niederdrücken und halten, um Auslaufen von Bremsflüssigkeit zu verhindern (siehe Seite 135).
- Beim Einbau beide Schrauben mit **110–123 Nm** anziehen.
- Bremsschlauch bzw. -leitung wieder festschrauben (Seite 138).
- Bremsanlage entlüften, falls der Bremsschlauch bzw. -leitung abgeschraubt war (Seite 138).
- **Bremspedal** vor den ersten Metern Fahrt **mehrmals durchtreten**, bis sich normales Pedalspiel einstellt.

Bremskolben-staubmanschette vorn auswechseln

Wurde die Bremskolbenmanschette im Bremssattel beschädigt, müssen Sie baldigst für Ersatz sorgen, sonst klemmt bald der Bremskolben aufgrund von Schmutz und Korrosion. Die Manschette gibt's leider nur zusammen mit dem Bremskolben-Dichtring (der bei der Reparatur dann übrigbleibt) zu kaufen.

- Der Bremskolben muß ein Stück über das Bremssattelgehäuse herausragen. Ist das nicht der Fall, Bremspedal ein Stück niedertreten, bis der Kolben ca. 10 mm übersteht.
- Alte Manschette abziehen.
- Neue Manschette in die Nut am Bremskolben einsetzen und über den Wulst am Bremssattel ziehen.
- Kontrolle: Die Manschette muß jetzt rundum gleichmäßig im Bremssattel sitzen. In der Nut des Bremskolbens muß sie einwandfrei anliegen.

Bremsscheibe vorn ausbauen

Bremsscheiben müssen grundsätzlich beidseitig erneuert werden. Einseitiger Wechsel kann ungleiche Bremswirkung zur Folge haben.

- Bremssattel abschrauben und mit Draht an der Karosserie befestigen; die Hydraulikleitung bleibt angeschlossen.
- Halteschraube der Bremsscheibe mit Inbusschlüssel losdrehen.
- Die Bremsscheibe kann nun von Hand von der Radnabe gezogen werden.
- Ist sie festgerostet, mit kräftigen Hammerschlägen nachhelfen – aber nur, wenn die Scheibe ohnehin gewechselt wird.
- Vor dem Ansetzen der neuen Bremsscheibe die Anlagefläche an der Radnabe säubern.
- Korrosionsschutzwachs von der neuen Scheibe mit Verdünnung entfernen.

Hier wird der Kolben im Bremssattel mit einer Schraubzwinge zurückgedrückt, damit die neuen Bremsbeläge eingebaut werden können. Zum Schutz haben wir ein kleines Holzbrettchen zwischengelegt.

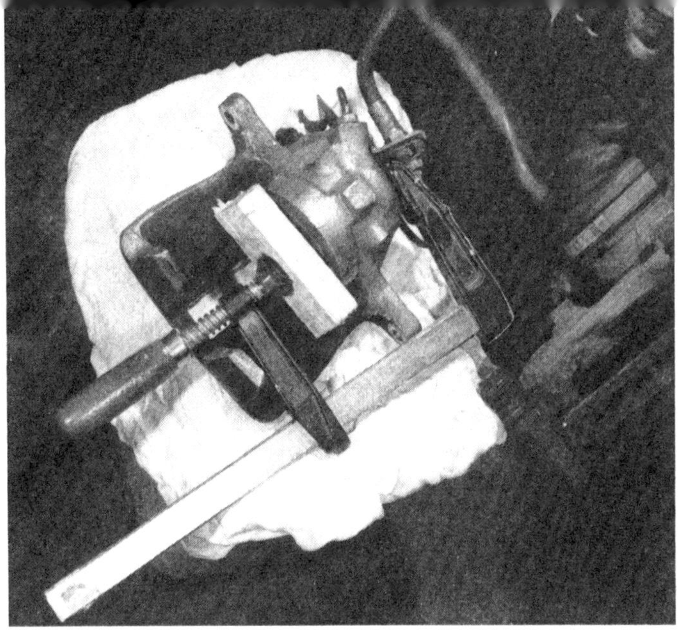

Scheibenbremse hinten

Scheibenbremsen an der Hinterachse besitzen alle Wagen außer dem 520i bis 3/86 (ohne Antiblockiersystem). Wie an den Vorderrädern handelt es sich dabei um sogenannte Faustsattelbremsen.

Scheibenbremsbeläge hinten messen

Wartung Nr. 6

An den hinteren Scheibenbremsen erfolgt die Kontrolle des Belagverschleißes gleich wie an den vorderen (Seite 126). Es gelten hier ebenfalls 2 mm als Verschleißmaß – gemessen **ohne Belagträgerplatte**. Gleichzeitig mit der Belagkontrolle wird der Zustand der Bremsscheiben geprüft. Verschleißmaß und Arbeitsreihenfolge beschreibt der Text auf Seite 126.

Scheibenbremsbeläge hinten erneuern

Grundsätzlich müssen beide Beläge an beiden Fahrzeugseiten ausgetauscht werden. Nur Beläge mit ABE verwenden.

- Hinterräder abbauen.
- Abdeckkappen der Führungsbolzen abdrücken.
- Rechts den Verbindungsstecker der Bremsbelag-Verschleißanzeige aus dem Halter am Bremsscheiben-Schutzblech nehmen und Steckverbindung trennen.
- Inbusschlüssel im nun sichtbaren Innensechskant des Führungsbolzens ansetzen und Bolzen lösen (siehe Bild auf der folgenden Seite).
- Blechklammer außen am Bremssattel herausdrücken.
- Bremssattel abnehmen.
- Äußeren Bremsbelag abnehmen. Inneren Bremsbelag mit der Feder im Bremskolben aushängen.
- Kolben im Bremssattel mit Schraubzwinge und Holzbrettchen zurückdrücken, wie im Bild oben am vorderen Bremssattel gezeigt.
- Darauf achten, daß beim Zurückdrücken der Bremsflüssigkeitsbehälter nicht überläuft.
- Neue Beläge einsetzen.
- Beschädigten Belagfühler ersetzen.

Links: Bei der hinteren Scheibenbremse können Sie den Belagverschleiß nach Abnahme des betreffenden Rades mit einem Meterstab kontrollieren. Position »1« zeigt das Bremsbelagmaterial, »2« den Belagträger.
Rechts: Abdrücken der Blechklammer mit einem Schraubenzieher zum Belagwechsel.

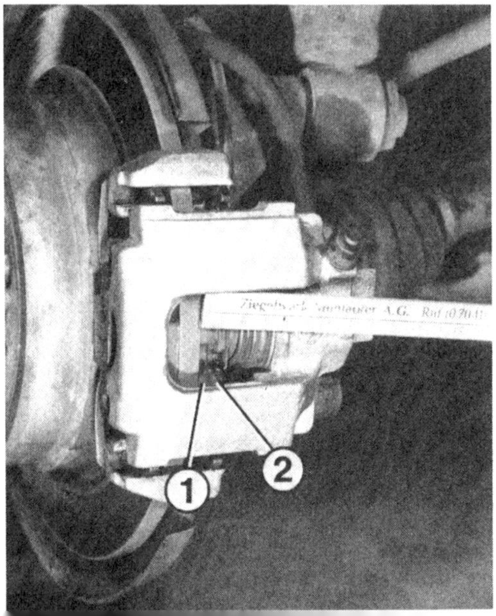

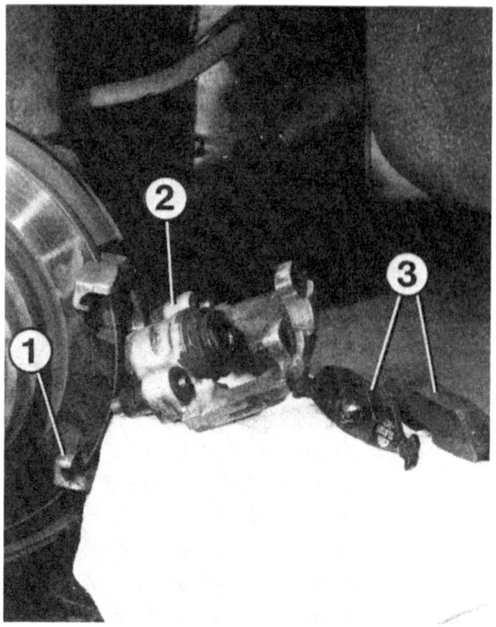

Wechsel der Scheibenbremsbeläge hinten:
Links: Lösen der Führungsbolzen in den Schutzhülsen (1 und 2) mit einem Inbusschlüssel.
Rechts: Das Bremssattelgehäuse (2) ist hier samt Belägen (3) vom Halter (1) abgenommen.

- Führungsbolzen mit **30–35 Nm** anziehen und Abdeckkappen wieder aufsetzen.
- Nach dem Zusammenbau das **Bremspedal mehrmals treten**, bis die Beläge an den Bremsscheiben anliegen. Sonst keine Bremswirkung!

Bremssattel hinten ausbauen

- Wagen hochbocken, Hinterrad abnehmen.
- Bremsleitung am Bremsschlauch abbauen (Seite 138), sofern der Bremssattel gewechselt werden soll.
- Rechts den Stecker der Bremsbelag-Verschleißanzeige aus dem Halter nehmen und Steckverbindung trennen.
- Zwei Sechskant-Halteschrauben am Bremssattel lösen und Bremssattel nach hinten von der Bremsscheibe ziehen.
- Geht das wegen eines Grats am Bremsscheibenrand nicht, Bremssattel etwas hin- und herdrücken, damit der Bremskolben zurückgleitet und mehr Platz für die Scheibe freigibt.
- Beim Einbau die beiden Halteschrauben mit **60–67 Nm** anziehen.
- Bremspedal **mehrfach niederdrücken**, bis sich normales Pedalspiel einstellt.

Bremskolbenmanschetten hinten

Der Wechsel der Bremskolbenmanschetten am Bremssattel hinten verläuft ähnlich wie am Bremssattel vorn (siehe Seite 128). Allerdings ist hier die Manschette zusätzlich mit einem Federring am Bremskolben gesichert. Zusatzarbeit also: Federring am Bremskolben mit schmalem Schraubenzieher abhebeln.

Bremsscheibe hinten ausbauen

- Bremssattel hinten ausbauen (siehe Text oben). Der Bremsschlauch bleibt angeschlossen. Bremssattel mit Draht an der Karosserie anbinden.
- Inbusschraube vorn an der Bremsscheibe lösen.
- Bremsscheibe jetzt abziehen. Geht das nicht, Nachstellrädchen der Handbremsbeläge etwas zurückdrehen (siehe »Handbremse nachstellen« auf Seite 134).
- Anlagefläche der Bremsscheibe an der Radnabe reinigen und neue Bremsscheibe montieren.
- Handbremsbacken nachstellen.

Die Trommelbremse

Nur der 520i bis 3/86 besitzt noch Trommelbremsen an der Hinterachse. Ausnahme: Fahrzeuge mit Antiblokkiersystem sind mit den schon erwähnten Scheibenbremsen hinten ausgestattet.
Die Funktion der Trommelbremsen ist einfach: Zwei Bremsbacken werden von den Kolben des Radbremszylinders (er sitzt zwischen den unteren Enden der Bremsbacken) gegen die Bremsfläche der Trommel gepreßt. Durch die Anordnung der Bremsbacken wirkt bei der im BMW verwendeten Trommelbremse (Simplex-Bremse = ein Bremszylinder mit zwei Kolben) eine der beiden Bremsbacken selbstverstärkend. Das bedeutet, daß sich die Backe durch die Drehung des Rades in gewissen Grenzen selbsttätig an die Bremstrommel zieht, was die Pedalkraft vermindert. Beim BMW ist es (Vorwärtsfahrt vorausgesetzt) die vordere Bremsbacke, die selbstverstärkend wirkt. Im Fachjargon wird sie Primärbremsbacke oder Auflaufbacke genannt. Die hintere nennt sich dementsprechend Sekundärbacke oder Ablaufbacke.

Automatische Nachstellung

Der BMW besitzt an den hinteren Trommelbremsen eine automatische Nachstelleinrichtung. Nachstellen von Hand – beim Vorgängermodell noch erforderlich – entfällt also. Die Nachstelleinheit besteht aus Nachstellhebel, Nachstellfeder und der zweiteiligen Druckstange, deren Länge mit dem Nachstellritzel verändert werden kann (siehe dazu Bild Seite 133).
Beim Betätigen der Bremse bewegen die Kolben des Radbremszylinders die Bremsbacken in Richtung

Bremstrommel. Der Nachstellhebel der vorderen Bremsbacke ist durch die Nachstellfeder vorgespannt und liegt dadurch ständig an der Druckstange an, während er gleichzeitig in das Sägezahnprofil des Nachstellritzels eingreift.
Das Vergrößern des Abstands der Bremsbacken zueinander bewirkt somit eine Drehbewegung am Nachstellhebel. Bei fortgeschrittenem Belagverschleiß ist die Drehbewegung groß genug, daß der Hebel den nächsten Zahn im Nachstellritzel fassen kann. Das Nachstellritzel wird weitergedreht, die Druckstange verlängert sich. Jetzt stehen die Bremsbacken wieder näher an der Trommel – die Bremse ist damit nachgestellt.

Nachstellautomatik und Temperatur

Bei gelöster Bremse muß zwischen Belägen und Bremstrommel ein geringer Abstand vorhanden sein, damit die Räder frei drehen können. Auch bei automatischer Nachstellung muß dieser Abstand immer vorhanden sein.
Andauerndes Bremsen – etwa bei einer Paßabfahrt – kann mit voll beladenem Wagen Bremstrommel-Temperaturen von bis zu 350°C bewirken. Unter dieser Temperatureinwirkung kann sich der Durchmesser der Bremstrommel bis zu einem Millimeter vergrößern. Das könnte die automatische Bremsennachstellung fälschlicherweise als Belagverschleiß verstehen und in die aufgeheizte, vergrößerte Bremstrommel hinein nachstellen. Folge: Nach Abkühlen der Bremsen würden die Räder blockieren.
Es muß also bei höherer Wärmeausdehnung ein Nachstellen unterdrückt werden. Das schafft der sogenannte Thermoclip, der in die Druckstange eingesetzt ist. Das Bimetall-Bauteil dehnt sich unter Temperatureinwirkung stark aus und kompensiert damit die Durchmesser-Änderung der Bremstrommel. Effekt: Der Abstand Belag/Trommel bleibt bei allen Temperaturen konstant – es wird nicht fälschlich nachgestellt.

Trommelbremsbeläge messen

Wartung Nr. 35

Zum Messen der Belagstärke an den Trommelbremsen braucht die Bremstrommel nicht abgenommen zu werden. Schaulöcher im Bremsträgerblech vereinfachen die Kontrolle.
- Wagen hinten aufbocken.
- An der Innenseite der Hinterräder vorn und hinten die beiden Stopfen abziehen.
- Mit Taschenlampe ins Schauloch leuchten, Belagstärke feststellen.
- Die Beläge dürfen bis auf 3 mm **Reststärke – ohne Belagträger** gemessen – abgefahren werden. Dann sind sie reif zum Austausch.

Bremspedalweg prüfen

Wird der Pedalweg mit der Zeit länger, ist ein Fehler an der Bremsanlage zu vermuten:
- Drücken Sie bei laufendem Motor das Bremspedal von Hand nieder.
- Der Leerweg soll höchstens ⅓ des insgesamt möglichen Pedalwegs betragen.
- Sonst funktioniert die automatische Nachstellung in den Trommelbremsen an der Hinterachse (520i bis 3/84 ohne ABS) nicht mehr.
- Oder die Scheibenbremsbeläge sind auf ein Mindestmaß abgefahren.
- Zu langer Pedalweg kann auch durch verklemmte Bremsbeläge oder einen festgerosteten Bremssattel verursacht werden.
- Eventuell ist Luft in die Bremsanlage gelangt (siehe Seite 138).

Bremstrommel abnehmen

- Wagen aufbocken und sichern, Hinterrad abschrauben.
- Innensechskantschraube an der Außenseite der Bremstrommel lösen.

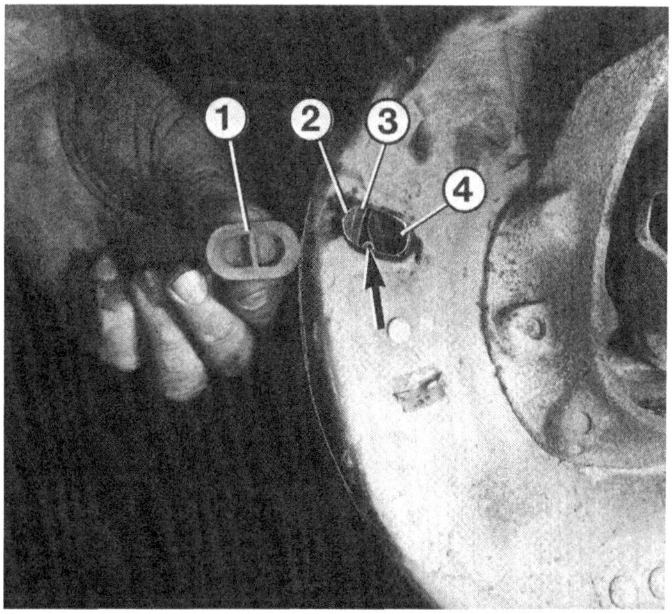

Kontrolle der Belagstärke an einem Wagen mit Trommelbremse hinten: An jedem Bremsträgerblech befindet sich ein Schauloch, durch das ein Blick auf die Bremsbeläge geworfen werden kann. Es bedeuten:
1 – Abdeckstopfen für Schauloch;
2 – Belagmaterial;
3 – Bremsbacke;
4 – Handbremshebel.
Der Pfeil zeigt auf den Spannstift, der als Anschlag für den Handbremshebel dient. Er wird zum Abnehmen der Bremstrommel ein Stück nach innen geschlagen.

- Handbremse lösen.
- Handbremsseile lockern (Seite 134).
- Bremstrommel jetzt abnehmen. Wenn das nicht geht:
- Hinten an der Bremstrommel – also am Bremsankerblech – den Stopfen wie zur Belagkontrolle abnehmen und den nun sichtbaren Spannstift (Abbildung auf der Vorseite) so weit durchschlagen, bis der Bremshebel zurückgleiten kann.
- Ist die Bremstrommel auf der Nabe festgerostet, helfen einige Schläge mit dem Kunststoffhammer auf den Rand der Trommel. Zusätzlich etwas Rostlöser in den Spalt zwischen Nabe und Trommel sprühen.
- Beim **Einbau** beachten:
- Nachstellritzel auf der Druckstange zwischen den Bremsbacken auf Leichtgängigkeit prüfen und etwas zurückdrehen.
- Spannstift am hinteren Bremsbacken wieder so eintreiben, daß der Bremshebel aufliegen kann.
- Nach Montage der Bremstrommel Fußbremse so oft durchtreten, bis die automatische Nachstellung die Bremsbacken voll nachgestellt hat. Das ist der Fall, wenn beim Treten der Bremse kein Klicken mehr aus der Bremstrommel zu hören ist.
- Handbremse einstellen, falls erforderlich (siehe Seite 134).
- Falls Entlüften der Bremsanlage nötig ist, soll das vor dem Einstellen der Handbremse geschehen.

Bremstrommeln reinigen und Zustand kontrollieren

Wartung Nr. 34

BMW schreibt dieses Intervall bei jeder Inspektion vor. Unserer Auffassung nach kann das Intervall aber sicherlich auf jede Inspektion II gedehnt werden.

- Die Schleiffläche in der Bremstrommel muß möglichst glatt sein.
- Zeigen sich tiefe Rillen oder Riefen (durch bis auf die Bremsbacken abgefahrene Beläge), kann die Trommel ausgedreht werden.
- Nach dem Ausdrehen darf der Innendurchmesser nicht größer als **251 mm** sein, sonst müssen **beide** Bremstrommeln ersetzt werden.
- Belagabrieb wird bei dieser Gelegenheit gleich aus der Bremstrommel und von den Bremsbacken entfernt. Nicht mit Preßluft in die Bremse blasen, sondern den Abrieb mit einem Pinsel oder einem kleinen Besen abkehren. Den Belagabrieb möglichst nicht einatmen!
- Bei ohnehin abgenommener Bremstrommel kontrollieren, ob Bremsflüssigkeit aus einem Radbremszylinder austritt. Wenn ja, Zylinder auswechseln, siehe unten.
- Ist nur eine Gummimanschette beschädigt oder porös, kann sie einzeln ersetzt werden (Reparatursatz), sofern noch keine Flüssigkeit austritt.

Bremsbacken ausbauen

- Bremstrommel abbauen (siehe Vorseite).
- Niederhaltefedern an den Vorderseiten der Bremsbacken abdrücken.
- Dabei die Haltestifte hinten an der Bremsankerplatte festhalten.
- Untere Rückzugfeder an beiden Bremsbacken aushängen.
- Bremsbacken aus dem Radbremszylinder aushängen.
- Handbremsseil aushängen.
- Bremsbacken abnehmen und obere Rückzugfeder sowie automatische Nachstellung aushängen.
- Beim **Einbau** beachten:
- Die Nachstellvorrichtungen haben Rechts- bzw. Linksgewinde. Fahrzeugseite nicht verwechseln.
- Darauf achten, daß der Thermoclip einrastet.
- Beim Einbau der oberen Rückzugfeder beachten: Die Kröpfung zeigt nach hinten.
- Das Einhängen des Handbremsseils in den Hebel an der Bremsbacke macht Probleme: Feder auf dem Zug ganz zurückschieben und mit schmaler Zange (Telefonzange) in dieser Stellung am Zug halten. Zugende jetzt einhängen.
- Nachstellritzel vor dem Zusammenbau ganz zurückdrehen; evtl. Gewinde dünn einfetten.
- Bremstrommel montieren.

Bremsbacken komplett austauschen

Die Bremsbeläge der Trommelbremsen können beim BMW nicht ohne gleichzeitigen Tausch der Bremsbakken gewechselt werden. Belag und Backe sind miteinander verklebt und auch als Ersatzteil nur im Verbund erhältlich. So zahlt man zwar etwas mehr für dieses Teil, spart sich aber andererseits das lästige Aufnieten der Beläge.

Gleichzeitig mit den Belägen soll auch der Thermoclip – also die Temperaturkompensation der Bremsnachstellung – gewechselt werden. Dieses Teil gibt es aber nur zusammen mit der Druckstange zu kaufen.

Bremszylinder der Trommelbremse ausbauen

- Bremstrommel abbauen (siehe Vorseite).
- Bremsbacken ausbauen (siehe oben).
- Entlüftungsventil abschrauben.
- Bremsleitung abschrauben. Sofern nicht gleich anschließend ein neuer Bremszylinder eingesetzt wird, sollten Sie das Bremspedal niedertreten und halten (siehe Seite 135), um unnötigen Bremsflüssigkeitsverlust zu vermeiden.
- Zwei Halteschrauben hinten an der Bremsankerplatte herausdrehen und Bremszylinder abnehmen.
- Beim Einbau Halteschrauben mit 9–10 Nm festziehen.

Bei abgenommener Bremstrommel sehen wir an der Hinterradbremse folgende Teile:
1 – Rückzugfeder unten;
2 – Nachstellfeder;
3 – Nachstellhebel;
4 – Nachstellrädchen;
5 – Radbremszylinder;
6 – Rückzugfeder oben;
7 – Handbremshebel;
8 – Spannstift als Handbremshebelanschlag;
9 – Niederhaltefeder;
10 – Bremsbacke.

Die Handbremse

Wenn Sie den Handbremshebel ziehen, spannen sich die Bremsseile zu den Hinterrädern.

○ Dadurch wird in der Trommel der Bremshebel der – in Fahrtrichtung hinten liegenden – Primärbacke angezogen, und über eine Verbindungsstange werden dann beide Bremsbacken an die Bremstrommel gedrückt; das Hinterrad ist blockiert.

○ Bei Wagen mit ABS und Scheibenbremsen hinten wurde das Handbremssystem völlig von der Fußbremse getrennt. Innerhalb der hinteren Bremsscheiben ist eine kleine Bremstrommel angebracht, auf deren Beläge die Handbremse wirkt.

Handbremse prüfen

Wartung Nr. 12

Wird die Feststellbremse nahezu bei jedem Parken angezogen, längen sich die Handbremsseile im Laufe der Zeit. Wer andererseits die Handbremse nur selten benutzt, kann eines Tages mit Überraschung erleben, daß sie einseitig zieht – ein häufig auftretender Mangel beim TÜV. So kontrolliert man die Handbremse:

- Funktionsprüfung durchführen, wie auf Seite 124 beschrieben.
- Zieht die Bremse schief oder ist die Wirkung unzureichend, muß bei Fahrzeugen mit Scheibenbremsen hinten »eingebremst« werden (siehe folgenden Abschnitt).
- Leerweg des Handbremshebels prüfen: Läßt er sich um mehr als 6 Rasten hochziehen, muß die Handbremse eingestellt werden.

Handbremse »einbremsen«

Bei Wagen mit Scheibenbremsen hinten verschleißen die Beläge der Handbremse so gut wie gar nicht, denn sie wird ja normalerweise erst bei stehendem Wagen angezogen. Es kommt also fast nie zu der sonst üblichen Reibung zwischen Belägen und Trommeln. Dadurch kann sich der Reibwert der Handbremsbeläge verändern.

Nachstellen der Handbremsbeläge (Wagen mit Scheibenbremsen hinten) durch ein Radschraubenloch hindurch. Die Lage des Einstellrädchens erkennen Sie im Bild unten auf der folgenden Seite.

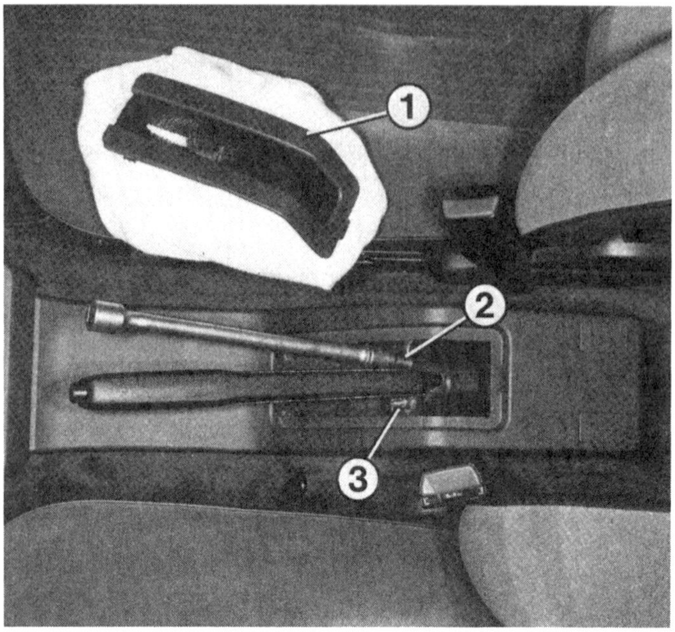

Bei abgenommener Abdeckung (1) des Handbremshebels sind die Enden der Handbremszüge (2 und 3) mit den Einstellmuttern zugänglich. Geeignetes Werkzeug zum Drehen der gelokkerten Kontermuttern: Stecknuß mit Verlängerung.

Die Feststellbremse verliert an Wirkung. Abhilfe: Den Wagen bei leicht angezogener Handbremse etwa 400 Meter weit fahren. »Eingebremst« werden muß auch, wenn neue Handbremsbeläge eingebaut wurden, wenn die Handbremse eingestellt werden soll oder wenn Sie ein Nachlassen der Handbremswirkung spüren.

Handbremse einstellen

Voraussetzungen: Bevor die Handbremse eingestellt wird, muß sichergestellt sein, daß die Seilzüge der Bremse leichtgängig sind, sonst nützt alles Einstellen nichts. Ebenso müssen bei Fahrzeugen mit Trommelbremsen die Hebel an den Bremsbacken gängig sein. Bei Scheibenbremsen zuvor die Bremsbeläge der Handbremse nachstellen – erst dann können die Seilzüge nachgespannt werden (sofern überhaupt noch nötig).

● **Handbremsbacken nachstellen** (Fahrzeuge mit Scheibenbremsen hinten):

● Wagen hinten aufbocken.

● Eine Radschraube an jedem Hinterrad herausdrehen.

● Leeres Schraubenloch so drehen, daß es nach unten etwa 45° hinter der Senkrechten steht. Genau an dieser Stelle befindet sich das Einstellritzel der Handbremsbacken. Zur Kontrolle mit der Taschenlampe durch das Schraubenloch leuchten.

● Schraubenzieher durch die Radschraubenbohrung stecken und Einstellmutter unter hebelnden Bewegungen drehen, bis die Bremsbacken anliegen und das Rad sich nicht mehr bewegen läßt.

● Dann das Ritzel 4–6 Zähne zurückdrehen. Das Rad muß sich jetzt frei drehen.

● Zum Nachstellen wird das Ritzel an der linken Fahrzeugseite nach hinten gedreht, rechts dreht man es nach vorn.

● **Bremsseile einstellen** (alle Modelle):

● Wagen hinten aufbocken; beide Hinterräder müssen frei sein.

● Abdeckbürste bzw. Gummistulpe am Handbremshebel etwas nach vorn ziehen und damit aushaken; die Einstellmuttern sind jetzt zugänglich.

● Abdeckung am Handbremshebel an der Vorderkante hochdrücken und abnehmen.

● Bei Fahrzeugen mit Trommelbremsen die Einstellmuttern der Bremsseile zunächst ein Stück lösen und Bremspedal bei laufendem Motor mehrmals

Die Handbremse bei Wagen mit Scheibenbremsen hinten. Bei abgenommener Bremsscheibe hinten sehen wir:
1 – Bohrung in der Radnabe, durch die der Inbusschlüssel beim Lösen der Niederhalter (2) gesteckt wird;
3 – Bremsbelag;
4 – Rückzugfeder;
5 – Nachstellritzel.

Die Teile der Handbremse bei Wagen mit Scheibenbremsen hinten:
1 – Nachstellvorrichtung mit Einstellritzel;
2 – Rückzugfeder;
3 – Bremsbacke;
4 – Spreizschloß (es drückt bei gezogener Handbremse die Backen gegen die Trommel).
Der Pfeil zeigt, wo das Handbremsseil eingehängt wird.

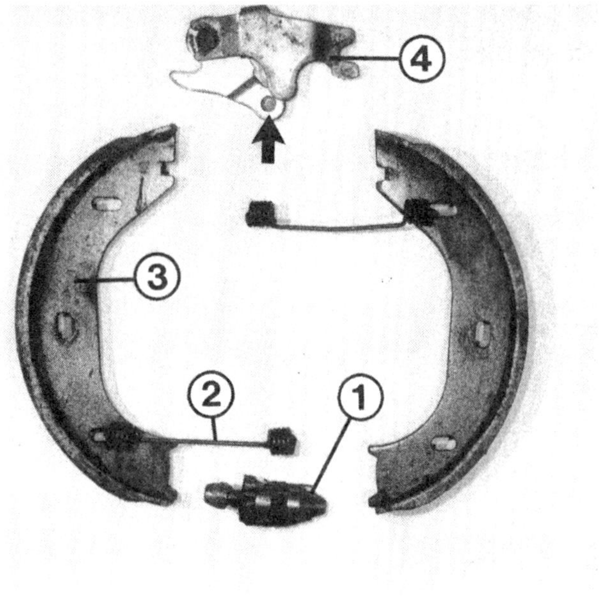

kräftig treten. So werden die Bremsbacken automatisch nachgestellt.

- Handbremshebel drei Rasten hochziehen.
- Nachstellmuttern beider Handbremsseile so weit anziehen, bis sich beide Hinterräder – rechts und links gleichmäßig – gerade noch von Hand durchdrehen lassen.
- Handbremse lösen: Die Räder müssen sich jetzt frei drehen lassen.

Handbremsbeläge kontrollieren

Wartung Nr. 47

Bei Wagen mit Scheibenbremsen hinten schreibt der Wartungsplan die jährliche Kontrolle der Belagstärke vor. Diese Bremsbeläge sind jedoch – außer beim Einbremsen – keinerlei Verschleiß unterworfen, weil sie ja erst bei stehendem Wagen in Aktion treten.

- Zum Kontrollieren Bremssattel und Bremsscheibe abbauen (Seite 130).
- Der Belag (ohne Bremsbacken) sollte mindestens 1,5 mm dick sein.
- Abgefahrene Beläge erneuern (Einbau siehe Bild oben und links unten).

Hydraulik und Betätigung

Nachdem wir uns bisher mit der mechanischen Seite der Bremsen beschäftigt haben, wenden wir uns jetzt der Bremsbetätigung mit ihren Hydraulik-Bauteilen und dem Bremskraftverstärker zu.

Arbeiten an der Bremshydraulik

Arbeitstips

○ Bremsflüssigkeit ist giftig. Nicht mit dem Mund in Berührung bringen.
○ Bremsflüssigkeit greift den Fahrzeuglack an. Deshalb keine bremsflüssigkeitsgetränkten Lappen oder -verschmierten Werkzeuge auf die Lackierung legen.
○ Beim Lösen eines Bremsschlauchs oder einer Bremsleitung läuft nach und nach der Bremsflüssigkeits-Vorratsbehälter leer. Das verhindern Sie so: Vor dem Lösen der Verschraubung eine Entlüftungsschraube im betreffenden Bremskreis lösen. Entlüftungsschlauch aufstecken und in ein Gefäß leiten. Nun das Bremspedal ganz durchtreten und mittels einer passenden Holzlatte in dieser Stellung halten. Die Zulaufbohrungen im Hauptbremszylinder sind damit verschlossen – es tritt keine Bremsflüssigkeit mehr aus.
○ Zum Lösen und Anziehen der Bremsleitungen sollten Sie sich den im Bild Seite 138 gezeigen Bremsleitungsschlüssel besorgen. Zum Gegenhalten der Bremsschläuche benötigen Sie einen Gabelschlüssel SW 14.
○ Nach Arbeiten an der Bremshydraulik muß grundsätzlich entlüftet werden (Seite 138). Oft genügt es, nur den Bremskreis zu entlüften, an dem gearbeitet wurde.

Der Hauptbremszylinder

Der Hauptbremszylinder ist das Oberhaupt im Bremssystem. Er sitzt ganz hinten im Motorraum und gibt den Bremssätteln bzw. Radbremszylindern den Befehl, wann sie zu bremsen haben. Mehr über seine Ausführung und Funktion finden Sie auf Seite 123.

Hauptbrems-zylinder ausbauen

- Beim 525i/528i den Kühlmittel-Ausgleichsbehälter ausbauen.
- Bremsflüssigkeit aus dem Vorratsbehälter absaugen.
- Schlauch zur Kupplungshydraulik abziehen.
- Behälter aus dem Hauptbremszylinder herausziehen.
- Bremsleitungen am Hauptbremszylinder abschrauben.
- Beide Halteschrauben hinten am Hauptbremszylinder herausdrehen.
- Beim Zusammenbau neuen Dichtring zwischen Bremskraftverstärker und Hauptbremszylinder einlegen.
- Halteschrauben mit 23–29 Nm anziehen.
- Dichtstopfen für die Anschlußstutzen des Vorratsbehälters innen mit Bremsflüssigkeit anfeuchten, bevor der Behälter aufgedrückt wird.
- Bremsanlage entlüften (Seite 138).

Der Bremskraftverstärker

Scheibenbremsen wirken nicht, wie Trommelbremsen, selbstverstärkend. Es ist eine wesentlich höhere Pedalkraft vonnöten. Deshalb besitzen die Modelle 520i und 525e einen pneumatisch arbeitenden Bremskraftverstärker, der ca. 60% der Bremskraft aufbringt.
Dagegen ist im 525i/528i ein hydraulisch arbeitender Bremskraftverstärker eingebaut, der dem Fahrer ca. 80% des Pedaldrucks abnimmt.
Egal, welche Version zum Einsatz kommt, der Bremskraftverstärker hat seinen Platz links hinten im Motorraum, hinter dem Hauptbremszylinder. Das Bremspedal ist jedoch weiterhin direkt mit den Bremskolben im Hauptbremszylinder verbunden, so daß man auch noch bei ausgefallenem Hilfsgerät bremsen kann. Der notwendige Pedaldruck muß dann allerdings vervielfacht werden.

Der pneumatische Bremskraft-verstärker

Die Hilfskraft liefert der Unterdruck aus dem Ansaugrohr. Der Bremskraftverstärker ist über einen Schlauch mit dem Saugrohr verbunden. Beim Bremsen verschiebt der Druckunterschied zwischen dem äußeren Luftdruck und dem Unterdruck im Ansaugrohr eine große, elastische Membrane und drückt zusätzlich auf die Kolben im Hauptbremszylinder. Wenn der Motor nicht läuft, kann der Servo auch keine (zusätzliche) Bremskraft liefern. Bleibt der Motor unterwegs plötzlich stehen, haben Sie noch eine Reserve für einige Bremsungen. Aber dann werden die Wadenmuskeln voll beansprucht.

Die Saugstrahlpumpe

Die Saugstrahlpumpe (siehe Bild unten) sorgt an einigen Modellen dafür, daß in der Leitung zum pneumatischen Bremskraftverstärker ein höherer Unterdruck entsteht, was dessen Wirkung verbessert. Das geschieht – wie bei der Insektenspritze für den Garten – nach dem Bernoulli-Prinzip: Ein konstanter Luftstrom fließt unter Umgehung der Drosselklappe durch die Saugstrahlpumpe. Dadurch wird Luft aus dem Schlauch zum Bremskraftverstärker (er ist seitlich an der Pumpe angeschlossen) mitgerissen. So entsteht in dieser Leitung ein größerer Unterdruck.
Parallel zur Saugstrahlpumpe ist der Bremskraftverstärker über eine weitere Unterdruckleitung mit dem Ansaugrohr verbunden. So deckt er seinen Unterdruck-»Grundbedarf«.

Das Bild zeigt das Rückschlagventil (1), die Saugstrahlpumpe (2) und den pneumatischen Bremskraftverstärker (3) im Motorraum eines 520i Kat.

Hier stammt die Hilfskraft aus der Hydraulikpumpe (siehe Seite 121), die Hydrauliköl unter ca. 130 bar Druck zunächst in den Druckspeicher preßt. Von dort aus verläuft die Druckleitung zum Bremskraftverstärker, der nichts weiter ist als ein verfeinertes Ventil. Und das funktioniert so: Das Bremspedal ist direkt mit dem Steuerschieber verbunden. Wird es niedergedrückt, so wird im Bremskraftverstärker die Zuleitung für das unter Druck befindliche Hydrauliköl fein dosiert geöffnet. Der Druck kann nun auf einen Kolben wirken, der mit der Druckstange zum Hauptbremszylinder verbunden ist. Kolben und Druckstange wandern dadurch nach vorn – die Bremsung wird ausgelöst. Beim Loslassen des Bremspedals öffnet der Steuerschieber die Bohrung zur Rücklaufleitung und verschließt gleichzeitig die Zulaufbohrung. Der Druck im Bremskraftverstärker wird somit abgebaut – die Bremsen lösen.
Durch den Druckspeicher hat das System Druckreserven für ca. 30 unterstützte Bremsungen nach Abschalten des Motors. Dann müssen die Wadenmuskeln den vollen Bremsdruck aufbringen.

Der hydraulische Bremskraftverstärker

Bremskraftverstärker prüfen

Wartung Nr. 49

- Der Motor muß abgestellt sein.
- Bei Fahrzeugen mit **pneumatischem Bremskraftverstärker** das Bremspedal **20 Mal** treten.
- Bei einem BMW mit **hydraulischem Bremskraftverstärker** Bremspedal **30 Mal** durchtreten.
- Pedal jetzt voll durchgetreten halten und Motor starten.
- Bei intaktem Bremskraftverstärker muß das Pedal jetzt ein Stück nachgeben. Senkt sich das Pedal nicht, ist die Bremskraftverstärkung defekt.

Störungssuche Bremskraftverstärker

- Beim **pneumatischen Bremskraftverstärker** ist ein Defekt im Unterdrucksystem an wahrscheinlichsten: Unterdruckschlauch vom Ansaugkrümmer zum Bremskraftverstäker undicht, Rückschlagventil im Unterdruckschlauch, Saugstrahlpumpe, Gummiring zwischen Hauptbremszylinder und Servogerät oder Membrane des Bremskraftverstärkers defekt.
- Zur Kontrolle des Rückschlagventils den Unterdruckschlauch am Bremsservo abnehmen.
- Durchblasen muß, Ansaugen darf nicht möglich sein.
- Richtigen Einbau des Rückschlagventils kontrollieren (siehe Bild links unten.
- Zum Austausch eines schadhaften Gummirings zwischen Hauptbremszylinder und Verstärker muß der Zylinder demontiert werden, siehe Vorseite.
- Bleibt zuletzt noch der Defekt des Bremskraftverstärkers selbst. Eine Reparatur ist hier nicht möglich – austauschen.
- Beim **hydraulischen Bremskraftverstärker** bleibt dem Selbsthelfer nur die Kontrolle des Hydraulikölstands (Seite 26).
- Ansonsten muß die Werkstatt prüfen, ob der Druck, den die Hydraulikpumpe liefert, stimmt und ob Druckspeicher und Bremskraftverstärker defekt sind.

Fingerzeig: Der Ausbau des Bremskraftverstärkers ist vom Schwierigkeitsgrad her eine Werkstattarbeit. Im besonderen gilt das für Fahrzeuge mit hydraulischem Bremskraftverstärker, bei denen die Hydraulikanlage auch bei stehendem Motor noch unter einem hohen Rest-Druck steht. Der wird erst abgebaut, wenn zuvor das Bremspedal 20 Mal kräftig betätigt wurde.

Bremsleitungen ausbauen

- Überwurfmutter der Bremsleitung losdrehen. Hierzu Gegenverschraubung – z. B. an einem Bremsschlauch – festhalten.
- Ist die Mutter auf der Leitung angerostet, wodurch sich diese mitdreht, muß die Leitung in jedem

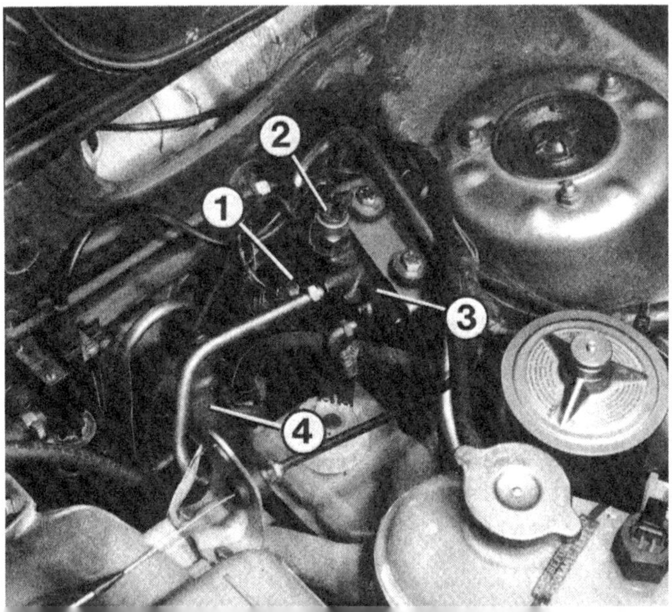

Der BMW 525i/528i besitzt einen hydraulischen Bremskraftverstärker (4). Mit zur Hydraulikanlage gehören der Druckregler (3) und die beiden Druckschalter (1 und 2).

Fall erneuert werden. Die dünnwandigen Rohre knikken schnell ab.

● Zum Lösen der Leitungsanschlüsse kann folgender Trick weiterhelfen, wenn das betreffende Leitungsstück ohnehin ausgewechselt werden soll:

● Bremsleitung nahe der Verschraubung abzwikken, Überwurfmutter mit einer Sechskantnuß lösen.

● Muß eine neue Leitung noch etwas zurechtgebogen werden, darf dies nur in einem großen Radius geschehen. Andernfalls knickt das dünne Rohr ab.

● Innenseite des Bogens beim Biegen mit dem Daumen unterstützen. So können Sie sich langsam dem Radius entlang arbeiten.

● Evtl. vorhandene Schutzschläuche bzw. -tüllen nicht vergessen.

● Bremsleitungen in ihren Abstandshaltern verlegen.

● Anzugsdrehmoment: 10–15 Nm.

● Bremsanlage entlüften.

Bremsschläuche ausbauen

● Zuerst die Überwurfmutter der betreffenden Bremsleitung losdrehen. Dabei darauf achten, daß sich die Leitung nicht verdreht.

● Ist ein Bremsschlauch mit einem Blechhalter an der Karosserie befestigt, dann ist er mit einem Blechbügel gegen Hin- und Herrutschen gesichert. Beim Zusammenbau darf dieser sogenannte Schlauchhalter (siehe Bild unten links) nicht vergessen werden.

● Beim Einbau den Schlauch immer zuerst an der Stelle festdrehen, an der er sein Außengewinde hat (13–16 Nm).

● Dann die andere Verschraubung anziehen (10–15 Nm).

● Der Bremsschlauch darf nicht in sich verdreht sein. Zur Kontrolle dient der Farbstreifen oder Gummianguß entlang des Schlauches.

● Bremssystem entlüften.

● Sofort nach der Reparatur kontrollieren, ob der Schlauch bei Federbewegungen irgendwo scheuern kann.

● Die Kontrolle nach einer längeren Fahrtstrecke wiederholen.

Bremsanlage entlüften

Wenn sich das Bremspedal federnd durchtreten läßt und sich der gewohnte Pedalweg erst nach mehrmaligem »Pumpen« einstellt, ist Luft in die Bremsanlage eingedrungen. Es liegt also eine Undichtigkeit vor (siehe Seite 125). Defekt suchen und reparieren. Es ist in diesem Fall nicht damit getan, einfach zu entlüften. Entlüftet werden muß ferner nach Reparaturen an der Bremshydraulik, wenn Luft in Bremszylinder und Leitungen eingedrungen ist:

● Bremsflüssigkeits-Vorratsbehälter ganz mit frischer Bremsflüssigkeit (siehe Seite 124) auffüllen und auch während des Entlüftens immer dafür sorgen, daß er rechtzeitig vor Absinken des Spiegels mit frischer Flüssigkeit nachgefüllt wird. Sonst wird wieder Luft angesaugt.

● Staubkappe vom Entlüftungsventil nehmen (Arbeitsreihenfolge: hinten rechts; hinten links; vorn rechts; vorn links) und das Entlüftungsventil (SW 7) um ½ bis 1½ Umdrehungen öffnen.

● Durchsichtigen Schlauch (wie von der Scheibenwaschanlage) über das saubergeriebene Ventil schieben und das freie Schlauchende in ein teilweise mit Bremsflüssigkeit gefülltes Gefäß stecken.

● Von Helfer das Bremspedal so lange langsam niedertreten und wieder zurückkommen lassen, bis im Schlauch keine Luftbläschen mehr sichtbar sind. (Bei stark entleerter Hydraulik zwei Entlüftungsdurchgänge am Wagen machen.) So wird Bremsflüssigkeit – und natürlich auch Luft – durch das Entlüftungsventil gepumpt.

● Kommen keine Luftbläschen mehr, muß der Helfer das Bremspedal in der tiefsten Stellung halten, während Sie das Entlüftungsventil schließen. Mit Gefühl anziehen, sonst reißt das Ventil ab!

● An den übrigen Radbremsen auf gleiche Weise entlüften.

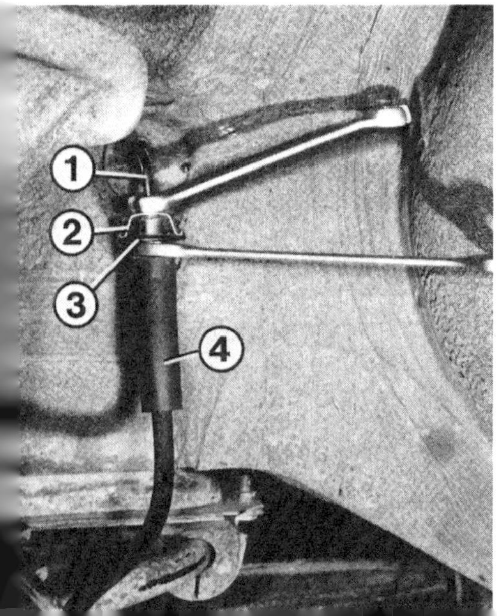

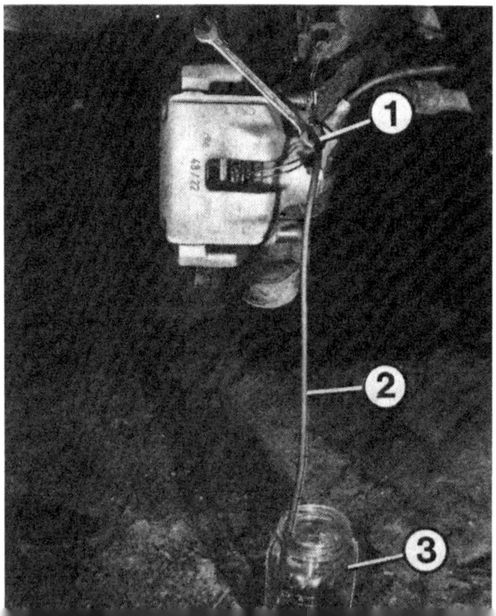

Links: Sind Bremsleitungen (1) und Bremsschläuche (4) mit einem Blechhalter (3) an anderen Bauteilen (wie hier an der Karosserie) befestigt, so darf der federnde Schlauchhalter (2) nicht fehlen. Hier wird die Verbindung mittels eines 14er-Gabelschlüssels und eines Bremsleitungsschlüssels (oben) gelöst.
Rechts: Bremsen entlüften: Das Entlüftungsventil (1) wird mit einem Schlüssel SW 7 geöffnet. Der Kunststoffschlauch (2) ist auf das Ventil gesteckt und leitet die herausgepumpte Flüssigkeit in das vorbereitete Gefäß (3).

Bremsen

Die Störung	– ihre Ursache	– ihre Abhilfe
A Bremsen ziehen einseitig	1 Reifendruck ungleichmäßig	Korrigieren bei kalten Reifen
	2 Reifenprofil ungleichmäßig	Reifen wechseln
	3 Beläge verschmiert, verglast oder ungleichmäßig abgenutzt	Beläge erneuern
	4 Führungsbolzen im Bremssattel verschmutzt oder verrostet	Reinigen
	5 Kolben im Bremssattel oder Radbremszylinder festgerostet	Gängig machen oder erneuern
	6 Bremsbacken liegen in der Trommel nicht richtig an	Kontrollieren, evtl. neue Bremsbacken montieren
	7 Bremsscheiben stark riefig oder zu dünn	Bremsscheiben ersetzen
	8 Unrunde Bremstrommeln	Ausdrehen oder erneuern
	9 Bremsschläuche gequollen	Schläuche ersetzen
B Bremsen quietschen	1 Falsche Beläge	Original-Beläge einbauen
	2 Staub und Schmutz an den Scheibenbremsen oder in den Trommelbremsen	Beläge ausbauen, Staub und Schmutz entfernen
	3 Siehe A 4, 5, 7 und 8	
C Bremsen rattern und blockieren	1 Siehe A 5 und 8	
	2 Rückzugfedern der Bremsbacken zu schwach	Erneuern
	3 Bremsscheibe hat Schlag	Erneuern
	4 Bremsscheibe stark riefig	Erneuern
D Eine oder alle Radbremsen werden sehr heiß	1 Ausgleichsbohrung im Hauptbremszylinder verstopft	Säubern
	2 Kein Spiel zwischen Bremspedal (Druckstange) und Hauptbremszylinderkolben	Einstellen
	3 Verrostete Bremssättel	Überholen lassen
	4 Handbremse löst nicht vollständig	Bremsseile und Hinterradbremse kontrollieren
	5 Spreizfeder gebrochen	Erneuern
E Pedalweg zu groß	1 Nachstellvorrichtung der Hinterradtrommelbremse defekt	Kontrollieren
	2 Radlagerspiel zu groß	Radlager erneuern
	3 Siehe C 4	
	4 Siehe A 8	
F Pedalweg zu groß, Pedal läßt sich weich und federnd durchtreten	1 Luft im Bremssystem	Bremsanlage entlüften
	2 Bremssystem undicht	Dichtheitsprüfung durchführen
	3 Hauptbremszylinder defekt	Austauschen
	4 Bei starker Bremsbelastung Dampfblasenbildung in zu alter Bremsflüssigkeit	Bremsflüssigkeit austauschen
	5 Siehe A 5	
G Schlechte Bremswirkung bei hohem Pedaldruck	1 Pedalweg normal: Beläge verölt oder verglast	Erneuern
	2 Pedalweg kurz: Bremskraftverstärker defekt	Kontrollieren, siehe Seite 137
	3 Pedalweg lang: Ein Bremskreis ausgefallen durch Undichtigkeit	Kontrollieren, schadhafte Teile auswechseln
H Handbremse wirkt einseitig oder nur schwach	1 Siehe Punkte unter A	
	2 Bremsseil eingerostet	Erneuern
	3 Nachstellmechanik defekt	Kontrollieren

Elektronik-Stop

Serienmäßig – wie der 528i seit Anfang 1986 – oder auf Sonderwunsch ist der BMW mit einem Antiblockiersystem (kurz: ABS) von Bosch ausgerüstet sein. Fahrzeuge mit vier Scheibenbremsen bieten hierfür ideale Voraussetzungen, weshalb auch der ansonsten mit Trommelbremsen an der Hinterachse ausgerüstete 520i bis 3/84 bei eingebauter ABS dort mit Scheibenbremsen versehen ist.

ABS kann nicht alles!

ABS kann keine Bremswunder vollbringen, wie häufig angenommen wird; der Bremsweg wird sich also nicht unter allen Bedingungen wesentlich verkürzen.
Vielmehr hilft ABS, die Lenkfähigkeit des Wagens während einer starken Bremsung zu erhalten. Doch bedarf es dazu eines weit größeren Lenkeinschlags als normal. Das ist nur einer der Punkte, die anders sind als bei einer normalen Bremsanlage:

- Üben Sie deshalb auf einem abgelegenen Parkplatz Vollbremsungen unter Lenkeinschlag.
- Treten Sie dabei voll aufs Bremspedal. Das Dosieren der Bremskraft übernimmt das ABS für Sie.
- Das gilt für Bremsungen bei Geradeausfahrt wie auch bei eingeschlagener Lenkung.
- Wundern Sie sich nicht über das pulsierende Bremspedal. Wenn das ABS regelt, sind diese Pedalschwingungen normal.
- In Extremfällen werden Sie auch bei ABS das Bremspedal loslassen müssen, um heikle Situationen in der Kurve noch zu retten.

Was ABS macht

ABS sorgt immer für eine optimale »Stotterbremsung«, so daß eine reine Blockierbremsung nicht mehr möglich ist. Die Räder drehen sich selbst bei einer Vollbremsung auf Glatteis noch etwas, damit sie das Fahrzeug in der Spur halten können.

Funktion der Einzelteile

Die Hydraulikeinheit

Sie hat ihren Platz vorn rechts im Motorraum (Abbildung unten): Die Einheit ist zwischen den Bremsleitungen vom Hauptbremszylinder und den Bremsleitungen zu den Radbremsen eingebaut. Entsprechend den Befehlen vom elektronischen Steuergerät wird der Druck zu den Radbremsen entweder konstant gehalten, verringert oder wieder aufgebaut. Höher als der Druck, den Sie über das Bremspedal im Hauptbremszylinder erzeugen, kann der Druck aber nicht werden. Für die Druckregelung sind vier schnell schaltende Magnetventile zuständig – also je eines pro Rad.
Sind die Magnetventile stromlos, wird der Druck erhöht. Fließt der Maximalstrom, erfolgt eine Druckreduzierung, und bei mittlerer Stromstärke wird der Druck gehalten. Besonders interessant ist die Druckabbauphase: Weil man die Bremsflüssigkeit, welche vom Hauptbremszylinder hergedrückt wird, zum Druckabbau

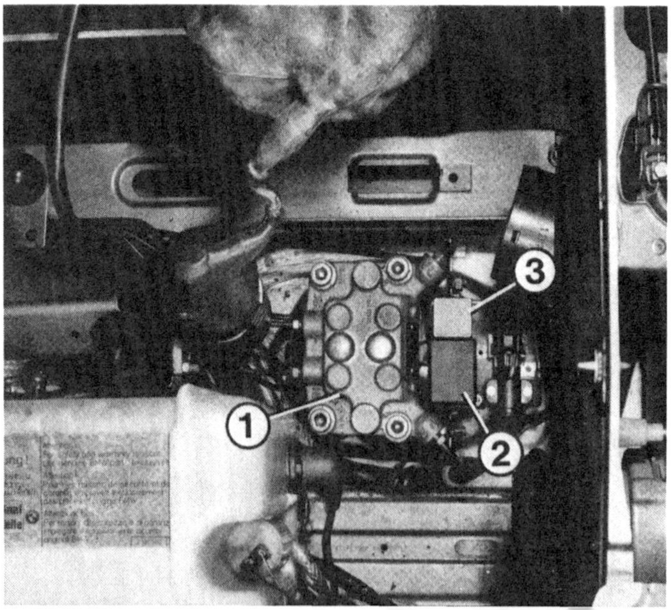

Die Hydraulikeinheit (1) des Antiblockiersystems hat ihren Platz rechts vorn im Motorraum. Bei abgenommenem Schutzdeckel sind ferner zu sehen das Relais der Magnetventile (3) und das Relais der Rückförderpumpe (2).

nicht einfach irgendwohin entweichen lassen kann (das Bremspedal würde sich als Folge ganz durchtreten lassen), pumpt man die Bremsflüssigkeit mit einer kräftigen Rückförderpumpe zum Hauptbremszylinder zurück. Sie merken dies am Bremspedal, das leicht zu pulsieren beginnt, wenn die Rückförderpumpe läuft, das ABS also in Aktion tritt. Bei genauem Hinhören vernehmen Sie auch die Pumpgeräusche. Durch Geräuschdämpfer in der Hydraulikeinheit wird das Geräusch etwas unterdrückt.

Die Drehzahlfühler

Insgesamt vier Drehzahlfühler erfassen die Drehzahlen jedes einzelnen Rades und leiten diese Information zur Steuerelektronik weiter. Damit kann das Schaltgerät seinerseits die Hydraulikeinheit ansteuern.
Die Drehzahlfühler selbst bestehen aus einem Magnetkern und einer Spule und sind in geringem Abstand zu einer Zahnscheibe – dem Rotor – montiert. Der Rotor – sein Name sagt es schon – dreht sich mit dem Rad und läßt damit die zahnförmigen Erhebungen an seinem Umfang je nach Geschwindigkeit schneller oder langsamer am Fühler vorbeilaufen. Jeder Zahn, der unter dem Fühler vorbeiwandert, induziert im Fühler einen kurzen Spannungsanstieg. Auf diese Weise wird im Fühler eine Wechselspannung erzeugt, die entsprechend der Raddrehzahl ihre Frequenz ändert. Das so entstandene Signal wird vom Schaltgerät als Drehzahlinformation verarbeitet. Die Rotoren sitzen beim BMW innen auf der Radnabe.

Das elektronische Steuergerät

Das Steuergerät sitzt unter dem Steuergerät der Einspritzung oben im Handschuhfach und verarbeitet die Informationen von den Drehzahlfühlern. Gleichzeitig steuert es die Hydraulikeinheit so an, daß die Räder nicht blockieren. Neben der komplizierten Signalaufarbeitung und dem nachfolgenden Logikteil enthält das Steuergerät noch eine Sicherheitsschaltung. Damit kann sich das Gerät selbst überprüfen, Fehler außerhalb erkennen und die Betriebsspannung überwachen. Werden Fehler festgestellt, schaltet sich das ABS aus, und die Kontrollampe im Armaturenbrett leuchtet auf.

Die Relais

Zwei Relais tragen zur Funktion des ABS bei:
- Das Relais für Magnetventile sitzt unter der Abdeckhaube auf der Hydraulikeinheit.
- Das Relais für Rückförderpumpe sitzt ebenfalls unter der Abdeckhaube der Hydraulikeinheit.

Störungen am ABS-System

Die ABS-Kontrolleuchte im Armaturenbrett leuchtet mit dem Einschalten der Zündung auf. Sie muß verlöschen, wenn der Motor läuft. Fällt die Bordspannung unter 10 Volt, leuchtet die Kontrolle ebenfalls. Sie kann weiterhin aufleuchten, wenn ein Rad länger als 20 Sekunden durchdreht. Dann die Zündung wieder ausschalten und erneut starten.
Leuchtet die Kontrolle ständig, ist das ABS nicht betriebsbereit. Eine entsprechend ausgerüstete BMW- oder Bosch-Werkstatt muß nach der Ursache suchen. Nicht jede Werkstatt kann das, denn es ist hierzu zusätzliches Werkzeug und weitergehende Mitarbeiterschulung erforderlich – also vorher nachfragen.
Als Laie können Sie allenfalls die Steckverbindungen zum Steuergerät, zu den Drehzahlfühlern oder zur Hydraulikeinheit kontrollieren.

Fingerzeig: Auch wenn die ABS-Kontrolle ständig leuchtet, das ABS also abgeschaltet oder defekt ist, kann der Wagen ohne Einschränkungen gefahren werden. Die Bremse funktioniert dann eben wie bei einem Wagen ohne ABS.

Links: Die Drehzahlfühler (1) tasten an jedem Rad eine Zahnscheibe (2) ab. Die entstehende Wechselspannung ist Meßgröße für die Drehzahl. Rechts: Das ABS-Steuergerät (1) sitzt unter dem Steuergerät der Einspritzung bzw. Motronic (2) oben im Handschuhkasten.

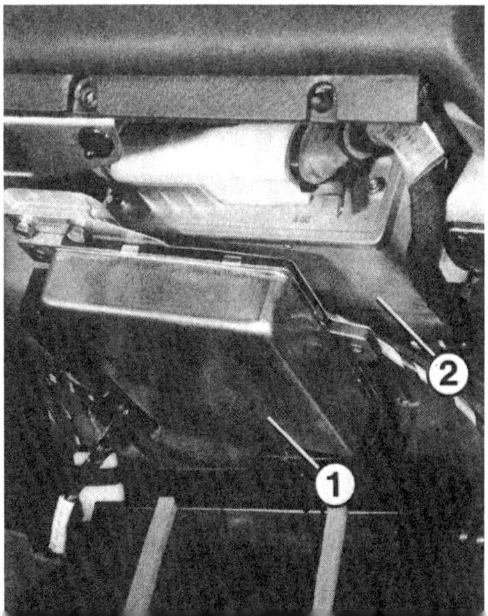

Rund gerechnet

Damit das Auto Auto sein konnte, bedurfte es zunächst des Rades. Nun liegt dessen Erfindung zwar schon etwas länger zurück, doch hat sich dieses schon Volksgut zu nennende Teil gerade in seiner Anwendung für das Automobil stark weiterentwickelt. Als Beispiel sei das TRX-Rad des BMW genannt.

Welche Reifen sind montiert?

Für Ihren speziellen Wagen gelten diejenigen Reifengrößen, die in Ihrem **Kfz-Schein eingetragen** sind. Reifen mit anderen Bezeichnungen dürfen sich an Ihrem Wagen nicht befinden, sonst kann es Ärger mit der Polizei geben. Denn die Betriebserlaubnis des Wagens ist dann erloschen. Und das wird teuer! Hier die Aufstellung der Reifen, die an den verschiedenen Versionen des BMW montiert sein **können**. Doch Vorsicht, nicht alle Größen sind für jedes Baujahr zulässig!

Modell	520i, 525e, 525i	528i
Serienausstattung	175 HR 14 bzw. 175 R 14 88 H 195/70 HR 14[1] bzw. 195/70 R 14 90 H[1] 200/60 R 390 90 H TR[1]	195/70 VR 14 200/60 VR 60 390 TR[1]
Sonderausstattung	200/60 HR 390 TR bzw. 200/60 R 390 90 H TR 220/55 VR 390 TR	220/55 VR 390 TR
Winterreifen	175 R 14 88 Q M+S 175 R 14 88 T M+S 195/70 R 14 90 Q M+S 195/70 R 14 90 T M+S 200/60 R 390 90 H M+S TR 220/55 R 390 90 H M+S TR	

[1] Anfangs nur als Sonderausstattung bei einzelnen Modellen

Nicht alle Größen gelten für Ihren Wagen

○ Wollen Sie eine der hier genannten Reifengrößen an Ihrem Wagen montieren, obwohl sie im Kfz-Schein Ihres Wagens **nicht eingetragen** ist (wie etwa die Größe 220/55 VR 15 390 TR), muß diese zuvor beim TÜV in die Papiere eingetragen werden.
Die dazu bisweilen nötige Unbedenklichkeitsbescheinigung erhalten Sie von der Abteilung »Technischer Kundendienst« der BMW AG, Postfach 400240, 8000 München 40.

Die Reifenbezeichnungen

Bei den von BMW verwendeten Reifenbezeichnungen haben wir es mit dreierlei Schreibweisen zu tun – abhängig davon, wie alt der Wagen ist und welche demnach im Kfz-Schein verwendet wurde:
○ Die alte Schreibweise – z.B. 195/70 HR 14 – trägt den Reifen-Geschwindigkeitsbuchstaben (H) in der Mitte der Reifenbezeichnung.

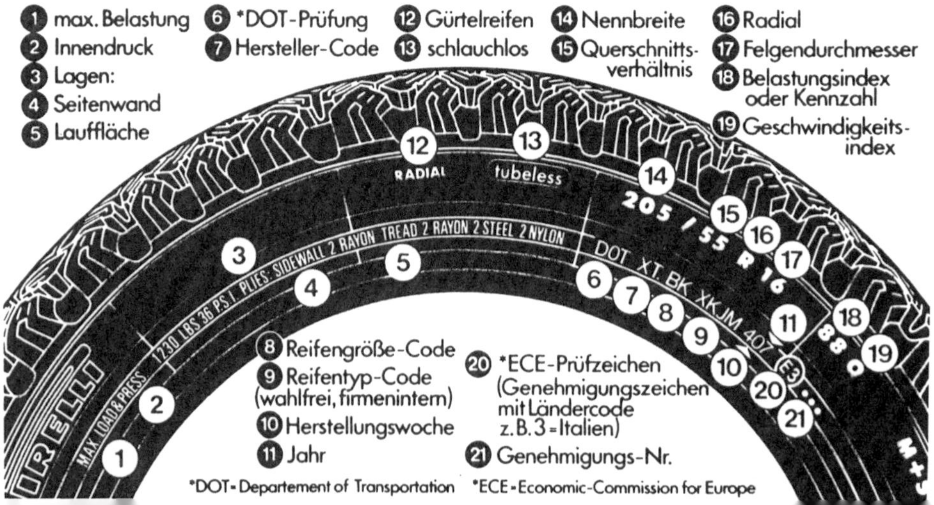

Was so alles an Beschriftung auf eine Reifenflanke paßt, finden Sie hier erklärt.

○ Die neue Schreibweise – z.B. 195/70 R 14 90 H – trägt den Geschwindigkeits-Kennbuchstaben (H) am Schluß der Bezeichnung. Zusätzlich ist die Reifen-Tragzahl (in diesem Fall lautet sie 90) angegeben.
○ Die TRX-Reifen sind mit metrischem Innendurchmesser angegeben. Das ist die Zahl »390« in der Reifenbezeichnung 200/60 VR 390 TR. Ansonsten wird der Innendurchmesser in Zoll angegeben.

Was die Bezeichnungen bedeuten

Die Zahlen und Buchstaben in der Reifenbezeichnung haben die folgende Bewandtnis:
175, 195, 200, 220: Reifenbreite in unbelastetem Zustand in mm
55, 60, 70: Verhältnis von Reifenhöhe zu Reifenbreite = 70:100. Entsprechend niedriger ist das Höhen/Breiten-Verhältnis bei 60er- und 55er-Reifen
R: Kennzeichnung der Bauart als **R**adial- oder Gürtelreifen
14, 390: Innendurchmesser des Reifens in Zoll (") oder Millimeter (mm)
Q: zulässige Höchstgeschwindigkeit bis 160 km/h – Geschwindigkeitsklasse für herkömmliche M+S-Reifen
S: bis 180 km/h
T: bis 190 km/h – Hochgeschwindigkeits-M+S-Reifen
H: bis 210 km/h
V: über 210 km/h
TR: Hinweis auf TRX-Radsystem

Die Felgen

Folgende Reifen/Felgen-Kombinationen sind bei unserem BMW möglich. Vergleichen Sie dazu die **Angaben mit Ihrem Kfz-Schein**. Die dort fehlenden Größenbezeichnungen können vom TÜV problemlos nachgetragen werden (Unbedenklichkeitsbescheinigung des Werks vorlegen), sofern Sie die betreffende Felgengröße montieren wollen. **Nicht eingetragene Reifen/Felgen-Kombinationen nicht verwenden!**

Felgen	5½ J × 14 H 2	6 J × 14 H 2	6½ J × 14 H 2	165 TR 390
Reifengröße	175 HR 14 175 R 14 88 H 175 R 14 88 Q M+S 175 R 14 88 T M+S	175 HR 14 175 R 14 88 H 175 R 14 88 Q M+S 175 R 14 88 T M+S 195/70 HR 14 195/70 R 14 90 H 195/70 R 14 90 Q M+S 195/70 R 14 90 T M+S	195/70 HR 14 195/70 R 14 90 H 195/70 R 14 90 Q M+S 195/70 R 14 90 T M+S 195/70 VR 14	200/60 HR 390 TR 200/60 R 390 90 H TR 200/60 VR 390 TR 220/55 VR 390 TR[1] 200/60 R 390 90 H M+S TR 220/55 R 390 93 H M+S TR

[1] Bei nachträglicher Umrüstung Karosseriefalz der hinteren Radhäuser umbördeln

Die Felgenbezeichnung

Die Zahlen und Buchstaben der Felgenbezeichnung bedeuten folgendes:
5½, 6, 6½, 165: Felgenmaulweite in Zoll bzw. Millimeter (165). Gemessen wird an der Felgenhornbasis quer zur Laufrichtung des Rades
J: Kennzeichnung der Felgenhorn-Höhe
×: Zeichen für Tiefbettfelge
14, 390: Felgendurchmesser in Zoll bzw. Millimeter (390). Gemessen wird von Wulst zu Wulst
ET 22: Einpreßtiefe 22 mm. Dieses Maß erläutert die Zeichnung unten näher
H 2: Zeichen für Doppelhump-Felge. Zwei höckerartige Erhebungen innen im Felgenbett verhindern, daß die

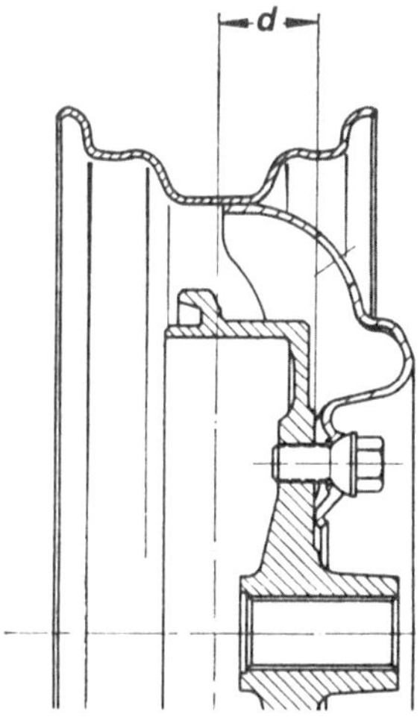

Ein wichtiges Felgenmaß stellt die Einpreßtiefe »d« dar. Damit bezeichnet man den Abstand zwischen der Felgenmitte und der Anlagefläche der Felge an die Radnabe.

Reifenwülste bei seitlicher Beanspruchung (scharfe Kurvenfahrt mit niedrigem Luftdruck) vom Felgenhorn abgleiten können
TR: Hinweis auf TRX-Radsystem

TRX-Reifen und -Felgen

Das TRX-Rad wurde von Michelin neu entwickelt und war Anfang der 80er Jahre serienreif. Felge und Reifen wurden dabei in besonderer Weise aufeinander abgestimmt. Die Neuentwicklung von Reifen und Felge war deshalb nötig, weil herkömmliche Radialreifen auf sogenannten Tiefbettfelgen montiert werden. Die Tiefbettfelgen sind aber ursprünglich für die Montage von Diagonalreifen konstruiert worden, so daß bisher nicht alle Vorteile des Radialreifens genutzt werden konnten.
Hoher Fahrkomfort – dieses bedingt eine hohe geschmeidige Reifenflanke – und präzises Fahrverhalten – dies wird durch eine starre, niedere Reifenflanke erreicht – konnten nie so recht unter einen Hut gebracht werden. Um diese Nachteile auszugleichen, wurde die Karkasse des TRX neu berechnet und die auftretende Zug- und Druckspannung gleichmäßig verteilt. Daher auch der Name »TR« = tension répartie = aufgeteilte Spannung des neuen Reifens. Der Vorteile wegen mußte so auch der Wulstbereich des Reifens verändert werden, was zwangsläufig zu einer neuen Felge führte.
Für Sie als BMW-Fahrer hat das nun zur Folge, daß Sie keine anderen Reifen auf die TRX-Felgen montieren lassen können. Sind Ihre Reifen abgefahren, müssen Sie wieder TRX-Reifen kaufen und können nicht auf ein preisgünstigeres Angebot zurückgreifen.

Radschrauben

Alle BMW-Felgen – ob aus Leichtmetall oder Stahl – werden mit denselben Radschrauben befestigt. Sie brauchen also keine anderen Radschrauben mitzuführen, wenn Sie trotz Leichtmetallfelgen ein Stahl-Reserverad im Kofferraum haben. Nicht geeignet sind die Radschrauben des Vorgängermodells bis Baujahr 1981. Zubehörfelgen müssen ggf. mit anderen Schrauben befestigt werden.

Andere Radschrauben für Sonderfelgen

Abweichend vom eben gesagten können nachträglich montierte Leichtmetallfelgen anderer Hersteller als BMW besondere Schrauben erfordern. Das hat folgende Gründe:
Für die entsprechende Stärke der Felgen-Anlagefläche muß die passende Radschraubenlänge verwendet werden. Eine zu kurze Radschraube hält das Rad nicht sicher an der Nabe. Eine Schraube mit zu langem Schraubengewinde ragt zu weit in die Schraubenbohrung der Radnabe und kann nicht genügend angezogen werden.

Anbau von Sonderfelgen

Sonderfelgen heißen auf Amtsdeutsch solche Räder, die in Form oder Material nicht der serienmäßigen Ausstattung entsprechen. Da es wegen nachträglich montierten Rädern und Reifen immer wieder Schwierigkeiten bei Polizeikontrollen oder der Hauptuntersuchung bei DEKRA oder TÜV gibt, hier einige Punkte, die Sie beachten müssen.
○ Keine Probleme gibt es, wenn Felgen- und Reifengröße mit den Angaben in den Fahrzeugpapieren übereinstimmen und die Felgen Original-BMW-Teile sind.
○ Eine Änderung der Fahrzeugpapiere durch die Zulassungsstelle ist erforderlich, wenn Felgen- und Reifengröße mit den Angaben in den Kfz-Papieren übereinstimmen und eine Rad-ABE vorliegt.

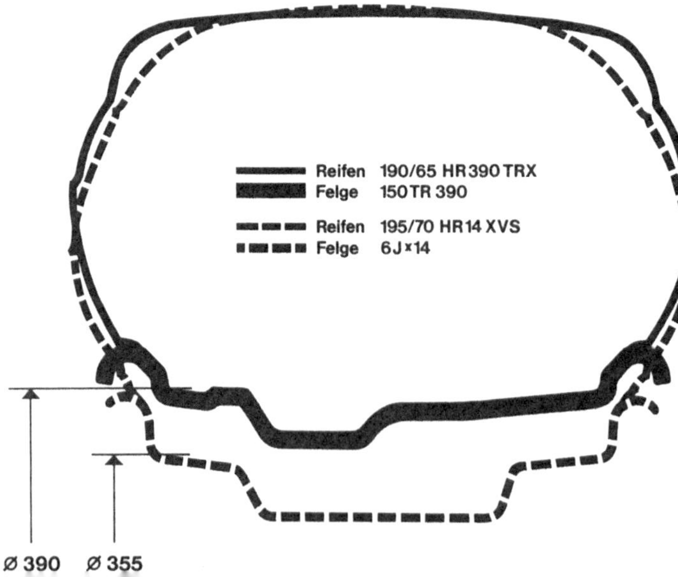

Die Zeichnung zeigt die Kontur eines TRX-Reifens mit Felge im Vergleich zu einer Standard-Bereifung. Die hier gezeigten Reifen/Felgengrößen dienen nur dem Vergleich und passen nicht auf den BMW.

Das flachere Felgenhorn des TRX-Rades ist hier einer Standard-Felge (gestrichelt gezeichnet) gegenübergestellt.

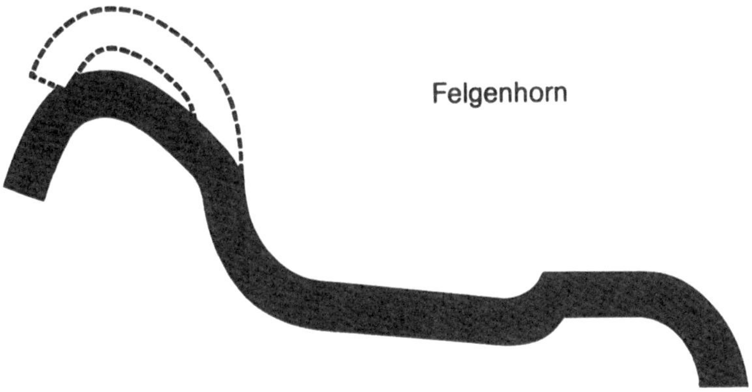

○ Ein Gutachten nach § 19 (2) StVZO beim TÜV (Teilgutachten) und die Berichtigung der Kfz-Papiere ist notwendig, wenn Felgen- und Reifengröße nicht mit den Angaben in den Papieren übereinstimmen und/oder für die Felgen lediglich ein TÜV-Bericht vorliegt.
○ Beim Kauf neuer Sonderfelgen muß eine Rad-ABE oder ein TÜV-Bericht beigefügt sein.
○ Vor dem Kauf gebrauchter, nicht originaler Felgen ohne entsprechende Papiere sollten Sie anhand der genauen Hersteller- und Typenbezeichnung sowie des Herstellungsdatums (es ist in der Felge eingeschlagen oder eingegossen) aus dem Räderkatalog des TÜV heraussuchen lassen, ob hierfür eine Rad-ABE oder ein TÜV-Bericht vorliegt.
○ Räder ohne ABE oder TÜV-Bericht dürfen in der Bundesrepublik nicht montiert werden.

Reifendruck prüfen

Ständige Kontrolle

Die nachfolgend genannten Werte (in bar Überdruck) entsprechen den jeweils neuesten Werksangaben. Ältere Betriebsanleitungen nennen teilweise andere Druckwerte.

Modell	halbe Beladung		volle Beladung		Reifengröße Sommerreifen
	vorn	hinten	vorn	hinten	
520i 525e	2,0	2,0	2,0	2,4	175 R 14 88 H 195/70 R 14 H 200/60 R 390 90 H TR 220/55 VR 390 TR
525i	2,2	2,2	2,4	2,6	195/70 R 14 89 H 200/60 R 390 90 H TR 220/55 VR 390 TR
528i					195/70 VR 14 200/60 VR 390 TR 220/55 VR 390 TR

Modell	halbe Beladung		volle Beladung		Reifengröße Winterreifen
	vorn	hinten	vorn	hinten	
520i 525e	2,2	2,2	2,2	2,6	175 R 14 88 Q M+S 175 R 14 88 T M+S 195/70 R 14 89 Q M+S 195/70 R 14 89 T M+S 200/60 R 390 90 H M+S TR 220/55 VR 390 93 M+S TR
525i 528i	2,3	2,3	2,5	2,7	175 R 14 88 Q M+S 175 R 14 88 T M+S 195/70 R 14 89 Q M+S 195/70 R 14 89 T M+S 200/60 R 390 90 H M+S TR 220/55 VR 390 93 M+S TR

Luftdruck bei kalten Reifen messen

Bereits wenige Kilometer zügiger Fahrt lassen den Reifendruck um 0,2–0,3 bar ansteigen. Diese Druckerhöhung durch Erwärmung ist bei den Luftdruckempfehlungen bereits berücksichtigt worden und darf deshalb nicht abgelassen werden. Am günstigsten ist ein eigener Luftdruckprüfer, womit der Reifendruck vor Antritt der Fahrt bei kalten Reifen gemessen werden kann.

Reifenzustand kontrollieren

Wartung Nr. 8

Die Kontrolle geht am besten bei aufgebocktem Wagen, etwa beim Ölwechsel an der Tankstelle.

● Drehen Sie jedes Rad einmal komplett durch.

● Fremdkörper, wie kleine Steinchen, bohren Sie mit einem feinen Schraubenzieher aus den Profillamellen, ohne den Reifen dabei zu beschädigen.

● Das Reifenprofil muß laut Gesetzesvorschrift über die gesamte Profilbreite noch mindestens 1 mm tief sein.

● Aus Sicherheitsgründen sollten Sie jedoch die Reifen schon bei Erreichen der 3-mm-Profilgrenze wechseln lassen. Im besonderen gilt das für die breiten 55er- oder 60er-Reifen, die bei geringer Profiltiefe auf nasser Straße weit stärker »aufschwimmen« als 70er-Reifen.

● Zur Verschleißkontrolle dienen in regelmäßigen Abständen quer zur Lauffläche verlaufende Erhebungen in den Profilrillen. Sie sind an der Reifenflanke durch die Buchstaben »TWI« gekennzeichnet.

● Wenn diese Erhebungen mit den Profilrippen in gleicher Höhe stehen, sollte der Reifentausch nicht mehr hinausgeschoben werden.

● Aus der Art der Profilabnutzung können Sie einiges herauslesen.

Das Reifenlaufbild

○ **An der Außenseite abgefahrene Vorderreifen** deuten auf sehr flotte Fahrweise in Kurven hin. Entweder die Reifen auf den Felgen drehen lassen oder die vorderen regelmäßig gegen die Hinterräder austauschen.

○ **Einseitig abgefahrenes Profil** kann auch auf falsche Radeinstellung hinweisen; vor allem dann, wenn lediglich ein Reifen schräg abgelaufen ist.

○ **Starke Abnutzung in der Profilmitte** deutet auf wesentlich zu hohen Luftdruck. Dieser Effekt tritt besonders deutlich an den Hinterrädern auf.

○ Sind **beide Außenschultern** eines Reifens **stärker abgefahren als die Profilmitte**, wurde lange Zeit mit zu niedrigem Luftdruck gefahren.

○ **Gleichmäßige Auswaschungen** im Profil deuten auf einen defekten Stoßdämpfer.

○ Tritt die **ungleiche Abnutzung nur an bestimmten Stellen** auf, ist das Rad unwuchtig.

○ Eine **einzelne Stelle mit starker Abnutzung** im Profil stammt von einer Bremsung mit blockiertem Rad – eine sogenannte Bremsplatte.

Radwechsel

Unterwegs ist der Radwechsel nicht ganz problemlos. Die Radschrauben können festgerostet sein oder sie wurden beim letzten Radwechsel in der Werkstatt mit einem Schlagschrauber »angeknallt« (statt mit den vorgeschriebenen 100 Nm festgezogen).

Dann sind die Schrauben möglicherweise nicht einmal mit dem stabilen BMW-Radschraubenschlüssel mehr zu lösen. Hilfe ist dann nur noch von einem ausziehbaren Radschraubenschlüssel oder einem Radkreuz mit aufgestecktem Rohrstück (als Verlängerung) zu erwarten.

● Handbremse anziehen und 1. oder Rückwärtsgang einlegen.

● Unterwegs Warnblinkanlage einschalten und Warndreieck aufstellen.

● Räder der anderen Wagenseite gegen Wegrollen sichern, z.B. mit Steinen oder Holzstücken.

● Bei Rad-Vollblende die Blechblende mit dem Kläppchen am Original-BMW-Radschraubenschlüssel abdrücken bzw. Kunststoffblende von Hand abziehen.

● Felgenschloß – so vorhanden – bei Leichtmetallfelgen öffnen.

● Radschrauben bei auf dem Boden stehendem Wagen jeweils knapp eine Umdrehung lockern.

● Bordwagenheber an einem der vier Aufnahmepunkte unten am Türschweller ansetzen. Darauf achten, daß der Wagenheberfuß stabil auf dem Boden aufliegt. Bei weichem Untergrund Brettchen unterlegen.

● Wagen hochkurbeln, bis das betreffende Rad frei hängt.

● Radschrauben vollends herausdrehen, Rad abnehmen.

● Reserverad aufstecken.

● Schrauben über Kreuz gleichmäßig anziehen. Dabei das Rad hin- und herdrehen, damit es sich einwandfrei auf der Radnabe zentriert.

● Wagen ablassen, Schrauben nachziehen (100 Nm).

● Radblende aufdrücken. Die Kunststoffblende zuerst am Reifenventil »einhängen« und anschließend an der gegenüberliegenden Seite festdrücken.

Radmittenzentrierung fetten

Wartung Nr. 36

Wir würden diesen Wartungspunkt durchführen, wenn die Räder ohnehin zur Bremsbelagkontrolle oder anläßlich des Radwechsels abgenommen wurden.

● Wegen der unterschiedlichen Materialien kann es zwischen Leichtmetallfelgen und Radnaben zu sogenannter Kontaktkorrosion kommen.

● Um das zu vermeiden, muß die Radmittenzentrierung – also der Bereich um das Loch in Felgenmitte – dünn eingefettet werden.

● Tritt Korrosion an dieser Stelle auf, kann die Felge fast unlösbar an der Radnabe festbacken.

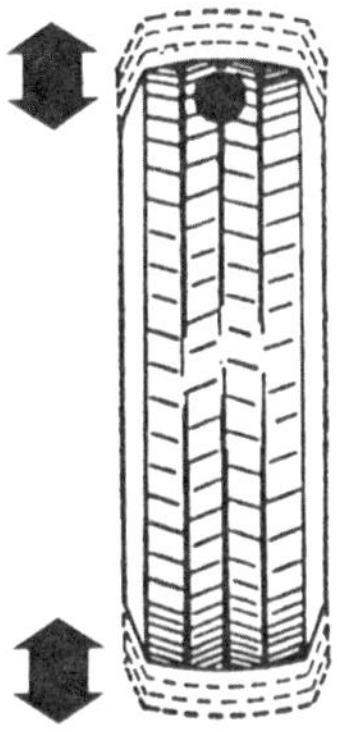

Unsere Skizze erläutert die Auswirkungen der Unwucht:

Die **statische** Unwucht erkennt man, wenn ein freihängendes, drehendes Rad immer mit der gleichen Stelle zu Boden sinkt und sich allmählich auspendelt. Folge: Das Rad hüpft während der Fahrt.

Die **dynamische** Unwucht ist durch Auspendeln des Rades nicht zu erkennen, denn sie liegt irgendwie schräg zur Radachse, so daß das schnellaufende Rad flattert und wackelt. Unausgewuchtete Räder führen zu schnellem Reifenverschleiß, unruhiger Lenkung und vorzeitiger Abnutzung der Radlager.

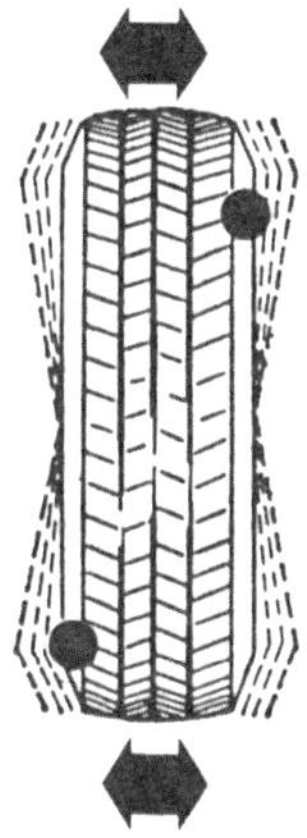

Festen Sitz der Radschrauben kontrollieren

Wartung Nr. 37

Nach einigen Kilometern Fahrtstrecke soll nach jeder Radmontage kontrolliert werden, ob die Radschrauben richtig angezogen sind. Als Anzugsdrehmoment sind 100 Nm vorgeschrieben, also nicht mit einem zusätzlich verlängerten Radschlüssel die Schrauben »anknallen«.
Zu starkes oder ungleichmäßiges Festschrauben kann dazu führen, daß sich die Bremsscheiben oder -trommeln verziehen. Das ergibt ungleichmäßige Bremswirkung, Bremsenschütteln und punkt- oder flächenförmigen Reifenverschleiß.

Rad-Unwuchten

Unwuchtige Räder spürt man durch Vibrationen im Lenkrad oder Schütteln im Vorderwagen. Beides tritt bei bestimmten Geschwindigkeiten besonders stark auf. Die Ursache liegt an ungleichmäßiger Gewichtsverteilung am Rad (siehe Zeichnung oben).

Räder auswuchten

Die Räder müssen statisch und dynamisch ausgewuchtet werden. Dazu gibt es zwei Methoden:
○ Das Rad wird am Wagen ab- und an einer Auswuchtmaschine angeschraubt. Dort läuft es zur Probe, Unwuchten werden dabei angezeigt und können durch Anbringen von Bleigewichten ausgeglichen werden.
○ Zum Ausschalten letzter Unwuchten ist Feinwuchten erforderlich. Dabei werden auch Unwuchten von Radnabe und Bremsscheibe ausgeglichen. Die am Wagen anmontierten Räder werden durch einen Elektromotor mit Reibrad in die notwendige schnelle Drehung versetzt und die Restunwucht angezeigt. Das gleicht man wieder durch Bleigewichte aus.

Fingerzeig: Feinwuchten ist besonders an den Vorderrädern des BMW anzuraten. Dort sind selbst kleinste Unwuchten am Lenkrad zu spüren. An den Hinterrädern ist das Auswuchten am Fahrzeug eher entbehrlich.

Neue Reifen kaufen

Steht die Anschaffung von neuen Reifen an, ist das eine gute Gelegenheit, auf eine andere Reifendimension zurückzugreifen, die evtl. den eigenen Anforderungen besser als die seitherige entspricht. Deshalb hier in

Soll ein intaktes, am Wagen gewuchtetes Rad etwa nach Kontrollen an der Bremse wieder montiert werden, muß es in gleicher Stellung wie zuvor an der Radnabe festgeschraubt werden. Dazu die Einbaulage an Felge (1) und Nabe (2) kennzeichnen, wie hier gezeigt.

Kürze die Eigenschaften und Besonderheiten der Reifengrößen, die am BMW montiert werden können. **Welche Reifen davon für Ihren Wagen in Frage kommen, entnehmen Sie Ihren Fahrzeugpapieren.**
○ Die Reifengröße **175 R 14** war zu Anfang der Bauzeit unseres 5ers die Standardgröße für die Modelle 520i, 525e und sogar für die ersten 525i. Dieser Reifen ist der billigste für den BMW, aber nicht unbedingt der am besten geeignete. Er empfiehlt sich bestenfalls für die Modelle 520i und 525e – aber nur wenn der Fahrer einen gemäßigten Fahrstil pflegt. Denn für höhere Kurvengeschwindigkeiten ist dieses Schuhwerk nicht geeignet. Weshalb diese Größe auch nach und nach aus der Serien-Grundausrüstung verschwand.
○ Mit der Reifengröße **195/70 R 14** steht der BMW auf ausreichend breiten »Walzen«. Unserer Auffassung nach ist der BMW mit den 195ern auch für zügige Fortbewegung richtig bereift. Und nicht zuletzt kommen diese Reifen der Optik des Wagens zugute.
○ Grundsätzlich andere Gesichtspunkte sprechen für die Verwendung des TRX-Reifens der Dimension **200/60 R 390 TR** (siehe dazu Seite 144). Natürlich müssen diese sehr teuren Reifen auch dann wiedergekauft werden, wenn der Wagen mit TRX-Felgen ausgestattet ist. Denn dann paßt kein anderer Reifen. Es sei denn, man beschafft sich Standardfelgen zum Umbereifen auf herkömmliche Bereifung.
○ Gleiches gilt für die noch breiteren **220/55 R 390 TR**. Auch hier handelt es sich um TRX-Reifen, die nur mit TRX-Felgen harmonieren. Soll nachträglich auf diese Walzen umgerüstet werden, muß die Kante außen am hinteren Radhaus noch ein wenig umgebördelt werden, damit ausreichender Freigang der Räder beim Einfedern gewährleistet ist. Der TÜV, der diese Räder eintragen muß, weiß Bescheid.

Winterbereifung

○ Ohne Winterreifen ist der BMW kaum durch Matsch und Schnee zu bewegen. Relativ hohe Motorleistung und Antrieb der nur wenig belasteten Hinterachse sorgen für nicht allzu gute Wintereigenschaften. Selbst die Beladung des Kofferraums mit einem Sandsack bringt keine überzeugende Verbesserung. Die Anschaffung von Winterreifen ist also kaum zu umgehen.
○ Bei Winterreifen haben Sie die Wahl zwischen den herkömmlichen M+S-Reifen, die lediglich 160 km/h schnell gefahren werden dürfen, und den teureren Hochgeschwindigkeitsreifen für 190 km/h Höchsttempo.
○ Die TRX-Winterreifen sind sogar bis 210 km/h zugelassen.
○ Was die Reifengröße anbetrifft, so würden wir aus Kostengründen auf die preisgünstige Dimension 175 R 14 zurückgreifen, die als Winterreifen sogar auf dem 528i gefahren werden darf. Empfehlenswert vor allem dann, wenn winters üblicherweise keine langen Strecken zurückgelegt werden.
○ Bessere Fahreigenschaften auf trockener Straße verspricht der breitere 195er-Reifen. Natürlich ist er schon spürbar teurer.
○ Eine sehr kostspielige Sache sind TRX-Winterreifen. Diese Bereifung empfiehlt sich auch deshalb nicht, weil meist nur Leichtmetall-TRX-Felgen zur Verfügung stehen. Die sind durch Streusalz starker Korrosion ausgesetzt. Deshalb winters lieber einen Satz Stahlfelgen mit herkömmlichen Winterreifen anschaffen.
○ Da unsere BMW-Modelle schneller laufen können, als es die bauartbedingte Höchstgeschwindigkeit mancher Winterreifen zuläßt (siehe Seite 143), muß in diesem Fall ein Hinweisschild mit der Reifen-Höchstgeschwindigkeit am Armaturenbrett angebracht werden.
○ Ein M+S-Reifen mit weniger als 4 mm Profiltiefe taugt nichts mehr im Winter. Wenn etwa im Gebirge Winterreifen vorgeschrieben sind, werden M+S-Reifen als solche nur dann anerkannt, wenn ihr Profil noch mindestens 4 mm tief ist.

Die Radschrauben (1) passen an Stahl- und Leichtmetallfelgen aus dem Hause BMW. Abschließbare Radschrauben (2) schützen teure Felgen. Die Radnabenkappen (3) sind lediglich aufgesteckt.

Neue Leitung

Der Einzug der Elektronik in unser Leben hat längst stattgefunden. Auch die Autoelektrik ist nicht davon verschont geblieben. Man kommt kaum darum herum, sich mit dieser Sache zu beschäftigen.

So einfach ist Elektrik

Elektrizität ist leider unsichtbar. Deshalb ist alles, was mit Strom zusammenhängt, für viele ein Buch mit sieben Siegeln. Verdeutlichen wir uns doch die Zusammenhänge von Strom und Spannung am Beispiel eines Wasserfalls: Seine Höhe stellt die elektrische **Spannung** dar (in Volt gemessen), seine Breite – also die herabfließende Wassermenge – symbolisiert den elektrischen **Strom** (in Ampere gemessen).
Steht am Fuß unseres Wasserfalls ein Mühlrad, so wird dort **Leistung** (in Watt) erzeugt. Und zwar so viel, wie sich aus dem Produkt von Höhe und Breite des Wasserfalls ergibt. Klar also, daß es egal ist, ob der Wasserfall hoch und schmal oder niedrig und dafür breiter ist. Denn erst das Ergebnis der Rechnung »Höhe mal Breite« (oder »Spannung mal Strom«) entscheidet über die abgegebene Leistung. Einleuchtendes Beispiel: Die 40-Watt-Birne zu Hause brennt genau gleich hell wie die 40-Watt-Birne am Auto, obwohl das Bordnetz statt 220 Volt nur 12 Volt aufzuweisen hat.
Bleibt noch der **Widerstand** zu erklären: Er ist mit einer Verengung in der Wasserleitung vergleichbar, durch den der Wasser(Strom-)fluß reduziert werden kann.

Grundbegriffe der Elektronik

Schon dem Wort nach basiert die Elektronik auf den Elektronen – jenen immens kleinen Bausteinen, aus denen das ohnehin schon kleine Atom zum Teil besteht. Die Elektronen sorgen in allen elektrisch leitenden Werkstoffen (Leiter) dafür, daß Strom überhaupt fließen kann. Die Elektronen wandern dabei im Leiter von Atom zu Atom.
Nichtleitende Werkstoffe besitzen zwar auch Elektronen, doch sind diese sehr stark an den Atomkern gebunden. Sie können also auch nicht weiterwandern, und somit fließt auch kein Strom.
Die dritte Werkstoffgruppe stellen die sogenannten Halbleiter dar. Das sind Kristalle (meist Germanium oder Silizium), die so nachbehandelt wurden, daß in ihrem Atomaufbau Elektronen fehlen oder überschüssige Elektronen vorhanden sind. Dadurch ergibt sich der durchaus erwünschte Effekt, daß durch die Kristallplättchen nur unter bestimmten Bedingungen Strom fließen kann. Werden diese Bedingungen nicht erfüllt, baut sich eine Sperrschicht auf, und der Stromfluß wird gehemmt.
Halbleiterbauelemente findet man natürlich nicht nur einzeln in der Fahrzeugelektrik verwendet. Meist sind sie in größerer Stückzahl zu kompletten Schaltungen zusammengefaßt, wie zum Beispiel im Steuergerät der Einspritzanlage oder dem Schaltgerät der Zündung.

Halbleiter

Transistor: Er läßt nur dann Strom durchfließen, wenn an seinem dritten Anschluß eine Spannung anliegt. Ist diese Spannung hoch, fließt viel Strom durch; bei geringer Spannung entsprechend weniger. Vergleichbar ist das mit einem Wasserhahn. Je weiter das Ventil aufgedreht wird, desto mehr Wasser fließt durch.
Diode: Sie ist nur in einer Richtung für den elektrischen Strom leitend. Kommt der Strom aus der Gegenrichtung, sperrt sie den Durchgang. Das ist wie beim Reifenventil: Luft kann durchgepumpt werden, aber sie kommt nicht mehr heraus.
Leuchtdiode: Der Halbleiterkristall sendet Licht aus, sobald Spannung anliegt. Im Grund genommen ist das wie bei einer Glühlampe, aber es gibt keinen Glühfaden, der allmählich verbrennen kann.

Weitere Bauelemente

In nahezu allen elektronischen Schaltungen kommen Bauteile vor, die nicht zur Sparte der Halbleiter gehören, ohne die aber die Elektronik nicht denkbar wäre. Häufigste Vertreter sind:
Widerstand: Seine Aufgabe ist es, den Stromfluß zu hemmen, wie bereits beschrieben.
Kondensator: Er wirkt wie eine kleine Batterie und kann elektrische Energie für eine gewisse Zeit speichern. Er wird zur Glättung von Spannungsschwankungen und zum Dämpfen von Spannungsspitzen verwendet. Wenn eine Zeitverzögerung in einer Schaltung erwünscht ist (z.B. im Blinkrelais), wird ein Kondensator mit einem Widerstand zu einem »Zeitglied« zusammengeschaltet.

Elektronische Schaltungen

Integrierte Schaltkreise (IC): Eine Vielzahl von elektronischen Bauteilen ist im kleinen Gehäuse eines IC untergebracht. Die meist schwarzen »Käfer« mit 14 und mehr Anschlußfüßen gibt es mit allen erdenklichen Funktionen.

Mikroprozessoren: Sie spielen eine wachsende Rolle in der Technik. Es sind weiterentwickelte ICs, aber wesentlich »intelligenter«. Je nach Art des elektrischen Eingangssignals können sie vorher programmierte Schaltungsvorgänge auslösen.

Elektrische Messungen

Damit der Meßwert richtig abgelesen werden kann, bedarf es zunächst eines genauen Meßgeräts. Welche Geräte sich eignen, sehen Sie auf der rechten Seite.
Wie man das Meßgerät richtig anschließt, und was bei den einzelnen Messungen zu beachten ist, finden Sie in den folgenden Abschnitten erklärt.

Fingerzeig: Schalten Sie vor Abziehen eines Steckers im Bereich der Fahrzeugelektronik immer die Zündung aus. Noch besser ist das Abklemmen der Batterie. Denn beim Trennen eines Steckkontakts können Spannungsspitzen entstehen, die nahegelegenen empfindlichen Elektronikgeräten (z.B. Bordcomputer) nicht gut bekommen.

Spannung messen mit Prüflampe

Praktisch ist eine Prüflampe mit Nadelkontakt (Bild rechte Seite), mit deren Nadel einfach die Isolierung des zu prüfenden Kabels durchstochen werden kann. Die Klemme am Kabel der Lampe wird irgendwo an blankem Fahrzeugmetall, der sogenannten Masse, angeclipst.
Die Lampe gibt in erster Linie Auskunft darüber, ob überhaupt Spannung anliegt. An ihrer Helligkeit kann man in etwa die Höhe der Spannung abschätzen.

Spannung messen mit Diodenprüfer

An elektronischen Bauteilen darf mit einer herkömmlichen Prüflampe nicht gemessen werden. Sie nimmt zu viel Leistung auf und kann so Bauteile der Elektronik beschädigen. Wer in diesem Bereich Messungen vornehmen will, sollte sich einen Spannungsprüfer mit Leuchtdioden anschaffen.

Spannung messen mit Voltmeter

Exakter ist die Spannungsmessung mit dem Volt-Meßbereich eines Zeiger- oder Digitalmeßgeräts. Durch den sehr geringen Stromverbrauch des Instruments droht auch Elektronikteilen keine Gefahr.
○ Zum Messen der Batteriespannung (als Beispiel) wird das mit »–« gekennzeichnete Meßkabel an den Minuspol der Batterie angeschlossen. Das »+«-Kabel kommt an den Pluspol:
○ Zeigt das Instrument beispielsweise nur 10,4 Volt an, hat eine der Batteriezellen Kurzschluß. Interessant kann es auch sein, die Batteriespannung zu messen, während der Anlasser betätigt wird. Sind dann nur noch 6 Volt abzulesen, steht es mit der Batterie sicher nicht zum besten.
○ Weitere Methoden, das Volt-Meßgerät einzusetzen:
○ Messen einer Spannung »gegen Masse«: »+«-Kabel des Meßgeräts an einer Klemme anschließen, an der Spannung anliegt, »–«-Kabel an ein blankes Teil der Karosserie oder des Motors anklemmen. Beide sind durch dicke Kabel mit dem Minuspol der Batterie verbunden, wodurch eine exakte Messung möglich ist.
○ Häufig wird die Spannung zwischen zwei bestimmten Kontakten (etwa an einem Steuergerät) gemessen. Wie das Meßgerät anzuschließen ist und welche Spannung anliegen soll, ist in einem solchen Fall Bestandteil der Prüfvorschriften.
○ Mit dem Volt-Meßbereich kann auch geprüft werden, ob ein Massekabel in Ordnung ist: »+«-Kabel des Meßgeräts am Pluspol der Batterie anschließen, »–«-Kabel des Geräts am Ende des Massekabels anklemmen. Ist die Masseversorgung intakt, muß volle Batteriespannung angezeigt werden.

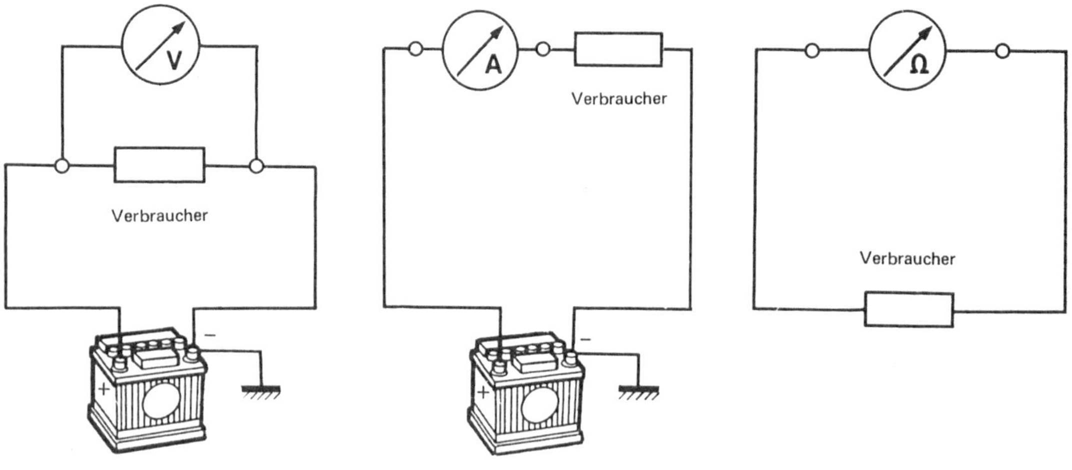

Verschiedene elektrische Messungen. Von links nach rechts: Spannung, Strom, Widerstand messen.

Meßgeräte für Fahrzeug- und Motorelektrik:
1 – Stroboskoplampe zur Zündeinstellung;
2 – Präzisions-Motortester mit Digitalanzeige; dazu Krokodilklemmen (3) und Meßspitzen (4);
5 – Leuchtdioden-Spannungsprüfer (auch für Elektronik-Bauteile geeignet);
6 – herkömmlicher Spannungsprüfer mit Glühlampe.

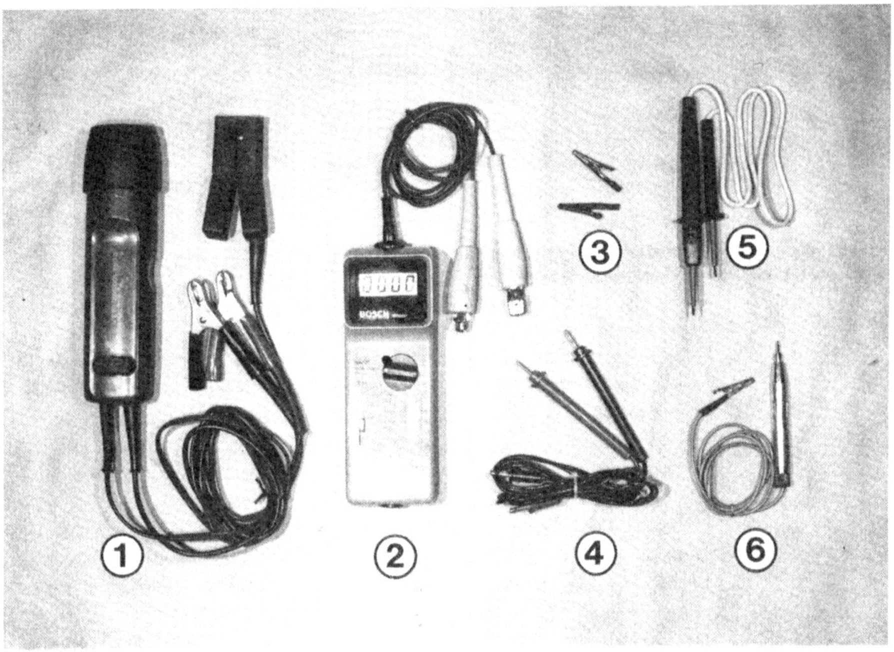

Strom messen

Ob Strom zu einem Verbraucher hinfließt, wird mit dem Amperemeter bzw. dem entsprechenden Meßbereich des Vielfachinstruments gemessen.

○ Dazu muß der Stromkreis aufgetrennt und das Meßgerät zwischen die jetzt freien Pole zwischengeschaltet werden.

○ In der Praxis sieht das so aus: Einen Steckkontakt in der Leitung zu einem Verbraucher abziehen und Meßgerät zwischen Stecker und Kontaktzunge zwischenschalten.

○ Strom wird beispielsweise gemessen, wenn der Verdacht besteht, daß ein heimlicher Stromverbraucher irgendwo im Bordnetz sitzt, der über Nacht die Batterie leersaugt. Um diese Leckstelle zu lokalisieren, nehmen Sie eine Sicherung nach der anderen heraus, klemmen stattdessen das Amperemeter an den Kontakten im Sicherungskasten an und können so feststellen, in welchem Stromkreis Verluste entstehen.

○ Niemals versuchen, auf diese Weise den Stromverbrauch des Anlassers zu ermitteln! Der Strom ist viel zu hoch für unser kleines Meßgerät.

Widerstand messen

Die exakte Widerstandsmessung an einem Bauteil hat nur dann einen Sinn, wenn man ein genau anzeigendes Gerät besitzt. Sonst bleiben letztlich Zweifel an der Messung.

○ Mit dem Widerstandsmeßbereich läßt sich beispielsweise erkennen, welchen Innenwiderstand ein bestimmtes Bauteil hat. Die Angaben finden Sie – wo nötig – hier im Buch.

○ Die Kabel des Meßgeräts (Polung ist dabei gleichgültig) werden dazu an zwei Anschlüssen des Bauteils angeklemmt.

○ Oder es wird der Widerstand »gegen Masse« gemessen: Ein Kabel am Bauteil, das zweite an Motorblock oder Karosserie anklemmen.

○ Ferner läßt sich mit dem Widerstands-Meßbereich eines Meßinstruments prüfen, ob eine Leitung oder ein Schalter »Durchgang« hat (der Meßwert ist dann 0) oder ob der Stromweg irgendwo unterbrochen ist (dann erhalten Sie den Meßwert unendlich = ∞).

Leitsysteme

Keine Angst vor der Vielzahl an Leitungen, Sicherungen und Steckern im BMW! Nach einiger Einarbeitungszeit und unter Zuhilfenahme der Sicherungstabelle und Stromlaufpläne werden Sie sich bald zurechtfinden.

Minus an Masse

Strom kann nur in einem geschlossenen Kreislauf fließen. Wenn Sie zu Hause den Lichtschalter anknipsen, leuchtet das Licht auf. Genauso ist es im Auto, nur daß hier der von Batterie oder Lichtmaschine kommende Strom über den jeweiligen Stromverbraucher zurück zur Batterie oder Lichtmaschine fließt.
An die Mehrzahl der Stromverbraucher im BMW sind zwei Kabel angeschlossen. Doch nur eines läßt sich bis zur Batterie bzw. bis zum Generator zurück verfolgen, wie dies auch die Stromlaufpläne ab Seite 155 zeigen. Die andere Leitung ist dagegen meist schon nach wenigen Zentimetern irgendwo am Karosserieblech festgeschraubt oder mit einer Steckerfahne eingesteckt.
Hier hat man sich zunutze gemacht, daß die Metallteile von Karosserie und Motor bzw. Getriebe ebenfalls Strom leiten können. In der Autoelektrik bezeichnet man sie mit der »Masse«. Sie sorgen für die Stromrückleitung zum Minuspol der Batterie. Merksatz: **M**inus an **M**asse.
Wenn ein Stromverbraucher direkt auf Metall sitzt, braucht er nur ein einziges Anschlußkabel, aber im heutigen kunststoffreichen Automobil müssen fast immer kleine Verbindungsleitungen den Kontakt zur Fahrzeugmasse herstellen.

Wegweiser durch Normung

Das bunte Kabelgewirr im Auto ist eigentlich ganz gut geordnet, denn viele Einzelheiten der Kraftfahrzeug-Elektrik sind genormt. Die Zahlen an verschiedenen Bauteilen und Kabelanschlüssen sowie in den Stromlaufplänen haben in allen deutschen und in manchen ausländischen Fahrzeugen dieselbe Bedeutung. Hier einige Beispiele:
Klemme 15 erhält nur bei eingeschalteter Zündung (Zündschloß-Raste II) Strom ab Zündschloß, wobei außer der Zündspule jene Stromverbraucher versorgt werden, die nur bei Betrieb des Wagens Strom erhalten sollen. Die Kabel an den Normklemmen 15 besitzen vielfach eine grüne Ummantelung, bisweilen auch mit farbigen Zusatzstreifen bei bestimmten Stromverbrauchern.
Klemme R ist eine BMW-eigene Benennung für Anschlüsse, die in Zündschloßraste I und II sowie in Anlaßstellung funktionieren sollen.

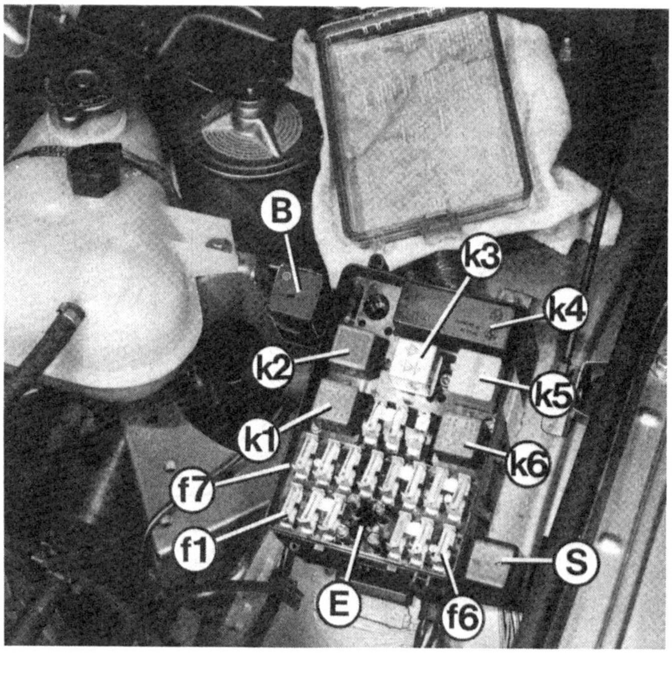

Die Sicherungen und Relais im Sicherungskasten sind hier im Bild gleich gekennzeichnet wie in den Schaltplänen ab Seite 155. Es bedeuten:
F 1 – Sicherung 1;
F 6 – Sicherung 6;
F 7 – Sicherung 7;
K 1 – Fernlicht-Relais;
K 2 – Abblendlicht-Relais;
K 3 – Nebelscheinwerfer-Relais;
K 4 – Hupenrelais;
K 5 – Entlastungsrelais;
K 6 – Wisch-Wasch-Intervallrelais bzw. Relais für Scheibenwischer und Intensivreinigung.
Weiter zu sehen:
E – Ersatzsicherungen;
B – Benzinpumpen-Relais (L-/LE-Jetronic);
S – Relais für Scheinwerfer-Reinigungsanlage.

Klemme 30 erhält dauernd Strom vom Pluspol der Batterie bzw. bei laufendem Motor von der Lichtmaschine. Das kann bei unvorsichtigem Umgang mit Werkzeug zu Kurzschlüssen und Funkenregen führen, wenn das Minuskabel der Batterie nicht abgenommen wurde. Diese stets stromführenden Kabel haben meist eine rote Umhüllung, ggf. mit zusätzlichen Farbstreifen.
Klemme 31 ist die Masse-Klemme, mit der ein Stromverbraucher zur Fahrzeugmasse verbunden sein muß, damit der Stromkreis geschlossen ist. Diese Kabel sind braun umhüllt.
Klemme 49 ist für die Blink- und Warnblinkanlage zuständig.
Klemme 53 versorgt die Scheibenwischeranlage.
Klemme 56 ist für die Spannungszufuhr des Abblendlichts mit gelb/weißem und gelb/blauem Kabel sowie des Fernlichts mit weiß/violettem Kabel zuständig.
Klemme 58 gehört zum Standlicht vorn sowie zu den Schluß- und Kennzeichenleuchten. Die Grundfarbe der Kabelumhüllung ist grau, jeweils mit zusätzlichen Farbstreifen.

Orientierung durch Steckverbindungen

Im BMW sind Einzelkabel häufig zu ganzen Kabelbündeln in schwarzer Umhüllung zusammengefaßt, was die Suche nach einem bestimmten Kabel deutlich erschwert. Orientierungshilfe bieten in diesem Fall die zahlreichen Mehrfachsteckverbindungen, von denen Anzahl der Kabel und genaue Lage in den Stromlaufplänen ab Seite 155 verzeichnet sind.

Sicherungstabelle

Nr.	Klemme	angeschlossene Verbraucher	erhält Strom von	A[1]
1	30	Kraftstoffpumpe(n)	Kraftstoffpumpenrelais	16
2	30	Abblendlicht rechts	Abblendlichtrelais (K 3)	8
3	30	Abblendlicht links, Nebelschlußleuchte	Abblendlichtrelais (K 3)	8
4	30	Zigaretten-Anzünder, automatische Antenne, Niveauregulierung, Sitzheizung, elektrische Sitzverstellung, Standheizung	Batterie-+	25
5	30	Warnblinkanlage, Innenleuchte, Handschuhfachleuchte, Kofferraumleuchte, Handlampe, Uhr, Zentralverriegelung, Bordcomputer, Alarmanlage, Service-Intervallanzeige, Türschloßheizung, Check-Control (Abfrageeinheit), Sound-System	Batterie-+	8
6	15	Kontrolleuchten, Kontrollinstrumente, elektrisch verstellbare Spiegel, Bordcomputer, Heizungsregelung, Check-Control (Warnleuchte, Abfrageeinheit), Verbrauchsanzeige, Service-Intervallanzeige, Tempomat, elektrische Fensterheber, Niveauregulierung (Steuerung), Rückfahrscheinwerfer, Wählhebelanzeige (Automatikgetriebe)	Zündschloß	8
7	30	Fernlicht links und rechts	Fernlichtrelais (K 4)	16
8	R	Instrumentenbeleuchtung, Kennzeichenleuchten, Nebelschlußleuchte (nur bei eingebauten Nebelleuchten), Radio, Steuerung für elektrische, programmierbare Sitzverstellung, Check-Control (Abfrageeinheit)	Zündschloß	8
9	58 R	Stand-, Schluß- und Parklicht rechts	Lichtschalter	8
10	58 L	Stand-, Schluß- und Parklicht links	Lichtschalter	8
11	R	Blinker, Scheibenwaschanlage, Scheibenwischer, Hupe, Scheinwerfer-Reinigungsanlage	Zündschloß	16
12	R	Bremslicht, Check-Control (Abfrageeinheit)	Zündschloß	8
13	30	Heizbare Heckscheibe, elektrisches Schiebedach	Entlastungsrelais (K 1)	16
14	30	Zusatzlüftersteuerung, Gebläse, Heizung/Verdampfer (Klimaanlage)	Entlastungsrelais (K 1)	25
15	30	Nebelscheinwerfer rechts	Nebelscheinwerferrelais (K 5)	8
16	30	Nebelscheinwerfer links	Nebelscheinwerferrelais (K 5)	8
17	30	Zusatzlüfter	Batterie-+	30

[1] Stromstärke der Sicherung in Ampere

Irrgarten

In heutigen Autos ist weit mehr Elektrik hineingepackt als in früheren Jahren. Dadurch sind die seither üblichen elektrischen Schaltpläne, aus denen man auch die ungefähre Lage der einzelnen Kabel im Fahrzeug entnehmen konnte, zu einem kaum noch entwirrbaren Kabelsalat geworden.
Vergleichsweise übersichtlich sind dagegen die hier vorliegenden Stromlaufpläne. Sie zeigen die einzelnen Stromkreise der elektrischen Anlage nebeneinander aufgezeichnet, so daß der funktionelle Zusammenhang besser zu erfassen ist.

Aufbau der Stromlaufpläne

Im Stromlaufplan ist ein Stromkreis mit dem kürzestmöglichen Kabelweg – dem Strompfad – gezeichnet ohne Rücksicht auf die Einbaulage im Fahrzeug. Bauteile mit mehreren Funktionen können auf mehrere Pfade aufgeteilt sein.
Stromverteilung: Oben im Stromlaufplan ist die Plus-Seite dargestellt. Von hier wird der Strom verteilt, der von der Batterie bzw. der Lichtmaschine kommt.
Sicherungen: Mit dem Kennbuchstaben »F« und einer nachfolgenden Zahl sind die im Sicherungshalter sitzenden Sicherungen bezeichnet. Die Numerierung entspricht ihrem Platz im Halter.
Leitungen: Die elektrischen Leitungen sind mit dem Querschnitt ihrer Metallseele angegeben; »0,5« steht für 0,5 mm^2 Querschnitt. Außerdem sind die Kabelfarben abgekürzt wiedergegeben: Es bedeuten: BL – blau; BR – braun; GE – gelb; GN – grün; GR – grau; VI – Violett; RT – rot; SW – schwarz; WS – weiß.
Steckverbindungen: Sie tragen grundsätzlich den Kennbuchstaben »X«. Anhand der nachfolgenden Nummer läßt sich aus der Schaltplanerklärung herausfinden, wo der Stecker im Fahrzeug eingebaut ist und wieviele Pole er besitzt.
Bauteile: Alle elektrischen Bauteile tragen Kennbuchstaben mit nachgestellten Unterscheidungsziffern. So bedeuten z.B. A – Anzeige-Kombinationen; B – Geber; E – Glühlampen; F – Sicherungen; G – Stromquellen; H – Signaleinrichtungen; K – Relais; M – Motoren; P – Anzeigegeräte; R – Widerstände; S – Schalter; W – Stromschienen; X – Steckkontakte.
Schaltzeichen: Zur Darstellung der Bauteile werden genormte Schaltzeichen verwendet, wobei alle Schalter und Kontakte den Zustand des stehenden, abgeschlossenen Wagens mit angezogener Handbremse zeigen.
Klemmenbezeichnungen: Zweistellige Ziffern, ggf. mit Zusatzbuchstaben im Stromlaufplan finden sich gleichlautend am entsprechenden Bauteil.
Strompfade: Unten an der Fußleiste sind die Stromlaufpläne durchnumeriert. Für jedes Bauteil ist mindestens ein eigener Strompfad vorhanden. Endet ein Strompfad mit einem quadratischen Kästchen, so gibt die **Zahl im Kästchen** an, wo der Strompfad weiterläuft.
Masse: Karosserie, Motor oder Getriebe dienen in der Autoelektrik zur Rückleitung des Stromes – man spricht hier von »Masse«. Im Stromlaufplan ist sie unten als Querlinie dargestellt. Kann ein elektrisches Bauteil nicht direkt mit Masse verbunden werden, stellt man die Verbindung über einen sogenannten Massepunkt her.

Welche Schaltpläne?

Auf den folgenden drei Seiten finden Sie den Gesamtstromlaufplan eines Wagens mit Check-Control-Einrichtung. In den Zusatzstromlaufplänen ab Seite 160 haben wir die Verschaltung bestimmter Motorversionen und Zusatzausstattungen dargestellt.

Gesamt-Stromlaufplan, Teil 1

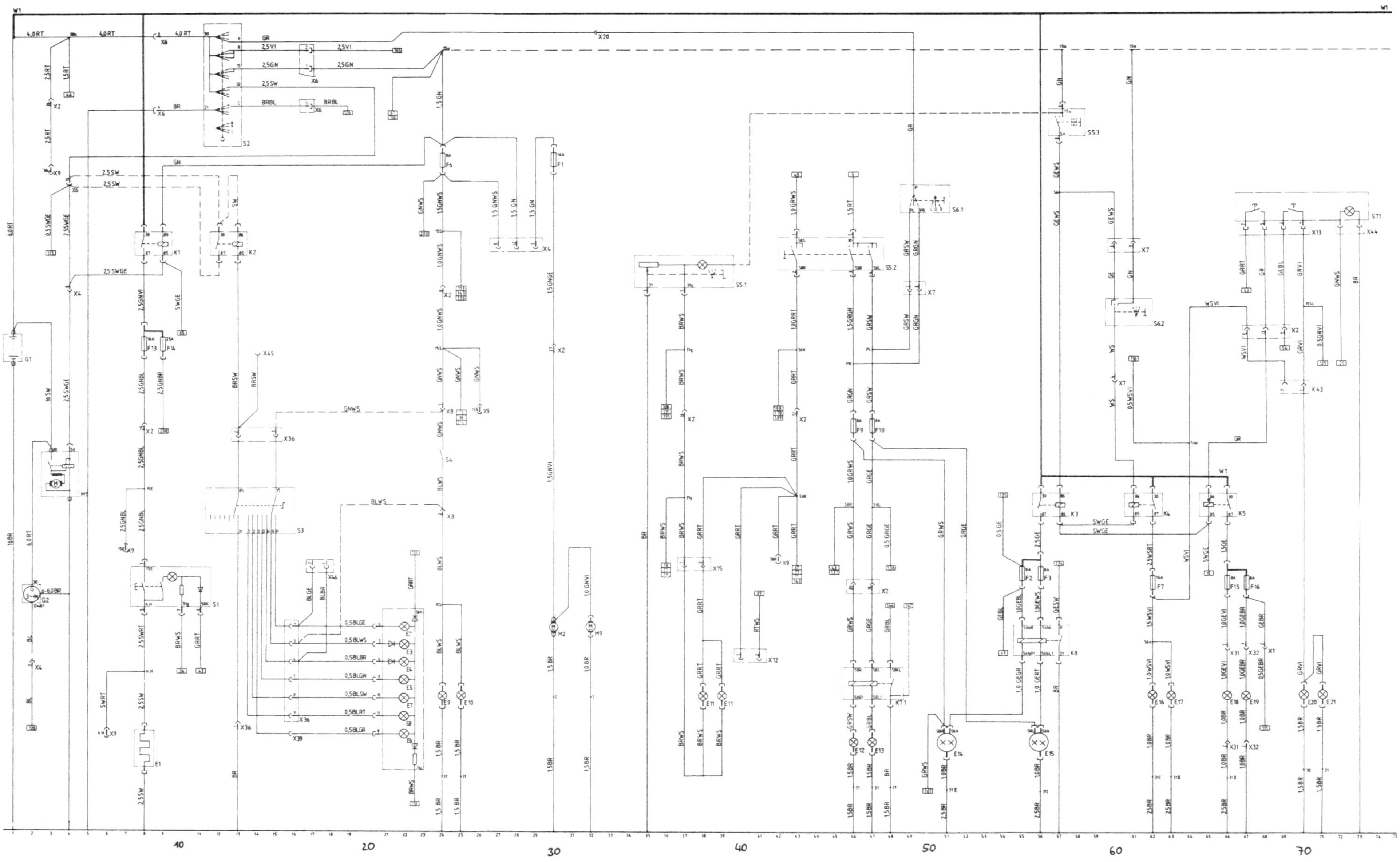

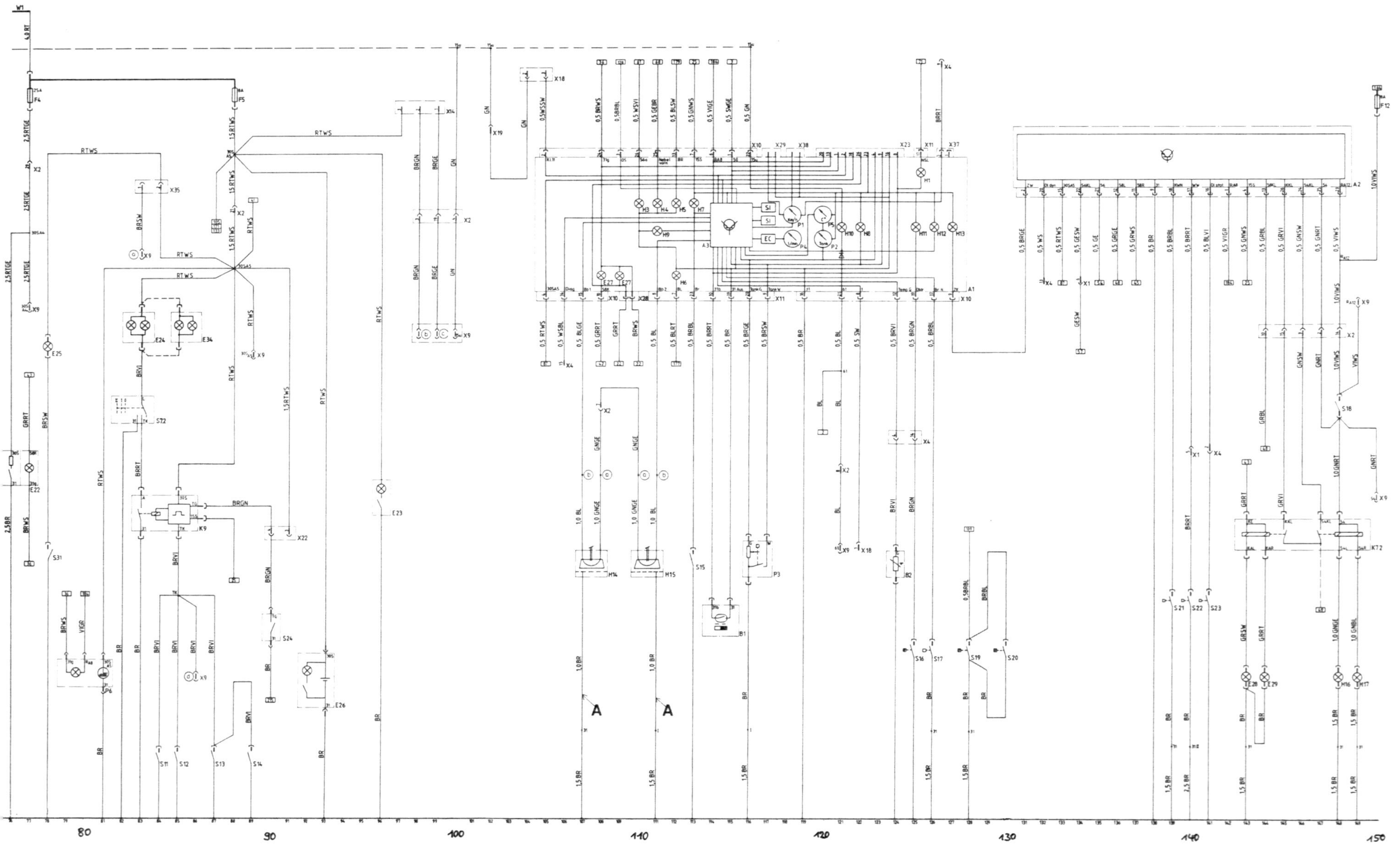

Gesamt-Stromlaufplan, Teil 3

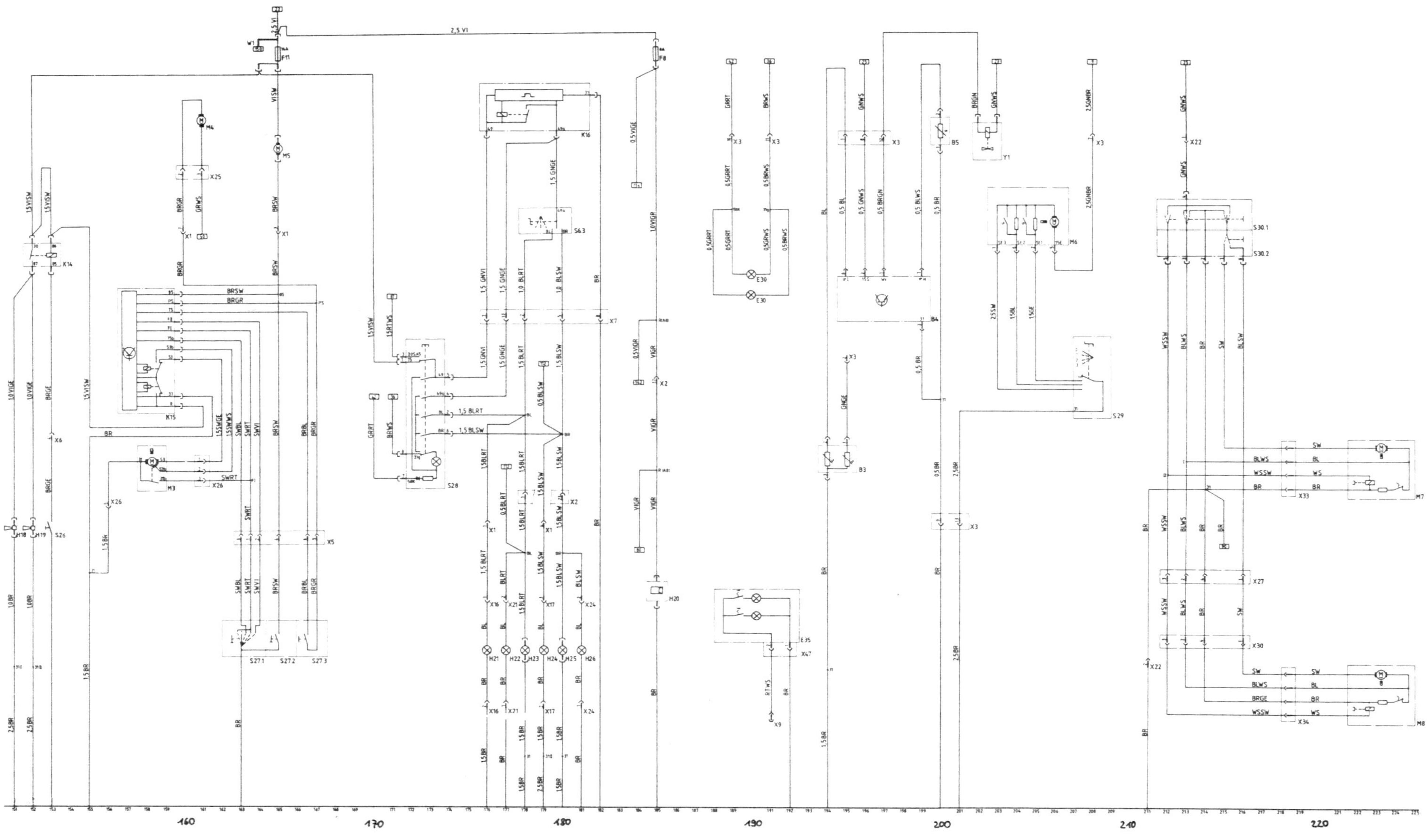

Gesamt-Stromlaufplan, Teil 1

E1	Heckscheibe heizbar		8
E2	Ganganzeige P (weiß)		
E3	Ganganzeige R (gelb)		
E4	Ganganzeige N (weiß)	nur bei	
E5	Ganganzeige D (grün)	automatischem	21
E6	Ganganzeige 3 (grün)	Getriebe	
E7	Ganganzeige 2 (grün)		
E8	Ganganzeige 1 (grün)		
E9	Rückfahrscheinwerfer links		24
E10	Rückfahrscheinwerfer rechts		25
E11	Leuchte – Leuchtweitenregulierung		38, 39
E12	Schlußlicht rechts		46
E13	Schlußlicht links		47
E14	Abblendscheinwerfer rechts		51
E15	Abblendscheinwerfer links		56
E16	Fernlicht links		62
E17	Fernlicht rechts		63
E18	Nebellicht rechts		66
E19	Nebellicht links		67
E20	Nebelschlußlicht links		73
E21	Nebelschlußlicht rechts		75
F1	Sicherung – Kraftstoffpumpe		30
F2	Sicherung – Fahrlicht rechts		55
F3	Sicherung – Fahrlicht links		56
F6	Sicherung – Kontrolleuchte, Rückfahrlicht, Drehzahlmesser, Spiegel		24
F7	Sicherung – Fernlicht rechts und links		62
F9	Sicherung – Stand-, Schluß- und Parklicht rechts		46
F10	Sicherung – Stand-, Schluß- und Parklicht links		47
F13	Sicherung – Heckscheibe heizbar		8
F14	Sicherung – Gebläse/Heizung		9
F15	Sicherung – Nebellicht rechts		66
F16	Sicherung – Nebellicht links		67
G1	Batterie		1
G2	Generator		2
K1	Relais – Entlastung (Stromverteiler)		8,9
K2	Relais Startblockierung (nur bei SA – automatisches Getriebe / links von Lenksäule)		12, 13
K3	Relais – Fernlicht		56, 57
K4	Relais – Fernlicht		61, 62
K5	Relais – Nebellicht		65, 66
K7	Zusammenbau Lampentestgerät		
K7.1	Lampentestgerät – Standlicht (Heckverkleidung)		46–48
K8	Relais für Abfrage (Stromverteiler)		55–57
M1	Anlasser		3, 4
M2	Kraftstoffpumpe		30
M9	Vorförderpumpe		32

S1	Schalter – Heckscheibe heizbar	8–11
S2	Zündanlaßschalter	12, 13
S3	Getriebeschalter (nur bei SA – automatisches Getriebe)	11–16
S4	Schalter für Rückfahrlicht (bei SA – automatisches Getriebe nicht)	24
S5	Zusammenbau Lichtschalter	
S5.1	Schalter für Instrumentenbeleuchtung regelbar	35–39
S5.2	Schalter – Standlicht und Kennzeichenleuchte	43–47
S5.3	Schalter – Fahrlicht	57, 58
S6	Zusammenbau Fahrtrichtungs-Abblendschalter	
S6.1	Parklichtschalter	49, 50
S6.2	Abblendschalter	60, 61
S7	Zusammenbau Nebellicht-, Nebelschlußlicht- und Innenlichtschalter	
S7.1	Nebelschlußlichtschalter	67–73
W1	Stromschiene im Stromverteiler	1–77
X1	Steckverbindung Teilstück Mitte – Teilstück vorn 7pol. (im Stromverteiler)	68
X2	Steckverbindung Teilstück Mitte – Teilstück hinten 29pol. (links von Lenksäule	3, 8, 24, 30, 37, 43, 46, 47, 67–69
X4	Steckverbindung Teilstück Mitte – Motorkabelbaum 17pol. (am Stromverteiler)	2, 4, 27
X6	Steckverbindung – Zündanlaßschalter 9pol. (an Lenksäulenverkleidung Oberteil)	4, 9, 17
X7	Steckverbindung – Fahrtrichtungs-/Abblendschalter 13pol. (an Lenksäulenverkleidung Oberteil)	49, 60
X8	Anschluß Rückfahrlichtschalter 2pol. (untere Mittelkonsole)	24
X9	Anschluß für Sonderausstattung 26pol. (links von Lenksäule)	3, 6, 7, 26, 42
X12	Anschluß Digital-Radio 2pol. (Mittelkonsole/Heizungsbetätigung)	40
X13	Anschluß Nebellichtschalter	67–70
X15	Anschluß Leuchtweitenregelung (links von Lenksäule, Kabelbaum Teilstück Mitte)	37–38
X20	Steckverbindung Zündanlaßschalter – Fahrtrichtungs-/Abblendschalter (an Lenksäule)	32
X31	Anschluß Nebellicht rechts 2pol.	66
X32	Anschluß Nebellicht links 2pol.	67
X36	Stecker zum Getriebeschalter	13–15, 17
X39	Anschluß 3, 1pol. (Bereich Wählhebel)	16
X43	Steckverbindung Nebelschlußleuchte (links von Lenksäule)	69, 70
X44	Anschluß Beleuchtung, Nebelschlußlichtschalter	72, 73
X45	Steckverbindung Dig. Motorelektronik – Steuergerät II 1pol. (Bereich Handschuhfach)	14
X46	Steckverbindung Dig. Motorelektronik – Steuergerät I 2pol. (Bereich Handschuhfach)	17, 18

Gesamt-Stromlaufplan, Teil 2

A1	Kombi-Instrument	104–128
A2	Abfrage	131–148
A3	Leiterplatte	114–116
B1	Geber – Tacho	114, 115
B2	Geber – Kühlwasser	124
E22	Zigarrenanzünder	76, 77
E23	Leuchte – Handschuhfach	96
E24	Innenleuchte	82, 83
E25	Leuchte – Gepäckraum	78
E26	Handlampe aufladbar	93
E27	Beleuchtung Instrumentenkombi	108, 109
E28	Kennzeichenleuchte links	143
E29	Kennzeichenleuchte rechts	144
E34	Innenleuchte (nur bei SA – Schiebe-/Hebedach)	85, 86
F4	Sicherung – Zigarrenanzünder	77
F5	Sicherung – Warnblinkanlage Innen – Handschuhfach – Handlampe	88
F12	Sicherung – Bremslicht	150

H1	Kontrolleuchte für Nebelschlußlicht	125
H3	Kontrolleuchte für Fernlicht	110
H4	Kontrolleuchte für Nebellicht	111
H5	Kontrolleuchte – Blinkleuchte rechts	112
H6	Kontrolleuchte – Blinkleuchte links	112
H7	Kontrolleuchte – Handbremse	113
H8	Warnleuchte – Kraftstoff	122
H9	Bremsbelagverschleißanzeige	111
H10	Ladekontrolleuchte	121
H11	Kontrolleuchte – Öldruck	125
H12	Kontrolleuchte – Bremsflüssigkeit Niveau	126
H13	Zentralkontrolleuchte	127
H14	Bremsbelagfühler vorn	107, 108
a	Bremsbelag I	
b	Bremsbelag II	
A	Leitung entfällt **ab Modell 87**	
H15	Bremsbelagfühler hinten	110, 111
a	Bremsbelag 1	
b	Bremsbelag 2	

A	Leitung entfällt **ab Modell 87**	
H16	Bremslicht links	148
H17	Bremslicht rechts	149
K7.2	Lampentestgerät – Bremslicht (Heckverkleidung)	143–149
K9	Zeitsteuergerät (links von Lenksäule)	83–86
P1	Elektronischer Tachometer	118
P2	Anzeige – Kraftstoff	120
P3	Meßgerät – Kraftstoff	116, 117
P4	Drehzahlmesser	118
P5	Anzeige – Kühlwasser-Temperatur	120
P6	Digitaluhr	79–81
S7.2	Innenlichtschalter	82, 83
S11	Schalter – Türkontakt vorn links	84
S12	Schalter – Türkontakt vorn rechts	85
S13	Schalter – Türkontakt hinten links	87
S14	Schalter – Türkontakt hinten rechts	89
S15	Schalter – Handbremse	113
S16	Schalter – Öldruck	125
S17	Schalter – Bremsflüssigkeits-Niveau	126
S18	Bremslichtschalter	148
S19	Schalter – Druckspeicher	128
S20	Schalter – DS-Regler	130
S21	Schalter – Kühlwasser-Niveau	139
S22	Schalter – Waschwasser-Niveau	140
S23	Schalter – Öl-Niveau	141
S24	Schalter – Türgriff	90
S31	Schalter – Heckkontakt	78
W1	Stromschiene im Stremverteiler	76–77
X1	Steckverbindung Teilstück vorn – Teilstück Mitte 7pol. (im Stromverteiler)	134, 140
X2	Steckverbindung Teilstück Mitte – Teilstück hinten 29pol. (links von Lenksäule)	77, 88, 98–100, 108, 121, 144–148
X4	Steckverbindung Teilstück Mitte – Motorkabelbaum 17pol. (am Stromverteiler)	106, 124, 125, 126, 132, 141
X9	Anschluß für Sonderausstattung 26pol. (links von Lenksäule)	77, 83, 86, 89, 98–100, 121, 149, 150
a	Heckklappe	
b	Frontklappe	
c	Signalhorn	
d	Türkontakt	
X10	Steckanschluß Teilstück Mitte – Instrumentenkombi 26pol. (am Instrumentenkombi)	105–116, 119–127
X11	Steckanschluß Teilstück hinten – Instrumentenkombi 26pol. (am Instrumentenkombi)	111–117, 125
X14	Steckverbindung für Diebstahlwarnanlage 3pol. (im Motorraum, Radhaus links)	97–99
X18	Steckverbindung – Steuergerät LE 6pol. (Bereich Handschuhfach)	104, 105, 122
X19	Steckverbindung 15u (hinter Instrumentenkombi, am Kabelbaum)	102
X22	Steckverbindung – Teilstück hinten – Fahrertür 6pol. (Schließblech A-Säule)	90, 91
X23	Steckanschluß für Bordcomputer 26pol. (nur SA – Instrumentenkombi)	120–124
X28	Steckverbindung für Ganganzeige	109
X29	Steckverbindung für Tempomat (Instrumentenkombi)	117
X35	Steckverbindung Gepäckraumleuchte (Stütze für Heckklappenscharnier)	83, 84
X37	67 km/h Ausgang (Instrumentenkombi)	126
X38	Steckverbindung für O_2 (weiß) (Instrumentenkombi)	118

Gesamt-Stromlaufplan, Teil 3

B3	Temperaturfühler Innenraum (Lenksäulenverkleidung/Unterteil)	194, 195
B4	Steuergerät (Heizungsbetätigung)	195–199
B5	Temperaturfühler Heizgerät (am Heizgerät)	200
E30	Beleuchtung Heizungsbetätigung	190
E35	Kartenleseleuchte (nur SA)	188–192
F8	Sicherung – Radio, Instr., Abfrage	185
F11	Sicherung – Signalhorn, Wisch-Wasch-Anlage	165
H18	Signalhorn links	151
H19	Signalhorn rechts	152
H20	Empfangsgerät	185
H21	Blinklicht vorn links	176
H22	Zusatzblinkleuchte links	177
H23	Blinklicht hinten links	178
H24	Blinklicht vorn rechts	179
H25	Blinklicht hinten rechts	180
H26	Zusatzblinkleuchte rechts	181
K14	Relais – Fanfaren (Stromverteiler)	152, 153
K15	Wisch-Wasch-Intervallsteuergerät (am Stromverteiler)	157–159
K16	Relais – Warnblinkanlage (in Lenksäule)	176–181
M3	Motor – Wischer	158, 159
M4	Pumpe – Scheinwerfer-Reiniger	161
M5	Pumpe – Wasch-Wasser	165
M6	Motor – Heizungsgebläse	203–206
M7	Motor – elektrisch verstellbarer Spiegel	222–225
M8	Motor – elektrisch verstellbarer Zusatzspiegel (nur SA)	222–225
S6.3	Fahrtrichtungsschalter	178–180
S26	Schalter-Signalhorn	153
S27	Zusammenbau Wischerschalter	
S27.1	Wischerschalter	162–164
S27.2	Schalter – Waschpumpe	165, 166
S27.3	Schalter – Scheinwerfer-Reinigerpumpe	167, 168
S28	Warnblinkschalter	172–174
S29	Schalter – Gebläse	207–209
S30	Zusammenbau Spiegelschalter	
S30.1	Spiegelschalter – Fahrertür	212–216
S30.2	Spiegelschalter – Beifahrerseite (nur SA)	212–216
W1	Stromschiene im Stromverteiler	164, 165
X1	Steckverbindung Teilstück vorn – Teilstück Mitte 7pol. (im Stromverteiler)	160, 165, 176, 179
X2	Steckverbindung Teilstück Mitte – Teilstück hinten 29pol. (links von Lenksäule)	178, 180, 185
X3	Steckverbindung Teilstück Mitte – Heizungsbetätigung 13pol. (am Heizgerät links)	189, 191, 195–197, 200, 201, 208
X5	Steckverbindung Wischerschalter 6pol. (an Lenksäulenverkleidung Oberteil)	163–167
X6	Steckverbindung Zündanlaßschalter 9pol. (an Lenksäulenverkleidung Oberteil)	153
X7	Steckverbindung Fahrtrichtungs-Abblendschalter 13pol. (an Lenksäulenverkleidung Oberteil)	176–182
X9	Anschluß für Sonderausstattung 26pol. (links von Lenksäule)	191
X16	Steckverbindung Blinklicht – vorn links (Bereich Scheinwerfer)	176
X17	Steckverbindung Blinklicht – vorn rechts (Bereich Scheinwerfer)	179
X21	Anschluß Zusatzblinkleuchte links 2pol. (links von Lenksäule)	117
X22	Steckverbindung Teilstück hinten – Fahrertür 6pol. (Schließblech A-Säule)	211, 213
X24	Anschluß Zusatzblinkleuchte rechts 2pol. (Schließblech A-Säule)	181
X25	Anschluß Scheinwerfer-Reinigungsanlage (Bereich Abschlußwand rechts)	160, 161
X26	Anschluß Wischermotor 6pol. (am Wischermotor)	156, 161
X27	Steckverbindung Fahrertür – Zusammenbau Kabelbaum Teilstück hinten	212–216
X30	Steckverbindung Beifahrertür – Zusammenbau Kabelbaum Teilstück hinten	212–216
X33	Anschluß elektrisch verstellbarer Spiegel	218
X34	Anschluß elektrisch verstellbarer Zusatzspiegel	218
X47	Anschluß Kartenleseleuchte (nur SA)	191, 192
Y1	Wasserventil	202, 203

Stromlaufplan gezeichnet
Fahrzeug geschlossen in fahrbereitem Zustand
bei gelöster Handbremse

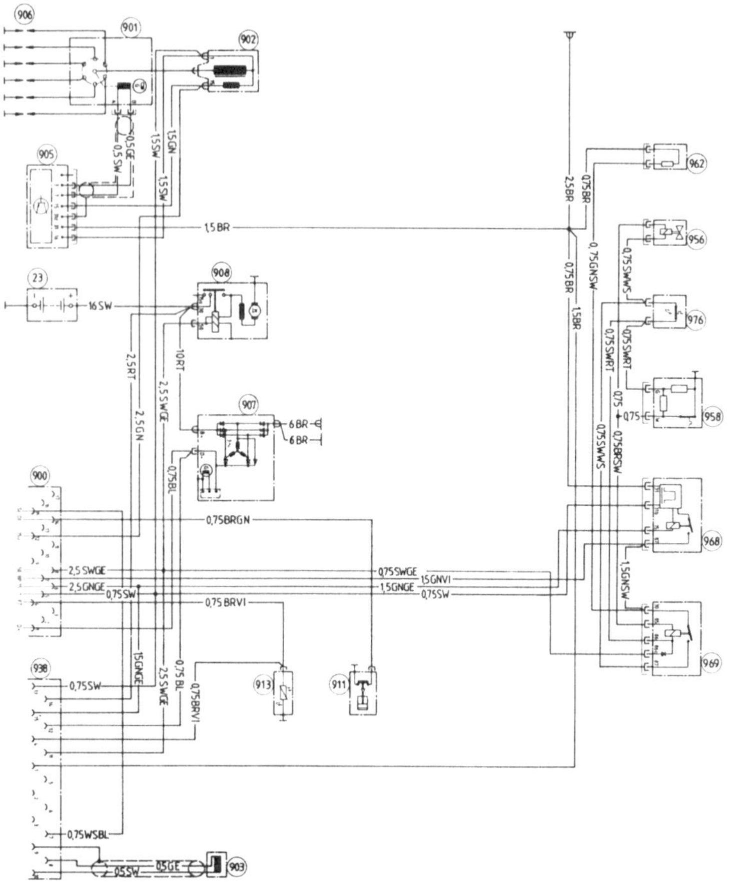

Motorelektrik, K-Jetronic-Einspritzung
BMW 520i bis 8/82

23 Batterie
900 Motorstecker
901 Zündverteiler
902 Zündspule
903 Positionsgeber
905 Steuergerät für Transistorzündanlage
906 Zündkerzen
907 Drehstromgenerator
908 Anlasser
911 Öldruckschalter
913 Fernthermometergeber
938 Diagnose-Anschluß
956 Kaltstartventil
958 Temperaturzeitschalter
962 Warmlaufregler
968 Benzinpumpen-Relais
969 Diodenrelais
976 Temperaturschalter 0°C

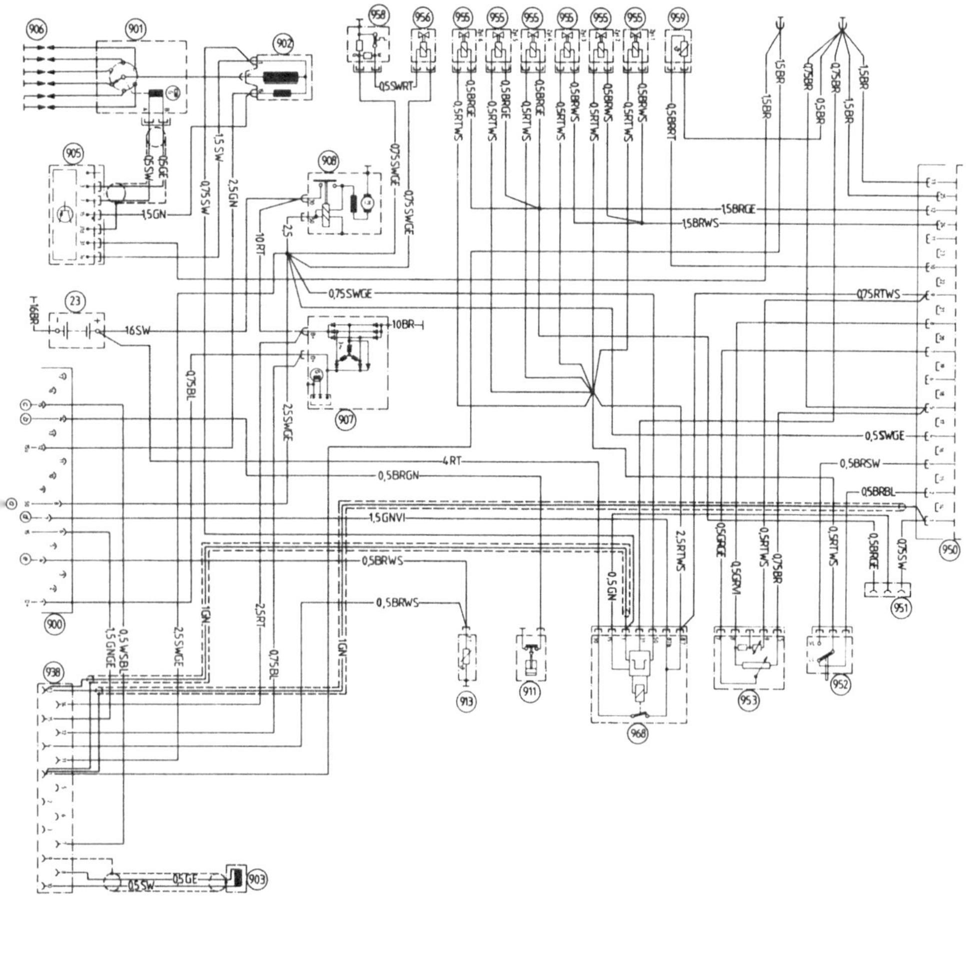

Motorelektrik, L-Jetronic-Einspritzung
BMW 520i ab 9/82

23 Batterie
900 Motorstecker
a Stromverteiler
b Öldruck
c Service-Intervallanzeige
d Elektrische Kraftstoffpumpe
e Fernthermometer
901 Zündverteiler
902 Zündspule
903 Positionsgeber
905 Steuergerät für Transistorzündanlage
906 Zündkerzen
907 Drehstromgenerator
908 Anlasser
911 Öldruckschalter
913 Fernthermometergeber
938 Diagnose-Anschluß
950 Einspritzsteuergerät
951 Anschluß für Einspritzsteuergerät
952 Drosselklappenschalter
953 Luftmengenmesser
955 Einspritzventil
956 Kaltstartventil
958 Thermozeitschalter
959 Temperaturfühler – Wasser
968 Benzinpumpen-Relais

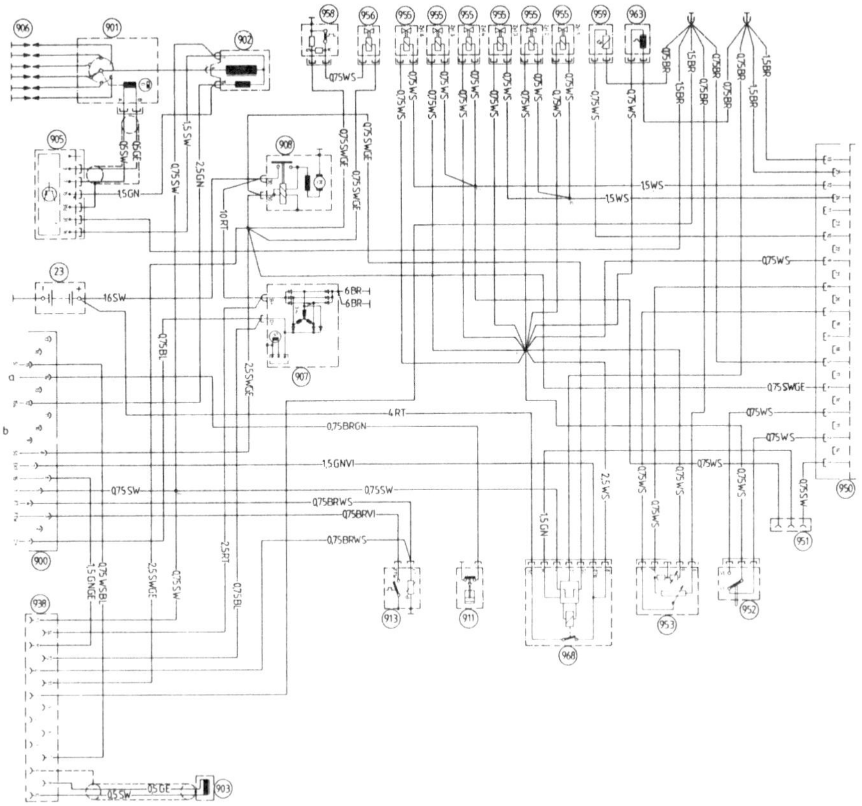

Motorelektrik und Einspritzanlage BMW 525i

23 Batterie
900 Motorstecker
901 Zündverteiler
902 Zündspule
903 Positionsgeber
905 Steuergerät für Transistorzündanlage
906 Zündkerzen
907 Drehstromgenerator
908 Anlasser
911 Öldruckschalter
913 Fernthermometergeber
938 Diagnose-Anschluß
950 Einspritzsteuergerät
951 Anschluß für Einspritzsteuergerät
952 Drosselklappenschalter
953 Luftmengenmesser
955 Einspritzventil
956 Kaltstartventil
958 Thermozeitschalter
959 Temperaturfühler – Wasser
968 Benzinpumpen-Relais
963 Zusatzluftschieber
a Öldruck
b Stromverteiler

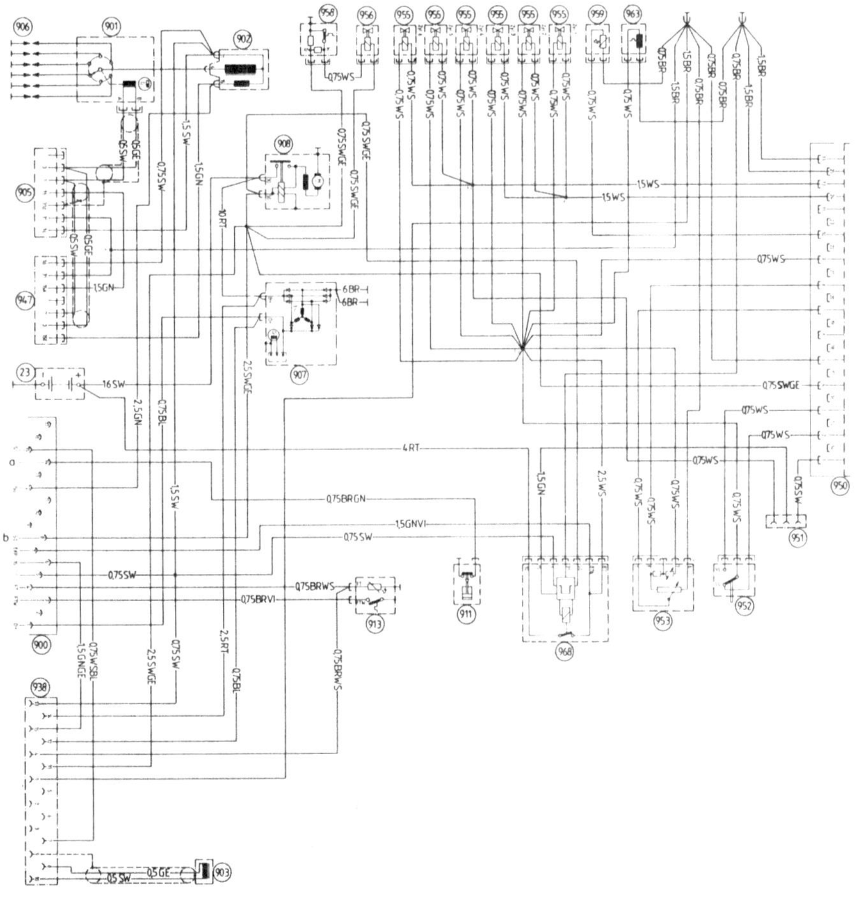

Motorelektrik und Einspritzanlage BMW 528i

23 Batterie
900 Motorstecker
901 Zündverteiler
902 Zündspule
903 Positionsgeber
905 Steuergerät für Transistorzündanlage
906 Zündkerzen
907 Drehstromgenerator
908 Anlasser
911 Öldruckschalter
913 Fernthermometergeber
938 Diagnose-Anschluß
947 Transistorzündanlage – R-Steuergerät
950 Einspritzsteuergerät
951 Anschluß für Einspritzsteuergerät
952 Drosselklappenschalter
953 Luftmengenmesser
955 Einspritzventil
956 Kaltstartventil
958 Thermozeitschalter
959 Temperaturfühler – Wasser
963 Zusatzluftschieber
968 Benzinpumpen-Relais
a Öldruck
b Stromverteiler

Motronic BMW 525e bis 12/86

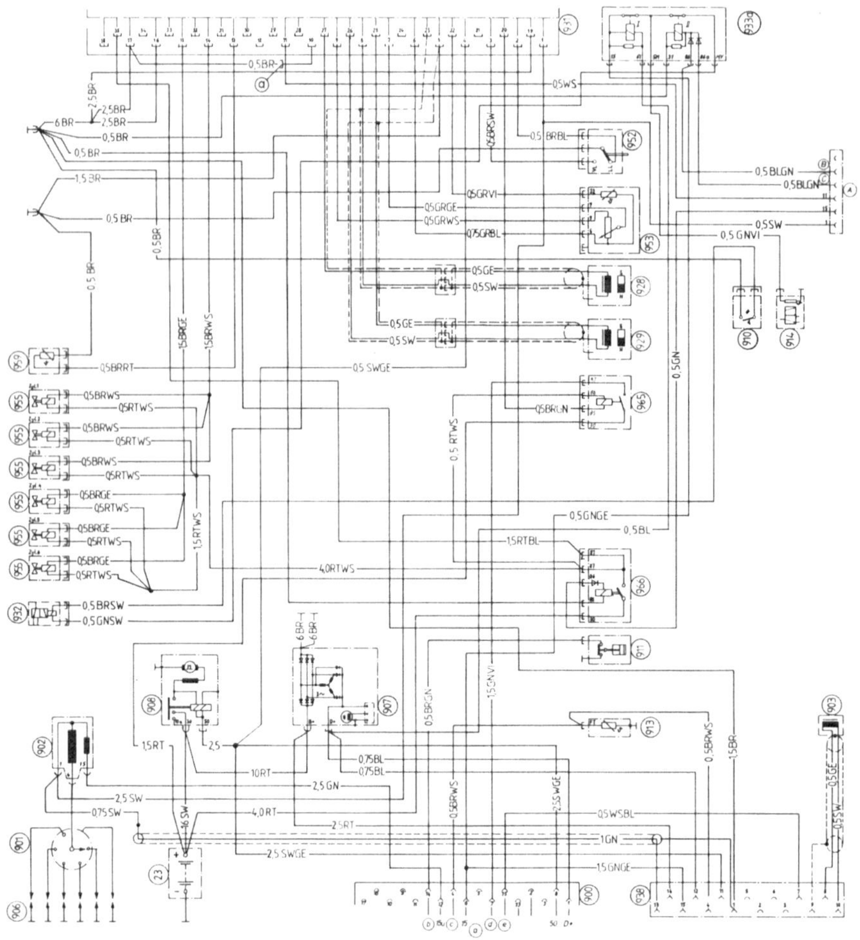

23	Batterie
900	Motorstecker
a	Stromverteiler
b	Öldruck
c	Fernthermometer
d	Elektrische Kraftstoffpumpe
e	Service-Intervallanzeige
901	Zündverteiler
902	Zündspule
903	Positionsgeber
906	Zündkerzen
907	Drehstromgenerator
908	Anlasser
910	Temperaturschalter 45°C
911	Öldruckschalter
912	Ölniveaugeber
913	Fernthermometergeber
914	Stellmotor
928	Drehzahlgeber
929	Bezugsmarkengeber
931	Digitales Motorelektronik-Steuergerät (im Handschuhfach)
a	Steckverbindung bei Automatik-Getriebe getrennt
932	Magnetventil
933a	Relais für Drehzahlregelung
938	Diagnose-Anschluß
952	Drosselklappenschalter
953	Luftmengenmesser
955	Einspritzventil
956	Kaltstartventil
958	Thermozeitschalter
959	Temperaturfühler – Wasser
965	Relais 1
966	Relais 2
A	Anschluß Fahrzeugkabelbaum
B	Temperaturschalter
C	Klima

Eingeber-Motronic BMW 520i Kat, 525e ab 1/87

A200.0	Digitales Motorelektronik-Steuergerät (E-Box)	56
B201.0	Zylinder-Erkennung	71
B202.0	Induktiver Impulsgeber	75
B203.0	Lambda-Sonde beheizt	31
B204.0	Temperaturfühler	86
B205.0	Ölniveauschalter	53
B206.0	Öldruckschalter	55
B207.0	Fernthermometergeber	58
B208	Luftmengenmesser – DME	64
G1.0	Batterie	13
G2.0	Generator 80A (SA, 110A)	39
K201.0	Relais 1 Elektrische Kraftstoffpumpe	10
K202.0	Relais 2 Digitale Motorelektronik	4
K203.0	Relais 3	26
M1.0	Starter	38
S200.0	Drosselklappenschalter	94
T200.0	Zündspule	35
W202.0	Abschirmung bis 10 mm vor Steuergerät	33
W203.0	Abschirmung bis 10 mm vor Lambda-Sonde	31
W204.0	Abschirmung bis 10 mm vor Zündspule	34
X1531.0	Motorstecker (Radhaus links)	49
X1532.0	Diagnosestecker (Radhaus rechts)	70
X1541.0	Anschluß Masse Elektronik	90
X1542.0	Anschluß Masse Endstufe	83
X1543.0	Anschluß Klimakompressor	28
X1544.0	Anschluß Fahrzeugkabelbaum	45
X1545.0	Anschluß Getriebe	81
X1546.0	Hochspannungsverteiler	35
X1547.0	Masse Ölniveau	90
X1901.0	Kabelbaum Verbinder I	34
X1902.0	Kabelbaum Verbinder II	46
X1903.0	Kabelbaum Verbinder III	8
X1904.0	Kabelbaum Verbinder IV	6
X1905.0	Kabelbaum Verbinder V	5
X1907.0	Kabelbaum Verbinder VII	36
X1909.0	Kabelbaum Verbinder IX	79
X1911.0	Kabelbaum Verbinder XI	36
X1912.0	Kabelbaum Verbinder XII	19
X1913.0	Kabelbaum Verbinder XIII	47
X1914.0	Kabelbaum Verbinder XIV	83
X1915.0	Kabelbaum Verbinder XV	90
Y201.0	Einspritzventil Zylinder 1	11
Y202.0	Einspritzventil Zylinder 2	9
Y203.0	Einspritzventil Zylinder 3	7
Y204.0	Einspritzventil Zylinder 4	5
Y205.0	Einspritzventil Zylinder 5	3
Y206.0	Einspritzventil Zylinder 6	1
Y213.0	Tankentlüftungsventil	16
Y214.0	Leerlaufsteller	20

Stromlaufplan gezeichnet
Fahrzeug geschlossen in fahrbereitem Zustand bei gelöster Handbremse

Eingeber-Motronic, Teil 1

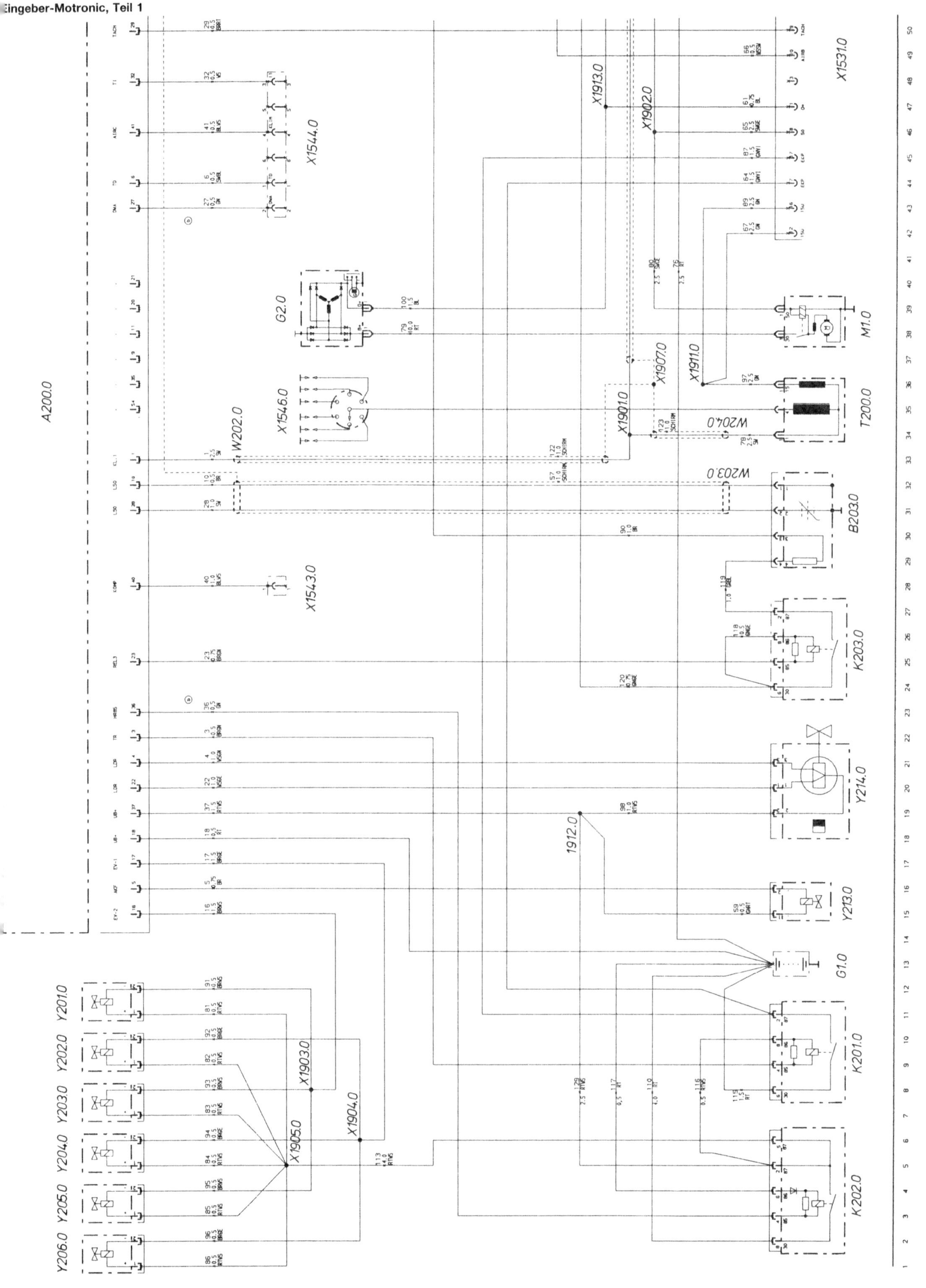

Eingeber-Motronic, Teil 2

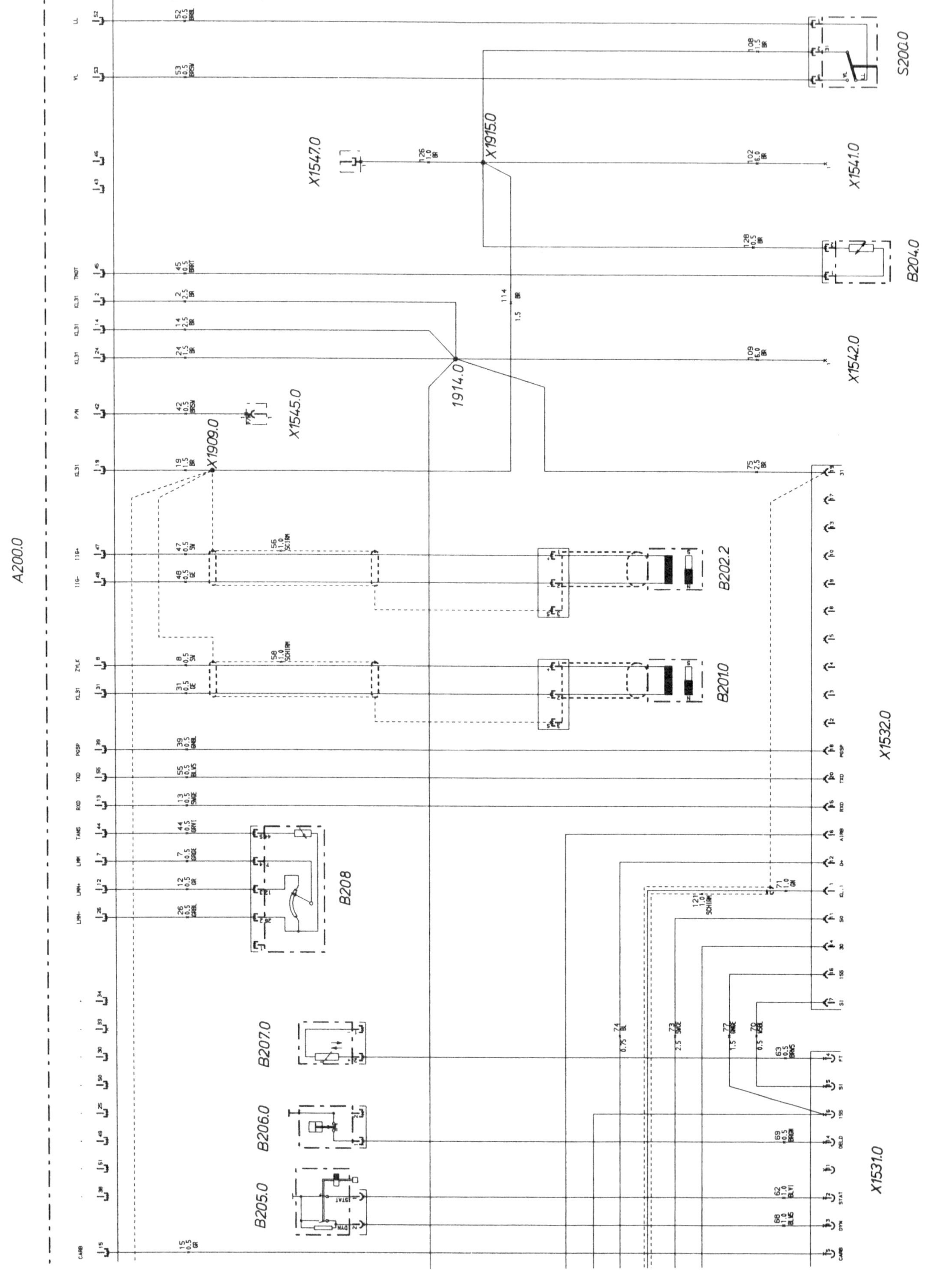

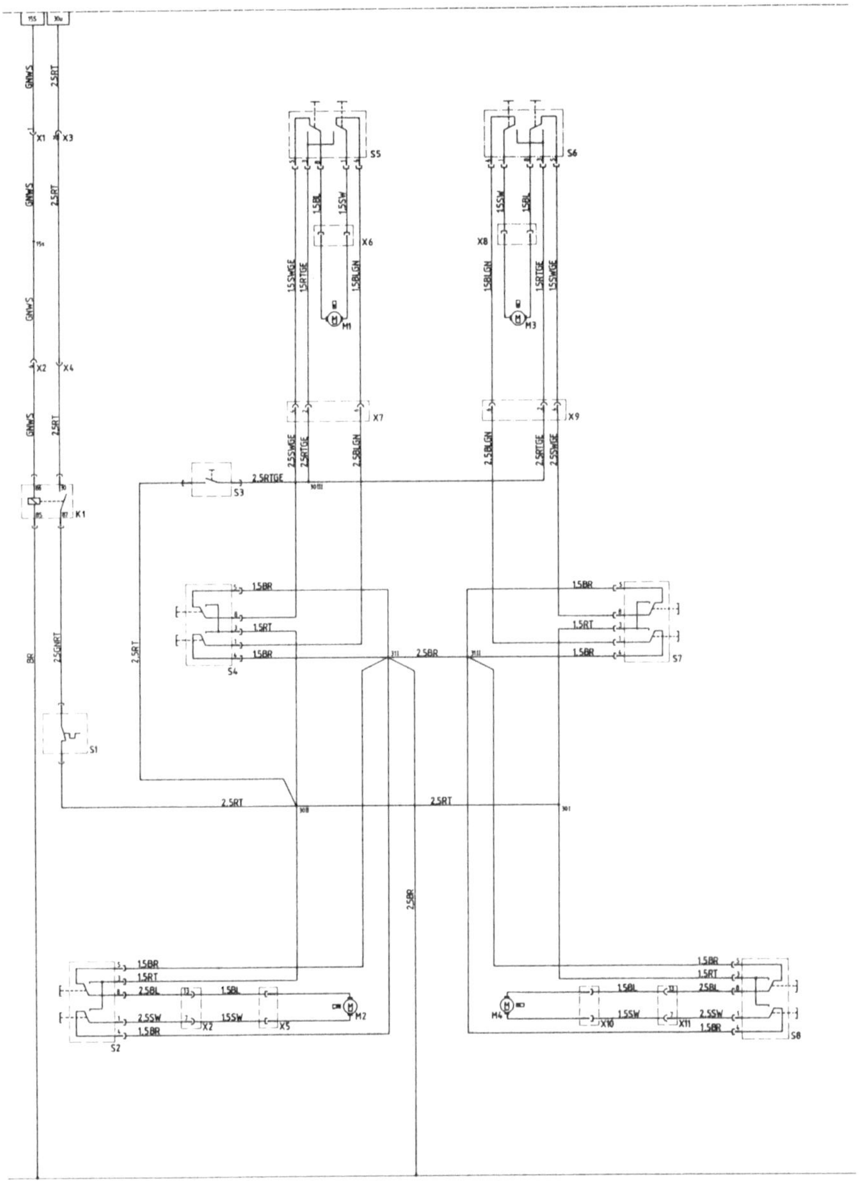

Schaltplan elektrischer Fensterheber vorne und hinten bis 8/84

K1 Relais 1
M1 Fensterhebermotor hinten links
M2 Fensterhebermotor vorne links
M3 Fensterhebermotor hinten rechts
M4 Fensterhebermotor vorne rechts

S1 Überstromschalter
S2 Fensterheberschalter vorne links
S3 Kindersicherung
S4 Fensterheberschalter hinten links
S5 Fensterheberschalter hinten links
S6 Fensterheberschalter hinten rechts
S7 Fensterheberschalter hinten rechts
S8 Fensterheberschalter vorne rechts

X1 Steckverbindung Teilstück hinten – Fahrertür (6polig)
X2 Steckverbindung Leitung Fensterheber und Zentralverriegelung – Fahrertür (13polig)
X3 Steckverbindung Teilstück hinten – Teilstück Mitte (27polig)
X4 Steckverbindung Leitung Fensterheber und Zentralverriegelung (SA) – Stecker
X5 Steckverbindung Leitung Fahrertür – Fensterhebermotor vorne links
X6 Steckverbindung Leitung Tür hinten links – Fensterhebermotor hinten links
X7 Steckverbindung Leitung Fensterheber und Zentralverriegelung – Tür hinten links (7polig)
X8 Steckverbindung Leitung Tür hinten rechts – Fensterhebermotor hinten rechts
X9 Steckverbindung Leitung Fensterheber und Zentralverriegelung – Tür hinten rechts (7polig)
X10 Steckverbindung Leitung Beifahrertür – Fensterhebermotor Beifahrertür
X11 Steckverbindung Leitung Fensterheber und Zentralverriegelung – Beifahrertür (13polig)

Schaltplan gezeichnet
Fahrzeug abgeschlossen in fahrbereitem Zustand bei gelöster Handbremse

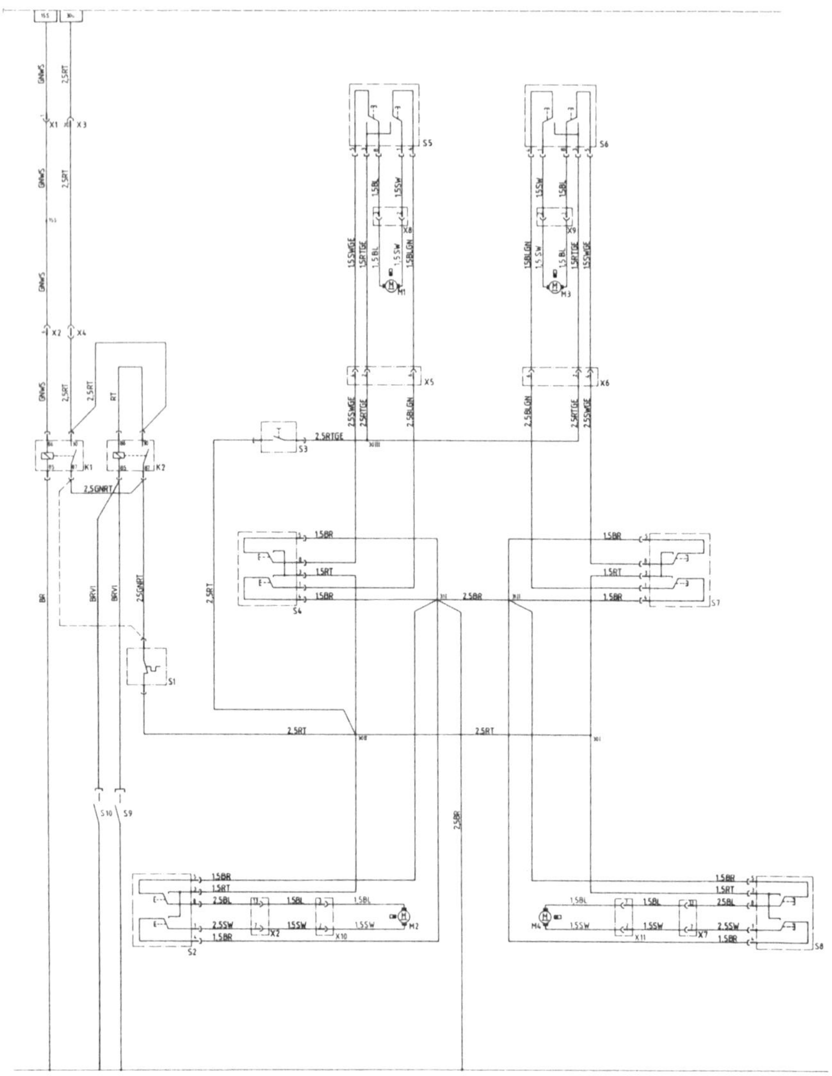

Stromlaufplan elektrischer Fensterheber vorne und hinten ab 9/84

K1	Relais 1 (links von Lenksäule)
K2	Relais 2 (links von Lenksäule / Komfortschaltung – nicht bei US/AUS)
M1	Fensterhebermotor hinten links
M2	Fensterhebermotor vorne links
M3	Fensterhebermotor hinten rechts
M4	Fensterhebermotor vorne rechts
S1	Überstromschalter (Unterverkleidung rechts von Lenksäule)
S2	Fensterheberschalter vorne links
S3	Kindersicherung
S4	Fensterheberschalter hinten links
S5	Fensterheberschalter hinten links
S6	Fensterheberschalter hinten rechts
S7	Fensterheberschalter hinten rechts
S8	Fensterheberschalter vorne rechts
S9	Türkontaktschalter Fahrertür – nicht bei US/AUS
S10	Türkontaktschalter Beifahrertür – nicht bei US/AUS
X1	Steckverbindung Teilstück hinten – Fahrertür (6polig) (Schließblech A-Säule)
X2	Steckverbindung Verbindungsleitung Fensterheber – Leitung Fahrertür 13polig
X3	Steckverbindung Teilstück hinten – Teilstück Mitte (27polig) (Schließblech A-Säule)
X4	Steckverbindung Verbindungsleitung Fensterheber (SA) – Stecker (links von Lenksäule)
X5	Steckverbindung Verbindungsleitung Fensterheber – Leitung Tür hinten links 7polig
X6	Steckverbindung Verbindungsleitung Fensterheber – Leitung Tür hinten rechts 7polig
X7	Steckverbindung Verbindungsleitung Fensterheber – Leitung für Beifahrertür 13polig
X8	Steckverbindung Leitung Tür hinten links – Fensterhebermotor hinten links 2polig
X9	Steckverbindung Leitung Tür hinten rechts – Fensterhebermotor hinten rechts 2polig
X10	Steckverbindung Leitung Fahrertür – Fensterhebermotor Fahrertür 2polig
X11	Steckverbindung Leitung Beifahrertür – Fensterhebermotor Beifahrertür 2polig

30u – Verbinder 30u im Serienstromlaufplan

Stromlaufplan gezeichnet
Fahrzeug geschlossen in fahrbereitem Zustand bei gelöster Handbremse

Zentralverriegelung, Diebstahlwarnanlage, Bordcomputer, Zusatzheizung bis 8/84

A1	Instrumenten-Kombination
B1	Außentemperaturfühler
B2	Tachogeber
a	Ausgang
C1	Entstörkondensator
E1	Gepäckraumleuchte
E2	Heizbare Heckscheibe
E3	Glühkerze für Standheizung
E4	Heizgerät für Zusatzheizung
H1	Signalhorn
H2	Gong

K1	Relais für Standheizung
M1	Motor Zentralverriegelung Fahrertür
M2	Motor Zentralverriegelung Beifahrertür
M3	Motor Zentralverriegelung Tankklappe
M4	Motor Zentralverriegelung Heckklappe
M5	Motor Zentralverriegelung Tür hinten links
M6	Motor Zentralverriegelung Tür hinten rechts
M7	Brennstroffdosierpumpe
M8	Motor Heizgerät
N1	Steuerelektronik Zentralverriegelung
N2	Steuerelektronik Diebstahlwarnanlage
a	14polig
N3	Steuerelektronik Bordcomputer
N4	Steuerelektronik LE
N5	Steuerelektronik Standheizung

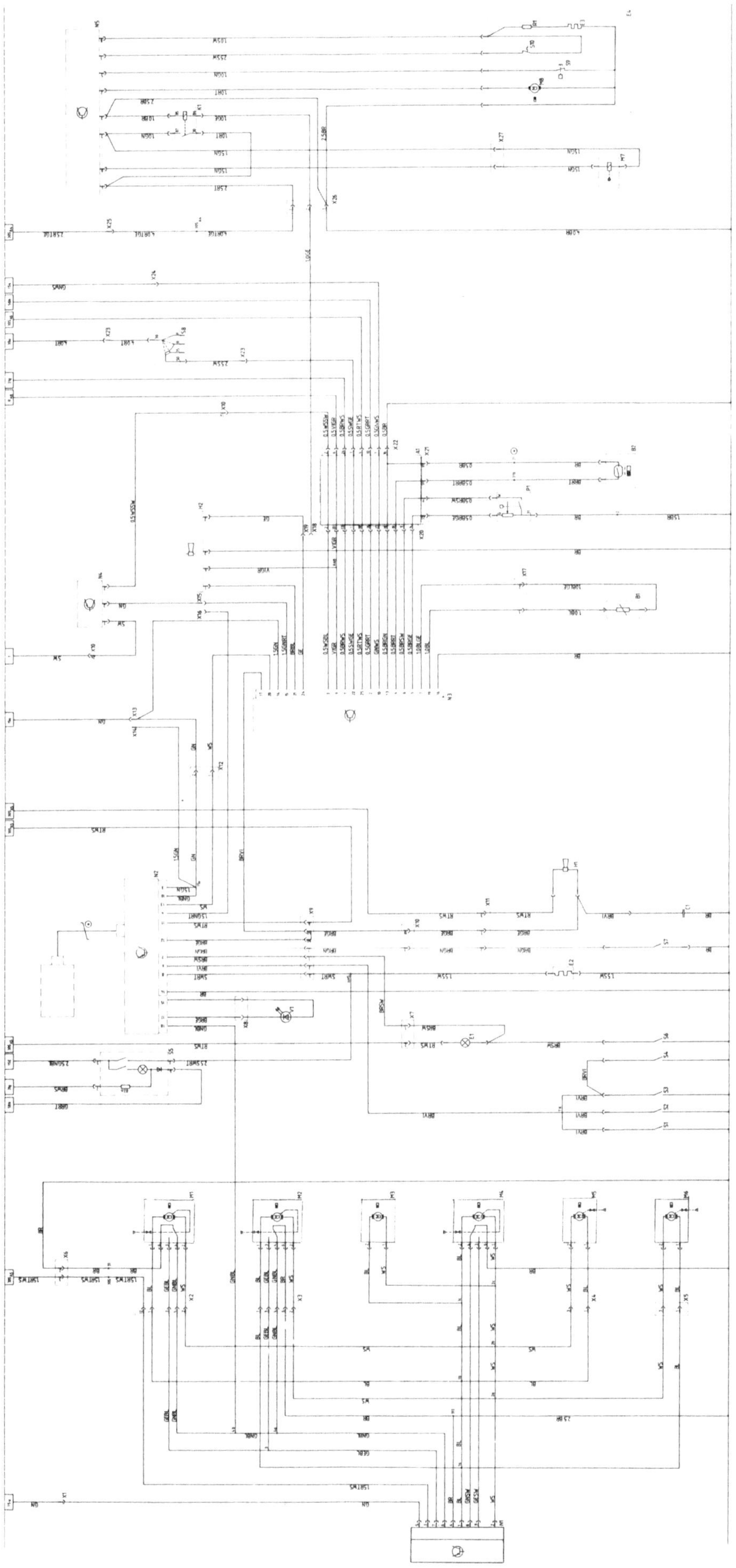

P1 Meßgerät Tauchrohrgeber

R1 Vorwiderstand im Heizgerät

S1 Türkontakt vorn links
S2 Türkontakt vorn rechts
S3 Türkontakt hinten links
S4 Türkontakt hinten rechts
S5 Schalter für heizbare Heckscheibe
S6 Türkontakt Heckklappe
S7 Türkontakt Frontklappe
S8 Zündanlaßschalter
S9 Überhitzungsschalter
S10 Thermoschalter

V1 LED für Diebstahlwarnanlage

X1 Steckverbindung Verbindungsleitung für Zentralverriegelung (SA) – Stecker 15u
X2 Steckverbindung Verbindungsleitung für Zentralverriegelung – Fahrertür (13polig)
X3 Steckverbindung Verbindungsleitung für Zentralverriegelung – Beifahrertür (13polig)
X4 Steckverbindung Verbindungsleitung für Zentralverriegelung – Tür hinten links (7polig)
X5 Steckverbindung Verbindungsleitung für Zentralverriegelung – Tür hinten rechts (7polig)
X6 Steckverbindung Teilstück hinten – Fahrertür (6polig)
X7 Steckverbindung Teilstück hinten – Leitung für Diebstahlwarnanlage und Gepäckraumleuchte
X8 Steckverbindung Verbindungsleitung für Zentralverriegelung – LED
X9 Steckverbindung (SA) – Stecker – Leitung für Diebstahlwarnanlage
X10 Steckverbindung Teilstück hinten – Teilstück Mitte (27polig)
X11 Steckverbindung für Diebstahlwarnanlage / Bordcomputer – Teilstück Mitte
X12 Steckverbindung Leitung für Diebstahlwarnanlage – Leitung für Bordcomputer
X13 Steckverbindung Leitung für Bordcomputer – Teilstück hinten (15u ein)
X14 Steckverbindung Leitung für Diebstahlwarnanlage – Teilstück hinten (15u ein)
X15 Steckverbindung Leitung für Bordcomputer – Teilstück hinten (15u aus)
X16 Steckverbindung Leitung für Diebstahlwarnanlage – Teilstück hinten (15u aus)
X17 Steckverbindung Leitung für Bordcomputer – Außentemperaturfühler
X18 Steckverbindung Bordcomputer – Leitung für Standheizung
X19 Steckverbindung Bordcomputer – Gong
X20 Steckverbindung Leitung für Bordcomputer – Instrumentenkombination
X21 Steckverbindung Teilstück hinten – Instrumentenkombination
X22 Steckverbindung Teilstück Mitte – Instrumentenkombination
X23 Steckverbindung Teilstück Mitte – Zündanlaßschalter (10polig)
X24 Steckverbindung 15s
X25 Steckverbindung (SA) – Stecker – Leitung für Zusatzheizung
X26 Steckverbindung Leitung für Zusatzheizung – Leitung für Heizgerät
X27 Steckverbindung Leitung für Heizgerät – Leitung für Kraftstoffpumpe

Schaltplan gezeichnet
Fahrzeug abgeschlossen in fahrbereitem Zustand bei gelöster Handbremse

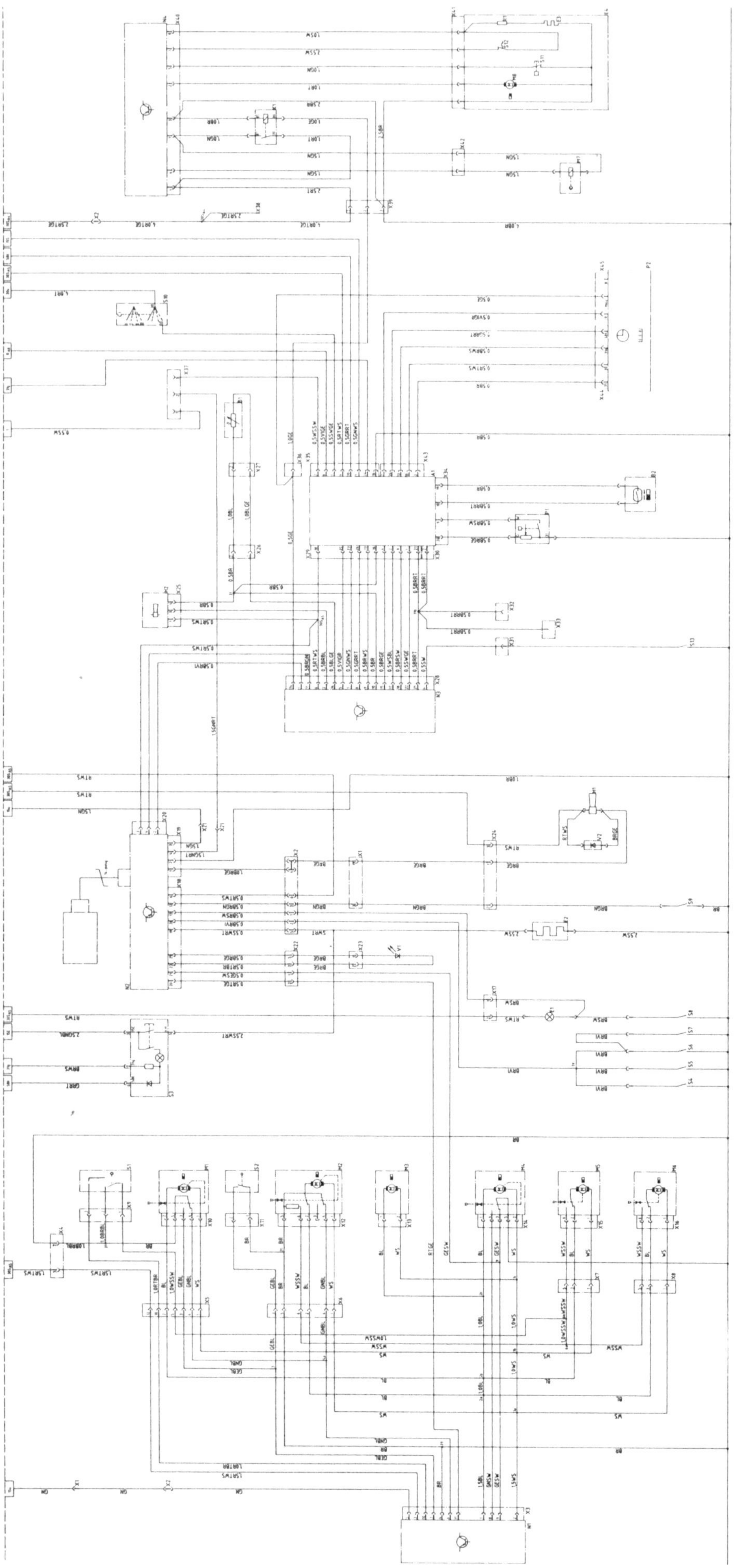

Zentralverriegelung, Diebstahlwarnanlage, Bordcomputer, Zusatzheizung, Digitaluhr ab 9/84

A1 Instrumenten-Kombination

B1 Außentemperaturfühler (Frontverkleidung Unterteil)
B2 Tachogeber

E1 Gepäckraumleuchte
E2 Heizbare Heckscheibe
E3 Glühkerze für Standheizung
E4 Heizgerät

H1 Signalhorn
H2 Gong (links von Lenksäule)

K1 Relais für Standheizung (an Standheizung)

M1 Motor Zentralverriegelung Fahrertür
M2 Motor Zentralverriegelung Beifahrertür
M3 Motor Zentralverriegelung Tankklappe
M4 Motor Zentralverriegelung Heckklappe
M5 Motor Zentralverriegelung Tür hinten links
M6 Motor Zentralverriegelung Tür hinten rechts
M7 Brennstoffdosierpumpe
M8 Motor Heizgerät

N1 Steuerelektronik Zentralverriegelung (Schließblech A-Säule)
N2 Steuerelektronik Diebstahlwarnanlage (links von Lenksäule)
N3 Steuerelektronik Bordcomputer (rechts von Instrumentenkombi)
N4 Steuerelektronik Standheizung (an Standheizung unter Sitz rechts)

P1 Meßgerät Tauchrohrgeber
P2 Digitaluhr

R1 Vorwiderstand im Heizgerät

S1 Zentralsicherung Schalter/Entriegelungssperre (Fahrertür, am Schloß)
S2 Mikroschalter (Beifahrertür, am Schloß)
S3 Schalter für heizbare Heckscheibe
S4 Türkontaktschalter vorne links
S5 Türkontaktschalter vorne rechts
S6 Türkontaktschalter hinten links
S7 Türkontaktschalter hinten rechts
S8 Heckklappenkontakt
S9 Frontklappenkontakt
S10 Zündanlaßschalter
S11 Überhitzungsschalter (Heizgerät-Standheizung)
S12 Thermoschalter (Standheizung)
S13 Schalter für Bordcomputer-Fernbedienung

V1 Leuchtdiode für Diebstahlwarnanlage
V2 Diode

X1 Steckverbindung Teilstück hinten – Teilstück Mitte
X2 Anschluß (SA) – Stecker
X3 Anschluß Steuergerät Zentralverriegelung
X4 Steckverbindung Leitung Fahrertür – Teilstück hin
X5 Steckverbindung Verbindungsleitung Zentralverriegelung – Leitung Fahrertür 13polig
X6 Steckverbindung Verbindungsleitung Zentralverriegelung – Leitung Beifahrertür
X7 Steckverbindung Verbindungsleitung Zentralverriegelung – Tür hinten links 7polig
X8 Steckverbindung Verbindungsleitung Zentralverriegelung – Tür hinten rechts 7polig

X9 Steckverbindung Leitung für Fahrertür – Zentralsicherungsschalter
X10 Anschluß Motor Zentralverriegelung – Fahrertür 6polig
X11 Steckverbindung Leitung für Beifahrertür – Mikroschalter
X12 Anschluß Motor Zentralverriegelung – Beifahrertür 6polig
X13 Anschluß Motor Zentralverriegelung – Tankklappe 6polig
X14 Anschluß Motor Zentralverriegelung – Heckklappe 6polig
X15 Anschluß Motor Zentralverriegelung – Tür hinten links 6polig
X16 Anschluß Motor Zentralverriegelung – Tür hinten rechts 6polig
X17 Steckverbindung für Gepäckraumleuchte
X18 Anschluß Diebstahlwarnanlage – Steuerelektronik I 26polig
X19 Anschluß Diebstahlwarnanlage – Steuerelektronik II 4polig
X20 Anschluß Relaisbox 4polig
X21 Steckverbindung 15u (im Hauptkabelbaum)
X22 Steckverbindung Leitung für Diebstahlwarnanlage – Verbindungsleitung Zentralverriegelung
X23 Steckverbindung Leuchtdiode
X24 Steckverbindung Teilstück Mitte – Leitung für Bordcomputer/Diebstahlwarnanlage
X25 Anschluß Gong
X26 Steckverbindung Leitung für Bordcomputer – Leitung für Außentemperaturfühler
X27 Steckverbindung Leitung für Außentemperaturfühler – Außentemperaturfühler
X28 Anschluß Bordcomputer
X29 Anschluß Instrumentenkombi
X30 Anschluß Instrumentenkombi II
X31 Steckverbindung Bordcomputer – Fernbedienung
X32 Steckverbindung geschwindigkeitsabhängige Lautstärkenregelung
X33 Steckverbindung Leitung für Tempomat
X34 Steckverbindung Teilstück hinten – Instrumentenkombi
X35 Steckverbindung Teilstück Mitte – Instrumentenkombi
X36 Steckverbindung Leitung Bordcomputer – Leitung für Zusatzheizung
X37 Steckverbindung Kabelbaum Teilstück Mitte – Kabelbaum für LE-Jetronic
X38 Steckverbindung Leitung für Zusatzheizung – Automatik-Antenne
X39 Steckverbindung Leitung für Zusatzheizung – Leitung für Heizgerät
X40 Anschluß Steuerelektronik
X41 Anschluß Heizgerät für Zusatzheizung
X42 Steckverbindung Leitung für Heizgerät – Leitung für Kraftstoffpumpe
X43 Steckverbindung Leitung für Digitaluhr – Instrumentenkombi (nur bei Ausführung ohne Bordcomputer)
X44 Steckverbindung Leitung für Digitaluhr – Digitaluhr 4polig
X45 Steckverbindung Leitung für Digitaluhr – Digitaluhr 2polig

Stromlaufplan gezeichnet
Fahrzeug geschlossen in fahrbereitem Zustand
bei gelöster Handbremse

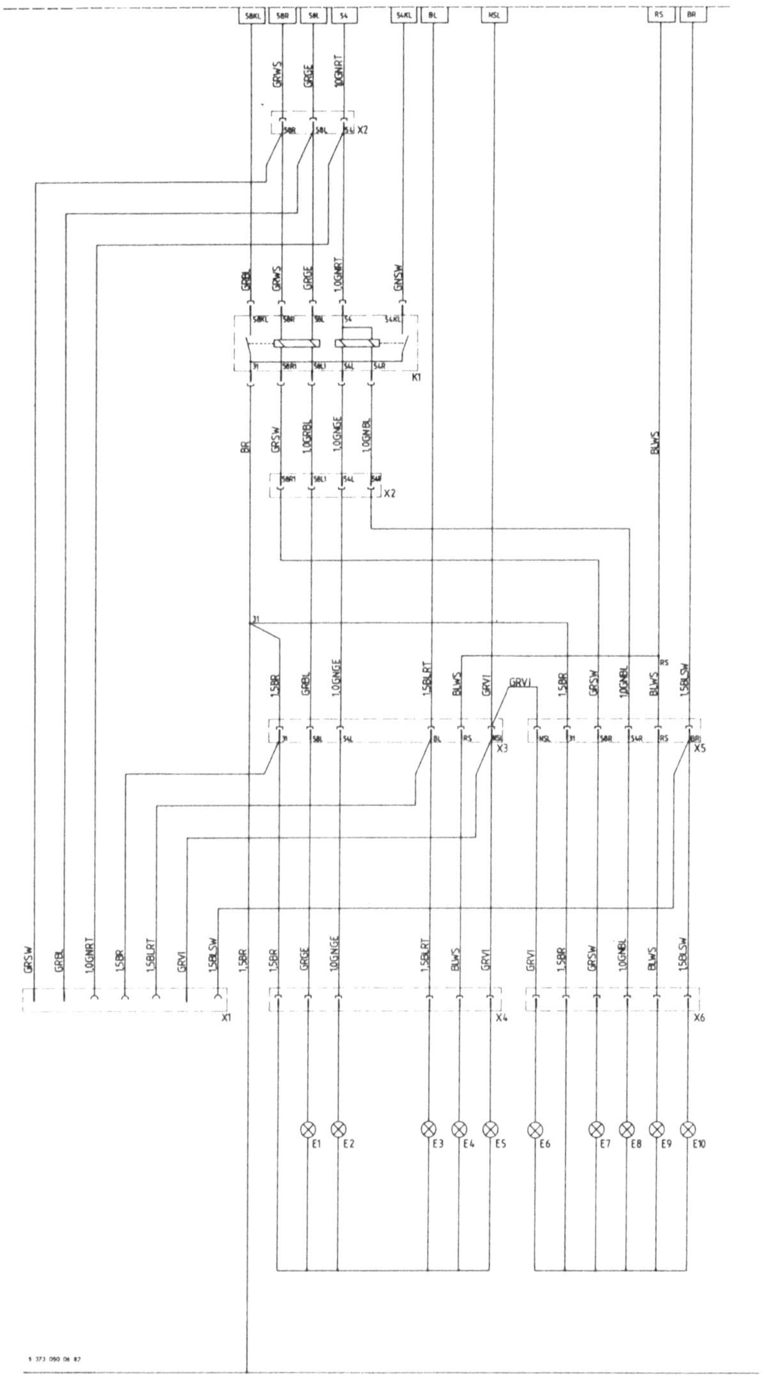

Anhängevorrichtung mit Check-Control

E1 Schlußlicht links
E2 Bremslicht links
E3 Blinker hinten links
E4 Rückfahrscheinwerfer links
E5 Nebelschlußlicht links
E6 Nebelschlußlicht rechts
E7 Schlußlicht rechts
E8 Bremslicht rechts
E9 Rückfahrscheinwerfer rechts
E10 Blinker hinten rechts

K1 Lampenkontrollgerät (Brems- und Schlußlicht)

X1 Anhängesteckdose
X2 Kabelbaum Teilstück hinten – Anschluß Lampenkontrollgerät (8polig)
X3 Kabelbaum Teilstück hinten links – Leitung für Anhängevorrichtung
X4 Anschluß Heckleuchte links
X5 Kabelbaum Teilstück hinten rechts – Leitung für Anhängevorrichtung
X6 Anschluß Heckleuchte rechts

Schaltplan gezeichnet
Fahrzeug abgeschlossen in fahrbereitem Zustand
bei gelöster Handbremse

Saft aus der Dose

Die Batterie ist der Mittelpunkt der Bordelektrik im BMW. Ihr Energievorrat wird von den verschiedenen Stromverbrauchern in Anspruch genommen – wieder aufgeladen wird sie von der Lichtmaschine.

So funktioniert die Batterie

Eine Bleiplatte als Elektrode, die mit verdünnter Schwefelsäure (dem Elektrolyt) in Verbindung kommt, gibt unter dem Einfluß des Lösungsdrucks positive Ionen, also elektrisch geladene Teilchen an den Elektrolyt ab. Dadurch wird zwischen der Bleiplatte und dem Elektrolyten eine elektrische Spannung aufgebaut.
In der Praxis verläßt man sich jedoch nicht auf diesen freiwilligen Übertritt geladener Teilchen, sondern zwingt der Batterie eine Ladespannung auf. Das hat den Effekt, daß sich das Bleisulfat der Platten einer entladenen Batterie an der positiven Elektrode in Bleidioxid und an der negativen Elektrode in Bleischwamm umwandelt. Gleichzeitig wird im Elektrolyten wieder Schwefelsäure gebildet, und als äußeres Zeichen für den fast abgeschlossenen Ladevorgang steigen Gasbläschen auf.
Beim Entladen dreht sich der Vorgang um. Das Bleidioxid der positiven Platte und der Bleischwamm der negativen werden wieder zu Bleisulfat, wobei sich die Schwefelsäure verbraucht und Wasser gebildet wird. Mit der Entladung sinkt deshalb die Säuredichte ab.

Die richtige Batterie

Unsere BMW-Modelle haben ihre Batterie links vorn im Motorraum sitzen. Sie trägt eine der folgenden Bezeichnungen:
- ○ 520i bis 8/82: **12 V/44 Ah**, Typnummer 54434
- ○ 520i ab 9/82, 525i, 528i: **12 V/55 Ah**, Typnummer 55530
- ○ 525e: **12 V/66 Ah**, Typnummer 56618

Batterie-Daten

Spannung und Kapazität: In der Angabe 12 V/55 Ah gibt die vorangestellte 12 V natürlich die Spannung an. Hinter dem Schrägstrich ist die Stromstärke in ihrer »zeitlich lieferbaren Menge« vermerkt – »Ah« steht für Amperestunden. Das ist die Nenn-Batteriekapazität, die nach Normbedingungen gemessen wird. In der Praxis rechnet man allerdings nur mit ⅔ der angegebenen Kapazität; bei einer älteren Batterie lediglich mit der Hälfte.
Kälteprüfstrom: Die Zahl 210 A, 255 A bzw. 300 A nennt die Stromstärke, welche die Batterie bei −18°C liefern kann.
Typnummer: Eine fünfstellige Zahl dient einheitlich bei allen deutschen Batterie-Herstellern zur Kennzeichnung.
Bei unseren Modellen lauten die entsprechenden Kennzahlen 54434, 55530 bzw. 56618 usw. Die erste Zahl (5) steht für die Batteriespannung von 12 Volt. Die darauf folgenden Zahlen 44, 55 bzw. 66 geben die Batterie-Kapazität an. Die beiden letzten Ziffern kennzeichnen Konstruktionsmerkmale, wie Bauform, Pollage und Bodenleiste.

Wie lange reichen die Reserven?

Wie lange ein Stromverbraucher mit dem Stromvorrat aus der Batterie funktionieren kann, errechnen wir aus folgender Formel:
Betriebszeit = Batteriekapazität x Bordnetzspannung : Leistung des Verbrauchers. In der Praxis sollten Sie aber nie mit der vollen Batteriekapazität, sondern nur mit ½ bis ⅔ der Nennkapazität rechnen. Es ergeben sich damit beispielsweise die in der Tabelle genannten Betriebszeiten.

Batterie	Parklicht	Standlicht	Warnblinkanlage
44 Ah	ca. 12 Stunden	ca. 25 Stunden	ca. 4 Stunden
55 Ah	ca. 15 Stunden	ca. 31 Stunden	ca. 5 Stunden
66 Ah	ca. 18 Stunden	ca. 37 Stunden	ca. 6 Stunden

Am ärgsten wird die Batterie natürlich vom Anlasser gestreßt. Mit einer Leistung von 1100 Watt setzt er der Batterie vor allem in dem Moment zu, in dem der Motor vom Stillstand in eine Drehbewegung versetzt wird. Der Stromverbrauch steigt dann bis auf ein Vielfaches der normalen Werte an. Auch braucht der Anlasser natürlich weit weniger Strom, um den warmen Motor durchzudrehen als den kalten.

Batterien haben die Eigenart, um so unwilliger auf Kälte zu reagieren, je weniger Strom sie gespeichert haben. Völlig leere Akkus sind so empfindlich, daß sie bei Frost einfrieren und platzen können. Ist die Batterie dagegen randvoll geladen, verträgt sie die Kälte verhältnismäßig gut. Vor der kalten Jahreszeit empfiehlt sich bei einem älteren Akku die Kontrolle des Ladezustands, siehe folgende Seite.

Temperatureinfluß auf die Batterie

Wartungsfreie Batterien

Die Batterieflüssigkeit besteht aus Schwefelsäure, die mit destilliertem Wasser verdünnt ist. Ein Teil dieses Wassers kann verdunsten oder wird beim Ladevorgang in Wasserstoff und Sauerstoff zersetzt.
Bei herkömmlichen Autobatterien muß der Flüssigkeitsstand ergänzt werden. Wartungsfreie Batterien nach DIN 72311 besitzen ein größeres Flüssigkeitsvolumen. Unter normalen Bedingungen sollen sie ihr gesamtes Leben ohne Nachfüllen von destilliertem Wasser auskommen. Erhöhten Wasserverlust verursachen lediglich höhere Umgebungstemperaturen, längere Aufenthalte in heißen Regionen (Urlaub), ein defekter Lichtmaschinen-Spannungsregler, Selbstentladung bei langen Standzeiten des Fahrzeugs oder Tiefentladung, etwa durch eingeschaltetes Standlicht über Nacht.
Völlig wartungsfreie Akkus sind die teuerste Version. Da man bei ihnen von keinerlei Flüssigkeitsverlust ausgeht, haben sie auch keine Verschlußstopfen mehr.

Batteriesäurestand kontrollieren

Wartung Nr. 2

Auch beim wartungsfreien Akku sollte nach dem Flüssigkeitsstand gesehen werden. Vielleicht wurde das destillierte Wasser durch einen defekten Lichtmaschinenregler »verkocht«.

- Die Batterieflüssigkeit muß mindestens bis zum unteren der beiden am Gehäuse auflackierten oder eingeprägten Striche reichen, zumindest aber die Plattenoberkanten gut bedecken.
- Bei abgesunkenem Flüssigkeitspegel Verschlußstopfen herausdrehen.
- Bei einer normal geladenen Batterie bis zum oberen Strich bzw. bis 15 mm über die Plattenoberkanten **destilliertes Wasser** auffüllen.
- In eine stark entladene Batterie nur so viel Wasser einfüllen, daß die Platten oben bedeckt sind. Beim Wiederaufladen steigt der Flüssigkeitsstand nämlich erheblich.
- Erst nach dem Laden bis zur oberen Marke nachfüllen.
- Die Wassermenge aus der Einfüllflasche muß gut dosierbar sein, sonst wird der Akku überfüllt.
- Eine überfüllte Batterie »kocht über«, die Säure tritt an den Verschlußstopfen aus.

Batterie ausbauen

- Grundsätzlich **zuerst das Minuskabel** abnehmen, um beim Hantieren Kurzschlüsse zu vermeiden.
- Mutter an der Klemme des Minuskabels lösen, Klemme vom Batteriepol abheben.
- Pluspolabdeckung abheben.
- Pluskabel-Klemme lösen und abnehmen.
- Schraube der Halteleiste am Batteriefuß losdrehen, Schraube und Leiste abnehmen.
- Batterie herausheben.
- Beim Einbau zuerst das Pluskabel anschließen, dann die Minusklemme.
- Ein Vertauschen der Kabelklemmen ist nur mit Gewalt möglich, denn der Plus-Polkopf ist dicker als der Minus-Polkopf.

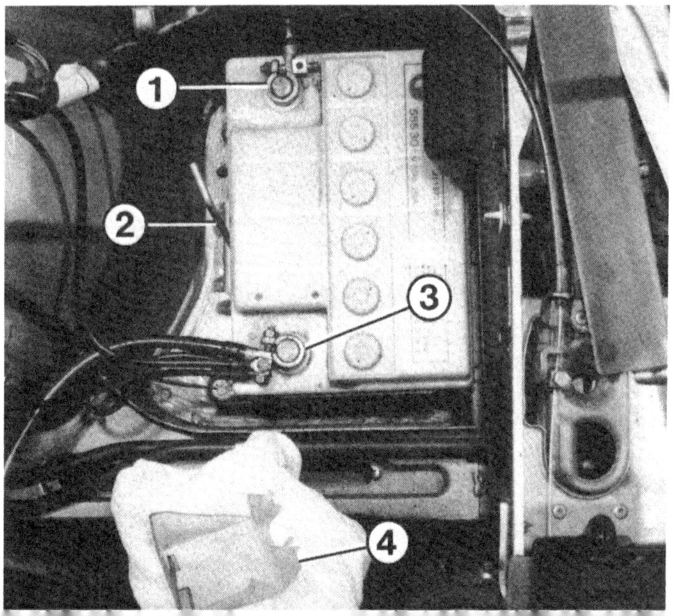

Die Batterie ist vorn links im Motorraum untergebracht. Ausbau: Massekabel (1) lösen, Pluspol-Abdeckung (4) abnehmen und Pluskabelschuh (3) abschrauben. Die Batterie selbst ist mit einem Halteblech und einem Gewindestab (2) befestigt.

Kontaktpflege an der Batterie

● Oxidkristalle an den Batterieklemmen mit warmem Sodawasser abwaschen oder mit »Neutralon« von Varta behandeln.

● Batteriepolköpfe und Kabelklemmen mit Säureschutzfett (Bosch »Ft 40 v 1«) einstreichen.

● Kein Fett erhalten die Polkopfseiten und die Innenseiten der Klemmen, sonst kann es Kontaktschwierigkeiten geben.

Ladezustand der Batterie prüfen

Erscheint der Akku trotz richtigem Säurestand kraftlos, muß der Ladezustand kontrolliert werden. Auskunft darüber gibt das spezifische Gewicht der Batteriesäure. Sie brauchen für die Kontrolle einen speziellen Hebe-Säuremesser (Aräometer), den Sie sich bei der Tankstelle ausleihen können.

● Batterie-Verschlußstopfen herausdrehen.

● So viel Batteriesäure ansaugen, daß die Meßspindel frei schwimmt.

● Säuregewicht ablesen. Es bedeuten: 1,28 kg/l = Batterie voll geladen; 1,20 kg/l = halb geladen; 1,12 kg/l = entladen.

Batterie laden

Heimladegerät anschließen

● Pluspolabdeckung lösen.

● Pluskabel am Batterie-Pluspol, Minuskabel am Batterie-Minuspol anklemmen.

● Die Batteriekabel brauchen beim schwachen Heimladegerät ohnehin nicht abgenommen zu werden.

● Die Batteriestopfen können eingeschraubt bleiben. Das sich beim Laden bildende Gas kann durch die Entlüftungsbohrungen in den Stopfen entweichen.

● Der Ladestrom soll anfangs etwa 10% der Batteriekapazität betragen (z.B. 5,5 A beim 55-Ah-Akku) und sich während der Ladung automatisch verringern.

● Die Batterie ist voll geladen, wenn ihre Säuredichte innerhalb von zwei Stunden nicht mehr ansteigt.

● Beim Batterieladen wird das destillierte Wasser teilweise zersetzt. Es bilden sich Gasblasen aus Wasserstoff und Sauerstoff – das hochexplosive Knallgas.

● Wenn mit hohem Strom geladen wird, für gute Durchlüftung des Raumes sorgen.

● Beim Laden der Batterie in deren Nähe nicht rauchen und kein offenes Feuer verwenden.

● Auch Funken beim Ab- oder Anklemmen des Laders bzw. der Batteriekabel können das Knallgas entzünden.

Schnelladen

Wer es eilig hat, kann seine Batterie bei Tankstelle oder Werkstatt schnelladen lassen. Dabei wird mit mindestens 40 Ampere geladen. Nach einer Stunde ist die Batterie wieder voll. Beachten Sie:

○ Einem älteren Akku kann die Schnelladung das Leben kosten, dann muß eine ohnehin bald fällige neue Batterie her.

○ Beide Batteriekabel müssen abgenommen werden. Durch den hohen Ladestrom können die empfindlichen elektronischen Bauteile im Auto Schaden nehmen.

○ Batterie-Verschlußstopfen herausdrehen und lose in die Öffnungen stecken, da der Akku bei der Schnelladung erheblich »gast«.

Fingerzeig: Bei Fahrzeugen mit Katalysator wird oft vor dem Anrollenlassen, Anschieben oder Anschleppen gewarnt. Falls der Motor lediglich wegen einer leeren Batterie nicht anspringt, ist das aber ungefährlich. Anders bei einem Defekt an der Zündanlage: Da können unverbrannte Gemischanteile nachgezündet werden und die Temperatur im Katalysator auf gefährliche Höhen treiben (siehe auch Seite 52).

Selbsterzeuger

Die Stromherstellung im Auto ist Sache der Lichtmaschine. Natürlich nicht nur fürs Licht, wie die veraltete Bezeichnung für den Generator vermuten läßt, sondern für alle elektrischen Einrichtungen.

Der Drehstrom-Generator

Leistung

Je nach Motorisierung sitzen im BMW unterschiedlich leistungsfähige Lichtmaschinen. Der 520i bis 8/83 begnügt sich mit einem 65-A-Generator. Später gebaute 520i wie auch die übrigen Modelle besitzen die stärkere 80-A-Lichtmaschine. Gegen Aufpreis war einige Zeit lang statt der 65-A- eine 80-A- und anstelle der 80-A- eine 90-A-Lichtmaschine zu haben.
Übrigens erzeugt der Generator eine Spannung von ca. 14 Volt. Sie ist also höher als die Batteriespannung. Denn nur so kann Strom zur Batterie fließen, wodurch diese aufgeladen wird. Spannung und Maximalstrom multipliziert ergibt die Leistung der Lichtmaschine: 910 Watt leistet die kleinste, 1120 die mittlere und 1260 die stärkste.

Umgang und Vorsichtsmaßnahmen

Die Drehstrom-Lichtmaschine hat neben ihrer insgesamt recht hohen Leistung einen entscheidenden Vorzug: Sie liefert schon bei Leerlaufdrehzahl des Motors Strom. Ferner halten ihre Schleifkohlen weit über 80000 km. Getreu ihres Namens erzeugt sie jedoch Drehstrom, den wir im Auto überhaupt nicht gebrauchen können, denn die Batterie kann natürlich nur Gleichstrom speichern. Deshalb sind im Generator drei Gleichrichter-Dioden eingebaut, die den Drehstrom in einen pulsierenden Gleichstrom umwandeln. Diese Dioden sind allerdings gegen hohe Spannungen empfindlich, und deshalb sollten Sie folgende Punkte beachten:

○ Bei laufendem Generator darf kein Kabel zwischen Akku und Lichtmaschine gelöst bzw. angeschlossen werden. Dadurch kann die Spannung schlagartig ansteigen (Spannungsspitzen) und eine Diode »verheizt« werden.

○ Ohne richtig angeschlossene, intakte Batterie darf die Drehstrom-Lichtmaschine nicht laufen. Der Akku dient als Spannungsbegrenzer für den Generator, gewissermaßen als Puffer gegen Überspannungen.

○ Sämtliche Kabelanschlüsse zwischen der Drehstrom-Lichtmaschine, der Batterie und dem Karosserieblech oder dem Triebwerkblock (Masse) müssen ganz fest sitzen. Schon ein Wackelkontakt kann zu gefährlichen Spannungsspitzen führen.

○ Beim Schnelladen der Batterie (nicht zum Aufladen mit dem Heimlader) und beim elektrischen Schweißen an der Karosserie müssen beide Kabel vom Akku abgeklemmt werden, damit die Lichtmaschinen-Dioden keinen Schaden erleiden.

Die Ladekontrolle

○ Die Kontrolleuchte im Armaturenbrett hat zwei Plus-Anschlüsse, und zwar einerseits von der Klemme D+ des Generators (blaues Kabel) und andererseits von Klemme 15 (grünes bzw. grün/weißes Kabel).

○ Mit Einschalten der Zündung führt Klemme 15 Spannung. Die Lichtmaschine steht aber noch, so daß der

Rückansicht der Lichtmaschine (hier am 520i):
1 – Spannungsregler;
2 – B+-Kabel zur Batterie (Klemme 30);
3 – D+-Kabel zur Ladekontrolleuchte;
4 – Entstörkondensator.

spannungslose D+-Kontakt als »Minus« wirkt. Die Kontrollampe leuchtet auf, denn zwischen dem von der Batterie versorgten Bordnetz und dem noch stehenden Generator herrscht eine Spannungsdifferenz.

○ Wird der Motor gestartet und hat die Lichtmaschine ihre Ladedrehzahl erreicht, verbindet der Spannungsregler den Stromerzeuger mit der Bordelektrik. Nun kommt Plusstrom von Klemme 15 und zusätzlich von Klemme D+. Damit besteht keine Spannungsdifferenz mehr, die Ladekontrolle verlöscht.

○ Beim Einschalten der Zündung muß die brennende Ladekontrolle – teilweise in Verbindung mit einem parallel geschalteten Widerstand – die Drehstrom-Lichtmaschine »vorerregen«. Nur so kann diese schon aus niedrigen Drehzahlen heraus Strom liefern. Allerdings ist die Vorerregung nur beim ersten Anlaufen des Generators erforderlich.

Nicht immer wird geladen

Ob die Batterie von der Lichtmaschine geladen wird, beweist das Verlöschen der Kontrollampe nicht. Es besagt nur, daß zwischen Batterie und Generator keine Spannungsdifferenz mehr besteht. Wenn im Motorleerlauf beispielsweise sämtliche Stromverbraucher eingeschaltet sind, leuchtet die Ladekontrolle nicht auf, obwohl mehr Strom der Batterie entnommen wird, als eine der leistungsschwächeren Lichtmaschinen liefern kann: Es besteht dennoch keine Spannungsdifferenz zur Batterie.

Fingerzeig: Vielleicht haben Sie beobachtet, daß manchmal die Ladekontrolle brennen bleibt, wenn Sie den warmgefahrenen Motor ohne Gas starten und er in niedriger Leerlaufdrehzahl weiterläuft. Hierbei ist die Vorerregung der Drehstrom-Lichtmaschine zu schwach, sie liefert noch keinen Strom. Sobald Sie auf das Gaspedal tippen, verlöscht das rote Licht – alles ist wieder in Ordnung. Diese Erscheinung ist normal und deutet keinen Schaden an.

Der Spannungsregler

Die Lichtmaschine kann man mit einem Fahrraddynamo vergleichen: Je schneller sie sich dreht, um so höher steigt die Spannung und somit auch der gelieferte Strom. Ein derartiges Auf und Ab würden die Stromverbraucher im Auto nicht lange ertragen, deshalb muß ein besonderer Regler die Lichtmaschinenspannung begrenzen und ein Überladen der Batterie verhindern. Dieser Regler – ein elektronischer Feldregler – ist direkt an der Drehstrom-Lichtmaschine festgeschraubt (siehe Bild auf der Vorseite).

Selbsthilfe an Generator und Regler

Wartungsarbeiten an der Drehstrom-Lichtmaschine fallen nicht an, wenn man einmal vom wirklich selten notwendigen Schleifkohlenwechsel (siehe unten) absieht. Tiefergehende Schäden sind mit Heimwerkermitteln nicht zu beheben.

Ladespannung prüfen

- Voltmeter zwischen +-Pol der Batterie und Masse anschließen.
- Motor mit mittlerer Drehzahl laufen lassen.
- Bei intaktem Regler sind jetzt etwa 13,3 bis 14,6 Volt abzulesen.
- Ist das nicht der Fall, Schleifkohlen kontrollieren bzw. Regler austauschen.
- Ansonsten ist die Lichtmaschine selbst defekt.

Schleifkohlen kontrollieren

- Zwei Halteschrauben am Regler losdrehen.
- Regler gewissermaßen herausklappen, damit die Kohlebürsten nicht hängenbleiben.
- Überstand der Schleifkohlen messen.
- Sind sie nur noch **5 mm** lang, müssen sie ersetzt werden.

Schleifkohlen auswechseln

Die Schleifkohlen sind am Regler mit ihren Anschlußlitzen an einem Halter angelötet. Sie brauchen als Werkzeug daher einen Lötkolben.

- Anschlußlitzen auslöten, Schleifkohlen herausziehen.
- Druckfedern von den alten Kohlen abziehen und auf die neuen stecken.
- Anschlußlitzen anlöten.
- Dabei wenig Lötzinn verwenden und schnell arbeiten, damit sich die Anschlußlitzen nicht mit Zinn vollsaugen. Sonst werden sie starr.

Fingerzeig: Bei ausgebauten Schleifkohlen können Sie die Kupfer-Schleifringe des Lichtmaschinen-Ankers (auf ihnen laufen die Kohlen) gleich mit prüfen. Haben sie schon tiefe Einlaufspuren, kann man sie in einer Autoelektrik-Werkstatt überdrehen und polieren lassen.

Lichtmaschine ausbauen

- Batterie-Massekabel abklemmen.
- Beim **520i ab 9/82 und 525e** Luftmengenmesser ausbauen (siehe Seite 88).
- Kabelanschlüsse an der Lichtmaschine abschrauben.
- Massekabel nicht vergessen.

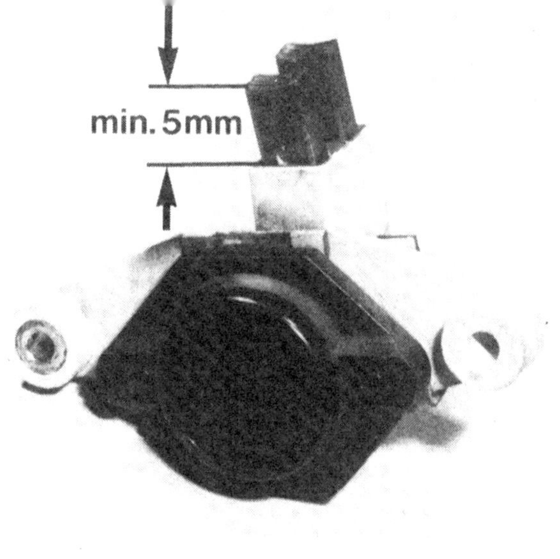

Bei ausgebautem Spannungsregler kann die Länge der Schleifkohlen gemessen werden: Kürzer als 5 mm dürfen sie nicht sein.

- Mutter am Spannbügel herausdrehen.
- Schraube herausdrücken.
- Keilriemen abnehmen.
- Lichtmaschine nach links klappen.
- Schwenkbolzen unten lösen, Lichtmaschine abnehmen.

Fahren mit defekter Lichtmaschine

Wenn die Lichtmaschine oder ihr Regler streikt, ist die Weiterfahrt noch nicht gefährdet, denn die Batterie kann hilfreich einspringen.
Bei Tag reicht der Batteriestrom noch eine ganze Weile, obwohl die elektronische Zündung zum Aufbau eines brauchbaren Zündfunkens eine Mindestspannung benötigt, ebenso die elektrischen Bauteile der Einspritzung und die elektrische Benzinpumpe. Zudem ist der Akku oft nur zu ⅔ geladen. Je nach Batteriekapazität reicht es aber zu mindestens vier Stunden Fahrt.

Keilriemenzustand kontrollieren

Wartung Nr. 20

- Drehen Sie zur Kontrolle der Riemen den Motor einige Male ganz durch.
- Nur so können Sie wirklich alle Flächen der Keilriemen sehen. Oft haben die Riemen nämlich nur einen einzigen, aber tiefen Riß, der bei der Kontrolle möglicherweise genau auf der Riemenscheibe zu liegen kommt.
- Angerissene oder ausgefranste Riemen umgehend ersetzen.

Keilriemenspannung prüfen

Wartung Nr. 9

Die richtige Keilriemenspannung ist in erster Linie für die Lebensdauer des Keilriemens entscheidend: Ein zu straff gespannter Riemen wird zu stark auf Dehnung beansprucht, was seine Gewebeeinlage zerstört. Zu

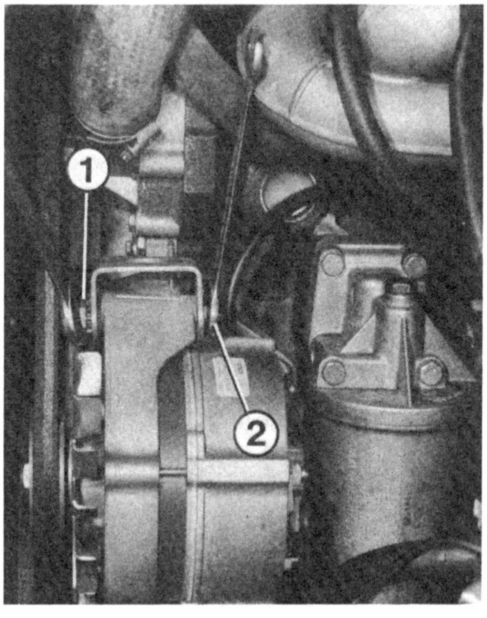

Links: Prüfen der Keilriemenspannung unter Daumendruck. Riemendurchhang »a« siehe Tabelle auf der folgenden Seite.
Rechts: Spannen des Lichtmaschinen-Keilriemens:
1 – Einstellmutter mit Zahnkranz;
2 – Sicherungsmutter.

schwach gespannt ist der Schlupf auf der Riemenscheibe so hoch, daß sich der Riemen zu stark erhitzt.

Modell	Keilriemen für	Lichtmaschine	Keilriemengröße	Riemendurchhang unter Daumendruck
520i bis 8/83 520i bis 3/83 520i an 4/83	Lichtmaschine und Wasserpumpe	65 A 80 A, 90 A 80 A, 90 A	9,5 × 950 9,5 × 955 9,5 × 965	10–15 mm
525e von 6/83 bis 9/83 525e bis 9/83 525e ab 10/83		65 A 80 A, 90 A 80 A, 90 A	9,5 × 950 9,5 × 955 9,5 × 965	10–15 mm
525i, 528i		80 A, 90 A	12,5 × 1055	10–15 mm
520i, 525e	Pumpe der Servolenkung		9,5 × 825	10 mm
525i, 528i bis 8/84 525i, 528i ab 9/84			9,5 × 900 9,5 × 888	10 mm
520i, 525e 525i, 528i	Kompressor der Klimaanlage		12,5 × 825 12,5 × 810	10 mm

Keilriemen spannen

● Zwecks besserer Zugänglichkeit muß zum Spannen von Lichtmaschinen- und Servopumpen-Keilriemen beim 520i/525e der Luftmengenmesser bzw. der Luftfilter ausgebaut werden (Seite 88 bzw. 70).

● **Lichtmaschinen-/Wasserpumpen-Keilriemen:** Sicherungsmutter an der Lichtmaschine etwas lokkern.

● Einstellmutter mit Zahnkranz so weit verdrehen, bis die Riemenspannung stimmt.

● Sicherungsmutter wieder festdrehen.

● **Keilriemen der Servopumpe:** Beim 525i/528i muß vorn unter dem Wagen gearbeitet werden. Dazu Unterschutz ausbauen (Seite 243).

● Sicherungsmutter am Spannbügel lockern.

● Einstellmutter mit Zahnkranz so weit verdrehen, bis die Riemenspannung stimmt.

● Sicherungsmutter wieder festdrehen.

● **Keilriemen zum Klimaanlagen-Kompressor:** Beim 525i/528i Unterschutz ausbauen (Seite 243).

● Schrauben in den Langlöchern der beiden Spannbügel am Kompressor lockern.

● Kompressor nach unten drücken, bis der Keilriemen gespannt ist.

● Schrauben in den Spannbügeln wieder festziehen.

● **Alle:** Keilriemenspannung nach kurzer Fahrt nochmals nachprüfen.

Keilriemen gerissen

Leuchtet plötzlich während der Fahrt die Ladekontrolle auf und haben Sie vielleicht gehört, daß im Motorraum kurz etwas gegen das Blech schlug, ist sicher der Keilriemen gerissen. Anhalten und nachsehen! Falls ja, **dürfen Sie auf keinen Fall weiterfahren!** Durch die nun nicht mehr angetriebene Wasserpumpe ist der Kühlmittelkreislauf unterbrochen, siehe Seite 60. Deshalb sofort neuen Keilriemen montieren oder Wagen abschleppen lassen.

Keilriemen auswechseln

Die Keilriemen von Lichtmaschine und Servopumpe lassen sich beim 520i/525e leichter abnehmen, wenn man zuvor Luftmengenmesser bzw. Luftfilter ausbaut (Seite 88 bzw. 60).

● **Lichtmaschinen-/Wasserpumpen-Keilriemen:** Riemen von Servopumpe bzw. Klimaanlagen-Kompressor abnehmen.

● Sicherungsmutter oben an der Lichtmaschine etwas lockern.

● Einstellmutter mit Zahnkranz so verdrehen, daß der Keilriemen von den Riemenscheiben genommen werden kann.

● Geht das nicht, zusätzlich den Schwenkbolzen unterhalb der Lichtmaschine lockern.

● Keilriemen von den Riemenscheiben nehmen und über die Flügel des Kühlerventilators streifen.

● Dazu gegebenenfalls die Lüfterzarge ausbauen.

● **Keilriemen der Servopumpe:** Beim 525i/528i Unterschutz ausbauen.

● Wo vorhanden, Klimaanlagen-Keilriemen abnehmen.

● Sicherungsmutter am Spannbügel etwas lockern.

● Einstellmutter mit Zahnkranz so verdrehen, daß der Keilriemen von den Riemenscheiben genommen werden kann.

● Läßt sich die Pumpe nicht genügend schwenken, zusätzlich die beiden Halteschrauben unten an der

Gut versteckt unter der Lichtmaschine (5) sitzt bei 520i/525e die Servopumpe (4). Ihr Keilriemen wird – wie der der Lichtmaschine – gespannt, indem die Einstellmutter (2) mit ihrem Zahnkranz auf dem gezähnten Spannbügel (3) verdreht wird. Dazu Sicherungsmutter bzw. -schraube (1) lockern.

Beim 525i/528i spannt man den Keilriemen der Servopumpe (4) am besten von der Wagenunterseite her. Auch hier wird nach Lösen der Sicherungsmutter (1) die Einstellmutter (2) auf dem gezahnten Spannbügel (3) verdreht.

Servopumpe lösen. Dazu auch beim 520i/525e Unterschutz ausbauen (Seite 243).

● **Keilriemen zum Klimaanlagen-Kompressor:** Beim 525i/528i Unterschutz ausbauen (Seite 243).

● Schrauben in den Langlöchern der beiden Spannbügel am Kompressor lockern.

● Kompressor nach oben drücken, bis der Riemen abgenommen werden kann.

● Eventuell zusätzlich die Mutter des Schwenkbolzens unten am Kompressor lockern.

● **Alle Keilriemen:** Nach dem Auflegen des neuen Keilriemens Riemenspannung einstellen und kontrollieren (siehe linke Seite).

Störungsbeistand

Batterie und Lichtmaschine

Die Störung	– ihre Ursache	– ihre Abhilfe
A Rote Ladekontrolle brennt nicht beim Einschalten der Zündung	1 Batterie leer	Mit Starthilfekabeln starten oder Wagen anschleppen
	2 Batteriekabel gebrochen, Kabelklemmen lose oder oxidiert	Batteriekabel und -klemmen kontrollieren
	3 Kontrollampe defekt	Ersetzen
	4 Kabelweg zwischen Zündschloß, Kontrollampe und Lichtmaschine unterbrochen	Stromweg mit Prüflampe kontrollieren
	5 Massekabel zwischen Lichtmaschine und Motorblock gebrochen	Kabel kontrollieren
	6 Schleifkohlen abgenutzt	Schleifkohlen erneuern
	7 Spannungsregler defekt	Regler austauschen
	8 Lichtmaschine schadhaft	Lichtmaschine instand setzen lassen
	9 Nach zu heftiger Motorwäsche: Eingedrungene Feuchtigkeit hat einen isolierenden Schmierfilm zwischen den Schleifringen und Kohlen gebildet	Lichtmaschine mit Druckluft ausblasen oder Schleifringe und Kohlen sauberreiben
B Ladekontrolle brennt oder glimmt bei laufendem Motor	1 Keilriemen lose	Riemen spannen
	2 Mangelnder Kontakt an Kabelanschlüssen oder unterbrochene Kabel	Kabelanschlüsse und Kabel prüfen
	3 Siehe A 6, 7 und 8	
C Batterieoberfläche feucht	1 Batterie überfüllt	Zuviel eingefülltes destilliertes Wasser durch Überladen herausgasen. Keine Säure absaugen
	2 Batterieverschlüsse verstopft	Entlüftungslöcher säubern
	3 Siehe A 7	
D Batterie gast stark	Siehe A 7	

In den Startlöchern

Der Anlasser im BMW ist ein »Schub-Schraubtrieb-Starter«. Bei ihm bewirkt der Zündschlüsseldreh in Stellung »Start« folgendes:

○ Die Klemme 50 am Zündschloß liefert Spannung an den oben auf dem Anlasser sitzenden Magnetschalter.
○ Dadurch schiebt ein Einrückhebel das Zahnritzel des Anlassers auf einem Steilgewinde in den Zahnkranz des Motor-Schwungrades.
○ Beim Eingreifen des Ritzels schaltet der Magnetschalter den vollen, von Klemme 30 kommenden Batteriestrom ein, so daß der Anlasser den Motor erst nach dem Einspuren des Ritzels kräftig durchdreht.
○ Ist der Motor angesprungen, wird das Ritzel aus dem Schwungrad wieder ausgespurt.

Anlasser ausbauen

● Batterie-Massekabel abklemmen.
● 520i/525e Luftfilter bzw. Luftmengenmesser ausbauen (Seite 88 bzw. 60).
● Alle Kabel am Anlasser abnehmen, Schutzmanschette über den Anschlußpolen entfernen; dazu Kabelbinder durchzwicken.
● 525e mit Steckverbindungen an der linken Motorseite: Stecker für Drehzahl- und Bezugsmarkengeber kennzeichnen und trennen.
● Wo vorhanden, Stützblech vom Anlasser abbauen.
● Kühlmittel teilweise ablassen (Seite 57) und Schlauch zur Heizung abbauen.
● Haltemuttern bzw. -schrauben des Anlassers lösen; die meisten sind schwer zugänglich. Deshalb einen schlanken geraden Ringschlüssel und die Rätsche aus dem Stecknußkasten mit Verlängerungen und Gelenkstücken verwenden.
● Anlasser nach unten herausnehmen.

Schleifkohlen auswechseln

Wenn der Anlasser streikt, sind möglicherweise nur die Schleifkohlen abgenutzt. Diese Kohlebürsten können als Ersatzteil in der BMW- oder Bosch-Werkstatt gekauft und ausgewechselt werden. Gebraucht werden Kenntnisse im Löten, Elektrolot und ein kräftiger Lötkolben.

● Anlasser ausbauen.
● An der geschlossenen Seite des Anlassers zwei Schlitzschrauben an dem kleinen Lagerdeckel herausdrehen, Deckel abnehmen.
● Sicherungsscheibe und Einstellscheibe(n) vom darunter liegenden Wellenstumpf abnehmen.
● Beide Schlitzschrauben (oder Muttern mit Stehbolzen) am hinteren Gehäusedeckel herausdrehen und Deckel abnehmen.
● Länge der Schleifkohlen messen – Mindestlänge **13 mm**.
● Andruckfedern der Kohlebürsten hochheben, und Kohlen aus der Führung ziehen.
● Bürsten-Halteplatte von der Ankerwelle ziehen.
● Alle Kohlebürsten mit ihren Anschlußkabeln auslöten bzw. abtrennen.
● Bei der Verlötung der neuen Kohlebürsten darauf achten, daß sich die Kupferlitze nicht durch einfließendes Lötzinn verhärtet. Deshalb möglichst schnell löten oder Kabel während des Lötens mit einer Zange nahe der Lötstelle zusammendrücken.
● Anlasser wieder zusammenbauen.

Nicht nur beim hier gezeigten 525e sehr schwer zugänglich: Der Anlasser (1) mit Magnetschalter (3). Weiter bedeuten:
2 – Kabel vom Magnetschalter zum Anlasser;
4 – Halter;
5 – Klemme-50-Kabel (vom Zündschloß);
6 – Klemme-30-Kabel (von der Batterie).

Die Kohlebürsten-Halteplatte (6) ist hier vom Anlasser abgebaut: 1 – Tülle für Anschlußkabel; 2 und 4 – Andruckfedern für die Kohlebürsten (3 und 5).

Störungsbeistand

Anlasser

Die Störung	– ihre Ursache	– ihre Abhilfe
A Beim Drehen des Zündschlüssels in Startstellung dreht der Anlasser zu langsam oder gar nicht	1 Kontrollampen brennen schwach oder verlöschen	
	a) Batterie entladen	Mit Starthilfekabeln starten
	b) Kabelanschlüsse lose oder oxidiert	Kabelanschlüsse kontrollieren
	c) Anlasser hat Masseschluß	Anlasser überholen lassen
	2 Kontrollampen brennen hell, Klicken aus Richtung Anlasser	Kurz auf den Magnetschalter klopfen. Dreht der Anlasser weiterhin nicht:
	a) Kohlebürsten bzw. deren Anschlüsse im Anlasser gelöst	Kohlebürsten überprüfen
	b) Kontakte im Magnetschalter verschmort	Magnetschalter ersetzen
	c) Anlasserwicklung schadhaft	Anlasser überholen lassen
	3 Kontrollampen brennen hell, keinerlei Geräusche	
	a) Flachstecker der Klemme 50 am Magnetschalter lose	Steckanschluß überprüfen
	b) Klemme-50-Leitung vom Zündschloß zum Magnetschalter unterbrochen	Leitung mit Prüflampe kontrollieren
B Anlasser läuft, ohne den Motor durchzudrehen	1 Einrückvorrichtung klemmt	Anlasser überholen lassen
	2 Verzahnung des Ritzels oder des Motorschwungrads beschädigt	Wagen bei eingelegtem Gang ein Stück vorschieben. Erneut starten. Beschädigte Teile ersetzen lassen
C Anlasser läuft weiter, obwohl Zündschlüssel losgelassen wurde	1 Magnetschalter hängt und schaltet nicht ab	Zündung sofort abschalten, notfalls Batterie abklemmen. Magnetschalter ersetzen
	2 Zünd-/Anlaßschalter defekt	Zünd-/Anlaßschalter ersetzen
D Ritzel spurt nach Anspringen des Motors nicht aus	1 Rückstellfeder des Einrückhebels lahm oder gebrochen	Zündung sofort abschalten. Reparieren lassen
	2 Verzahnung des Ritzels bzw. des Motorschwungrads verschmutzt oder beschädigt	Reinigen bzw. schadhafte Teile ersetzen lassen

Brandstifter

Hier ist ausnahmsweise einmal die Brandstiftung gefragt, sofern sich die Brandstätte auf die Brennräume des Motors beschränkt.

Was die Zündung leistet

Damit an der Zündkerze im Verbrennungsraum überhaupt ein Funke überspringen kann, muß zwischen den Zündkerzenelektroden eine Spannung von mindestens 20000 Volt vorhanden sein. Die Batterie liefert aber nur eine Spannung von 12 Volt. Die Batteriespannung muß also gewaltig hochtransformiert werden. Ferner geht es beim Funkenüberschlag nicht um Zehntel- oder Hunderstel-, sondern um Tausendstelsekunden. Nur ein Minimales zu spät oder zu früh, und die Zündung und damit die Leistung des Motors ist mangelhaft. Nicht zu vergessen die Menge der Funken, die hier benötigt wird: Dreht ein Motor mit 3000 Touren pro Minute, dann verlangt jeder Zylinder 25 Funken pro Sekunde, das sind bei unseren Sechszylindermotoren zusammen 150 in der Sekunde. Und jeder dieser Funken muß kräftig sein und zum richtigen Zeitpunkt überspringen.

Wann wird gezündet?

Der Funke muß im richtigen Augenblick überspringen – davon hängt die volle Leistung des Motors ab. Diesen Augenblick herauszufinden, ist allerdings nicht ganz einfach.
Am wirkungsvollsten ist die Verbrennung, wenn das Kraftstoff/Luft-Gemisch in dem Moment entzündet wird, da dieses auf engstem Raum zusammengepreßt ist. Diese höchste Verdichtung herrscht beim Viertaktmotor in jenem Augenblick, in dem der Kolben bei Beendigung des Kompressionshubs von der Aufwärtsbewegung in eine Abwärtsbewegung übergehen will.
Bevor sich die Bewegungsrichtung des Kolbens umkehrt, steht er einen winzigen Sekundenbruchteil lang am höchsten Punkt in seiner Bewegungsbahn still. Diesen Punkt nennt man den »Oberen Totpunkt« (OT). Das entsprechende Gegenstück dazu – der untere Umkehrpunkt – ist der »Untere Totpunkt« (UT), der uns jedoch hier nicht interessiert.
Wieder zurück zum richtigen Zeitpunkt für den Zündfunken: Idealer Zündzeitpunkt ist also der Moment, in dem der Kolben gerade seine Abwärtsbewegung beginnt. Die Verdichtung ist am höchsten, und der Kolben kann mit Kraft und Schwung zum Motorblock hinuntergedrückt werden.
Trotzdem wäre es falsch, den Zündzeitpunkt genau auf OT zu legen. Denn das Kraftstoff/Luft-Gemisch braucht eine gewisse Zeit (rund $\frac{1}{3000}$ s), bis es sich entzündet hat und den vollen Verbrennungsdruck entwickelt. Also wird der Zündzeitpunkt vorverlegt. Wir haben »Frühzündung«. Der Startschuß für den Funken erfolgt deshalb noch während der Aufwärtsbewegung des Kolbens, der Verbrennungsdruck setzt jedoch erst knapp nach dem OT ein.

Oberer Totpunkt und Frühzündung

Mit steigender Motordrehzahl muß der Zündfunke immer früher überspringen, denn – wir haben das im letzten Abschnitt schon angesprochen – das Kraftstoff/Luft-Gemisch braucht ja immer die gleiche Zeit zur Entzün-

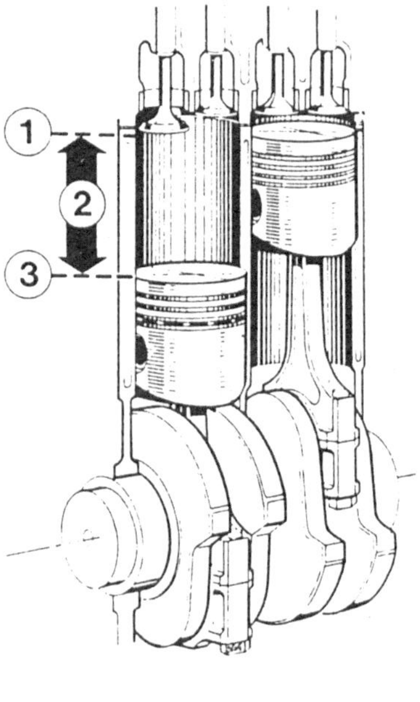

Oberer (1) und unterer (3) Umkehrpunkt des Kolbens auf der Kolbenlaufbahn (OT und UT) werden in dieser Zeichnung verdeutlicht. Der Kolbenhub (2) bezeichnet die Strecke dazwischen.

dung. Nur so erfolgt die Verbrennung wieder genau zur richtigen Zeit, nämlich dann, wenn der Kolben gerade wieder beginnt abwärts zu laufen.
Das Verbrennen des Kraftstoff/Luft-Gemisches hängt aber auch von dessen Zusammensetzung ab. Bei nur gering durchgetretenem Gaspedal (bei »Teillast«) ist das Gemisch in den Brennräumen weniger zündfähig; es verbrennt daher langsamer und muß auch aus diesem Grund früher gezündet werden.

Zündverstellung in Richtung »spät«

Andere Situationen erfordern es, den Zündzeitpunkt in Richtung »spät« zu verschieben. Die Zündung erfolgt dann erst, wenn der Kolben den OT längst passiert hat. Es wird also fast in den Auspufftakt hinein gezündet, was die Abgaszusammensetzung verbessert, die Motorleistung aber verschlechtert. Demzufolge ist Spätzündung genau richtig, wenn der Motor ohne Last im Schiebebetrieb (z.B. bergab ohne Gas) läuft.

Zwei Zündsysteme

In unseren 5er-Modellen kommen zwei Zündsysteme zum Einsatz: Einerseits eine **Transistorzündung** bei den Modellen 520i (ohne Kat), 525i und 528i, andererseits die **Motronic**, die beim 520i Kat und beim 525e Zündung und Einspritzanlage in sich vereint.
Damit es in den folgenden Abschnitten dieses Kapitels zu keinen Verwechslungen kommt, finden Sie an den Überschriften den Zusatzvermerk »nur TSZ« (Transistorzündung) oder »nur Motronic«. Fehlt der Vermerk, gilt der betreffende Absatz für beide Zündungen, oder es ist kein Zweifel möglich.
So unterschiedlich die beiden Zündanlagen auf den ersten Blick erscheinen mögen, sie haben doch viele Gemeinsamkeiten. So ist beispielsweise der Hochspannungsteil – dort wird der Zündfunke erzeugt – bei beiden Anlagen so gut wie identisch.

Das TSZ-R-Steuergerät

Bedingt durch die Formgebung des Ansaugkrümmers entstand beim 528i verstärkte Neigung zu Motorklopfen (Seite 62) im oberen Drehzahlbereich. Dieser Effekt konnte durch die Auslegung der Zündverstellung allein nicht beseitigt werden.
Also entschloß man sich zum Einbau des »TSZ-R-Steuergeräts« (R wie Rückverstellung) zusätzlich zum Zündgerät. Aufgabe des Steuergeräts ist es, im Drehzahlbereich um ca. 5000/min den Zündzeitpunkt etwas in Richtung »spät« zu verstellen, um so das schädliche Motorklopfen zu unterbinden.

Fingerzeig: Damit das R-Steuergerät nicht unbemerkt ausfallen kann, was evtl. sogar Motorschäden zur Folge hätte, ist die Stromversorgung des TSZ-Schaltgeräts über dieses Steuergerät geschaltet. Bei einer Leitungsunterbrechung würde also auch die Zündung ausfallen.

So entsteht der Zündfunke

Zur Zündanlage gehört die Zündspule, die für die notwendige Hochspannung sorgt, und der Verteiler, der diese Hochspannung reihum auf die Zündkerzen verteilt.
○ Das Grundprinzip der Zündung besteht darin, daß zunächst der Batteriestrom durch die Primärwicklung der Zündspule fließt.

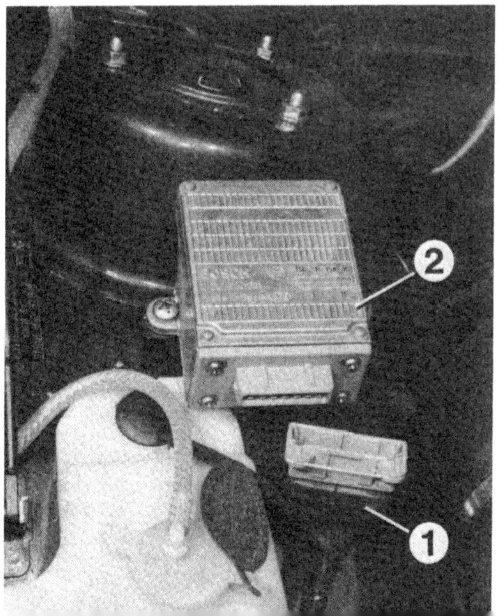

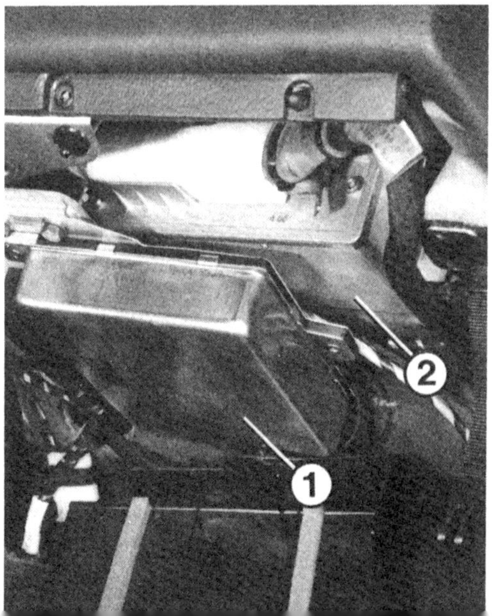

**Wesentliche Bauteile aus verschiedenen Zündungen: Links das TSZ-R-Steuergerät (2) des 528i mit abgezogenem Stecker (1).
Rechts das Steuergerät der Motronic (2), darunter das Steuergerät (1) des Antiblockiersystems.**

○ Diese Wicklung besteht aus wenigen Windungen eines dicken Drahtes. Unter der Wirkung des Stromes baut sich um den Eisenkern in der Zündspule ein kräftiges Magnetfeld auf – unsere Zündenergie.
○ Nähert sich der Kolben in seinem Zylinder dem Punkt, da die angesaugte und verdichtete Ladung gezündet werden soll – dem Zündzeitpunkt –, wird der Strom zur Zündspule unterbrochen. Das geschieht im Zündungs-Schaltgerät bzw. im Motronic-Steuergerät.
○ Mit dem Ausschalten des Stromes bricht das Magnetfeld in der Zündspule zusammen. Dabei passiert folgendes: In der Sekundärwicklung aus sehr vielen Windungen eines dünnen Drahtes entsteht ein Hochspannungs-Stromstoß von einigen zigtausend Volt.
○ Diese Zündspannung wird über den Verteiler derjenigen Zündkerze zugeleitet, die in der Zündfolge des Motors gerade an der Reihe ist. Das Gemisch wird entzündet, der Motor dreht sich weiter. Der Stromkreis wird wieder geschlossen, und das Spiel läuft von neuem ab.

Funktion der Transistorzündung

○ Damit der Zündfunke entstehen kann, muß der Stromfluß zur Zündspule eingeschaltet bzw. unterbrochen werden. Diese Aufgabe erledigt das Zündungs-Schaltgerät (Bilder Seite 185 und 186) mit Hilfe von Transistoren besser und schneller als jeder mechanische Schalter.
○ Um den Strom rechtzeitig an- und auszuschalten, wird außerdem ein Impulsgeber benötigt, der den Schaltbefehl in Abhängigkeit der Kurbelwellenstellung gibt. Nur so kann die Zündung genau im richtigen Augenblick erfolgen.
Diese Aufgabe übernimmt der Induktionsgeber unten im Verteilergehäuse. Er besteht aus dem Zackenrotor, der sich mit der Verteilerwelle dreht, und dem fest eingebauten Stator. Die oben sichtbaren Zacken des Stators werden unten durch eine Spule und einen Dauermagneten ergänzt.
Die ganzen Teile zusammen sind nichts anderes als ein Dynamo: Laufen die Zacken des Rotors auf die Zacken des Stators zu, ändert sich das Magnetfeld des Dauermagneten, was eine Spannung in der Spule erzeugt. Laufen die Zacken auseinander, entsteht eine negative Spannung. Ergebnis: wir erhalten eine Wechselspannung, die wir – umgeformt und verstärkt vom Schaltgerät – zum Auslösen der Zündimpulse verwenden können.
○ Die Zündverstellung in Richtung »früh« übernimmt bei der TSZ die Unterdruckdose an der Verteilerseite (nicht bei älterer Schweiz-Ausführung des 528i) sowie die Fliehkraftverstellung unten in der Verteilerwelle.
○ Die zweite Hälfte der Unterdruckdose ist für die Zündungs-Spätverstellung zuständig. Sie zieht die Statorplatte im Verteiler in Drehrichtung der Verteilerwelle – die Zündung erfolgt später.

Funktion der Motronic-Zündung

Von der Grundfunktion her unterscheidet sich der Zündungs-Teil der Motronic kaum von der herkömmlichen Transistor-Zündanlage (siehe vorigen Abschnitt). Bauteile und Informationsverarbeitung haben dagegen kaum mehr Gemeinsamkeiten mit dem älteren System:
○ Bei der Motronic wird auf einen Verteiler im herkömmlichen Sinn völlig verzichtet. Die Einbauöffnung für dieses Bauteil am Motorblock ist mit einem Blechdeckel verschlossen. Stattdessen sitzt ein Hochspannungs-Verteiler vorn an der Zahnriemenabdeckung und wird direkt von der Nockenwelle angetrieben.
○ Auch die Zündverstellung erfolgt nicht mehr in der bekannten Weise. Vielmehr errechnet der Mikrocomputer die nötigen Verstellwerte, die dann das Schaltteil der Elektronik in die Tat umsetzt.
○ Dabei wird von einem eingespeicherten Kennfeld ausgegangen, das für jedes mögliche Last/Drehzahl-Verhältnis den richtigen Zündverstellwinkel bereithält. Das Zündungs-Kennfeld der Motronic geht wesentlich genauer auf die Eigenheiten des Motors ein, als dies eine Zündung mit herkömmlicher Verstellung kann.
○ Zusätzlich stehen Korrekturprogramme bereit für ruckfreies Schalten in Verbindung mit elektronisch gesteuertem Automatikgetriebe, für Kaltlauf des Motors, Start, Leerlauf, Schiebebetrieb und einiges mehr.
○ Die Geber der Motronic sind doppelt genutzt: Von der Einspritzanlage wie von der Zündanlage. Der Drehzahlgeber und der Bezugsmarkengeber – sie sind beim 525e bis 12/86 über der Schwungscheibe angebracht – sind die beiden wichtigsten. Bei beiden handelt es sich um Induktionsgeber.
Sie funktionieren genauso wie der Impulsgeber der TSZ: Spule und Magnet sind im Geber untergebracht. Das Gegenstück bildet eine Bezugsmarke aus Metall (1 mal am Umfang) für den Bezugsmarkengeber bzw. die Zähne des Zahnkranzes auf dem Schwungrad für den Drehzahlgeber.
Jedesmal, wenn die Bezugsmarke bzw. ein Zahn des Schwungrads unter dem Geber vorbeiläuft, ändert sich das Magnetfeld des Dauermagneten, und in der Spule wird Spannung erzeugt. Dieses kleine Spannungssignal genügt zur Weiterverarbeitung im Steuergerät der Motronic. Informationen über Drehzahl und Stellung der Kurbelwelle liegen somit vor.
○ Seit 1/87 werden Drehzahl- und Bezugsmarkengeber von einem einzelnen Induktionsgeber ersetzt, der an der Vorderseite des Motors sitzt (520i Kat und 525e). Der Schwingungsdämpfer hinter der Riemenscheibe ist

Diese schematische Darstellung der Zündspule zeigt deren Verbindung zum Zündschloß über Klemme 15, den Kontakt zum Zündverteiler über Klemme 1, den Hochspannungsanschluß Klemme 4 sowie außerdem:
2 – Sekundärwicklung;
3 – lamellierter Eisenkern;
5 – gemeinsamer Wicklungsanschluß;
6 – Primärwicklung.

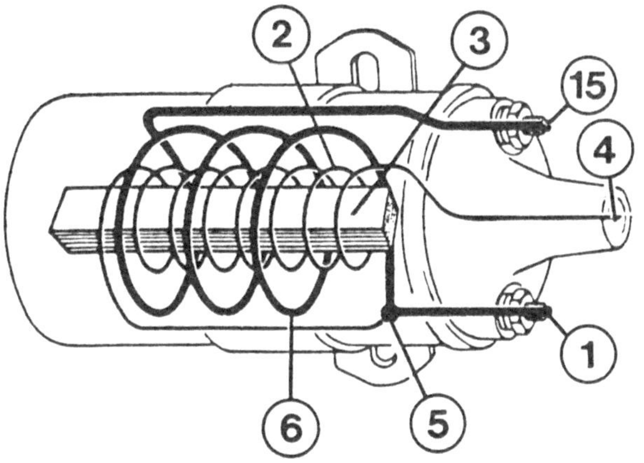

dazu mit einem Zahnkranz versehen. Die Bezugsmarke – an einer Stelle des Umfangs wurde ein Zahn ausgelassen – wird vom selben Induktionsgeber erfaßt wie die Drehzahl. Das Steuergerät weiß beide Impulse zu verarbeiten.
○ Weitere Geber übermitteln die Ansauglufttemperatur, die Motortemperatur und die Stellung der Drosselklappe (Lastzustand).

Vorsicht beim Umgang mit der Zündung!

Gegenüber den alten kontaktgesteuerten Zündungen sind die neuen Zündsysteme, wie TSZ und Motronic, ungleich leistungsfähiger. Die höhere Zündenergie kommt zwar dem Motorlauf und der Zuverlässigkeit zugute, doch kommen die **hohen Zündspannungen** nun in den **für Menschen gefährlichen Bereich**. Schon in der dünnen Steuerleitung zur Zündspule können Spannungen bis zu 100 Volt auftreten, ganz zu schweigen von der Zündspannung, die mit über 30 000 Volt gefährlich hoch ist.
Zwar hört man glücklicherweise nichts davon, daß Autobesitzer von ihrer Zündung ermordet wurden, doch kann das Berühren blanker Kontakte unter ungünstigen Umständigen vor allem für Herzgefährdete sehr gefährlich werden. Deshalb:
○ Sämtliche elektrischen Leitungen – auch Anschlüsse von Prüfgeräten – nur bei **ausgeschalteter Zündung** berühren oder ab- bzw. anklemmen.
○ Soll der Motor vom Anlasser lediglich durchgedreht werden ohne anzuspringen, muß die Zündung lahmgelegt werden (siehe unten).
○ Zur Motorwäsche muß die Zündung ausgeschaltet sein.
○ Zur Starthilfe bei leerer Batterie mit einem Schnellader darf dieser höchstens eine Minute lang angeschlossen sein und die Spannung nicht mehr als 16,5 V betragen.
○ An Klemme 1/– der Zündspule keinen Entstörkondensator anschließen.
○ Ebenso darf Klemme 1 – etwa beim nachträglichen Einbau einer Alarmanlage – nicht mit stromführenden oder Massekabeln verbunden werden.
○ Zündverteilerläufer nicht gegen einen beliebigen austauschen, er muß einen Widerstand von 1 kΩ haben. Zur Entstörung keinen 5-kΩ-Läufer verwenden!
○ In jeder Zündleitung muß der Entstörwiderstand mindestens 4 kΩ betragen. Der Verteilerläufer mit 1 kΩ ist mit eingerechnet.
○ Zum elektrischen Schweißen am Fahrzeug müssen die Kabel an der Batterie abgeklemmt werden.

Zündung lahmlegen

Ist ein Zündkabel oder gar das Hauptzündkabel abgezogen, darf der Motor keinesfalls mit dem Anlasser durchgedreht werden. Denn so kann die Zündenergie nicht abgeleitet werden, und Schaltgerät bzw. Motronic sowie die Zündspule können Schaden nehmen. Deshalb bei **ausgeschalteter Zündung**
● an Fahrzeugen mit **TSZ** (520i ohne Kat, 525i, 528i) Stecker am TSZ-Schaltgerät abziehen;
● an Fahrzeugen mit **Motronic** das Hauptrelais außen am Sicherungskasten links im Motorraum abziehen (siehe Bild Seite 35).

In der linken Zeichnung ist das Zündkennfeld der TSZ dargestellt. Rechts erkennen Sie, daß das Kennfeld wesentlich stärker ausgeformt ist (Motronic). D. h. der Zündzeitpunkt ist viel genauer auf den jeweiligen Betriebszustand angepaßt.

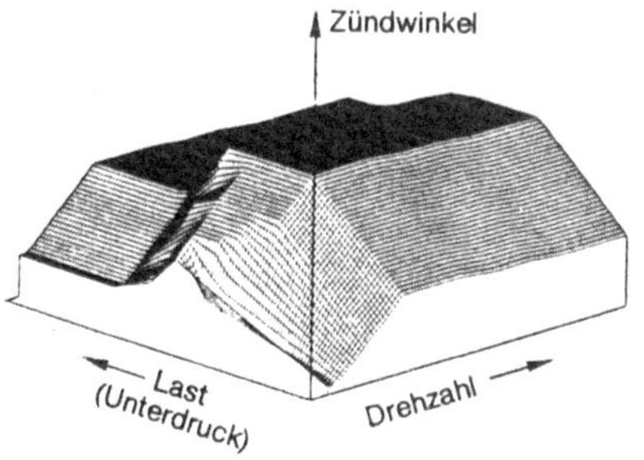

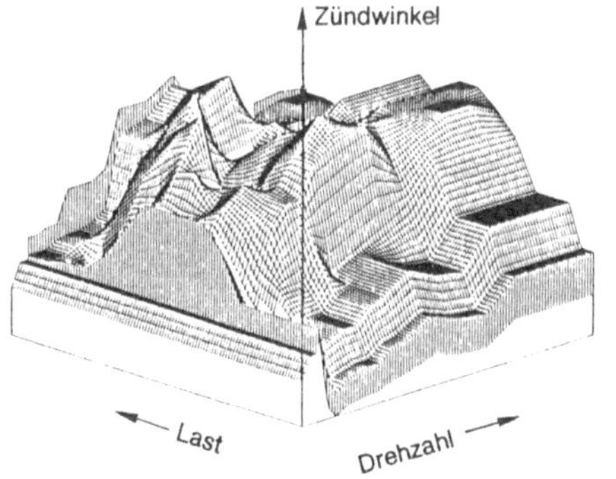

Störungssuche an der Zündung

Wer einem Fehler in der Zündung auf die Spur kommen will, muß ganz systematisch vorgehen. Die genaue Überprüfung der nachfolgend genannten Bauteile ist im weiteren Verlauf des Zündungskapitels beschrieben.

Zuerst die Sichtprüfung

○ Sitzen alle Kabelanschlüsse und Steckkontakte an Zündspule, TSZ-Schaltgerät, TSZ-R-Steuergerät bzw. Motronic-Steuerung und am Verteiler (TSZ) fest?
○ Ist in den Mehrfachsteckern am Schaltgerät bzw. der Motronic-Steuerung eventuell ein einzelner Steckkontakt zurückgerutscht?
○ Ist an der Anschlußseite der Zündspule der runde Stopfen von überlaufender Vergußmasse herausgedrückt worden?
○ Zeigen sich am Zündspulengehäuse Risse oder Brandspuren von überschlagenden Funken?
○ Kontrollieren Sie zusätzlich die Haupt- oder Zündkerzenkabel auf festen Sitz und Schäden an der Isolation. Die modernen Zündanlagen sind durch ihre hohen Zündspannungen empfindlicher gegen Funkenüberschläge und Kriechströme (Seite 194).
○ Zeigt die Verteilerkappe Schäden (Seite 188)? Vor allem die Innenseite beachten!
○ Sind alle Teile der Zündanlage sauber und trocken? Feuchter Schmutz begünstigt Spannungsüberschläge.

Ist Zündspannung vorhanden?

Gleich zu Anfang prüfen wir, ob die Zündanlage überhaupt Zündfunken zustandebringt:
● Eines der Zündkabel an der Zündkerze abziehen, Kerze herausschrauben.
● Zündkabel wieder auf die Kerze stecken und diese so auf dem Motorblock ablegen, daß sie sicheren Massekontakt hat. Besser noch das Gewindeteil der Kerze mittels Starthilfekabel leitend mit dem Motor verbinden.
● Motor von Helfer mit dem Anlasser durchdrehen lassen.
● Springen kräftige Funken an der Kerzenelektrode über, ist Zündstrom vorhanden, allenfalls könnte der Zündzeitpunkt verstellt sein (siehe Seite 190).
● Funkt nichts, versuchen Sie es mit der Kerze eines anderen Zylinders. Springen immer noch keine Funken über, muß nach folgender Anleitung weiter geprüft werden.

Fingerzeig: Beachten Sie bei den folgenden Messungen, daß Meß- und Prüfgeräte (siehe Vorseite) nur bei ausgeschalteter Zündung an- und abgeklemmt werden dürfen.

Stromversorgung der Zündanlage in Ordnung?

Neben einem Totalausfall der Zündanlage durch fehlende Spannung kann auch zu geringe Versorgungsspannung erhebliche Störungen bewirken! Deshalb ist hier ein Voltmeter besser zur Prüfung.
● Meßgerät zwischen Klemme 15 der Zündspule und Masse anschließen.
● Mind. 11,5 Volt müssen dort abzulesen sein.
● Messen Sie gar keine Spannung oder eine zu geringe, liegt der Fehler im Kabelweg zum Zündschloß (Seite 224).

Fehlerquellen

○ Voraussetzung: Batterie geladen.
○ Zündschloß defekt (Seite 224). Klemme 15 überprüfen.
○ Unterbrechung im Stecker zum Motorkabelbaum.
○ Unterbrechung in der Zuleitung Zündschloß/Zündspule. Kabelverlauf anhand der Schaltpläne ab Seite 155 kontrollieren.

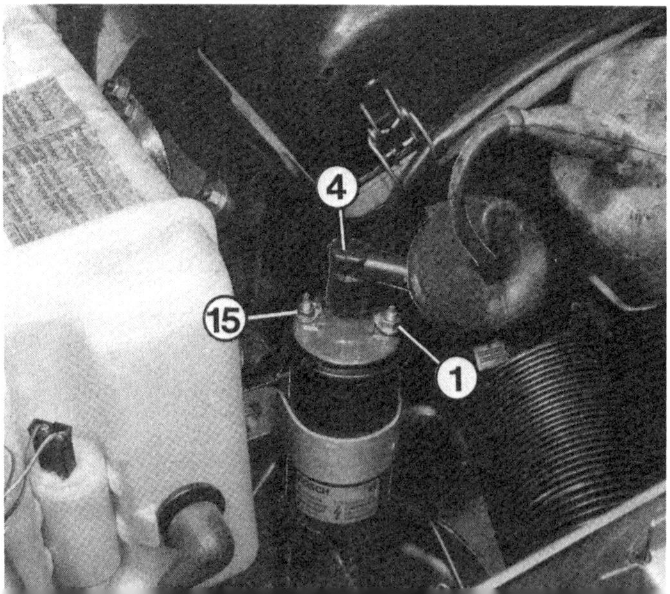

Die Zündspule ist hier beim 525i/528i vor dem rechten Radkasten befestigt. Die Zahlen geben die Klemmenbezeichnung der Spule wieder:
1 – zum Zünd-/Steuergerät;
4 – Hochspannungsklemme (zum Verteiler);
15 – Stromzufuhr (vom Zündschloß).

Zündspule defekt?

- Die **Sichtprüfung** an der Zündspule wurde bereits durchgeführt. Spule mit herausgedrücktem Verschlußstopfen ersetzen.
- Zur **Widerstandsprüfung** alle Leitungen an der Zündspule bei ausgeschalteter Zündung abnehmen. Wir messen Primär- und Sekundärwicklung der Spule.
- Mit einem genauen Ohmmeter zwischen den Zündspulenklemmen 1/– und 15/+ messen. Sollwert bei **TSZ: 0,82 Ω**. Bei Wagen mit **Motronic** muß jetzt **0,5 Ω** abzulesen sein. Geringe Abweichungen von diesen Werten (± 0,1 Ω) werden toleriert.
- Nächste Messung zwischen Klemme 1/– und 4 (Steckbuchse des dicken Hauptzündkabels): Hier müssen bei TSZ **8,25 kΩ**, bei Motronic **6,0 kΩ** abzulesen sein. Mehr als ± 0,5 kΩ sollten Ihre gemessenen Werte nicht abweichen. Sonst Zündspule ersetzen.
- Mit diesen Messungen läßt sich ein Kurzschluß zwischen den Wicklungen nicht erkennen. Fällt also der Verdacht trotz guter Meßergebnisse auf die Zündspule, sollten Sie die ausgebaute Spule bei einer Autoelektrik-Werkstatt durchprüfen lassen.

Fingerzeig: Fahrzeuge mit TSZ und solche mit Motronic besitzen unterschiedliche Zündspulen. Nicht untereinander austauschen!

Impulsgeber prüfen

nur TSZ

- Zunächst die **Sichtprüfung**: Bei geöffnetem Verteiler mit Fühlerlehre kontrollieren, ob die Zacken von Rotor und Stator in einem Abstand von 0,3–0,7 mm aneinander vorbeilaufen.
- Stimmt der Abstand nicht, Trägerplatte lösen und ausmitteln.
- **Messen des Wicklungswiderstands** im Impulsgeber:
- Am **Bosch-Zündgerät** den flachen Mehrfachstecker abziehen und Ohmmeter an Klemme 5 und 6 des Steckers anschließen.
- Am **Siemens/Telefunken-Zündgerät** den Impulsgeber-Stecker (es ist der kleinere von beiden) abziehen und Ohmmeter anschließen.
- 1–1,2 kΩ soll das Meßgerät anzeigen.
- Wer ein empfindliches Voltmeter für Wechselstrom besitzt, wie es zum Elektronik-Basteln verwendet wird, kann an denselben Klemmen die **Geberspannung messen**:
- Motor mit dem Anlasser durchdrehen: Am Voltmeter müssen jetzt 1–2 Volt Wechselspannung abzulesen sein.
- Werden die Sollwerte nicht erreicht, Impulsgeber ersetzen.

Zündgerät prüfen

nur TSZ

Die Prüfung des Zündungs-Schaltgeräts bleibt mit Heimwerkermitteln ein Behelf. Wir können lediglich die Versorgungsspannung mit Massekontakt sowie die Zündimpulsleitung zur Zündspule kontrollieren. Sind alle diese Punkte in Ordnung und ist ferner bei der Prüfung von Zündspule, Impulsgeber und Spannungszufuhr zur Zündanlage kein Fehler zu finden, kann davon ausgegangen werden, daß im Zündgerät nicht alles mit rechten Dingen vor sich geht.

- Stecker vom Schaltgerät abziehen.
- **Versorgungsspannung zum Schaltgerät messen:** Voltmeter am Klemme-15-Anschluß des Steckers anklemmen. Beim Bosch-Zündgerät ist das der Anschluß 4; beim Siemens/Telefunken-Gerät siehe Bild auf der folgenden Seite. Das zweite Voltmeter-Kabel wird irgendwo an Masse angeklemmt.
- Zündung einschalten: Es muß Batteriespannung (ca. 12 Volt) angezeigt werden, dann ist die Stromzufuhr in Ordnung. Sonst Kabel überprüfen.
- Zündung ausschalten.
- **Masseanschluß prüfen:** Voltmeter an Klemme-31-Anschluß des Steckers anschließen. Beim Bosch-Zündgerät ist das der Anschluß 2; beim Siemens/Telefunken-Gerät (Bild auf der folgenden

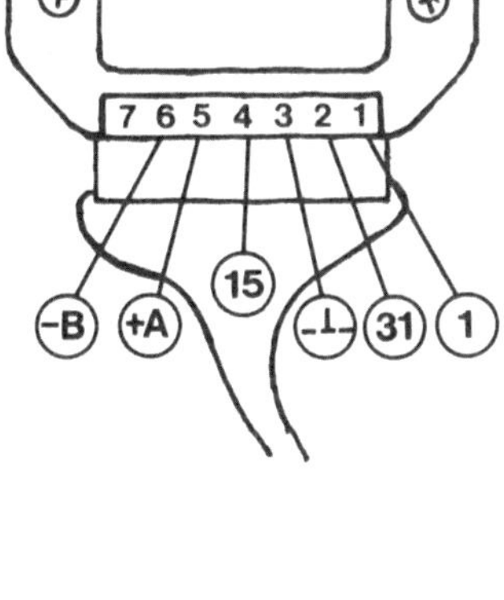

Das TSZ-Zündgerät (1) des Herstellers Bosch sitzt an der hinteren Motorraumwand unter einer Gummi-Schutzmanschette (2). Die Zeichnung zeigt die Anschlußbelegung, die wir zu den Prüfungen brauchen. Das Zündgerät muß unter Verwendung von Wärmeleitpaste mit Kühlblech angeschraubt werden.

Seite). Das zweite Kabel wird am Batterie-Pluspol bzw. an der Plusklemme angeschlossen.

● Ist die Masseleitung in Ordnung, muß jetzt Batteriespannung (ca. 12 Volt) angezeigt werden. Sonst Kabel überprüfen.

● **Impulsleitung prüfen:** Stecker wieder anschließen. Voltmeter an Klemme 1 (Bosch-Gerät) bzw. 16 (Siemens/Telefunken-Gerät) anschließen. Dazu mit einem Nadelkontakt das Kabel nahe des Zündgerät-Steckers durchstechen.

● Zündung einschalten: Jetzt müssen ca. 12 Volt anliegen, sonst ist die Impulsleitung zur Zündspule (über das Benzinpumpenrelais) defekt.

● **Weitergehende Prüfungen** sind nur der BMW- oder Autoelektrik-Werkstatt möglich.

TSZ-R-Steuergerät prüfen
nur 528i

● **Durchgang prüfen:** Das TSZ-Schaltgerät erhält Strom über die Klemmen 15 E und 15 A des R-Schaltgeräts. Prüfung:

● Schutzhülle am Stecker des TSZ-R-Steuergeräts zurückstreifen; der Stecker bleibt aufgesteckt.

● Zündung einschalten.

● Spannung messen an Klemme 15 E (Eingang) gegen Masse: Bei intakter Zuleitung wird Batteriespannung angezeigt.

● Spannung messen an Klemme 15 A (Ausgang) – ebenfalls gegen Masse. Bei intaktem Gerät muß auch hier Batteriespannung abzulesen sein. Andernfalls TSZ-R-Steuergerät auswechseln.

● Steckerbelegung siehe Gehäuseaufdruck.

● **Funktion prüfen:** Zündungseinstellung mit Stroboskoplampe prüfen, wie auf Seite 190 beschrieben:

● Bei 2150/min muß der Zündzeitpunkt auf der 22°-Marke stehen.

● Bei 5000/min muß der Zündzeitpunkt bei 19°–20° stehen (Maß muß abgeschätzt werden, sofern keine Stroboskoplampe mit Winkelverschiebung zu Verfügung steht).

● Stimmen diese Werte (in erster Linie der zweite), ist das TSZ-R-Steuergerät in Ordnung.

Drehzahl- und Bezugsmarkengeber bis 12/86 prüfen
nur Motronic

Drehzahl- und Bezugsmarkengeber sitzen links nahe der Trennfuge Motor/Getriebe. Die Kabelzuleitung zu den beiden Gebern läßt sich an Steckverbindungen trennen, die entweder oben auf dem Zylinderkopf oder links am Motorblock sitzen.

● Geber kontrollieren: Abschrauben und an ihrer Stirnseite abwischen. Schmutz oder Fett an dieser Stelle stört die Funktion.

● Dichtring kontrollieren und Geber mit Molykote Longterm 2 wieder einsetzen. Anzugsmoment 6–8 Nm. Geber nicht verwechseln:

● Der Bezugsmarkengeber ist mit einem Markierungsring (Kabelbinder) versehen und gehört in die mit »B« gekennzeichnete Bohrung am Getriebe.

● Der Drehzahlgeber (ohne Ring) wird in die mit »D« gekennzeichnete Bohrung gesteckt.

● Steckverbindungen und Kabel prüfen.

● Elektrische Prüfung mit Ohmmeter:

● Steckverbindung trennen und Ohmmeter am Kabel zum betreffenden Geber anschließen:

● Zwischen Kontakt 25 und 26 beim Bezugsmarkengeber, zwischen Kontakt 8 und 27 beim Drehzahlgeber (siehe Zeichnung rechts oben). Der dritte Kontakt ist die Abschirmung des Kabels.

● Der Geber soll einen Innenwiderstand von 950–970 Ω besitzen.

● Die Werkstatt hat außerdem die Möglichkeit, den Spannungsverlauf des Gebers an einem Bildschirm zu betrachten.

Induktionsgeber ab 1/87 prüfen
nur Motronic

Seit 1/87 sitzt ein einzelner Induktionsgeber vorn am Zahnkranz des Schwingungsdämpfers (hinter der Kurbelwellen-Riemenscheibe). Er wird in gleicher Weise durchgemessen wie die Geber an älteren Wagen (siehe vorigen Abschnitt). Der Innenwiderstand dieses Gebers beträgt allerdings nur 550 Ω.

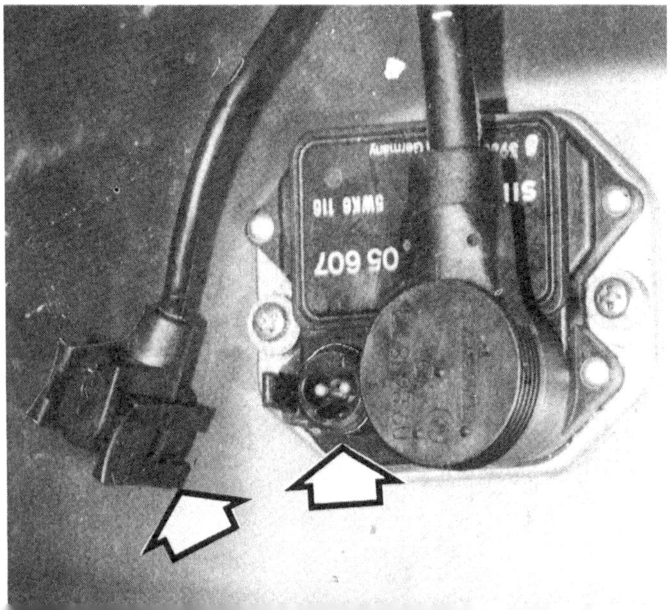

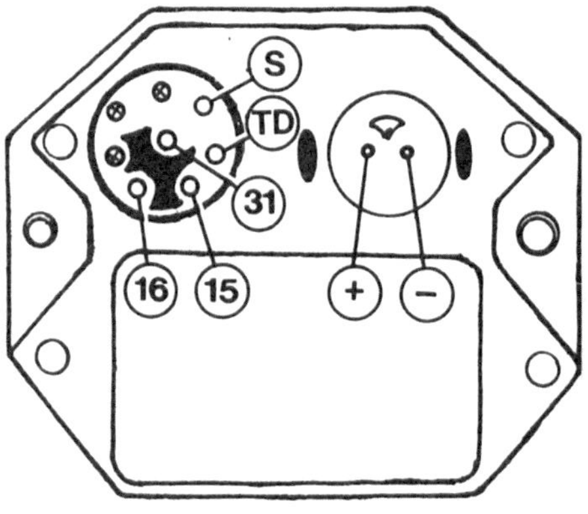

Das TSZ-Zündgerät des Herstellers Siemens/Telefunken. Zum Lahmlegen der Zündung wird der Impulsgeber-Stecker (Pfeile) abgezogen. Der Anschlußstecker bleibt. In der Zeichnung die Kontaktbelegung der Anschlüsse.

Wo Drehzahl- (2) und Bezugsmarkengeber (3) am Getriebe befestigt werden, zeigen die Markierungen »D« (1) und »B«. Die Kontaktbelegung an den Anschlußsteckern zeigen die Zeichnungen rechts. Oben der Bezugsmarken-, unten der Drehzahlgeber.

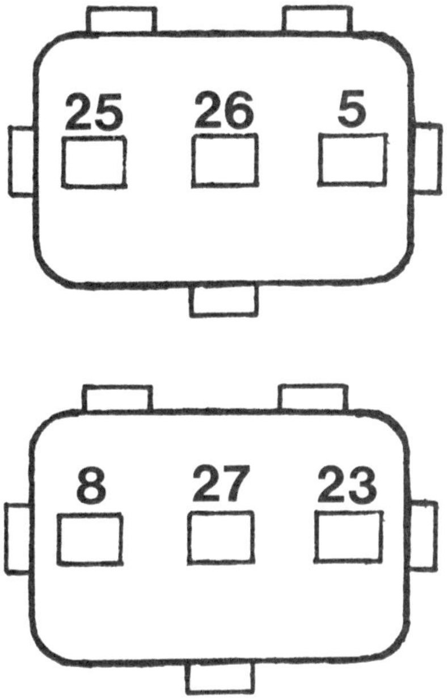

Motronic-Steuergerät selbst prüfen?

Beim Prüfen des Motronic-Steuergeräts endet die Kunst des Selbsthelfers. Die Gefahr, beim Messen am Anschlußstecker durch eine Verwechslung Schaden anzurichten, ist zu groß. Und ein neues Steuergerät ist nicht eben billig.
Die Wahrscheinlichkeit, daß bei Versagen der Zündung das Steuergerät defekt ist, kann ohnehin als gering eingestuft werden. Meist liegt der Fehler an anderen Teilen der Zündung. Schäden an Kabeln oder lose Stecker lassen sich bei einer Sichtprüfung finden (Seite 184). Bliebe also noch die Kontrolle der Zündspule, der Drehzahl- und Bezugsmarkengeber oder des Hochspannungsteils (Beschreibungen auf diesen Seiten). Läßt sich da nach den beschriebenen Prüfungen nichts finden, ist der Wagen in der BMW- oder Bosch-Werkstatt am besten aufgehoben.
Fehler an der Motronic werden dort mit geeignetem Werkstattgerät wesentlich schneller gefunden, als es dem Heimwerker möglich ist.

Der Zündverteiler

○ Bei Fahrzeugen mit **TSZ** sitzt der Verteiler vorn an der linken Motorseite. In seinem Hochspannungsteil verteilt der Verteilerfinger die Zündfunken an die einzelnen Zündkerzen. Darunter ist der Impulsgeber untergebracht, der den Zündfunken auslöst. Die automatische Zündverstellung findet ebenfalls Platz im TSZ-Verteiler (siehe dazu Seite 180): Dabei verdreht die Fliehkraftverstellung die untere und die obere Verteilerwellenhälfte gegeneinander. Die Unterdruckverstellung wirkt über eine Betätigungsstange auf die Impulsgeber-Grundplatte. Durch das Drehen der Platte in oder entgegen der Wellen-Drehrichtung wird der Zündzeitpunkt vor- oder nachverlegt.
○ Hat der Wagen **Motronic**, prangt an der Stirnseite des Motors auf der Zahnriemenabdeckung ein Hochspannungs-Verteiler. Er hat im Gegensatz zur TSZ-Version keinerlei Zusatzfunktionen. Einzige Aufgabe des direkt auf dem Nockenwellen-Zahnriemenrad sitzenden Verteilerfingers: Die Zündfunken in der richtigen Reihenfolge auf die Zylinder zu verteilen.

Die Ein-Geber-Motronic ab 1/87 hat – wie der Name schon sagt – nur einen Geber (1), und der sitzt vorn rechts am Motor über einer Zahnscheibe (2) am Schwingungsdämpfer. Ein fehlender Zahn auf der Zahnscheibe signalisiert dem Geber zusätzlich zur Drehzahl die Position der Kurbelwelle.

Verteiler öffnen

● **TSZ-Verteiler 520i/525e:** Luftmengenmesser ausbauen (Seite 88).
● Die mit Schraubenkopf versehenen Halteknebel des Verteilerdeckels ¼-Drehung linksdrehen. Die zum Motor zeigende Befestigung ist sehr schwer zugänglich.
● **525i/528i:** Abdeckung des Verteilers abziehen.
● Zwei Halteklammern mit Schraubenzieher abdrücken.
● **Alle:** Massekabel der Abschirmung abziehen.
● Verteilerdeckel abnehmen, die Zündkabel bleiben aufgesteckt.
● Verteilerfinger abziehen, darunterliegenden Staubschutzdeckel abnehmen.
● Beim Einbau den Staubschutzdeckel so auflegen, daß seine Haltenase in die Aussparung im Verteilergehäuserand zu liegen kommt.
● Der Verteilerfinger besitzt eine angegossene Erhebung, die in die Aussparung in der Verteilerwelle einrastet.
● Auch der Verteilerdeckel besitzt als Verdrehsicherung eine angeschlossene Nase, die in den Einschnitt im Verteilergehäuse einrasten muß.
● Zum Austauschen der Verteilerkappe werden zusätzliche Arbeiten nötig:
● **520i/525e:** Wo vorhanden, Kabelbinder an der Gummitülle über den Zündkabeln durchzwicken. Ebenso die Kunststoff-Abschirmkappe nach Lösen der Verhakungen aufklappen und abnehmen. Isolierstück zwischen Abschirmkappe und Verteilerdeckel abnehmen.
● Neue Zündkabel gemäß der Zündfolge (Seite 194) aufstecken.
● Beim Einbau Gummitülle mit neuem Kabelbinder wieder befestigen.
● **Motronic-Verteiler:** Schutzkappe über den Zündverteiler-Anschlüssen aushaken und abnehmen.
● Drei Schrauben rings um den Verteilerdeckel lösen und Deckel abnehmen.
● Der Verteilerfinger kann nach Herausdrehen seiner Innensechskant-Halteschrauben abgenommen werden.
● Beim Einbau auf den Dichtring zwischen Gehäuse und Verteilerdeckel achten. Defekten Dichtring ersetzen.
● Deckel so festschrauben, daß seine Anschlüsse schräg zur rechten Fahrzeugseite zeigen.
● Beim Auswechseln des Verteilerdeckels Zündfolge beachten (Bild Seite 193).

Zündverteiler kontrollieren

● Verteilerkappe abnehmen. Sie muß innen und außen sauber sein, damit keine Strombrücke über Schmutz, Abrieb oder Feuchtigkeit den Zündstrom ableitet.
● Abbrand an den Kontaktstiften des Verteilerdeckels und der Kontaktplatte am Verteilerfinger abkratzen, sonst kann es zu Startschwierigkeiten kommen.
● Sind die Kontaktflächen schon stark verschmort, Verteilerdeckel und -finger ersetzen.
● Die Kontaktkohle in der Mitte muß glatt und glänzend sein, sich leicht einfedern lassen und ohne zu klemmen wieder zurückfedern.
● Der Verteilerfinger darf an seiner Kontaktzunge und über der Vergußmasse des Entstörwiderstands zwischen Mittelkontakt und der Zunge nicht verschmort sein.
● Bleistiftartige Striche im Verteilerdeckel sind Brandspuren von Kriechströmen, die sich über Schmutz oder Feuchtigkeit einen Weg gebahnt und eingebrannt haben.
● Behelfsmäßige Abhilfe schafft hier Auskratzen mit einem Schraubenzieher oder Messer und Überstreichen mit Alleskleber, Nagellack oder im Notfall auch Lippenstift.

Öffnen des TSZ-Verteilers am 520i ist nach Lösen der Halteknebel (4) möglich. Zusätzlich Masseband (3) abziehen. Zum Austauschen der Verteilerkappe zusätzlich die Gummitülle (1) und die Kunststoff-Abschirmkappe (2) abbauen.

Öffnen des Zündverteilers nach Abhebeln der Halteklammern (3) mit einem Schraubenzieher. Zuvor muß die Abdeckkappe (1) abgenommen werden. Abziehen des Massebands an der Abschirmung (2) nicht vergessen.

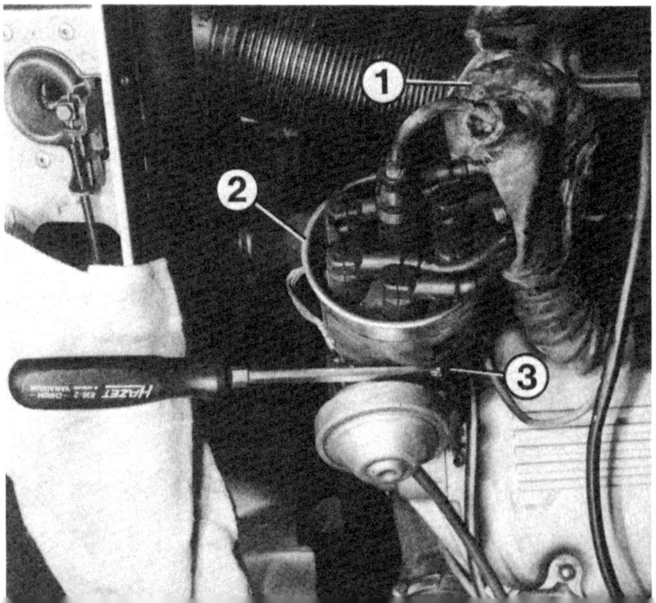

Der geöffnete Motronic-Verteiler:
1 – Verteilerdeckel;
2 – Verteilergehäuse in der Zahnriemenabdeckung;
3 – Verteilerfinger.

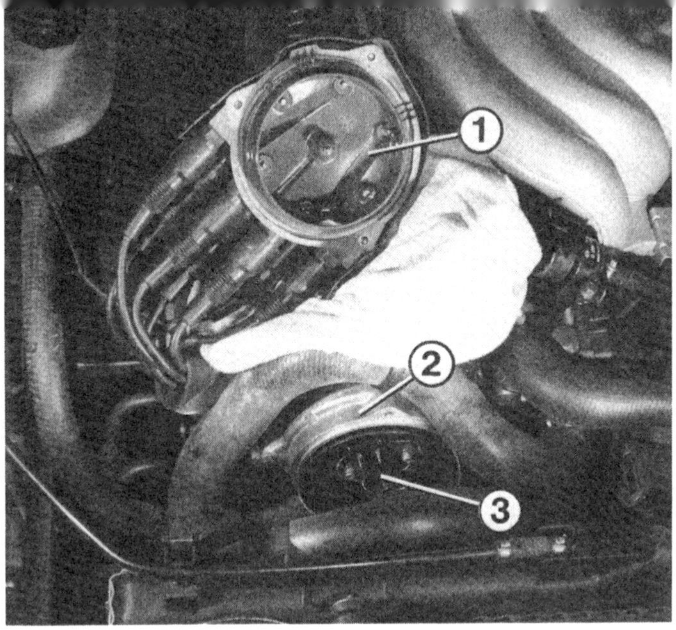

Zündverteiler ausbauen
nur TSZ

- Stecker am Verteiler abziehen.
- **520 i:** Luftmengenmesser mit Luftfiltergehäuse ausbauen (Seite 60 bzw. 88).
- **Alle:** Verteilerdeckel abbauen (siehe vorletzten Abschnitt).
- Kurbelwelle auf OT Zündzeitpunkt von Zylinder 1 stellen (Seite 36).
- Unterdruckschläuche kennzeichnen und von der Unterdruckdose abziehen.
- Halteschraube lösen, Verteiler nach oben aus dem Motorblock bzw. aus dem Räderkastendeckel ziehen.
- Vor dem **Einbau** den Dichtring am Verteilerschaft prüfen und evtl. ersetzen.
- **520 i:** Verteilerfinger – von der OT-Marke ausgehend – (Bild auf der folgenden Seite) ca. 30° entgegen der Betriebsdrehrichtung verdrehen.
- **525 i/528 i:** Verteilerfinger – von der OT-Marke ausgehend (Bild auf der folgenden Seite) – ca. 60° linksdrehen.
- **Alle:** Verteiler in der genannten Stellung einsetzen, dabei die Lage der Halteschraube zur Aussparung am Gehäuse anpeilen. Beim Einschieben leicht am Verteilerfinger hin- und herwackeln, damit die Welle in die Gegenverzahnung rutscht.
- Ist der Verteiler bis zum Anschlag eingesetzt, muß sich der Verteilerfinger so weit gedreht haben, daß seine Kontaktplatte über der OT-Marke am Gehäuse steht. Richtige Gehäusestellung vorausgesetzt.
- Stimmt die Stellung des Verteilerfingers nicht, Einbau wiederholen und Finger entsprechend drehen.

Impulsgeber im Zündverteiler ausbauen
nur TSZ

- Verteiler ausbauen.
- Unterdruckdose vom Verteilergehäuse abschrauben und Betätigungsstange nach unten aushängen.
- Sicherungsring oberhalb des Zackenrotors mit Seegeringzange oder zwei schmalen Schraubenziehern ausheben.
- Senkrecht stehenden Paßstift zwischen Verteiler-

Der geöffnete TSZ-Verteiler (hier am 525 i/528 i):
1 – Verteilergehäuse; 2 – Verteilerdeckel; 3 – Staubschutzdeckel;
4 – Verteilerfinger.

Teile am und im TSZ-Verteiler (hier 520 i): 1 – Schraube am Halteblech;
2 – Stator; 3 – Verteilerwelle; 4 – Unterdruckdose; 5 – Rotor; 6 – Bohrung
im Halteblech; darunter Verzahnung zur Zündzeitpunkteinstellung.

welle und Zackenrotor mit einem Durchschlag nach unten schlagen und Impulsgeberrad abnehmen.
- Schrauben für Trägerplatte lösen, zweiten Sicherungsring ausbauen.
- Schrauben seitlich am Verteilergehäuse herausdrehen. Steckergehäuse abbauen.
- Impulsgeber von der Trägerplatte abschrauben.
- Beim **Einbau** auf die Zuordnung der Spulenanschlüsse zur Trägerplatte achten.
- Öse der Betätigungsstange an der Unterdruckdose fetten. Zum Einhängen der Stange den Stator linksdrehen, und Verbindungsstange von schräg unten her einhängen.
- Zum Schluß den Abstand von Stator zum Zakkenrotor einstellen:
- Zacken des Rotors und des Stators zur Deckung bringen. Der Spalt zwischen den Zacken soll mindestens 0,2 mm betragen, auch wenn die Verteilerwelle kräftig zur Meßstelle hingedrückt wird (was den Spalt verkleinert).
- Zum Einstellen Trägerplatte losschrauben und verschieben.

Zündzeitpunkt kontrollieren

Wartung Nr. 22

Die Kontrolle des Zündzeitpunkts ist bei den modernen Zündanlagen, wie sie im BMW eingebaut sind, schon fast zu einer überflüssigen Wartungsarbeit geworden.

○ Die TSZ-Zündanlage hat an Verschleißteilen lediglich die automatische Zündverstellung und den Verteilerantrieb selbst vorzuweisen. Dort geht jedoch die Abnutzung so langsam vor sich, daß sie in der Praxis kaum ins Gewicht fällt.

Eher ein Grund zum Nachstellen wäre versehentliches Verdrehen des Verteilers oder eine Neueinstellung nach Ausbau dieses Teils. Wie die Zündung eingestellt wird, ist im folgenden Abschnitt erklärt.

○ An der Motronic-Zündung kann sich beim besten Willen nichts verstellen. Der Induktionsgeber sitzt rüttelsicher in seiner Aufnahme am Getriebe, und die Bezugsmarke an Schwungrad oder Schwingungsdämpfer kann sich auch nicht verändern.

○ Fazit: Zündzeitpunkt-Kontrolle an der TSZ ist noch empfehlenswert, wird aber meist nur bei Beanstandungen am Motorlauf vorgenommen. Bei Motronic braucht der Zündzeitpunkt dagegen nur bei Störungen (von der Werkstatt) geprüft zu werden, denn verstellen läßt sich ohnehin nichts.

Zündzeitpunkt einstellen
nur TSZ

Zunächst muß die für den betreffenden Motor zuständige Zündmarke am Schwingungsdämpfer hinter der Kurbelwellen-Riemenscheibe angebracht werden. Siehe dazu folgenden Abschnitt. Dann wird eine Zündlichtpistole und ein Drehzahlmesser gebraucht. Und der Motor muß zum Einstellen warmgefahren sein (Öltemperatur min. 60°C).

- Beide **Schläuche** (bzw. ein Schlauch) zur Unterdruckdose am Zündverteiler **abziehen**.
- Beim 520i geschieht das – weil leichter zugänglich – oben am Drosselklappenstutzen. Der Frühverstellungs-Schlauch ist hinten, der Spätverstellungsschlauch ist vorn am Stutzen angebracht (Schlauchverlauf verfolgen).
- Drehzahlmesser nach Gebrauchsanleitung anschließen.
- Stroboskoplampe anschließen und ihr Auslösekabel in das Zündkabel zu Zylinder 1 (das ist der in Fahrtrichtung vordere) schalten.
- Motor starten und auf die **Einstelldrehzahl** (Tabelle Seite 192) bringen.
- Stroboskoplampe auf die **Zündmarke** (siehe folgenden Abschnitt) richten.
- Bei jedem Aufblitzen des Stroboskops muß die Zündmarke unter der **Bezugsmarke** »stehen«.
- Stimmt die Einstellung nicht, Schraube am Halteblech unter dem Verteiler lösen.

Wenn sich Verteilerfinger-Kontaktplatte und Kerbe (Pfeile) am Verteilerrand gegenüberstehen, ist Zylinder 1 auf OT Zündzeitpunkt (Seite 36).

Bezugsmarke für die Zündeinstellung bei der TSZ des 520i ist die Blechkante (1) an der Zahnriemenabdeckung oberhalb des Schwingungsdämpfers. Die Markierung »Z« am Schwingungsdämpfer (2) muß jedoch nicht die für den jeweiligen Motor richtige Zündmarke sein. Die muß man sich teilweise selbst anbringen (siehe Tabelle auf der folgenden Seite). Die dort angegebenen Maße ergeben sich aus dem Durchmesser des Schwingungsdämpfers von 200 mm.

- Zündeinstellung durch Schwenken des Verteilers um seine eigene Achse korrigieren. Das geschieht am besten, indem man einen Schraubenzieher in das Loch am Halteblech steckt und mit ihm die Verzahnung (und damit den Verteiler) verdreht.
- Verändert sich die Motordrehzahl beim Einstellen, muß nachreguliert werden.
- Schraube am Halteblech wieder festziehen.
- Da Sie gerade die Stroboskoplampe in der Hand haben, kann gleich die automatische Zündverstellung geprüft werden (siehe folgende Seite).

Fingerzeig: Zum Einstellen der Zündung muß bei Fahrzeugen mit NO_x-Control das NO_x-Schaltgerät überbrückt werden.

Die richtige Zündmarke

Keinen Zweifel über die richtige Zündmarke gibt es bei den Modellen 525i und 528i. Bei ihnen ist die zum Einstellen benötigte **22°-vor-OT-Marke** in die Schwungscheibe eingepreßt (Bild unten). Sie muß gegenüber der **Bezugskante** am Schauloch des Getriebegehäuses »stehen«, wenn sie beim Einstellen der Zündung von der Stroboskoplampe angeblitzt wird.
Anders läuft's beim 520i. Auch dort findet sich eine **22°-vor-OT-Marke**, allerdings am Schwingungsdämpfer vorn am Motor (Bild oben). **Bezugsmarke** ist die Blechkante an der Zahnriemenabdeckung.
Haken an der Sache ist, daß nicht alle Motoren auf 22° vor OT eingestellt werden. Dann muß die **Zündmarke selbst** auf dem Schwingungsdämpfer **angebracht** werden (siehe folgenden Abschnitt).

Zündmarke anbringen
nur 520i

Werkstätten verfügen über Stroboskoplampen mit Zündwinkeleinstellung, die in der Lage sind, jeden beliebigen Zündzeitpunkt anzublitzen und damit einzustellen. Da der Heimwerker ein solches Gerät nicht besitzt, muß er den Zündzeitpunkt mittels einer Markierung auf dem Schwingungsdämpfer hinter der Kurbelwellen-Riemenscheibe festlegen. Die dort schon angebrachte Marke »Z« muß nicht mit dem richtigen Zündzeitpunkt für das jeweilige Modell übereinstimmen.

Bezugsmarke für die Zündeinstellung ist beim 525i/528i 22° vor OT die kleine Stahlkugel auf der Schwungscheibe (1). Die muß im Schein der Stroboskoplampe bei der richtigen Einstelldrehzahl an der »Nase« am Schauloch (2) »stehen«. Bei Automatikgetriebe ist statt der Kugel der längere der beiden Stifte die richtige Markierung.
Das Schauloch befindet sich übrigens links hinten im Motorraum an der Trennstelle zwischen Motor und Getriebe.

Wir markieren deshalb den richtigen Zündzeitpunkt mit einem Farbklecks rechts von der OT-Marke auf dem Schwingungsdämpfer. Das geschieht je nach der am Verteiler eingeschlagenen Teilenummer an unterschiedlicher Stelle (siehe Tabelle).

Zündungs-Einstellwerte

BMW ordnet die Zündeinstellwerte der Verteilernummer zu, die sich am Verteilergehäuse befindet.

Modell	520i	520i	520i	520i Schweiz
Verteiler-Nummer	0237302039 0237304024	0237302035 0237302037 0237302042	0237304028	0237304026 0237304031
Zündzeitpunkt	23° vor OT	26° vor OT	22° vor OT	24° vor OT
Markierung ... mm rechts der OT-Marke[1)2)3)]	40	45	(vorhanden)	42
Einstelldrehzahl 1/min	5000 ± 50	3000 ± 50	2000 ± 50	3000 ± 50

Modell	525i	525i	528i	528i Schweiz
Verteiler-Nummer	0237302026	0237304030 0237304033	0237302029 0237304028	0237302030 0237304029
Zündzeitpunkt	22° vor OT	22° vor OT	22° vor OT	22° vor OT
Einstelldrehzahl 1/min	1800 ± 50	2150 ± 50	2150 ± 50	3250 ± 50

[1)] Schwingungsdämpfer von vorn betrachtet
[2)] Durch mögliche Ungenauigkeiten beim Anbringen der Markierung empfiehlt sich eine Nachkontrolle der Zündeinstellung mit Werkstattmitteln
[3)] Durchmesser des Schwingungsdämpfers: 520i: 200 mm

Automatische Zündzeitpunkt-Verstellung

Wieso der Zündfunke im Zylinder mal früher, mal später überspringen muß, haben wir schon auf Seite 180 erklärt. Hier soll von der technischen Ausführung die Rede sein:

○ Fahrzeuge mit TSZ besitzen noch einen herkömmlichen Verteiler, in dem auch die Zündverstellung eingebaut ist. Zum einen ist das die Fliehkraftverstellung in der Zündverteilerwelle, die streng abhängig von der Motordrehzahl den Zündzeitpunkt vorverlegt. Zum andern sorgt die Unterdruckdose je nach Motorlast (gemessen über den Unterdruck im Ansaugrohr) für zusätzliche Frühverstellung.

Entgegen wirkt die Spätverstellung, die – ebenfalls in der Unterdruckdose untergebracht – im Leerlauf und hauptsächlich im Schubbetrieb des Motors wirksam wird, und dabei wieder einige Winkelgrade von der erfolgten Frühverstellung abzieht.

○ Wo eine Motronic eingebaut ist, bedarf es keiner zusätzlichen Einrichtung zur Verstellung des Zündzeitpunkts. Dem Steuergerät stehen alle möglichen Motordaten und -kennwerte zur Verfügung. Drehzahlgeber, Kurbelwellen-Positionsgeber, Geber für Motortemperatur, Drosselklappenstellung etc. machen's möglich. Aus all diesen Daten und Informationen errechnet die Motronic den für den jeweiligen Belastungszustand richtigen Zündzeitpunkt.

Frühzündungs-Unterdruck-verstellung
nur TSZ

Die Unterdruckdose am Verteiler ist durch eine dünne Saugleitung mit dem Drosselklappenstutzen verbunden. **Vor** der Drosselklappe herrscht ein Unterdruck, der hauptsächlich von der Drosselklappenstellung abhängig ist. Bei geschlossener Drosselklappe ist der Unterdruck gleich Null. Er steigt mit zunehmender Öffnung und steigender Drehzahl unter Teillast auf einen Höchstwert, um bei voll geöffneter Drosselklappe wieder auf etwa ⅕ des Höchstwertes abzufallen.

Wenn nun bei nur teilweise durchgetretenem Gaspedal ein kräftiger Unterdruck herrscht, zieht dieser über die Saugleitung eine Membrane in der Unterdruckdose an. Von ihr reicht eine Zugstange in den Verteiler hinein und zieht dort die drehbare Grundplatte des Impulsgebers an. Hierdurch wird die Platte entgegen der Drehrichtung der Verteilerwelle gezogen, und die Zündung erfolgt so entsprechend früher. Die Unterdruckverstellung mit höchstens 22° Frühverstellung wirkt zusätzlich zur Fliehkraftverstellung.

Frühzündungs-Unterdruckverstellung prüfen

● Zur Prüfung schwarzen Schlauch zur Unterdruckdose am Drosselklappenstutzen abziehen. Schlauchanschluß mit der Fingerspitze verschließen.

● Von Helfer Motor starten und auf mittlerer Drehzahl (ca. 2000/min) halten lassen.

● Bei gleichmäßiger Drehzahl den Schlauch wieder aufstecken.
● Da nun vom Saugrohr her Luft durch den Schlauch angesaugt wird, muß die Unterdruckverstellung in diesem Teillastbereich in Aktion treten, wodurch die Motordrehzahl ohne Gaspedalveränderung sofort merklich erhöht wird.
● Läuft der Motor mit oder ohne Schlauch am Verteiler gleich schnell, ist die Unterdruckverstellung defekt.

Spätzündungs-Unterdruckverstellung
nur TSZ

Zur Verbesserung des Abgasverhaltens dient die Unterdruck-Spätverstellung, die gleich wie die Frühverstellung, jedoch eben in umgekehrter Richtung wirkt. Ihren Unterdruck erhält die Dose von einem Anschluß, der **nach** der Drosselklappe mit dem Ansaugsystem verbunden ist. Somit ist der Unterdruck dort am größten, wenn die Drosselklappe geschlossen ist – also im Leerlauf oder im Schubbetrieb. Und genau in diesen Bereichen ist die Spätverstellung wirksam. Ihr Verstellbereich reicht je nach Modell von –7° bis –20°.

Spätzündungs-Unterdruckverstellung prüfen

● Motor starten und im Leerlauf drehen lassen.
● Unterdruckschlauch der Spätverstellung (siehe oben) abziehen.
● Der Motor muß jetzt schneller laufen.
● Ändert sich die Leerlaufdrehzahl dagegen nicht, ist die Spätzündungs-Unterdruckverstellung defekt.

Störungssuche Unterdruckverstellung

Für eine ausgefallene Unterdruckverstellung (»früh« oder »spät«) kommen folgende Ursachen in Betracht:
○ Defekte Unterdruckmembran am Verteiler. Prüfung: Unterdruckschlauch am Verteiler abziehen, Ersatzschlauch gleichen Durchmessers aufstecken und mit dem Mund am Schlauchende saugen: Kann Luft angesogen werden, ist die Dose defekt. Austauschen! Ist sie dagegen luftdicht, kann sie eingebaut bleiben.
○ Die drehbare Impulsgeber-Grundplatte läßt sich durch die Zugstange der Membran nicht bewegen. Mit Rostlöserspray gängig machen. Anschließend das Sprühöl sorgfältig aus dem Verteiler entfernen.
○ Der Unterdruckschlauch ist undicht oder der Unterdruckanschluß verstopft.

Frühzündungs-Fliehkraftverstellung

Die Fliehkraftverstellung wirkt »innerlich« auf die zweigeteilte Verteilerwelle. Die Trägerplatte des Fliehkraftverstellers sitzt im Verteilergehäuse unter dem Impulsgeber fest auf der Verteiler-Antriebswelle.
Je schneller sich diese dreht, um so intensiver drücken die Fliehgewichte auf ihrer Trägerplatte gegen einen Mitnehmer. Dieser bewegt die eigentliche Verteilerwelle zusätzlich in ihrer Drehrichtung. Dadurch erreicht man mit ansteigender Drehzahl zunehmende Frühzündung, weil der Zündimpuls früher ausgelöst wird.

Fliehkraftverstellung prüfen

● Stroboskoplampe anschließen, siehe Seite 190.
● Unterdruckschläuche am Verteiler abziehen.
● Motor starten.
● Zündlichtlampe auf die Zündzeitpunktmarkierung halten (siehe unter »Zündung prüfen«).
● Die Zündmarke am Schwingungsdämpfer hinter der Keilriemenscheibe muß beim Erhöhen der Drehzahl ruckfrei zur Seite auswandern und beim Zurückgehen auf Leerlaufdrehzahl sofort wieder zur Zündmarkierung zurückkommen.
● Für eine genaue Überprüfung muß die Zündverstellung anhand der Verteiler-Verstellwerte in der Werkstatt gemessen werden.

Fliehkraftverstellung defekt?

● Durch Besprühen des Schmierfilzes in der Verteilerwelle mit Rostlöser können Sie die Fliehgewichte wieder gängig machen (Seite 27).
● Ansonsten hilft nur der Einbau eines Austausch-Verteilers.

Der Zündfolge nach werden die Zündkabel des Verteilers mit den Zündkerzen verbunden. Die Zahlen zeigen, zu welchem Zylinder (Zählweise: von vorn nach hinten) das betreffende Kabel geführt werden muß. »Z« bezeichnet das Kabel zur Zündspule.
Das Bild links zeigt den TSZ-Verteiler des BMW 525i/528i, das rechte Bild zeigt den Motronic-Verteiler.

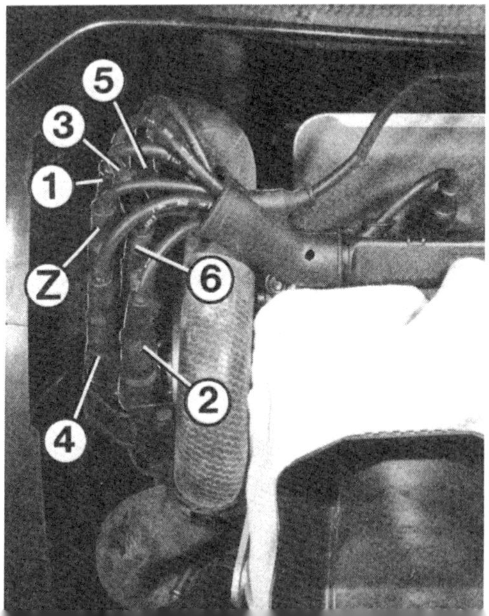

Die Zündkabel

Die Zündkabel sorgten früher nur bei Wagen mit sogenannten Entstörkabeln für Probleme. Die Kupferkabel, die BMW seit jeher verwendet, konnten stets als betriebssicher angesehen werden.
Die hohen Zündspannungen der elektronischen Zündanlagen stellen jedoch weit höhere Anforderungen an die Kabelisolation. »Spannungsdurchschläge« durch die Isolierschicht – begünstigt durch Feuchtigkeit und Streusalz – sind häufiger geworden. Bei Zündstörungen lohnt es sich durchaus, die Hochspannungskabel mit ihren Steckern kritisch zu beäugen:

● Bei TSZ die Zündverteiler-Schutzkappe abnehmen.

● Bei Motronic die Schutzkappe über dem Hochspannungsverteiler aushaken.

● Kontrollieren Sie, ob die Kabel fest in die Buchsen des Verteilerdeckels eingesteckt sind. Sie können sich durch Erwärmung der eingeschlossenen Luft etwas herausheben und so Motorstottern verursachen.

● Die Klemmen dürfen nicht oxidiert sein, und sie müssen guten Kontakt zu den Kerzensteckern haben.

● Wenn der Zündfunke schon vor der Zündkerze zur Masse überspringt, hören Sie das an Knack- oder Knattergeräuschen im Motorraum.

● Nachts sehen Sie die Funken deutlich springen. Ursache kann eine Streusalzschicht auf den Kabeln sein, oder das Kabel ist irgendwo durchgescheuert.

● Zündkabel mit Scheuer- oder Schmorstellen sollten Sie umgehend ersetzen.

● Bei Zündstörungen die Entstörstecker an der Zündspule sowie am Verteiler auf richtigen Widerstandswert messen:

● Das Ohmmeter soll 0,8–1,2 kΩ anzeigen.

● Widerstand der Zündkerzenstecker messen:

● 4–6 kΩ müssen am Ohmmeter abzulesen sein.

Die Zündfolge

Für ausgewogenen Motorlauf werden die Zylinder nicht etwa in der Folge 1-2-3-4-5-6 gezündet, sondern gewissermaßen durcheinander: Entsprechend der Zündfolge **1-5-3-6-2-4** sind die Zündkabel in den Verteilerdeckel eingesteckt.

○ Bei der TSZ helfen wir uns zum Aufstecken der Zündkabel folgendermaßen: Dort, wo sich die Kerbe am Verteilerrand befindet (Bild Seite 190), muß das Kabel zu Zylinder 1 in den Verteilerdeckel gesteckt werden. Richtige Einbaulage des Verteilerdeckels dabei kontrollieren, und restliche Kabel nach dem Bild auf der Vorseite aufstecken.

○ Am Motronic-Verteiler ist keine Verwechslung beim Einstecken möglich. Es wird stur nach der Numerierung im Bild auf der Vorseite vorgegangen.

Zündkerzen kontrollieren

Wartung Nr. 18

Der Wartungsplan sieht bei jeder Inspektion I einen Kerzenwechsel vor. Das kann vor allem denjenigen Fahrern nicht empfohlen werden, die es auf weniger als 15000 km Jahresfahrleistung bringen. Da die Inspektion I spätestens jährlich erfolgt, wäre in einem solchen Fall der Kerzenwechsel um einiges verfrüht, denn Zündkerzen sind mindestens für 15000–20000 km gut.
Wir raten deshalb statt zum bedenkenlosen Austausch zunächst zu einer Kontrolle – am besten in kürzeren als den vorgeschriebenen Abständen. Je nach Zustand der Kerzen können Sie dann über deren Schicksal entscheiden: Wenn sie nach einer Überlandfahrt die richtige Färbung aufweisen (nach einer kurzen Stadtfahrt sind die Kerzen meist etwas rußig) und wenn die Elektroden noch nicht rundgebrannt sind, besteht kein Grund, sie auszuwechseln. Lesen Sie im nächsten Abschnitt, was das »Kerzengesicht« aussagt.
Von Hand sollten Sie die Zündkerzen möglichst nicht reinigen. Das schadet der Isolierschicht der Zündkerzen-Mittelelektrode (Speckstein).
Nur eine wirklich sinnvolle Tätigkeit können Sie an der Kerze ausüben: Das Einstellen des Elektrodenabstands (siehe folgende Seite). Zum Messen ein passendes Fühlerlehrenblatt oder eine Zündkerzenlehre zwischen Mittel- und Stirnelektrode halten und diese gegebenenfalls etwas nachbiegen.

Das »Zündkerzengesicht«

Aus dem Aussehen und der Färbung der Zündkerzenelektroden können Sie erkennen, ob der Motor optimal arbeitet. Sehen Sie sich die Isolatorspitze mit der Mittelelektrode und die Seitenelektrode an:

○ **Isolatorspitze hellgrau bis bräunlich gefärbt:** Gute Einstellung der Einspritzanlage, der Motor läuft wirtschaftlich.

○ **Starke Ablagerungen:** Ursachen können Zusätze im Motoröl oder Kraftstoff sein oder erhöhter Ölverbrauch duch schadhafte Ventilschaftabdichtungen. Evtl. Öl- bzw. Kraftstoffmarke wechseln.

○ **Schwarze rußartige Ablagerungen:** Zündkerze erreicht durch ausschließlichen Kurzstreckenverkehr ihre Selbstreinigungs-Temperatur nicht, falscher Wärmewert, CO-Gehalt zu hoch.

○ **Isolatorspitze weißlich gefärbt:** Zündzeitpunkt zu stark in Richtung »früh« eingestellt, automatische Zündzeitpunktverstellung defekt, CO-Gehalt zu niedrig.

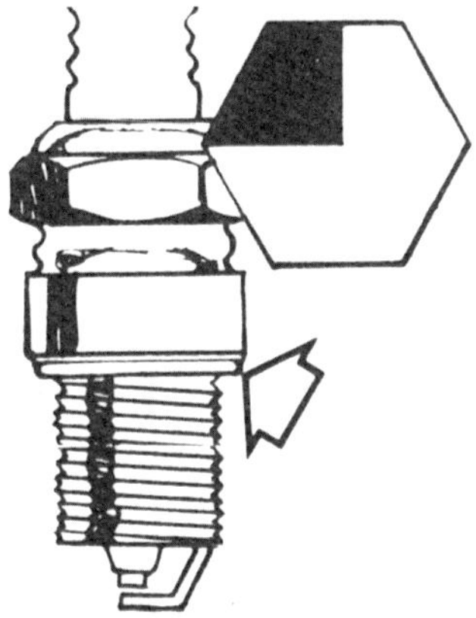

Zündkerzen sollen mit 24–28 Nm festgezogen werden. Wenn kein Drehmomentschlüssel zur Hand ist: Kerze eindrehen, bis der Dichtring anliegt – sie läßt sich dann von Hand oder mit dem Kerzenschlüssel ohne Kraftanstrengung nicht mehr weiterdrehen. Jetzt mit dem Kerzenschlüssel bei neuen Kerzen eine knappe Viertelumdrehung weiter anziehen (siehe Zeichnung). Bei gebrauchten Kerzen wird der Kerzenschlüssel nur etwa 15° weitergedreht, das genügt.

○ **Schmelzerscheinungen an Mittel- und Seitenelektrode:** Glühzündungen durch Ablagerungen im Verbrennungsraum. Überhitzte Ventile, falschen Zündzeitpunkt, defekte Zündzeitpunktverstellung oder Hitzestau durch mangelhafte Kühlung.
○ **Bruch der Isolatorspitze,** im Anfangstadium als Haarrisse erkennbar: Klopfende Verbrennung durch minderwertigen Kraftstoff, falsche Zündeinstellung, schadhafte Zündzeitpunktverstellung, ungenügende Motorkühlung oder Gemischabmagerung durch Nebenluft.
○ **Gelblich glänzende Schicht auf der Isolatorspitze:** Benzin- und Motorölzusätze haben Ablagerungen gebildet, die sich bei abrupter voller Belastung des Motors verflüssigt haben und elektrisch leitfähig wurden – als Folge Zündaussetzer. Motor nach langem Kurzstreckenbetrieb nicht sofort voll belasten.
○ **Ölschicht über Elektroden und Innenraum der Kerze:** Kolbenringe, Ventilführungen oder -schaftabdichtungen schadhaft.

Der Elektrodenabstand

Das Kraftstoff/Luft-Gemisch bzw. das verbrannte Altgas wirkt korrosiv auf die metallischen Zündkerzenelektroden. Und die hohe Spannung beim Funkenüberschlag sprengt kleine Metallpartikel ab, wodurch der Funkenspalt mit zunehmender Laufzeit vergrößert wird.
Für die im BMW eingebauten Zündkerzen gilt als Elektrodenabstand der Sollwert **0,7 mm**. Ist der Abstand wesentlich zu groß, wird zum Auslösen des Funkens eine höhere Zündspannung benötigt, und es kann zu Zündaussetzern kommen, oder der Motor springt schlecht an.

Neue Zündkerzen kaufen

Wärmewert

Je nach Verdichtung und Leistungsausbeute entwickeln Benzinmotoren recht unterschiedliche Temperaturen in ihren Verbrennungsräumen. Darauf müssen die Zündkerzen abgestimmt sein. Diese Eigenschaft wird durch den sogenannten Wärmewert angegeben. Dessen Kennzahl (z.B. 7, 8 oder 9) besagt, wieviel Hitze die Zündkerze ertragen, d.h. ableiten kann, ohne selbst zu heiß zu werden. Leitet die Kerze zu viel Wärme ab, erreicht sie nicht ihre Selbstreinigungs-Temperatur. Die besagt, daß sich die heißen Zünkerzenelektroden selbst von Rußansatz freibrennen können.

Zündkerzengewinde

Das Einschraubgewinde muß 19 mm lang sein, das ist die größte handelsübliche Gewindelänge. Der Gewindedurchmesser beträgt 14 mm.

Elektrodenform

BMW hat sich bei seinen Zündkerzenerprobungen für Kerzen mit »vorgezogener Stirnelektrode« entschieden. Die Mittelelektrode ragt aus dem Zündkerzenkörper heraus und wird außerdem noch von der Außenelektrode nach vorne überdeckt.

Die richtigen Zündkerzen

BMW gibt nur sehr wenige Zündkerzen zur Verwendung frei. Die Tabelle zeigt Zündkerzen mit Werksfreigabe:

Typ	520i bis 8/82	520i ab 9/82	520i Kat	525e bis 8/85	525e ab 9/85	525e Kat bis 12/86[1]	525e Kat ab 1/87[2]	525i	528i
Beru	14-8 DU	14-8 DU	–	14-8 DU	–	–	–	14-8 DU	14-8 DU
Bosch Standard	W 8 DC	W 8 DC	W 8 LCR	W 8 DC	W 9 LC	WR 9 LS	W 8 LCR	W 8 DC	W 8 DC
Bosch Platin	–	W 8 DP	W 8 LPR	–	–	–	–	W 8 DP	W 8 DP

[1] Fahrzeuge mit Zwei-Geber-Motronic (siehe Seite 77 und 187)
[2] Fahrzeuge mit Ein-Geber-Motronic (siehe Seite 77 und 187)

Ins rechte Licht gesetzt

Das eigene Auto ins rechte Licht zu setzen, ist keine Frage der eigenen Eitelkeit, sondern ein Sicherheitsbedürfnis. Sehen und gesehen werden lautet die Devise – und nicht immer erst, wenn die Dunkelheit schon angebrochen ist.

Beleuchtung kontrollieren

Ständige Kontrolle

Die Check-Control (ab 525i) prüft automatisch Brems-, Abblend-, Rücklicht und Kennzeichenleuchten. Ein Großteil der Leuchten ist damit ständig überwacht. Trotzdem kann man sich von Zeit zu Zeit vergewissern, ob auch wirklich die gesamte Außenbeleuchtung intakt ist:

- Zündung einschalten und nacheinander sämtliche Beleuchtungseinrichtungen einschalten:
- Standlicht, Abblendlicht, evtl. eingebaute Nebelscheinwerfer, Fernlicht.
- Blinker vorn rechts und links sowie Warnblinker.
- Rücklichter und Kennzeichenleuchten und Nebelschlußleuchte(n).
- Blinker hinten rechts und links, Warnblinker, Rückfahrleuchten.
- Bremslicht, wozu jedoch ein Helfer notwendig ist.

Ersatzlampen

Ein Vorrat der wichtigsten Ersatzlampen gibt Ihnen unterwegs die Möglichkeit, einen Lampendefekt sofort »ambulant« zu behandeln.

- ○ Halogen-Zweifadenlampe H4 60/65 Watt, DIN-Form YD (Hauptscheinwerfer)
- ○ Halogen-Einfadenlampe H1, 55 Watt DIN-Form YA (Fernscheinwerfer)
- ○ Kugellampe, 21 Watt, DIN-Form RL (Blinker vorn und hinten, Bremslicht, Rückfahrscheinwerfer, Nebelschlußleuchte)
- ○ Kugellampe, 5 Watt, DIN-Form G (Schlußlicht)

Scheinwerferlampen auswechseln

Alle Glühlampen in den Scheinwerfern werden vom Motorraum her ausgebaut. Zum Auswechseln der Lampen sicherstellen, daß der betreffende Lichtschalter ausgeschaltet ist. Die Glaskolben der Glühbirnen nicht mit der bloßen Hand berühren, sondern nur mit einem sauberen Lappen oder einem Papiertaschentuch anfassen.

Hauptscheinwerferlampe

- Vorn im Motorraum den Schnellverschluß der Scheinwerferabdeckung um 90° drehen.
- Scheinwerferabdeckung abnehmen.
- Gummikappe hinten am Scheinwerfer abziehen, darunter den Stecker abziehen.
- Haltering der Kontaktplatte losdrehen, Kontaktplatte abnehmen.
- Drahtbügel, der die Lampe hält, aushängen und Lampe nach hinten herausziehen.
- Kabelstecker von der Glühbirne abziehen.
- Beim Einsetzen der neuen Lampe darauf achten, daß der Birnensockel genau in die Aussparung am Reflektor paßt.
- Kontrolle: Die Steckerzungen müssen ein nach unten offenes »U« bilden.

Standlichtlampe

- Scheinwerferabdeckung und Kontaktplatte am Hauptscheinwerfer abbauen, wie im vorangegangenen Abschnitt beschrieben.
- Fassung der Standlichtlampe aus dem Reflektor des Hauptscheinwerfers herausziehen.
- Standlichtlampe linksdrehen und aus der Fassung herausnehmen (Bajonettverschluß).

Fernscheinwerferlampe

- Vorn im Motorraum den Schnellverschluß der Scheinwerferabdeckung um 90° drehen.
- Scheinwerferabdeckung abnehmen.
- Gummikappe hinten am Scheinwerfer abziehen, darunter den Stecker abziehen.
- Lampenabdeckung nach links drehen.
- Drahtbügel, der die Lampe hält, aushängen und Lampe nach hinten herausziehen.
- Kabelstecker von der Glühbirne abziehen, Massekabel lösen.
- Beim Einsetzen der neuen Lampe darauf achten, daß der Birnensockel in die Aussparung am Reflektor paßt. Die abgeschrägte Stelle am Sockel muß nach links unten zeigen.

Scheinwerfereinheit zerlegen. Es bedeuten:
1 – Zierring;
2 – Scheinwerfer-Halterahmen;
3, 4 – Einstellschrauben;
5 – Feder;
6 – Scheinwerfereinsatz;
7 – Festlager für Scheinwerfereinsatz.

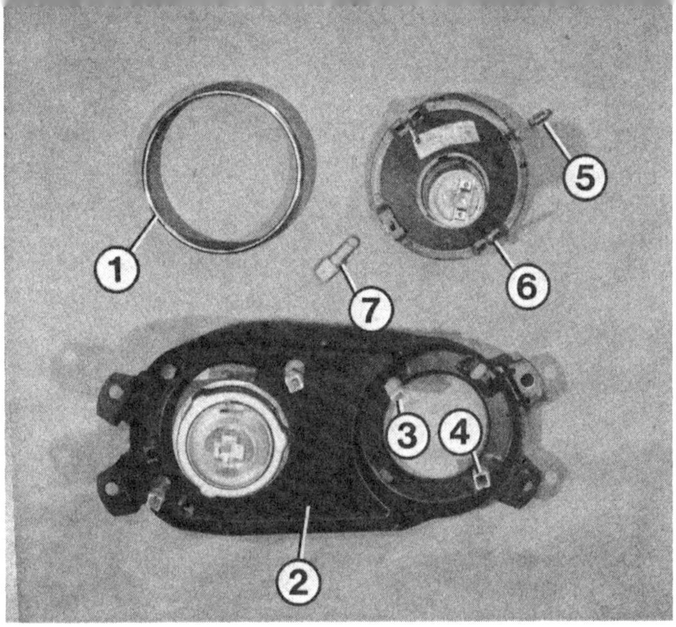

Scheinwerfereinheit zerlegen

- Seitliches Grillteil ausbauen (Seite 243).
- Anschlußkabel an der Scheinwerferrückseite abnehmen (siehe vorherige Abschnitte).
- Von vorn 4 Halteschrauben der Scheinwerfereinheit lösen.
- Scheinwerfereinheit herausnehmen.
- Zum Abnehmen eines Einzelscheinwerfers Festlager mit Zange um 90° drehen und herausnehmen.
- Gegenüber die Feder aushängen und beide Verstellschrauben vom Gewinde drehen.

Fingerzeig: Scheinwerfereinsätze brauchen nicht unbedingt im BMW-Ersatzteillager gekauft zu werden. Der Zubehörhandel bezieht sie direkt vom Hersteller (Bosch oder Hella).

Scheinwerfereinstellung kontrollieren

Wartung Nr. 13

Von selbst wird sich die Scheinwerfer-Einstellung kaum verändern. Wenn jedoch ein Scheinwerfer ausgewechselt wurde, muß die Einstellung des Scheinwerferstrahls kontrolliert werden.
Unbedingt erforderlich ist ein Justieren natürlich auch, wenn bei einem Unfall die Wagenfront in Mitleidenschaft gezogen wurde oder nach dem Einsetzen neuer Federungsteile. So wird eingestellt:

- Wurde einer der Scheinwerfer beschädigt oder ausgewechselt, genügt es fürs erste, wenn Sie in einigem Abstand vor eine helle Wand fahren, das Licht einschalten und dann die Höhe des Lichtstrahls am neu bestückten Scheinwerfer dem Strahl des unveränderten Scheinwerfers angleichen.
- Wurden die Scheinwerfer gerade mit einem Werkstattgerät neu eingestellt, können Sie die Höhe der Lichtpunkte beispielsweise an der Garagenwand markieren. Wichtig ist natürlich auch der Abstand, in dem der BMW zur Wand steht. Also anzeichnen.
- Mit Hilfe dieser Markierung kann dann, wann

Lampenwechsel am Hauptscheinwerfer. Es bedeuten: 1 – Gummikappe; 2 – Haltering; 3 – Kontaktplatte; 4 – H4-Lampe; 5 – Drahtbügel.

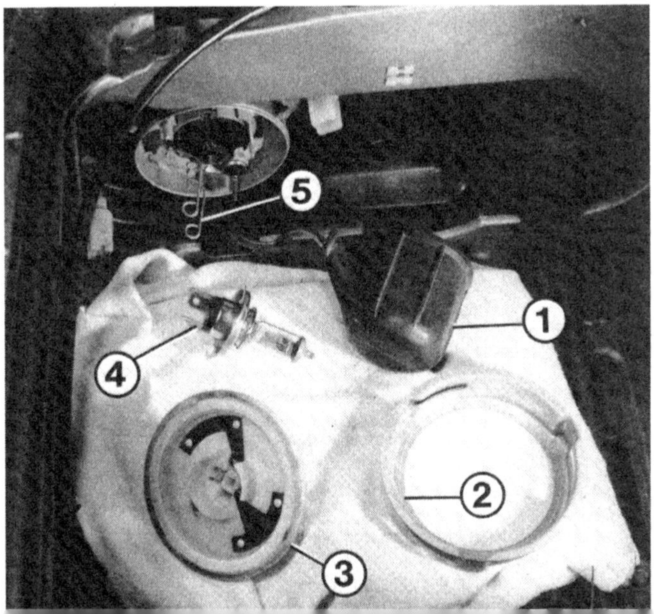

Lampenwechsel am Fernscheinwerfer. Die bezeichneten Teile sind: 6 – Drahtbügel; 7 – Gummikappe für Lampenabdeckung; 8 – H1-Lampe.

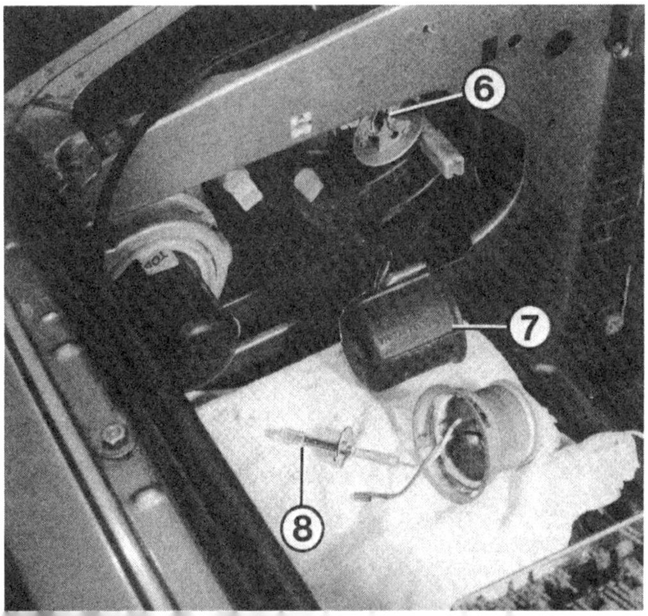

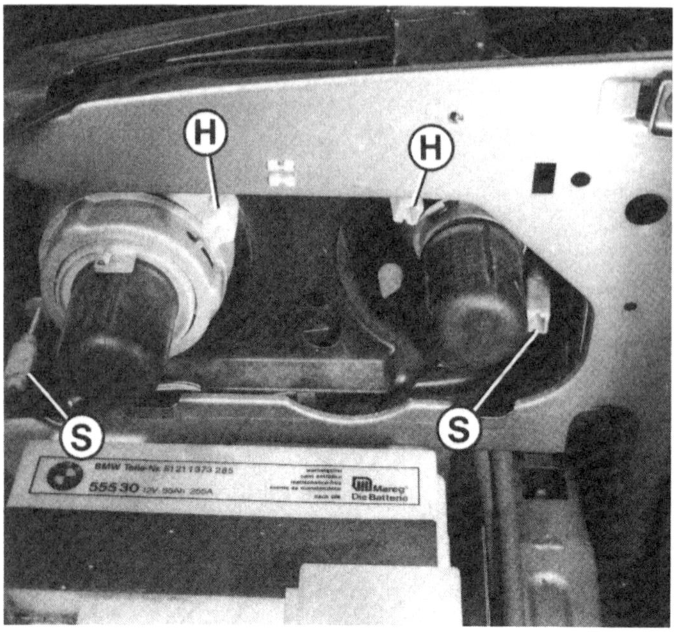

Die Einstellschrauben der Scheinwerfer sind nach Abnehmen der Scheinwerferabdeckung vom Motorraum aus zugänglich. »H« markiert die Höheneinstellschrauben, »S« die Seitenverstellung.

immer nötig, die Scheinwerfereinstellung am BMW in Eigenregie kontrolliert werden.

● Die genaueste Methode, die Scheinwerfer einzustellen, ist nach wie vor die Justierung mit einem Einstellgerät, wie es Tankstellen, Bosch-Dienste und Werkstätten besitzen.

● Lichtstrahl der Nebelscheinwerfer einstellen: Bei fünf Meter Abstand vor der Einstellwand müssen die breit gestreuten Scheinwerferstrahlen 100 mm unterhalb des jeweiligen Nebelscheinwerfer-Mittelpunkts am Fahrzeug liegen.

Wo sitzen die Einstellschrauben?

Die Einstellschrauben sitzen an der Scheinwerfer-Rückseite und sind nach Abnehmen der Scheinwerferabdekkung vom Motorraum aus zugänglich. An jedem der vier Frontscheinwerfer sitzt die Höheneinstellschraube links oben und die Seiteneinstellschraube rechts unten.

● Zum Justieren des Scheinwerferstrahls wird zuerst die Höheneinstellung korrigiert. Erst dann erfolgt die Seiteneinstellung.

● Die werksseitig eingebauten Nebelscheinwerfer sind nur in der Höhe einstellbar.

Lampenwechsel rund ums Auto

Blinkleuchten vorn

● Drei Schrauben am Deckglas herausdrehen.

● Deckglas abnehmen.

● Blinkerlampe linksdrehen und herausziehen (Bajonettverschluß).

● Soll das Blinkleuchtengehäuse ausgebaut werden, müssen die drei bei abgenommenem Leuchtenglas sichtbaren Kreuzschlitzschrauben herausgedreht werden.

● Dann Schutzkappe und Stecker abziehen.

Zusatzblinkleuchten seitlich

● Schraube vorn am Leuchtengehäuse lösen.

● Zusatzblinkleuchte nach vorn schieben und aus der Einbauöffnung im Kotflügel nehmen.

● Lampenfassung aus dem Leuchtengehäuse herausziehen.

● Glühlampe aus der Fassung drehen.

Lampenwechsel, Blinker vorn:
1 – Deckglas;
2 – 21-Watt-Lampe;
3 – Lampenfassung.
Rechts: Lampenwechsel an den Kennzeichenleuchten:
1 – Soffittenlampe;
2 – Deckglas mit Lampenhalter.

Der Schalter (Pfeil) für die Rückfahrscheinwerfer sitzt rechts oben am Getriebe. Sind beide Rückfahrscheinwerfer gleichzeitig defekt, kann das evtl. an diesem Schalter liegen.

Heckleuchte

- Die Schnellverschlüsse der hinteren Kofferraumverkleidung durch Linksdrehen lösen.
- Abdeckung komplett abziehen.
- Die Lampenfassungen sind einzeln in das Gehäuse der Rückleuchte eingesetzt.
- Fassung der defekten Lampe linksdrehen und abnehmen (Bajonettverschluß).
- Lampe wiederum ebenfalls nach Linksdrehen aus der Fassung ziehen.
- Das Rückleuchtengehäuse ist mit insgesamt sechs Muttern befestigt, die zum Ausbau des kompletten Gehäuses gelöst werden müssen.
- Zusätzlich Mehrfachstecker abziehen.

Kennzeichenleuchten

- Beide Kreuzschlitzschrauben des Deckglases im Heckblech herausdrehen.
- Deckglas – es ist gleichzeitig Lampenhalter – abnehmen.
- Soffittenlampe aus der Fassung nehmen.
- Beim Wiedereinbau auf den richtigen Sitz der Gummidichtung achten, sonst kann Wasser eindringen.
- Schrauben nicht zu stark anziehen, damit das Kunststoffteil nicht reißt.

Nebelscheinwerfer

Lampenwechsel

- Kreuzschlitzschrauben am Halterahmen lösen.
- Halterahmen und Leuchteneinsatz abnehmen.
- Massekabel am Leuchteneinsatz abziehen (beim Einbau nicht vergessen).
- Haltefeder der H3-Lampe aushängen und zur Seite klappen.
- Lampe herausnehmen (siehe dazu Bild auf der folgenden Seite).

Nebelscheinwerfer nachträglich einbauen

Die eleganteste Lösung, Nebelscheinwerfer nachträglich in den BMW einzubauen, ist zweifellos die Verwendung der Original-Leuchten. Die Einbauöffnungen sind bei allen Wagen bereits vorhanden, es braucht also nicht am Blech gesägt zu werden. So geht der Einbau mit dem Original-Einbausatz vonstatten:

- Batterie abklemmen.
- Die Arbeit beginnt an der linken Fahrzeugseite.

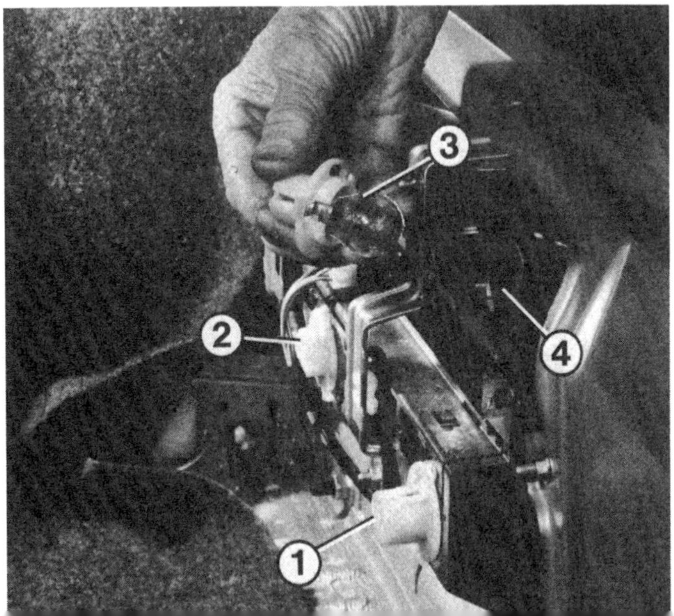

Alle Lampen der Heckleuchte besitzen einzelne kleine Fassungen (1 und 2). Hier wurde eine Fassung zum Auswechseln der Lampe (3) aus der Öffnung (4) des Heckleuchtengehäuses herausgedreht.

Ausbau des Nebelscheinwerfergehäuses nach Lösen der Blende (2). Die beiden Halteschrauben (1) sind durch die Bohrungen (5) in Kunststoffdübel (3) geschraubt. Gegenüber hält das Nebellicht an einem Bolzen (4).

- Schwarze Abdeckung unter der Stoßstange ausheben.
- Kunststoffdübel für die Befestigung des Nebelscheinwerfergehäuses ins Frontblech eindrücken.
- Kabel vom Nebelscheinwerfer zum Kabelbaum für Scheinwerfer verlegen.
- Zapfen des Nebelscheinwerfergehäuses in die Bohrung im Blinkleuchtengehäuse einschieben.
- Nebelscheinwerfer mit Blechschraube befestigen.
- Kunststoffabdeckung neben dem Nebelscheinwerfergehäuse festschrauben.
- Scheinwerferabdeckung im Motorraum abbauen (Seite 196).
- Kabel zu den Nebelscheinwerfern entlang dem Kabelstrang zu den Scheinwerfern verlegen und Steckverbindung (neben der Batterie) zusammenstecken.
- Gleiche Arbeiten an der rechten Fahrzeugseite wiederholen.
- Linke untere Armaturenbrettverkleidung abnehmen (Seite 259).
- Mehrfachstecker rechts am Schalter für Nebelleuchten abziehen.
- Den am Kabelbaum für Nebelleuchten zurückgebundenen Mehrfachstecker lösen und am Schalter für Nebelleuchten aufstecken.
- Kombiinstrument ausbauen.
- Fassung mit Glühlampe für Nebelleuchten-Kontrolle einsetzen (ganz links in der Leuchtenleiste).
- Glühbirnen in die Nebelscheinwerfer einbauen.
- Relais aus dem Einbausatz in Relaissockel K 3 (siehe Bild Seite 225) im Sicherungskasten einstecken.
- Zwei Sicherungen 8 Ampere in die Sicherungssteckfelder 15 und 16 einstecken.
- Batterie wieder anklemmen.
- Kontrollieren, ob bei eingeschalteter Zündung und brennendem Licht die Nebelscheinwerfer in Schalterstellung 1 des Nebelleuchtenschalters aufleuchten.
- Die Nebelschlußleuchte(n) brennt in Schalterstellung 2 nur zusammen mit den Nebelscheinwerfern.
- Ebenfalls kontrollieren, ob die Kontrolleuchten für Nebelscheinwerfer (grün) und Nebelschlußleuchten (gelb) brennen.

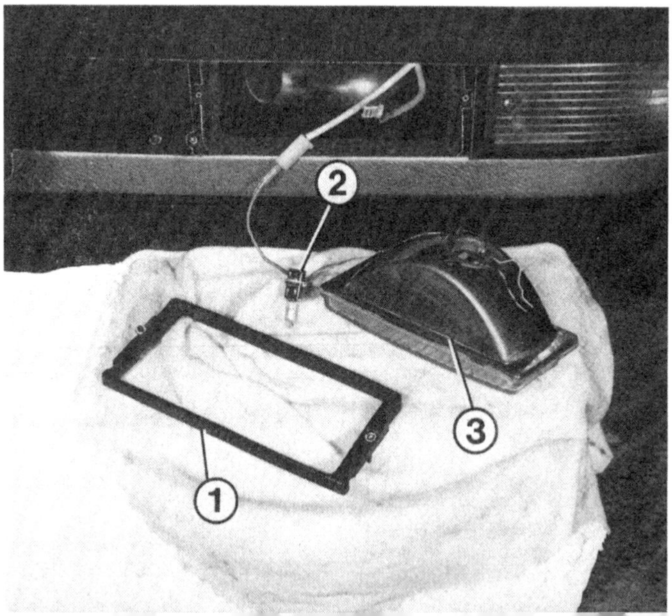

Lampenwechsel an den Nebelscheinwerfern:
1 – Halterahmen für Scheinwerfereinsatz;
2 – H3-Glühlampe;
3 – Lampeneinsatz.

Links: Am Türkontaktschalter (1) ist normalerweise nur ein Kabel (2) angeschlossen. Den zweiten Anschluß schafft die Verschraubung zum Karosserieblech.
Das hier sichtbare zweite Kabel führt zur Steuerung der elektrischen Fensterheber.
Rechts: Die Innenleuchte ist aus dem Dachausschnitt herausgenommen:
1 – Kabel zum Schalter am Armaturenbrett bzw. zum Türkontaktschalter;
2 – stromführendes Kabel;
3 – Soffittenlampen.

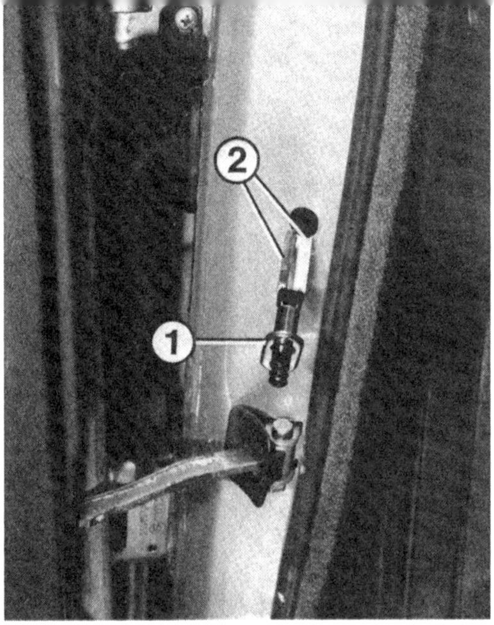

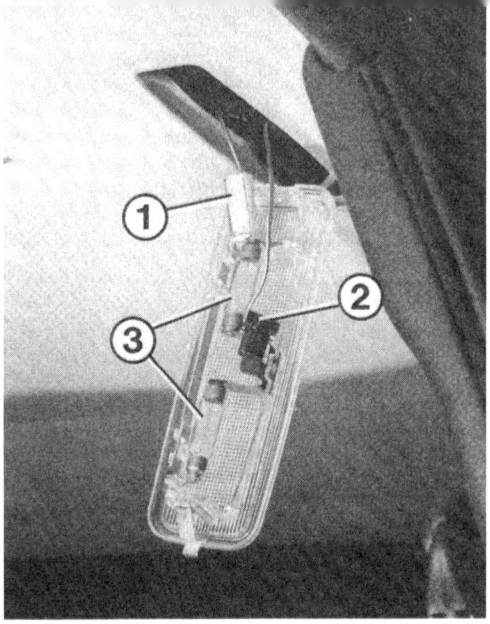

Leuchten im Wageninnern

Innenleuchte

Die beiden Soffittenlampen (10 Watt, 41 mm lang, DIN-Form K) müssen bei geöffneten Türen und entsprechender Schalterstellung brennen. Sie erhalten dauernd Strom. Zum Ausbau der Innenleuchte brauchen Sie kräftige Fingernägel, einen breitflächigen Schraubenzieher oder einen flachen Löffelstiel.

- Massekabel der Batterie abklemmen oder Sicherung der Innenleuchte herausnehmen, sonst Kurzschlußgefahr.
- Lampengehäuse an der Seite, die dem Schalter gegenüberliegt, aus dem Dachausschnitt hebeln.
- Metallzunge dazu niederdrücken.
- Defekte Soffittenlampe aus ihren Haltezungen aushängen.
- Beim Einbau die Schalterseite zuerst in den Dachausschnitt einstecken.

Störungen am Türkontaktschalter

Brennt die Innenleuchte in der entsprechenden Schalterstellung bei geöffneter Tür nicht, gerät der betreffende Türkontaktschalter in Verdacht. Er stellt die Masseverbindung zu der ständig unter Strom stehenden Innenleuchte her und schließt damit den Stromkreis – die Lampe kann brennen. Störungen am Schalter können sich ergeben, wenn

○ der Druckstift des Schalters in der Führung klemmt oder verbogen ist. Reinigen, zurechtbiegen oder am besten gleich einen neuen Schalter besorgen;

○ der Kabelstecker vom Schalter abgefallen ist. Stecker zum besseren Halt etwas zusammenbiegen und wieder aufstecken;

○ die Kontaktfläche des Schalters oder der Steckeranschluß oxidiert ist. Oxidschicht wegkratzen mit Schleifpapier oder einem scharfkantigen Schraubenzieher. Der Türkontaktschalter ist mit einer Kreuzschlitzschraube an den Türpfosten angeschraubt. Zum Ausbau Schraube herausdrehen, Schalter herausziehen.

Kofferraumleuchte

Die Kofferraumleuchte (Soffittenlampe 5 Watt, 36 mm lang, DIN-Form L) sitzt ganz hinten im Kofferraumdeckel.

- Kofferraumdeckel öffnen.
- Einen Schraubenzieher in die Aussparung seitlich

Links die komplette Handschuhfachleuchte, bestehend aus Lampenfassung (1) und Kontaktschalter (3), ist hier aus dem Halter (2) oben im Handschuhfach gezogen worden.
Rechts: Die Kofferraumleuchte (1) und ihr Kontaktschalter (2) sind hier ausgebaut.

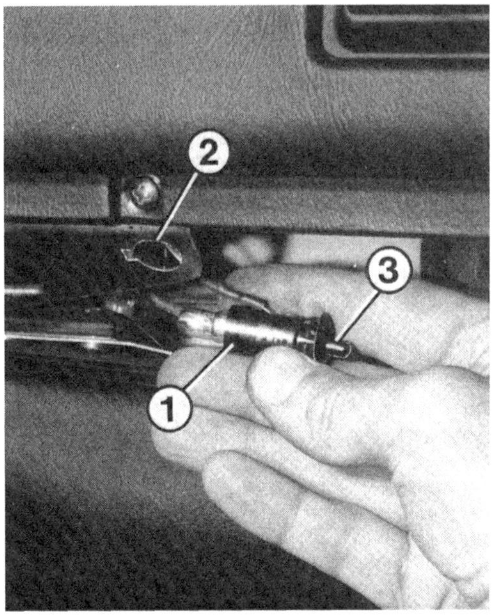

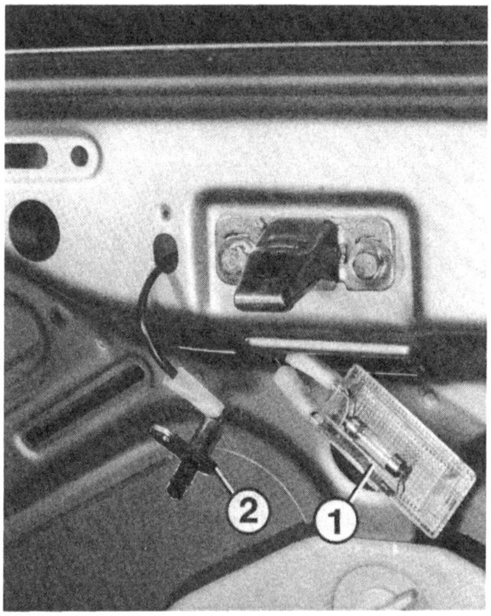

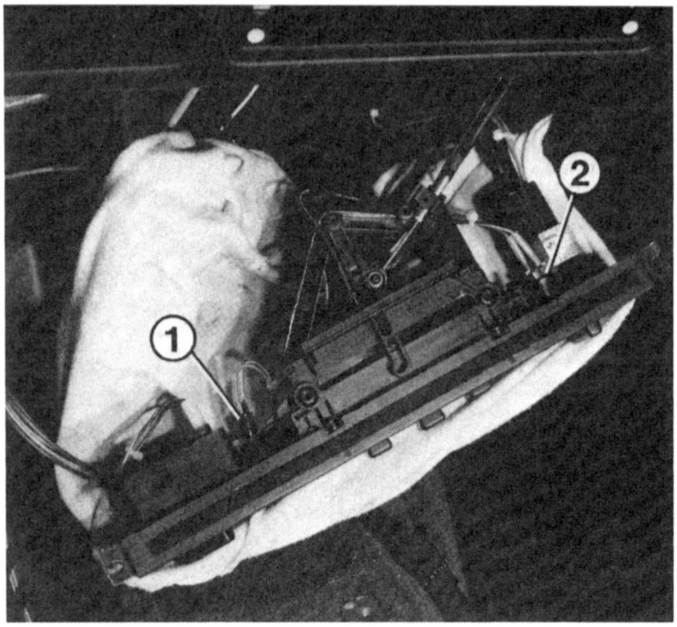

Zwei Lämpchen (1 und 2) sind für die Beleuchtung der Heizungs-/Lüftungsbetätigung zuständig. Wir zeigen sie hier bei ausgebauter Betätigungseinheit.

am Lampengehäuse stecken, und die Leuchte vorsichtig heraushebeln.

- Nach Auswechseln der Glühlampe das Lampengehäuse – die Kabelseite zuerst – wieder einsetzen.

Handschuhfachleuchte

Beim Öffnen des Handschuhfachs wird die Handschuhfachleuchte durch einen Kontaktschalter eingeschaltet. Lampe und Schalter sind in einem Gehäuse kombiniert.

- Zum Auswechseln des Lämpchens Handschuhkasten öffnen.
- An der Rückseite des Kontaktschalters das 4-Watt-Lämpchen linksdrehen (man muß umdenken: die Lampe zeigt in Fahrtrichtung nach vorn) und herausziehen (Bajonettverschluß).
- Zum Ausbau der ganzen Fassung mit Schalter die Anschlußstecker abziehen und Fassung zum Innenraum hin aus der Halterung drücken.

Leuchten am Armaturenbrett

Instrumentenbeleuchtung

An dieser Stelle ist lediglich die Beleuchtung der Anzeigeinstrumente behandelt. Die ebenfalls im Armaturenbrett sitzenden Kontrolleuchten finden Sie auf Seite 209 beschrieben. Ausbau der Instrumentenbeleuchtung:

- Kombiinstrument ausbauen (Seite 208).
- Zwei Lampenfassungen hinten am Kombiinstrument linksdrehen und herausziehen (siehe Bild Seite 209).
- Die eingesteckten Glassockellämpchen (3 Watt, DIN-Form W 10/3) auswechseln, Fassung wieder ins Kombiinstrument setzen und bis zum Anschlag rechtsdrehen.

Beleuchtung für Digitaluhr

- Digitaluhr ausbauen (Seite 220).
- An der Rückseite des Geräts die Lampenfassung linksdrehen und herausziehen.
- Lampenfassung und Glassockellampe sind eine Baueinheit – zusammen auswechseln.

Die Ascher-/Anzünderbeleuchtung (1) steckt unten in der Aussparung (2) der Einbaublende (3).

Mit einem feinen Schraubenzieher lassen sich die beiden Gehäusehälften (2 und 4) der Schlüsselbeleuchtung trennen. So kann die Kontaktfeder (1) gereinigt oder Batterie (5) und Lämpchen (3) ausgewechselt werden. Damit hat man alle Störungen an der Schlüsselbeleuchtung im Griff.

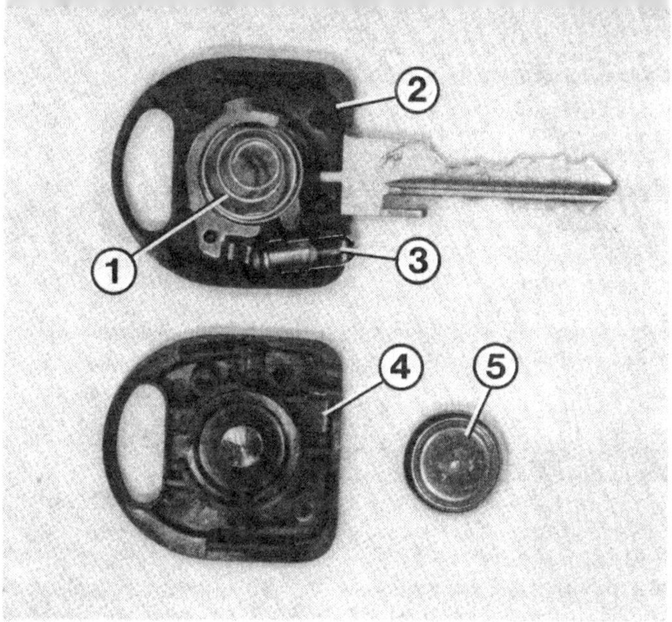

Beleuchtung für Heizungs-/Lüftungsbetätigung

Die Beleuchtung erfolgt zentral über zwei Lämpchen und wird über Lichtleitbahnen zu den Symbolen bzw. Reglern geleitet. Zum Auswechseln dieser Lampe:

- Am besten zugänglich sind die beiden Lämpchen nach Ausbau der Mittelkonsole (Seite 257).
- Wer diese umfangreiche Arbeit scheut, braucht gelenkige Finger. Dann geht's so:
- Zuerst Radio ausbauen (Seite 231).
- **Linkes Lämpchen:** Durch den Radioschacht fassen und nach oben tasten. Etwa in Höhe des Defroster-Symbols die Fassung in Fahrtrichtung aus der Blende ziehen.
- Glassockellämpchen 1,2 Watt auswechseln.
- **Rechtes Lämpchen:** Seitliche Verkleidung links im Handschuhkasten ausbauen (Seite 259).
- Durch den Radioschacht und vom Handschuhkasten her zur Lampenfassung vortasten – sie sitzt links oberhalb des Gebläseschalters.
- Fassung in Fahrtrichtung aus der Blende ziehen.
- Glassockellämpchen 1,2 Watt auswechseln.

Beleuchtung für Check-Control

Die Beschriftung des Check-Control-Anzeigegeräts wird beim Brennen einer Leuchtdiode konstant und nach Drücken des Check-Knopfes für kurze Zeit von hinten angestrahlt. Dieses Lämpchen kann ausgewechselt werden, nicht jedoch die roten Leuchtdioden der Anzeige.

- Check-Control-Anzeigegerät mit einem flachen Schraubenzieher aus der Dachverkleidung hebeln.
- An der Rückseite des Geräts die Lampenfassung linksdrehen und herausziehen.
- Lampenfassung mit eingelötetem Birnchen erneuern.

Beleuchtung der Lichtschaltersymbole

Die Lichtschaltersymbole links am Armaturenbrett sind bei eingeschalteter Zündung (Schlüsselraste II) beleuchtet. Auswechseln der Lämpchen:

- Armaturenbrettverkleidung links unten abnehmen (Seite 259).
- Schalter ausbauen – dazu das Schaltergehäuse von hinten aus dem Halter drücken. Es wird bei der neueren Version lediglich von kleinen Klammern gehalten.
- Oder – bei älterer Version – die Rändelmutter hinten am Schalter lösen.
- Stecker am Schalter abziehen.
- Lampenfassung aus dem Schaltergehäuse drehen und neues Glassockellämpchen 1,2 Watt in die Fassung stecken.

Beleuchtung der Drucktastenschalter

Die Drucktastenschalter für Warnblinkanlage, Fensterheber und Schiebedach besitzen eine fest eingebaute Beleuchtung. Ein Auswechseln des Lämpchens ist nicht möglich. Entweder man findet sich mit dem dunklen Schalter ab, oder man muß ihn komplett ersetzen (Seite 221).

Beleuchtung für Ascher/Anzünder vorn

- Aschenbecher vorn in der Mittelkonsole herausheben.
- Zwei Sechskantschrauben lösen.
- Einbaublende für Ascher und Anzünder abnehmen.
- Bei in der Mittelkonsole eingebautem Kassettenfach untere Zentralschraube des Kassettenfachs lösen und dieses etwas nach vorn drücken.
- Von unten eingesteckte Fassung abziehen.
- Glassockellämpchen 1,2 Watt auswechseln.

Zeichensprache

Wie wirksam die Zeichensprache funktioniert, erlebt, wer ins ferne Ausland reist. Nicht viel anders ist's im Straßenverkehr. Der Verständigung dienen international verständliche Symbole wie Bremslicht, Blinker oder Hupe.

Blink- und Warnblinkanlage prüfen

Ständige Kontrolle

Die Warnblinkanlage muß ständig funktionieren, deshalb wird ihr Schalter über eine Sicherung direkt von der Batterie versorgt. Die Richtungsblinker erhalten dagegen nur dann Strom, wenn der Zündschlüssel auf Raste I oder II gedreht ist.

- Drücken Sie den roten Schalter der Warnblinkanlage, während der Zündschlüssel in »0«-Stellung steht:
- Alle vier Blinkleuchten und das rote Fenster im Schalter leuchten in gleichem Rhythmus auf. Im Gegentakt blinken die Kontrolleuchten der Richtungsblinker mit.
- Warnblinker ausschalten, Zündschlüssel auf Raste I oder II drehen.
- Bei gedrücktem Blinkerhebel muß jetzt eine Blinkerseite und die dazugehörige grüne Kontrolleuchte im Kombiinstrument aufleuchten.

Blinker-Störungen

○ Blitzt bei eingeschalteten Richtungsblinkern die grüne Kontrolleuchte nur kurz auf, ist eine Glühlampe ausgefallen. Beim Warnblinken macht sich der Lampenausfall im Blinkerrhythmus nicht bemerkbar. Lampenwechsel siehe Seite 198.

○ Brennen bei eingeschalteten Richtungs- oder Warnblinkern die Leuchten dauernd, ist das Blinkrelais defekt.

○ Leuchtet nur die Kontrollampe, aber bleiben die orangefarbenen Leuchten am Wagen dunkel, liegt es ebenfalls am Blinkrelais.

○ Leuchten die Blinker mal in langsamer Folge, mal schnell und sind alle Steckverbindungen einschließlich der Massekabel zu den Leuchten in Ordnung, muß das Relais erneuert werden.

○ Funktioniert nur Warnblinken ohne Richtungsblinken oder umgekehrt, fehlt es an der Spannungsversorgung durch die betreffende Sicherung (siehe Tabelle Seite 153) oder der Schalter ist defekt (Ausbau siehe Seite 220/221).

Blinkrelais ausbauen

Das Blinkrelais sitzt beim BMW nicht im Sicherungskasten, sondern ist mit einer Klammer unten an der Lenksäule befestigt. Denn nur bei dieser Einbaulage ist das charakteristische Blinker-Ticken im Innenraum zu hören. Hier der Ausbau:

- Lenkrad ausbauen (Seite 119 bzw. 120).
- Armaturenbrettverkleidung links unten ausbauen (Seite 259).
- Unteres Teil der Lenksäulenverkleidung nach Lösen von drei Kreuzschlitzschrauben abnehmen (siehe auch Seite 256).
- Blinkrelais ausstecken und abnehmen.

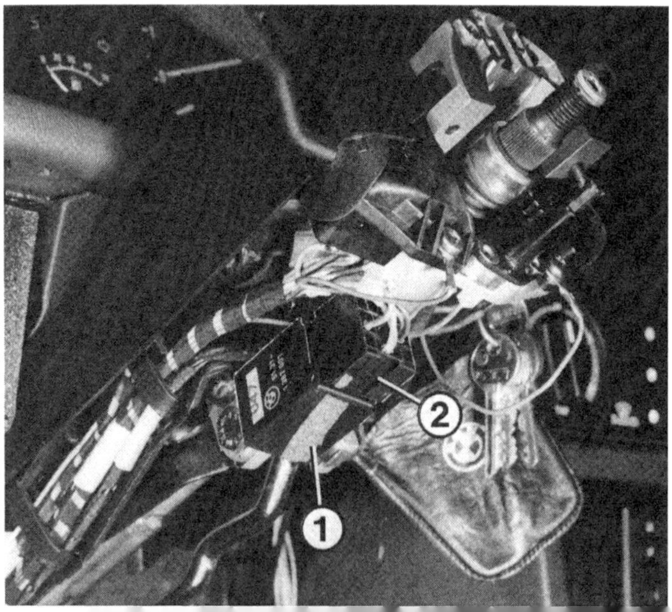

Das Blinkrelais (1) sitzt in einer separaten Fassung (2) unten an der Lenksäule. Im Bild ist die untere Lenksäulenverkleidung abgenommen.

Links: Die ältere Version des Bremslichtschalters (4) ist mit Kontermuttern (3) am Halter (2) befestigt. So kann seine Lage zum Bremspedal (1) justiert werden. Rechts: Die neuere Version (1) ist in den Halter (2) über dem Bremspedal (3) lediglich eingesteckt. Keine Einstellmöglichkeit.

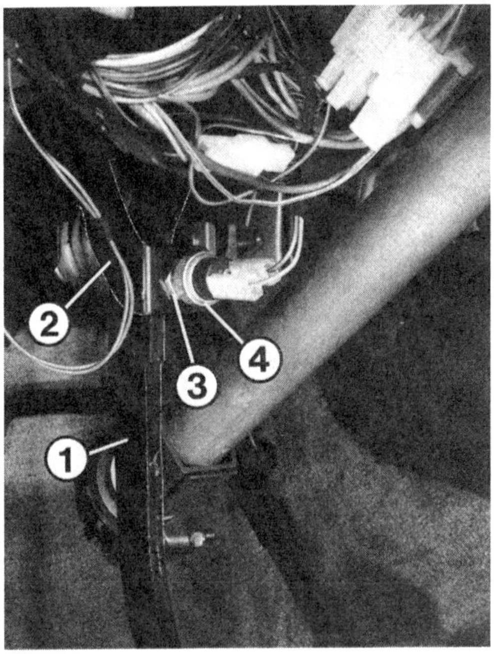

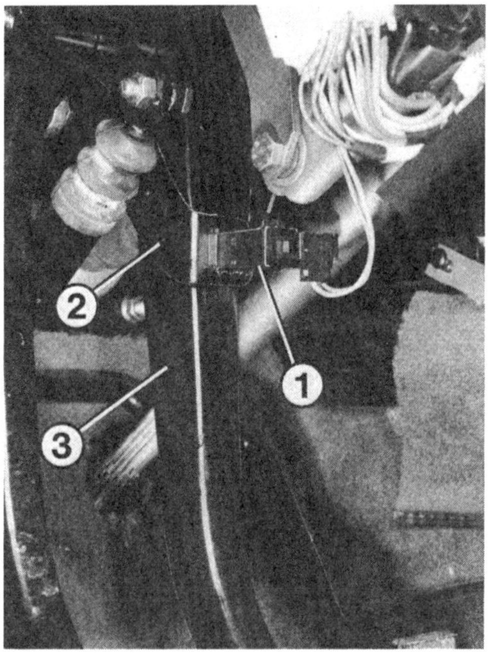

Defektes Blinkrelais kurzschließen

Mit einem ausgefallenen Blinkrelais ist die Weiterfahrt nicht ganz ungefährlich, denn im dichten Verkehr und vor allem bei Dunkelheit wird Ihre Abbiegeabsicht den anderen Autofahrern nicht ersichtlich. In diesem Fall:

- Blinkrelais ausbauen (siehe Vortext) und Anschlußstecker abziehen.
- Kurzschlußbrücke zwischen den Klemmen 49 und 49a herstellen.
- Dazu eine Büroklammer oder ein kurzes Drahtstück um die genannten Steckerzungen am Relais schlingen und jetzt das Relais wieder einstecken.
- Bei gedrücktem Blinkerhebel leuchtet jetzt eine Blinkerseite dauernd.
- Durch Ein- und Ausschalten mit dem Blinkerhebel erhalten Sie einen Blinker-Rhythmus.

Bremsleuchten prüfen

Ständige Kontrolle

- Die Garagenwand hinter dem Wagen muß rechts und links hell rot aufleuchten, wenn Sie auf das Bremspedal treten.
- Oder in einer Kolonne prüfen Sie mit dem Rückspiegel, ob sich in den Scheinwerfer-Reflektoren oder in der Lackierung des Hintermannes beide Bremslichter spiegeln.

Der Bremslichtschalter

Der Bremslichtschalter sitzt beim BMW oberhalb des Bremspedals und ist erst nach Ausbau der linken unteren Armaturenbrettverkleidung zugänglich. Wird das Bremspedal niedergedrückt, wandert sein Schalterstift heraus und schließt den Kontakt zu den Bremsleuchten.

Bremslichtschalter einstellen

An Wagen vor 8/86 läßt sich die Einbaulage des Bremslichtschalters einstellen, bei neueren Fahrzeugen ist der Schalter eingesteckt – ohne Einstellmöglichkeit. So wird die ältere Version justiert:

- Armaturenbrettverkleidung links unten ausbauen (Seite 259).
- Kontermuttern lockern, mit denen der Bremslichtschalter an der Pedalkonsole befestigt ist.
- Bremslichtschalter durch Verdrehen der Kontermuttern so einstellen, daß sein Kontaktstift 5–6 mm aus dem Gewindeteil des Schalters herausragt.
- Kontermutter wieder festziehen.

Bremslichtschalter überprüfen

Sind beide Bremslichter ausgefallen, kontrolliert man, ob es am Bremslichtschalter liegt:

- Armaturenbrettverkleidung links unten abnehmen (Seite 259).
- Stecker am Bremslichtschalter abziehen und die beiden Steckerkontakte zusammenhalten oder mit einer Büroklammer überbrücken.
- Brennen jetzt die Bremslichter, obwohl das vorher nicht der Fall war, ist der Bremslichtschalter defekt.

Störungsbeistand

Bremsleuchten

Die Störung	– ihre Ursache	– ihre Abhilfe
A Eine Bremsleuchte brennt nicht	1 Glühbirne durchgebrannt	Austauschen
	2 Spannungszuleitung unterbrochen. Brennen alle übrigen Glühbirnen in derselben Heckleuchte? Falls nicht	Kabel kontrollieren
	3 Unterbrechung in der Masseverbindung	Masseanschluß überprüfen
B Beide Bremslichter brennen nicht	1 Sicherung defekt	Ersetzen
	2 Bremslichtschalter defekt oder falsch eingestellt (ältere Version)	Überprüfen, ggf. ersetzen
	3 Siehe A 1 und 3	
C Bremsleuchten brennen dauernd	1 Siehe B 2	
	2 Kabel zum Bremslichtschalter haben direkten Kontakt	Kabel kontrollieren

Hupen prüfen

Ständige Kontrolle

- Zündschlüssel auf Raste I oder II drehen.
- Nacheinander alle vier Huptasten im Lenkrad drücken.
- Jedesmal müssen beide Signalhörner ertönen.

Elektrische Verschaltung der Hupen

Da im BMW zwei Hupen eingebaut sind, läuft die elektrische Verdrahtung über ein Schaltrelais (Erklärung Seite 224), um die Kontakte im Lenkrad zu entlasten:

○ Die Hupen erhalten Strom über das Hupenrelais im Sicherungskasten (siehe Seite 225) von der Zündschloß-Klemme »R«. Klemme »R« wiederum ist nur zur Stromlieferung bereit, wenn der Zündschlüssel auf Raste I oder II gedreht ist (und sogar beim Betätigen des Anlassers).

○ Der Hupkontakt im Lenkrad stellt die Masseverbindung im Schaltstromkreis des Relais her, bestimmt also, wann das Relais schaltet. Die Stromversorgung des Schaltstromkreises stammt ebenfalls von Klemme »R«.

Hupe defekt?

- Kunststoffabdeckung oberhalb des Kühlers ausbauen. Dazu die Kreuzschlitzschrauben herausdrehen.
- Betreffende Hupe abschrauben.
- An den Steckanschlüssen der Hupe je ein Hilfskabel aufstecken und diese mit dem Plus- bzw. Minuspol der Batterie verbinden.
- Bleibt es ruhig, ist das Signalhorn defekt.
- Ertönt die Hupe, obwohl das im eingebauten Zustand nicht der Fall war, liegt der Fehler in der Zuleitung.
- Ein krächzendes oder völlig stummes Horn läßt sich bisweilen durch Drehen der Einstellschraube an der Hupenrückseite wieder stimmen oder zu neuem Leben erwecken.
- Schraube unter der Vergußmasse freilegen.
- Nach dem Einstellen die Schraube mit Karosseriedichtmasse wieder feuchtigkeitsdicht verschließen.

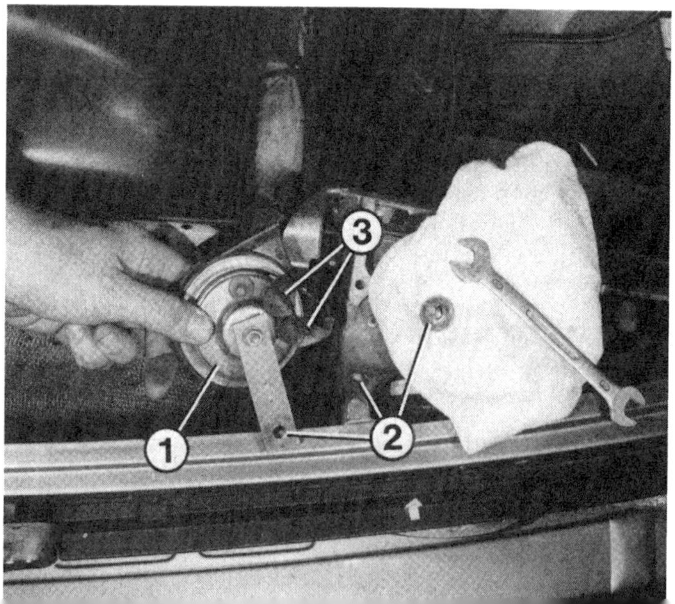

Die Hupen (Position »1« zeigt die linke) haben ihren Platz unter der Abdeckung oben am Kühler. Nach Abschrauben von der Halterung am Frontblech (2) sind die Anschlüsse (3) sowie die Einstellschraube (unter der Vergußmasse) zugänglich.

Ist eine der Huptasten (2) ohne Funktion, muß das Kontaktplättchen (3) und der Kontakt (1) im Lenkrad gereinigt werden.

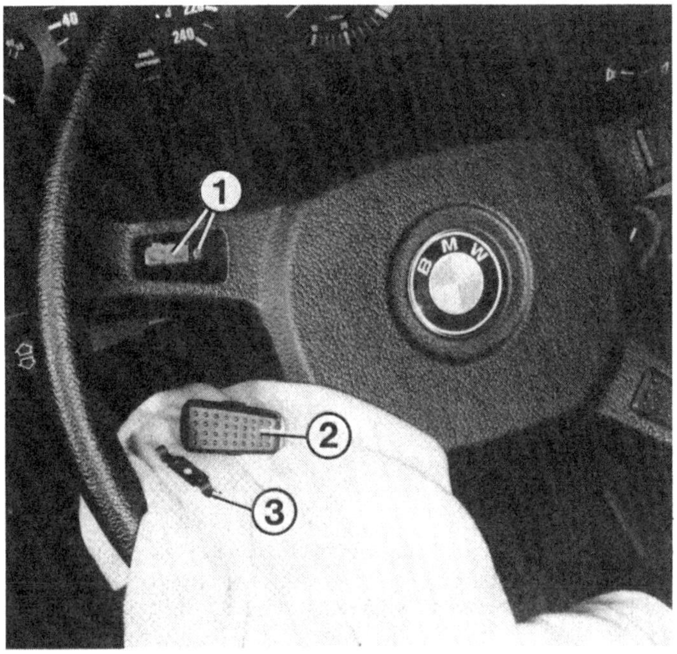

Funktioniert eine der vier Huptasten am Serien-Lenkrad nicht mehr, sind sicher dort die Kontakte oxidiert. Ausbauen und Reinigen schafft Klarheit:

Huptasten ausbauen

- Zündschlüssel auf Raste »0« drehen.
- Huptaste an der Schmalseite mit einem schmalen Schraubenzieher aus dem umschäumten Lenkrad hebeln.
- Kontaktplättchen herausnehmen und reinigen.
- Beim Sportlenkrad Hup-Platte aus dem Lenkrad heraushebeln und ersetzen.

Störungsbeistand

Hupe

Die Störung	– ihre Ursache	– ihre Abhilfe
A Hupe tönt nicht	1 Sicherung defekt	Ersetzen
	2 Hupe defekt	Kontrollieren
	3 Anschlüsse der Hupe oxidiert	Blankkratzen
	4 Relais defekt	Ersetzen
	5 Hupkontakt im Lenkrad defekt	Kontrollieren, ob die anderen Hupkontakte in Ordnung sind
	6 Stromzuleitung (violett/gelb) oder Masseleitung (braun) zur Hupe schadhaft	Kabel kontrollieren
	7 Kontaktleitung Lenkrad/Relais (braun/gelb) oder Massezuleitung zum Lenkrad unterbrochen	Kabel kontrollieren
B Hupe tönt dauernd bei Zündschlüsselraste I oder II	1 Kontaktleitung Lenkrad/Relais (braun/gelb) hat Masseschluß	Kabel kontrollieren. Unterwegs: Kabel an der Hupe abziehen und isolieren
	2 Hupe hat inneren Kurzschluß	Hupe ersetzen. Unterwegs: Kabel an der Hupe abziehen und isolieren
	3 Siehe A 4 und 5	

Lichthupe kontrollieren

Wartung Nr. 14

- Zündschlüssel auf Raste II drehen und den Blinkerschalter zum Lenkrad herziehen.
- Leuchten die Fernscheinwerfer und die blaue Fernlichtkontrolle auf; unabhängig von der Stellung des Lichtschalters?
- Funktioniert die Lichthupe nicht, obwohl das Fernlicht bei entsprechender Schalter- und Hebelstellung brennt, kann der Fehler nur im Lichthupenkontakt des Hebelschalters liegen, denn es besteht kein Unterschied in den Stromwegen für Fernlicht und Lichthupe. Schalterausbau siehe Seite 220.

Pilotensitz

Hier sind wir in der Schaltzentrale des BMW angelangt. Von hier aus steuert der Fahrer die zahlreichen Komforteinrichtungen, die sich per Knopfdruck bedienen lassen. Ebenso empfängt er Informationen über verschiedene Fahr- und Motorzustände.

Kontrollinstrumente und -leuchten prüfen

Wartung Nr. 15

Setzen Sie sich hinter das Lenkrad und kontrollieren Sie nacheinander:

- Läuft die Zeigeruhr, und ist bei der Digitaluhr bzw. bei Bordcomputer die Uhrzeit ohne Beleuchtung abzulesen?
- Zündschlüssel auf Raste I drehen: Die Leuchtanzeige der Digitaluhr bzw. des Bordcomputers wird merklich heller.
- Zündschlüssel auf Raste II drehen (Zündung an): Die Symbole für Fahrlicht, Nebelscheinwerfer und Nebelschlußleuchte sind jetzt beleuchtet. Im Kombiinstrument brennen die Kontrolleuchten für Öldruck, Ladekontrolle, Bremsflüssigkeitsstand. Zusätzlich leuchten bei Wagen mit Antiblockiersystem die ABS-Kontrolleuchte und bei Fahrzeugen mit elektronisch gesteuertem Getriebe die Kontrolleuchte für die Schaltelektronik. Bei angezogener Handbremse brennt die Handbrems-Kontrolleuchte.
- Auf Zündschlüsselraste II kann außerdem an der Anzahl der brennenden Leuchtdioden in der Service-Intervallanzeige abgelesen werden, wann der nächste Service fällig ist.
- Die Check-Control (serienmäßig nur beim 525i/528i) macht durch den blinkenden Schriftzug »Check« bzw. durch das »Warndreieck« auf sich aufmerksam. Gleichzeitig brennt die rote »Bremslicht«-Leuchtdiode im Anzeigefeld oberhalb des Innenspiegels. Beide Leuchtzeichen verlöschen nach dem Antippen des Bremspedals.
- Beim Drücken der »Check«- bzw. »Test«-Taste im Anzeigefeld werden alle Leuchtdioden kontrolliert. Zusätzlich sind die Schriftzüge unter den Dioden für kurze Zeit beleuchtet, was sonst nur bei einer brennenden Leuchtdiode der Fall ist.
- Ebenfalls bei »Zündung an« aktiv: Die beiden Zeigerinstrumente für Kühlmitteltemperatur und Kraftstoffstand.
- Beim Betätigen der Richtungsblinker rechts und links zeigt die jeweilige Kontrolleuchte deren Funktion durch rhythmisches Blinken an.
- Bei kurzem Betätigen der Lichthupe flammt die Fernlicht-Kontrolleuchte oben zwischen den Rundinstrumenten auf.
- Licht einschalten und die Schalter für Nebelscheinwerfer und Nebelschlußleuchte(n) drücken: Links unten im Kombiinstrument leuchten die zugehörigen Kontrollampen auf.
- Die Kontrolleuchten in den Schaltern für heizbare Heckscheibe und Warnblinkanlage brennen bei gedrücktem Schalter mit voller Leuchtstärke; die Warnlichtkontrolle blinkt im Gegentakt zu den Blinker-Kontrolleuchten.
- Motor starten: Die Zeiger von Drehzahlmesser und Verbrauchsanzeige (wo eingebaut) wandern über die Skala.
- Während der Anlasser läuft, leuchtet die Bremsbelag-Verschleißanzeige.
- Bei einer kurzen Probefahrt kann die Funktion von Tachometer und Verbrauchsanzeige (nicht bei 520i bis 8/82) kontrolliert werden. Sie liefert schon bei rollendem Wagen eine realistische Anzeige.

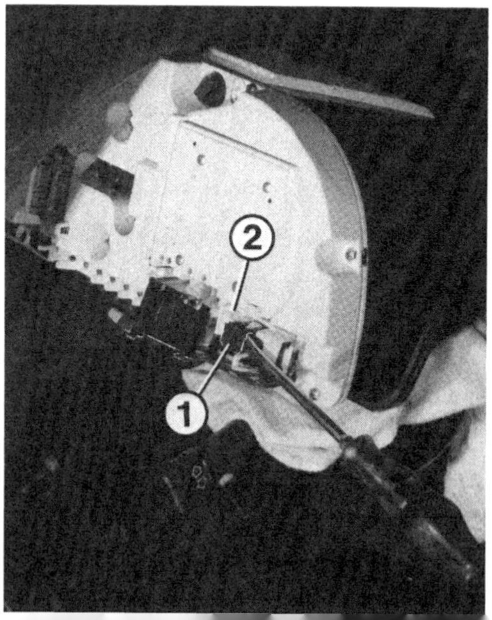

Kombiinstrument ausbauen. Links erster Schritt: Zwei Schrauben oben am Kombiinstrument (1) lösen. Wir haben dazu das Lenkrad ausgebaut, was jedoch nicht unbedingt notwendig ist. Instrument nach unten schwenken und aus der Einbauöffnung ziehen. Rechts: Die Anschlußstecker (2) hinten am Kombiinstrument lassen sich nach Hochheben der Spange (1) abziehen. Weitere Kabelstekker sitzen teilweise unter der schwarzen Kunststoffkappe bzw. besitzen keine Sicherungen.

Die Teile des Kombiinstruments bis 12/85:
1 – Leiterplatte der Service-Intervallanzeige;
2 – Grundplatte;
3 – Gesamtplatine des Kombiinstruments;
4 – Tachometer;
5 – Tank- und Temperaturanzeige;
6 – Drehzahlmesser.

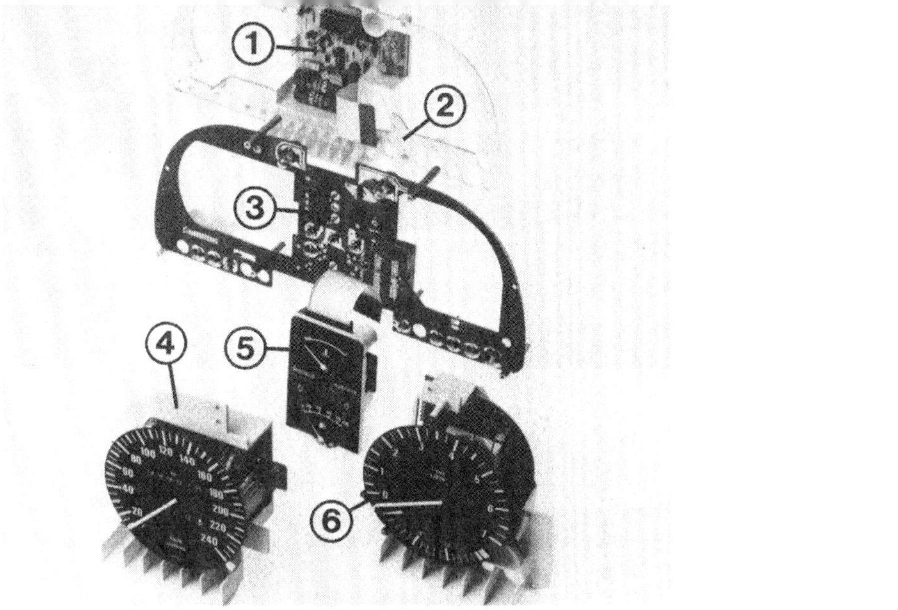

Die Teile des Kombiinstruments

Kombiinstrument zerlegen

Ohne Zerlegung des Kombiinstruments lassen sich von der Rückseite her die folgenden Teile ausbauen:

○ **Kontrollampen:** Die Glühlampen der Kontrolleuchten sind beim BMW fest mit ihren schwarzen Fassungen verlötet und auch nur komplett als Ersatzteil erhältlich. Zum Ausbau der 1,2-Watt-Leuchten die Fassung eine Vierteldrehung linksdrehen und herausziehen.

○ **Zusatz-Kontrolleuchten** für ABS, Anhänger-Blinkerkontrolle sowie die Getriebe-Kontrolleuchte sitzen in einer Steckfassung, die nur abgezogen werden muß. Diese Kontrolleuchten sind ebenfalls mit 1,2-Watt-Glassockellämpchen ausgestattet.

○ **Codierstecker:** Auf der Instrumenten-Rückseite ist auch der Codierstecker eingesteckt.

Nach Zerlegen des Kombiinstruments (8 kombinierte Sechskant/Kreuzschlitzschrauben an der Instrumenten-Rückseite – siehe Bild unten – herausdrehen, bis 12/85 zusätzlich Knopf der Zeigeruhr, Codierstecker und Klebestreifen am unteren Gehäuserand abziehen) sind die folgenden Einzelteile zugänglich:

○ **Tachometer:** Den Tachometer samt dem linken, weißen Gehäuseteil nach oben herausziehen; evtl. mit dem Schraubenzieher etwas nachhelfen. Steckkontakte vorsichtig aus dem Stecker ziehen. Zum anschließenden Trennen von Tacho und Gehäuseteil vier Kreuzschlitzschrauben an der Rückseite herausdrehen.

○ **Drehzahlmesser** mit Verbrauchsanzeige bzw. Zeigeruhr: Ab 1/86 an der Instrumenten-Rückseite das kleine Häkchen hinter dem Drehzahlmesser aushängen (Bild unten). Drehzahlmesser samt Gehäuseteil vorsichtig abziehen. Wieder auf die Steckkontakte achten.

○ **Tankanzeige und Temperaturanzeige:** Sechskantmuttern an der Rückseite des Kombiinstruments lösen. Darunter die Schlitzmuttern herausdrehen. Beide Instrumente samt Service-Intervallanzeige vorsichtig zur Vorderseite hin abdrücken. Steckkontakte beachten.

○ **Service-Intervallanzeige:** Temperatur- und Tankanzeige ausbauen. Leuchtdiodenplatine der Service-Intervallanzeige an den drei Kunsttoffhäkchen aushaken und abziehen.

○ **Gesamtplatine des Kombiinstruments:** Drehzahlmesser bzw. Zeigeruhr, Tachometer sowie Instrumen-

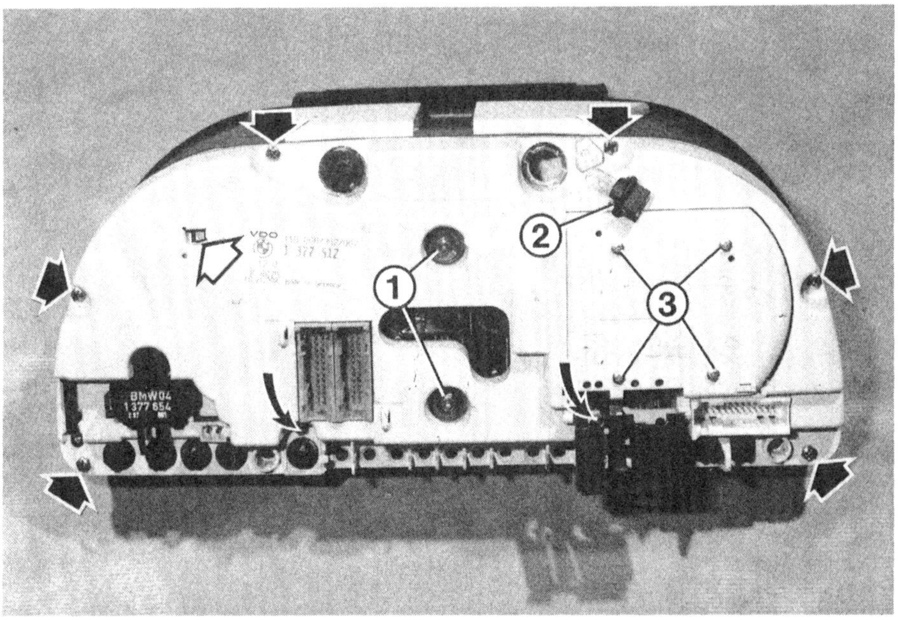

Das Kombiinstrument ab 1/86 von hinten betrachtet. Die schwarzen Pfeile deuten auf die 8 Schrauben, die Instrumentenblende, Leiterplatte und Grundplatte zusammenhalten. Der weiße Pfeil zeigt das Häkchen, mit dem der Drehzahlmesser bzw. die Zeigeruhr befestigt ist. Position »1« zeigt die Haltemuttern für Tank- und Temperaturanzeige. Die »2« deutet auf eine der Instrumentenbeleuchtungs-Lampen (hier ausgebaut). Ferner zu sehen: Die Halteschrauben (3) des Tachometers.

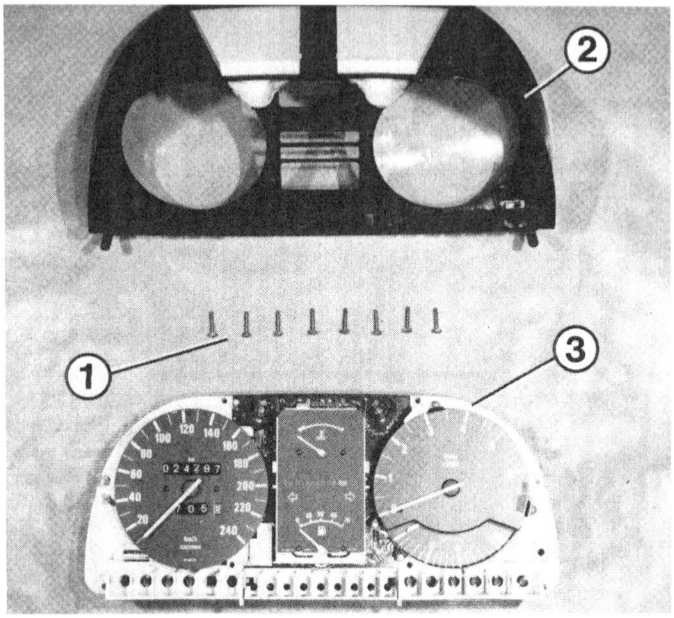

Nach Lösen von 8 Schrauben (1) wird die Instrumentenblende (2) von Leiterplatte und Gehäusegrundplatte (3) abgenommen.

tenkombination für Tank und Temperatur ausbauen. Zwei Verhakungen an den Seiten des Instruments lösen, Codierstecker abziehen, Platine von der Instrumenten-Grundplatte abnehmen.

Fingerzeige: Funktionieren einzelne Instrumente im Armaturenbrett nicht, lohnt sich ein Blick in den Sicherungskasten.
Für die Instrumente im Armaturenbrett gibt es von Moto Meter und VDO einen Reparaturdienst. Die Moto Meter AG, Postfach 346, 7250 Leonberg 1, liefert Instrumente im Austausch. VDO unterhält eigene Werkstätten, Anschriften erhalten Sie von der VDO Adolf Schindling AG, Postfach 6140, 6231 Schwalbach.

Der Tachometer

Von anderen Fahrzeugmodellen sind wir einen Geschwindigkeitsmesser gewohnt, der von einer biegsamen Welle – der Tachowelle – angetrieben wird. Anders beim BMW: Sein Tachometer ist ein elektronisches Meßgerät ähnlich dem Drehzahlmesser. Genau wie dieser erhält er Drehzahlimpulse – doch nicht vom Motor, sondern von einem Geber im Hinterachsgetriebe. Dort wird gemessen, wie oft sich die Räder drehen. Das Instrument bringt die Umdrehungs-Impulse mit einem Zeitfaktor in Bezug, und man erhält eine Vergleichsgröße für die Geschwindigkeit. Der Kilometerzähler funktioniert in Ermangelung eines mechanischen Antriebs auch teilweise elektrisch: Ein sogenannter Schrittmotor dreht die Antriebswelle des Zähler-Getriebes schrittweise weiter – je nach Anzahl der Umdrehungsimpulse.
Übrigens befindet sich der elektronische Tachometer keineswegs zufällig in unserem BMW. Denn für die Service-Intervallanzeige wird ohnehin ein Radumdrehungs-Signal als Meßgröße für die zurückgelegte Fahrtstrecke gebraucht. Somit lag es nahe, auch den Tachometer mit diesem Signal zu versorgen und auf eine Tachowelle zu verzichten. Vorteile dieser Lösung: Geräuschfreier Tachoantrieb, genauere Anzeige. Wenn der Tachometer nicht funktioniert, zuerst die zuständige Sicherung im Sicherungskasten überprüfen (Seite 153).

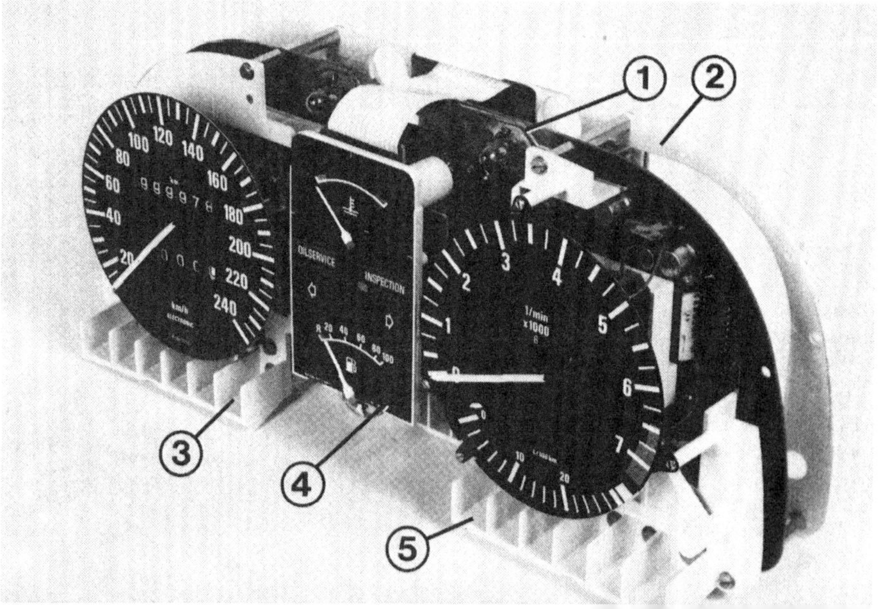

Das Kombiinstrument bis 12/85:
1 – Gesamtplatine;
2 – Grundplatte mit Leiterplatte der Service-Intervallanzeige;
3 – Tachometer mit Gehäuse;
4 – Tank- und Temperaturanzeige;
5 – Drehzahlmesser/Verbrauchsanzeige mit Gehäuse.

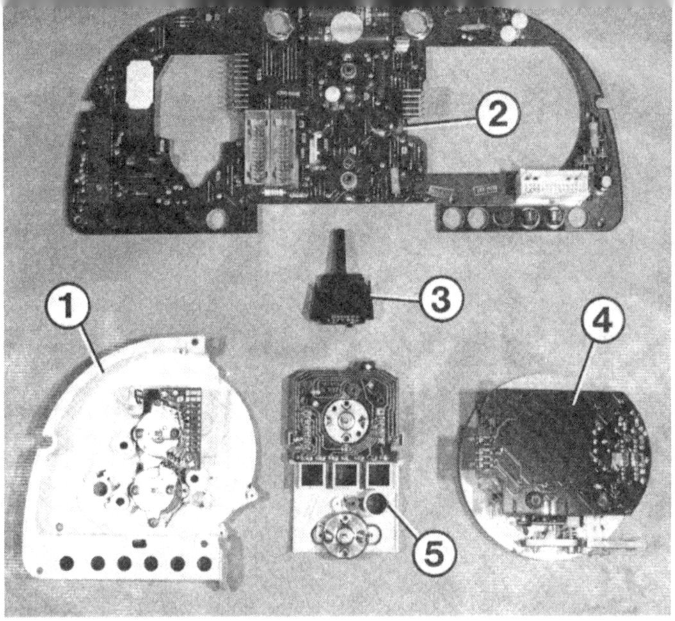

Das Kombiinstrument ab 1/86 zerlegt:
1 – Drehzahlmesser mit Verbrauchsanzeige;
2 – Gesamtplatine (hier mit Elektronik der Service-Intervallanzeige);
3 – Codierstecker;
4 – Tachometer;
5 – Tank- und Temperaturanzeige.

Tachometer-Impulsgeber

Die Umdrehungs-Impulse für den Tachometer liefert der Reedkontakt-Geber am Hinterachsgetriebe. Der Reedkontakt ist ein Kontaktsatz, der luftdicht eingeschlossen in einer Gashülle untergebracht ist. Geschlossen wird der Kontakt, wenn ein Magnetfeld auf ihn einwirkt.
Damit der Reedkontakt eine Impulsfolge liefern kann, muß er im Drehzahlrhythmus geöffnet und geschlossen werden. Deshalb beeinflußt ein Flügelrad, das sich vor dem Geber dreht, das auf den Kontaktsatz einwirkende Magnetfeld.

Tachometer-Impulsgeber ausbauen

- Wagen hinten aufbocken und sichern.
- Gummi-Schutzmanschette am Geber abstreifen und Stecker abziehen.
- Zwei Sechskantschrauben herausdrehen, Halteblech abnehmen und Geber herausziehen.
- Eventuell läuft etwas Öl aus – auffangen.
- Beim Einbau Dichtring prüfen und gegebenenfalls erneuern.

Fingerzeig: Nicht mit abgezogenem Stecker am Tachometer-Impulsgeber fahren. Das Wegsignal des Gebers wird auch für die Service-Intervallanzeige verwertet. Die quittiert das Ausbleiben des Gebersignals nach einiger Zeit mit der Anzeige »Inspektion fällig«.

Drehzahlmesser

Wie oft die Kurbelwelle des Motors in der Minute rotiert, zeigt der Drehzahlmesser (bei 520i/525e anfangs nicht serienmäßig) an. Dazu erhält er von der Zündanlage die Zündimpulse übermittelt. Die werden von der Elektronik im Instrument summiert und aufbereitet an das Meßwerk der Analoganzeige weitergegeben.
Bei Störungen gilt es, die Sicherung Nr. 6 und die entsprechenden Leitungen zu prüfen. Auch in der Leiterplatte des Kombiinstruments kann der Fehler stecken. Der Drehzahlmesser selbst kann mit Eigenmitteln nicht repariert werden.

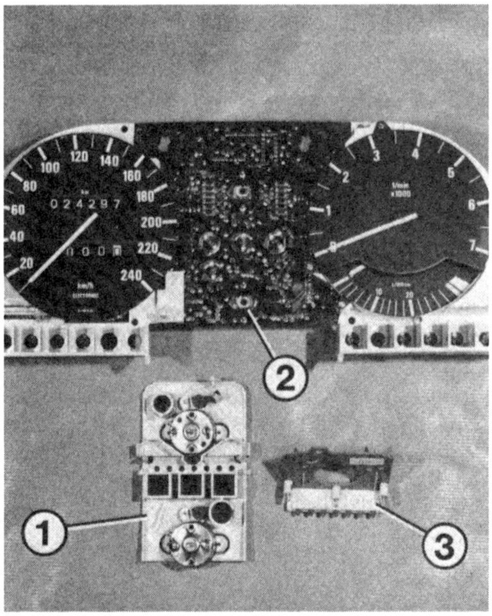

Links: Vom Kombiinstrument (2) ab 1/86 ist hier die Tank- und Temperaturanzeige (1) abgebaut. Dann kann die Leuchtdiodenplatine (3) ausgehakt und abgezogen werden.
Rechts: Am Hinterachsgetriebe (Differential) sitzt der Tachometer-Impulsgeber (Pfeil).

Kraftstoff-Verbrauchsanzeige

Den momentanen Kraftstoffverbrauch zeigt die Verbrauchsanzeige unten im Drehzahlmesser an. Dabei bezieht sich das Meßgerät auf das Einspritzsignal der Benzineinspritzung. Ein solches Signal kann die K-Jetronic-Einspritzung des 520i bis Baujahr 8/82 nicht liefern. Deshalb besitzt er keine Verbrauchsanzeige.

Störungsbeistand

Verbrauchsanzeige

Bei intakter Sicherung kommen folgende Fehlermöglichkeiten in Betracht.

Die Störung	– ihre Ursache	– ihre Abhilfe
A Offensichtliche Falschanzeige	1 Falscher Codierstecker eingesetzt	Richtigen Stecker einsetzen
	2 Codierstecker fehlt	Stecker einbauen
	3 Codierstecker gebrochen oder ohne Kontakt	Prüfen
	4 Meßgerät defekt	Austauschen
B Keine Anzeige	1 Einspritzsignal fehlt	Einspritzsignal am blauen Stecker Pin 2 prüfen lassen
	2 Steckverbindung lose	Prüfen
	3 Siehe A 4	
C Zeiger pendelt im Leerlauf	Störung durch Klemme 1	Schwarzes Kabel aus dem Kabelstrang zum Kombiinstrument lösen und um die anderen Kabel herumwickeln
D Zeiger pendelt bei eingeschaltetem Fahrlicht	Störung durch das Abblendrelais	Neues Abblendrelais einbauen

Die Tankanzeige

Der Benzinstand wird am Armaturenbrett elektrisch angezeigt. Die Tankuhr ist also nichts anderes als ein Voltmeter, an dem bei eingeschalteter Zündung volle Spannung anliegt.
Der Zeigerausschlag der Tankuhr wird über den Massekontakt variiert. Das besorgt der Tankgeber, der je nach Tankfüllung einen höheren oder niedrigeren Widerstand hat. Den Tankgeberausbau finden Sie auf Seite 65 beschrieben.
Die Tankkontrolleuchte links in der Tankanzeige brennt, wenn weniger als 6 Liter im Tank schwappen. Die Leuchte wird durch einen separaten Kontakt im Tankgeber ausgelöst.

Störungssuche

- Zuerst Sicherung Nr. 5 kontrollieren.
- Tankgeber freilegen, wie auf Seite 65 beschrieben, Kabelstecker abziehen.
- Am abgezogenen Stecker den Anschluß des braun/gelben mit dem braunen Kabel verbinden (Drahtstück, Büroklammer).
- Zündung kurz einschalten: Schlägt der Zeiger der Tankuhr auf »Voll« aus, sind Kabel und Instrument in Ordnung. Also Tankgeber prüfen.
- Jetzt das braun/schwarze mit dem braunen Kabel brücken und Zündschlüssel auf Raste II (Zündung an) drehen.
- Brennt das Warnlicht links im Zifferblatt, sind Kabel und Warnleuchte in Ordnung. Bei einem

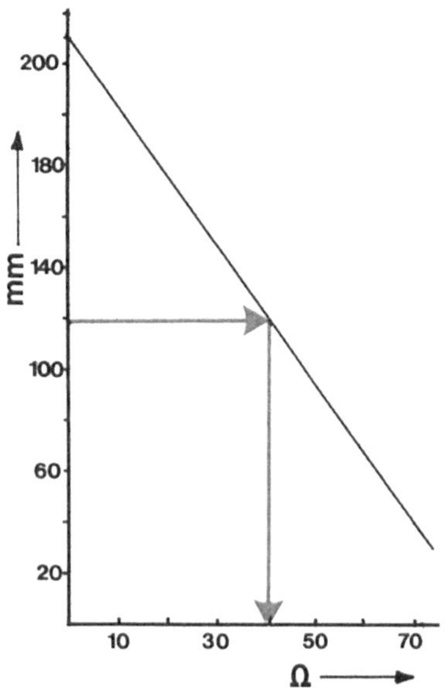

Nach diesem Diagramm prüfen Sie den Geber der Tankanzeige. Die Pfeile zeigen, wie man vorgeht: Bei 130 mm Pegelstand müssen am Geber in diesem Fall 40 Ω zu messen sein.

Die verschiedenen Geber am Motor. Links: Beim 520i/525e sitzt der Fühler der Kühlmittel-Temperaturanzeige (3) zusammen mit dem Einspritzventil (1), Temperaturfühler der Einspritzung (2) und Druckregler (4) links vorn am Motor.
Rechts der 525i/528i:
1 – Temperaturgeber der Einspritzung;
2 – Thermozeitschalter;
3 – Fühler der Temperaturanzeige.

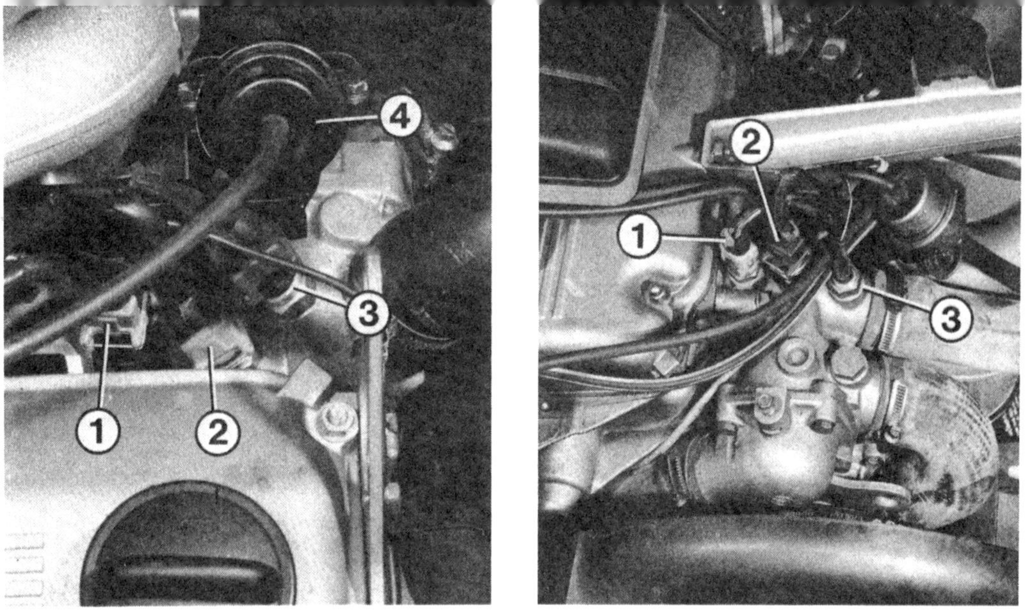

Defekt gerät also der Warnlicht-Kontakt im Tankgeber in Verdacht.

- Zum Prüfen des Tankgebers den Widerstandswert zwischen dessen Anschlußklemme G und 31 mit einem Ohmmeter messen (Anschlüsse des braun/gelben und braunen Kabels).
- Tankgeber ausbauen und mit einem Meterstab den Benzinstand messen.
- Nach dem Diagramm links unten prüfen, ob für den momentanen Kraftstoffstand der richtige Widerstandswert angezeigt wurde. Wenn nicht, Tankgeber ersetzen.
- Der Warnlichtkontakt W (Anschluß des braun/schwarzen Kabels) muß bei einem Tankinhalt von mehr als 7 Liter gegen Masse (Anschluß des braunen Kabels) einen Widerstand von ∞ Ω besitzen.
- Sind weniger als 7 Liter im Tank (leerfahren), zeigt das Gerät 0 Ω an. Wenn nicht, Tankgeber austauschen.

Kühlmittel-Temperaturanzeige

Die Anzeige für die Kühlmitteltemperatur funktioniert ähnlich wie die Tankanzeige. Plusstrom erhält das Instrument bei eingeschalteter Zündung, die Masseverbindung stellt der Temperaturfühler am Motor (siehe Bilder oben) her. Dieser Fühler ist ein veränderlicher Widerstand, der mit zunehmender Erwärmung den Stromdurchfluß wieder freigibt, so daß die Nadel weiter ausschlägt.

Störungssuche

- Sicherung kontrollieren (Seite 153).
- Zuständiges Kabel am Geber im Motorraum abziehen und an blankes Metall (Masse) halten.
- Zündung kurz einschalten:
- Wandert die vorher regungslose Anzeigenadel nun ins rote Feld, war der Temperaturgeber defekt – auswechseln.
- Rührt sich nichts im Anzeigeinstrument, ist die Zuleitung oder das Instrument selbst defekt. Der Ausbau ist auf Seite 209 beschrieben.

Hier ist der Codierstecker (1) an der Rückseite eines Kombiinstruments ab 1/86 aus seiner Fassung (2) herausgezogen worden. Die Bezeichnung »BMW 04« zeigt, daß es sich um einen Stecker aus einem BMW 525i/528i (oder 520i Schweiz bis 12/85) handelt.

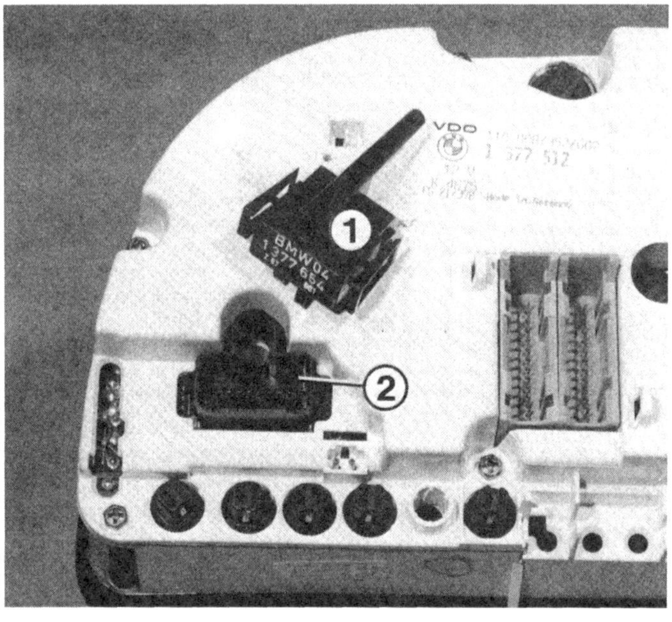

Codierstecker des Kombi-instruments

Um jeweils dasselbe Kombiinstrument in verschiedenen Modellen der 5er-Reihe einsetzen zu können, wird es mit einem sogenannten Codierstecker versehen. In ihm sind die für das Instrument wichtigen Daten gespeichert:

○ Die Weg-Drehzahl – also das Vergleichsmaß Radumdrehung/Wegstrecke – ist für den Tachometer und den Kilometerzähler wichtig.
○ Ob ein Vier- oder Sechszylindermotor eingebaut ist, muß der Drehzahlmesser wissen.
○ Auch der Meßbereich des Drehzahlmessers ist gespeichert.
○ Die Verbrauchskennlinie ist Grundlage für das Funktionieren der Verbrauchsanzeige.
○ Zuletzt sind sogenannte Inspektionsgrenzwerte – unterschiedlich für die verschiedenen Modelle – wegen der Service-Intervallanzeige im Codierstecker enthalten.

Verschiedene Codierstecker

Bis 12/85 war der Codierstecker hinten an der Unterseite ins Kombiinstrument eingesteckt. Seit 1/86 ist er direkt von hinten ins Gehäuse des Kombiinstruments gesteckt.
Die Bezeichnung dieses neueren Codiersteckers kann rechts oben an der Skala des Verbrauchsmessers erspäht werden. Die Bezeichnungen lauten:

520i bis 8/82	520i ab 9/82	520i Schweiz bis 12/85	520i Schweiz ab 1/86	525e	525e Kat bis 12/85	525e Kat ab 1/86	525i/528i bis 8/84	525i/528i 9/84–12/85	525i/528i ab 1/86
01	13	04	03	14	18	09	02	19	04

Kontrolleuchten im Kombiinstrument

Über das Kombiinstrument verteilt finden wir eine Vielzahl von Kontrolleuchten für die unterschiedlichsten Funktionen. Auf sie wollen wir in den folgenden Abschnitten eingehen. Wie die kleinen Glühbirnen der Kontrollämpchen ausgebaut werden, erfahren Sie auf Seite 209.

Blinker-Kontrolleuchten

Die beiden Blinker-Kontrolleuchten erhalten Strom im Blinkerrhythmus von derselben Leitung, die auch zu den jeweiligen Blinkleuchten führt. Von den rechten Blinkleuchten erhält die rechte Blinkerkontrolle Strom, von den linken die linke.
Die Masseverbindung beider Kontrolleuchten stammt von der direkten Masseleitung im Kombiinstrument.

Fernlichtkontrolle

Bei eingeschaltetem Fernlicht oder beim Lichthupen erhält die Fernlichtkontrolle von der »Fernlicht«-Sicherung (Nr. 7) Strom. Ob die Fernscheinwerfer wirklich brennen, kann sie aber nicht anzeigen; das muß man selbst kontrollieren. Lediglich bei durchgebrannter Sicherung verlöscht auch die Kontrolleuchte. Die Massezufuhr zum Lämpchen kommt aus dem Kombiinstrument.

Nebelscheinwerfer-Kontrolleuchte

Die Nebelscheinwerfer-Kontrolleuchte bezieht Strom aus der Leitung zum linken Nebelscheinwerfer. Sie kann – wie auch die Fernlichtkontrolle – nur anzeigen, ob die Nebelleuchten eingeschaltet sind. Über die Birne im Scheinwerfer sagt sie nichts aus. Wohl aber über die Sicherung. Masse kommt auch hier wieder von der Zentralleitung im Kombiinstrument.

Kontrolleuchte für Nebelschlußlicht

Für die Nebelschlußlicht-Kontrolleuchte gilt dasselbe wie für die Nebelscheinwerfer-Kontrolle: Strom kommt von der Leitung zu der (den) Nebelschlußleuchte(n).

Anhänger-Blinkerkontrolle

Sie blinkt rhythmisch mit, wenn bei angeschlossener Anhängerbeleuchtung die betreffende Blinkleuchte am Anhänger funktioniert. Ist eine Anhänger-Blinkleuchte defekt, blinkt die Kontrolle beim jeweiligen Richtungsblinken nicht mit.
Bei eingeschalteter Warnblinkanlage und angeschlossener Anhängerbeleuchtung leuchtet die Kontrolle auch dann auf, wenn eine der Hänger-Blinkleuchten nicht funktioniert.

Handbrems-Kontrolleuchte

Die Handbrems-Kontrolleuchte ist vom Kombiinstrument her bei eingeschalteter Zündung (Zündschloßraste I und II) mit Strom versorgt. Den Massekontakt schafft bei angezogener Handbremse ein kleiner Schalter neben dem Handbremshebel. Er ist nach Abziehen der Handbremshebelmanschette (Bild S. 134 oben) zugänglich.

Bremsbelag-Verschleißanzeige

Vorn links und – bei Wagen mit Scheibenbremsen hinten – hinten rechts sind an einem Scheibenbremsbelag Verschleißfühler eingesetzt. Ist der Belag bis auf das Mindestmaß abgenutzt, wird das Kabel der Verschleißanzeige von der Bremsscheibe an- (Massekontakt) bzw. durchgeschliffen (kein Kontakt). Die Elektronik auf der Leiterplatte der Service-Intervallanzeige wertet dieses Signal aus und läßt die Glühlampe der Bremsverschleißanzeige aufleuchten.
Natürlich braucht bei brennender Kontrolleuchte nicht sofort die nächste Werkstatt angesteuert zu werden. Der Sonntagsausflug kann ohne Sicherheitseinbuße beendet werden, und tags darauf reicht's auch noch für die Fahrt zur Arbeit.

Störungssuche

Brennt die Bremsbelag-Verschleißanzeige, obwohl ausreichend Belagmaterial vorhanden ist, kommt als wahrscheinlicher Fehler eine Unterbrechung in den Leitungen zum Fühler im Bremsbelag in Betracht.

- Rad vorn links und (bei Fahrzeugen mit Scheibenbremsen hinten) hinten rechts abnehmen.
- Verbindungsstecker (Bilder Seite 128) aus den Haltern nehmen und auseinanderziehen.
- Beide Steckeranschlüsse derjenigen Kabel überbrücken, die zur Karosserie führen:
- Brennt die Kontrollampe bei eingeschalteter Zündung immer noch, liegt der Fehler an den Kabeln zum Kombiinstrument oder an der Leiterplatte im Instrument.
- Verlöscht die Kontrolleuchte jetzt, liegt die Kabelunterbrechung an einer der Leitungen zum Belagfühler, oder der Belagfühler selbst ist defekt.
- Häufig hat der Fehlalarm seine Ursache in korrodierten Steckkontakten des Verbindungssteckers.

Kontrolleuchte für Bremsflüssigkeitsstand und Hydraulikdruck

Der Flüssigkeitsstand im Vorratsbehälter ist durch einen Schwimmer mit angeschlossenem Kontakt überwacht. Fällt der Pegel durch ein Leck in der Bremsanlage, wird der Kontakt zur Masseleitung ausgelöst, und die Kontrollampe brennt.
Genauso verhält es sich, wenn beim 525i/528i in der Hochdruck-Hydraulikanlage der Servolenkung bzw. des Bremskraftverstärkers der Druck absinkt. Überwacht wird das durch die beiden Druckschalter hinten links im Motorraum am Druckspeicher bzw. am Druckspeicher-Regler.

Störungssuche

- Brennt die Kontrolleuchte bei laufendem Motor, obwohl der Bremsflüssigkeitsbehälter voll ist, die Kabel am Deckel des Behälters abziehen:
- Verlöscht die Lampe jetzt, ist der Niveauschalter im Deckel des Vorratsbehälters defekt; eventuell ist der Schwimmer leck.
- Brennt die Kontrolleuchte weiterhin, liegt der Fehler im Instrument oder im Zuleitungskabel.
- Beim 525i/528i bleiben als zusätzliche Fehlerquelle auch die beiden Druckschalter. Prüfung:
- Beide Kabel eines Schalters abziehen, zusam-

Die Zentralhydraulik des BMW 525i/528i wird von zwei Druckschalter (1 und 2) am Druckregler (3) bzw. Druckspeicher überwacht. Ebenfalls zu sehen: der hydraulische Bremskraftverstärker (4).

menhalten. Verlöscht die Lampe, war der Schalter defekt.

- Oder – bei schlechter Lenk- bzw. Bremskraftunterstützung – reicht der Druck im Hydrauliksystem nicht aus. Messen lassen.
- Soll einer der Druckschalter ausgewechselt werden, muß vor Losschrauben des Schalters das Bremspedal zum Druckabbau 20 Mal kräftig betätigt werden.
- Schalter anschließend vorsichtig losdrehen.

ABS-Kontrolleuchte

Bei Fahrzeugen mit Anti-Blockier-System (ABS) brennt diese Kontrolleuchte zur Funktionskontrolle beim Einschalten der Zündung. Wenn nicht, Lämpchen auswechseln (siehe Seite 209). Bei laufendem Motor muß die Anzeige verlöschen.

Brennt sie dagegen während der Fahrt, liegt ein Defekt im Bremssystem vor. In die Werkstatt fahren und kontrollieren lassen (siehe auch Seite 141).

Ladekontrolleuchte

Bei laufendem Motor darf die Ladekontrolle weder glimmen noch aufleuchten. Sonst sitzt ein Fehler in der Stromversorgung, siehe Störungsbeistand auf Seite 177. Brennt das rote Lämpchen beim Einschalten der Zündung nicht, ist vermutlich die Glühlampe durchgebrannt, oder aber die Verschraubung an der Lichtmaschine hat sich gelöst.

Mehr über die Funktion der Ladekontrolleuchte erfahren Sie auf Seite 173.

Öldruckkontrolle

Bei eingeschalteter Zündung liegt an der Öldruckkontrolle Spannung an. Solange kein Öldruck aufgebaut wird, ist ihr Stromkreis durch den Öldruckschalter geschlossen – sie brennt.

Bei steigendem Öldruck im Motor öffnet der Öldruckschalterkontakt, der Stromkreis wird unterbrochen, und die Kontrolle verlöscht. Kaltes Motoröl ist ziemlich zähflüssig. Das ergibt hohen Öldruck, der die Kontrolle schon beim oder gleich nach dem Anlassen des Motors verlöschen läßt. Im heißgefahrenen Motor im Hochsommer ist das Öl dünnflüssiger, und bei dem entsprechend niedrigeren Öldruck verlöscht die Kontrolle erst bei höheren Drehzahlen.

Störungssuche

Leuchtet die Öldruckkontrollampe plötzlich während der Fahrt auf, ist das grundsätzlich ein Alarmzeichen.

- Brennt sie nur kurz bei scharfem Bremsen oder in schnell gefahrenen Kurven, dürfte der Ölstand unter die Minimalmarke abgesunken sein – Ölstand prüfen und, wenn nötig, Öl nachfüllen.
- **Leuchtet die Lampe dauernd, müssen Sie sofort anhalten!**
- Dann zuerst kontrollieren, ob das Kabel vom Öldruckschalter zur Warnlampe Kurzschluß hat: Zündung einschalten, Kabelstecker am Öldruckschalter abziehen.
- Die Lampe muß nun bei stehendem Motor verlöschen; das beobachtet am besten ein Helfer. Brennt sie dagegen weiter, ist das Kabel irgendwo durchgescheuert und hat Massekontakt. Das ist harmlos für den Motor – Sie können weiterfahren.
- Normalerweise zeigt das Aufleuchten der Öldruckkontrolle, daß in den Schmierstellen des Motors der nötige Öldruck nicht aufgebaut wird. Das liegt jedoch meistens nicht an einem Defekt an der Ölpumpe, sondern weit öfter an schlagartigem Ölverlust. In Betracht kommt da z.B. eine lose Ölablaßschraube.
- Stellt sich der Fehler als gefährlich für den Motor heraus, muß der BMW abgeschleppt werden.
- Bei ständig leuchtender Ölkontrolle ist nicht selten ein defekter Öldruckschalter schuld. Regelrecht nachgeprüft werden kann das aber nur durch Auswechseln des Schalters.
- Behelfsmäßige Kontrolle: Steckerzunge des Öldruckschalters etwas hin- und herbewegen, sofern sie sich gelockert hat. Verlöscht die Lampe jetzt, wenn der Motor kurz gestartet wird?
- Bleibt die Öldruckkontrolle beim Zündschlüsseldreh dunkel? Zündung einschalten, Kabel am Öldruckschalter abziehen (bzw. Steckkontakt trennen) und an blankes Metall halten: Brennt nun das Warnlicht, liegt es am Öldruckschalter. Öldruckschalter austauschen.
- Leuchtet nichts, ist die Zuleitung oder die Glühlampe selbst defekt.

Die Service-Intervallanzeige (SI)

Auf der Service-Intervallanzeige unten im Kombiinstrument basiert das gesamte Wartungssystem unseres BMW. Wie das Aufleuchten der verschiedenen Leuchtdioden (LED) und Schriftzüge zu verstehen ist, erfahren Sie auf Seite 13.

Service-Intervallanzeige

Die Störung	– ihre Ursache	– ihre Abhilfe
A Eine oder mehrere LED leuchten nicht (Diodenkette unterbrochen)	LED defekt	Leuchtdioden-Platine auswechseln
B Grüne LED leuchten bei laufendem Motor	1 Motor durch Anschieben gestartet	Mit Anlasser starten
	2 Anschluß Klemme 15 oder 50 am Kombiinstrument unterbrochen	Steckverbindungen prüfen
	3 SI-Leiterplatte defekt	Austauschen
C Gelbe und rote LED sowie beide Schriftzüge leuchten plötzlich	1 Siehe B 3	
	2 Schlechte Masseverbindung	Massepunkte des Batteriekabels und des Kombiinstruments prüfen und blankkratzen
	3 Falsche Relais eingebaut	Relais für Hupe, Gebläse und Abblendlicht müssen Diodenrelais sein
D Gelbe und rote LED sowie Schriftzug »Oilservice« leuchten	Tiefentladung der Pufferbatterien	Ladezyklus beachten: Wenn nach einer Minute nicht der Schriftzug »Inspection« erscheint, neue Batterien einlöten lassen bzw. SI-Leiterplatte austauschen
E Nur Schriftzug »Inspection« leuchtet	1 Pufferbatterien waren tiefentladen	Nach Ladezyklus Anzeige zurückstellen
	2 Siehe B 3	
F Undefiniertes Leuchten/Blinken der Leuchtdioden	1 Siehe B 3	
	2 Wackelkontakt an den Steckverbindungen des Kombiinstruments	Steckverbindungen innen und außen am Kombiinstrument prüfen
G 3 Grüne und die gelbe LED leuchten	1 Siehe B 3	
	2 Leiterplatte, Drehzahlmesser, Verbrauchsanzeige defekt	Betreffende Teile auswechseln
H »Inspection«-Intervall zu lang (mehr als 24000 km bzw. 11 Monate)	1 Drehzahlimpuls falsch oder fehlt	Drehzahlmesser ersetzen
	2 Codierstecker falsch oder fehlt	Codierstecker kontrollieren
	3 Siehe B 3	
	4 SI versehentlich zurückgestellt	Wartung an Anzeige anpassen
J »Oilservice«-Intervall zu kurz (weniger als 6000 km innerhalb 11 Monaten)	1 Siehe B 3	
	2 Siehe G 2	
K »Inspection«-Intervall zu kurz (weniger als 12000 km innerhalb 11 Monaten)	Siehe H 2	
K Rückstellen nicht möglich	1 Rücksteller defekt	Anderen Rücksteller verwenden
	2 Reset-Leitung defekt	Prüfen
	3 Drehzahlmesser defekt	Austauschen

Der Öldruckschalter signalisiert über die Öldruck-Warnleuchte am Armaturenbrett, ob in den Motorlagern ausreichend Öldruck vorhanden ist.
Beim 520i/525e sitzt der Öldruckschalter (2) unten an der rechten Motorseite unter dem Ölfilter (1).
Beim 525i/528i hat er seinen Platz links hinten am Zylinderkopf (Pfeil).

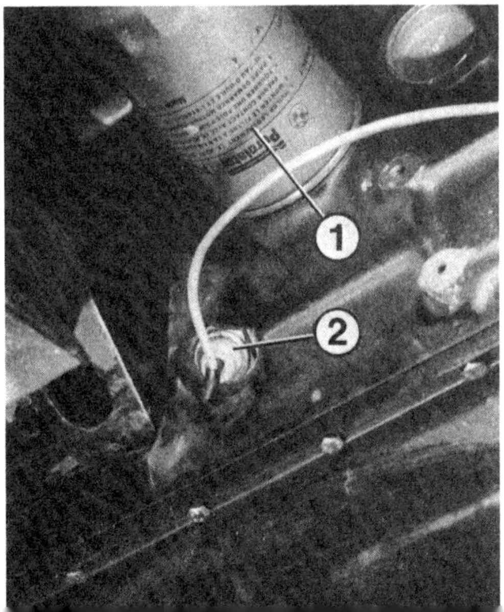

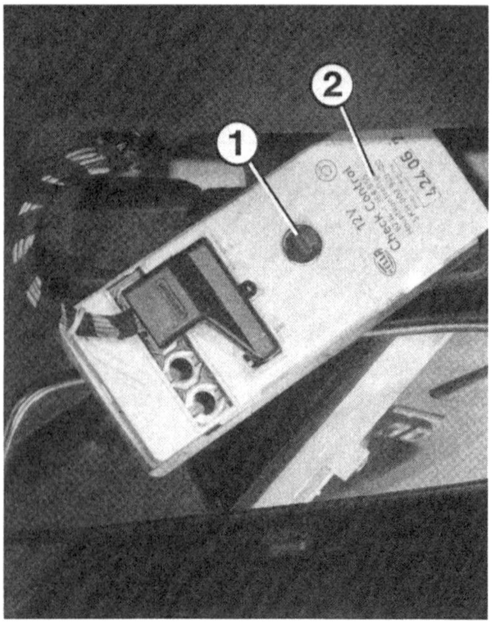

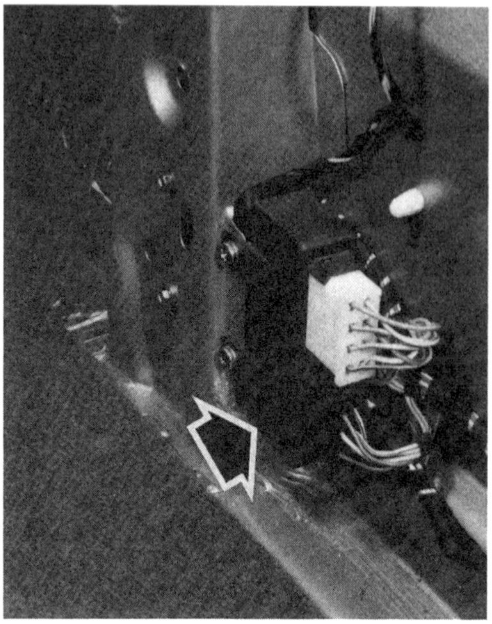

Links: Die Abfrageeinheit (2) der Check-Control läßt sich leicht aus dem Ausschnitt der Dachverkleidung ziehen. Die Lampe (1) der Schriftfeldbeleuchtung ist dann zugänglich.
Rechts: Das Lampenkontrollgerät (Pfeil) für die Rückleuchten sitzt an der hinteren Kofferraumwand.

Fingerzeig: Wer sich gegen die hilfreiche Service-Intervallanzeige sträubt, kann sie lahmlegen, indem er die Leuchtdioden-Platine ausbaut, wie im Bild auf Seite 211 unten gezeigt.

Check-Control

Das Check-Control-System ist nichts anderes als die Zusammenfassung von verschiedenen Kontrolleuchten in Verbindung mit einer zentralen Hinweisleuchte im Kombiinstrument. Mit den Leuchtdioden der Abfrageeinheit oberhalb des Innenspiegels überwachen wir die Flüssigkeitsstände von Motoröl, Kühlmittel und Scheibenwascher. Ferner wird der Ausfall einer Lampe des Abblendlichts, Brems-, Rück- und Kennzeichenlichts registriert.

Ist eine der Funktionen nicht gewährleistet, blinkt die zentrale Hinweisleuchte im Kombiinstrument, die je nach Baujahr des Wagens mit einem Symbol oder dem Schriftzug »CHECK« versehen ist. Löschen läßt sich diese Leuchte durch Betätigen der Taste oben in der Abfrageeinheit. Nach Einschalten der Zündung (Zündschlüssel-Raste II) blinkt sie ebenfalls – so lange, bis nach Treten des Bremspedals das Bremslicht überprüft wurde.

Teile der Check-Control

Abfrageeinheit

An der Abfrageeinheit in der vorderen Dachverkleidung gibt es nichts zu reparieren. Lediglich die Lampe der Schriftfelderbeleuchtung kann ausgewechselt werden (Seite 203). Defekte an einer Leuchtdiode oder der Taste erfordern den Austausch des gesamten Teils. Dazu die Abfrageeinheit mit flachem Schraubenzieher aus der Dachverkleidung hebeln und Stecker abziehen. Wer sichergehen will, daß der Fehler auch wirklich an der Abfrageeinheit lag, tauscht diese probehalber gegen die eines anderen Wagens aus dem Bekanntenkreis aus.

Lampen-kontrollgeräte

Die genannten Lampen der Fahrzeug-Außenbeleuchtung werden von zwei Lampenkontrollgeräten überwacht. Diese Prüfstationen arbeiten auf magnetischer Basis und vergleichen den Stromfluß in den Leitungen

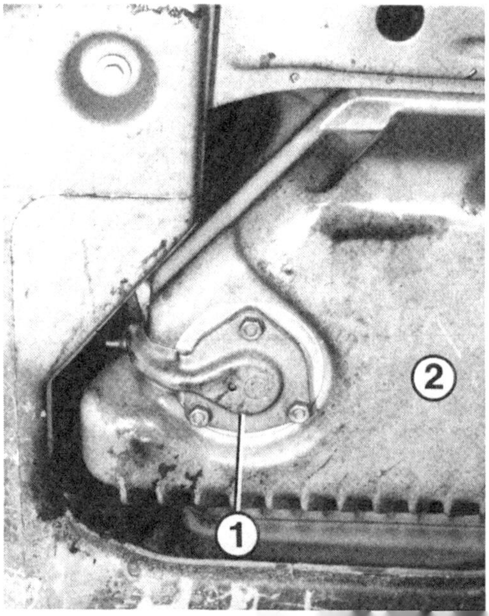

Der Ölstandsgeber (1) sitzt links in der Motorölwanne (2).

beispielsweise zum rechten und zum linken Bremslicht. Wird in einer Leitung aufgrund einer Unterbrechung oder eines Lampendefekts kein Strom verbraucht, stellt das Kontrollgerät eine Differenz fest und meldet dies dem Steuergerät. Keine Differenz besteht natürlich auch dann, wenn der wirklich seltene Fall eintritt, daß beide Lampen defekt sind. Dagegen ist das Kontrollgerät machtlos.
Das Lampenkontrollgerät für das Abblendlicht sitzt unsichtbar im Sicherungskasten links im Motorraum. Für die Lampen der Heckleuchten ist das Kontrollgerät unter der hinteren Kofferraum-Seitenverkleidung zuständig.

Fingerzeig: Üblicherweise wird bei nachträglichem Einbau einer Anhängerkupplung die Stromversorgung von Brems- und Rücklicht am Anhänger von nur einer Rückleuchte des Zugwagens abgezapft. Bei Wagen mit Check-Control geht das nicht, denn der unterschiedliche Stromfluß zu den Heckleuchten würde als Lampendefekt gewertet. Deshalb hält BMW zur Verdrahtung der Steckdose an der Anhängerkupplung einen speziellen Kabelbaum bereit, der mit passenden Steckern schon vor dem hinteren Lampenkontrollgerät seinen Strom bezieht.

Geber für Kühlmittel und Scheibenwaschwasser

Beide Füllstandsgeber sind mit Reedkontakten ausgestattet. Das ist ein Kontaktsatz, der – luftdicht abgeschlossen – in einem kleinen Behälter mit Gasfüllung untergebracht ist. Die Gasfüllung soll Abbrand an den Kontakten verhindern.
Die Kontakte schließen sich, wenn ein Magnet in ihre Nähe gebracht wird. Der sitzt bei unseren Füllstandsgebern im Schwimmer, der bei richtigem Flüssigkeitsstand nahe am Reedkontakt steht. Der Kontakt ist geschlossen.
Sinkt der Pegel ab, entfernt sich der Magnet vom Kontakt und dieser öffnet. Prüfung:

- Bei ausreichendem Flüssigkeitsstand Stecker am Geber abziehen. Zwischen den Geber-Kontakten ein Ohmmeter anschließen: Es müssen 0 Ω angezeigt werden.
- Gleiche Prüfung bei abgesunkenem Flüssigkeitsstand: Das Instrument muß ∞ Ω anzeigen.

Ölstandsgeber

Der Geber, der ein Absinken des Motorölstands an die Abfrageeinheit der Check-Control meldet, ist mit zwei Schaltkontakten ausgestattet, dem statischen und dem dynamischen Kontakt.
Bei ausreichendem Ölstand ist der statische Kontakt geschlossen. Über das so weitergeleitete Massesignal erkennt die Check-Control, daß der Ölstand in Ordnung ist. Gleichzeitig ist der dynamische Kontakt geöffnet, und die von der Abfrageeinheit an diesem Punkt angelegte Kontrollspannung fließt über den eingebauten Widerstand zur Masse ab.
Unterschreitet der Ölstand das Niveau für den dynamischen Kontakt, erfolgt eine Fehlermeldung. Damit das ansteigende Ölniveau nach dem Abstellen des Motors den Fehler nicht löscht, bleibt die Fehlermeldung gespeichert.
Gelöscht wird sie erst, wenn vom statischen Kontakt gemeldet wird, daß das Motoröl wieder aufgefüllt wurde. Der statische Kontakt ist dann wieder geschlossen.
Prüfung:

- Kabelsteckverbindung nahe des Gebers trennen.
- Bei ausreichendem Motorölstand Ohmmeter nacheinander an jedes der beiden Kabel zum Geber anschließen und gegen Masse messen:
- Am statischen Kontakt (Stecker des blau/gelben

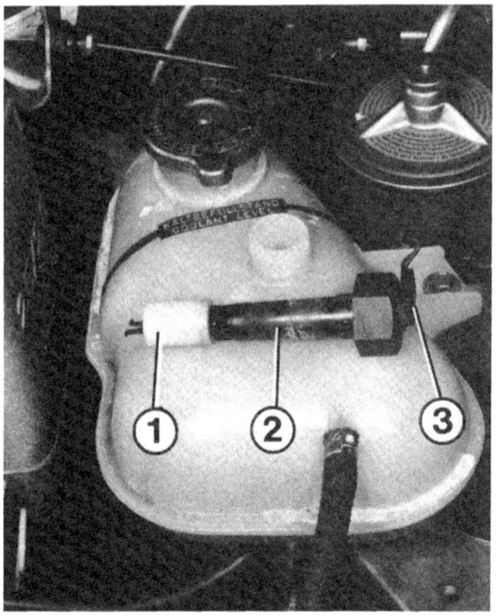

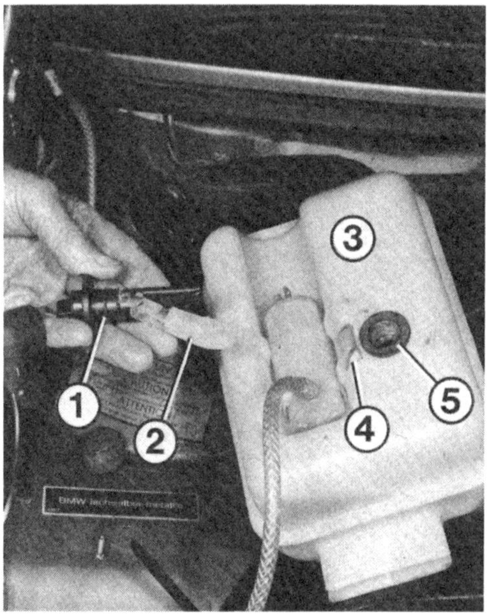

Links: Geber für Kühlmittelstand (2) mit Schwimmer (1) und Anschlußstecker (3) am Kühlmittel-Ausgleichsbehälter des 525i/528i. Rechts: Geber für Scheibenwaschwasserstand (1) mit Schwimmer (2). Er steckt in der Öffnung (5) vorn im Waschwasserbehälter (3). Der Anguß (4) verhindert, daß er verdreht eingebaut wird.

Kabels) müssen gegen Masse 0 Ω abzulesen sein.
● Am dynamischen Kontakt (Stecker des violett/grünen Kabels) müssen gegen Masse 1000 Ω (1 kΩ) angezeigt werden.
● Besteht trotz richtigen Meßwerten Fehleranzeige, kann ein Kabel defekt sein.

Die Zeituhr

Die BMW-Modelle 520i und 525e besaßen lange Zeit in serienmäßiger Ausstattung eine Analog-Zeituhr, die an Stelle des Drehzahlmessers ins Kombiinstrument eingebaut ist. Sitzt dort jedoch der Drehzahlmesser, zeigt die Uhrzeit eine Digitaluhr, die rechts vom Kombiinstument in das Armaturenbrett eingesetzt ist.
Leider läßt sich an beiden Versionen nichts reparieren. Bei einem Defekt heißt es austauschen. Wie die Analog-Zeituhr ausgewechselt wird, ist auf Seite 209 beschrieben, nachfolgend finden Sie den Ausbau der Digitaluhr.

Digitaluhr ausbauen

● Mit schmalem Schraubenzieher die Blende der Uhr abhebeln; sie ist mit Haltenasen verankert.
● Am Uhrengehäuse oben und unten je eine Kunststoff-Halteklammer niederdrücken.
● Uhr herausziehen, Stecker abziehen.
● Beim Einbau Uhr lediglich einrasten lassen und Blende aufstecken.

Die Schalter

Wenn ein elektrisches Gerät im BMW eingeschaltet werden soll, muß der betreffende Schalter betätigt werden. Zum Bereich »Schalter« gehört natürlich auch das Zündschloß.

Hebelschalter

Obschon sie zu den meistgebrauchten Schaltern im Auto gehören, hat man mit den Hebelschaltern am Lenkrad nur selten Probleme.

Hebelschalter ausbauen

● Batterie abklemmen.
● Armaturenbrettverkleidung links unten abbauen (Seite 259).
● Lenkrad ausbauen (Seite 119/120).
● Untere Lenksäulenverkleidung abbauen, oberes Teil ein wenig hochklappen (Seite 256).
● Mehrfachstecker bzw. Einzelstecker der Zuleitungskabel trennen.
● Massekabel abschrauben.
● Je zwei Halteschrauben pro Hebelschalter lösen.

Drucktastenschalter

Drucktastenschalter finden wir im BMW rechts vom Kombiinstrument. Auch die Schalter für Nebelscheinwerfer und Nebelschlußleuchten sind seit 9/84 als Drucktastenschalter ausgeführt.
Bei entsprechend ausgestatteten Wagen werden auch die elektrischen Fensterheber und das elektrisch betätigte Schiebedach mit solchen Schaltern betätigt.
Der Schalter der Warnblinkanlage ist bei eingeschaltetem Licht von einer kleinen Lampe im Schalterknopf

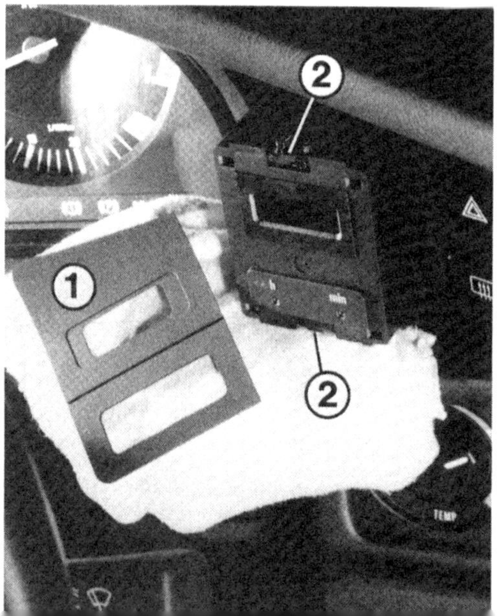

Die Zeituhr sitzt bei Fahrzeugen mit Drehzahlmesser rechts vom Kombiinstrument.
Ausbau: Blende (1) vorsichtig abhebeln, Halteklammern (2) vorsichtig niederdrücken.

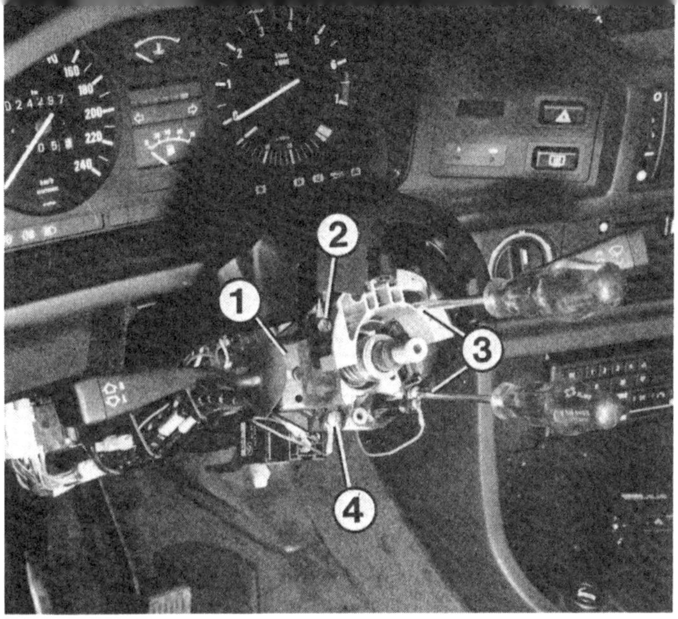

Der Blinkerschalter (1) ist an zwei Stellen (2 und 4) mit der Lenksäulen-Lagerung verschraubt. Auf den Halteschrauben des Wischerschalters sind die Schraubenzieher (3) angesetzt.

schwach erleuchtet. Dazu erhält das Lämpchen Strom vom Lichtschalter über einen elektrischen Widerstand. Wird der Schalter niedergedrückt, ist der Widerstand nicht mehr im Stromkreis – das Lämpchen leuchtet mit voller Lichtstärke im Blinkertakt.
Auch der Schalter für die heizbare Heckscheibe ist beleuchtet. Allerdings brennt diese Lampe erst bei gedrücktem Schalter.
Leider lassen sich die Lämpchen der Schalterbeleuchtung nicht einzeln auswechseln. Man muß den Schalter komplett ersetzen.
Genauso verhält es sich bei den Doppelschaltern der elektrischen Fensterheber und des elektrisch angetriebenen Schiebedachs. Deren Beleuchtung ist jedoch mit der Zündschloßklemme 15 bzw. seit 9/84 zusätzlich mit der Innenbeleuchtung gekoppelt.
Keine Beleuchtung besitzen die Schalter für Nebelscheinwerfer und -rückleuchte(n). Die Symbole über den Schaltern werden von einem separat sitzenden Lämpchen angestrahlt.

Drucktastenschalter ausbauen

- Batterie abklemmen.
- **Allgemein:** Kleinen Schraubenzieher unten oder seitlich am Schaltergehäuse ansetzen und Schalter vorsichtig heraushebeln.
- Darauf achten, daß die Umgebung bzw. die Blende im Bereich des Schalters nicht verkratzt wird.
- Läßt sich einer der **Schalter rechts vom Kombiinstrument** nur schwer herausnehmen, lieber die Digitaluhr ausbauen und den Schalter von hinten herausdrücken.
- Die Schalter der **Nebelscheinwerfer und Nebelschlußleuchte(n)** ab 9/84 lassen sich – nachdem die Schalterblende mit Innenlichtschalter herausgedrückt wurde – ebenfalls von hinten aus der Blende drücken. Klappt das nicht, linke untere Armaturenbrettverkleidung abnehmen (Seite 259).
- Am ausgebauten Schalter Anschlußstecker abziehen. Darauf achten, daß er nicht in die Schalter-Einbauöffnung zurückrutscht.

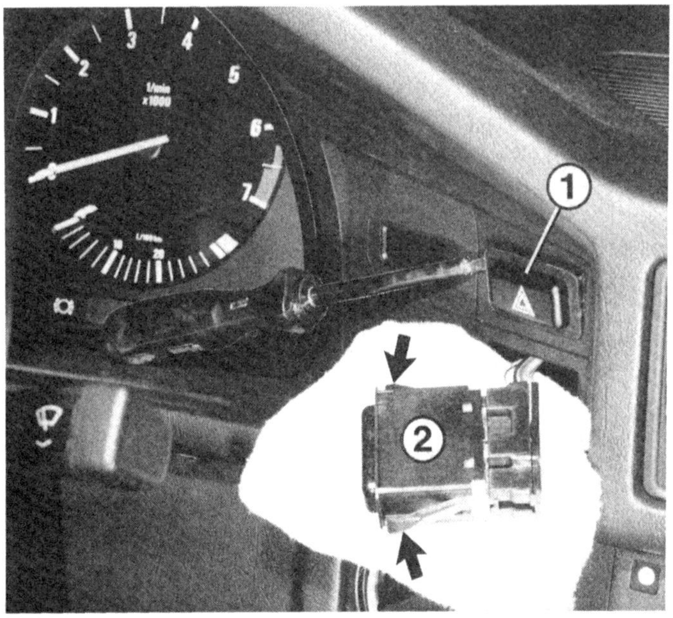

Die Drucktastenschalter für Warnblinkanlage (1) und heizbare Heckscheibe (2) sind in die Armaturentafel nur eingesteckt. Die Federspangen (Pfeile) sichern gegen Herausrutschen.

Lichtschalter

Im BMW ist der Lichtschalter links am Armaturenbrett untergebracht. Neben seinem Schalterhebel befindet sich ein Rändelrad zur Regulierung der Instrumentenbeleuchtung.
Einen ähnlichen Schalter verwendete BMW bis 8/84 für die Nebelschlußleuchte und die Nebelscheinwerfer.

Lichtschalter ausbauen

- Batterie abklemmen.
- Armaturenbrettverkleidung links unten abnehmen (Seite 259).
- Sofern vorhanden (ältere Modelle) die Rändelschraube an der Rückseite des Schalters losschrauben.
- Ansonsten hält sich der Schalter nur an vier kleinen Klammern – zum Ausbau Schalter zum Innenraum hin aus dem Halter drücken.

Drehschalter

Der Drehschalter des Heizungsgebläses läßt den Strom entweder direkt oder über zwei unterschiedlich große Widerstände zum Gebläsemotor fließen. So ergeben sich drei Geschwindigkeitsstufen. Die Vorwiderstände, die den Stromfluß in den langsamen Stufen reduzieren, sitzen jedoch nicht im Schalter, sondern im Gehäuse des Gebläses.

Drehschalter ausbauen

- Batterie abklemmen.
- Als Vorarbeit das Radio ausbauen. Der Schalter ist dann von unten zugänglich.
- Drehknopf vom Schalter abziehen.
- Rosettenschraube mit zwei gekreuzten schmalen Schraubenziehern losdrehen.
- Schalter nach hinten abnehmen und durch den Radio-Einbauschacht herausziehen.

Schalter für Spiegelverstellung

Der kleine Schalter für die Spiegelverstellung hat insgesamt vier Schaltkontakte zum Verstellen des Spiegels nach oben, unten, rechts und links. Zusätzlich sitzt im Schaltergehäuse der Umschalter für die Bedienung des rechten bzw. des linken Spiegels.

Schalter für Spiegelverstellung ausbauen

- Mit dem Schraubenzieher das Schaltergehäuse an der Hinterkante aus der Verkleidung heben.
- Schaltergehäuse samt Anschlußstecker nach hinten herausheben.
- Stecker vom Schalter abziehen.

Das Zündschloß

Das Zündschloß dient nicht nur dazu, dem Besitzer des Zündschlüssels den Motorstart zu ermöglichen, sondern sperrt nach Abziehen des Zündschlüssels auch die Lenkung.
Während das Schloßteil nur in seltenen Fällen seinen Geist aufgibt, kann der in einem Kunststoffteil eingegossene Schaltkontaktsatz – also der Zündanlaßschalter – eher die Ursache für eine Störung sein. Ob er defekt ist, können Sie nach Abschrauben der unteren Lenksäulenverkleidung prüfen.

Lichtschalter (1), Innenlichtschalter (2) und der Schalter für Nebelscheinwerfer/Nebelschlußleuchte (3) sind hier nach derselben Methode eingebaut: Sie werden lediglich von kleinen Kunststoffklammern am Schaltergehäuse (Pfeile) gehalten. Ältere Wagen besitzen Rändelschrauben zur zusätzlichen Befestigung.

Der Schalter (1) der elektrischen Spiegelverstellung ist hier ausgebaut und bei abgezogenem Stecker (2) auf der Fensterbrüstung abgelegt.

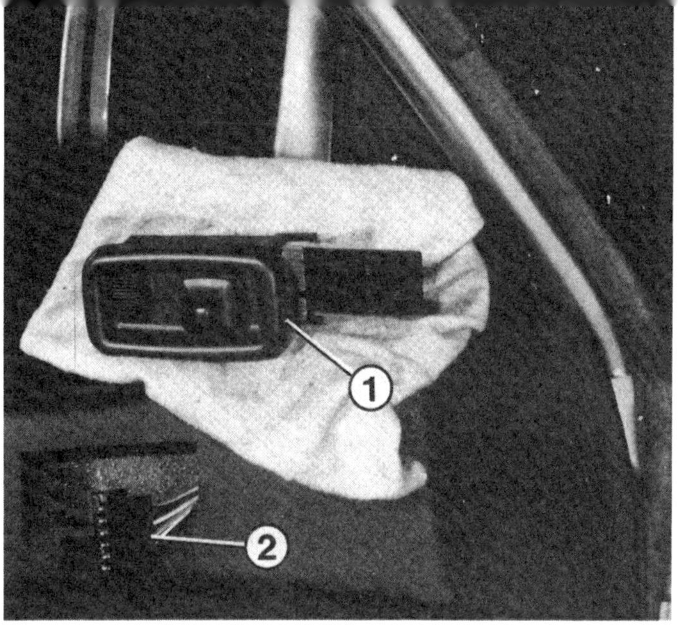

Zündanlaßschalter ausbauen

Das Schalterteil des Zündschlosses kann die Ursache von Störungen sein, wenn die Kontakte abgenutzt sind. Ein Fehler, der fast nur bei älteren Wagen vorkommt.

- Batterie abklemmen (Seite 171).
- Linke untere Armaturenbrettverkleidung ausbauen (Seite 259).
- Lenkrad ausbauen (Seite 119/120).
- Kleines Blendenteil oberhalb der Lenksäulenverkleidung abschrauben.
- Lenksäulenverkleidung lösen (siehe Seite 256); unteres Teil der Verkleidung abnehmen.
- Oberteil der Lenksäulenverkleidung ein Stück nach oben klappen. Den Bereich um das Lenkschloß etwas nach rechts ziehen, damit die Verkleidung über das Schloß rutschen kann.
- Am Schalterteil des Zündschlosses bis 8/85 Madenschraube lösen, ab 9/85 zwei Halterasten mit dem Schraubenzieher niederdrücken und Schalterteil vom Schloßteil abziehen.
- Mehrfachsteckverbindung der Zuleitungskabel trennen.
- Beim Einsetzen des neuen Schalterteils darauf achten, daß der Schloß-Betätigungsstift in die Aussparung am Schalterteil einrastet.
- Richtig einrasten müssen auch die Halterasten außen am Schaltergehäuse.

Zündung kurzschließen

Diese Beschreibung soll keinen Autodieb aus Ihnen machen, sondern Ihnen vielmehr helfen, bei defektem Zündschloß weiterfahren zu können. Der Zündschlüssel muß natürlich trotzdem vorhanden sein, und er muß sich natürlich im Zündschloß drehen lassen, damit die **Lenksperre entriegelt** werden kann. Bei Defekten am Lenkschloß selbst sollten Sie nicht mehr weiterfahren, denn die Lenkradsperre könnte sonst während der Fahrt einrasten.

- Linke untere Armaturenbrettverkleidung ausbauen (Seite 259).
- Lenkrad ausbauen (Seite 119/120).
- Unteres Teil der Lenksäulenverkleidung ausbauen (Seite 256).
- Kabelstrang vom Zündschloß bis zum Mehrfachstecker verfolgen, Mehrfachstecker lösen und trennen.
- Im Kabelstrang zum Motor die Stecker des roten und des grünen Kabels – z. B. mit einer Büroklammer

Nach Lösen der Halterasten (1) kann das Schalterteil (2) vom Schloßteil abgezogen werden. Beim Einbau darauf achten, daß der Betätigungsstift (3) richtig im Schalterteil eingreift.

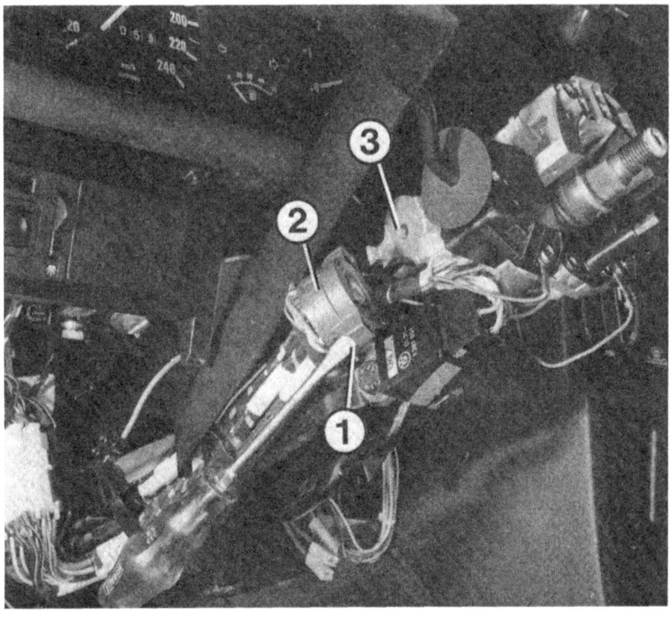

– überbrücken. Die Zündung ist damit eingeschaltet.

● Zum Starten des Motors basteln Sie sich eine zweite Drahtbrücke, die zunächst nur mit dem schwarzen Kabel verbunden wird.

● Die zweite Drahtbrücke nun kurz gegen die bereits bestehende Brücke halten und sofort wieder wegziehen: Der Anlasser wirft jetzt den Motor an.

● Zweite Brücke am besten ganz entfernen und die erste gut isolieren, damit sie nicht mit einem blanken Teil in Berührung kommen kann. Sonst gibt's einen saftigen Kurzschluß, denn das rote Kabel besitzt keine Sicherung.

● Zum Abstellen des Motors die Verbindung zwischen dem roten und grünen Kabel abziehen.

● Zum Fahren kann die Armaturenbrett- und die Lenksäulenverkleidung ausgebaut bleiben.

Schalter prüfen

● Mit einer Prüflampe mit Nadelkontakt können Sie die Kabelisolierung durchstechen und feststellen, welche Kabel Spannung führen.

● Nehmen Sie den passenden Stromlaufplan ab Seite 155 zur Hand.

● Zuerst wird geprüft, ob der Schalter überhaupt Spannung geliefert bekommt; hierzu muß vielfach die Zündung oder die Beleuchtung eingeschaltet werden.

● Dann wird kontrolliert, ob der Schalter in entsprechender Stellung die Spannung weiterleitet.

● Am Beispiel des **Zündanlaßschalters** sieht das folgendermaßen aus:

● Das rote Kabel von Batterie-Plus muß ständig Strom führen.

● Das violette Kabel der Zündschloß-Klemme R führt in den Zündschloßrasten I, II und in der Anlaßstellung Strom.

● Das grüne Kabel der Zündschloßklemme 15 führt in Raststellung II und in der Anlaßstellung Strom.

● Das schwarze Kabel Klemme 50 führt nur in Anlaßstellung Strom.

Relais und Schaltgeräte

Zur Bordelektrik gehören eine Reihe Relais und Schaltgeräte, die im Sicherungskasten sowie links unter dem Armaturenbrett oder unter der Lenksäulenverkleidung untergebracht sind.

○ Ein einfaches Schaltrelais wird für leistungsstarke Stromverbraucher verwendet. Leitet man den Strom auf langen Kabelwegen über den dazugehörigen Schalter, gibt es Spannungsverlust. Außerdem werden die Schalterkontakte durch den hohen Stromfluß stark beansprucht. Bei einer Relaisschaltung benutzt man den Schalter nur für den geringen Schaltstrom, womit nicht der Verbraucher direkt, sondern dessen Relais eingeschaltet wird.

○ Bestimmte Relais können zusätzliche Funktionen auslösen. So schaltet das Blinkrelais die Blinkimpulse, das Relais der Wisch-Wasch-Intervallschaltung steuert den Intervallbetrieb und den Trockenlauf der Scheibenwischer nach dem Scheibenwaschen.

○ Steuergeräte besitzen mehr oder minder umfangreiche elektronische Schaltungen für bestimmte Funktionen, bisweilen ist auch noch ein Relais eingebaut. Als Beispiele seien hier das Steuergerät für Scheiben-Intensivreinigung oder für Zentralverriegelung genannt.

Funktion der Schaltrelais

○ Beim Einschalten des betreffenden Verbrauchers wird im Relais durch den an Klemme 86 ankommenden »Schaltstrom« der Schaltstromkreis zu Klemme 85 geschlossen.

Im Relaishalter links unter dem Armaturenbrett sind bei abgenommener Verkleidung und bei entsprechender Ausstattung die folgenden Relais sichtbar:
1 – Schaltgerät für Innenlicht-Verzögerung;
2 – Relais für elektrische Fensterheber;
3 – Türlicht-Relais bei elektrischen Fensterhebern.

Die Sicherungen und Relais im Sicherungskasten sind hier im Bild gleich gekennzeichnet wie in den Schaltplänen ab Seite 155. Es bedeuten:
F 1 – Sicherung 1;
F 6 – Sicherung 6;
F 7 – Sicherung 7;
K 1 – Fernlicht-Relais;
K 2 – Abblendlicht-Relais;
K 3 – Nebelscheinwerfer-Relais;
K 4 – Hupenrelais;
K 5 – Entlastungsrelais;
K 6 – Wisch-Wasch-Intervallrelais bzw. Relais für Scheibenwischer und Intensivreinigung.
Weiter zu sehen: E – Ersatzsicherungen;
B – Benzinpumpen-Relais (L-/LE-Jetronic);
S – Relais für Scheinwerfer-Reinigungsanlage.

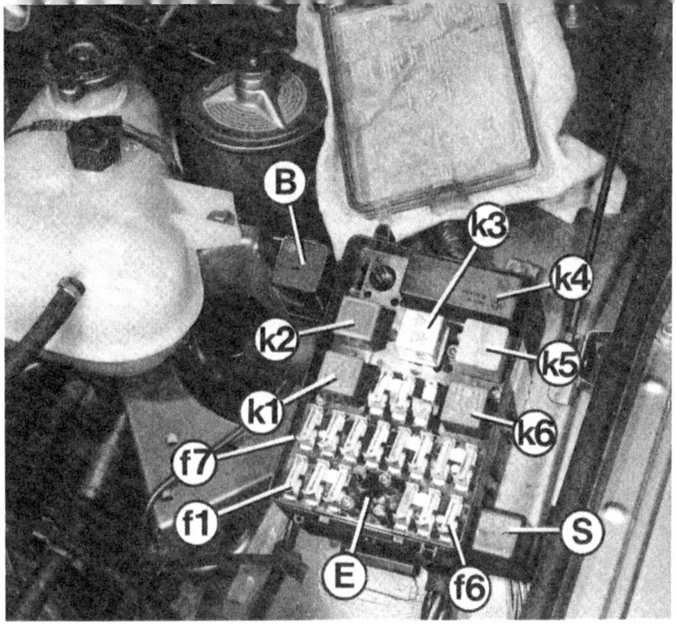

○ Dadurch zieht eine Magnetspule einen kräftigen Kontakt gegen Federdruck an und schließt so den Stromkreis für den »Arbeitsstrom«.
○ Der Arbeitsstrom wird zur Vermeidung von Spannungsabfall auf kurzem Weg direkt an Klemme 30 des Relais herangeführt und von dort weiter – bei geschlossenen Schalterkontakten – über Klemme 87 an den Stromverbraucher weitergeleitet.

Störungssuche Schaltrelais

● An Klemme 30 muß immer Spannung anliegen, sofern es sich nicht um ein Relais handelt, dessen Verbraucher von einem anderen abhängt. Beispiel: Das Relais der Nebelschlußleuchte(n) erhält nur dann Strom, wenn Licht eingeschaltet ist.
● Zur Kontrolle Relais ein Stück herausziehen und mit Prüflampennadel Klemme 30 antippen.

● Relais abziehen, Klemme 86 mit Batterie-Plus und Klemme 85 mit Masse verbinden. Die Magnetspule muß den Relaiskontakt deutlich hörbar anziehen, sonst ist das Relais defekt.

Behelf bei defektem Schaltrelais

● Relais aus dem Stecksockel abziehen.
● Klemme 30 und 87 im Relaissteckfeld mit einer Büroklammer oder einem kurzen Drahtstück überbrücken. Dadurch erhält der betreffende Verbraucher Dauerstrom.

● Zum Abschalten die Kurzschlußbrücke abziehen, da der betreffende Schalter in diesem Fall ja überbrückt ist.

Anzünder

Der elektrische Anzünder erhält Dauerstrom über die zuständige Sicherung. Falls der Anzünder trotz intakter Sicherung nicht funktioniert, ist der Heizwendeleinsatz locker oder durchgebrannt. Dieser Einsatz läßt sich abschrauben und austauschen.

Heizbare Heckscheibe

Die heizbare Heckscheibe wird direkt über den Schalter am Armaturenbrett aus- und eingeschaltet. Der Strom kommt in Zündschlüsselraste II und in Anlaßstellung vom Entlastungsrelais. Die Kabelfarbe der Zuleitung ist zuerst grün/rot, dann grün/blau. Vom Schalter zur Heckscheibe verläuft ein schwarzes Kabel.

Störungssuche

Falls die heizbare Heckscheibe kalt bleibt, kommen folgende Fehlermöglichkeiten in Betracht:
● Sicherung defekt (Seite 153).
● Entlastungsrelais defekt (siehe oben).
● Schalter defekt. Ausbauen (Seite 221) und mit Elektrik-Prüflampe kontrollieren, ob bei Zündschlüsselraste II und gedrücktem Schalter das schwarze Kabel unter Strom steht.
● Kommt im grün/blauen Kabel erst gar kein Strom am Schalter an, ist das Zündschloß oder die Zuleitung defekt.
● Ist die Zuleitung zur Heckscheibe defekt? Mit Dioden-Spannungsprüfer oder Meßgerät kontrollieren, ob hinten am Anschlußkabel der Scheibe Spannung anliegt.
● Sind Heizfäden beschädigt und dadurch unterbrochen, hilft Leitsilberlack. Dieser wird z.B. von Doduco, Postfach 480, 7530 Pforzheim, hergestellt und ist im Autozubehörhandel erhältlich.

Scheibenwischer und -wascher prüfen

Ständige Kontrolle

- Zündschlüssel auf Raste I oder II drehen.
- Laufen die Scheibenwischer in beiden Geschwindigkeiten und gehen sie beim Ausschalten in die Parkstellung zurück?
- Funktioniert die Wischintervallschaltung und die Wisch/Wasch-Automatik?
- Spritzt Wasser aus den Wascherdüsen?
- Wird bei entsprechend ausgestatteten Wagen auf Tastendruck Intensivreiniger auf die Scheibe gesprüht und anschließend nachgewaschen?

Scheibenwischer auswechseln

- Wischerarm zurückklappen.
- Kunststoffhebel an der Mittelachse des Wischerblatts nach unten drücken.
- Gleichzeitig das Wischerblatt vom Wischerarm ziehen.
- Beim Einbau Wischerblatt bis zum Einrasten der Haltenocke auf den Wischerarm drücken.

Wischergummi wechseln

Ist das Metallgestänge des Wischerblatts noch in Ordnung, braucht nur das Wischergummi ausgewechselt zu werden:

- Wischergummi nach Muster im Zubehörladen kaufen (Werkstätten haben sie selten vorrätig).
- An einem Ende ist das Wischergummi durch seine spezielle Ausformung mit einer Halteklammer des Wischerblattgestänges arretiert.
- Eben diese Halteklammer mit schmalem Schraubenzieher ein Stück aufbiegen.
- Altes Gummi herausziehen und die beidseits eingelegten Metallstreifen am neuen Gummi einsetzen. Darauf achten, daß die Krümmung nach unten (zur Scheibe hin) zeigt.
- Neues Wischergummi einschieben und Halteklammer wieder zusammenquetschen.

Scheibenwischerarm ausbauen

- Abdeckkappe vom Wischerarm mit einem flachen Schraubenzieher abhebeln und hochklappen.
- Haltemutter lösen; wo vorhanden, Federscheibe abnehmen.
- Wischerarm von der Welle abziehen.
- Falls dies nicht möglich ist, beidseitig von der Scheibenwischerwelle zum Schutz der Lackierung einen großen Lappen legen.
- Mit rechts und links angesetzten flachen Schraubenziehern den Wischerarm abhebeln.

Der Scheibenwischermotor

Die Stromversorgung des Scheibenwischermotors läuft über Klemme R des Zündschlosses, eine Sicherung und das Wisch-Wasch-Intervall-Steuergerät. Klemme R spendet in den Zündschlüsselrasten I, II und »Anlassen« Strom. Zentraler Punkt der Anlage ist jedoch das Steuergerät, das bei entsprechend ausgestatteten Wagen gegen das »Steuergerät für Intensivreinigung« ausgetauscht ist. Was den Wischermotor anbetrifft, sind jedoch die Funktionen dieselben.
An den vier Klemmen des Wischermotors tut sich folgendes:

○ Klemme **31** ist die Masseverbindung des Motors.

Zum Abbau des Wischerarms (1) die Abdeckkappe (2) hochklappen, Mutter (3) abschrauben und Wischerarm von der Wischerachse (4) abziehen.

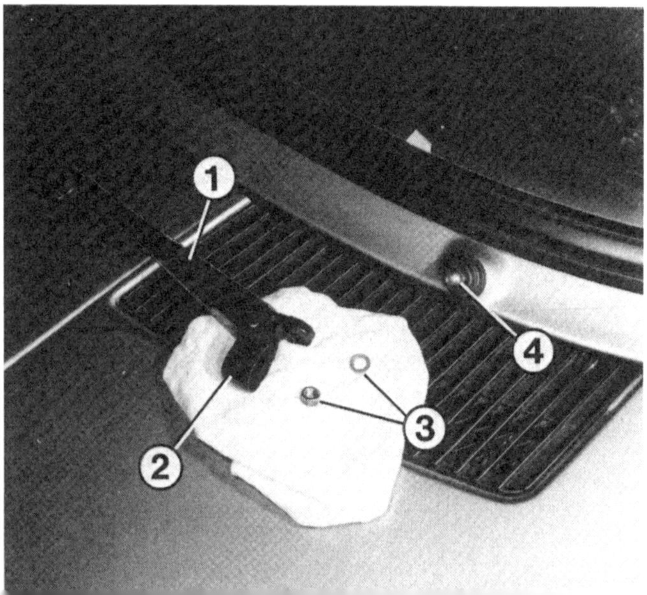

Nach Drücken des Kunststoffhebels (3) kann das Wischerblatt (4) vom Wischerarm (1) genommen werden. Beim Einbau auf das Einrasten der Haltenocke in der Aussparung (2) am Wischerarm achten.

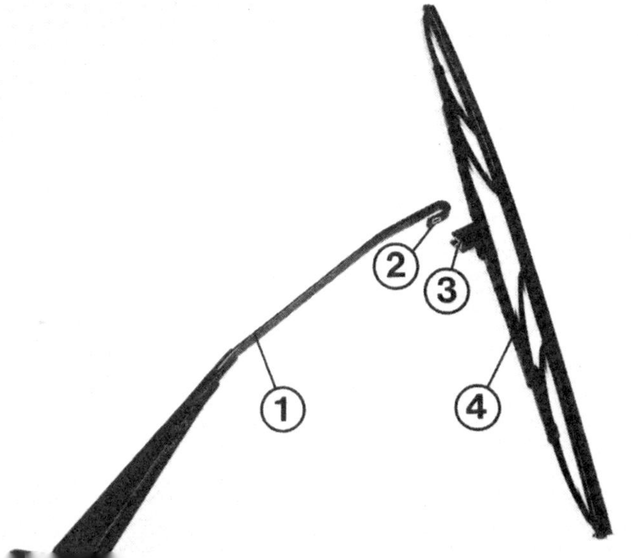

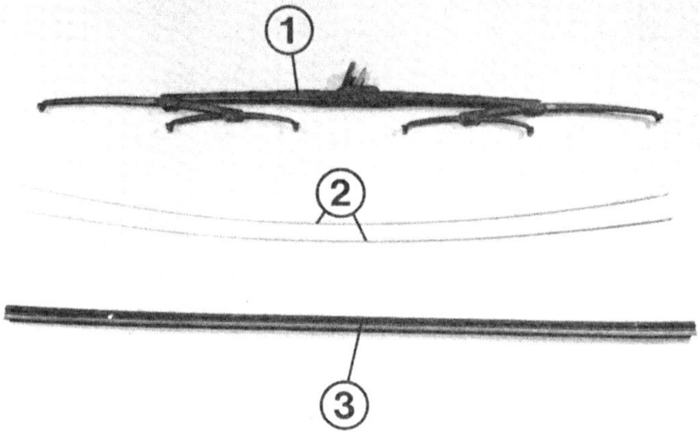

Das Wischerblatt zerlegt. Es bedeuten:
1 – Metallgestänge;
2 – Metallstreifen;
3 – Wischergummi.
Besonders Sparsame montieren lediglich auf der Fahrerseite einen neuen Scheibenwischer, der Beifahrer erhält den bisherigen linken Wischer. Beim nächsten Mal bauen sie wieder links einen neuen Scheibenwischer an und rechts den früheren linken; der alte Beifahrerwischer kommt nun auf den Müll.

○ Klemme **31 b** ist die Steuerleitung für das Wisch-Wasch-Intervall-Steuergerät. Sie signalisiert vom Wischermotor aus, ob sich die Wischerblätter gerade in Ruhestellung befinden oder ob sie auf der Scheibe »unterwegs« sind.
○ Klemme **53** hat mehrere Funktionen: Erstens liefert sie Strom für die erste Wischergeschwindigkeit. Zweitens fließt über sie auch nach Abschalten des Wischers am Schalter noch so lange Strom, bis die Wischer sich in Ruhestellung befinden. Dafür sorgt das Steuergerät. Drittens wird diese Klemme sofort vom Steuergerät auf Masse gelegt, wenn die Wischer in Ruhestellung gelaufen sind (Wischerschalter ausgeschaltet). Das bremst den Wischermotor schlagartig ab, und er kann nicht über die Endstellung hinauslaufen.
○ Klemme **53b** des Wischermotors wird mit Strom versorgt, wenn die zweite Wischergeschwindigkeit eingeschaltet ist.

Fingerzeig: Außer in Zündschlüsselstellung »0« dürfen die Wischerblätter nicht außerhalb ihrer Parkstellung blockiert sein – etwa durch Schnee oder weil sie angefroren sind. Denn der Wischermotor erhält so auch im ausgeschalteten Zustand Strom vom Steuergerät. Da sich der Elektromotor durch die festhängenden Wischerblätter nicht drehen kann, brennt er durch.

Störungsbeistand

Scheibenwischer

Die Störung	– ihre Ursache	– ihre Abhilfe
A Scheibenwischer laufen nicht	1 Zündschloß-Klemme R defekt	Zündanlaßschalter auswechseln
	2 Sicherung defekt	Austauschen
	3 Steuergerät für Wisch-Wasch-Intervallschaltung oder Intensivreinigung defekt	Austauschen
	4 Wischerschalter defekt	Austauschen
	5 Wischermotor defekt	Austauschen
	6 Wischerantriebskurbel lose	Festschrauben
B Scheibenwischer laufen nicht in Stufe II	1 Klemme 53b des Wischermotors defekt	Motor austauschen
	2 Siehe A 3 und 4	
C Scheibenwischer laufen nicht im Intervallbetrieb	1 Siehe A 3 und 4	
D Scheibenwischer haben keine definierte Ruhestellung	1 Kontakt 31 b am Wischermotor schaltet nicht mehr	Motor austauschen
	2 Siehe A 3	
E Wischermotor läßt sich nicht ausschalten	1 Siehe D 1	
	2 Siehe A 3	

Wischermotor oder Zuleitung defekt?

Zur Klärung, ob der Wischermotor oder die Stromzuleitung (Leitungen, Schalter, Steuergerät) defekt ist, hilft Ihnen folgende Prüfung:
- Abdeckung für Wasserfangkasten abschrauben (siehe Seite 240).
- Mehrfachstecker am Wischermotor ausstecken.
- Hilfskabel legen: Vom Batterie-Pluspol bzw. vom

Der Wischermotor (3) ist bei abgenommener Wasserkastenabdeckung zugänglich. Zum Ausbau das Wischergestänge (2) an der Wischermotorachse (1) abschrauben. Nach dem Einbau des neuen Motors den einstellbaren Gummipuffer (4) ganz nach unten drehen.

Plus-Abgriff zu Klemme 53 oder 53b am Wischermotor (Anschluß des schwarz/gelben bzw. schwarz/weißen Kabels).

- Zweites Hilfskabel von einem Massepunkt am Motor zu Klemme 31 am Wischermotor (Anschluß des braunen Zuleitungskabels).
- Der Scheibenwischermotor muß jetzt – je nach benutzter Klemme – auf Stufe I oder II laufen. Tut er das nicht, ist er defekt. Andernfalls liegt der Fehler im Schalter bzw. in der Zuleitung.

Scheiben-wischermotor ausbauen

- Abdeckung für Wasserfangkasten hinten im Motorraum ausbauen (Seite 240).
- Anschlußstecker am Wischermotor abziehen.
- Stellung der Antriebskurbel des Wischermotors in Ruhestellung markieren (für den späteren Wiedereinbau). Am besten zeichnen Sie die Kurbelstellung auf dem Halteblech des Wischermotors an.
- Wer das Anzeichnen vergessen hat: Die Kurbel liegt waagrecht zur linken Fahrzeugseite zeigend.
- Zentralmutter an der Antriebskurbel des Wischermotors lösen und Antriebskurbel von der Achse ziehen.
- Drei Halteschrauben rings um die Antriebsachse des Wischermotors herausdrehen.
- Wischermotor herausnehmen.
- Bei Einbau eines neuen Wischermotors diesen erst ohne Antriebskurbel durchlaufen lassen, damit er in seine Endstellung läuft.
- Erst jetzt Antriebskurbel gemäß der beim Ausbau angezeichneten Markierung festschrauben.

Scheibenwaschwasser auffüllen

Ständige Kontrolle

- Erst Zusatzmittel und anschließend Wasser einfüllen, damit sich die Flüssigkeiten im Wascherbehälter gut vermischen.
- Bei tiefem Frost können die Wascherdüsen doch einfrieren. Zur Vorbeugung empfiehlt sich hier die Zumischung von ⅓ Brennspiritus, der allerdings aufdringlich riecht.
- Fahrzeuge mit Intensivreinigungsanlage: Getrennten Vorratsbehälter mit BMW-Intensivreiniger auffüllen.

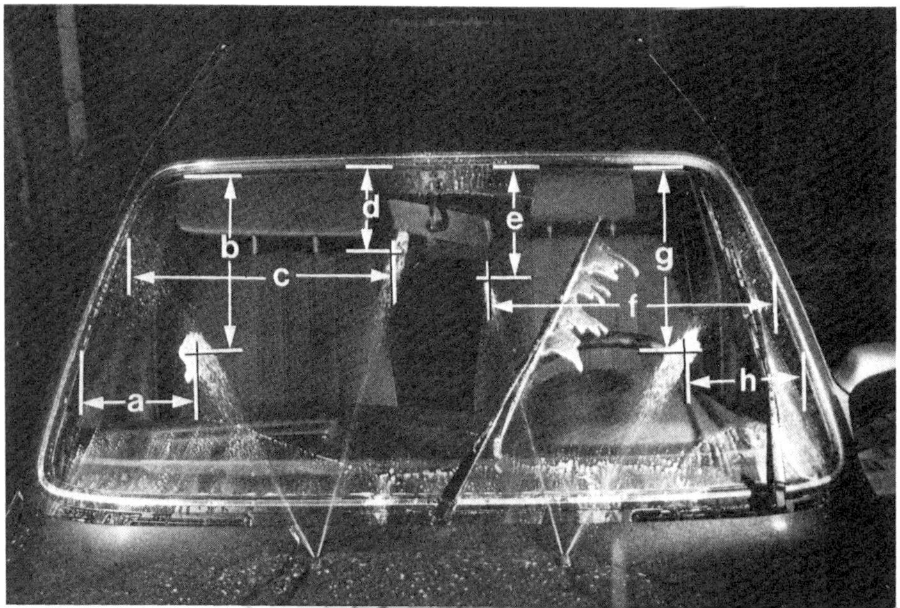

Wer die Sache ganz genau nimmt, stellt die Wascherdüsen so ein, daß die Wasserstrahlen nach den folgenden Maßen auf die Scheibe auftreffen:
a = 36 cm;
b = 46 cm;
c = 50 cm;
d = 23 cm;
e = 35 cm;
f = 54 cm;
g = 48 cm;
h = 38 cm.

● Um Verstopfungen der Scheibenwaschwasserdüsen vorzubeugen, empfiehlt sich der Einbau eines handelsüblichen Benzinfilters in die Waschwasserleitung.

Spritzstrahl einstellen

● Nadel in das Loch der Spritzdüse stecken.
● Das Düsenloch selbst befindet sich in einer Kugel, die mit Hilfe der Nadel verdreht wird.
● Spritzdüse drehen, bis die Spritzwasserstrahlen, wie im Bild links unten gezeigt, auf die Windschutzscheibe auftreffen.

Scheibenwaschwasserbehälter ausbauen

● Stecker am Füllstandssensor, an der (den) Wasserpumpe(n) und – sofern vorhanden – am Steuergerät für Scheinwerferreinigung abziehen.
● Halteschraube ganz hinten am Behälter lösen.
● Verschraubung an der rechten Seitenwand (nur bei Intensivreinigungsanlage) lösen.
● Wasserschläuche vorsichtig an der (den) Pumpe(n) abziehen. Die Schlauchstutzen brechen – besonders bei Kälte – leicht ab.
● Behälter nach oben herausnehmen und über einem bereitgestellten Gefäß ausleeren.

Störungsbeistand

Scheibenwaschanlage

Die Störung	– ihre Ursache	– ihre Abhilfe
A Wasser spritzt nicht beim Zug am Wascherhebel	1 Wascherbehälter leer	Auffüllen
	2 Im Winter: Waschwasser eingefroren	Höhere Frostschutzkonzentration verwenden
	3 Spritzdüsen verstopft	Schlauch abziehen, Düse ausbauen. Mit Preßluft durchblasen oder dünnem Draht durchstoßen. Evtl. Schlauch ebenfalls durchblasen
	4 Sicherung defekt	Ersetzen
	5 Wascherpumpe defekt	Stromversorgung (violett/schwarzes Kabel) bei eingeschalteter Zündung und gezogenem Hebel kontrollieren. Ggf. austauschen
	6 Waschpumpenkontakt am Wischerschalter defekt	Prüfen, ob braun/schwarzes Kabel bei gezogenem Hebel Massekontakt hat. Ggf. Schalter austauschen
B Einseitiger Spritzstrahl	Siehe A 3	

Die Intensivreinigungsanlage

Die Intensivreinigungsanlage (Sonderausstattung) für die Frontscheibe ist gewissermaßen ein Abfallprodukt aus dem Rennsport. Dort mußte eine Möglichkeit geschaffen werden, die Scheibe während der Fahrt auch von hartnäckigen Verschmutzungen, wie Fliegenreste und Silikon, zu reinigen.
In einen getrennten Behälter läßt sich bis zu **einem Liter** Intensivreiniger einfüllen, der mit eigener Wasserpumpe auf die Scheibe gesprüht und von den Scheibenwischern verteilt wird. Sofort anschließend erfolgt das Nachwaschen des Konzentrats mit normaler Scheibenwascherflüssigkeit.
Die Abfolge der Reinigungsvorgänge bestimmt das Steuergerät für Intensivreinigung, das statt des Wisch-Wasch-Intervall-Steuergeräts im Sicherungskasten sitzt.

Der Waschwasserbehälter eines Wagens mit Intensivreinigungs- und Scheinwerfer-Reinigungsanlage:
1 – Einfüllstutzen für Waschwasser (Scheibe und Scheinwerfer);
2 – Einfüllstutzen für Intensivreiniger;
3 und weißer Pfeil – Halteschrauben für die Behälter;
4 – Pumpe für Intensivreiniger;
5 – Steuergerät für Scheinwerfer-Reinigungsanlage;
6 – Pumpe für Scheibenwascher;
7 – Füllstandsgeber;
8 – Schlauch von der Pumpe für Scheinwerfer-Reinigungsanlage.

Die Wischerarme (1) der Scheinwerfer-Reinigungsanlage werden abgenommen, indem man die Abdeckkappen (3) zurückklappt und die Mutter (2) auf der Wischerachse losdreht.

Störungssuche

○ Zunächst kontrollieren, ob nach Drücken der Taste »Intensivreinigung« Spannung an der Wasserpumpe des Intensivreiniger-Behälters anliegt.
○ Regt sich die Pumpe nicht, obwohl Spannung anliegt, ist sie defekt.
○ Kommt kein Strom an, Kontakt des Wischerschalters prüfen.
○ Als letzte Fehlermöglichkeiten bleiben nur noch das Steuergerät und die Kabelzuleitungen (beides kontrollieren).

Scheinwerfer-Reinigungsanlage

Bei entsprechend ausgestatteten Wagen richtet die Scheinwerfer-Waschanlage insgesamt vier Wasserstrahlen auf die Streuscheiben, wenn bei eingeschaltetem Licht die Scheibenwaschanlage betätigt wird. Zusätzlich treten die Wischerarme vor den Scheinwerfern in Aktion.
Die Steuerung des Vorgangs übernimmt das kleine Steuergerät, das am Scheibenwaschwasserbehälter angebracht ist. Für die Waschwasserversorgung der Düsen an den Scheinwerfern ist eine gesonderte Wasserpumpe zuständig, die jedoch aus demselben Behälter zapft wie die Scheibenwascherpumpe.

Störungssuche

○ Die Stromversorgung für die Scheinwerfer-Reinigungsanlage kommt von Sicherung Nr. 9 (Stand-, Schluß- und Parklicht rechts). Läuft die Anlage gar nicht, diese Sicherung prüfen (Seite 153).
○ Regt sich einer der Wischermotoren oder die Wasserpumpe nicht, Anlage einschalten und mit Prüflampe am Bauteil kontrollieren, ob Spannung anliegt. Tut sich trotz Spannung nichts, betreffendes Bauteil auswechseln.
○ Fahrzeuge mit Scheinwerfer-Reinigungsanlage besitzen einen zusätzlichen Schaltkontakt im Wischerhebel. Prüfung: Zwischen dem braun/blauen und dem braun/grauen Kabel muß bei gezogenem Hebel Durchgang sein.
○ Als weitere Störungsmöglichkeit kommen Kabel, Kabelstecker und das Steuergerät in Betracht.

Radios mit Bohrungen seitlich in der Frontblende werden von Halteklammern im Ausschnitt gehalten. Ausgebaut werden sie, indem man passende Nägel (Pfeile) in die Bohrungen steckt und damit die Halteklammern niederdrückt. Radio an den Nägeln herausziehen.

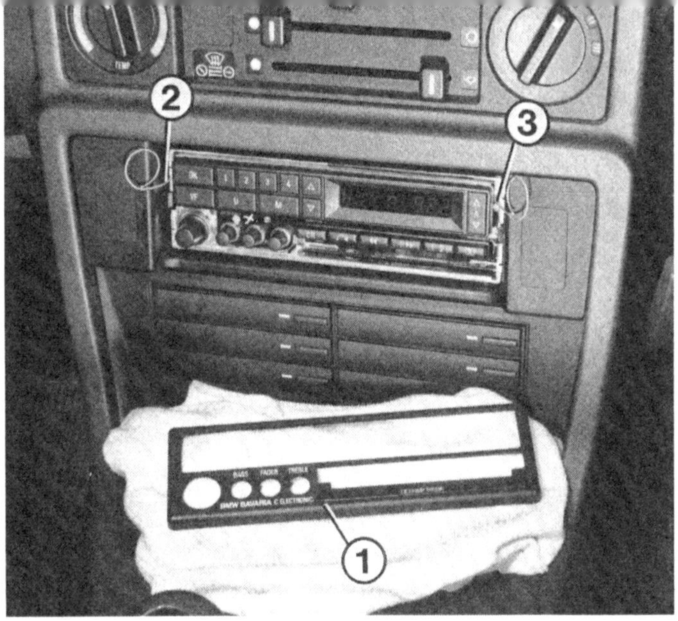

Ausbau eines Radios der »neuen Generation«: Blende (1) abnehmen, Ausziehhaken (2 und 3) in den Drehriegeln ansetzen und schwenken. An einigen Radios muß vor Abnehmen der Blende der Drehknopf abgezogen werden.

Radio

In unseren Beschreibungen gehen wir lediglich auf den Einbau ab Werk ein. Bitte beachten Sie, daß sich selbst bei diesen Geräten die Einbauweise je nach Ausführung von unserer Darstellung unterscheiden kann.

Radio ausbauen
alte Generation

Die Radios der alten Generation erkennen Sie an der Aufteilung der Bedienungselemente. Diese Radios besitzen immer zwei Drehknöpfe, symmetrisch rechts und links angebracht.

- Batterie abklemmen.
- Drehknöpfe abziehen.
- Klangregler und Zierscheibe abziehen.
- Die kleinen Blechklammern, mit denen sich die Radioblende auf den Reglerachsen hält, mit einem schmalen Schraubenzieher oder ähnlichem jeweils nach oben drücken. Jetzt Blende abnehmen.
- Haltebleche rechts und links der Reglerachsen losschrauben und abnehmen.
- Radio aus der Mittelkonsole ziehen.
- Antennen- und Kabelstecker abziehen.

Radio ausbauen
neue Generation

Die Radios der neuen Generation sind durch ihre asymmetrische Frontblendengestaltung leicht zu identifizieren. Ausbau:

- Bei einem Radio mit Anti-Diebstahl-Codierung sicherstellen, daß die Code-Nummer vorliegt.
- Batterie abklemmen.
- Beim **Radio mit vier Bohrungen** seitlich in der Frontblende (für Entriegelungsbügel – Bild links unten):
- Entriegelungsbügel (bisweilen bei Radio-Einbausätzen mit dabei) in die vier Bohrungen seitlich an der Frontblende stecken und Radio aus der Mittelkonsole ziehen.
- Oder vier passende Nägel oder Drahtstifte in die Bohrungen schieben und damit die Haltefedern entriegeln.
- Radio nach vorn herausziehen, evtl. zusätzlich mit einem Schraubenzieher vorsichtig heraushebeln.

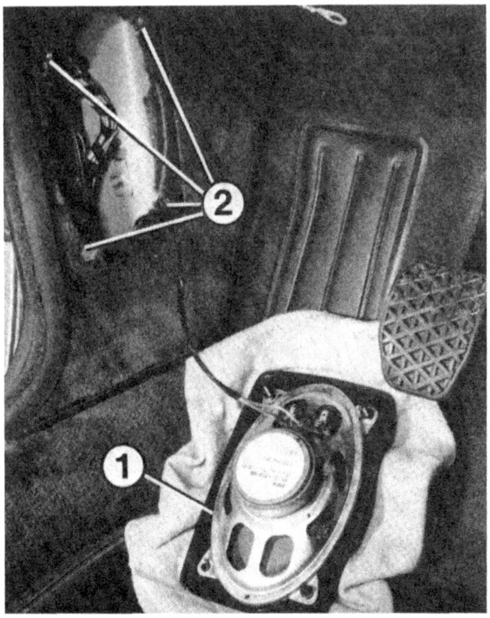

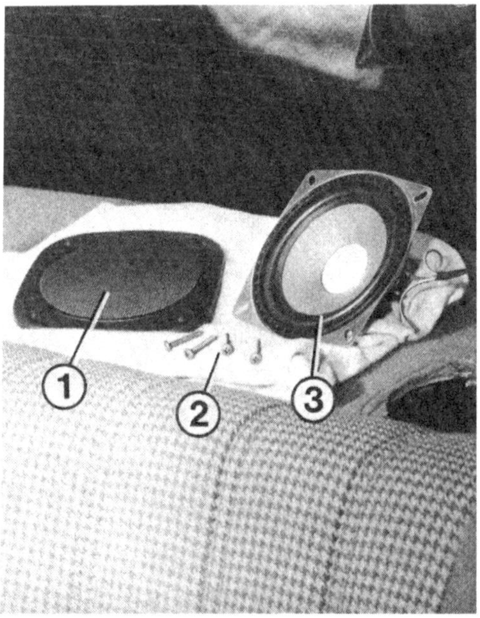

Links: Die Lautsprecher (1) im Fußraum vorn können samt Blende nach Lösen von vier Kreuzschlitzschrauben abgenommen werden. Beim Einbau den richtigen Sitz der vier Gewindeplättchen (2) prüfen. Rechts: Ausbau des Hecklautsprechers (3) nach Lösen der Halteschrauben (2) in der Lautsprecherblende (1).

● **Radio ohne Bohrungen:**
● Drehknopf abziehen.
● Blende von unten oder durch den Kassettenschacht mit einem schmalen Schraubenzieher vorsichtig abheben.
● Die beiden Drehriegel, die das Radio halten, sind jetzt zugänglich.
● Dem Radio liegen Ausziehhaken bei; ersatzweise müssen zwei dünne Drahtstücke am einen Ende rechtwinklig umgebogen und am anderen Ende mit Ösen versehen werden.
● Ausziehhaken in die kleinen Bohrungen der Drehriegel rechts und links stecken und Riegel zur Radio-Mitte hin klappen.
● Manche Radios haben Drehriegel an der Oberkante: Riegel dann nach unten klappen.
● Radio an den Ösen der Haken aus dem Einbauschacht ziehen.
● Stecker abziehen; evtl. kennzeichnen.
● Beim Einbau Radio bis zum Anschlag einschieben und Drehriegel nach außen klappen.
● Bei Geräten mit integrierter Diebstahlsicherung Besitzercode eingeben.

Lautsprecher vorn bzw. hinten ausbauen

● Vier Kreuzschlitzschrauben lösen.
● Blende abnehmen.
● Lautsprecher herausnehmen und Kabelstecker abziehen.
● Beim Einbau den Lautsprecher so ausrichten, daß die Befestigungsschrauben durch seine Halteösen gesteckt werden können.
● Distanzstücke nicht vergessen.

Elektrische Spiegelverstellung

Störungssuche

Falls sich nach Betätigen des Schalters an der linken Tür bei eingeschalteter Zündung nichts tut, prüfen Sie folgendermaßen:
● Sicherung in Ordnung (Seite 153)?
● Spiegelschalter aus der Fensterbrüstung ziehen (Seite 222/223) und mit Prüflampe am grün/weißen Kabel kontrollieren, ob Spannung anliegt.
● Wenn ja, Schalter durchprüfen (Seite 224). Stromlaufplan auf Seite 157 zu Hilfe nehmen.
● Zuletzt Kabelführung zum Spiegel prüfen. Dazu Spiegelglas ausbauen und Verstellmotor abschrauben.
● War bisher alles in Ordnung, ist sicher der Verstellmotor des Spiegels defekt, den es jedoch nur zusammen mit dem Gehäuse zu kaufen gibt.
● Vorübergehend läßt sich der Außenspiegel durch Verdrehen des Spiegeleinsatzes von Hand verstellen.

Elektrisch verstellbaren Spiegel zerlegen

● Haltering des Spiegelglases ausrasten. Dazu muß man den Ring mit einem von unten ins Spiegelgehäuse eingeschobenen Schraubenzieher im Gegenuhrzeigersinn drehen, siehe Bild unten.
● Spiegelglas vorsichtig abnehmen.
● Evtl. Kabel der Spiegelbeheizung abziehen.
● Im Spiegelgehäuse die vier Kreuzschlitzschrauben des Verstellmotors losdrehen.
● Kabel am Motor abziehen.
● Beim Zusammenbau darauf achten, daß die Kabel am Spiegelmotor richtig angeschlossen werden.
● Spiegelglas ins Gehäuse einsetzen, und mit dem unten angesetzten Schraubenzieher den Ring im Uhrzeigersinn festdrehen.

Fingerzeig: Die Versorgungsleitungen zu den elektrischen Verbrauchern und Schaltern in der Tür

Das Spiegelglas des Außenspiegels kann nach Drehen des Halterings (Pfeil) im Gegenuhrzeigersinn ausgebaut werden.

Der elektrisch verstellbare Spiegel ist hier zerlegt:
1 – Spiegelgehäuse;
2 – Verstellmotor;
3 – Spiegelglas;
4 – Haltering;
5 – Anschlüsse der Spiegelheizung.
Leider gibt es das Gehäuse nur komplett mit Motor zu kaufen.

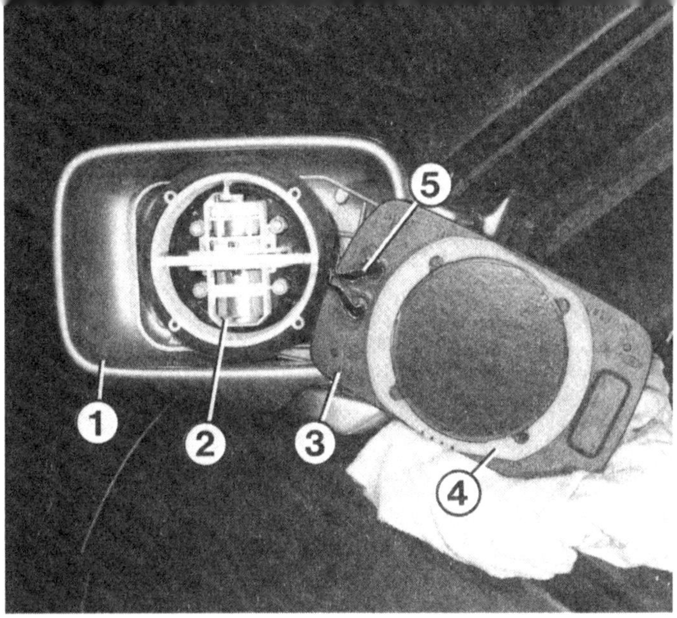

(Fensterheber, Spiegelverstellung, Zentralverriegelung) werden bei jedem Öffnen der Tür gebogen, was sie auf Dauer nicht immer durchhalten. Hier kann die Ursache für Fehlfunktionen der Stromverbraucher in der Tür liegen.

Elektrische Fensterheber

In Zündschlüsselstellung II lassen sich die elektrischen Fensterheber bedienen. Seit 9/84 ist ein zusätzliches Relais unter der linken unteren Armaturenbrettabdeckung eingebaut, das nach Öffnen einer Vordertür den Stromweg zu den Fensterhebermotoren auch bei abgezogenem Zündschlüssel freigibt.
Ein Sicherungsautomat links neben der Mittelkonsole schaltet die Stromzufuhr zu den Fensterhebern selbsttätig ab, wenn Überlastung oder Kurzschluß in der Anlage zu hohen Stromfluß hervorrufen. Zusätzlich kann der Sicherungsautomat als Hauptschalter für die gesamte Fensterheber-Anlage benutzt werden.
Sind vier Fensterheber eingebaut, können die hinteren durch Betätigen des kleinen Einzelschalters links des Schalthebels blockiert werden. Eine Maßnahme, um kleinen und großen Kindern auf dem Rücksitz den Spieltrieb zu nehmen.

Störungssuche

- Wenn sich keine Fensterscheibe mehr rührt, Sicherungsautomat kontrollieren. Ist der Schalterknopf herausgesprungen, lag eine Überlastung vor.
- Knopf wieder eindrücken und durch Betätigen der einzelnen Fensterheber feststellen, an welchem der Fehler zu suchen ist.
- Tut sich auf diese Weise nichts, Sicherung Nr. 6 kontrollieren.
- War in diesem Bereich kein Fehler zu finden, Sicherungsautomat ausbauen (siehe Bild Seite 259) und prüfen, ob bei eingeschalteter Zündung Spannung anliegt. Wenn nicht, Zuleitung kontrollieren.
- Das umfaßt auch das Prüfen des Relais für Fensterheber. Es sitzt unter der linken unteren Armaturenbrettverkleidung.
- Bei Fahrzeugen ab 9/84 läuft die Stromzufuhr zusätzlich über das Türkontaktrelais (ebenfalls unter der linken unteren Armaturenbrettverkleidung).

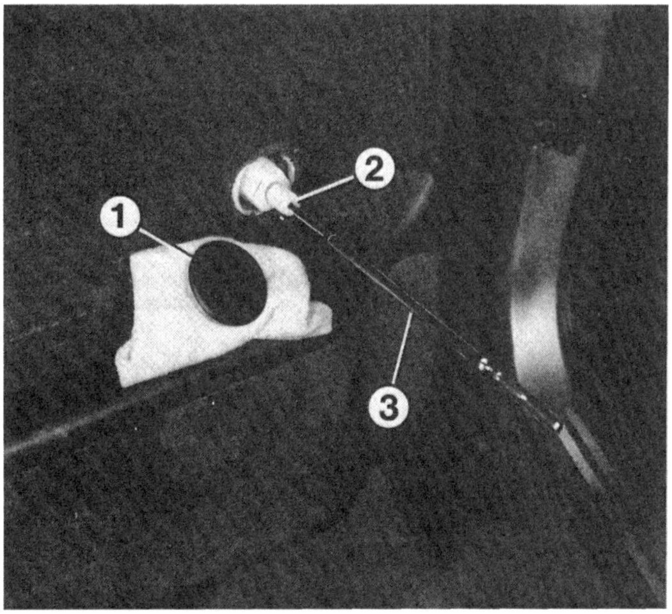

Bei Störungen am elektrischen Fensterheber Stopfen (1) aus der Türverkleidung ziehen und mit dem Inbusschlüssel (3) aus dem Bordwerkzeug das Zwischenstück (2; ebenfalls aus dem Bordwerkzeug) an der Fensterhebermechanik festschrauben. Dazu muß evtl. erst die Folie hinter der Verkleidung durchgestochen werden. Jetzt kann das Fenster mit dem Zündkerzenschlüssel geschlossen werden.

- Relais nach der Anleitung auf Seite 225 prüfen.
- War hier kein Fehler zu entdecken, muß der Kabelverlauf zu den Schaltern überprüft werden.
- Laufen nur die hinteren Fensterheber nicht, Kindersicherung prüfen. Dazu den Schalter aus der Mittelkonsole hebeln.
- Läuft nur ein Fensterheber nicht, bauen Sie den betreffenden Schalter aus und überprüfen ihn, wie auf Seite 224 beschrieben.
- Ist der Schalter auch in Ordnung, Kabelverlauf zu den Türen kontrollieren.
- Dazu auch die Türverkleidung abnehmen und bei abgezogenem Kabelstecker prüfen, ob bei eingeschalteter Zündung und gedrücktem Schalter Spannung anliegt. Plus und Minus werden an den Kabeln umgepolt – je nach dem, ob der Fensterhebermotor vorwärts oder rückwärts laufen soll.
- Liegt Spannung wunschgemäß an, bleibt nur noch der Fensterhebermotor als Defektursache. Austauschen (Seite 250).
- Schlechter Lauf einer Scheibe dürfte an einer verklemmten Fensterführung liegen.

Behelf unterwegs

Bei streikendem Fensterheber brauchen Sie trotzdem nicht mit offenem Fenster durch Wind und Wetter zu fahren:

- Ist der Schalter defekt, bauen Sie noch einen zweiten aus.
- Mit diesem intakten Schalter können Sie das Fenster schließen.
- Fruchtet das nicht, Verschlußkappe an der Seitenverkleidung abnehmen.
- Kunststoffverkleidung hinter der Türfolie durchstoßen oder mit einem Messer ausschneiden.
- Wo vorhanden, Gummikappe unter der Verkleidung entfernen.
- Kunststoff-Zwischenstück aus dem Bordwerkzeug im Fensterheber-Antrieb ansetzen und Innensechskantschlüssel festschrauben.
- Jetzt kann der Zündkerzenschlüssel aus dem Bordwerkzeug dazu benutzt werden, das Fenster zu schließen.
- Anschließend die Innensechskantschraube ca. zwei Umdrehungen herausdrehen – die Scheibe bleibt dann in dieser Stellung.

Zentralverriegelung

Das lästige Kontrollieren, ob auch wirklich alle Türen und Klappen verschlossen sind, erspart die auf Sonderwunsch eingebaute Zentralverriegelung. Das Abschließen aller Zugänge übernehmen Elektromagneten, die den jeweiligen Schließmechanismus nach Bedarf ver- oder entriegeln. An Kofferraumklappe, Fahrer- und Beifahrertür sind die Elektromagneten mit Schaltkontakten kombiniert, die durch Schlüsseldrehung ausgelöst werden und auf diese Weise dem Steuergerät den Öffnungs- oder Schließbefehl zuleiten. Aufgabe des Steuergeräts ist es jetzt, dieses Signal an die übrigen Magneten weiterzuleiten, damit alle Schließeinrichtungen gemeinsam betätigt werden.
Zusätzlich besitzt die Zentralverriegelung seit 9/84 eine Entriegelungssperre. Dazu das Fahrertürschloß in waagrechte Schloßstellung bringen. So wird ein Mikroschalter betätigt, der den Befehl zum Arretieren der Verriegelungsknöpfe in »Geschlossen«-Stellung gibt. Die Knöpfe können jetzt nicht mehr von Hand hochgezogen werden. Der Dieb muß also durch die Fensteröffnung klettern.
Damit nach einem Unfall alle Türen von außen zu öffnen sind, ist das Steuergerät der Zentralverriegelung mit einem Stoßschalter kombiniert. Er öffnet bei einem Unfall automatisch alle Verriegelungen. Seit 9/85 ist die Zentralverriegelung mit einer Überlastungssicherung versehen, die etwa bei einem Kurzschluß oder bei mehrmaligem Betätigen der Anlage kurz hintereinander die Stromversorgung für eine gewisse Zeit sperrt.

Störungssuche Zentralverriegelung

Bevor Sie mit der Störungssuche beginnen, prüfen Sie, ob die Schlösser und Schließzylinder in Ordnung sind und ob die Betätigungsstangen der Elektromagnete richtig eingehängt sind. Natürlich muß die Batterie geladen und die zuständige Sicherung intakt sein (Seite 153). Bei der Störungssuche hilft die Kontaktbelegung des Steuergeräts (siehe Tabelle rechts), das sich übrigens im rechten vorderen Türpfosten befindet. Beachten Sie auch die zugehörigen Schaltpläne ab Seite 155. In den folgenden Abschnitten sind die Prüfungen der einzelnen Komponenten der Zentralverriegelung beschrieben.

Steuergerät

- **Wichtig:** Steuergerät **nur in Einbaulage** betreiben!
- Funktioniert die Anlage von keiner Schaltstelle aus, wird die Stromversorgung des Steuergeräts geprüft:
- An Klemme 3 des Steuergeräts (Kabelfarbe rot/weiß) müssen 12 Volt Batteriespannung anliegen.
- Die Klemme 4 (braunes Kabel) muß Kontakt zu Masse haben. Mit Ohmmeter prüfen.
- Ist eine der Versorgungsleitungen defekt, Unterbrechung im Kabelbaum nach Stromlaufplan suchen.
- War hier kein Fehler zu entdecken, und geht die Anlage trotzdem nicht wenigstens teilweise, ist wahrscheinlich das Steuergerät defekt.
- Zur Sicherheit können Sie die einzelnen Ein- und Ausgänge des Steuergeräts anhand der Belegungstabelle nachmessen. Einige Messungen ergeben sich automatisch beim Prüfen der übrigen Bauteile.

Die Zentralverriegelung im BMW:
1 – Schloßantriebe der Türen rechts;
2 – Tankklappen-Verriegelung;
3 – Kofferraumschloß-Betätigung;
4 – Steuergerät in der vorderen Türsäule;
5 – Schloßantriebe links.

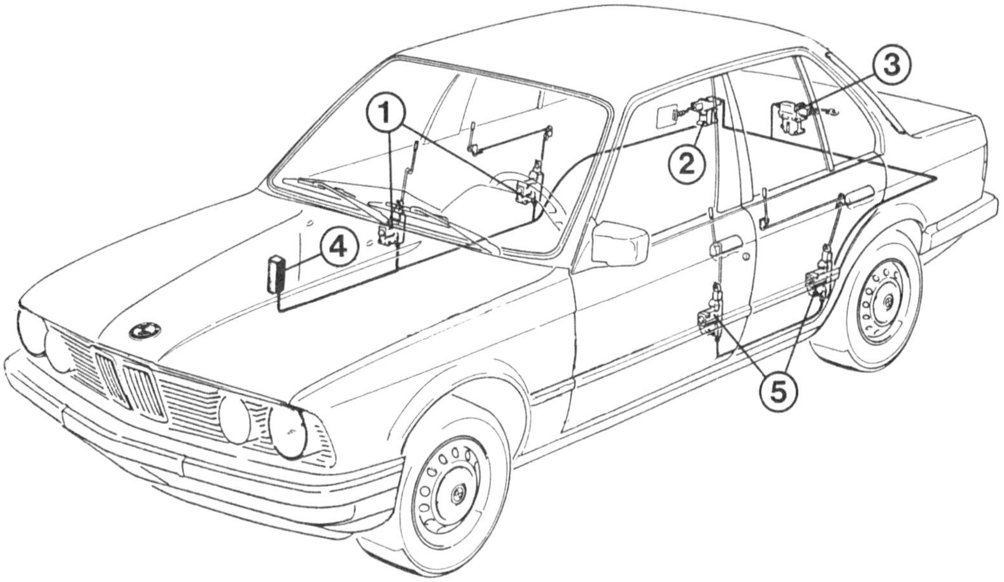

Anschlußbelegung Steuergerät

Klemme	Kabelfarbe	Funktion	Spannung/Signal
1	blau	Ausgang ZU	min. 9 Volt kurzzeitig beim Schließen
2	weiß	Ausgang AUF	min. 9 Volt kurzzeitig beim Öffnen
3	rot/weiß	Versorgung +	Batteriespannung
4	braun	Versorgung –	Masse
5	grün	Sensor +	–
6	grün/blau	Signal AUF Fahrer- und Beifahrertür	Masse beim Aufschließen
7	gelb/blau	Signal ZU Fahrer- und Beifahrertür	Masse beim Zuschließen
8	grün/schwarz	Signal ZU Kofferraum	Masse beim Zuschließen
9	gelb/schwarz	Signal AUF Kofferraum	Masse beim Aufschließen
10	rot/braun	Signal Entriegelungssperre (ab 9/84)	Sperre auf: min. 9 Volt, Sperre zu: 0 Volt
11	rot/gelb	Ausgang Entriegelungssperre (ab 9/84)	Beim Betätigen der Sperre kurzzeitig ca. 1 Volt

Steuergerät für Zentralverriegelung ausbauen

Stecker und Klemmen des Steuergeräts sind nur in ausgebautem Zustand zugänglich.

- Lautsprecher rechts vorn im Türpfosten ausbauen (Seite 231/232).
- Handschuhkasten öffnen.
- Haltebänder aushängen und Handschuhkasten nach unten senken.
- Teppichverkleidung des Türpfostens abziehen.

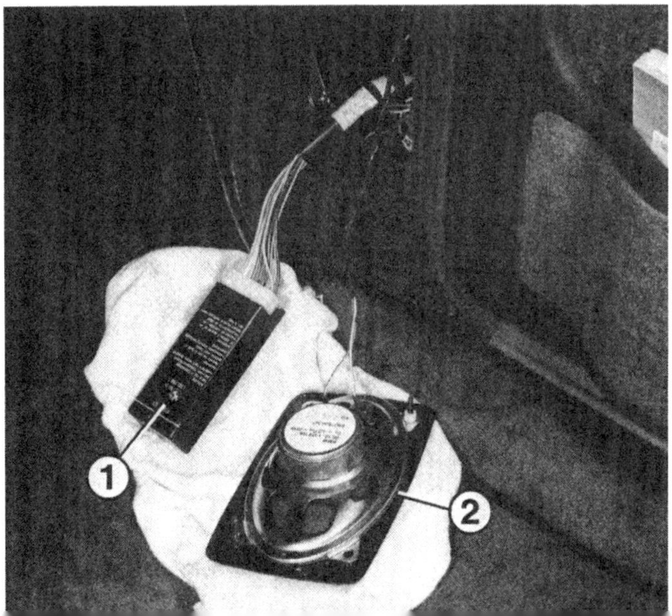

An das Steuergerät der Zentralverriegelung (1) ist erst nach Ausbau des Lautsprechers (2) rechts vorn heranzukommen.
Beim Betätigen der Zentralverriegelung darf das Steuergerät nicht, wie hier im Bild, auf dem Boden liegen, sondern muß in Einbaulage stehen.

● Zwei Kreuzschlitz-Halteschrauben des Steuergeräts losdrehen.
● Handschuhkasten schließen.
● Steuergerät aus dem Lautsprecherschacht nach unten herausziehen.

Fahrertür-Betätigung

● Funktioniert die Zentralverriegelung beim Betätigen des Fahrertürschlosses nicht, Türverkleidung abbauen und Stecker am Schloßantrieb abziehen.
● Hilfskabel an Masse anklemmen und damit abwechselnd den Stecker des grün/blauen und des gelb/blauen Kabels kurz berühren.
● Geht die Anlage jetzt, ist der Kontakt in der Betätigung des Fahrertürschlosses defekt – Schloßantrieb auswechseln. Oder es fehlt am Massekontakt (übernächster Prüfpunkt).
● Tut sich nichts, Kabelverlauf zum Steuergerät prüfen. Evtl. dieselbe Kontrolle an den Kontakten des Steuergeräts durchführen (Stecker aufgesteckt); Kabelfarben wie gehabt. Wenn die Anlage jetzt geht, liegt es garantiert am Kabelstrang.
● Weitere Möglichkeit: Masseversorgung des Kontaktsatzes im Schloßantrieb ist unterbrochen. Prüfen, ob das braune Kabel Masseverbindung hat.
● Um sicherzugehen, die Tür-Schaltkontakte nochmals am ausgebauten Schloßantrieb prüfen. Dazu den zugehörigen Stromlaufplan verwenden.

Beifahrertür-Betätigung

● Funktioniert die Zentralverriegelung beim Betätigen des Beifahrertürschlosses nicht, Türverkleidung abbauen.
● Gleiche Prüfungen durchführen wie beim Fahrertürschloß, doch mit einem Unterschied: Das gelb/blaue Kabel ist seit 9/84 an einem getrennten Mikroschalter am Türschloß befestigt.
● Dazu kommt das Durchprüfen des Mikroschalters nach dem Schaltplan.

Betätigung der hinteren Türen

● Ist eines oder sind beide Schlösser der hinteren Türen nicht mehr über die Zentralverriegelung zu betätigen, müssen zunächst die Türverkleidungen abgenommen werden (Seite 247).
● Kabelstecker am Schloßantrieb abziehen und Spannung an den Kabeln gegen Masse messen.
● Am Stecker des blauen Kabels müssen kurzzeitig mindestens 9 Volt anliegen, wenn mit dem Schlüssel der Schließvorgang ausgelöst wird.
● Am Stecker des weißen Kabels müssen kurzzeitig 9 Volt anliegen, wenn der Wagen mit dem Schlüssel aufgeschlossen wird.
● Ist bei Betätigung keine Spannung am Stecker vorhanden, Kabelzuleitung zum Steuergerät prüfen.

Kofferraum-schloß-Betätigung

● Funktioniert die Zentralverriegelung beim Betätigen des Kofferraumklappen-Schlosses nicht, hintere Kofferraum-Verkleidung ausbauen und Stecker am Schloßantrieb abziehen.
● Hilfskabel zur Fahrzeugmasse legen und damit abwechselnd den Stecker des grün/schwarzen und des gelb/schwarzen Kabels kurz berühren.
● Weiterer Prüfungsverlauf wie beim Fahrertürschloß (vorletzter Abschnitt).

Entriegelungs-sperre
ab 9/84

● Lassen sich die Entriegelungsknöpfe der Beifahrer- und der hinteren Türen trotz der am Fahrertürschloß eingelegten Entriegelungssperren öffnen, fällt der Verdacht zunächst auf den Mikroschalter in der Fahrertür und auf das Steuergerät.
● Steuergerät freilegen und Spannung am rot/braunen Kabel bei aufgestecktem Stecker messen: Bei entriegeltem Fahrertürschloß müssen mindestens 9 Volt anliegen. Ist die Verriegelung eingeschaltet, sind etwa 0 Volt abzulesen.
● Ist das nicht der Fall, Funktion und Einbau des Mikroschalters sowie seine Kabelzuleitung prüfen.

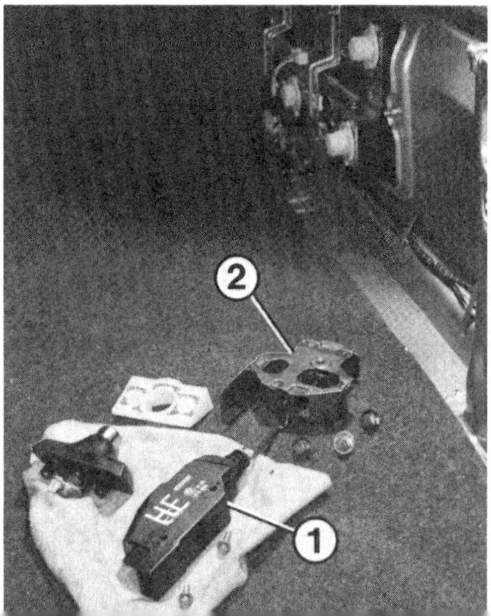

Links: Der Schloßantrieb (1) des Heckklappenschlosses (2) ist hier ausgebaut. Daneben liegen Druckknopf und Zwischenstück.
Rechts: Bei Versagen der Tankklappenverriegelung kann der Verriegelungsstift mit dem Schraubenzieher zurückgedrückt werden (Pfeil – hier bei ausgebauter Kofferraum-Seitenverkleidung gezeigt).

Streikt der elektrische Schiebedachantrieb, kann der Heimwerker neben der Sicherung den Schalter (1) und das Relais (3) prüfen. Hilft das nicht, wird das Schiebedach notfalls mit dem Inbusschlüssel (4) aus dem Bordwerkzeug geschlossen. Leichter geht das nach Lösen der Mutter (2).

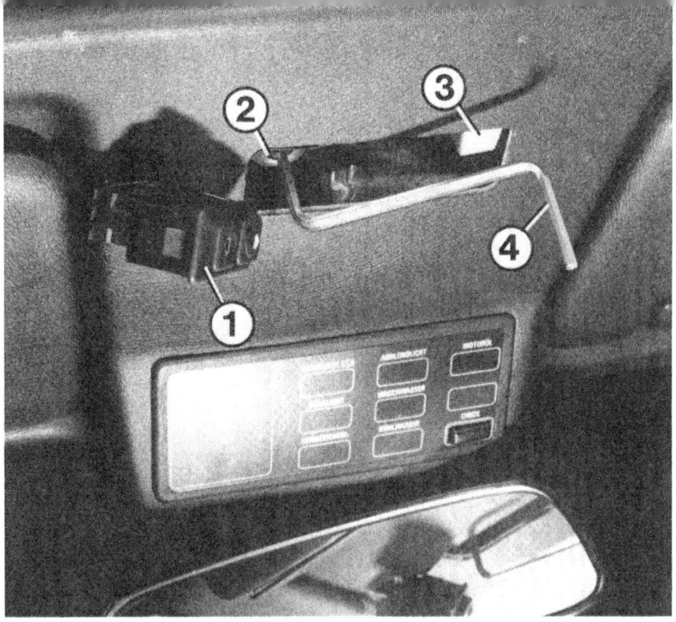

● Spannung am rot/gelben Kabel des Steuergeräts messen: Wird auf »Entriegelungssperre« am Fahrertürschloß geschaltet, muß jetzt kurzzeitig ca. 1 Volt abzulesen sein.

● Ist das trotz richtigem Eingangssignal am rot/braunen Kabel nicht der Fall, muß das Steuergerät defekt sein.

● Funktioniert die Entriegelungssperre nur an einer einzelnen Tür nicht, wird dort geprüft, ob das Verriegelungssignal ankommt (ca. 1 Volt kurzzeitig am rot/gelben Kabel). Ist das der Fall, Schloßbetätigung defekt. Kein Signal: Kabel defekt.

Elektrischer Schiebedachantrieb

Der Motor des elektrischen Schiebedachantriebs steckt samt einem Relais und einem Mikroschalter unter der Dachverkleidung vor dem Schiebedach. Der Mikroschalter signalisiert, wann sich das Schiebedach in »Geschlossen«-Stellung befindet. Über das Relais läuft die Stromversorgung des Elektromotors.
Der Ausbau des Schiebedachmotors kann dem Heimwerker nicht empfohlen werden, da hierzu die Verkleidung im vorderen Dachbereich abgenommen werden muß. Da nimmt schnell die Dachbespannung Schaden. Das Relais kann jedoch nach Abziehen der Abdeckung und Lösen der Schraube herausgezogen werden.

Störungsbeistand

Elektrischer Schiebedachantrieb

Die Störung	– ihre Ursache	– ihre Abhilfe
A Antriebsmotor bewegt sich nicht	1 Sicherung Nr. 13 durchgebrannt	Auswechseln
	2 Schalter defekt	Ausbauen und prüfen (Seite 224)
	3 Relais defekt	Ausbauen und prüfen
	4 Motor defekt	Auswechseln lassen
	5 Kabelunterbrechung	Kabel kontrollieren
B Antriebsmotor läuft, Schiebedach bewegt sich nicht	Anpreßdruck der Rutschkupplung zu gering	Rutschkupplung einstellen lassen
C Schiebedach geht nicht in Hebestellung	1 Siehe A 3	
	2 Dacheinstellung stimmt nicht	»Geschlossen«-Stellung einstellen lassen
D Schiebedach geht beim Schließen sofort in Hebestellung	Mikroschalter defekt	Auswechseln lassen

Behelf unterwegs

Versagt der elektrische Dachantrieb, braucht man sich trotzdem nicht vor einem Regenguß zu fürchten:

● Zuerst Sicherung kontrollieren (Seite 153).

● Schalter aus der Dachverkleidung ziehen und gegen einen Schalter der elektrischen Fensterheber austauschen, sofern vorhanden.

● Läuft der Antriebsmotor immer noch nicht, Abdeckung in der vorderen Dachverkleidung abziehen und Inbusschlüssel aus dem Bordwerkzeug im Schiebedachantrieb ansetzen und Dach schließen.

● Das geht leichter, wenn man die große Mutter mit einem Zündkerzenschlüssel lockert.

● Mutter nach Reparatur des Antriebs mit 450 Nm anziehen – Dach und Motor in »Zu«-Stellung.

Kleinklima

Welches Wetter hätten Sie gern? Die Heizungs- und Lüftungsanlage im BMW erzeugt es für Sie – allerdings nur in gewissen Grenzen und nur bezogen auf den Innenraum des Wagens.

Funktion der Heizung

Frische Luft tritt an den Gittern unterhalb der Frontscheibe ein und wird vom Fahrtwind oder zusätzlich vom Gebläse in den Innenraum gedrückt. Der Luftstrom verläuft durch den Wärmetauscher, einen kleinen Heizkörper, durch den aufgeheiztes Motorkühlmittel bei geöffnetem Elektro-Wasserventil fließt.
Das Wasserventil hinten im Motorraum öffnet nur nach Bedarf – also bei abgesunkener Innenraumtemperatur. Wann das zu geschehen hat, bestimmt die elektronische Heizungsregulierung.

Elektronische Heizungsregelung

Für eine konstante Innenraumtemperatur sorgt im BMW die elektronische Heizungsregelung. Die gewünschte Innenraumtemperatur wird am Heizungsregler eingestellt und so dem Steuergerät – es bildet mit dem Regler eine Einheit – gemeldet. Des weiteren bezieht das Steuergerät Informationen über die Innenraumtemperatur (vom Fühler in der linken unteren Armaturenbrettverkleidung) und auch über die Luftaustrittstemperatur der Heizung (Fühler im Luftkanal).
Entsprechend der Abweichung vom eingestellten Sollwert wird das Wasserventil der Heizung mehr oder weniger lange geöffnet. Bei zu kaltem Innenraum bleibt es also voll geöffnet, nach erfolgter Aufheizung läßt es nur noch stoßweise heißes Kühlmittel durch den Wärmetauscher fließen.

Fingerzeig: Sollte die Heizungsbetätigung ausfallen, öffnet das Heizventil voll, schaltet also auf volle Heizleistung. Abstellen der Heizung ist dann nur noch durch Schließen der Luftzufuhr möglich.

Heizung und Lüftung prüfen

Wartung Nr. 41

- Den Drehregler rechts langsam im Uhrzeigersinn drehen: Das **Gebläse** wird eingeschaltet und steigert seine Geschwindigkeit in drei Stufen.
- Drehregler links für **Heizleistung** nach rechts drehen: Die Heizleistung nimmt zu. Das Wasserventil wird in Abhängigkeit der Innenraumtemperatur geöffnet.
- Schieberegler oben von links nach rechts schieben: Die Austrittsöffnungen unter der **Windschutzscheibe**, die Mitteldüse und die Seitenscheiben-Entfrosterdüsen werden mit Luft versorgt.
- Schieberegler mitte für die einstellbaren **Düsen** im Armaturenbrett von links nach rechts schieben: Aus den geöffneten Düsen strömt Luft.
- Schieberegler unten nach rechts drücken: Der **Fußraum** vorn wie vor den Rücksitzen wird belüftet oder beheizt.

Elektronische Heizungsregelung defekt?

Bei einem Defekt an Heizungsregelung oder Wasserventil bleibt das Ventil voll geöffnet. Um dem Defekt auf die Spur zu kommen, prüfen wir die Komponenten der Heizungsregelung nacheinander:

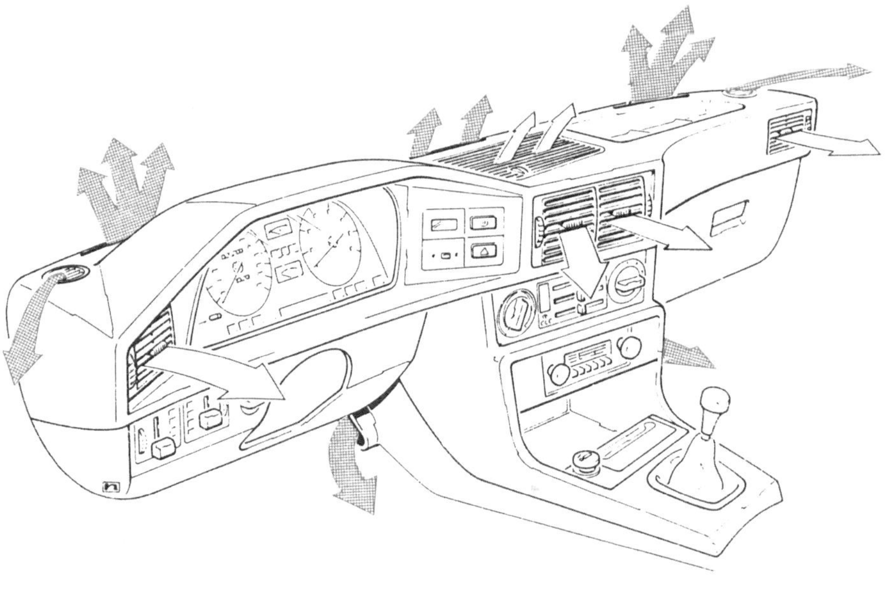

So heizt's und kühlt's im BMW: Die roten Pfeile symbolisieren die Warmluft, die weißen die Kaltluft.

● Zuerst **Sicherung** Nr. 6 prüfen.
● **Wasserventil prüfen:** Heizungsregler am Armaturenbrett voll aufdrehen, damit eine Differenz zwischen tatsächlicher Innenraumtemperatur und eingesteller Soll-Temperatur entsteht.
● Stecker am Wasserventil abziehen, Voltmeter am Stecker anschließen: Bei intakter Regelung wird Batteriespannung angezeigt. Logische Folgerung in diesem Fall: Das Wasserventil muß defekt sein.
● Wird keine Spannung angezeigt Spannung an grün/weißem Zuleitungskabel gegen Masse am Motorblock messen (Zündung noch eingeschaltet). Keine Spannung: Stromzufuhr unterbrochen.
● Prüfung des Massekabels: Voltmeter am Batterie-Pluspol anschließen, anderes Meßkabel an die braun/grüne Leitung im Stecker. Bei eingeschalteter Zündung muß Batteriespannung abzulesen sein. Sonst ist ein Teil der Heizungsregelung (Temperaturfühler oder Steuergerät) bzw. das Kabel defekt.
● **Temperaturfühler prüfen:** Als Vorarbeit die Betätigungseinheit Heizung/Lüftung ausbauen (siehe dazu Seite 241).
● Stecker hinten am Heizungsregler (also am Steuergerät) abziehen.
● Ohmmeter zwischen Anschluß 3 und 6 am abgezogenen Stecker anschließen. Es müssen bei 10°C 19,4–22,1 kΩ bzw. bei 20°C 12,0–13,3 kΩ angezeigt werden. Ansonsten den Temperaturfühler in der linken unteren Armaturenbrettverkleidung auswechseln.
● Ohmmeter zwischen Anschluß 3 (Masse) und 7 am abgezogenen Stecker anschließen. Bei 20°C müssen 11,13–13,83 kΩ abzulesen sein, bei 25°C müssen es 9,0–11,0 kΩ sein. Sonst muß der Temperaturfühler im Heizgerät (im Innenraum links am Heizgerät) ausgetauscht werden.
● **Stromversorgung Steuergerät prüfen:** Die Betätigungseinheit Heizung/Lüftung wurde bereits ausgebaut.
● Voltmeter an Klemme 2 und 3 des Steckers am Steuergerät anklemmen. Bei eingeschalteter Zündung muß Batteriespannung anliegen. Sonst Stromversorgung überprüfen.
● **Steuergerät prüfen:** Das Steuergerät selbst kann mit Eigenmitteln nicht geprüft werden. Wir gehen von folgender Überlegung aus: Ist die Stromzufuhr, das Wasserventil und sind die Temperaturfühler intakt, muß bei gestörter Heizungsregelung das Steuergerät defekt sein.

Das Luftgebläse

Der Gebläsemotor läuft in drei Geschwindigkeitsstufen, die durch den Drehschalter rechts am Armaturenbrett eingestellt werden. Die Geschwindigkeitsstufen werden durch Zuschalten verschieden großer Widerstände bzw. durch direkte Stromversorgung erreicht. Die Widerstände bewirken eine verringerte Spannung am Motor und drosseln so seine Geschwindigkeit. Die volle Drehzahl erreicht der Gebläsemotor bei direkter Stromzuleitung. Die Widerstände sitzen hier übrigens nicht in der Plus-, sondern in der Masseleitung.

Störungssuche Gebläsemotor

● Wenn das Gebläse bei eingeschalteter Zündung **in keiner Schalterstellung** rauscht, kontrollieren Sie zuerst die **Sicherung** Nr. 14.
● Laufen trotz intakter Sicherung auch die Scheibenwischer nicht, liegt es am **Entlastungsrelais**, siehe Seite 224/225.
● War dieses in Ordnung, Gebläseschalter prüfen – dazu muß er ausgebaut werden (Seite 222).
● Prüflampe oder Voltmeter an Batterie-+ anschließen, wir prüfen jetzt den Massekontakt der am Schalter angeschlossenen Kabel:
● Beim braunen Kabel (Massezuleitung) muß die Prüflampe immer brennen bzw. der Voltmeter muß Batteriespannung anzeigen. Bei den Kabeln mit schwarzer, blauer oder gelber Umhüllung ist das nur bei entsprechender Schalterstellung der Fall.

Das elektrische Heizungsventil (Pfeil) hat das Sagen über die Temperatur im BMW. Es läßt gerade so viel warmes Wasser in den Heizungs-Wärmetauscher fließen, wie zum Erreichen der richtigen Innenraumtemperatur nötig ist. Das zu regulieren ist Sache des Steuergeräts.

● Funktion nicht, wie beschrieben: Fehler in der Massezuleitung beheben bzw. Schalter austauschen.
● Waren Massezuleitung und Schalter einwandfrei, muß der **Gebläsemotor** freigelegt werden, wie unter »Gebläsemotor ausbauen« beschrieben.
● Stromzufuhr zum Motor prüfen: Liegt am grün/braunen bzw. roten Anschlußkabel des Gebläsemotors bei eingeschalteter Zündung Spannung an (zweites Prüflampen- bzw. Voltmeterkabel am Motorblock befestigen)? Wenn nicht, Stromzufuhr prüfen.
● Spannung zwischen den beiden Anschlußkontakten am Gebläsemotor messen, Gebläseschalter auf Stufe 3 stellen. Jetzt muß Batteriespannung anliegen.
● Ist das der Fall, ohne daß sich der Gebläsemotor bewegt, ist er defekt. Austauschen.
● Ist keine Spannung vorhanden, liegt der Fehler an der **Sicherung auf der Widerstandsplatte** (siehe »Gebläse-Vorwiderstände ausbauen«).
● Läuft das Gebläse nicht in allen Geschwindigkeiten oder läuft es nur auf Stufe 3, ist möglicherweise einer der **Vorwiderstände** defekt.
● Vorwiderstände ausbauen. Sichtprüfung vornehmen. Ist einer der Widerstände durchgebrannt, kompletten Widerstandsträger ersetzen.

Abdeckung für Wasserfangkasten ausbauen

● Kabelbinder der im Bereich der Abdeckung befestigten Kabelstränge lösen oder durchschneiden.
● Insgesamt sechs SW-7-Sechskantschrauben rund um die Abdeckung herausdrehen.
● Abdeckung abnehmen.

Gebläsemotor ausbauen

● Massekabel der Batterie abklemmen.
● Abdeckung für Wasserfangkasten ausbauen (voriger Abschnitt).
● Gebläseradabdeckungen abnehmen. Die Abdekkung ist vorn und hinten mit Kunststoffklammern eingesteckt – vorsichtig ausrasten.
● Kabelstecker am Gebläsemotor abziehen.
● Haltespange des Motors lösen und Motor herausnehmen.
● Lüftungswalzen nicht von der Motorwelle abnehmen oder darauf verdrehen, denn die Teile sind gemeinsam gewuchtet. Der Rundlauf wäre gefährdet.
● Beim **Einbau** darauf achten, daß der Elektromotor richtig in die Haltekonsole eingesetzt wird. Er paßt nur in einer Stellung ganz exakt und läßt sich dann nicht mehr verdrehen.
● Die Gitter der Gebläseradabdeckungen müssen mit ihrer abgeflachten Seite zur Karosserie hin zeigen.

Gebläse-Vorwiderstände ausbauen

● Gebläsemotor ausbauen.
● In den Schacht hinter dem Gebläsegehäuse greifen – dort die Widerstandsplatte ertasten. Einbaulage merken.
● Platte ausrasten und nach vorn ziehen.

Temperaturregler ausbauen

Der Temperaturregler (mit Steuergerät) der elektronischen Heizungsbetätigung läßt sich wie folgt ausbauen:
● Mittelkonsole ausbauen, Bedieneinheit Heizung/Lüftung von der Konsole abschrauben (siehe Seite 257).
● Drehknopf abziehen.
● Drei Kreuzschlitzschrauben lösen, Regler abnehmen.
● Mehrfachstecker abziehen.

Nach Abziehen der Gebläseradabdeckungen (3) kann die Haltespange (2) gelöst und der Gebläsemotor (1) ausgebaut werden.

Nur bei ausgebautem Gebläsemotor zu erreichen: Die Widerstandsplatte (1) für die verschiedenen Lüftergeschwindigkeiten sitzt in der rechten Hälfte des Gebläseschachts. Auf der Platte ist auch eine Schmelzsicherung für den Gebläsemotor untergebracht.

Heizungs/Lüftungsbetätigung

Betätigungszüge auswechseln

Drei sogenannte Bowdenzüge verlaufen von der Betätigungseinheit Heizung/Lüftung zum Heizgerät. Der Aus- und Einbau ist zwar bei allen Zügen nahezu gleich, doch ist das Ende des oberen und des unteren Betätigungszugs nur nach Ausbau des kompletten Heizgeräts zugänglich – eine zu umfangreiche Arbeit für den Heimwerker. Bleibt also nur der Ausbau des mittleren Betätigungszugs als Selbsthelferarbeit:

- Mittelkonsole ausbauen, Bedieneinheit Heizung/Lüftung von der Konsole abschrauben (siehe Seite 257).
- Verkleidung links in der Handschuhkasten-Öffnung abnehmen (Seite 259).
- Zum Ausbau die Halteklammer abhebeln, mit der die Hülle des Zugs am Bedienteil befestigt ist.
- Ende des Bowdenzugs aus dem Bolzen des Schiebe- bzw. Drehreglers aushängen.
- Am Heizgerät die Halteklammer der Zughülle abhebeln und das Ende des Bowdenzuges aus dem Betätigungshebel aushängen.
- Der **Einbau** geht sinngemäß umgekehrt, doch muß der Zug jetzt neu eingestellt werden:
- Dazu Schieberegler an einen der Anschläge bringen.
- Ebenso den Betätigungshebel am Heizgerät an den jeweiligen Anschlag drücken.
- Zug zunächst am Betätigungshebel des Heizgerät einhängen.
- Am Bedienteil den Zug am Bolzen einhängen.
- Jetzt die Halteraste auf der Zughülle so weit ver-

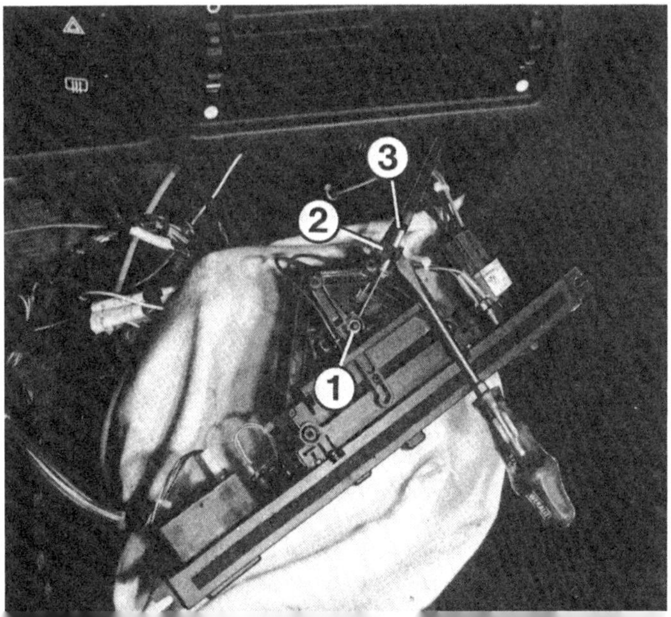

Die Mittelkonsole ist hier ausgebaut, die Rückseite Betätigungseinheit Heizung/Lüftung liegt frei. Die Züge können jetzt an den Schiebereglern abgebaut werden.
1 – Befestigung am Schieberegler;
2 – Halteklammer;
3 – Zughülle.

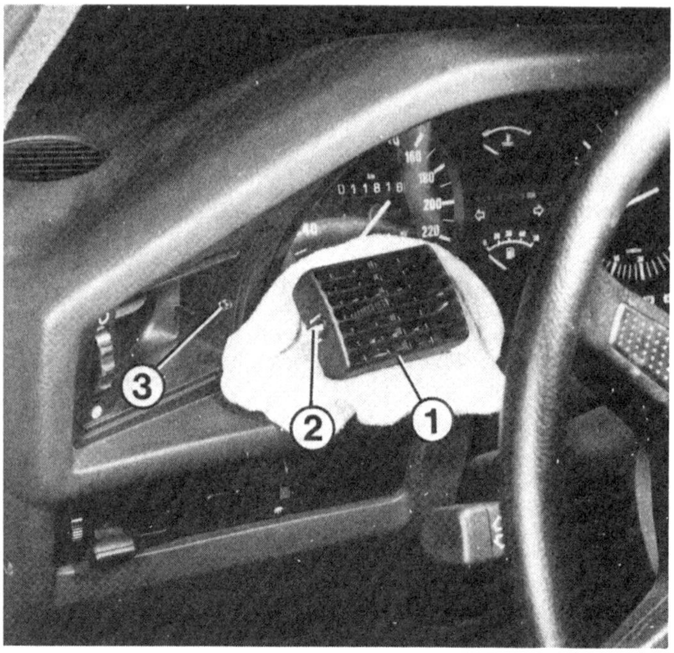

Die Luftdüsen (1) sind in ihren Führungen (2) auf den Haltebolzen (3) im Luftschacht aufgesteckt.

drehen, bis sie sich ohne Verschieben der Hülle leicht in die Aussparung am Bedienteil einsetzen läßt.

Luftdüsen ausbauen

● Mit einer schlanken Zange (z. B. Telefonzange) eine Rippe des Düsen-Ausströmgitters fassen und dieses so nach vorn herausziehen.
● Zum Schutz des Gitters kann die Zange mit einem Lappen umwickelt werden.
● Halteraste mit Zughülle durch die Federklammer sichern.
● Beim Einbau beachten: Die Lagerbolzen im Luftkanal sind rechts und links – je nach Version – unterschiedlich stark.

Wärmetauscher selbst ausbauen?

Der Wärmetauscher muß nur dann ausgebaut werden, wenn er undicht ist oder wenn er wegen schlechter Heizleistung entkalkt bzw. gereinigt werden soll. Leider ist diese Arbeit recht kompliziert, weil dazu das Heizgerät komplett ausgebaut und zerlegt werden muß – keine Arbeit für den Selbsthelfer.

Die Klimaanlage

Selbsthilfe ist an der Klimaanlage – mit Ausnahme der Kontrolle des Keilriemens (Seite 176) – nicht möglich. Auch von den BMW-Werkstätten versteht sich nicht jede auf die Reparatur der Anlage. Deshalb bei Defekten einen Betrieb mit speziell geschulten Fachkräften erfragen und aufsuchen.

Funktion

Ähnlich wie zu Hause im Kühlschrank wird ein gasförmiges Kältemittel durch einen Kompressor verdichtet. Letzterer wird von der Motor-Kurbelwelle über einen Keilriemen angetrieben. Beim Verdichten verflüssigt sich das Kältemittel und gelangt in den Verdampfer am Armaturenbrett. Der sieht aus wie ein Kühler. Darin verdampft das Kältemittel und kann hierdurch Wärme aufnehmen. Die durch den Verdampfer geführte Luft strömt abgekühlt in den Innenraum. Über einen Kondensator neben dem Wasserkühler im Motorraum gelangt das Kältemittel wieder zurück zum Kompressor. Zur verstärkten Kondensierung bläst ein Zusatzventilator dauernd Luft durch den Kondensator.

Keilriemen

Für einwandfreie Funktion der Klimaanlage muß der Keilriemen des Kältekompressors richtig gespannt sein. Mehr darüber auf Seite 176.

Zimmer mit Aussicht

Die Karosserie ist weit mehr als ein »Dach über dem Kopf« für die Insassen. Sie soll geringes Gewicht, Verwindungssteifigkeit, hohe Formfestigkeit der Fahrgastzelle und energievernichtende »Knautschzonen« an Bug und Heck aufweisen. Darüber hinaus muß die Karosserie eine ansprechende Formgebung besitzen, die natürlich eine gewisse Markenzugehörigkeit nicht verleugnen darf.

Teile der Fahrzeugfront

Unterschutz ausbauen

Die untere Motorraumverkleidung wird folgendermaßen ausgebaut:

- Insgesamt vier Kunststoffmuttern und vier Sechskant-Blechschrauben herausdrehen.
- Unterschutz abnehmen.
- Beim Einbau darauf achten, daß der Unterschutz an der Vorderkante sowie in den Radkästen an den vorderen Radhausabdeckungen in die vorgesehenen Schlitze bzw. Laschen eingeschoben wird.

Frontgrill

Mittelteil ausbauen

- Motorhaube öffnen.
- Zwei Kreuzschlitzschrauben an der Grill-Oberkante herausdrehen.
- Grillteil nach vorn abziehen.
- Beim Einbau zuerst die Haken an der Grill-Unterkante im Frontblech einhängen.

Frontgrill-Seitenteil ausbauen

- Motorhaube öffnen.
- Drei Kreuzschlitzschrauben an der Grill-Oberkante herausdrehen.
- Zwei Kreuzschlitzschrauben an der Unterkante herausdrehen.

Stoßstange

Stoßstange ausbauen

Im Gegensatz zu seinem Nachfolgemodell besitzt unser 5er noch eine Stoßstange aus verchromtem Stahlblech. Bei Wagen mit »Shadow-Optik« ersetzt eine farblich angepaßte Lackierung die Chromschicht.

- Trennwände vorn im Radausschnitt des Kotflügels abschrauben.
- Darunter rechts und links je eine Sechskantschraube zur Befestigung der Stoßstangen-Seitenteile lösen.
- Kunststoffabdeckungen der Abschleppösen vorn rechts und links abschrauben.
- Von dieser Stelle aus die beiden vorderen Stoßstangen-Halteschrauben lösen.
- Stoßstange vorsichtig nach vorn herausziehen, damit der Lack seitlich am Kotflügel nicht verkratzt wird.

Zum Ausbau der »Niere« müssen die beiden Schrauben (1) gelöst und die daruntersitzenden Kunststoffdübel herausgehebelt werden. Diese Art der Befestigung zeigt das Bild auf der folgenden Seite.

Die seitlichen Grillteile sind an je fünf Stellen (1–5) befestigt. Auch hier sitzen die Schrauben in Kunststoffdübeln (siehe Bild auf der folgenden Seite).

Die Einzelteile der Frontgrill-Befestigung: Einsteckdübel (2) und Kreuzschlitzschrauben (1).

Stoßstange vorn zerlegen

- Stoßleisten durch sanftes Zusammendrücken der Halteklammern an der Stoßstangen-Rückseite mit einer Zange lösen.
- Mittelteil und Seitenteil sind mit Schloßschrauben verbunden. Zum Trennen der Teile Muttern losschrauben.
- Blende abnehmen.
- Beim Zusammenbau die Halteklammern der Gummileisten in die Löcher der Stoßstange stecken.
- Von der Rückseite her einen Schraubenzieher in die Ösen der Klammern stecken und diese durchziehen, bis sie an der Stoßstange einrasten.

Die Motorhaube

Haube einstellen

- Motorhaube öffnen.
- Schlauch zu den Scheibenwascherdüsen abziehen und verschließen.
- Sicherungsspangen an den Scharnierbolzen der Haubenaufsteller abdrücken.
- Gasdruck-Haubenaufsteller von den Scharnierbolzen drücken; ein Helfer muß die Haube halten.
- Rechts und links an den Scharnieren die Halteschrauben herausdrehen, dabei die Haube gut festhalten, damit sie nicht nach hinten rutscht und Lackschäden verursacht.
- Haube zusammen mit Helfer abnehmen.

Motorhaube einstellen

Bei geschlossener Motorhaube muß der Abstand zu den beiden Kotflügeln gleich sein. An der Vorderkante soll die Haube mit den Kotflügeln fluchten. Auch die Höheneinstellung muß stimmen: Die Haube soll mit ihrer Oberkante in gleicher Höhe mit dem Blechstreifen unter der Windschutzscheibe (dem Windlauf) und den Kotflügeln stehen. Um diese Einbaulage zu erreichen, bestehen zahlreiche Einstellmöglichkeiten, die im folgenden aufgeführt sind:

- **Höheneinstellung vorn:** Zur Vorbereitung Gummi-Anschlagpuffer vorn rechts und links an der Haube ganz hineindrehen (rechtsdrehen).
- Halteschrauben beider Haubenverschlüsse etwas lockern.

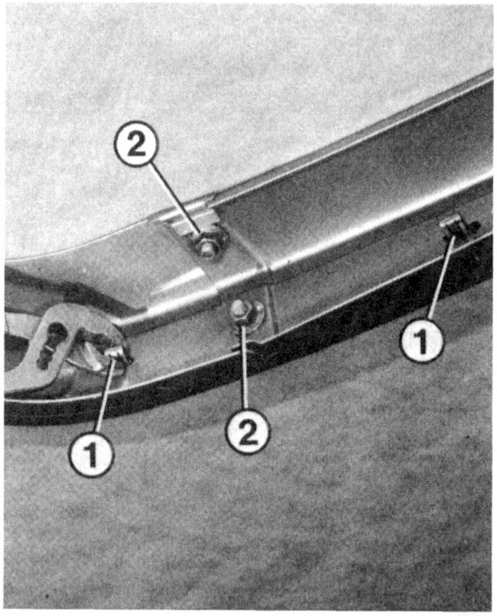

Links: Demontage der vorderen Stoßstange: Unter den Kunststoffabdeckungen an der Wagenfront sitzen die vorderen Stoßstangen-Halteschrauben (1). Erreichbar mit Stecknuß und Verlängerung. Rechts das Zerlegen der Stoßstange: Mit einer Zange werden die Halteklammern (1) zusammengedrückt und nach außen durchgeschoben. Dann können die Verschraubungen (2) zwischen Front- und Seitenteil gelöst werden.

Die Teile der Stoßstange:
1 – Seitenteil;
2 – Halter;
3 – Abdeckung über der vorderen Stoßstangenbefestigung;
4 – Mittelteil.

● Motorhaube schließen, die Haubenverschlüsse zentrieren sich dadurch in Querrichtung.
● Halteschrauben wieder festdrehen.
● Zur Höheneinstellung die Kontermuttern beider Schließzapfen (Bild unten rechts) lockern.
● Schließzapfen zum Einstellen der Haubenvorderkante nach Bedarf hinein- oder herausdrehen. Kontermuttern wieder festziehen.
● Mit den Gummipuffern, die eingangs hineingedreht wurden, läßt sich sattes Aufliegen der Haube erreichen. Dazu die Gummipuffer gerade so weit herausdrehen, daß sie das Frontblech bei geschlossener Motorhaube berühren.
● **Höheneinstellung hinten:** Befestigungsschrauben der Haubenscharniere lösen und Haube im Scharnier nach unten oder oben verschieben.
● **Bündigkeit der Haube vorn:** Damit die Haube an ihrer Vorderkante mit den Kotflügeln fluchtet, kann sie nach Lösen der Scharnierschrauben nach hinten oder vorn geschoben werden.

Motorhauben-Entriegelungszug auswechseln

● Armaturenbrettverkleidung links unten abschrauben (Seite 259).
● Entriegelungshebel von der Seitenwand abschrauben.
● Sicherungsspange der Zughülle vom Entriegelungshebel abdrücken.
● Zug aus dem Hebel aushängen.
● Zug nach vorn in den Motorraum durchziehen.
● Abdeckung oberhalb bzw. vor dem Kühler abschrauben.
● Schraubnippel an beiden Haubenschlössern lösen.
● Zug aus den verschiedenen Haltern lösen und aus der Zughülle vorn im Bereich des Kühlers ziehen.
● Beim Einbau den neuen Zug nicht knicken.
● Zug in den Karosseriehaltern verlegen und darauf achten, daß die Tülle an der hinteren Motorraumwand richtig sitzt.
● Den Zug in den Schraubnippeln der Motorhaubenschlösser so befestigen, daß beim Ziehen des Entriegelungshebels beide Schlösser gleichzeitig öffnen.

Links der Ausbau der Motorhaube: Rechts und links müssen zwei Schrauben (Pfeile) am Scharnier gelöst werden.
Rechts: Höheneinstellung der Motorhaube nach Lösen der Kontermutter (3) und Verdrehen des Schloßzapfens (4). Zum seitlichen Verstellen der Schloßplatte die Halteschrauben (1 und 2) lösen.

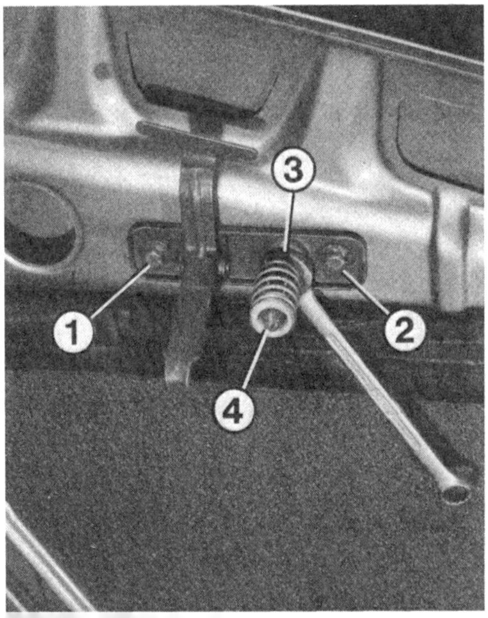

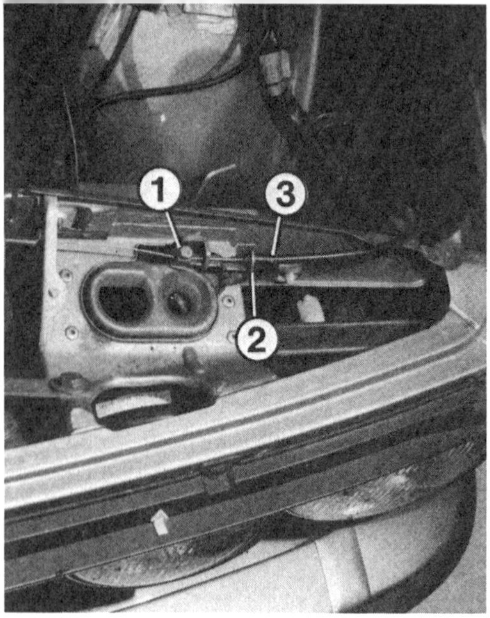

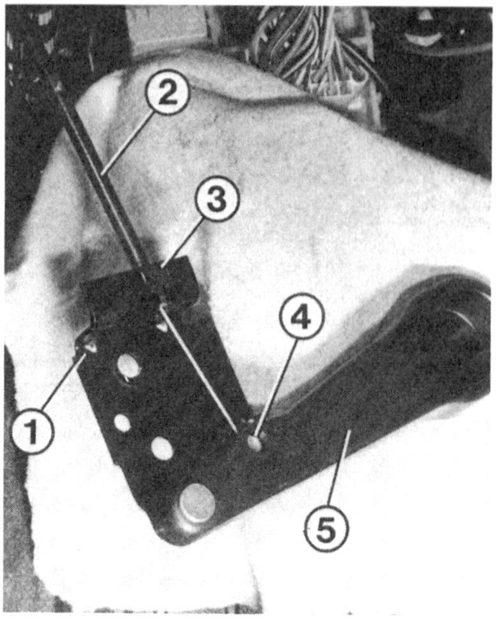

Links der Motorhaubenzug am linken Motorhaubenschloß:
1 – Schraubnippel;
2 – Widerlager für Zughülle (3).
Rechts: Zum Ausbau des Motorhaubenzugs Grundplatte (1) des Entriegelungshebels (5) abschrauben. Sicherungsspange (3) der Bowdenzughülle (2) abdrücken, Nippel (4) am Zugende aushängen.

Kotflügel vorn

Kotflügel ausbauen

- Motorhaube öffnen, fünf Schrauben an der Kotflügel-Oberkante herausdrehen.
- Stoßstange ausbauen (Seite 243).
- Frontgrill-Seitenteil ausbauen.
- Zwei Sechskantschrauben in Stoßstangenhöhe am Radausschnitt lösen.
- Unterhalb des Hauptscheinwerfers sitzt eine weitere Schraube.
- Kunststoffabdeckung hinten im Kotflügel innen (Radhaus) ausbauen.
- Darunter die Halteschrauben an der Kotflügel-Hinterkante herausdrehen.
- Hinten an der Unterkante des Kotflügels (Bereich Türschweller) eine weitere Halteschraube herausdrehen.
- An der oberen Befestigungskante ist der Kotflügel mit Terostatband verklebt. Deshalb diesen Bereich zum Ausbau mit einem Heißluftfön erwärmen (sofern der Kotflügel wiederverwendet und deshalb nicht verbogen werden soll).
- Die ebenfalls verklebte Hinterkante des Kotflügels im Bereich der Befestigungsleiste mit einem Montierhebel vorsichtig ablösen.
- Vor dem Einbau des neuen Kotflügels das alte Terostatband bzw. die PVC-Dichtmasse an der Karosserie entfernen.
- An den Auflagestellen des Kotflügels neues Terostatband (aus dem Zubehörhandel) ankleben.
- Das Schottblech vorn wird mit Fugendichtmasse abgedichtet.
- Neuen Kotflügel einpassen. Dabei auf den Spalt zur Tür und zur Motorhaube achten.
- Hintere Kotflügel-Unterkante mit Steinschlagschutz nachbehandeln.

Die Türen

Türen ausbauen

- Türverkleidung abbauen (übernachster Abschnitt).
- Kunststoffolie abziehen.
- Kabel für elektrische Spiegelverstellung, elektri-

Die Halteschrauben (1 bis 3) im vorderen Bereich des Kotflügels.

Die Pfeile zeigen auf einige der Halteschrauben oben am Kotflügel.

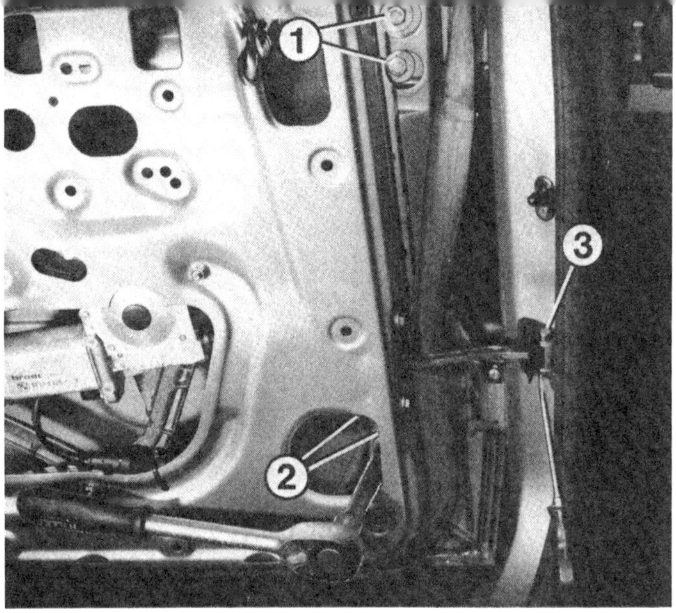

Ausbau der Vordertür: Sicherungsscheibe am Bolzen (3) des Türfeststellers abhebeln, Bolzen herausziehen, Schrauben (1 und 2) am oberen und unteren Scharnier herausdrehen. Ausstekken der Kabel nicht vergessen.

sche Fensterheber, Lautsprecher etc. aus der Tür ziehen.

- Sicherungsscheibe unten im Bolzen des Türfeststellers abziehen, Bolzen nach oben herausdrücken.
- Abdeckungen über den oberen Tür-Halteschrauben abdrücken und Dichtung abziehen (Vordertüren).
- Insgesamt vier Schrauben an den Scharnieren der Türen lösen.
- Ein Helfer sollte währenddessen die Tür an der Hinterkante festhalten.
- Tür zu zweit abnehmen.

Tür einpassen

Zur Einstellung einer Tür muß der BMW mit allen Vieren waagrecht auf dem Boden stehen. Bei aufgebocktem Fahrzeug kann sich die Karosserie verwinden, so daß die Türjustierung anschließend nicht mehr stimmt. Richtig eingestellt müssen die Türspalte vorn und hinten gleich breit sein. Die Türfläche darf weder über die Fahrzeugkontur herausragen noch zu weit innen stehen. Auch die Höhe muß stimmen, was man an den Prägekanten kontrollieren kann. Die zur Verfügung stehenden Einstellmöglichkeiten ermöglichen ein genaues Ausrichten der Tür:

- **Höheneinstellung:** Muttern an den Scharnieren lösen und Tür in den Langlöchern nach oben oder unten rücken. Muttern wieder festziehen.
- **Seiteneinstellung vorn:** Wenn die Tür an ihrer Vorderkante zu weit innen oder außen steht, so läßt sich das durch Einschieben von Distanzplättchen zwischen Scharnier und Tür regulieren. Dazu die Muttern losdrehen.
- Distanzplättchen gibt es im Ersatzteillager.
- **Seiteneinstellung hinten:** Hier kann die Schließplatte gelockert und weiter nach innen oder außen geschoben werden. Entsprechend steht die hintere Türkante. Nach oben und unten wird die Schließplatte nur verschoben, um mit dem Schloß in einer Höhe zu sein.
- Zum Lösen der Schließplatten-Schrauben wird – je nach Ausführung – ein ein großer und stabiler Kreuzschlitz-Schraubenzieher benötigt.

Türverkleidung ausbauen

Diese Arbeit wurde aus dem Kapitel der Innenraum vorgezogen, da sie für die weiteren Zerlegungsschritte der Tür wichtig ist.

Die Schließplatte (Pfeil) kann zum Einstellen der Tür-Hinterkante nach Lösen der Kreuzschlitzschrauben verschoben werden.

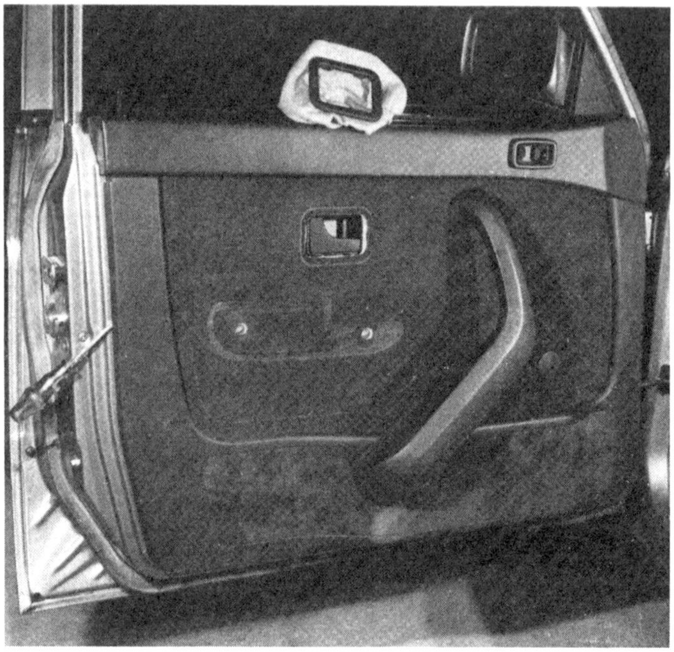

Ausbau der Türverkleidung: Die Blende des Türöffners ist abgenommen, zwei Halteschrauben der Armlehne sind gelöst (sie muß nun noch nach oben geschwenkt und abgezogen werden). Dann kann der Schraubenzieher vorsichtig zwischen Verkleidung und Türkasten geschoben werden, um die Halteklammern nacheinander zu lösen.

- Blende um den Türöffner nach hinten abdrücken.
- Zwei Kreuzschlitzschrauben unten an der Armlehne herausdrehen.
- Armlehne um den oberen Befestigungspunkt zunächst um 45° nach oben schwenken. Dann unter Hin- und Herdrehen gleichzeitig herausziehen (Klammerbefestigung).
- Fensterkurbel abschrauben – dazu die Kunststoffabdeckung abhebeln (Bild unten).
- Verkleidung rundum aus den Clips lösen. Dazu lappenumwickelten Schraubenzieher zwischen Türkasten und Verkleidung stecken und diese abhebeln.
- Schutzfolie vorsichtig vom Türkasten abziehen.
- Die innere **Fensterbrüstung** muß getrennt abgenommen werden.
- Dazu Türschloß-Verriegelungsknopf losdrehen.
- Schalter der Spiegelverstellung ausbauen (Seite 222/223).
- Zwei Kreuzschlitzschrauben unten an der Fensterbrüstung lösen.
- An der hinteren Türverkleidung zusätzlich Aschenbecher aushängen und Ascherführung losschrauben.
- Fensterbrüstung jetzt aus der Fensterschachtabdichtung herausziehen – dabei muß sie leicht gedreht werden.
- **Einbau:** Beschädigte Halteklammern an der Verkleidung und der Fensterbrüstung ersetzen.
- Folie unbedingt wieder am Türkasten ankleben; sie schützt die Verkleidung vor Feuchtigkeit.
- Vor dem Einbau der Verkleidung die Spiralfeder auf die Achse der Fensterkurbel stecken. Die große Windung muß zur Verkleidung zeigen.
- Armlehne an der Oberkante nur einstecken – fertig.
- Rosette unter der Fensterkurbel nicht vergessen.

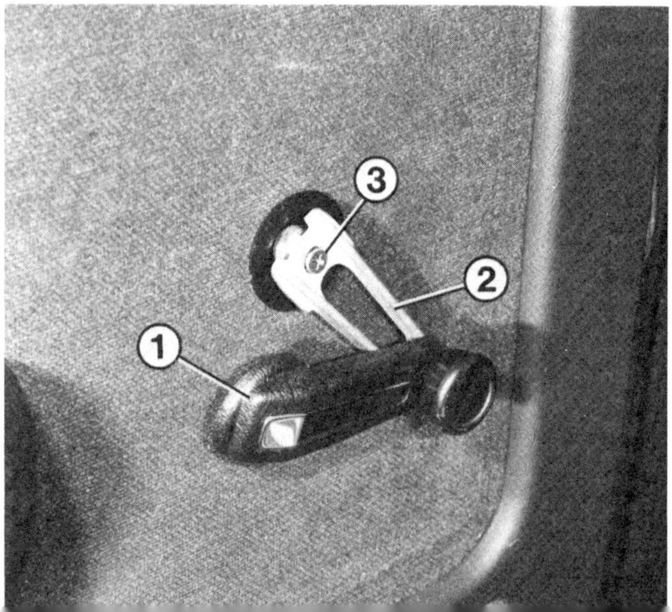

Abbauen der Fensterkurbel (2): Nach Abziehen der Abdeckung (1) kann die Kreuzschlitzschraube (3) gelöst werden. Teilweise sind die Kurbeln auch mit Sicherungsscheiben befestigt.

Links: Die hier gezeigten Schrauben (1 und 2) müssen zum Ausbau des Türschloßmechanismus gelöst werden.
Rechts Ausbau des Schließzylinders (2):
1 – Sicherungsblech;
3 – Einbauöffnung in der Tür;
4 – Mikroschalter der Zentralverriegelung.

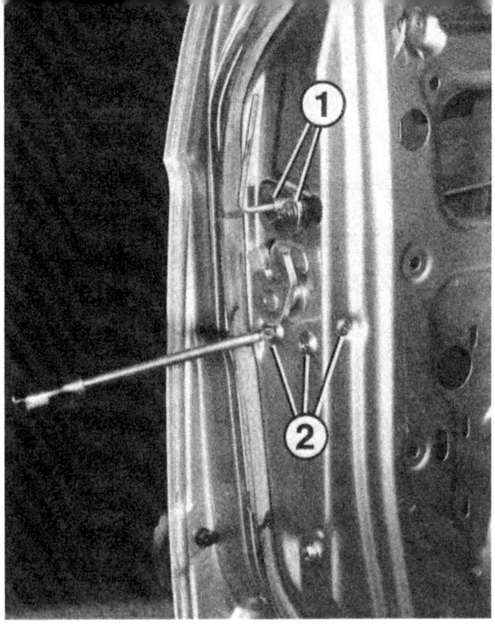

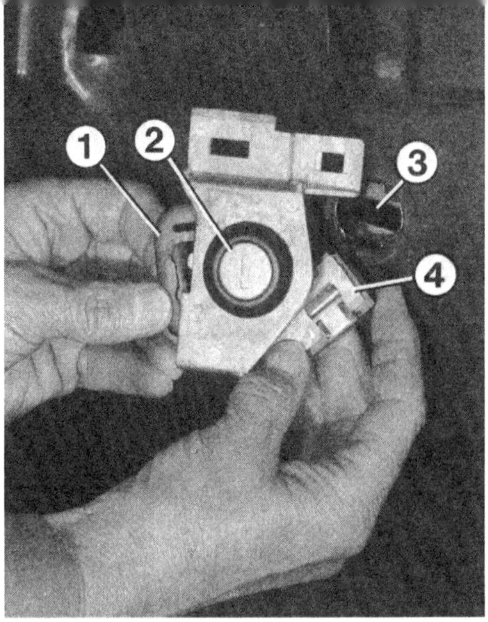

Türschloß-Mechanismus ausbauen

- Türschloß (Schließzylinder) ausbauen.
- Türverkleidung und Folie abbauen.
- Türverriegelungsknopf abschrauben.
- Türöffner innen an der Tür abschrauben.
- Hintere Fensterführungsschiene im Türkasten abschrauben.
- Schließkeil an der Hinterkante der Tür (oberhalb der Schloßfalle) abschrauben.
- Schloßfalle nach oben drehen.
- Drei Kreuzschlitzschrauben unterhalb der Schloßfalle herausdrehen.
- Sicherungsscheibe an der Betätigungsstange zum Türschloß lösen.
- Stecker am Schloßantrieb der Zentralverriegelung abziehen.
- Türschloßmechanismus durch den Türkasten herausnehmen.

Fingerzeig: Wenn das Fahrertürschloß beim Einlegen der Entriegelungssperre (90°-Drehung am Schloß bei Fahrzeugen ab 9/84) klemmt oder schwergängig ist, hilft nur Abnehmen der Türverkleidung und Fetten der Schloßmechanik. Leider hält das Fett an den beanspruchten Stellen nicht allzu lange – dann muß wieder nachgefettet werden.

Türschloß (Schließzylinder) ausbauen

- Türverkleidung und Folie abbauen.
- Sicherungsscheibe an der Betätigungsstange des Türschlosses aushängen.
- Sicherungsblech hinter dem Schloß in Fahrtrichtung nach vorn abziehen bzw. bei Schloßheizung das komplette Heizelement nach vorn abdrücken.

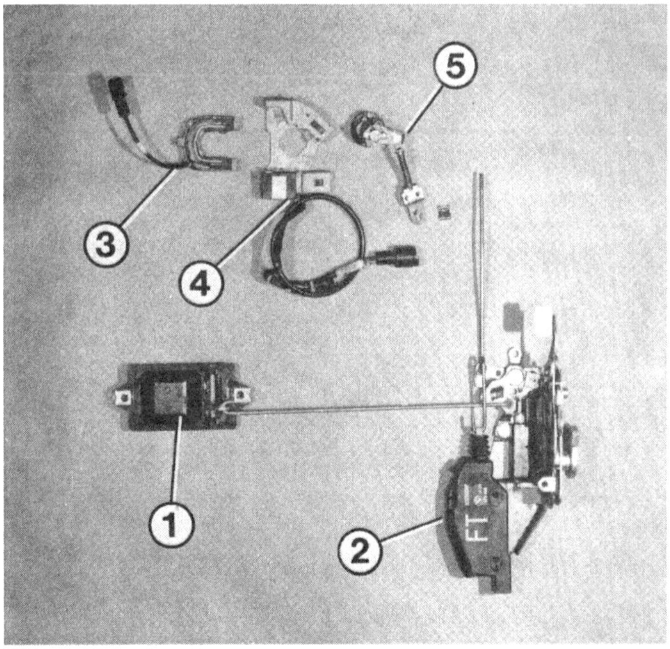

Die Einzelteile des Türschlosses:
1 – Türöffner innen;
2 – Schloßantrieb der Zentralverriegelung;
3 – Sicherungsblech (hier mit Türschloßheizung);
4 – Halterahmen mit Mikroschalter (Zentralverriegelung);
5 – Schließzylinder mit Betätigungsstange.

● Schloß zur Tür-Außenseite hin herausziehen, dabei den Halterahmen für den Zentralverriegelungs-Mikroschalter an der Tür-Innenseite abnehmen.
● Vor dem Einbau des neuen Schlosses das Türblech an der Bohrung sorgfältig entrosten und lackieren. Am besten zusätzlich zwischen Türblech und Schloß etwas Fett aufstreichen.

Türgriff außen mit Schloßbetätigung ausbauen

● Türgriff außen hochheben und die beiden Halteschrauben von unten herausdrehen (siehe Bild unten).
● Innenverkleidung der Tür abbauen, Folie abziehen.
● Zwei Halteschrauben der Schloßbetätigung durch die Aussparungen an der Tür-Innenseite losdrehen.
● Bei Fahrzeugen mit Schloßbeheizung Steckverbindung trennen.
● Schloßbetätigung von innen herausnehmen.
● Beim Einbau die Schloßbetätigung und den Türgriff so ausrichten, daß der Griff auf den Gummipuffern außen an der Karosserie zu liegen kommt und daß er mit der Prägekante der Tür in einer Linie steht.
● Bei entsprechend ausgestatteten Fahrzeugen darauf achten, daß bei angehobenem Türgriff das Heizungssteuergerät bzw. der Kontakt für Innenlichtverzögerung betätigt werden.

Fensterschacht-Abdeckleiste ausbauen

Rostbefall an den Oberkanten der Türen kann es erforderlich machen, die äußeren Fensterschacht-Abdeckleisten zwecks Rostbekämpfung abzubauen.
● An der Hinterkante der Vordertür eine Kreuzschlitz-Befestigungsschraube lösen.
● An den Vordertüren die Außenspiegel abbauen.
● Abdeckleiste mit einem Holzkeil nach oben abdrücken.
● Dabei den Lack mit Lappen schützen.
● Beim Einbau auf den Zustand der Halteklammern achten; beschädigte ersetzen.
● Leiste ansetzen und vorsichtig aufklopfen.

Fensterheber ausbauen

● Türverkleidung ausbauen, Folie abziehen.
● **Fensterheber der vorderen Türen ausbauen:**
● Fensterscheibe nach unten kurbeln, damit die Befestigungsmuttern Scheibe/Fensterheber zugänglich sind.
● Befestigungsmuttern lösen und Seitenscheibe in den Führungen von Hand ganz nach oben schieben.
● Scheibe am Fensterrahmen mit stabilem Klebeband sichern, damit sie in der höchsten Stellung bleibt.
● Insgesamt drei Halteschrauben/-muttern des Fensterhebers lösen und Fensterheber aus dem Türkasten herausnehmen.
● Bei elektrischem Fensterheber zusätzlich die Kabelsteckverbindung trennen.
● Beim Einbau den Fensterheber ganz nach unten drücken und erst dann die hintere Befestigungsschraube des Fensterhebers anziehen.
● **Fensterheber der hinteren Türen ausbauen:**
● Fensterscheibe nach unten drehen, bis die Halteschrauben an der Scheiben-Unterkante sichtbar werden.

Im Bild gezeigt: Die Halteschrauben (2) des Türgriffs (1).

Schrauben der Türschloßbetätigung (1) an der Innenseite des Türkastens.

● Zwei Schrauben herausdrehen, Halter der Scheibe abnehmen und Seitenscheibe in den Führungen von Hand ganz nach oben schieben.
● Scheibe am Fensterrahmen mit stabilem Klebeband sichern, damit sie in der höchsten Stellung bleibt.
● Je eine Halteschraube oben und unten an der Fensterheber-Laufschiene herausdrehen.
● Drei Schrauben rings um die Lagerung der Fensterkurbel lösen.
● Hebearm des Kurbelmechanismus aus der Fenster-Hebeschiene aushängen.
● Kurbelmechanismus aus dem Türkasten herausnehmen.
● Beim Einbau die Gleitstücke des Fenster-Halters fetten. Scheibe vor dem Festschrauben ganz nach hinten drücken. Kurbelapparat und Hebeschiene ebenfalls fetten.

Türfenster ausbauen

● Türverkleidung ausbauen, Folie abziehen.
● Zum leichteren Herausziehen der Scheibe die Fensterschachtabdeckung außen abbauen.
● Fensterbrüstung der Türverkleidung abnehmen und die innere Fensterschachtabdeckung ebenfalls abschrauben.
● Fenster-Befestigung vom Fensterheber lösen.
● An den **Vordertüren** die Fensterscheibe in der Tür nach vorn schwenken und herausziehen.
● Beim **Einbau** den Fensterheber ganz nach unten drücken und erst dann die hintere Befestigungsschraube des Fensterhebers anziehen.

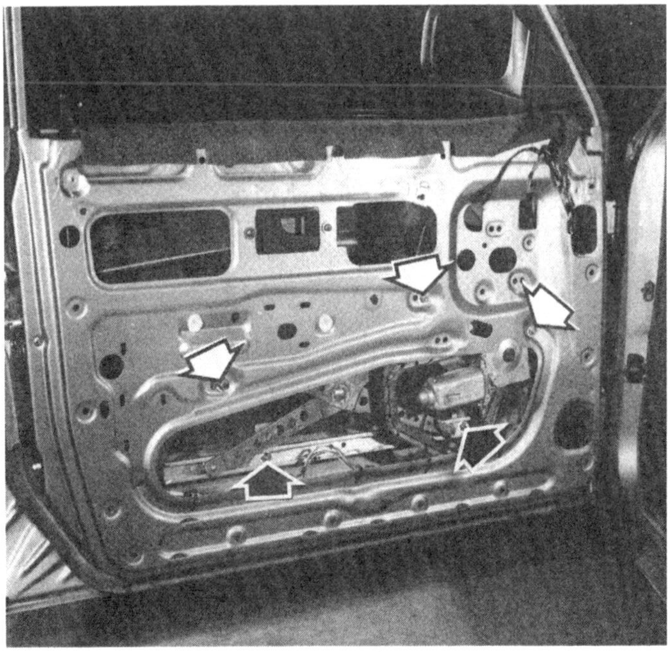

Bei abgenommener Türverkleidung sind die Schrauben des Fensterhebermechanismus (Pfeile) sichtbar. Hier sehen wir einen elektrischen Fensterheber; der Motor befindet sich oberhalb des rechten schwarzen Pfeils.

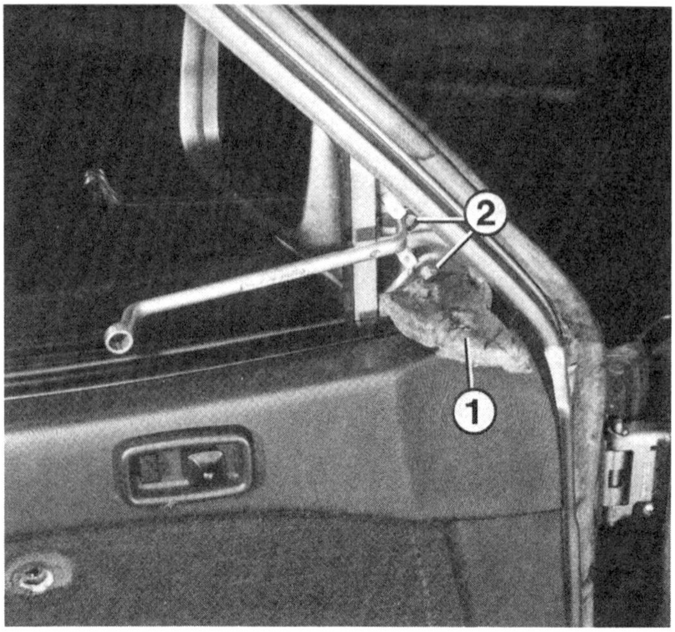

Nach Abhebeln der Blende im vorderen Fensterdreieck muß die Isoliermatte (1) zurückgeschlagen werden, um an die Spiegel-Halteschrauben (2) heranzukommen.

- An den **Hintertüren** das Kurbelfenster zunächst ganz nach oben schieben und festhalten.
- Beide Befestigungsschrauben der hinteren Fensterführungsschiene herausdrehen, Fensterführung abziehen.
- Die Türdichtung oberhalb der hinteren Fensterführungsschiene ein Stück abziehen.
- Die jetzt oben am Fensterrahmen sichtbar werdende Lasche geradebiegen.
- Fensterführungsschiene nach unten ziehen.
- Nach diesen Vorarbeiten kann auch das **feststehende Seitenfenster** in der hinteren Tür ausgebaut werden. Es wird nach vorn abgezogen.
- Beim **Einbau** die Gleitstücke des Fenster-Halters fetten. Scheibe vor dem Festschrauben ganz nach hinten drücken. Kurbelapparat und Hebeschiene ebenfalls fetten.

Außenspiegel ausbauen

Wie das Spiegelglas einzeln ausgebaut wird, erfahren Sie auf Seite 232. Nachfolgend beschrieben ist der Ausbau des kompletten Spiegels:

- Blende im Fensterdreieck abhebeln.
- Bei elektrischer Spiegelverstellung Steckverbindung trennen.
- Halteschrauben (siehe Bild oben) lösen und Spiegel abnehmen.

Kofferraumdeckel

Ausbau

- Batterie abklemmen.
- Deckel öffnen, Kabelzuleitung an der Kofferraumleuchte ausstecken.
- Deckel zu zweit halten und rechts und links je zwei Schrauben am Scharnierbügel herausdrehen.
- Deckel von den Scharnieren abnehmen.

Kofferraumdeckel einstellen

Angestrebt wird ein gleich breiter Spalt zum rechten wie zum linken Seitenteil. An der Hinterkante muß die Haube flächenbündig abschließen, die Oberseite soll jedoch etwa 1 mm tiefer liegen als die Oberkanten der Seitenteile.

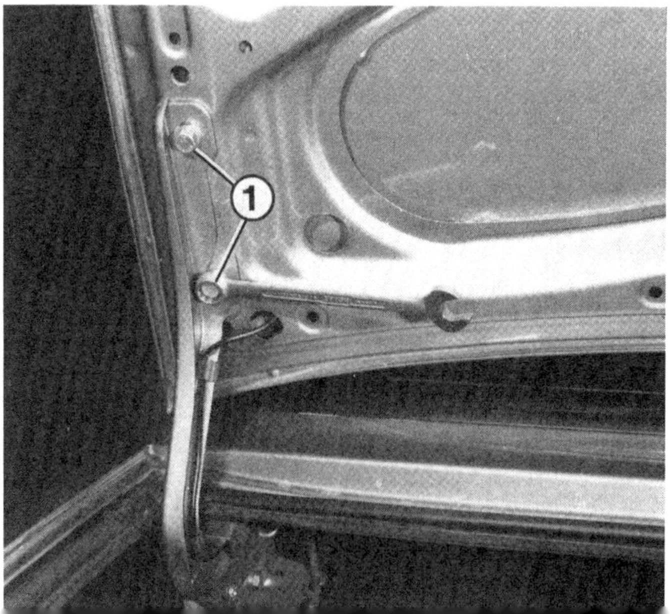

Zum Demontieren der Kofferraumhaube müssen an jedem Haubenscharnier zwei Sechskantschrauben (1) gelöst werden. Kabel zur Kofferraumleuchte nicht vergessen.

Links: Zum Ausrichten des Schließzapfens am Kofferraumdeckel zum Schloßteil am Heckblech müssen die beiden Halteschrauben (1) gelöst werden.
Rechts: Der Gummipuffer (Pfeil) läßt sich in der Höhe verstellen, damit die Haube satt aufliegt.

● **Einstellung seitlich und in Längsrichtung:** Schrauben am Haubenscharnier lockern und Haube ausrichten.
● **Höheneinstellung Hauben-Hinterkante:** Hintere Kofferraumverkleidung abnehmen.
● Drei Halteschrauben des Kofferraumschlosses lockern und Schloß nach oben oder unten verschieben.
● Zum Prüfen der Schloßeinstellung die beiden Gummipuffer rechts und links hinten an der Haube ganz hineindrehen.
● Nach beendigter Einstellung die Gummi-Anschlagpuffer so weit herausdrehen, bis der Kofferraumdeckel in geschlossenem Zustand leicht vorgespannt ist.
● Der Schließzapfen an der Heckhaube läßt sich nach Lösen seiner beiden Halteschrauben auch vor- und zurückschieben, was jedoch in erster Linie zum Ausrichten des Schließzapfens gegenüber dem Schloß dient.

Schloß des Kofferraumdeckels ausbauen

● Hintere Kofferraumverkleidung abnehmen.
● An der Innenseite des Heckblechs insgesamt drei Sechskantschrauben lösen.
● Eine der Schrauben hält das Schloßteil alleine, die beiden anderen sind sowohl für das Schloßteil wie auch für den Druckknopf zuständig.
● Bei Wagen mit Zentralverriegelung zusätzlich die beiden Halteschrauben des elektrischen Schloßantriebs herausdrehen und Stecker abziehen.
● Druckknopf von außen abziehen.
● Betätigungsstange zum Schloßantrieb aushängen.
● Das Schloßteil wird seitlich hinter der Verstärkung herausgenommen.
● Bei Zentralverriegelung zusätzlich den abgeschraubten Schloßantrieb nach oben herausziehen.

BMW-Zeichen abbauen

● An Front- und Heckhaube ist das BMW-Zeichen mit kleinen Haltebolzen in Kunststoff-Führungen an der Haube eingesteckt.
● Plakette rundum gleichmäßig mit flachem Schraubenzieher anheben und abnehmen.
● Lack mit einem Lappen schützen.

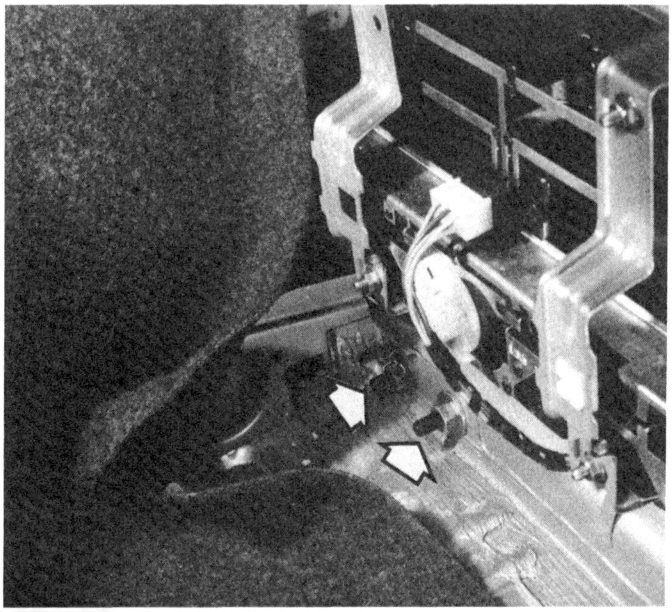

Zwei der Haltemuttern (Pfeile) der hinteren Stoßstange zeigt der Blick in der Kofferraum bei abgenommener hinterer Kofferraumverkleidung.

Typbezeichnung abnehmen

- Die Modellbezeichnung an der Kofferraumklappe ist geklebt.
- Zum Abnehmen dünnen und doch stabilen Zwirn in Geschirrspülmittel tauchen und damit die Klebeschicht zwischen Plakette und Lack »durchsägen«.
- Noch leichter geht die Arbeit, wenn die Plakette mit einem Fön erwärmt ist.
- Neue Plakette auf 40–50°C erwärmen und Klebeseite kurz anpressen.

Stoßstange hinten

Ausbau

- Befestigungsschrauben der seitlichen Stoßstangen-Wangen vom Radkasten aus losdrehen.
- Hintere Kofferraumverkleidung abnehmen.
- Rechts und links je zwei Muttern unterhalb der Heckleuchten losdrehen.
- Stoßstange mit einem Helfer abnehmen, damit der Lack an den Kotflügeln nicht zerkratzt wird.

Stoßleisten seitlich

Ausbau

- An den **Vordertüren** die Verschraubungen hinten an der Leiste im Türfalz lösen.
- **Hintere Türen**: An der Tür-Vorderkante die Mutter herausdrehen.
- Leiste von den Kunststoff-Halteklammern abheben.
- Dazu eignet sich ein flacher Schraubenzieher, der zum Schutz vor Lackkratzern mit einem Lappen unterlegt wird.
- Am **Kotflügel** ist die Stoßleiste nur geklammert, nicht verschraubt.

Das Schiebedach

Dieses Fenster zum Himmel erfordert für problemlose Funktion eine exakte Einstellung, aber die hierzu notwendigen Beschreibungen würden den Rahmen dieses Buches sprengen.

Was bei Störungen am elektrischen Schiebedach zu tun ist, erfahren Sie auf Seite 237. Ein undichtes Schiebedach hat seine Ursache in verstopften Ablaufrohren, von denen je eines an den vier Ecken des Schiebedachkastens angeschlossen ist. Denn eindringen darf das Wasser, aber ablaufen muß es können.

Die hinteren Ablaufrohre enden unter den Blenden der hinteren Dachpfosten. Die vorderen Ablaufrohre münden – von außen unsichtbar – in das Hohlprofil des Türschwellers.

Das eingetretene Wasser läuft durch die Ablauflöcher unten am Schweller aus. Dazu dürfen diese nicht verstopft sein (Seite 261).

- Bei undichtem Schiebedach alle vier Ablaufrohre durchstoßen.
- Dazu eignet sich z.B. eine alte Tachowelle. Manchmal genügt auch schon ein Draht.

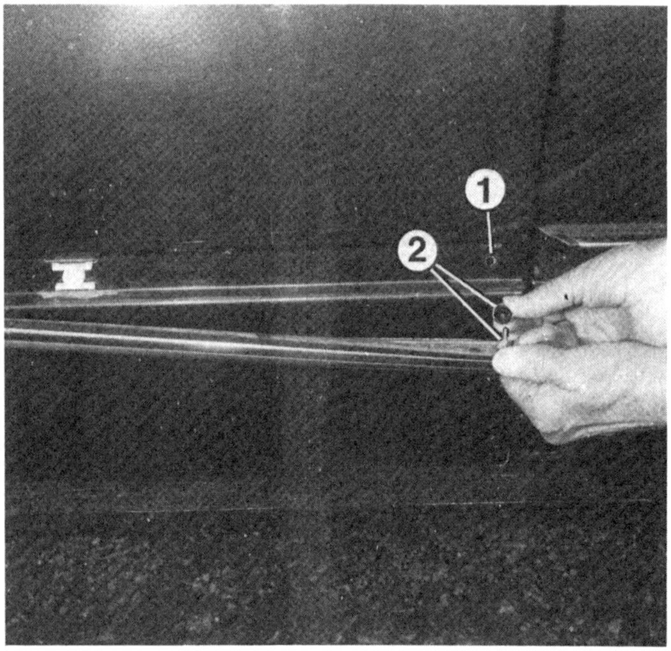

Die Stoßleisten der Vordertüren sind an ihrer Hinterkante durch Bohrungen (1) hindurch verschraubt (2).

Schöner wohnen

Jetzt geht's ans Eingemachte. Gemeint sind die inneren Werte der BMW-Karosserie, also die Inneneinrichtung.

Sitze

Vordersitz ausbauen

- Abdeckung der Sicherheitsgurt-Befestigung am Sitz abhebeln.
- Halteschraube für Sicherheitsgurt lösen.
- Wo vorhanden, Abdeckungen an den vorderen Sitzschienenenden abnehmen.
- Beide Halteschrauben in den Sitzschienen vorn herausdrehen.
- Sitz nach vorn schieben.
- Schrauben an den hinteren Enden der Sitzschienen herausdrehen.
- Wo vorhanden, Kabelsteckverbindungen für Sitzheizung bzw. elektrische Sitzverstellung trennen.

Kopfstützen ausbauen

- **Ältere Version** mit Entriegelungsknopf in der Sitzlehne:
- Entriegelungsknopf drücken und Kopfstütze nach oben herausziehen.
- **Neuere Version** ohne Entriegelungsknopf:
- Kopfstütze mit Schwung nach oben aus den Führungen am Sitz herausziehen.

Rücksitz ausbauen

- **Sitzbank:** Eine Befestigungsschraube vorn über dem Kardantunnel lösen, Sitzbank hochziehen.
- **Rückenlehne:** Zuerst Rücksitzbank ausbauen.
- An den Außenkanten der Lehne unten sowie unterhalb der Mittelarmlehne insgesamt drei Sechskantschrauben herausdrehen.
- Mittelarmlehne herausklappen, Abdeckung hinter der Armlehne zur Seite schieben und dort eine weitere Sechskantschraube herausdrehen.
- Lehne nach oben drücken und aus den beiden Haken an der Rückwand aushängen.

Armaturenbrett

Armaturenbrettverkleidung links unten abnehmen

- Insgesamt sechs Kreuzschlitzschrauben herausdrehen (Bild Seite 259).
- Stecker am Sicherungsautomat für elektrische Fensterheber abziehen.
- Beide Haltezungen des Heizungs-Temperaturfühlers (links unten an der Verkleidung) aus der Halterung ausklinken. Die Haltezungen sind von außen zugänglich.
- Beim Einbau die Verkleidung zuerst mit der Vorderkante in die Führung stecken.

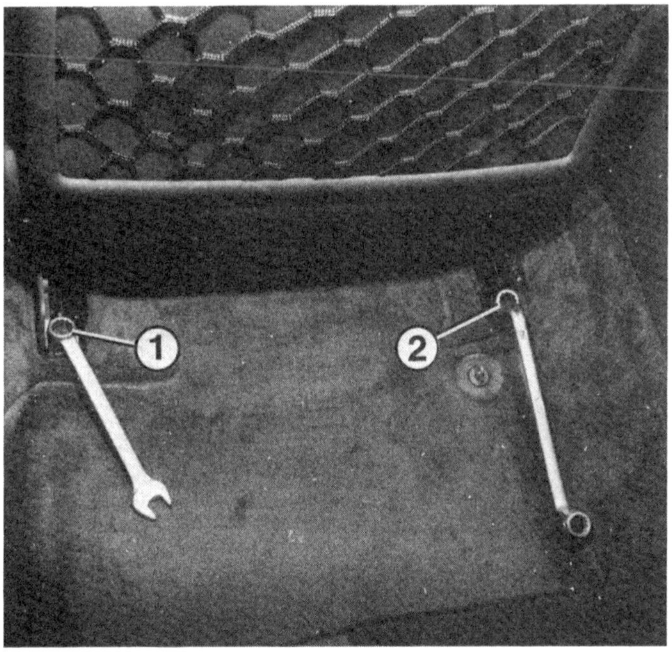

Die Befestigungsschrauben hinten (1 und 2) für Sitz und Sitzschienen.

Zum Abnehmen der unteren Lenksäulenverkleidung müssen vier Schrauben (1–4) gelöst werden. Zusätzlich den Hebel der Lenkradverstellung nach unten klappen.

Lenksäulenverkleidung ausbauen

- Armaturenbrettverkleidung links unten abnehmen.
- Lenkrad ausbauen (Seite 119/120).
- Zwei Schrauben unten an der Lenksäulenverkleidung herausdrehen.
- Des weiteren zwei Kreuzschlitzschrauben am hinteren Ende der Lenksäule lösen (in Fahrtrichtung gesehen).
- Das Unterteil der Lenksäulenverkleidung kann jetzt abgenommen werden, was zu den meisten Reparaturarbeiten ausreicht.
- Das Oberteil der Verkleidung läßt sich nicht komplett ausbauen, sonst müßte die Lenksäule abgeschraubt werden.
- Besser ist es, die obere Verkleidungshälfte ein Stück hochzuklappen.
- Dazu die Blende oberhalb der oberen Lenksäulenverkleidung abschrauben (zwei Kreuzschlitzschrauben).
- Lenksäulenverkleidung zum Innenraum hin ziehen und nach oben klappen.
- Dazu die Verkleidung im Bereich des Zündschlosses etwas anheben, damit sie leichter über das Schloß hinwegrutscht.

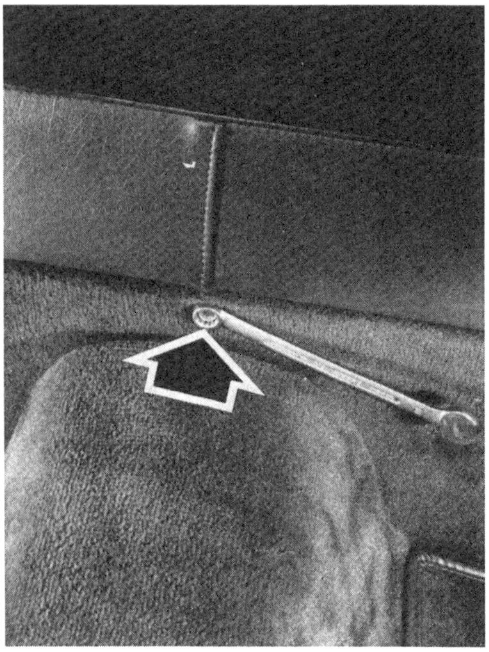

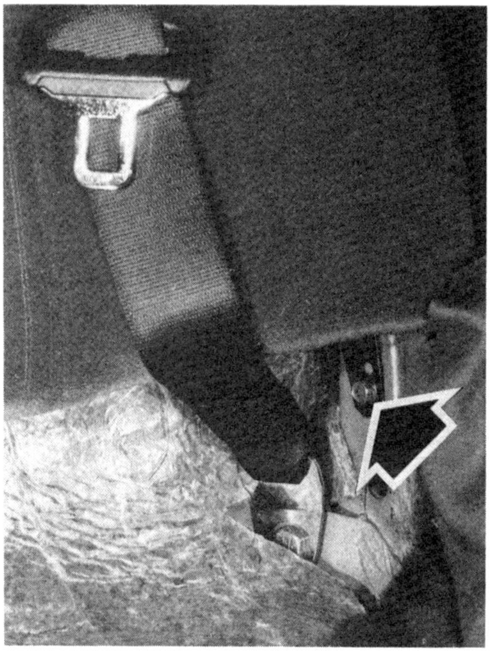

Links: Die Halteschraube der Rücksitzbank (Pfeil) sitzt genau oberhalb des Kardantunnels.
Rechts: Die Verschraubungen der Rücksitzlehne (Pfeil) sind bei ausgebauter Rücksitzbank zugänglich.

Ausbau des Kassettenfachs in der Mittelkonsole: Nach Lösen der Zentralschraube (1) werden die Riegel (3) zurückgezogen – das Kassettenfach hängt jetzt unten frei. Nun müssen nur noch die beiden Haken (2) an der Oberseite ausgerastet werden.

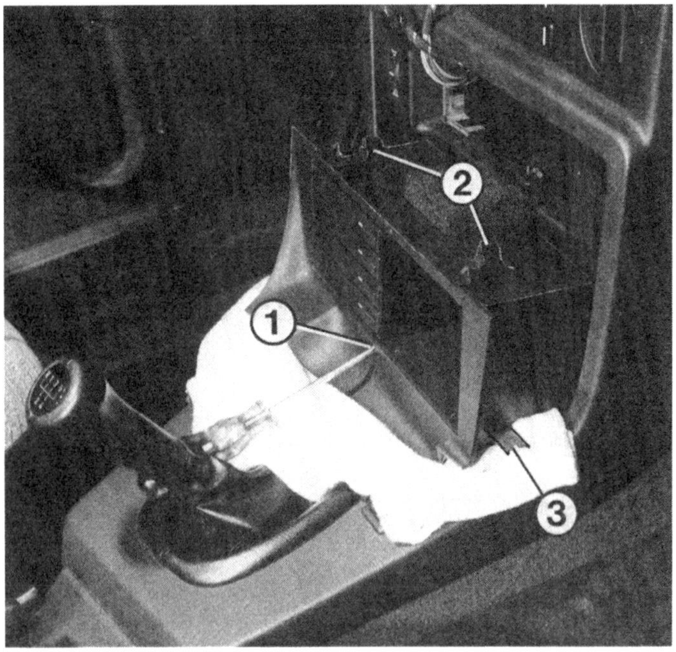

Kassettenfach in der Mittelkonsole ausbauen

- Aschenbechereinsatz herausheben, darunter zwei Sechskantschrauben lösen.
- Einbaublende für Ascher und Anzünder abnehmen, Kabelstecker und Lampenfassung abziehen.
- Zentralschraube unterhalb der Kassetteneinschübe ganz herausdrehen. Dadurch werden zwei Riegel an der Seite des Kasettenfachs zurückgezogen. Die untere Befestigung ist somit gelöst.
- Radio ausbauen (Seite 231).
- Durch den Radioschacht greifen und zwei Kunststoffhaken an der Oberseite des Kassettenfachs ausrasten.
- Kassettenfach nach vorn schieben, etwas drehen und herausziehen.

Mittelkonsole ausbauen

- Batterie abklemmen.
- Radio ausbauen (Seite 231).
- Wo vorhanden, Kassettenfach ausbauen.
- Wo vorhanden, hinteren Teil der Mittelkonsole ausbauen. Dazu die Bürsten-Blende am Handbremshebel aushängen und darunter zwei Sechskant-

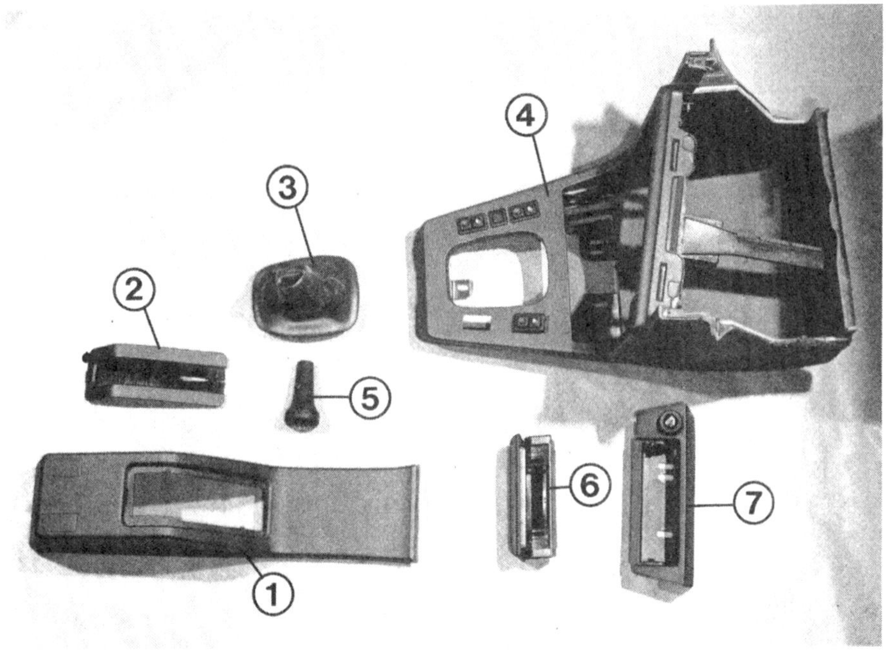

Die Teile der Mittelkonsole:
1 – Konsolenteil hinten;
2 – Bürsten-Blende;
3 – Schalthebelmanschette;
4 – Mittelkonsole vorn;
5 – Schalthebelknopf;
6 – Ascher;
7 – Einbaublende für Ascher und Anzünder.

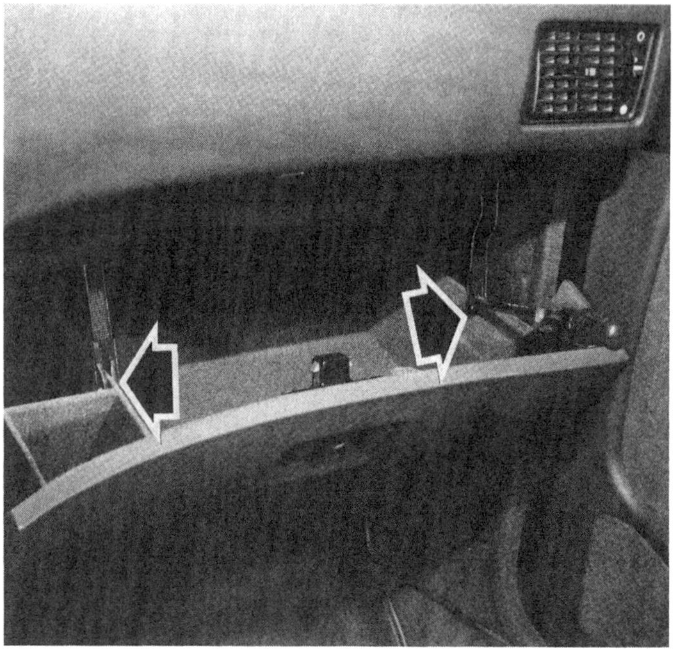

Ausbau des Handschuhfachs: Lösen der Bolzen (Pfeile) an den Haltebändern mit einem spitzen Schraubenzieher. Der Handschuhkasten kann jetzt nach unten abgesenkt werden.

schrauben etwas lockern. Jetzt Konsolenteil nach hinten wegziehen und abnehmen.

● Schalthebelknopf abziehen.

● Rahmen der Schalthebelmanschette aus der Mittelkonsole lösen; Manschette vom Schalthebel abziehen.

● Bei Automatikgetriebe rechten Teil der Schaltkulisse nach oben abziehen. Darunter zwei Kreuzschlitzschrauben lösen und restlichen Teil der Schaltkulisse abnehmen.

● Hinter der Schalthebellagerung eine Sechskantschraube herausdrehen.

● Aschenbechereinsatz herausheben, darunter zwei Sechskantschrauben lösen.

● Einbaublende für Aschenbecher und Anzünder

Einige Arbeitsschritte zum Ausbau der Mittelkonsole: Die Schalthebelmanschette (2) ist hochgezogen, die Schalter für elektrische Fensterheber wurden ausgebaut; ebenso der Ascher. Drei der Halteschrauben (1 und 3) liegen jetzt frei.

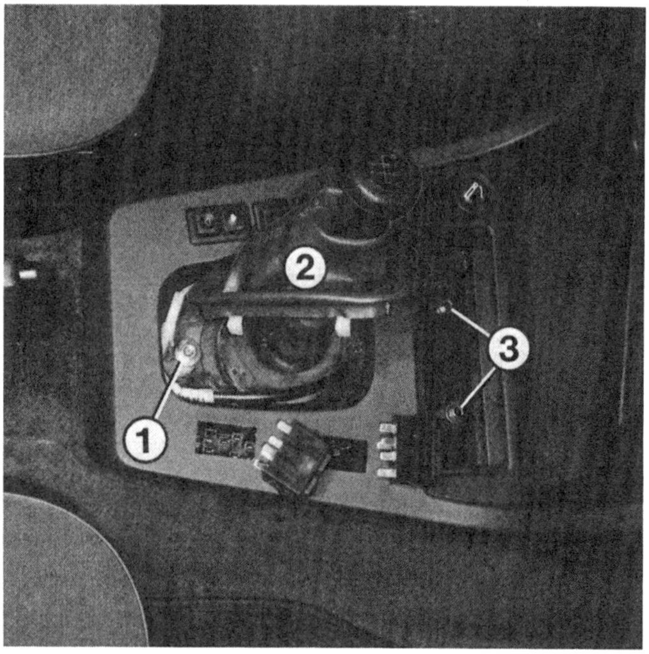

Zwei weitere Schrauben, die zum Ausbau der Konsole gelöst werden müssen. Die vordere Halteschraube (5) und die Befestigung der Bedieneinheit Heizung/Lüftung (4). Letztere ist erst zugänglich, nachdem die Konsole ein Stück zurückgezogen wurde.

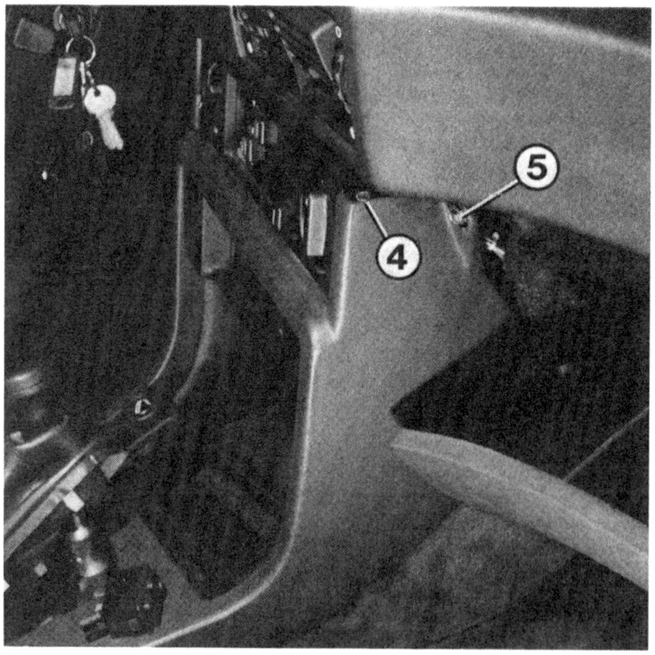

Ausbau der linken unteren Armaturenbrettverkleidung nach Lösen von sechs Kreuzschlitzschrauben. An der Unterkante ist die Verkleidung in eine Halterung eingesteckt.

abnehmen, Kabelstecker und Lampenfassung abziehen.

- Handschuhfach öffnen. Seitlich an der Mittelkonsole eine Schraube herausdrehen.
- Linke untere Armaturenbrettverkleidung abschrauben. Links oben an der Mittelkonsole die Schrauben herausdrehen.
- Schalter für elektrische Fensterheber ausbauen, Stecker abziehen.
- Mittelkonsole ein Stück nach hinten ziehen, bis die Schrauben oben an der Heizungsbetätigung sichtbar werden.
- Diese beiden Kreuzschlitzschrauben herausdrehen.
- Jetzt kann die Mittelkonsole nach hinten weggezogen und nach oben herausgehoben werden.

Handschuhkasten ausbauen

- Handschuhkasten öffnen.
- Bolzen der Haltebänder seitlich herausdrücken.
- Handschuhkasten auf den Wagenboden absenken.
- Wenn der Handschuhkasten ganz ausgebaut werden soll, Kasten wieder schließen und Scharnier von unten abschrauben.
- Stecker für Akku-Leuchte ausrasten.

Verkleidung links im Handschuhfach ausbauen

- Handschuhkasten öffnen.
- Haltebänder aushängen.
- Handschuhkasten zum Boden absenken.
- Oben und unten an der Verkleidung je eine Kreuzschlitzschraube herausdrehen.
- Verkleidung abnehmen.

Sicherheitsgurte prüfen

Wartung Nr. 16

Zeigen die Gurte einen der nachfolgend genannten Mängel, sollten sie ausgewechselt werden, damit sie im Notfall wirklich schützen können:

○ Welliges Gurtband
○ Ausgefranste Kanten
○ Aufgeriebenes Gewebe
○ Angerissene Nähte
○ Wenn ein »lahmer« Automatikgurt öfter zwischen Tür und Karosserie eingeklemmt wurde, wodurch er mit der Zeit an Festigkeit verliert.

Körperpflege

Der BMW besitzt schon ab Werk recht aufwendige Maßnahmen zum Schutz vor Rost, wie Sie gleich im nächsten Abschnitt lesen werden. Die Weichen für relativ geringen Wertverlust sind also gestellt. Es liegt an Ihnen, den Korrosionsschutz auf lange Zeit zu erhalten.

Rostschutzmaßnahmen ab Werk

BMW-Fahrzeuge standen zu keiner Zeit im Ruf, Rostlauben zu sein. Das liegt nicht zuletzt an sorgfältig ausgeführten Rostschutzmaßnahmen, die schon bei der Fahrzeug-Konstruktion beginnen.

○ Die Falze der Türen und Hauben sind mit PVC geklebt und versiegelt.
○ Blechverbindungen wurden vor der Lackierung versiegelt.
○ Schraubverbindungen wurden durch Zinkfolie geschützt.
○ In den Vorderkotflügeln sitzen Abdeckungen aus Kunststoff.
○ Hohlraumkonservierung schützt alle Hohlprofile der Karosserie.
○ Der Unterboden ist mit PVC-Material und zusätzlich mit einem Wachsschutz beschichtet.
○ Die Rohkarosserie besitzt eine Elektrotauchlackierung nach dem Kataphorese-Verfahren.
○ Die aufwendige Lackierung besitzt vier Schichten: Zinkstaub-Behandlung an besonders gefährdeten Teilen, Zink-Phosphatierung, Grundlackierung, Füllerlackierung, Decklackierung und bei – Metallic-Lack – einen Klarlack.

Durchrostungs-garantie

Die aufwendigen Rostschutzmaßnahmen veranlassen BMW dazu, eine Garantie über sechs Jahre dafür zu geben, daß keine Durchrostung am Wagen auftritt. Das schaffen die 5er nach unseren Beobachtungen problemlos. Übrigens wird in der Garantie ausdrücklich von »Durchrostungen« gesprochen, nicht etwa von anderen Rostschäden.

Die Gewährleistung kann natürlich nicht ohne Einschränkungen gelten:

○ Ein durch Steinschlag oder Bodenberührung beschädigter Unterbodenschutz darf nicht sich selbst überlassen, sondern muß repariert werden.
○ Gleiches gilt für Kratzer oder Steinschläge auf den lackierten Flächen der Karosserie.
○ Wenn bei einer Unfallreparatur Lackierung und Rostschutz der neuen Teile nicht nach BMW-Richtlinien ausgeführt wurde, ist die Garantie hinfällig.

Auf die genannten Punkte wird bei der Jahresinspektion geachtet und ein kleines Protokoll über den Karosseriezustand angefertigt. Ebenso wird vermerkt, ob die anstehenden Arbeiten ausgeführt wurden – auf Ihre Kosten, versteht sich. So kann es im Normalfall gar nicht zu einer Durchrostung kommen. Wer also den Karosseriezustand selbst überwacht, wird nach sechs Autojahren ebensowenig Durchrostungen an seinem BMW feststellen wie derjenige, der Nacharbeiten in der Werkstatt vornehmen läßt. Womit eine Garantie eigentlich gar nicht mehr nötig ist.

Fingerzeig: Zu Reparatur von Durchrostungen an Türen, Radläufen und Einstiegsschwellern gibt es bei BMW oder im Zubehörhandel preisgünstige Reparaturbleche. Mehr Informationen zum Beheben von Karosserieschäden finden Sie im Band 45 dieser Buchreihe. Titel: »Die Autokarosserie«.

Unterbodenschutz kontrollieren

Wartung Nr. 52

Die Schutzschicht der Wagenunterseite muß sorgsam geprüft und ggf. nachgearbeitet werden. Das können Sie selbst machen, wenn Sie eine sichere Aufbockmöglichkeit haben (Hebebühne, Auffahrrampe).

● Unterboden gründlich waschen.
● Gesamte Unterseite mit einer hellen Lampe ableuchten und auf schadhafte Stellen untersuchen.
● Beschädigte Stellen im Unterbodenschutz mit Spachtel, Schaber und Drahtbürste bis aufs blanke Blech freilegen.
● Rostansätze so weit als möglich blankschleifen.
● Gesäuberte Fläche mit Rostprimer oder Bleimennige bestreichen.
● Ebene oder größere Flächen werden mit streichbarem Unterbodenschutzmaterial behandelt.
● Für schwer zugängliche Fugen und Ecken ist eine Sprühdose mit Unterbodenschutz günstiger.
● Nicht alle Unterbodenschutzmaterialien eignen sich für die Verwendung am BMW. So kann es Haftprobleme bei Materialien auf Bitumenbasis geben.
● Besser ist Wachs-Unterbodenschutz: Er kann sowohl zum zusätzlichen Konservieren der werksseitig aufgespritzten PVC-Unterbodenschutzschicht verwendet werden wie auch zum Behandeln von Reparaturstellen.

An den hier mit Pfeilen bezeichneten Stellen lagert sich beim BMW häufig Straßenschmutz an. Diese Stellen bleiben dann ständig feucht – die beste Grundlage für Rostbefall. Abhilfe: diese Stellen regelmäßig mit scharfem Wasserstrahl säubern.

● Neben den Unterbodenschutzmaterialien aus dem BMW-Ersatzteillager können Produkte aus dem Zubehörhandel, wie z.B. Teroson Wachs-Unterbodenschutz-Spray oder Steinschlagschutz-Spray verwendet werden.

Fingerzeig: Beim Sprühen von Unterbodenschutz müssen die Bremsen mit Papierbogen oder Kunststoffolie gegen den schmierigen Nebel abgedeckt werden.

Wagenunterseite waschen

Eine wirkungsvolle und zugleich preiswerte Pflege für die Wagenunterseite ist – vor allem im Winter – das regelmäßige Abspritzen mit einem scharfen Wasserstrahl. Auftausalz und Straßenschmutz sollen sich nicht lange in den Kanten und Ecken des Bodens festsetzen können, denn sie binden Feuchtigkeit. Die ohnehin schlecht zugänglichen Ecken trocknen nie ganz aus, was letztendlich den Rostfraß erheblich fördert. Schmutzkrusten können sich an folgenden Stellen festsetzen:

- ○ In den Winkeln und Kanten der vorderen Radkästen
- ○ Im Blechfalz am Rand der hinteren Radausschnitte
- ○ In den hinteren Radkästen
- ○ Im Spritzbereich der Hinterräder rechts und links des Kofferraums
- ○ Unter dem Heckabschlußblech
- ○ An den Innenseiten der hinteren Stoßstange

Für die Unterwagenwäsche brauchen Sie zumindest einen Wasserschlauch mit Spritzdüse. Es gibt auch abgewinkelte Spritzdüsen (z.B. von APA), mit denen man den am Boden stehenden Wagen abspritzen kann, ohne selbst allzu naß zu werden. Am günstigsten ist allerdings ein Dampfstrahlgerät, wie es Tankstellen besitzen. Erkundigen Sie sich, ob es in Ihrer Nähe ein solches Gerät zur Selbstbedienung gibt.

Fingerzeig: Streusalzrückstände und Feuchtigkeit werden mit zunehmenden Temperaturen besonders aggressiv. Deshalb ist mancher Laternengaragen-Wagen weniger vom Rost befallen als einer, der in der beheizten Garage stand.

Wasserablauflöcher reinigen

Wartung Nr. 53

Keine Schweißnaht ist so dicht, daß nicht Wasser eindringen kann. Aus diesem Grund sind in allen Hohlprofilen im Wagen Wasserablauflöcher angebracht. Sind diese durch Schmutz oder Unterbodenschutz verstopft, kann eindringendes Wasser nicht mehr ablaufen, sondern fördert den Rostfraß von innen heraus. Besonders gefährdet sind die Längsversteifungen der Karosserie.

● Löcher regelmäßig mit einem Pfeifenreiniger, Draht oder Schraubenzieher durchstoßen.

● Bei einem Wagen mit Schiebedach zusätzlich die Wasserablauflöcher der Dachöffnung kontrollieren.

Lackierung prüfen

Wartung Nr. 54

● Steinschlagschäden an der Lackierung müssen schon bald ausgebessert werden, bevor sich Rostansatz breitmacht. Dazu eignet sich am besten sogenannter Tupflack, den es in kleinen Fläschchen samt Tupfpinsel zu kaufen gibt.

● Ist die beschädigte Lackstelle bereits unterrostet, Rost abschleifen – je nach Umfang mit Glasfaser-Radierstift, Schleifpapier oder elektrischem Winkelschleifer.

● Vor dem Decklack Rostgrundierung auftragen.

Störungsdienst

Wir gehen bei unserer Fehlersuche davon aus, daß der Motor keine mechanischen Leiden hat. Weiter nehmen wir an, daß das Triebwerk unvermittelt stehenblieb bzw. nicht mehr anspringen will.

Reihenfolge der Fehlersuche

Dreht der Anlasser den Motor durch?
Tut er's nicht oder nur unwillig, lesen Sie bitte weiter unter »Fehlerquelle Elektrik«. Wird der Motor dagegen flott durchgedreht, müssen zur weiteren Eingrenzung die folgenden Fragen der Reihe nach beantwortet werden.

Funken die Zündkerzen?
Einen Kerzenstecker abziehen, Zündkerze herausschrauben, in den Kerzenstecker hineinstecken und auf blankem Motorblockmetall ablegen. Noch besser: Kerze elektrisch leitend mittels eines Starthilfekabels mit dem Motorblock verbinden. Von einem Helfer den Anlasser durchdrehen lassen. **Zündkabel und Kerze nicht berühren**, siehe Seite 183. Springen Funken über? Wenn ja, nächste Frage abklären. Falls nicht, weiterlesen unter »Fehlerquelle Zündung«.

Wird die K-Jetronic-Einspritzanlage mit Kraftstoff versorgt?
520i bis 8/82: Benzinleitung am Kaltstartventil vorsichtig lockern. Evtl. kurz Anlasser betätigen. Gefäß darunterhalten (Kappe der Warndreieck-Hülle). Spritzt Benzin heraus, ist die Kraftstoffversorgung intakt. Wenn nicht, lesen Sie bitte unter »Fehlerquelle Kraftstoffversorgung« weiter. Bleibt die Einspritzung selbst als Fehlerquelle.

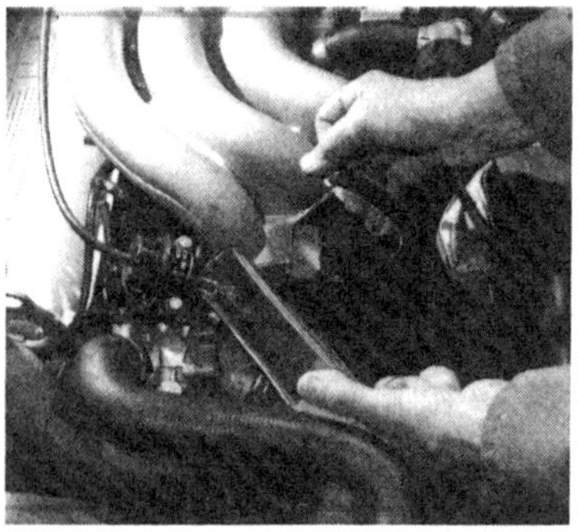

Wird die L-/LE-Jetronic- bzw. Motronic-Einspritzanlage mit Kraftstoff versorgt?
Übrige Modelle: Kraftstoffschlauch am Druckregler abnehmen, Gefäß unter den Druckregler halten (Kappe der Warndreieck-Hülle). Von Helfer den Anlasser kurz durchdrehen lassen. Spritzt Benzin heraus, ist die Kraftstoffversorgung intakt. Wenn nicht, lesen Sie bitte unter »Fehlerquelle Kraftstoffversorgung« weiter. Bleibt die Einspritzung selbst als Fehlerquelle.

Zuerst die Sichtprüfung

○ Ist ein Kabelstecker an Teilen der Zündanlage oder an einem Teil der Einspritzanlage abgefallen?
○ Kontrollieren Sie den festen Sitz der Zündkabel am Verteiler und an den Kerzensteckern (die Zündung darf nicht eingeschaltet sein!).
○ Sämtliche Unterdruckschläuche im Motorraum auf ihren entsprechenden Stutzen aufgesteckt?
○ Kondenswasser am und im Verteilerdeckel? Alle Teile der Zündanlage – auch die Zündspule – müssen sauber und trocken sein, sonst besteht die Gefahr von Kriechströmen und Spannungs-Überschlägen.
○ Benzingeruch im Motorraum? Ist ein Kraftstoffschlauch undicht oder hat er sich gar gelockert?

Fehlerquelle Elektrik

○ Die Kontrollampen im Armaturenbrett brennen nicht bei eingeschalteter Zündung: Batterie ist völlig entladen oder die Batterieklemmen sind lose.
○ Kontrollampen verlöschen beim Betätigen des Anlassers: Batterie stark entladen oder altersschwach (Seite 172) oder Anlasser hat Kurzschluß.
○ Kontrollampen werden beim Schlüsseldreh geringfügig dunkler; Anlasser dreht sich nicht: Magnetschalter klemmt bzw. defekt oder Anlasser defekt (Störungsbeistand Seite 179).
○ Kontrollampen brennen hell beim Schlüsseldreh; Anlasser dreht sich nicht: Klemme-50-Kontakt im Zündschloß defekt (Seite 224), Klemme-50-Leitung am Magnetschalter lose (Bild Seite 178) oder Magnetschalter defekt.

Fehlerquelle Zündung

○ Alle Steckeranschlüsse im Bereich Zündspule und Zündverteiler richtig aufgesteckt?
○ Risse im Zündspulengehäuse, Brandspuren von Funkenüberschlägen?
○ Bei Fahrzeugen mit Motronic: Steckverbindungen zum Drehzahl- und Bezugsmarkengeber (Bilder Seite 187) in Ordnung? Wurden die beiden Geber nach Montagearbeiten verwechselt? Geber evtl. ausbauen und prüfen, ob sie an ihrer Stirnseite verschmutzt sind. Reinigen.
○ Sind die Steckeranschlüsse am Zündungsschaltgerät (TSZ) bzw. am Motronic-Steuergerät fest? Ist evtl. ein einzelner Steckkontakt im Mehrfachstecker zurückgerutscht?
○ Verteilerdeckel abnehmen. Sind Kriechstromspuren an seiner Innenseite sichtbar (Seite 188)? Federt die Kontaktkohle in der Deckelmitte einwandfrei? Grünspan an den Kontaktstiften?
○ Als letztes hilft nur das komplette Durchprüfen der Zündanlage (ab Seite 184).

Fehlerquelle Kraftstoffversorgung

○ Kein Benzin im Tank – das ist nicht so abwegig, wie Sie vielleicht denken. Wagen aufschaukeln und horchen, ob es im Tank plätschert.
○ Kraftstoffpumpe oder Vorförderpumpe (ab Seite 68) defekt.
○ Benzinfilter verstopft, siehe Seite 69.
○ Bei intaktem Benzinnachschub gerät – z. B. bei ständigen Startproblemen – die Einspritzanlage in Verdacht.

Verzeichnis der Störungsbeistände

Über das Buch verteilt finden Sie Störungsbeistände zu den einzelnen Bauteilen. Hier die Zusammenstellung:

Hardware

Mit dem Autopflege-Hobby verhält es sich wie beim Computer: Die Software – also die Wissensseite – stellt dieses Handbuch dar. Mit der Hardware – dem Werkzeug – läßt sich manches in die Tat umsetzen.

Werkzeug-Grundausstattung

In der nachfolgenden Liste haben wir zusammengestellt, was uns als vielseitig verwendbare Grundausstattung empfehlenswert erscheint:

- ○ 4 Doppel-Gabelschlüssel, 6 x 7, 8 x 10, 13 x 15, 17 x 19
- ○ 2 Gabel/Ringschlüssel kurz, SW 10 bzw. 13 beidseitig
- ○ 2 Ringschlüssel gekröpft, 10 x 13 und 17 x 19
- ○ 1 Steckschlüssel 8 x 10
- ○ 1 Satz Innensechskantschlüssel am Ring, 2–8 mm
- ○ 1 Zündkerzenschlüssel, SW 20,8, ausziehbar
- ○ 1 Radschraubenschlüssel, SW 17
- ○ 3 Schraubenzieher für Querschlitzschrauben, 3, 6 und 8 mm breit
- ○ 2 Schraubenzieher für Kreuzschlitzschrauben, verschiedene Größen
- ○ 1 Schraubenzieher für Querschlitzschrauben, kurz mit kräftigem Griff
- ○ 2 Winkelschraubenzieher für Kreuzschlitze und Querschlitze
- ○ 1 Kombizange
- ○ 1 Rohrzange, 240 mm lang
- ○ 1 Seitenschneider
- ○ 1 Schlosserhammer, 300 g schwer
- ○ 1 Satz Fühlerblattlehren, 0,05–0,7 mm
- ○ 1 Flachmeißel
- ○ 1 Durchschlag, 3 mm Durchmesser
- ○ 1 Elektrik-Prüflampe bzw. Spannungsprüfer mit Leuchtdioden zum Prüfen von Elektronik-Bauteilen

Weitere Werkzeuge

Stecknüsse mit den dazugehörigen Verlängerungsstücken und Betätigungswerkzeugen, wie Knarre (Rätsche) und Hebel, ermöglichen wesentlich schnelleres Arbeiten.
Zum Einstecken der Betätigungswerkzeuge haben die Steckeinsätze ein Vierkantloch mit 1/2″ (Zoll) oder 3/8″ Kantenlänge. Die 3/8″-Ausführung ist dabei weniger verbreitet, jedoch in vielen Fällen handlicher beim Autobasteln.
Drehmomentschlüssel: Für den Heimwerker genügt die Ausführung mit Skala durchaus. Unerläßlich ist der Drehmomentschlüssel zur Zylinderkopfmontage, aber auch bei anderen Schrauben, die mit dem richtigen Drehmoment angezogen werden sollen.
Spannbandschlüssel zum Lösen des Ölfilters. Lohnt sich, wenn der Ölwechsel öfters selbst gemacht wird.
TORX-Schlüssel: TORX-Schrauben sehen ähnlich aus wie Inbusschrauben, doch besitzen sie statt Innensechskant einen sternförmigen Einsatz. Kauf der Schraubenschlüssel nur nach Bedarf.

Flüssige und fettige Hilfen

Rostlöser für festgerostete Verschraubungen gibt es genügend im Angebot. Besonders gut fanden wir sofort wirkende Schnellrostlöser z. B. »Caramba Rasant«. Herkömmliche Lösemittel brauchen eine gewisse Einwirkzeit.
Isoliersprays sind ebenfalls ausgesprochen kriechfähig. Vielfach sind die Rostlöser zugleich solche Isoliersprays, die bei Feuchtigkeit in der Autoelektrik den feinen Wasserfilm unterwandern und dadurch verhindern, daß Zünd- oder Batteriestrom über den leitenden Wasserfilm als Kriechstrom abwandert.
Korrosionsschutzwachs verhindert im Motorraum Korrosionserscheinungen unter winterlicher Streusalzeinwirkung.
Hochdruckfett, wie Molykote Longterm 2, empfiehlt BMW zur Verwendung bei zahlreichen Montagearbeiten wie z. B. beim Einbau einer Kupplungsscheibe oder zum Einsetzen eines Drehzahlgebers bei der Motronic.
Kupferfett, auch Heißschrauben-Compound genannt, verhindert das Festrosten von Verschraubungen, die extrem hohen Temperaturen ausgesetzt sind. Im Auto sind das Auspuffschrauben und Zündkerzen. Zu empfehlen ist dieser Schmierstoff aber auch an anderen Schrauben, die der Korrosion ausgesetzt sind.
Schmierstoff-Suspensionen liegen an der Grenze zwischen Öl und Fett und sind für seltener beanspruchte Schmierstellen (Sitzschienen, Schiebedach-Führungen, Türfeststeller-Hebelchen) sehr vorteilhaft.

Fingerzeig: Achten Sie darauf, nur umweltfreundliche Spraydosen (Kennzeichen: Plakette mit dem »Blauen Engel«) zu verwenden.

Zahltag

Motor

Typ		520 i	520 i	520 i	520 i Kat	525 e	525 e	525 e	525 e Kat	525 e Kat	525 i	528 i
Bauzeit		bis 8/82	9/82-8/85	ab 9/85	ab 1/87	bis 8/85	ab 9/85	ab 9/85	9/84-12/86	ab 1/87	ab 7/81	ab 7/81
Bauart		Vornliegender wassergekühlter Sechszylinder-Viertakt-Reihenmotor										
Bohrung	mm	80	80	80	80	84	84	84	84	84	86	86
Hub	mm	66	66	66	66	81	81	81	81	81	71,6	80
Hubraum effektiv	cm^3	1990	1990	1990	1990	2693	2693	2693	2693	2693	2494	2788
Hubraum nach deutscher Steuerformel	cm^3	1977	1977	1977	1977	2674	2674	2674	2674	2674	2478	2769
Verdichtung		9,8	9,8	9,8	8,8	11,0	10,2	10,2	9,0	8,5	9,6	9,3
Höchstleistung	kW	92[1)]	92[1)]	95[1)]	95[1)]	92[1)]	95[1)]	95[1)]	90[1)]	95[1)]	110	135
bei Drehzahl	1/min	5800	5800	6000	6000	4250	4250	4250	4250	4800	5500	5800
Höchstes Drehmoment	Nm	165	170	174	164	240	240	240	230	230	215	240
bei Drehzahl	1/min	4500	4000	4000	4300	3250	3250	3250	3250	3200	4000	4200
Ventilsteuerung		Durch obenliegende Nockenwelle über Kipphebel auf hängende Ventile										
Ventilspiel		Siehe Tabelle Seite 39										
Kompressionsdruck		Siehe Seite 35										
Ventilsitzbreite	mm	1,65 ± 0,35	1,65 ± 0,35	1,65 ± 0,35	1,65 ± 0,35	1,65 ± 0,35	1,65 ± 0,35	1,65 ± 0,35	1,65 ± 0,35	1,65 ± 0,35	1,4 ± 0,4 (E) 1,7 ± 0,4 (A)	1,4 ± 0,4 (E) 1,7 ± 0,4 (A)
Ventilsitzwinkel		45°	45°	45°	45°	45°	45°	45°	45°	45°	45°	45°
Ventilführung												
Innen-∅	mm	7,0 H7	7,0 H7	7,0 H7	7,0 H7	7,0 H7	7,0 H7	7,0 H7	7,0 H7	7,0 H7	8,0 H7	8,0 H7
Übermaßgrößen	mm	7,1 H7	7,1 H7	7,1 H7	7,1 H7	7,1 H7	7,1 H7	7,1 H7	7,1 H7	7,1 H7	8,1 H7	8,1 H7
	mm	7,2 H7	7,2 H7	7,2 H7	7,2 H7	7,2 H7	7,2 H7	7,2 H7	7,2 H7	7,2 H7	8,2 H7	8,2 H7
Außen-∅	mm	13,2 u6- 13,2 M7	13,2 u6- 13,2 M7	13,2 u6- 13,2 M7	13,2 u6- 13,2 M7	13,2 u6- 13,2 M7	13,2 u6- 13,2 M7	13,2 u6- 13,2 M7	13,2 u6- 13,2 M7	13,2 u6- 13,2 M7	14,2 u6- 14,2 M7	14,2 u6- 14,2 M7
Übermaßgrößen	mm	13,3 u6- 13,2 M7	13,3 u6- 13,2 M7	13,3 u6- 13,3 M7	13,3 u6- 13,3 M7	13,3 u6- 13,3 M7	13,3 u6- 13,3 M7	13,3 u6- 13,3 M7	13,3 u6- 13,3 M7	13,3 u6- 13,2 M7	14,3 u6- 14,3 M7	14,3 u6- 14,3 M7
	mm	13,4 u6- 13,2 M7	13,4 u6- 13,2 M7	13,4 u6- 13,4 M7	13,4 u6- 13,4 M7	13,4 u6- 13,4 M7	13,4 u6- 13,4 M7	13,4 u6- 13,4 M7	13,4 u6- 13,4 M7	13,4 u6- 13,2 M7	14,4 u6- 14,4 M7	14,4 u6- 14,4 M7
Ventilschaft												
∅ Original	mm	7,0	7,0	7,0	7,0	7,0	7,0	7,0	7,0	7,0	8,0	8,0
∅ 1. Übermaß	mm	7,1	7,1	7,1	7,1	7,1	7,1	7,1	7,1	7,1	8,1	8,1
∅ 2. Übermaß	mm	7,2	7,2	7,2	7,2	7,2	7,2	7,2	7,2	7,2	8,2	8,2
Kippspiel des Ventils zulässig/verschlissen	mm	0,5/0,8	0,5/0,8	0,5/0,8	0,5/0,8	0,5/0,8	0,5/0,8	0,5/0,8	0,5/0,8	0,5/0,8	0,5/0,8	0,5/0,8
Schmiersystem		Druckumlaufschmierung durch Zahnradpumpe, Ölfilter im Hauptstrom, Druckregelventil im gefilterten Ölkreis										
Öldruck im												
Leerlauf	bar	0,5-2,0	0,5-2,0	0,5-2,0	0,5-2,0	0,5-2,0	0,5-2,0	0,5-2,0	0,5-2,0	0,5-2,0	0,5-2,0	0,5-2,0
bei Höchstdrehzahl	bar	4,0-6,0	4,0-6,0	4,0-6,0	4,0-6,0	4,0-6,0	4,0-6,0	4,0-6,0	4,0-6,0	4,0-6,0	4,0-6,0	4,0-6,0
Schaltpunkt des Öldruckschalter	bar	0,2-0,5	0,2-0,5	0,2-0,5	0,2-0,5	0,2-0,5	0,2-0,5	0,2-0,5	0,2-0,5	0,2-0,5	0,2-0,5	0,2-0,5

1) Österreich-Ausführung: 88 kW

Kühlsystem

Art: Wasserumlaufkühlung mit Flügelradpumpe, Thermostat und motorgetriebenem Kühlerventilator mit Viskokupplung

Verschlußdeckel des Ausgleichsbehälters			Thermostat öffnet bei	°C	80
			Kühlerventilator		
Überdruckventil öffnet bei	bar	0,9-1,1	Axialspiel des Rotors	mm	max. 0,4
Unterdruckventil öffnet bei	bar	0,09	Radialspiel	mm	0,5

520 i bis 8/82 Kraftstoffanlage

System	Bosch K-Jetronic	Warmlaufregler Ausregelzeit	max. 6,5 min
Systemdruck Prüfwert	4,5–5,2 bar	Enddruck »warm«	
Einstellwert	4,7–4,9 bar	mit Unterdruck	3,55–3,95
Einspritzventile Spritzwinkel	ca. 35°	ohne Unterdruck	2,5–2,9
Öffnungsdruck	min. 2,5 bar	Zusatzluftschieber	
Leckage	1 Tropfen/min	Spaltmaß bei 20° C	5,5 ± 0,2 mm
bei Prüfdruck	2,5 bar	Kaltstartventil Leckage	0,3 cm^3/min
Temperaturzeitschalter		bei Prüfdruck	4,5 bar
Schaltpunkt	35° C/8 s		

Kraftstoffanlage 520i ab 9/84, 525e, 525i, 528i

System	520i 9/82–8/84, 525i, 528i: Bosch L-Jetronic 520i ohne Kat ab 9/84: Bosch LE-Jetronic 525e bis 12/86: Bosch Zwei-Geber-Motronic 525e ab 1/87, 520i Kat: Bosch Ein-Geber-Motronic
Druckregler	
Systemdruck	520i, 525e: 2,5 ± 0,05 bar 525i, 528i: 3,0 ± 0,06 bar
Thermozeitschalter	
Schaltpunkte	35° C/8 sec
Temperaturfühler Wasser	
Prüfwerte	520i ab 9/84, 525e bei –10° C 8,2–10,6 kΩ bei +20° C 2,2–2,7 kΩ bei +30° C 0,3–0,36 kΩ
Prüfwerte	520i bis 8/84, 525i, 528i: bei –10° C 7–11,6 kΩ bei +20° C 2,1–2,9 kΩ bei +80° C 0,2–0,4 kΩ
Einspritzventile	
Leckage bei Systemdruck	1 Tropfen/Minute
Spritzwinkel	ca. 30°
Spulenwiderstand	(siehe Seite 84)
Kaltstartventil	
Leckage bei Prüfdrck	1 Tropfen/Minute 3,0 bar
Spritzwinkel	ca. 80°

Kraftübertragung (Schaltgetriebe)

Getriebe-Bezeichnung	Getrag 242	Getrag 240	Getrag 245	ZF S 5 16	Getrag 260/5	Getrag 262	Getrag 265	Getrag 265
Art	4-Gang	5-Gang-Schongang	5-Gang-Schongang	5-Gang-Schongang	5-Gang-Schongang	4-Gang	5-Gang-Schongang	5-Gang Sport
eingebaut in	520i	520i	520i	520i	525e, 525i, 528i	525i	525i, 528i	528i
Übersetzungen								
1. Gang	3,76	3,72	3,68	3,72	3,83	3,885	3,83	3,72
2. Gang	2,04	2,02	2,00	2,04	2,20	2,203	2,20	2,40
3. Gang	1,32	1,32	1,33	1,34	1,40	1,402	1,40	1,77
4. Gang	1,00	1,00	1,00	1,00	1,00	1,00	1,00	1,26
5. Gang	–	0,81	0,81	0,80	0,81	–	0,81	1.00
Rückwärtsgang	4,10	3,45	3,68	3,54	3,46	4,30	3,46	4,23

Kraftübertragung (Automatikgetriebe)

Getriebe-Bezeichnung (ZF)	3-HP-22	4-HP-22/H	4-HP-22/H	4-HP-22/H	4-HP-22/H	4-HP-22/H	4-HP-22/EH
Art	3-Gang	4-Gang	4-Gang	4-Gang	4-Gang	4-Gang	4-Gang Elektroniksteuerung
Kennbuchstaben	RC/PY/PZ	TO/WV/ZD	WB/XC	Tk/UW/XD/YF	UG/VH/WP	UH/VS/WR	R2
eingebaut in	520i/525i/528i	520i/520i/520i Kat	520i Schweiz	525e	525i	528i	520iKat/525e
Übersetzungen							
1. Gang	2,478	2,48	2,73	2,48	2,48	2,48	2,48
2. Gang	1,478	1,48	1,56	1,48	1,48	1,48	1,48
3. Gang	1,0	1,0	1,0	1,0	1,0	1,0	1,0
4. Gang	–	0,73	0,73	0,73	0,73	0,73	0,73
Rückwärtsgang	2,09	2,09	2,09	2,09	2,09	2,09	2,09

Kraftübertragung (Hinterachsgetriebe)

Getriebe-Bezeichnung	H 22	H 21	–	H 33	H 56	–	–	H 30	H 24	H 30	H 34
Verzahnungsart	Gleason	Gleason	Gleason	Gleason	Gleason	Gleason	Gleason	Gleason	Gleason	Gleason	Gleason
eingebaut in	520i bis 8/85 520i A	520i ab 9/85	520i Kat	525e bis 12/86 525e A bis 8/85	525e A 9/85–12/86	525e ab 1/87	525e A ab 1/87	525i/A	525i A ab 9/84	528i	528i mit Sportgetriebe
Übersetzung	3,91	4,10	4,27	2,93	3,07	3,25	3,46	3,46	3,64	3,46	3,25

Drehzahlen und Geschwindigkeiten

Drehzahlen und Geschwindigkeiten für bestimmte Gänge und Reifengrößen können Sie anhand der folgenden Formeln errechnen:

$$n_m = \frac{V \times i_{ges}}{U \times 0{,}06} \qquad V = \frac{n_m \times U \times 0{,}06}{i_{ges}}$$

Hierbei bedeuten:
- n_m = Motordrehzahl in 1/min
- V = Geschwindigkeit in km/h
- U = Reifenabrollumfang in m (bei 175 R14: 1935; bei 195/70 R14: 1940; bei 200/60 R 390 TR: 1920; bei 220/55 R 390 TR: 1930)
- i_{ges} = Gangübersetzung multipliziert mit der Achsantriebsübersetzung

Fahrwerk

Vorderradaufhängung	Einzelradaufhängung mit zwei Querlenkern unten, Federbeinen und Stabilisator
Lenkung	ZF-Kugelmutter-Servolenkung mit Sicherheits-Lenksäule
Vorderachseinstellung	Siehe Tabelle Seite 114
Hinterachse	Einzelradaufhängung an Schräglenkern; 520i, 525i, 525e bis 3/86: 20° Pfeilung; 528i sowie 520i, 525i, 525e ab 4/86: 13° Pfeilung, in Kombination mit Zusatzlenker
Hinterachseinstellung	Siehe Tabelle Seite 114
Felgen	Siehe Tabelle Seite 143
Reifen	Siehe Tabelle Seite 142

Bremsanlage

Fußbremse vorn		Einkolben-Faustsattelbremse; 520i bis 8/84: unbelüftete Bremsscheiben; 520i ab 9/84 sowie die übrigen Modelle: innenbelüftete Bremsscheiben
Bremsscheibenstärke (vorn)		(siehe Tabelle Seite 126)
Belagstärke ohne Trägerplatte	mm	minimal 2,0
Fußbremse hinten		520i ohne ABS bis Baujahr 3/86: Simplex-Innenbacken-Trommelbremsen mit automatischer Nachstellung; Alle übrigen Modelle: Einkolben-Faustsattelbremse
Bremstrommeldurchmesser (Bearbeitungsgrenze)	mm	251
Trommelbremsbelag Mindeststärke	mm	3,0
Bremsscheibenstärke (hinten)		(siehe Tabelle Seite 126)
Belagstärke ohne Trägerplatte	mm	minimal 2,0
Handbremse		520i ohne ABS bis Baujahr 3/86: Auf die hinteren Trommelbremsen wirkend. Alle übrigen Modelle: Über Seilzug auf zusätzliche Bremstrommeln an der Hinterachse wirkend
Antiblockiersystem		Bosch ABS. Bei 528i ab 4/86 serienmäßig; übrige Modelle auf Wunsch

Elektrische Anlage

Bordspannung	12 V
Batterie	Siehe Seite 170
Generator	14 V/65 A/910 W, 14 V/80 A/1120 W oder 14 V/90 A/1260 W
Keilriemen	Siehe Tabelle Seite 176
Zündanlage	Elektronische Transistorzündung oder Motronic
Zündzeitpunkt	Siehe Tabelle Seite 192
Zündkerzen	Siehe Tabelle Seite 195
Zündkerzen-Elektrodenabstand	0,7 mm
Glühlampen	Siehe Seite 196

Abmessungen

Länge	4620
Breite	1700
Höhe (unbelastet)	1415
Radstand	2625
Bodenfreiheit (belastet)	112
Vordere Überhanglänge	895
Hintere Überhanglänge	1100
Spurweite vorn (bei zul. Achslast)	1430
Spurweite hinten (bei zul. Achslast)	1460
Kleinster Spurkreisdurchmesser	10,0
Kleinster Wendekreisdurchmesser	10,9

Füllmengen (in Liter)

Tank	70
Scheibenwaschanlage	ca. 3
Scheibenwaschanlage mit Scheinwerferreinigungsanlage	ca. 5
Intensivreinigungsanlage	ca. 1
Motorölinhalt mit/ohne Ölfilterwechsel	520i und 525e: 4,25/4,00. 525i und 528i: 5,75/5,00
Kühlsystem mit Heizung	520i und 525e bis 8/84; 525i, 528i: 12. 520i und 525e ab 9/84: 10,5
Schaltgetriebe 4-Gang	1,0–1,1 (je nach Version)
Schaltgetriebe 5-Gang	1,15–1,6 (je nach Version)
Automatikgetriebe 3-Gang	2,0 (Nachfüllmenge)
Automatikgetriebe 4-Gang	3,0 (Nachfüllmenge)
Hinterachsgetriebe	1,7
Servolenkung	ca. 1,2

Betriebsstoffe (Auszüge aus der Betriebsstoffliste)

Motoröl

Marken-Motoröl für Ottomotoren gemäß den Spezifikationen auf Seite 20 (keine besonderen Freigaben)

Synthetik-Motoröl

AGIP SINT 2000
Aral Super LL
Castrol TXT
ELF moins
ELF presti m
Mobil 1
Primalub Alpha
Shell TMO
Shell SMO
Veedol Synthron
Veedol Synthetic Oil
Yacco VX 300

Öl für Schaltgetriebe

Marken-Getriebeöl SAE 80, Spezifikation MIL-L-2105 A bzw. API-GL 4, wahlweise Einbereichs-HD-Motorenöl auf Mineralölbasis SAE 20/30/40 der Spezifikation API-SE oder SF (keine besonderen Freigaben)
BMW 525e: Ölmarke Mobil SHC 630

Kühlmittel-Frostschutz

Agip F 1 Antifreeze
Aral Frostschutz
Augros Langzeit Frostschutz
Glysantin
Avia Frostschutz
BP Frostschutz UT 184
Castrol ANTI-FREEZE
Fina Termidor
Frostschutz Texaco JC 94-088
Frostschutz Texaco JC 94 A
Total Forstfrei
Veedol Antifreeze
GLACELF
Esso Kühlerfrostschutz
Genantin
Gulf Antifreeze and Summer Coolant
Mobil Oil Frostschutz 500 A
Mobil Oil Frostschutz 500
Motul Antigel
Fina Antifreeze P 94
Glycoshell P 300
Shell AF 402
VALVOLINE Langzeitfrostschutz

ATF für automatisches Getriebe

Agip Dexron II
Antar Dexron II
Aral Getriebeöl ATF 22
Autol Dexron
Avia Fluid ATF 77 Dexron
BP Autran DX II
Castrol TQ Dexron II
Chevron Aut. Transm. Fluid
Deltinol-Getriebeöl ATF Dex. D
Divinol Fluid Dexron II
Elfmatic G 2
Esso ATF Dexron
Fanal ATF Dexron II
Fina Dextron II
Gulf ATF Dexron II
Mobil ATF 220
Shell Dexron II
Texaco Texamatic 9226
Texamatic Fluid Dexron II
Total Dexron
Valvomatic ATF Typ Dex. II
Veedol ATF Dexron II

Öl für Hinterachsgetriebe ohne Sperrdifferential

Agip BMW HOS
Aral Getriebeöl EH
Avia Getriebeöl Hypoid 90 BM
BP Getriebeöl BM 90
Castrol Hypoy G 728
Deltinol Hinterachsöl BM
Esso Getriebeöl B 80 W-90
Fina Pontonic BM 90
Fuchs Renogear H 90
Mobil Hinterachsgetriebeöl BM
Motul Hypo BM
Oest Getriebeöl BM 90
Shell Hinterachsöl BMW
Shell Achterasolie BMW
Schindler Frontol Spezialgetriebeöl BAV 96
Sunoil Sunfleet L 901
Texaco Geartex HGB SAE 90
Valvoline Magnet S 90
Veedol Multigear AX
Westfalen Getriebeöl Hypoid BMW
Wintershall Wiolin Hypoid EW 90

Öl für Hinterachsgetriebe mit Sperrdifferential

Agip BMW HMS
Castrol G 728 LS
Fuchs Renogear LS 90
Valvoline HP Gear Lube 90
Veedol MLS 90 G

ATF für Servolenkung (für Erst- und Nachfüllung). Zum reinen Nachfüllen stehen wesentlich mehr als die hier aufgeführten Produkte zur Verfügung

Agip F.1 ATF Dexron
Aral Öl P 319 Dexron
Avia Fluid ATF 77 Dexron
BP Autran DX II
Caltex Texamatic Fluid Dex. II
Castrol TQ Dexron II
Esso ATF dexron
Frontol Getriebeöl DXS dex. C/D
Shell Dexron II
Texamatic 9226
Veedol ATF Dexron II

Bremsflüssigkeit

ATE SL-DOT 4 Bremsflüssigkeit
BASF Hydraulan DOT Typ 75974
Castrol Disc Brake Fluid DOT 4
DOW ET 504
Shell DONAX YB BF 4,5 DOT 4
Veedol Disc Brake Fluid DOT 4

Register

FSC
www.fsc.org
MIX
Papier | Fördert
gute Waldnutzung
FSC® C083411

Kolibri 360 GmbH
Ferdinand-Jühlke-Straße 7
99095 Erfurt, Deutschland
produktsicherheit@kolibri360.de